Bibliographia Cartographica

Internationale Dokumentation des kartographischen Schrifttums
International documentation of cartographical literature
Documentation internationale de la litterature cartographique

Herausgegeben von der
Staatsbibliothek zu Berlin
- Preußischer Kulturbesitz -
In Verbindung mit der
Deutschen Gesellschaft für Kartographie e.V.

Redaktion: Wolfgang Crom

Vol. 31 (2004)

K · G · Saur München 2005
ISSN 0340-0409

Redaktionsschluß: 30.05.2005

Verantwortlich für die Redaktion:

Wolfgang Crom
Leiter des Arbeitskreises „Bibliographie des kartographischen Schrifttums“
in der Deutschen Gesellschaft für Kartographie
Leiter der Kartenabteilung der Staatsbibliothek zu Berlin
Preußischer Kulturbesitz
10772 Berlin

Redaktionelle Mitarbeit:

Susanne Boltzendahl
Jens-Peter Grell
Dr. Diethard Loeser
Steffi Mittenzwei

∞

Gedruckt auf säurefreiem Papier / Printed on acid-free paper

Printed by Strauss GmbH, Mörlenbach

ISBN-10: 3-598-20649-6

ISBN-13: 978-3-598-20649-8

LIST OF COLLABORATORS
VERZEICHNIS DER MITARBEITER
LISTE DES COLLABORATEURS

Albania	Mr. E. SAMIMI, Geographic Studies Center, Rr. "Myslym Shyri" Nr. 11, Tirana
Argentina	Prof. Dr. P. J. GALLEZ, Instituto Patagonico, Calle Peru 339, RA-8000 Bahia Blanca
Australia	National Library of Australia, Map Collection, Canberra A.C.T. 2600
	MAIC H.-J. VOJACEK, 70 Elinga Street, Howrah 7018, Tasmania 7009
Austria	Frau Prof. Dr. I. KRETSCHMER, Institut für Geographie der Universität Wien, Universitätsstr. 7, A 1010 Wien
Belgium	Prof. Dr. F. DEPUYDT, Redingenstr. 16, B 3000 Leuven
Brasilia	Mrs. R. E. HORCH, Caixa postal 11201, Sao Paolo
Bulgaria	Prof. Dr. B. BEŠEVLIEV, Institut für Balkanistik, ul. G. Bonćev, bl. 6, BG-1113 Sofia
	Dipl.-Ing. V. KOEN, i.H. Glavna Upravlenie po Geodezija i Kartografija, ul Alabin 46, Sofia C
Canada	Mr. L. CARDINAL, National Archives of Canada, Cartography and Architecture, Ottawa K1A ON3
	Prof. Dr. H. SCHLICHTMANN, Dep. of Geography, Univ. of Regina, Regina Sask. S4S OA2
Croatia	Prof. Dr. N. FRANČULA, Geodetski fakultet Sveučilišta u. Zagrebu, Kačiceva ul. 26, Zagreb
Czech Republic	Dr. I. KUPČIK, Kiliansplatz 2, D 80339 München
Denmark	Mr. H. DUPONT, The Royal Library, P.O. Box 2149, DK-1016 Copenhagen K.
Finland	Dipl.-Ing. S. BIRKSTEDT, Maanmittaushallitus, Kirkkokatu 3, SF 00170 Helsinki 17

France Comité Français de Cartographie, 138 bis, Rue de Grenelle, F 75007 Paris

Mr. O. LOISEAU, Bibliothèque Nationale, Département des Cartes et Plans, 58 Rue de Richelieu, F 75 Paris

Germany Hr. W. CROM, Staatsbibliothek zu Berlin - Preußischer Kulturbesitz Kartenabteilung, Postf. 1407, D 10772 Berlin

Prof. Dr. U. FREITAG, Institut für Kartographie, Freie Universität Berlin, Malteserstr. 74-100, D 12249 Berlin

Hr. J.-P. GRELL, Staatsbibliothek zu Berlin - Preußischer Kulturbesitz Kartenabteilung, Postf. 1407, D 10772 Berlin

Dr. D. LOESER, Staatsbibliothek zu Berlin - Preußischer Kulturbesitz, Kartenabteilung, Postf. 1407, D 10772 Berlin

Frau Dipl.-Päd. S. MITTENZWEI, Staatsbibliothek zu Berlin - Preußischer Kulturbesitz, Unter den Linden 8, D 10117 Berlin

Dipl.-Geogr. W. POBANZ, Institut für Kartographie, Freie Universität Berlin, Malteserstr. 74-100, D 12249 Berlin

Prof. Dr. W. SPERLING, Geographisches Institut, Fachbereich Geographie, Tarforster Str. 55, D 54296 Trier

Great Britain Mr. F. HERBERT, Royal Geographical Society, Kensington Gore, London SW7 2AR

Hungary MEM-CARTACTUAL, P.O.B. 76, V., Guszev u. 19, H 1367 Budapest

Indonesia Prof. J. RAIS M.Sc., Deputy Ketua Bokosurtanal, Jalan Dr. Wahidin 1/11, Jakarta

Ireland Mr. M.C. O'GORMAN, Ordnance-Survey Office, Phoenix Park, Dublin

Israel Prof. Dr. N. KADMON, The Hebrew University of Jerusalem, Dept. of Geography, Mount Scopus, 91905 Jerusalem

Italy	Dr. G. MOTTA, Direttore Cartografica, Istituto Geografico de Agostini, Corso della Vittoria 91, Novara
Japan	Mr. K. KANAZAWA, Japan Consulting Engineers Association, 1-21-5, Shin-Toride, Toride-Shi, 302 Japan
	Mrs. J. SUZUKI, The Map Library, National Diet Library, 1-10-1, Nagatacho, Chiyoda-ku, Tokyo. 100 Japan
Luxemburg	Prof. Dr. L.B.F. KORMOSS, Dyver 7, B 8000 Brugge, Belgien
Mexico	Unidad de Agencias, Cetenal, San Antonio Abad 124, Mexico 8 DF
Morocco	Mr. A. HAKHAM, Ing.-Topogr., A.N.I.G.E.T., Service Topographique, Rue Henri Mangeard, Rabat
Netherlands	Prof. Dr. Ferjan ORMELING, Rijksuniversiteit, Postbus 80.115, Heidelberglaan 2, NL-3508 TC Utrecht
	Prof. Dr. G. SCHILDER, Geografisch Instituut, Rijksuniversiteit te Utrecht, Transitorium II, Heidelberglaan 2, De Uithof, Utrecht
Norway	Mr.T. SØRBØ, Kartsamling, Universitets-biblioteket, Drammensveien 42, Oslo
Peru	Prof. V.H. ROGGERO, Eng. Photogrammetry, Instituto Geográfico, Ministerio de Guerra, Lima
Poland	Dr. J. OSTROWSKI, Instytut Geografii i Przestrzennego Zagospodarowania PAN, Krakowskie Przedmiescie 30, 00-927 Warszawa
Portugal	Prof. Dr. O. RIBEIRO, Instituto di Geografia, Universidade de Lisboa, Lisboa
Romania	Dr. V. DUMITRESCU, Institutul de Geografie, Str. Dim. Racovita 12, Bucharest, Code 70307
Russia	Prof. A.M. BERLJANT, Geografičeskij Fakultet, Leninskie Gory, MGU, 119899 Moskva
	Mrs. Dr. N. KOTELNIKOVA, Dep. of Cartographic Publications, Russian State Library, 3/5 Vozdvizhenka, 101000 Moskva

Slovakia	Mrs. D. KUSENDOVA, Department of Human Geography and Demo-geography, Faculty of Natural Sciences Comenius University, Mlynská dolina 1, 84215 Bratislava
Slovenia	Ms. Dr. Božena LIPEJ, Geodetska uprava Republike Slovenije, Zemljemerska ulica 12, SI-1000 Ljubljana
South Africa	Chief Director of Surveys and Mapping, Dep. of Community Republic Development, Private Bag, 7705 Mowbray
Spain	Mrs. Dr. M. GALERA I MONEGAL, Institut Cartogràfic de Catalunya, Parc de Montjuïz, E-08038 Barcelona
Sweden	Dr. G. SCHALIN, Esselte, P.O.B. 22 069, S 104 22 Stockholm
Switzerland	Prof. Dr. L. HURNI, Kartographisches Institut der E.T.H. CH 8093 Zürich-Hönggerberg
	Dipl.-Geogr. A. CAFLISCH, Schweizerische Landesbibliothek, Hallwylstr. 15, CH 3000 Bern
Thailand	Lieutenant General Ch. KULKASEM, Director of Survey, The Royal Thai Survey Dep., Bangkok
Turkey	Prof. Dr.-Ing. D. UCAR, I.T.Ü. Insaat Fakültesi. Jeodesi ve Fotogrametri, Mühendisligi Bölümü, TR-80626 Maslak-Istanbul
USA	Mr. R.E. GRIM, Geography and Map Division, Library of Congress, Washington D.C. 20540, USA
International Organisations	Prof. Dr. I.B.F. KORMOSS, Dyver 7, B 8000 Brugge, Belgien
	Mr. K.H. STABE, United Nations, Box 20, New York. N.Y. 10017, USA

REGULARLY EVALUATED JOURNALS IN THE BERLIN STATE LIBRARY
REGELMÄSSIG IN DER STAATSBIBLIOTHEK ZU BERLIN AUSGEWERTETE ZEITSCHRIFTEN
JOURNEAUX OBSERVÉS RÉGULIÈREMENT DANS LA BIBLIOTHÈQUE D'ÉTAT À BERLIN

Titel / title / titre

Allgemeine Vermessungs-Nachrichten

Berg : Alpenvereinsjahrbuch

BIMCC newsletter / Brussels International Map Collectors' Circle

Bollettino della Associazione Italiana di Cartografia

Bulletin : Association of Canadian Map Libraries and Archives

Bulletin d'information de l'Institut Géographique National

The Bulletin of the Society of Cartographers

Caert-Thresoor

The Cartographic Journal

Cartographica : international publications on cartography

Cartographica Helvetica : Fachzeitschrift für Kartengeschichte

Cartography : journal of the Mapping Sciences Institute, Australia

Cartography and geographic information science

Cartouche : Newsletter of the Canadian Cartographic Association = Bulletin de l'Association canadienne de cartographie

GeoBit : das Magazin für raumbezogene Informationstechnologie

Geodesia : tijdschrift voor geodesie en geo-informatie

Geodetický a cartografický obzor

Geodetski list

Geodetski vestnik

Geodézia és kartográfia

Geodezija i kartografija : oficial'nyj organ Federal'noj Sluzby Geodezii i Kartografii Rossii i Geodeziceskich Sluzb Stran SNG

Geodezija, kartografija, zemeustrojstvo = Géodésie, cartographie, aménagement foncier

Geodezja i kartografia

Geografie / uitg. van het Koninklijk Nederlands Aardrijkskundig Genootschap, KNAG

Geographers : biobibliographical studies

Geographica Helvetica

Geomatica

Geomatics and information science of Wuhan University

Geomatik Schweiz : Geoinformation und Landmanagement

Geo-spatial information science : quarterly = Diqiu-kongjian-xinxi-kexue-xuebao

The Globe : journal of the Australian map circle

Globe studies : the journal of the International Coronelli Society

ICA news = Nouvelles de l'ACI

Imago mundi : the international journal for the history of cartography

Indian Surveyor

Information bulletin / Western Association of Map Libraries

International journal of applied earth observation and geoinformation

Jahrbuch des Deutschen Alpenvereins

Journal of geomatics

Journal of the International Map Collector's Society

Kart & bildteknik : mapping and image science

Kart og plan

Kartografické listy

Kartografisch tijdschrift

Kartographische Nachrichten

Lantmätaren

LSA VERM : Zeitschrift für das öffentliche Vermessungswesen des Landes Sachsen-Anhalt

Map : journal of the Japan Cartographers Association

Mapline : a quaterly newsletter publ. by the Herman Dunlap Smith Center for the History of Cartography at the Newberry Library

Mappemonde

Mapping sciences and remote sensing

Mercator's world

Mitteilungen / Deutscher Verein für Vermessungswesen, Landesverein Baden-Württemberg

Mitteilungen / Deutscher Verein für Vermessungswesen, Landesverein Hessen und Thüringen

Mitteilungen / Freundeskreis für Cartographica in der Stiftung Preußischer Kulturbesitz

Mitteilungen des DVW Bayern

Mitteilungsblatt / Deutscher Verein für Vermessungswesen, Landesverein Rheinland-Pfalz und Saarland

Le Monde des Cartes : revue du Comité Français de Cartographie

Nachrichten der Niedersächsischen Vermessungs-u. Katasterverwaltung

Nachrichtenblatt der Vermessungs- und Katasterverwaltung Rheinland-Pfalz

New Zealand Map Society journal

News / Internationale Coronelli-Gesellschaft für Globenkunde

Newsletter / Philip Lee Phillips Society / Library of Congress, Geography and Map Division

Newsletter / The Australian Map Circle

NÖV : Nachrichten aus dem öffentlichen Vermessungsdienst Nordrhein-Westfalen

Photogrammetrie, Fernerkundung, Geoinformation

Polski przegląd kartograficzny

The Portolan : the journal of the Washington Map Society

Rittenhouse : journal of the American Scientific Instrument Enterprise

Rundbrief Geographie

Standort : Zeitschrift für angewandte Geographie

Surveying and land information science

Terrae incognitae : the journal for the history of discoveries

Topografia y cartografia

Vermessung Brandenburg

Vermessung, Photogrammetrie, Kulturtechnik = Mensuration, photogrammétrie, génie rural

Vestnik Moskovskogo Universiteta : naucnyj zurnal. Serija 5, Geografija

VGI : Österreichische Zeitschrift für Vermessung & Geoinformation

XYZ : Revue de l'Association Française de Topographie

Zeitschrift für angewandte Geologie (ZAG)

ZfV : Zeitschrift für Geodäsie, Geoinformation und Landmanagement

A. Bibliography, Documentation, General Literature
Bibliographie, Dokumentation, Allgemeines Schrifttum
Bibliographie, documentation, littérature générale

1. Reference Tools
Allgemeine Hilfsmittel
Moyens auxiliaires généraux

0001
Acronyms and abbreviations for cartography : interim report 1 by the Commission for Cartographic Terms, JCA. In: Map : journal of the Japan Cartographers Association. 41, 2003, 3, p.9-13. [Jap. and Engl.] ISSN 0009-4897

0002
Acronyms and abbreviations for cartography : interim report 2 by the Commission for Cartographic Terms, JCA. In: Map : journal of the Japan Cartographers Association. 41, 2003, 4, p.51-53. [Jap. and Engl.] ISSN 0009-4897

0003
Diercke-Wörterbuch allgemeine Geographie. Hrsg. von Hartmut Leser. - München / Braunschweig: Dt. Taschenbuch-Verl. / Westermann 2001 1037 p., ill., mp. (dtv ; 3421) (Westermann) [Vollkommen überarb. Ausg. , 12. Aufl., Gemeinschaftsausg.] ISBN 3-423-03421-1 (dtv) / 3-14136070-7

0004
Heersink, Paul: A catalogue of freely accessible Canadian spatial data sources on the web. In: Cartouche : the operational publication of the Canadian Cartographic Association. 52, 2003, p.9.
ISSN 1183-2045

0005
Hofmann, Cathérine: Répertoire des historiens de la cartographie : France - année 2003. In: Le Monde des Cartes : revue du Comité Français de Cartographie. 175, 2003, p.43-89. ISSN 1634-3522

0006
Kruif, Jan de: Overzicht organisaties in Geo-land. In: Geodesia. 45, 2003, 4, p.152-158, 1 ill., 2 tab. [Organisations in the field of geo-information.] [Dutch with Engl. rés.] ISSN 1385-7517

0007
Martín López, José: Cartógrafos españoles. - Madrid: Ministerio de Formento, Centro Nacional de Información Geográfica 2001, 319 p., ill., mp. [Spanish cartographers.] [Span.] [Bibliografia: p.317-319]
ISBN 84-95172-15-1

0008
Milanesi, Marica: Note sull' "Epitome Cosmografica" di Vincenzo Coronelli (1692-1693). In: La cartografia europea tra primo Rinascimento e fine dell' illuminismo : atti del Convegno Internazionale The Making of European Cartography, (Firenze, BNF-EUI, 13 - 15 dicembre 2001). A cura di Diogo Ramada Curto ; Angelo Cattaneo ; André Ferrand Almeida. - Firenze: L.S. Olschki 2003, p.63-74. (Studi / Accademia Toscana di Scienze e Lettere La Colombaria 213) [Notes on the "Epitome Cosmografica" of Vincenzo Coronelli (1692-1693).] [Ital.] ISBN 88-222-5240-3

0009
Mills, Anthony David: A dictionary of British place names. - Oxford [u.a.]: Oxford University Press 2003, XXXI, 533 p., mp. ISBN 0-19-852758-6 [Includes bibliographical references] [Rev. and expanded edition]

0010
Müllers großes deutsches Ortsverzeichnis. - [München]: Saur 2003, CD-ROMs. [Druckausg.: Müllers großes deutsches Ortsbuch]

0011
Pravda, Ján: Stručný lexikon kartografie. - Bratislava: Slovenská Akad. Vied, Geografický Ustav 2003, 324 p., ill., mp. (Geographia Slovaca ; 17) [Short cartographical dictionary.] [Slovak]

0012
Room, Adrian: The Penguin dictionary of British place names. - London [u.a.]: Penguin Books 2002, XXXIX, 548 p., mp. [Includes bibliographical references] ISBN 0-14-051453-8

0013
Urmes, Dietmar: Handbuch der geographischen Namen : [ihre Herkunft, Entwicklung und Bedeutung]. - Wiesbaden: Fourier 2003, 618 p. ISBN 3-932412-32-X

2. Bibliographies, Catalogues Bibliographien, Kataloge Bibliographies, catalogues

0014
Accurata descriptio : studier i kartografi, numismatik, orientalistik och biblioteksväsen tillägnade Ulla Ehrensvärd. [Redaktionskommitté: Göran Bäärnhielm ...]. - Stockholm: Kungl. Biblioteket 2003, 567, XV p., ill., mp. (Acta Bibliothecae regiae Stockholmiensis ; 69) [Swed.]
ISBN 91-7000-222-3

0015
Allen, David Y.: Library research from home : online map catalogues in North America and Europe. In: Mercator's World. 5, 2000, 4, p.54-55, 2 ill.
ISSN 1086-6728

0016
Beck, Gordon: Wading through the mud : creating a finding aid for World War I trench maps. In: Bulletin / Association of Canadian Map Libraries and Archives. 2003, 117, p.12-15, 1 ill. ISSN 0840-9331

0017
Cardinal, Louis: Hugo Leendert Philip Stibbe, 1934-2003. In: Bulletin / Association of Canadian Map Libraries and Archives. 2003, 117, p.50-51, 1 portr. [French version: p. 52-53]
ISSN 0840-9331

0018
Carte di riso : far eastern cartography with a complete catalogue of the collection of Chinese and Japanese maps owned by the Società Geografica Italiana. A cura di Claudio Cerreti. - Roma: Soc. Geografica Italiana 2003, 345 p., ill. (Memorie della Società Geografica Italiana ; 69)
ISSN 0391-5190

0019
Carte e cartografi degli Stati Sabaudi : rappresentare uno stato dal XVI al XVIII secolo. A cura di Rinaldo Comba e Paola Sereno. - Torino [u.a.]: U.Allemandi 2002, 180 p. [vol. 1], 307 p [vol. 2]. (Archivi di arte e cultura piemontesi) [Maps and cartographers of the States of Savoy : representing a state from the XVI to the XVIII century.] [Ital.] [Vol. 1 + 2]
ISBN 88-422-0717-9

0020
Cartografia histórica : Andalucia. Ministerio de Defensa, Secretaría General Técnica.

[Bajo la dir. de Rosa Martín y de Vega]. - [Madrid], 831 p. [History of cartography : Andalusia.] [Span.] [Includes indexes] ISBN 84-7823-896-4

0021
De Palma, Daniela: Catalogue of the Japanese maps owned by the Società Geografica Italiana. In: Carte di riso : far eastern cartography with a complete cata-logue of the collection of Chinese and Japanese maps owned by the Società Geografica Italiana. A cura di Claudio Cerreti. - Roma: Soc. Geografica Italiana 2003, p.281-345. (Memorie della Società Geografica Italiana ; 69) ISSN 0391-5190

0022
Deutsche Nationalbibliografie und Bibliografie der im Ausland erschienenen deutschsprachigen Veröffentlichungen : Amtsblatt. Bearb. u.Hrsg.: Die Deutsche Bibliothek (Deutsche Bücherei Leipzig, Deutsche Bibliothek Frankfurt a.M., Deutsches Musikarchiv Berlin. - Frankfurt, M.: Buchhändler-Vereinigung 2003, Reihe C, Karten : vierteljährliches Verzeichnis. ISSN 0939-0553

0023
Devon maps and map-makers : manuscript maps before 1840. Ed. with an introduction by Mary R. Ravenhill and Margery M. Rowe. - Exeter: Devon and Cornwall Record Society 2002, Erschienen: 1-2.

0024
Early Devon maps : maps of lands and estates in Devon before 1700. Ed. with an introd. by Mary R. Ravenhill and Margery M. Rowe. - Exeter: Friends of Devon's Archives 2000, VI, 58 p., ill., mp. (Friends of Devon's Archives occasional publications ; 1)[Includes bibliographical references] ISBN 1-85522-728-2

0025
Erickson, Doug; Skinner, Jeremy; Merchant, Paul: The expedition's traveling library : bibliography. In: The literature of the Lewis and Clark expedition : a bibliography and essays. Essays by Stephen Dow Beckham, bibliography by Doug Erickson and others. - Portland, Or.: Lewis & Clark College 2003, p.43-63, 10 ill. ISBN 0-9630866-1-8

0026
Espenhorst, Jürgen: The great handatlases. Ed. and transl. from the German text by George R. Crossman. - Schwerte: Pangaea-Verl. 2003, XX, 684 p., ill., mp. (Petermann's planet : a guide to German handatlases and their siblings throughout the world 1800-1950 ; Vol. 1) ISBN 3-930401-35-5

0027
Feldmann, Hans-Uli: Arthur Dürst : 6.10. 1926-28.12.2000. In: GeoAgenda. 8, 2001 [Publikationsliste]

0028
Finceur, Michel-Benoit; Silvestre, Marguerite: Bruxelles. sous la dir. de Hossam Elkhadem. - Bruxelles: Bibliothèque Royale de Belgique 2000, XXX, 546 p., ill., mp. (Inventaire raisonné des collections cartographiques Vandermaelen conservées à la Bibliothèque Royale de Belgique ; 4) ISBN 2-87093-124-7

0029
Fowkes, Dudley: Pre 1650 manuscript maps held by county record offices in England and Wales : a catalogue. edited by Dudley Fowkes. - East Ardsley: Microform Acad. Publ. 1992, 8 MF, Manuskript 725 p. [Mikroform]

0030
Ganado, Albert: Valletta città nuova : a map history (1566-1600). - Malta: Pub-

lishers Enterprises Group (PEG) 2003, XXIV, 623 p., ill., mp.
ISBN 99909-0346-8

0031
Geodäsie im Küsten- und Meeresbereich : [eine Fachbibliographie]. [red. Bearbeiter: Herbert Fritsch]. - Stuttgart: Fraunhofer-IRB-Verl. 2003, [ca 40] Bl. (IRB-Literaturdokumentation ; 2052) [1. Bd.] [Aktualisierte Fassung vom 28.02.2003]
ISBN 3-8167-1975-9

0032
Heinz, Markus: Modell eines Werkskataloges des kartographischen Verlages Homann, Homanns Erben und Fembo in Nürnberg : (1702-1848) ; in 2 Bänden. - Wien: Univ., Diss. 2002 [2 Bände]

0033
Hellyer, Roger: A guide to the Ordnance Survey 1:25,000 first series. With an introductory essay by Richard Oliver. - London: Charles Close Society 2003, VII, 34 p., mp. ISBN 1-87059-820-2

0034
Herreborg Thomsen, Brigitte: Kort og prospekter i Arkivet ved Dansk Centralbibliotek for Sydslesvig : en fortegnelse. - Flensborg: Dansk Centralbibliotek for Sydslesvig 2003, 54 p., ill. (Arkivserien / Studieafdelingen ved Dansk Centralbibliotek for Sydslesvig ; 10) [Danish]
ISBN 87-89178-42-4

0035
Kaartenverzameling 2003. Bibliotheek Vrije Universiteit. - Amsterdam: Bibliotheek 2003, 53 p. [Map collection 2003.] [Dutch] ISSN 1160-5984

0036
Klöti, Thomas: Der Katalog zur Sammlung Ryhiner : die Welt auf 16 000 Karten, Plänen und Ansichten. In: Cartographica Helvetica : Fachzeitschrift für Kartengeschichte. 28, 2003, p.47-49, ill.
ISSN 1015-8480

0037
Klöti, Thomas: Der Katalog zur Sammlung Ryhiner : die Welt auf 16 000 Karten, Plänen und Ansichten : nach der Erschliessung der Sammlung Ryhiner ist nun auch der vierbändige Katalog zur Sammlung Ryhiner erschienen. In: Libernensis, Bern (StUB). 2003, 1, p.10-13. ill.

0038
Koeman, Cornelis: Ortelius's Theatrum orbis terrarum, De Jode's Speculum orbis terrarum, the Epitome, Caert-thresoor and Atlas minor, the atlases of the XVII provinces, and other atlases published in the Low Countries up to c. 1650. - t'Goy-Houten: HES & de Graaf 2003, p.463-970, ill, mp. (Koeman's atlantes Neerlandici / comp. by Peter van der Krogt ; Vol. 3, Pt. B) [New ed.] ISBN 90-6194-448-1

0039
Koeman, Cornelis: Ortelius's Theatrum orbis terrarum, De Jode's Speculum orbis terrarum, the Epitome, Caert-thresoor and Atlas minor, the atlases of the XVII provinces, and other atlases published in the Low Countries up to c. 1650. - t'Goy-Houten: HES & de Graaf 2003, 462 p., ill. (Koeman's atlantes Neerlandici / comp by Peter van der Krogt ; Vol. 3, Pt. A) [New ed.] ISBN 90-6194-448-1

0040
Krysiak, Ewa: Zbiory kartograficzne w serwisie BUBL. In: Biuletyn Informacyjny Biblioteki Narodowej. 157, 2001, 2, p.28. [Cartographic collections in the BUBL Service.] [Pol.] ISSN 0006-3983

0041
Liming, Song; Giorgi, Maria Luisa: Catalogue of the Chinese maps owned by the

Società Geografica Italiana. In: Carte di riso : far eastern cartography with a complete catalogue of the collection of Chinese and Japanese maps owned by the Società Geografica Italiana. A cura di Claudio Cerreti. - Roma: Soc. Geografica Italiana 2003, p.191-280. (Memorie della Società Geografica Italiana ; 69) ISSN 0391-5190

0042
List of published maps available for sale. Geological Survey of India, Central Headquarters Calcutta. - Calcutta: Geological Survey of India 2003

0043
Líter Mayayo, Carmen: La obra de Tomás López. Con la colab. de Francisca Sanchis Ballester. - Madrid: Biblioteca Nacional 2002, 570 p., mp. [The work of Tomás López.] [Span.] [Includes bibliographical references (p.569-570) and index] ISBN 84-88699-59-X

0044
Mapping the Mediterranean : Anchorage charts from 18th century France ; September/October 2002. Victoria Munroe Fine Art. - Boston, Mass. 2002, [10] Bl., mp. [Exhibition ; (Boston, Mass.) : 2002.09.-10]

0045
Martinena Ruiz, Juan José: Catálogo de la sección de cartografia e iconografica del Archivo General de Navarra. - Pamplona: Gobierno de Navarra, Dep. de Educación y Cultura 2000, 259 p., ill. (Fuentes para historia de Navarra ; 70) [Catalogue of the cartographic and iconographic section of the Archivo General of Navarra.] [Span.] ISBN 84-235-2039-0

0046
Martorell Garau, Antoni: Cartografia de les illes Balears : compendi de mapes impresos durant els segles XVI, XVII i XVIII ; estudi cartobibliogràfic. - [Palma de Mallorca]: Sa nostra, Obra Social i Cultural 2000, 256 p., mp. [Cartography of the Balear Islands : compendium of maps printed in the XVI, XVII and XVIII century ; cartobibliographic studies.] [Span.] ISBN 84-95352-33-8

0047
Matschenz, Andreas: Geographisches Institut und Landkartenverlag Julius Straube 1858 bis 1969 : eine fragmentarische Berliner Verlagsgeschichte. - Berlin: Ed. Gauglitz 2003, 31 p., 8 ill. [Beih. zur Faksimileausgabe von Straube Übersichtsplan 1 : 4000, hrsg vom Landesarchiv] ISBN 3-933502-15-2

0048
Moretto, Gino: Piante e vedute prospettiche della città dal 1479 al 1797. - Piazzola /sBrenta (PD): Ed. Papergraf 2001, 439 p., ill., mp. (Venetia : le immagini della Repubblica ; [incisioni] ; vol. 1) [Plants and perspective views of the city from 1479 to 1797.] [Ital.] ISBN 88-87264-42-2

0049
Le opere cartografiche di Leonardo. In: Leonardo genio e cartografo : la rappresentazione del territorio tra scienza e arte ; [Arezzo, Palazzo Comunale, 21 giugno 2003 - 30 settembre 2003]. A cura di Andrea Cantile. - Firenze: Istituto Geografico Militare 2003, p.350-371, 5 mp. [Leonardo's cartographic works.] [Ital. and Engl.] ISBN 88-523-0001-5

0050
Pellegrini, Ettore: Il territorio senese nella cartografia antica : le carte geografiche della Toscana meridionale dalle prime rappresentazioni misurate del Rinascimento alle elaborazioni della geodesia post illuminista. Con un saggio di Renato Lugarini

su Girolamo Bellarmati e con il Repertorio delle carte a stampa pubblicate tra il 1558 e il 1844. - Siena: Protagon editori toscani 2002, 173 p., ill. [The territory of Siena in ancient cartography : the geographic maps of the southern Tuscany from the first measured representations of the Renaissance to the elaborations of post-enlightened geodesy.] [Ital.]
ISBN 88-8024-101-X

0051
Rockwell, Ken; Moeller, John: New mapping of western North America. In: Information bulletin / Western Association of Map Libraries. 33 2002, 2, p.100-107.
ISSN 0049-7282

0052
Rockwell, Ken: New mapping of western North America. In: Information bulletin / Western Association of Map Libraries. 34, 2003, 1, p. 50-59 ISSN 0049-7282

0053
Rockwell, Ken: New mapping of western North America. In: Information bulletin / Western Association of Map Libraries. 34, 2003, 2, p.85-90 ISSN 0049-7282

0054
Romme, Gerald: A web-based search engine for multiple applications in map and GIS collections. In: Bulletin / Association of Canadia Map Libraries and Archives. 2003, 117, p.17-18, 2 ill.

0055
Sammlung Ryhiner : Karten, Pläne und Ansichten aus dem 16. bis 19. Jahrhundert = Ryhiner Collection : maps, plans and views from the 16th to the 19th century. Hrsg. von Thomas Klöti. Stadt- und Universitätsbibliothek Bern. - Bern: Stadt- und Universitätsbibliothek Bern 2003, 4 Bände, Bd.1: p.1-407 , Bd.2: p.408-1040, Bd.3: p.1041-1507, Bd.4: p.1508-1786.
ISBN 3-9521539-0-7

0056
Sintes-Aïoutz, Madeleine: UMR Espace 6012 Université de Nice : Université de Nice - Sophia Antipolis CNRS. In: Le Monde des Cartes : revue du Comité Français de Cartographie. 176, 2003, p.20-23. ISSN 1634-3522

0057
Szaniawska, Lucyna: Niemiecko-polskie przedsięwzięcie kartograficzne. In: Biuletyn Informacyjny Biblioteki Narodowej. 157, 2001, 2, p.34-35, 2 ill, 2 mp. [A German-Polish cartographic undertaking.] [Pol.] ISSN 0006-3983

0058
Wandkaarten Kaartenverzameling : overzicht van de wandkaarten en transparantenatlassen ten dienste van het onderwijs aan de Vrije Universiteit. - Amsterdam: Bibliotheek Vrije Universiteit 2002, 64 p., 4 ill. [Dutch]

0059
Zögner, Lothar: Die Kartensammlung der Gesellschaft für Erdkunde zu Berlin. In: Die Erde : Zeitschrift der Gesellschaft für Erdkunde zu Berlin. 2003, 1, p.35-36.
ISSN 0013-9998 [Sonderheft]

3. Documentation, Classification Dokumentation, Klassifikation Documentation, classification

0060
Braune, Stephan; Bertelmann, Roland: Online-Visualisierung des Kartenbestandes der Bibliothek des Wissenschaftsparks Albert Einstein. In: Angewandte geographische Informationsverarbeitung XIV : Beiträge zum AGIT-Symposium Salzburg 2003. Josef Strobl ... (Hrsg.). - Heidelberg:

Wichmann 2003, p.47-52, 3 ill.
ISBN 3-87907-392-9

0061
Carte di riso : far eastern cartography with a complete catalogue of the collection of Chinese and Japanese maps owned by the Società Geografica Italiana. A cura di Claudio Cerreti. - Roma: Soc. Geografica Italiana 2003, 345 p., ill. (Memorie della Società Geografica Italiana ; 69)
ISSN 0391-5190

0062
De Palma, Daniela: The Japanese cartographic collection of the Società Geografica Italiana. In: Carte di riso : far eastern cartography with a complete catalogue of the collection of Chinese and Japanese maps owned by the Società Geografica Italiana. A cura di Claudio Cerreti. - Roma: Soc. Geografica Italiana 2003, p.157-190. (Memorie della Società Geografica Italiana ; 69) ISSN 0391-5190

0063
Garcia, Joao Carlos: Some geographical notes on the practice of identifying maps. In: La cartografia europea tra primo Rinascimento e fine dell' illuminismo : atti del Convegno Internazionale The Making of European Cartography, (Firenze, BNF-EUI, 13 - 15 dicembre 2001). A cura di Diogo Ramada Curto ; Angelo Cattaneo ; André Ferrand Almeida. - Firenze: L.S. Olschki 2003, p.325-330. (Studi / Accademia Toscana di Scienze e Lettere La Colombaria ; 213) [Engl.]
ISBN 88-222-5240-3

0064
Giorgi, Maria Luisa: The Chinese map collection of the Società Geografica Italiana. In: Carte di riso : far eastern cartography with a complete catalogue of the collection of Chinese and Japanese maps owned by the Società Geografica Italiana. A cura di Claudio Cerreti. - Roma: Soc. Geografica Italiana 2003, p.125-156. (Memorie della Società Geografica Italiana ; 69) ISSN 0391-5190

0065
Liming, Song: An evaluation of the Chinese maps in the possession of the Società Ceografica Italiana. In: Carte di riso : far eastern cartography with a complete catalogue of the collection of Chinese and Japanese maps owned by the Società Geografica Italiana. A cura di Claudio Cerreti. - Roma: Soc. Geografica Italiana 2003, p.99-110. (Memorie della Società Geografica Italiana ; 69) ISSN 0391-5190

0066
Mangan, Elisabeth Unger: Cartographic materials : a manual of interpretation for AACR2, 2002 revision. prepared by the Anglo-American Cataloguing Committee for Cartographic Materials. Elizabeth Unger Mangan, ed. - Chicago: American Library Association [u.a.] 2003, Losebl.-Ausg. ISBN 0-8389-3539-7 [Includes bibliographical references and index]

0067
Parker, Velma: Cataloguing notes from the Bibliographic Control Committee. In: Bulletin / Association of Canadian Map Libraries an Archives. 2003, 116, p.37-39. ISSN 0840-9331

0068
Parker, Velma: Report on the meeting of the Canadian Committee on Cataloguing : March, 14, 2003, Gatineau (Hull), Quebec. In: Bulletin / Association of Canadian Map Libraries an Archives. 2003, 116, p.58. ISSN 0840-9331

0069
Tetsuya, Hisatake: An evaluation of the Japanese maps in the possession of the

Società Geografica Italiana. In: Carte di riso : far eastern cartography with a complete catalogue of the collection of Chinese and Japanese maps owned by the Società Geografica Italiana. A cura di Claudio Cerreti. - Roma: Soc. Geografica Italiana 2003, p.111-123. (Memorie della Società Geografica Italiana ; 69) ISSN 0391-5190

0070
Waal, Hans van de: Documentation and cartography. In: Basic cartography for students and technicians : English version. [International Cartographic Association] Ed.: Roger W. Anson and F.J. Ormeling. - Oxford [u.a.]: Butterworth-Heinemann 1996, p.109-123, 12 ill. [Vol. 3] ISSN 0-7506-2702-6

0071
Watelet, Marcel: La cartothèque du Ministère wallon de l'Équipement et des Transports : structure des fonds et des collections. In: Accurata descriptio : studier i kartografi, numismatik, orientalistik och biblioteksväsen tillägnade Ulla Ehrensvärd. [Redaktionskommitté: Göran Bäärnhielm ...]. - Stockholm: Kungl. Biblioteket 2003, p.459-465, 2 ill., [2 ill. im Anhang]. (Acta Bibliothecae regiae Stockholmiensis ; 69) ISBN 91-7000-222-3

4. General Works on Cartography, Collective Writings Gesamtdarstellungen der Kartographie, Sammelwerke Représentations générales de la cartographie, recueils

0072
10 Jahre Fachhochschulausbildung in den Studiengängen Vermessungswesen und Kartographie an der HTW Dresden (FH) und 50 Jahre Ausbildung von Vermessungs- und Kartographieingenieuren in Dresden. Hrsg. von Uwe Jäschke u.a. Schriftleitung: Kristin Gehrt -Harald Köhler. - Dresden: Fachbereich Vermessungswesen, Kartographie der Hochsch. für Technik und Wirtschaft 2002, 180 p., ill., mp. (Dresdner Kartographische Schriften ; 4) ISSN 1436-0004

0073
Basic cartography for students and technicians : english version. [International Cartographic Association] Ed.: Roger W. Anson and F.J. Ormeling. - Oxford [u.a.]: Butterworth-Heinemann 2002, XII, 176 p., ill., mp. [Vol. 2] [2nd edition] ISBN 0-075064996-8

0074
Basic cartography for students and technicians : english version. [International Cartographic Association] Ed.: Roger W. Anson and F.J. Ormeling. - Oxford [u.a.]: Butterworth-Heinemann 1996, XII, 128 p., ill., mp. [Vol. 3] ISBN 0-7506-2702-6

0075
Basic cartography for students and technicians : english version. [International Cartographic Association] Ed.: Roger W. Anson and F.J. Ormeling. - Oxford [u.a.]: Butterworth-Heinemann 1993, transferred to digital printing 2001, XIII, 212 p., ill. ISBN 0-08-042344-2 [Vol. 1] [2nd edition]

0076
Hoffmeister, Ernst-Dietrich: 10 Jahre Fachbereich Vermessungswesen/Kartographie an der Hochschule für Technik und Wirtschaft Dresden (FH). In: 10 Jahre Fachhochschulausbildung in den Studiengängen Vermessungswesen und Kartographie an der HTW Dresden (FH) und 50 Jahre Ausbildung von Vermessungs- und Kartographieingenieuren in Dresden. Hrsg. von Uwe Jäschke u.a. Schriftleitung: Kristin Gehrt - Harald Köhler. - Dresden: Fach-

bereich Vermessungswesen, Kartographie der Hochsch. für Technik und Wirtschaft 2002, p.9-20, 1 tab. (Dresdner Kartographische Schriften ; 4) ISSN 1436-0004

0077
Stams, Werner: Lexika zur Kartographie : Rückblick und Vergleich. In: Kartographische Nachrichten. 53, 2003, 5, p.236-240, 1 ill. ISSN 0022-9164

5. Periodicals Periodika Périodiques

0078
Bakker, N.J.: Afscheid bij een nieuw begin. In: Kartografisch Tijdschrift. 29, 2003, 4, p.5-6, 2 ill. [farewell at a new beginning.] [Dutch] ISSN 0167-5788

0079
Deutsche Nationalbibliografie und Bibliografie der im Ausland erschienenen deutschsprachigen Veröffentlichungen : Amtsblatt. Bearb. u.Hrsg.: Die Deutsche Bibliothek (Deutsche Bücherei Leipzig, Deutsche Bibliothek Frankfurt a.M., Deutsches Musikarchiv Berlin. - Frankfurt, M.: Buchhändler-Vereinigung 2003, Reihe C, Karten : vierteljährliches Verzeichnis. ISSN 0939-0553

0080
Frangeš, Stanislav; Frančula, Nedjeljko; Lapaine, Miljenko: 80. obljetnica Geodetskog lista. In: Geodetski list. 57, 2003, 4, p.251-262, 2 ill., 9 tab. [80th anniversary of Geodetski list.] [Croat. with Engl. rés.] ISSN 0016-710X

0081
Geudeke, P.W.: Over tijdschrift en tijdbeeld. In: Kartografisch Tijdschrift. 29, 2003, 3, p.17-23, 13 ill. [On periodicals and periods.] [Dutch with Engl., and French rés.] ISSN 0167-5788

0082
Jahresbericht : Geosuisse, Schweizerischer Verband für Geomatik und Landmanagement. Schweizerischer Verband für Geomatik und Landmanagement. - Scherz: SIGImedia AG 2003, 16 p. [Beil. zu: Geomatik Schweiz : Geoinformation und Landmanagement =Géomatique Suisse = Geomatica Svizzera, 2003, Bd. 101] ISSN 0252-9424

0083
Jahresbericht Rapport annuel / Société Suisse des Mensurations et Améliorations Foncières : Schweizerischer Verein für Vermessung und Kulturtechnik, SVVK. Schweizerischer Verein für Vermessung und Kulturtechnik (SVVK). - Scherz: SIGImedia AG 2002, 16 p. [Beil. zu: Vermessung, Photogrammetrie, Kulturtechnik : VPK = Mensuration, photogrammétrie, génie rural] ISSN 0252-9424

0084
Jahresbericht des Bundesamtes für Landestopographie. - Wabern: Bundesamt 2001 [Jahresbericht Swisstopo] [Nachgewiesen 2001-]

0085
Jahresbericht. Technische Universität Dresden, Institut für Kartographie. - Dresden: Institut für Kartographie 1993-

0086
Kaartenverzameling 2003. Bibliotheek Vrije Universiteit. - Amsterdam: Bibliotheek 2003, 53 p. [Map collection 2003.] [Dutch] ISSN 1160-5984

0087
Kriz, Karel: Zögner, Lothar (Red.) (2000, 2001), Bibliographia Cartographica : internationale Dokumentation des kartographischen Schrifttums ; vol. 26 (1999), vol. 27 (2000). In: Mitteilungen der

Österreichischen Geographischen Gesellschaft. 143, 2001, p.388-389.
ISSN 0029-9138

0088
Newsletter : the Australian Map Circle. - Victoria: Univ. of Melbourne 2001
ISSN 0811-9511

B. History of Cartography
Geschichte der Kartographie
Histoire de la cartographie

1. General Features
Allgemeines
Généralités

0089
Accurata descriptio : studier i kartografi, numismatik, orientalistik och biblioteksväsen tillägnade Ulla Ehrensvärd. [Redaktionskommitté: Göran Bäärnhielm ...]. - Stockholm: Kungl. Biblioteket 2003, 567, XV p., ill., mp. (Acta Bibliothecae regiae Stockholmiensis ; 69) [Swed.]
ISBN 91-7000-222-3

0090
Baumann, Eberhard: Geodätische Literatur an der Schwelle des 19. Jahrhunderts zu Beginn der Karriere von MšFFLINGs. In: Fachinformationsblatt / Deutscher Verein für Vermessungswesen (DVW), Landesverein Thüringen e.V. - Gotha 2002, p.59-64, 1 ill. (Fachinformationsblatt / Deutscher Verein für Vermessungswesen, Landesverein Thüringen ; 4)

0091
Bekkering, Geert: "Landkaarten in stukjes om kinderen al speelende de aardrijkskunde te leeren". In: Caert-Thresoor. 22, 2003, 2, p.47-51, 5 ill. [Dissected maps to faciliate the teaching of geography.] [Dutch with Engl. rés.] ISSN 0167-4994

0092
Black, Jeremy: Regards sur le monde : une histoire des cartes. [trad. par Christine Chareyre]. - [Paris]: Octopus-Hachette livre 2004, 175 p., ill. [Originaltitel: Visions of the world : a history of maps]
ISBN 2-01-260262-2

0093
Black, Jeremy: Visions of the world : a history of maps. - London: Mitchell Beazley 2003, 176 p., ill.
ISBN 1-8400-0834-2

0094
Bousquet-Bressolier, Catherine: Cultures et codification du paysage. In: Le paysage des cartes : genèse d'une codification ; actes de la 3e journée d'études du Musée des Plans-Reliefs, Paris, 19 novembre 1998. Sous la dir. de Cathérine Bousquet-Bressolier. - Paris: Musée des Plans-Reliefs 1999, p.7-16, 4 ill. ISBN 2-902559-31-3

0095
Brunner, Kurt: Geheimhaltung und Verfälschung von Karten aus militärischen und politischen Gründen. In: Kartenverfälschung als Folge übergroßer Geheimhaltung? : eine Annäherung an das Thema Einflußnahme der Staatssicherheit auf das Kartenwesen der DDR ; Referate der Tagung der BStU vom 08.-09.2001 in Berlin. Hrsg. von Dagmar Unverhau. - Münster: Lit 2002, p.161-175, 12 ill.
ISBN 3-8258-5964-9

0096
Cartographic rarities of the "Woldan Collection" : (late 15th to early 19th centuries) ; exhibition in the Archives of the Vienna University ; 16th International Conference on the History of Cartography. [exhibition and catalogue: Gerhard Holzer]. - Wien: Österr. Akad. der Wiss., Kommission für Geschichte der Mathematik, Naturwiss. und Medizin 1995, 20 p.

0097
Casey, Edward S.: Representing place : landscape painting and maps. - Minneapolis [u.a.]: Univ. of Minnesota Press 2002, XX, 366 p., [8] Bl., ill., mp. [Includes index] ISBN 0-8166-3714-8 / 0-8166-3715-6

0098
Crane, Nicholas: Mercator : de man die de wereld in kaart bracht. - Amsterdam ; Antwerpen: Ambo ; Manteau 2003, 364 p. [16] p., ill. [Mercator : the man who mapped the planet.] [Dutch]
ISBN 90-76341-50-8

0099
Crane, Nicholas: Mercator : the man who mapped the planet. - New York: H. Holt 2003, XIII, 348 p., ill. [Includes bibliographical references (p.331-338) and index] ISBN 0-8050-6624-1

0100
Crane, Nicholas: Mercator : the man who mapped the planet. - London: Weidenfeld & Nicolson 2002, XIII, 348 p., ill., mp. [Includes bibliographical references and index] ISBN 0-29764665-6

0101
Dalché, Patrick Gautier: La trasmissione medievale e rinascimentale della Tabula Peutingeriana. In: Tabula Peutingeriana : le antiche vie del mondo. A cura di Francesco Prontera. - Firenze: Olschki 2003, p.43-52, 2 ill. (Biblioteca di Geographia antiqua ; 3) [Tabula Peutingeriana : the ancient routes of the world.] [Ital.] [Important work containing enlarged reproduction of 1916 facs. repr. of the medieval copy of a unique 4th-cent. A.D. Roman road atlas] [Includes in-depth essays, bibl., bibl. refs. and notes] ISBN 88-222-5269-1

0102
David, Robert G.: IMCoS 22nd International Symposium in Cyprus. In: Journal of the International Map Collectors' Society. 95, 2003, p.57-62, 10 ill.

0103
Feldmann, Hans-Uli: 20. Internationale Konferenz zur Geschichte der Kartographie in Cambridge und Portland (USA) : 15. bis 20. Juni 2003. In: Cartographica Helvetica : Fachzeitschrift für Kartengeschichte. 28, 2003, p.42-43, 1 ill.
ISSN 1015-8480

0104
Forselles-Riska, Cecilia af: Två framstående kartsamlare. In: Accurata descriptio : studier i kartografi, numismatik, orientalistik och biblioteksväsen tillägnade Ulla Ehrensvärd. [Redaktionskommitté: Göran Bäärnhielm ...]. - Stockholm: Kungl. Biblioteket 2003, p.119-130, 2 portr., [1 ill. im Anhang]. (Acta Bibliothecae regiae Stockholmiensis ; 69) [Swed.]
ISBN 91-7000-222-3

0105
Garcia, Joao Carlos: Some geographical notes on the practice of identifying maps. In: La cartografia europea tra primo Rinascimento e fine dell' illuminismo : atti del Convegno Internazionale The Making of European Cartography, (Firenze, BNF-EUI, 13 - 15 dicembre 2001). A cura di Diogo Ramada Curto ; Angelo Cattaneo ; André Ferrand Almeida. - Firenze: L.S. Olschki 2003, p.325-330. (Studi / Accademia Toscana di Scienze e Lettere La Colombaria ; 213) [Engl.]
ISBN 88-222-5240-3

0106
Geschichtsdeutung auf alten Karten : Archäologie und Geschichte ; (46. Wolfenbütteler Symposium, vom 26. bis 29. Oktober 1999]. [Hrsg. von Dagmar Unverhau]. - Wiesbaden: Harrassowitz 2003, 495 p., ill., mp. (Wolfenbütteler Forschungen ; 101) ISBN 3-447-04813-1

0107
Goffart, Walter André: Historical atlases : the first three hundred years, 1570 - 1870. - Chicago [u.a.]: Univ. of Chicago Press 2003, XXIII, 603 p., mp. [Literaturverz. p. 577-587] ISBN 0-226-30071-4

0108
Harris, Nathaniel: Mapping the world : maps and their history. - San Diego, Calif. [u.a.]: Thunder Bay 2002, 304 p., ill., mp. [Includes bibliographical index (p.300) and index] ISBN 1-571-45576-0

0109
Heimann, Heinz Dieter: Dorfbild, Ereignisbild, Weltbild : die neue Sicht der "kleinen" Welt. In: Kommunikation in der ländlichen Gesellschaft vom Mittelalter bis zur Moderne. Hrsg. von Werner Rösener. - Göttingen: Vandenhoeck & Ruprecht 2000, p.189-208. (Veröffentlichungen des Max-Planck-Instituts für Geschichte ; 156) ISBN 3-525-35472-X

0110
Helbig, Falk: Die kulturgeschichtliche Bedeutung von Geodäsie und Kartographie - eine wesentliche Lehr- und Forschungsaufgabe. In: 10 Jahre Fachhochschulausbildung in den Studiengängen Vermessungswesen und Kartographie an der HTW Dresden (FH) und 50 Jahre Ausbildung von Vermessungs- und Kartographieingenieuren in Dresden. Hrsg. von Uwe Jäschke u.a. Schriftleitung: Kristin Gehrt - Harald Köhler. - Dresden: Fachbereich Vermessungswesen, Kartographie der Hochsch. für Technik und Wirtschaft 2002, p.53-62, 6 ill. (Dresdner Kartographische Schriften ; 4) ISSN 1436-0004

0111
Herbert, Francis: Jacob Gråberg af Hemsö, the Royal Geographical Society, the Foreign Office, and Italian portolan charts for the British Museum. In: Accurata descriptio : studier i kartografi, numismatik, orientalistik och biblioteksväsen tillägnade Ulla Ehrensvärd. [Redaktionskommitté: Göran Bäärnhielm ...]. - Stockholm: Kungl. Biblioteket 2003, p.269-314, 4 ill., 1 portr. (Acta Bibliothecae regiae Stockholmiensis ; 69) ISBN 91-7000-222-3

0112
Hofmann, Cathérine: Répertoire des historiens de la cartographie : France - année 2003. In: Le Monde des Cartes : revue du Comité Français de Cartographie. 175, 2003, p.43-89. ISSN 1634-3522

0113
Hühnel, Helga: Drei österreichische Kartographenschicksale. In: Kartographische Zimelien : die 50 schönsten Karten und Globen der Österreichischen Nationalbibliothek. Hrsg.: Österreichische Nationalbibliothek Wien. Franz Wawrik... - Wien: Holzhausen 1995, p.11-18, 3 ill. ISBN 3-900518-36-X

0114
Hurni, Lorenz: Digitalisierung und Virtualisierung der Landschaft : ein Überblick über die amtliche Kartographie der Schweiz im 19. Jahrhundert. In: Vermessene Landschaften : Kulturgeschichte und technische Praxis im 19. und 20. Jahrhundert. Hrsg. von David Gugerli. - Zürich: Chronos 1999, p.65-78. (Interferenzen ; 1) ISBN 3-905313-12-X

0115
Knowles, Anne Kelly: Introducing historical GIS. In: Past time, past place : GIS for history. Ed. by Anne Kelly Knowles. - Redlands, Calif.: ESRI Press 2002, XI-XX. ISBN 1-589-48032-5

0116
Knowles, Anne Kelly: Past time, past place : GIS for history. Ed. by Anne Kelly

Knowles. - Redlands, Calif.: ESRI Press 2002, XX, 202 p., ill., mp. [Includes bibliographical references]
ISBN 1-589-48032-5

0117
Koeman, Cornelis: The history of cartography. In: Basic cartography for students and technicians : english version. [International Cartographic Association] Ed.: Roger W. Anson and F.J. Ormeling. - Oxford [u.a.]: Butterworth-Heinemann 1993, transferred to digital printing 2001, p.5-18, 15 ill. [Vol. 1] [2nd edition]
ISBN 0-08-042344-2

0118
Kupčík, Ivan: 11. Kartographiehistorisches Colloquium in Nürnberg 19. bis 21. September 2002. In: Cartographica Helvetica : Fachzeitschrift für Kartengeschichte. 27, 2003, p.42-44, 3 ill., 1 portr.
ISSN 1015-8480

0119
Kupčík, Ivan: Interaktiver Historischer Atlas Schleswig-Holstein. In: Kartographische Nachrichten. 53, 2003, 2, p.70-72, 1 ill. ISSN 0022-9164

0120
Leidel, Gerhard: Die Anfänge der archivischen Kartographie im deutschsprachigen Raum : acht handgezeichnete Karten des 15. Jahrhunderts im Bayerischen Hauptstaatsarchiv. In: Archivalische Zeitschrift / hrsg. von der Generaldirektion der Staatlichen Archiv Bayerns. 85, 2003, p.85-146.
ISSN 0003-9497

0121
Leopold, John H.: Astronomen, Sterne, Geräte : Landgraf Wilhelm IV. und seine sich selbst bewegenden Globen. - Luzern: Edition Joseph Fremersdorf 1986, 239 p., ill. ISBN 3-85766-023-6 [u.a. mit den Kapiteln: VIII. Die vier großen Globen von Jost Bürgi, p.112-145 ; X. Die Mondmodelle von Jost Bürgi bis zur Mondanomalieuhr, p.158-173 ; XII. Die Planetarien von Jost Bürgi, p.186-203 ; XIII. Globus und Mond auf der Kristalluhr von Jost Bürgi, 1622-23, p.204-210] [Literaturverz. p. 234 - 237]

0122
Marthaler, Michel: La mémoire de la Terre cachée derrières les panoramas. In: Géomorphologie et tourisme : actes de la Réunion annuelle de la Societé suisse de géomorphologie (SSGm), Finhaut, 21-23 septembre 2001. Ed.: Emmanuel Reynard et al. - Lausanne: Université de Lausanne, Institut de géographie 2003, p.105-114, ill. (Travaux et recherches / Institut de géographie, Université de Lausanne ; 24)

0123
Mattelaer, Pierre: La Pierre levée in Poitiers (France). In: BIMCC newsletter / Brussels International Map Collectors' Circle. 15, 2003, p.13-14, 1 ill.

0124
Monga, Luigi: Translating the journey : a literary perspective on thruth in cartography. In: Cross-cultural travel : papers from the Royal Irish Academy Symposium on Literature and Travel, National University of Ireland, Galway, November 2002. Ed. by Jane Conroy. - New York [u.a.]: Lang 2003, p.11-30, 14 ill. (Travel writing across the disciplines ; 7)
ISBN 0-8204-6930-0

0125
Motta, Giuseppe: Cartografia della montagna : evoluzione e innovazione della rappresentazione. In: Bollettino della Associazione Italiana di Cartografia. 40, 2003, 117-118-119, p.65-95, 30 ill. [Cartography of the mountains : evolution

and innovation of representation.] [Ital.] ISSN 0044-9733

0126
Müller, Martina: Management historischer Geodaten. In: 10 Jahre Fachhochschulausbildung in den Studiengängen Vermessungswesen und Kartographie an der HTW Dresden (FH) und 50 Jahre Ausbildung von Vermessungs- und Kartographieingenieuren in Dresden. Hrsg. von Uwe Jäschke u.a. Schriftleitung: Kristin Gehrt - Harald Köhler. - Dresden: Fachbereich Vermessungswesen, Kartographie der Hochsch. für Technik und Wirtschaft 2002, p.99-106, 3 ill., 1 tab. (Dresdner Kartographische Schriften ; 4) ISSN 1436-0004

0127
Old world pictures : a privileged peek into the map library of the Royal Geographic Society (with IBG) to explore the fascinating world of cartography. In: Geographical : the Royal Geographical Society magazine. 75, 2003, 12, p.60-65, 7 ill. ISSN 0016-741X

0128
Płatek, Ryszard: Informacja kartograficzna na temat starych map w Internecie. In: Polski przegląd kartograficzny. 35, 2003, 2, p.133-138, 2 ill., 2 tab. [Online cartographic information on old maps.] [Pol.] ISSN 0324-8321

0129
Rekacewicz, Philippe: Der Kartograf und seine Welten. In: Die Sehnsucht des Kartografen : Franz Ackermann ... ; Kunstverein Hannover, 13. Dezember 2003 bis 1. Februar 2004 ; [anlässlich der Ausstellung Die Sehnsucht des Kartografen im Kunstverein Hannover] = The longing of the cartographer. Hrsg.: Stephan Berg ; Martin Engler. [Übers.: George Frederick Takis ; Marie Luise Knott]. - Hannover 2003, p.154-159 (Germ.), p.202-207 (Engl.). [Text Germ. and Engl.] ISBN 3-00-012475-6

0130
Salgaro, Silvino: La montagna : dall' immagine al segno. In: Bollettino della Associazione Italiana di Cartografia. 40, 2003, 117-118-119, p.9-64, 38 ill. [The mountains : from image to sign.] [Ital.] ISSN 0044-9733

0131
Semotanová, Eva: Tri dějepisné mapy Aleše Pařízka z konce 18. století. In: Historická geografie. 32, 2003, p.69-92. [Three historical maps of Ales Parízek from the end of the 18th century.] [Czech] ISSN 0441-7348, 0323-0988

0132
Short, John Rennie: The world through maps : a history of cartograph Toronto: Firefly Books 2003, 224 p., ill., mp. ISBN 1-5529-7811-7

0133
Tabula Peutingeriana : le antiche vie del mondo. A cura di Francesco Prontera. - Firenze: Olschki 2003, p.66 p., [14] Bl. (Biblioteca di Geographia antiqua ; 3) [Tabula Peutingeriana : the ancient routes of the world.] [Ital.] [Important work containing enlarged reproduction of the 1916 facs. repr. of the medieval copy of a unique 4th-cent. A.D. Roman road atlas] [Includes in-depth essays, bibl., bibl. refs. and notes] ISBN 88-222-5269-1

0134
Tatham, Andrew F.: Tactile mapping : yesterday, today and tomorrow. In: The Carto-graphic Journal. 40, 2003, 3, p.255-258.

0135
Tooley's dictionary of mapmakers : E-J. Ed.: Josephine French. - Riverside, Conn.: Early World Press 2001, VI, 462 p. [Rev. ed.] [Vol. 2] ISBN 0-906430-14-3

0136
Tooley's dictionary of mapmakers : K-P. Ed.: Valerie Scott. - Riverside, Conn.: Early World Press 2003, VI, 472 p. [Rev. ed.] [Vol. 3] ISBN 0-906430-14-3

0137
Unverhau, Dagmar: Geschichtsdeutung (Archäologie und Geschichte) auf alten Karten : Bericht über die Tagung. In: Geschichtsdeutung auf alten Karten : Archäologie und Geschichte ; (46. Wolfenbütteler Symposium, vom 26. bis 29. Oktober 1999]. [Hrsg. von Dagmar Unverhau]. - Wiesbaden: Harrassowitz 2003, p.7-19. (Wolfenbütteler Forschungen ; 101) ISBN 3-447-04813-1

0138
Vollmar, Rainer: Die Vielschichtigkeit von Karten als kulturhistorische Produkte. In: Geschichtsdeutung auf alten Karten : Archäologie und Geschichte ; (46. Wolfenbütteler Symposium, vom 26. bis 29. Oktober 1999]. [Hrsg. von Dagmar Unverhau]. - Wiesbaden: Harrassowitz 2003, p.381-395, 7 ill. (Wolfenbütteler Forschungen ; 101) ISBN 3-447-04813-1

0139
Whitfield, Peter: The house of maps. In: Geographical : the Royal Geographical Society magazine. 75, 2003, 12, p.50-55, 6 ill., 4 mp., 1 portr. ISSN 0016-741X

0140
Wood, Michael: Some personal reflections on change... the past and future of cartography. In: The Cartographic Journal. 40, 2003, 2, p.111-115. ISSN 0008-7041

0141
Zeilinger, Elisabeth: Cartographica curiosa aus den Beständen der Österreichischen Nationalbibliothek. In: Kartographische Zimelien : die 50 schönsten Karten und Globen der Österreichischen Nationalbibliothek. Hrsg.: Österreichische Nationalbibliothek Wien. Franz Wawrik... - Wien: Holzhausen 1995, p.28-32, 2 ill. ISBN 3-900518-36-X

2. Regional History of Cartography
Regionale Geschichte der Kartographie
Histoire régionale de la cartographie

a. The World
Welt
Le monde

0142
Besse, Jean-Marc: Les grandeurs de la Terre : aspects du savoir géographique à la Renaissance. - Lyon: ENS 2003, 420 p., ill. ISBN 2-8478-8030-5

0143
Binding, Paul: Imagined corners : exploring the world's first atlas. - [London]: Review 2003, 314 p., ill., mp. ISBN 0-7472-3040-4

0144
Broecke, Marcel van den: Historische kaarten en hun teksten in de eerste moderne atlas van Abraham Ortelius. In: Caert-Thresoor. 22, 2003, 2, p.29-39, 8 ill. [Historical maps and their texts in the first modern atlas by Abraham Ortelius.] [Dutch with Engl. rés.] ISSN 0167-4994

0145
Brown, Wesley A.: The place-name "Vinland" on the world map in the "Rudimen-

tum Novitiorum". In: Journal of the International Map Collectors' Society. 93, 2003, p.9-20, 4 ill.

0146
Buisseret, David: The mapmakers' quest : depicting new worlds in Renaissance Europe. - Oxford [u.a.]: Oxford Univ. Press 2003, XXI, 227 p., ill., mp. [1. publ.] ISBN 0-19-210053-X

0147
Cattaneo, Angelo: Fra Mauro "Cosmographus Incomparabilis" and his "Mappamundi" : documents, sources , and protocols for mapping. In: La cartografia europea tra primo Rinascimento e fine dell' illuminismo : atti del Convegno Internazionale The Making of European Cartography, (Firenze, BNF-EUI, 13 - 15 dicembre 2001). A cura di Diogo Ramada Curto ; Angelo Cattaneo ; André Ferrand Almeida. - Firenze: L.S. Olschki 2003, p.19-48. (Studi / Accademia Toscana d Scienze e Lettere La Colombaria ; 213) [Engl.] ISBN 88-222-5240-3

0148
Crane, Nicholas: Mercator : de man die de wereld in kaart bracht. - Amsterdam ; Antwerpen: Ambo ; Manteau 2003, 364 p. [16] p., ill. [Mercator : the man who mapped the planet.] [Dutch] ISBN 90-76341-50-8

0149
Crane, Nicholas: Mercator : the man who mapped the planet. - New York: H. Holt 2003, XIII, 348 p., ill. [Includes bibliographical references (p.331-338) and index] ISBN 0-8050-6624-1

0150
Crane, Nicholas: Mercator : the man who mapped the planet. - London: Weidenfeld & Nicolson 2002, XIII, 348 p., ill., mp. [Includes bibliographical references and index] ISBN 0-29764665-6

0151
Dekker, Elly; Egmond, Marco van: Het 'ongewone' globepaar van Cornelis Covens : uit de hand gelopen hobby of baanbrekende innovation. In: Caert-Thresoor. 22, 2003, 1, p.1-13, 9 ill. [The unusual pair of globes of Cornelis Covens : hobby gotten out of hand or epochal innovation?] [Dutch] ISSN 0167-4994

0152
Demčenko, Ganna: Atlasy kartografičnoï firmy Blau -najvyšče dosjagnennja gollnads'kogo atlasnogo kartografuvannja XVII st. In:Kartohrafija ta istorija Ukraïny : zbirnyk naukovych pracÿ = Cartography and history of Ukraine : a collection of scholarly papers. Instytut Ukraïns'koï Archeohrafiï ta Dÿézereloznavstva im. M. Hruÿésevs'koho <Kyïv>. - L'viv: Koc' 2000, p.40-44. [Atlases of the Blaeu's cartographic firm : the highest achievement of the Dutch atlas cartography in the XVII century.] [Ukrain.] [In kyrill. Schrift] ISBN 996-02-1663-7

0153
Dörflinger, Johannes: Das geschichtskartographische Werk von Johann Matthias Hase (Hasius) : Paradigmenwechsel in der Historischen Kartographie (?). In: Geschichtsdeutung auf alten Karten : Archäologie und Geschichte ; (46. Wolfenbütteler Symposium, vom 26. bis 29. Oktober 1999]. [Hrsg. von Dagmar Unverhau]. - Wiesbaden: Harrassowitz 2003, p.221-253, 6 ill. (Wolfenbütteler Forschungen ; 101) ISBN 3-447-04813-1

0154
Dreyer-Eimbcke, Oswald: A new view of the Ebstorf world map. In: Journal of the

International Map Collectors' Society. 92, 2003, p.51- 55.

0155
Eisenstein, Herbert: "Mappae Arabicae" : das Weltbild des mittelalterlichen Islam im Spiegel seiner Karten. In: Geschichtsdeutung auf alten Karten : Archäologie und Geschichte ; (46. Wolfenbütteler Symposium, vom 26. bis 29. Oktober 1999]. [Hrsg. von Dagmar Unverhau]. - Wiesbaden: Harrassowitz 2003, p.93-108, 2 ill. (Wolfenbütteler Forschungen ; 101) ISBN 3-447-04813-1

0156
Elliott, Tom; Talbert, Richard: Mapping the ancient world. In: Past time, past place : GIS for history. Ed. by Anne Kelly Knowles. - Redlands, Calif.: ESRI Press 2002, p.145-162, 8 ill. ISBN 1-589-48032-5

0157
Galliano, Graziella: Early depictions of the world in transition. In: Imago Italiae : the making of Italy in the history of cartography from the Middle Ages to the Modern era ; reality, image and imagination from the Codices of Claudius Ptolemy ... Contributions by Laura Cassi ... - Trieste: Goliardica E.U.T. 2002, p.43-64, 23 ill. [Engl. ed.] ISBN 88-88745-00-9

0158
Haft, Adele J.: A poet's world on a wheel : Grevel Lindop's "Mappa Mundi". In: Mercator's World. 8, 2003, 1, p.32-39, 10 ill. ISSN 1086-6728

0159
Hamel, Jürgen: Caspar Peucer als Astronom : ein Gelehrter zwischen den Zeiten. In: Zwischen Katheder, Thron und Kerker : Leben und Werk des Humanisten Caspar Peucer 1525-1602 ; Ausstellung 25. September bis 31. Dezember 2002. Stadtmuseum Bautzen. [Red.: Uwe Koch, Lars Weber, ...]. - Bautzen: Domowina-Verl. 2002, 215 p., ill., mp. ISBN 3-7420-1925-2

0160
Harrisse, Henry: The Dieppe world maps : 1541-1553. - Cerritos, Calif.: Plus Ultra Pub. Co. 2002, 23 p. [Previously published: Göttingen : University Printing Press (W.F. Kaestner), 1899] ISBN 0-9667462-1-X

0161
Jaffee, David: James Wilson and the early American globe makers. In: The Portolan. 2003, 56, p.24-33, 4 ill. ISSN 1096-1925

0162
Knefelkamp, Ulrich: Der Behaim-Globus : Geschichtsbild und Geschichtsdeutung. In: Geschichtsdeutung auf alten Karten : Archäologie und Geschichte ; (46. Wolfenbütteler Symposium, vom 26. bis 29. Oktober 1999]. [Hrsg. von Dagmar Unverhau]. - Wiesbaden: Harrassowitz 2003, p.111-128, 6 ill. (Wolfenbütteler Forschungen ; 101) ISBN 3-447-04813-1

0163
Knobloch, Eberhard; Lelgemann, Dieter; Fuls, Andreas: Zur hellenistischen Methode der Bestimmung des Erdumfanges und zur Asienkarte des Klaudios Ptolemaios : fit für ALKIS? In: ZfV : Zeitschrift für Geodäsie, Geoinformation und Landmanagement. 128, 2003, 3, p.211-217, 2 ill., 4 tab. ISSN 1618-8950

0164
Koeman, Cornelis: Ortelius's Theatrum orbis terrarum, De Jode's Speculum orbis terrarum, the Epitome, Caert-thresoor and Atlas minor, the atlases of the XVII provinces, and other atlases published in the

Low Countries up to c. 1650. - t'Goy-Houten: HES & de Graaf 2003, p.463-970, ill, mp. (Koeman's atlantes Neerlandici / comp. by Peter van der Krogt ; Vol. 3, Pt. B) [New ed.] ISBN 90-6194-448-1

0165
Koeman, Cornelis: Ortelius's Theatrum orbis terrarum, De Jode's Speculum orbis terrarum, the Epitome, Caert-thresoor and Atlas minor, the atlases of the XVII provinces, and other atlases published in the Low Countries up to c. 1650. - t'Goy-Houten: HES & de Graaf 2003, 462 p., ill. (Koeman's atlantes Neerlandici / comp by Peter van der Krogt ; Vol. 3, Pt. A) [New ed.] ISBN 90-6194-448-1

0166
Kokkonen, Pellervo: A.E.Nordenskiöld and the discovery of history. In: Accurata descriptio : studier i kartografi, numismatik, orientalistik och biblioteksväsen tillägnade Ulla Ehrensvärd. [Redaktionskommitté: Göran Bäärnhielm ...]. - Stockholm: Kungl. Biblioteket 2003, p.337-352, 1 ill. (Acta Bibliothecae regiae Stockholmiensis ; 69) ISBN 91-7000-222-3

0167
Kozák, Jan T.; Dušek, Rudolf: Seismologische Karten : ein Beispiel thematischer Kartographie. In: Cartographica Helvetica : Fachzeitschrift für Kartengeschichte. 27, 2003, p.27-35, 9 ill. ISSN 1015-8480

0168
Lago, Luciano: From the flat earth to the globe : conjecture and experience for an epistemological revolution. In: Imago Italiae : the making of Italy in the history of cartography from the Middle Ages to the Modern era ; reality, image and imagination from the Codices of Claudius Ptolemy ... Contributions by Laura Cassi ... - Trieste: Goliardica E.U.T. 2002, p.93-117, 28 ill. [Engl. ed.] ISBN 88-88745-00-9

0169
Lago, Luciano: Geographical knowledge in the work of Pietro Coppo. In: Imago Italiae : the making of Italy in the history of cartography from the Middle Ages to the Modern era ; reality, image and imagination from the Codices of Claudius Ptolemy ... Contributions by Laura Cassi ... - Trieste: Goliardica E.U.T. 2002, p.65- 75, 14 ill. [Engl. ed.] ISBN 88-88745-00-9

0170
Lago, Luciano: Imago Italiae : the making of Italy in the history of cartography from the Middle Ages to the Modern era ; reality, image and imagination from the Codices of Claudius Ptolemy ... Contributions by Laura Cassi ... - Trieste: Goliardica E.U.T. 2002, 833 p., ill., mp. ISBN 88-88745-00-9 [Engl. ed.]

0171
Lago, Luciano: Italy in mappae mundi and medieval sea-charts. In: Imago Italiae : the making of Italy in the history of cartography from the Middle Ages to the Modern era ; reality, image and imagination from the Codices of Claudius Ptolemy ... Contributions by Laura Cassi ... - Trieste: Goliardica E.U.T. 2002, p.167-205, 43 ill. [Engl. ed.] ISBN 88-88745-00-9

0172
Lago, Luciano: The origins of the scientific system : the depiction of the earth. In: Imago Italiae : the making of Italy in the history of cartography from the Middle Ages to the Modern era ; reality, image and imagination from the Codices of Claudius Ptolemy ... Contributions by Laura Cassi ... - Trieste: Goliardica E.U.T. 2002, p.13-23, 10 ill. [Engl. ed.] ISBN 88-88745-00-9

0173
Mackensen, Ludolf von: Der Wandel des Weltbildes in der Zeit des Antonius Eisenhoit und des Jost Bürgi. In: Wunderwerk - Göttliche Ordnung und vermessene Welt : der Goldschmied und Kupferstecher Antonius Eisenhoit und die Hofkunst um 1600 ; Katalog der Ausstellung im Erzbischöflichen Diözesanmuseum Paderborn 2003. Hrsg. von Christoph Stiegemann. - Mainz: Zabern 2003, p.31-36, 5 ill.
ISBN 3-8053-3260-2

0174
Maroto Camino, Mercedes: Staging the southern continent 1565-1606. In: The Globe. 2003, 54, p.13-22, 9 ill.
ISSN 0311-3930

0175
McCorkle, Barbara: Piece by piece : a most unusual atlas. In: Mercator's World. 5, 2000, 4, p.34-35, 1 ill. ISSN 1086-6728

0176
Milanesi, Marica: The revival of geography. In: Imago Italiae : the making of Italy in the history of cartography from the Middle Ages to the Modern era ; reality, image and imagination from the Codices of Claudius Ptolemy ... Contributions by Laura Cassi ... - Trieste: Goliardica E.U.T. 2002, p.35-42, 7 ill. [Engl. ed.]
ISBN 88-88745-00-9

0177
Mokre, Jan: Grundriß contra Aufriß : die Stadt in der Kartographie. In: Kartographische Zimelien : die 50 schönsten Karten und Globen der Österreichischen Nationalbibliothek. Hrsg.: Österreichische Nationalbibliothek Wien. Franz Wawrik...
- Wien: Holzhausen 1995, p.19-27, 2 ill.
ISBN 3-900518-36-X

0178
Ormeling, Ferdinand Jan: Een model voor de verandering van plaatsnamen in het kader van de Europese expansie. In: Kartografisch Tijdschrift. 29, 2003, 4, p.36-43, 6 ill., 2 tab. [Place name change models and European expansion.] [Dutch with Engl., and French rés.]
ISSN 0167-5788

0179
Pápay, Gyula: Die Anfänge der Geschichtskartographie. In: Geschichtsdeutung auf alten Karten : Archäologie und Geschichte ; (46. Wolfenbütteler Symposium, vom 26. bis 29. Oktober 1999]. [Hrsg. von Dagmar Unverhau]. - Wiesbaden: Harrassowitz 2003, p.165-191, 13 ill. (Wolfenbütteler Forschungen ; 101) ISBN 3-447-04813-1

0180
Przyłuska, Barbara: Atlasy geograficzne Eugeniusza Romera. In: Biuletyn Informacyjny Biblioteki Narodowej. 157, 2001, 2, p.14-19, 3 ill., 1 portr. [Eugenius Romers geographic atlases.] [Pol.]
ISSN 0006-3983

0181
Sagues, Liz: Greaves & Thomas, facsimile globemakers. In: Mercator's World. 5, 2000, 4, p.18-23, 6 ill. ISSN 1086-6728

0182
Sammlung Ryhiner : Karten, Pläne und Ansichten aus dem 16. bis 19. Jahrhundert = Ryhiner Collection : maps, plans and views from the 16th to the 19th century. Hrsg. von Thomas Klöti. Stadt- und Universitätsbibliothek Bern. - Bern: Stadt- und Universitätsbibliothek Bern 2003, 4 Bände, Bd.1: p.1-407 , Bd.2: p.408-1040, Bd.3: p.1041-1507, Bd.4: p.1508-1786.
ISBN 3-9521539-0-7

0183
Shirley, Rodney: An unusual find. In: Journal of the International Map Collectors' Society. 92, 2003, p.27-29, 1 ill.

0184
Szaniawska, Lucyna: 'Geografia' Ptolemeusza i perypetie jej krakowskiego egzemplarza. In: Polski przegląd kartograficzny. 35, 2003, 3, p.207-213, 5 ill. [Ptolemeus' 'Geography' and vicissitudes of its Cracow copy.] [Pol.]
ISSN 0324-8321

0185
Theroux, Paul: Mapping the world. In: The Bulletin of the Society of Cartographers. 37, 2003, 1, p.1-3. ISSN 0036-1884

0186
Vorsey, Louis de: Mapping the world below : Athanasius Kircher and his subterranean world. In: Mercator's World. 8, 2003, 1, p.28-31, 3 ill. ISSN 1086-6728

0187
Wilke, Jürgen: Die Ebstorfer Weltkarte. - Bielefeld: Verl. für Regionalgeschichte 2001 (Veröffentlichungen des Instituts für Historische Landesforschung der Universität Göttingen ; 39) [Zugl.: Göttingen, Univ., Diss., 1999] ISBN 3-89534-335-8

0188
Zögner, Lothar: August Zeune (1778-1853) : Geographie für Sehende und Blinde. In: Verhandlungen der Gesellschaft für Erdkunde zu Berlin 2003 (Sonderheft von: Die Erde : Zeitschrift der Gesellschaft für Erdkunde, Berlin ; Forum für Erdsystem- und Erdraumforschung). 134, p.26-30, 2 ill., 1 portr. [(Sonderheft von: Die Erde : Zeitschrift der Gesellschaft für Erdkunde, Berlin ; Forum für Erdsystem- und Erdraumforschung)] ISSN 0013-9998

b. Oceans and Seas
Ozeane und Meere
Les océans et les mers

0189
Ahlund, Bertil: Historia kring vara sjökort. - Stockholm: Sjöhistoriska samfundet 2002, 126 p., ill., mp. (Forum navales skriftserie ; 5) [History around sea maps.]
ISBN 91-974015-2-8

0190
Aktines anemon ste thalassa = raggi di venti sul mare. Epimeleia Euangelos Libieratos. - Thessalonike: Ethnike Chartotheke 2000, 111 p., ill., mp. [Beams of wind on the sea.] [Greek and Ital.] [Catalogo della mostra di carte nautiche manoscritte 16. sec. provenienti dal museo Correr di Venezia, tenutasi presso il Centro nazionale ellenico per le carte e il patrimonio cartografico, cartoteca nazionale, di Tessalonica, dal 24 gennaio al 13 febbraio 2000. 7 conferenze su portolani e carte nautiche, istituto italiano di cultura di Salonicco, Thessaloniki, 25-26 gennaio 2000] ISBN 960-799904-5

0191
Astengo, Corradino: La cartografia nautica mediterranea dei secoli XVI e XVII. - Genova: Erga 2000, 221 p., ill. [The Mediterranean nautical cartography of the XVIth and the XVIIth century.] [Ital.] ISBN 88-8163-204-7 [Includes bibliographical references (p.193-221)]

0192
Barton, Cathy: Marie Tharp, oceanographic cartographer, and her contributions to the revolution in the earth sciences. In: The earth inside and out : some major contributions to geology in the twentieth century ; [presented at a symposium ; held at Rio de Janeiro in August 2000]. [organized by the International Commission on the

History of Geological Sciences (INHIGEO) for the International Geological Congress]. Ed. by David R. Oldroyd. - London: Geological Society 2002, 369 p., ill., mp. (Geological Society special publication ; 192) ISBN 1-86239-096-7

0193
Blais, Hélène: Qui dresse la carte? La controverse entre savants et voyageurs au XIXe siècle : le cas des circumnavigateurs français dans la première moitié du siècle. In: Le Monde des Cartes : revue du Comité Français de Cartographie. 175, 2003, p.25-29. ISSN 1634-3522

0194
Bodenstein, Wulf: Pictures at an exhibition II : Black sea - golden steppes - antiquarian maps of the Black Sea coast and the steppes of old Ukraine. In: BIMCC newsletter / Brussels International Ma Collectors' Circle. 16, 2003, p.5, 1 ill.

0195
Bousquet-Bressolier, Catherine: Les Ingénieurs géographes militaires au XVIIIe siècle et la naissance de la cartographie moderne. In: Du paysage à la carte : trois siècles de cartographie militaire de la France ; [exposition tenue au château de Vincennes du 18 septembre au 10 novembre 2002]. Ministère de la Défense, services historiques des armées. Sous la dir. de Marie-Anne Villèle, Agnès Beylot et Alain Morgat. - Vincennes: Service Historique de l'Armée de Terre 2002, p.48-55. (Publications du Service Historique de l'Armée de Terre)
ISBN 2-86323-143-X

0196
Campodonico, Pierangelo: Da una parte all'altra del Mediterraneo. In: L'oceano della convivenza. Expo Lisboa 98. - [Milano]: Skira 1998, p.34-61, 21 ill. [From one part to the other of the Meditarranean.] [Ital.]
ISBN 88-8118-397-8

0197
Chapuis, Olivier: L'hydrographie des côtes de France (XVIIe siècle - XIXe siècle). In: Du paysage à la carte : trois siècles de cartographie militaire de la France ; [exposition tenue au château de Vincennes du 18 septembre au 10 novembre 2002]. Ministère de la Défense, services historiques des armées. Sous la dir. de Marie-Anne Villèle, Agnès Beylot et Alain Morgat. - Vincennes: Service Historique de l'Armée de Terre 2002, p.56-64. (Publications du Service de l'Armée de Terre)
ISBN 2-86323-143-X

0198
David, Andrew: Lieutenant Murdoch Mackenzie and his survey of the Bristol Channel and the south coast of England. In: The Cartographic Journal. 40, 2003, 1, p.69-78, 6 ill. ISSN 0008-7041

0199
Filliozat, Manomani: J.B. D'Après de Mannevillette et la cartographie de la nouvelle route des Indes. In: Le Monde des Cartes : revue du Comité Français de Cartographie. 175, 2003, p.6-16, 5 ill.
ISSN 1634-3522

0200
Fisher, Susanna: "More attractive and useful" : the popularity of privately published blueback charts in the nineteenth century. In: The Cartographic Journal. 40, 2003, 1, p.79-88, 5 ill.

0201
Galliano, Graziella: Le carte nautiche spagnole dei secoli XVI-XVII conservate a Genova. In: Grandes viajes descubridores. Seminario Iberoamericano de Descubri-

mientos y Cartografia, Instituto Interuniversitario de Estudios de Iberoamérica y Portugal. Coord.: Jesús Varela Marcos. - Tordesillas, Valladolid: Instituto Interuniversitario de Estudios de Iberoamérica y Portugal 2001, p.139-161, 8 ill. (Descubrimientos y cartografia ; 4) [The spanish nautical maps conserved at Genoa.] [Ital.] ISBN 8493062-96-0

0202
Kok, Hans: Mare Nostrum, Our Sea, Their Sea, Your Sea, Our Sea, as we saw it!. In: Journal of the International Map Collectors' Society. 95, 2003, p.9-22, 12 ill.

0203
Kupčík, Ivan: Das Janusgesicht der Portolankarten : die ungelösten Fragen zur Ikonographie der Portolankarten. In: Geschichtsdeutung auf alten Karten : Archäologie und Geschichte ; (46. Wolfenbütteler Symposium, vom 26. bis 29. Oktober 1999]. [Hrsg. von Dagmar Unverhau]. - Wiesbaden: Harrassowitz 2003, p.65-92, 12 ill., 1 tab. (Wolfenbütteler Forschungen ; 101) ISBN 3-447-04813-1

0204
Lago, Luciano: Italy in mappae mundi and medieval sea-charts. In: Imago Italiae : the making of Italy in the history of cartography from the Middle Ages to the Modern era ; reality, image and imagination from the Codices of Claudius Ptolemy ... Contributions by Laura Cassi ... - Trieste: Goliardica E.U.T. 2002, p.167-205, 43 ill. [Engl. ed.] ISBN 88-88745-00-9

0205
Leenders, E.: Mare Nostrum - maps of the Mediterranean : third BIMCC Conference, Brussels, 14th December 2002. In: BIMCC newsletter / Brussels International Map Collectors' Circle. 15, 2003, p.14-17, 2 ill.

0206
L'oceano della convivenza. Expo Lisbona '98. - [Milano]: Skira 1998, 233 p., ill. [The ocean of cohabitation.] [Ital.] ISBN 88-8118-397-8

0207
Loeck, Gottfried: Ausgewählte Darstellungen des Neuen Tiefs in gedruckten See- und Landkarten des 16. bis 19. Jahrhunderts. In: Deutsches Schiffahrtsarchiv. 22, 1999, p.169-188, ill., mp. ISSN 0343-3625

0208
Mapping the Mediterranean : Anchorage charts from 18th century France ; September/October 2002. Victoria Munroe Fine Art. - Boston, Mass. 2002, [10] Bl., mp. [Exhibition ; (Boston, Mass.) : 2002.09.-10]

0209
Martín López, José: Mapas antiguos y leyendas modernas. In: Topografia y cartografia : TOPCART. 20, 2003, 118-119, p.26-34, 4 ill. [Old maps and modern legends.] [Span.] ISSN 0212-9280

0210
Mascaró Passarius, Josep: La toponímia i cartografia antigues de les Illes Balears : cartes ne navegar i texts des del segle VI abans de Crist fins a l'any 1599. - Palma (Mallorca): Muntaner 2000, 182 p., ill., mp. (Refaubetx ; 4) [Toponymics and ancient cartography of the Balear Islands : navigation maps and texts from the VIth century before Chr. to the year 1599.] [Mallorquí] ISBN 84-95360-05-5

0211
Novak, Drago: The coast of Spain and western Mediterranean on the portolan charts of Vincentius Demetrius Volcius Raguseus (1563-1607) a portolan maker from Dubrovnik. In: Journal of the Inter-

national Map Collectors' Society. 94, 2003, p.31-45, 9 ill., 1 tab.

0212
Owen, J.Victor: Margins for errors : manuscript notations in The Atlantic Neptune. In: Mercator's World. 5, 2000, 4, p.42-45, 3 ill. ISSN 1086-6728

0213
Radulet, Carmen M.: Italiani e Portoghesi. In: L'oceano della convivenza. Expo Lisboa 98. - [Milano]: Skira 1998, p.74-86, 5 ill., 9 mp. [Italians and Portoguese.] [Ital.] ISBN 88-8118-397-8

0214
Richard, Hélène: La préparation cartographique des voyages français de la fin du XVIIIe siècle. In: Le Monde des Cartes : revue du Comité Français de Cartographie. 175, 2003, p.17-24, 6 ill.
ISSN 1634-3522

0215
Robson, John Cullen: The charts produced during the Pacific voyages of Bougainville and Cook : a comparison. In: The Globe. 2003, 54, p.39-60, 12 ill. ISSN 0311-3930

0216
Schilder, Günter: Unknown steps in the Arctic Sea : The voyage by Mouris Willemsz (1608 or earlier). In: Accurata descriptio : studier i kartografi, numismatik, orientalistik och biblioteksväsen tillägnade Ulla Ehrensvärd. [Redaktionskommitté: Göran Bäärnhielm ...]. - Stockholm: Kungl. Biblioteket 2003, p.403-418, 7 ill. (Acta Bibliothecae regiae Stockholmiensis ; 69) ISBN 91-7000-222-3

0217
Szaniawska, Lucyna: Reprint portolanu Kolumba. In: Biuletyn Informacyjny Biblioteki Narodowej. 157, 2001, 2, p.6-9, 3 ill. [The reprint of Columbus' sea map.] [Pol.] ISSN 0006-3983

0218
Tardiola, Giuseppe: L'oceano del fantasticare. In: L'oceano della convivenza. Expo Lisboa 98. - [Milano]: Skira 1998, p.90-105, 11 ill. [The ocean of fancies.] [Ital.] ISBN 88-8118-397-8

0219
Werner, Jan: Stokjes en schelpen wijzen de (zee)weg. In: Geografie / uitg. van het Koninklijk Nederlands Aardrijkskundig Genootschap, KNAG. 12, 2003, 1, p.23. [Sticks and shells show the (sea)way.] [Dutch] ISSN 0926-3837

c. Africa
Afrika
L'Afrique

0220
Helmfrid, Staffan: Profet i främmande land : Jacob Gråberg och Marockokartan. In: Accurata descriptio : studier i kartografi, numismatik, orientalistik och biblioteksväsen tillägnade Ulla Ehrensvärd. [Redaktionskommitté: Göran Bäärnhielm ...]. - Stockholm: Kungl. Biblioteket 2003, p.253-267, 1 portr., 1 ill., 3 mp,. (Acta Bibliothecae regiae Stockholmiensis ; 69) [Swed.] ISBN 91-7000-222-3

0221
Krogt, Peter van der: The map image of Africa in Dutch atlases of the sixteenth and seventeenth centuries. In: Dutch geography and Africa : [IGU regional conference in Durban South Africa, August 4 - 8,2002]. International Geographical Union, Section The Netherlands. - Utrecht: Univ., Fac. Ruimtelijke Wetenschappen [u.a.] 2002, p.118-158, 37 ill. (Nederlandse geografische studies ; 300) ISBN 90-6809-336-3

0222
Moser, Jana: Die ersten bekannten Karten des Innern des heutigen Namibia zwischen 1761 und 1795. In: 10 Jahre Fachhochschulausbildung in den Studiengängen Vermessungswesen und Kartographie an der HTW Dresden (FH) und 50 Jahre Ausbildung von Vermessungs- und Kartographieingenieuren in Dresden. Hrsg. von Uwe Jäschke u.a. Schriftleitung: Kristin Gehrt - Harald Köhler. - Dresden: Fachbereich Vermessungswesen, Kartographie der Hochsch. für Technik und Wirtschaft 2002, p.155-162, 6 ill. (Dresdner Kartographische Schriften ; 4) ISSN 1436-0004

0223
Rottland, Thomas: Von Stämmen und Ländern und der Macht der Karte : eine Dekonstruktion der ethnographischen Kartierung Deutsch-Ostafrikas. - Berlin: Schwarz 2003, 118 p., mp. + 1 CD-ROM. (Arbeitshefte / Zentrum Moderner Orient, Geisteswissenschaftlich Zentren Berlin e.V. ; 21) ISBN 3-87997-609-0 [CD-ROM enth.: Kartenbeispiele]

0224
Stiebel, L.; Goldsworthy, C.: A suitable match : marrying technology to the past in the Thomas Baines and the "Great Map" CD-ROM project. In: Cartography : journal of the Mapping Sciences Institute, Australia. 32, 2003, 2, p.55-63, 4 ill. ISSN 0069-0805

0225
Wilkes, Sue: Exploring Africa through maps : the travels of Caroline Batchelor. In: Mercator's World. 5, 2000, 4, p.12-17, 6 ill. ISSN 1086-6728

d. The Americas
Amerika
L'Amérique

0226
Alvarez, Aldo: Geomagnetism and the Cartography of Juan de La Cosa. In: Terrae incognitae : the journal for the history of discoveries. 35, 2003, p.1.15, 10 ill., 1 tab. ISSN 0082-2884

0227
Beckham, Stephen Dow: The expedition's traveling library. In: The literature of the Lewis and Clark expedition : a bibliography and essays. Essays by Stephen Dow Beckham, bibliography by Doug Erickson and others. - Portland, Or.: Lewis & Clark College 2003, p.25-42. ISBN 0-9630866-1-8

0228
Bedini, Silvio A.: The Jefferson Stone : demarcation of the first meridian of the United States. - Frederick, MD: Professional Surveyors Publ. 1999, XV, 184 p., ill. ISBN 0-9665120-1-4

0229
Broome, Rodney: Amerike : the Briton who gave America its name. - Stroud: Sutton 2002, XXIII, 227, [8] p. ISBN 0-7509-2909-X

0230
Brown, Wesley A.: The place-name "Vinland" on the world map in the "Rudimentum Novitiorum". In: Journal of the International Map Collectors' Society. 93, 2003, p.9-20, 4 ill.

0231
Buisseret, David: Early European cartography of the New World. In: La cartografia europea tra primo Rinascimento e fine dell'

illuminismo : atti del Convegno Internazionale The Making of European Cartography, (Firenze, BNF-EUI, 13 - 15 dicembre 2001). A cura di Diogo Ramada Curto ; Angelo Cattaneo ; André Ferrand Almeida. - Firenze: L.S. Olschki 2003, p.95-107. (Studi / Accademia Toscana di Scienze e Lettere La Colombaria ; 213) [Engl.] ISBN 88-222-5240-3

0232
Castro, P.: Breve historia de la cartografia geologica en el departamento de Antioquia. In: Revista de la Academia Colombiana de Ciencias Exactas, Fisicas y Naturales. 27, 2003, 103, p.245-261. [Short history of geologic cartography in the district Antioquia.] [Span.] ISSN 0370-3908

0233
Charting Louisiana : five hundred years of maps. Ed. by Alfred Emmette Lemmon, John T. Magill and Jason R. Wiese. - New Orleans, La: Historic New Orleans Collection 2003, XXII, 383 p., ill., mp. [Includes bibliographical references and index] ISBN 0-917860-47-0

0234
Chemello, Adriana: Nuove terre e nuovo mondo. In: L'oceano della convivenza. Expo Lisboa 98. - [Milano]: Skira 1998, p.106-115, 11ill. [The ocean of fancies.] [Ital.] ISBN 88-8118-397-8

0235
Connett, Christina: Fantasy and fact : decorative cartouches on Captain James Cook's chart of New Zealand. In: New Zealand Map Society journal. 16, 2003, p.23-32,. ISSN 0113-2458

0236
Dörflinger, Johannes: Beiträge österreichischer Jesuitenmissionare zur kartographischen Erschliessung Amerikas. In: Cartographica Helvetica : Fachzeitschrift für Kartengeschichte. 28, 2003, p.3-11, 10 ill. ISSN 1015-8480

0237
Dreyer-Eimbcke, Oswald: America's birth certificates. In: Journal of the International Map Collectors' Society. 94, 2003, p.23-29.

0238
Edney, Matthew H.: New England mapped : the creation of a colonial territory. In: La cartografia europea tra primo Rinascimento e fine dell' illuminismo : atti del Convegno Internazionale The Making of European Cartography, (Firenze, BNF-EUI, 13 - 15 dicembre 2001). A cura di Diogo Ramada Curto ; Angelo Cattaneo ; André Ferrand Almeida. - Firenze: L.S. Olschki 2003, p.155-176. (Studi / Accademia Toscana d Scienze e Lettere La Colombaria ; 213) [Engl.] ISBN 88-222-5240-3

0239
Ehrenberg, Ralph E.: "Forming a general geographical idea of a country" : mapping Louisiana from 1803 to 1820. In: Charting Louisiana : five hundred years of maps. Ed. by Alfred Emmette Lemmon, John T. Magill and Jason R. Wiese. - New Orleans, La: Historic New Orleans Collection 2003, p.123-162, 6 ill., 5 portr., 19 mp. ISBN 0-917860-47-0 [Includes bibliographical references and index]

0240
Erickson, Doug; Skinner, Jeremy; Merchant, Paul: The expedition's traveling library : bibliography. In: The literature of the Lewis and Clark expedition : a bibliography and essays. Essays by Stephen Dow Beckham, bibliography by Doug Erickson and others. - Portland, Or.: Lewis & Clark College 2003, p.43-63, 10 ill. ISBN 0-9630866-1-8

0241
Fernandez, Mark F.: Mapping Lousiana in the nineteenth century. In: Charting Louisiana : five hundred years of maps. Ed. by Alfred Emmette Lemmon, John T. Magill and Jason R. Wiese. - New Orleans, La: Historic New Orleans Collection 2003, p.163-244, 7 ill., 1 portr, 50 mp. [Includes bibliographical references and index]
ISBN 0-917860-47-0

0242
Ferrand Almeida, André: Samuel Fritz revisited : the maps of the Amazon and their circulation in Europe. In: La cartografia europea tra primo Rinascimento e fine dell' illuminismo : atti del Convegno Internazionale The Making of European Cartography, (Firenze, BNF-EUI, 13 - 15 dicembre 2001). A cura di Diogo Ramada Curto ; Angelo Cattaneo ; André Ferrand Almeida. - Firenze: L.S. Olschki 2003, p.133-153. (Studi / Accademia Toscana di Scienze e Lettere La Colombaria ; 213) [Engl.] ISBN 88-222-5240-3

0243
Harvey, Francis J.: Preface : transitions in U.S. cartography and geographic information science. In: Cartography and geographic information science. 30, 2003, 2, p.95-98, 1 ill. ISSN 1523-0406

0244
Hillier, Amy: Redlining in Philadelphia. In: Past time, past place : GIS for history. Ed. by Anne Kelly Knowles. - Redlands, Calif.: ESRI Press 2002, p.79-92, 10 ill.
ISBN 1-589-48032-5

0245
Hoffman, Paul E.: Discovery and early cartography of the northern Gulf Coast. In: Charting Louisiana : five hundred years of maps. Ed. by Alfred Emmette Lemmon, John T. Magill and Jason R. Wiese. - New Orleans, La: Historic New Orleans Collection 2003, p.7-40, 16 mp. [Includes bibliographical references and index]
ISBN 0-917860-47-0

0246
Jenish, D'Arcy: Epic wanderer : David Thompson and the mapping of the Canadian West. - Lincoln, Nebr.: Univ. of Nebraska Press 2003, 309 p., ill., mp. [Includes bibliographical references and index] ISBN 0-8032-2600-4

0247
Jennings, William: An early map of St. Kitts. In: New Zealand Map Society journal. 16, 2003, p.17-22, 1 mp.
ISSN 0113-2458

0248
Kelley, James E.: Waldseemüller's secret, revisited. In: Mercator's World. 8, 2003, 1, p.10-13, 1 ill. ISSN 1086-6728

0249
Kirsch, Scott: John Wesley Powell and the mapping of the Colorado Plateau, 1869-1879 : survey science, geographical solutions, and the economy of environmental values. In: Annals of the Association of American Geographers. 92, 2002, 3, p.548-572, ill., mp. ISSN 0004-5608

0250
Koning, Joep M.J. de: From Van der Donck to Visscher : a 1648 view of New Amsterdam. In: Mercator's World. 5, 2000, 4, p.28-33, 3 ill. ISSN 1086-6728

0251
Kovarsky, Joel: Maps at Mr. Jefferson's University : The Albert and Shirley Small Special Collections Library. In: The Portolan. 2003, 56, p.45-50, 4 mp.
ISSN 1096-1925

0252
Kretschmer, Ingrid: Österreichische Expeditionskartographie in Südamerika. In: Cartographica Helvetica : Fachzeitschrift für Kartengeschichte. 28, 2003, p.13-23, 1 ill., 6 mp. ISSN 1015-8480

0253
Lowe, David W.: Telling civil war battlefield stories with GIS. In: Past time, past place : GIS for history. Ed. by Anne Kelly Knowles. - Redlands, Calif.: ESRI Press 2002, p.51-63, 7 ill. ISBN 1-589-48032-5

0254
Magill, John T.: New Orleans through three centuries. In: Charting Louisiana : five hundred years of maps. Ed. by Alfred Emmette Lemmon, John T. Magill and Jason R. Wiese. - New Orleans, La: Historic New Orleans Collection 2003, p.293-346, 13 ill., 26 mp. [Includes bibliographical references and index] ISBN 0-917860-47-0

0255
Mandell, Mel: The mapmaker who swallowed his maps. In: Mercator's World. 8, 2003, 1, p.42-45, 4 ill., 1 portr. ISSN 1086-6728

0256
McMaster, Robert B.; McMaster, Susanna: Response [to: "Commentary on 'A history of twentieth-century American academic cartography' by Robert McMaster and Susanna McMaster" by Sara Irina Fabrikant]. In: Cartography and geographic information science. 30, 2003, 1, p.85-87. ISBN 1523-0406 [Article refers to: "Commentary on 'A history of twentieth-century American academic cartography' by Robert McMaster and Susanna McMaster" by Sara Irina Fabrikant, Cartography and geographic information science - 30, 2003, 1, p.81-84]

0257
Minnick, Roy: La influencia española en la cartografia y la topografia de América : aplicaciones cartográficas. In: Topografia y cartografia : TOPCART. 20, 2003, 115, p.54-59, 4 ill. [The Spanish influence on cartography and topography of the Americas.] [Span. with Engl. rés.] ISSN 0212-9280

0258
Moreau, Richard; Durand-Delga, Michel: Jules Marcou (1824 - 1898) : précurseur français de la géologie nord-américaine. - Paris [u.a.]: L'Harmattan 2002, 199 p., ill., mp. + 1 mp. (Collection Les acteurs de la science) ISBN 2-7475-3096-5

0259
Nickel, Herbert J.: Kaiser Maximilians Kartographen in Mexiko. - Frankfurt/Main: Vervuert 2003, 93, XX p., ill., mp. (Biblioteca Ibero-Americana ; 96) [Literaturverz. p. 90-93] [Literaturverz. p. 90-93] ISBN 3-89354-596-4

0260
O tesouro dos mapas = The treasure of the maps : a cartografia na formaçao do Brasil ; exposiçao da coleçao cartográfica do Instituto Cultural Banco Santos. Texto e curadoria Paulo Miceli. - Sao Paulo, Brasil: Instituto Cultural Banco Santos 2002, 339 p., ill., mp. [Port.] [Includes bibliographical references (p.338)] ISBN 85-89025-01-2

0261
Owen, J.Victor: Margins for errors : manuscript notations in The Atlantic Neptune. In: Mercator's World. 5, 2000, 4, p.42-45, 3 ill. ISSN 1086-6728

0262
Owen, J.Victor: Streets paved with gold : fortress of Louisbourg on early maps. In: Mercator's World. 8, 2003, 1, p.40-45, 6 ill. ISSN 1086-6728

0263
Pearson, Alastair; Collier, Peter: Agricultural history with GIS. In: Past time, past place : GIS for history. Ed. by Anne Kelly Knowles. - Redlands, Calif.: ESRI Press 2002, p.105-116, 6 ill.
ISBN 1-589-48032-5

0264
Peck, Douglas T.: The 1511 Peter Martyr map revisited. In: The Portolan. 2003, 56, p.34-39, 2 ill. ISSN 1096-1925

0265
Pritchard, Margaret Beck: Maps from the Colonial Williamsburg Collection. In: The Portolan. 2003, 57, p.p.10-16, 2 ill., 3 mp. ISSN 1096-1925

0266
Ray, Benjamin C.: Teaching the Salem witch trials. In: Past time, past place : GIS for history. Ed. by Anne Kelly Knowles. - Redlands, Calif.: ESRI Press 2002, p.19-33, 8 ill. ISBN 1-589-48032-5

0267
Reinhartz, Dennis: An exploration of the "silences" on various late eighteenth-century maps of northern New Spain. In: Terrae incognitae : the journal for the history of discoveries. 35, 2003, p.43-53, 6 ill. ISSN 0082-2884

0268
Reinhartz, Dennis: Texas map postcards revisited : much more than ephemera. In: The Portolan. 2003, 57, p.43-50, 8 ill.

0269
Rumsey, David; Williams, Meredith: Historical maps in GIS. In: Past time, past place : GIS for history. Ed. by Anne Kelly Know-les. - Redlands, Calif.: ESRI Press 2002, p.1-18, 11 ill. ISBN 1-589-48032-5

0270
Schulten, Susan: The geographical imagination in America, 1880-1950. - Chicago; London: University of Chicago 2001 (X, 319 p., il., mp.) ISBN 0226-74056-0

0271
Schwartz, Seymour I.: The mismapping of America. - Rochester, NY: University of Rochester Press [u.a.] 2003, XV, 233 p., ill., mp. ISBN 1-580-46129-8 [Enth. Literaturangaben und Index]

0272
Sheehan-Dean, Aaron C.: Similarity and difference in the antebellum North and South. In: Past time, past place : GIS for history. Ed. by Anne Kelly Knowles. - Redlands, Calif.: ESRI Press 2002, p.35-49, 10 ill. ISBN 1-589-48032-5

0273
Šimková Broulová, Kamila; Šimek, Vladimír: Samuel Fritz : české stopy na březích amazonky. - Praha: Kant 2002, 128 p., ill., mp. [Czech] ISBN 80-86217-24-8

0274
Spiess, Ernst: Die Panta-Karte der SAC-Expedition in die Cordillera Vilcabamba (Peru). In: Cartographica Helvetica : Fachzeitschrift für Kartengeschichte. 28, 2003, p.25-32, 12 ill. ISSN 1015-8480

0275
Sweeny, Robert C.H.; Olson, Sherry: Map: Montréal l'avenir du passé : sharing geo-databases yesterday, today and tomorrow. In: Geomatica. 57, 2003, 2, p.145-154. ISSN 1195-1036

0276
Swift, Michael: Historical maps of North America. - London: PRC 2001, 144 p., mp. [Includes index] ISBN 1-85648-592-7

0277
Trachtenberg, Dan: Map powder horns or powder horn maps. In: The Portolan. 2003, 57, p.17-20, 3 ill. ISSN 1096-1925

0278
Varela Marcos, Jesús: Los reflejos políticos en la carta de Juan de la Cosa. In: Grandes viajes descubridores. Seminario Iberoamericano de Descubrimientos y Cartografía, Instituto Interuniversitario de Estudios de Iberoamérica y Portugal. Coord.: Jesús Varela Marcos. - Tordesillas, Valladolid: Instituto Interuniversitario de Estudios de Iberoamérica y Portugal 2001, p.61-79, 1 tab. (Descubrimientos y cartografía ; 4) [Political reflections in the map of Juan de la Cosa.] [Span.]
ISBN 8493062-96-0

0279
Virginia in maps : four centuries of settlement, growth, and development. Ed. by Richard W. Stephenson. - Richmond, Va.: Library of Virginia 2000, XXI, 335 p., ill., mp. [Includes bibliographical references (p.320-322) and index] [Atlas]
ISBN 0-88490-191-2

0280
Wawrik, Franz: Die Darstellung Amerikas in den Kosmographien des 16. Jahrhunderts. In: Cartographica Helvetica : Fachzeitschrift für Kartengeschichte. 28, 2003, p.33-41, 9 ill. ISSN 1015-8480

0281
Wendt, Henry: Quivira : the legend and the wine. In: The Portolan. 2003, 57, p.40-42, 1 ill. ISSN 1096-1925

0282
Wheate, Roger and others: A brief history and progress of mountain cartography in Canada. In: International Cartographic Association /Commission on Mountain Cartography : special issue: ICA Commission on Mountain Cartography. Ed. by Lorenz Hurni. - North York: Univ. of Toronto Press 2003, p.31-39, 12 ill., 1 tab. (Cartographica ; 38. 2001, 1/2)
ISBN 0340-0654 / 0317-717

0283
Wheate, Roger: Relief depiction on Canadian topographic map series in the twentieth century. In: Geomatica. 57, 2003, 2, p.165-175, 13 ill., 2 tab. ISSN 1195-1036

e. Asia
Asien
L'Asie

0284
Ala'i, Cyrus: Mapping Persia : a brief introduction. In: Journal of the International Map Collectors' Society. 94, 2003, p.5-22, 7 ill.

0285
Boogart, Ernst van den: Civil and corrupt Asia : images and text in the "Itinerario" and the "Icones" of Jan Huygen van Linschoten. - Chicago [u.a.]: Univ. of Chicago Press 2003, 123 p., ill. [Incl. bibliogr. ref. and index] ISBN 0-226-84700-4

0286
Carte di riso : far eastern cartography with a complete catalogue of the collection of Chinese and Japanese maps owned by the Società Geografica Italiana. A cura di Claudio Cerreti. - Roma: Soc. Geografica Italiana 2003, 345 p., ill. (Memorie della Società Geografica Italiana ; 69)
ISSN 0391-5190

0287
Chester, Lucy: Imperial cartography in the end of Empire : map use during the 1947 partition of South Asia. In: La cartografia europea tra primo Rinascimento e fine dell' illuminismo : atti del Convegno Internazionale The Making of European Cartography, (Firenze, BNF-EUI, 13 - 15 dicembre 2001). A cura di Diogo Ramada Curto ; Angelo Cattaneo ; André Ferrand Almeida. - Firenze: L.S. Olschki 2003, p.177-194. (Studi / Accademia Toscana di Scienze e Lettere La Colombaria ; 213) [Engl.] ISBN 88-222-5240-3

0288
Cobet, Justus: Die Troas als historische Landschaft. In: Geschichtsdeutung auf alten Karten : Archäologie und Geschichte ; (46. Wolfenbütteler Symposium, vom 26. bis 29. Oktober 1999]. [Hrsg. von Dagmar Unverhau]. - Wiesbaden: Harrassowitz 2003, p.331-377, mp. (Wolfenbütteler Forschungen ; 101) ISBN 3-447-04813-1

0289
De Palma, Daniela: Catalogue of the Japanese maps owned by the Società Geografica Italiana. In: Carte di riso : far eastern cartography with a complete catalogue of the collection of Chinese and Japanese maps owned by the Società Geografica Italiana. A cura di Claudio Cerreti. - Roma: Soc. Geografica Italiana 2003, p.281-345. (Memorie della Società Geografica Italiana ; 69) ISSN 0391-5190

0290
De Palma, Daniela: The Japanese cartographic collection of the Società Geografica Italiana. In: Carte di riso : far eastern cartography with a complete catalogue of the collection of Chinese and Japanese maps owned by the Società Geografica Italiana. A cura di Claudio Cerreti. - Roma: Soc. Geografica Italiana 2003, p.157-190. (Memorie della Società Geografica Italiana ; 69) ISSN 0391-5190

0291
Diessen, J.R. van: Geallieerde militaire kaartproductie 1942-1946. In: Grote atlas van Nederlands Oost-Indië = Comprehensive atlas of the Netherlands East Indies. J.R. van Diessen. - Utrecht: KNAG 2003, p.14-15. [Allied military cartography 1942-1946.] [Dutch and Engl.] ISBN 90-74861-20-2

0292
The first Portuguese maps and sketches of Southeast Asia and the Philippines, 1512 - 1571 ; [exhibition: Manila, Metropolitan Museum, 15 October - 30 November 2002]. [Scientific commissioner and curator Ivo Carneiro de Sousa ...]. - Lisboa: Centro Portuguźs de Estudos do Sudeste Asiático 2002, 61 p., ill., mp. ISBN 972-877800-7

0293
Giorgi, Maria Luisa: The Chinese map collection of the Società Geografica Italiana. In: Carte di riso : far eastern cartography with a complete catalogue of the collection of Chinese and Japanese maps owned by the Società Geografica Italiana. A cura di Claudio Cerreti. - Roma: Soc. Geografica Italiana 2003, p.125-156. (Memorie della Società Geografica Italiana ; 69) ISSN 0391-5190

0294
Goren, Haim: "Zieht hin und erforscht das Land" : die deutsche Palästinaforschung im 19. Jahrhundert. Aus dem Hebr. übers. von Antje Clara Naujoks, Mit einem Vorwort von Moshe Zuckermann. - Göttingen: Wallstein 2003, 432 p., ill., mp. (Schriftenreihe des Instituts für Deutsche Geschichte

der Universität Tel-Aviv ; 23) [Teilw. zugl.: Jerusalem, Hebräische Univ., Diss. 1999] ISBN 3-89244-673-3

0295
Hébert, John: Chinese cartography : the Library's Geography and Map Division includes hundreds of Chinese maps spanning eight centuries. In: Information bulletin / The Library of Congress. 62, 2003, 12, p.312-314, 5 ill.
ISSN 0041-7904

0296
Jarring, Gunnar: Stray notes on som place-names on Strahlenbergs map. In: Accurata descriptio : studier i kartografi, numismatik, orientalistik och biblioteksväsen tillägnade Ulla Ehrensvärd. [Redaktionskommitté: Göran Bäärnhielm ...]. - Stockholm: Kungl. Biblioteket 2003, p.325-330, 2 ill. (Acta Bibliothecae regiae Stockholmiensis ; 69) ISBN 91-7000-222-3

0297
Kane, Daniel: The inscrutable father of Korean cartography : Kim Chong-ho and his maps. In: Mercator's World. 8, 2003, 1, p.30-37, 8 ill. ISSN 1086-6728

0298
Keay, John: The Great Arc : Epedition Great Arc. Aus dem Engl. von Gabriele Gockel; Bernhard Jendricke u. Rita Seuß (Kollektiv Druck- Reif). - Frankfurt/Main [u.a.]: Campus-Verl. 2002, 234 p., ill., mp.
ISBN 3-593-36947-8

0299
Ken'ichi, Takeuchi: A short history of cartography in Japan. In: Carte di riso : far eastern cartography with a complete catalogue of the collection of Chinese and Japanese maps owned by the Società Geografica Italiana. A cura di Claudio Cerreti. - Roma: Soc. Geografica Italiana 2003, p.63-98, 4 ill. (Memorie della Società Geografica Italiana ; 69)
ISSN 0391-5190

0300
Knobloch, Eberhard; Lelgemann, Dieter; Fuls, Andreas: Zur hellenistischen Methode der Bestimmung des Erdumfanges und zur Asienkarte des Klaudios Ptolemaios : fit für ALKIS? In: ZfV : Zeitschrift für Geodäsie, Geoinformation und Landmanagement. 128, 2003, 3, p.211-217, 2 ill., 4 tab.
ISSN 1618-8950

0301
Liming, Song; Giorgi, Maria Luisa: Catalogue of the Chinese maps owned by the Società Geografica Italiana. In: Carte di riso : far eastern cartography with a complete catalogue of the collection of Chinese and Japanese maps owned by the Società Geografica Italiana. A cura di Claudio Cerreti. - Roma: Soc. Geografica Italiana 2003, p.191-280. (Memorie della Società Geografica Italiana ; 69)
ISSN 0391-5190

0302
Liming, Song: An evaluation of the Chinese maps in the possession of the Società Geografica Italiana. In: Carte di riso : far eastern cartography with a complete catalogue of the collection of Chinese and Japanese maps owned by the Società Geografica Italiana. A cura di Claudio Cerreti. - Roma: Soc. Geografica Italiana 2003, p.99-110. (Memorie della Società Geografica Italiana ; 69) ISSN 0391-5190

0303
Líter Mayayo, Carmen: La obra de Tomás López. Con la colab. de Francisca Sanchis Ballester. - Madrid: Biblioteca Nacional 2002, 570 p., mp. [The work of Tomás López.] [Span.] ISBN 84-88699-59-X [Includes bibliographical references (p.569-570) and index]

0304
Long, Burke O.: Imagining the Holy Land : maps, models, and fantasy travels. - Bloomington [u.a.]: Indiana Univ. Press 2003, XI, 258 p., ill.,mp. [Literaturverz. S. 241-251] ISBN 0-415-30726

0305
Ormeling, Ferdinand Jan: Een korte geschiedenis en evaluatie van de cartografie van Nederlands-Indië 1816-1942. In: Grote atlas van Nederlands Oost-Indië = Comprehensive atlas of the Netherlands East Indies. J.R. van Diessen. - Utrecht: KNAG 2003, p.6-13, 21 ill. [A brief history and evaluation of the cartography of the Netherlands East Indies 1816-1942.] [Dutch and Engl.] ISBN 90-74861-20-2

0306
Tetsuya, Hisatake: An evaluation of the Japanese maps in the possession of the Società Geografica Italiana. In: Carte di riso : far eastern cartography with a complete catalogue of the collection of Chinese and Japanese maps owned by the Società Geografica Italiana. A cura di Claudio Cerreti. - Roma: Soc. Geografica Italiana 2003, p.111-123. (Memorie della Società Geografica Italiana ; 69) ISSN 0391-5190

0307
Wanser, Heather: Conservation Corner : the challenge of caring for Asian maps. In: Information bulletin / The Library of Congress. 62, 2003, 12, p.315-316, 5 ill. ISSN 0041-7904

0308
Yonemoto, Marcia: Mapping early modern Japan : space, place, and culture in the Tokugawa period (1603-1868). - Berkeley [u.a.]: University of California Press 2003, XV, 234 p., ill., mp. [Includes bibliographical references (p.211-226)] ISBN 0-520-23269-0

0309
Zedda Macciò, Isabella: Historical evolution of Chinese cartography : documents, sources and problems of interpretation. In: Carte di riso : far eastern cartography with a complete catalogue of the collection of Chinese and Japanese maps owned by the Società Geografica Italiana. A cura di Claudio Cerreti. - Roma: Soc. Geografica Italiana 2003, p.9-61, 14 ill. (Memorie della Società Geografica Italiana ; 69) ISSN 0391-5190

f. Australia and Pacific Islands
Australien und Ozeanien
L'Australie et l'Océanie

0310
Byrnes, Giselle: Boundary markers : land surveying and the colonisation of New Zealand. - Wellington: Bridget Williams Books 2001, IX, 158 p., ill., mp. [Includes bibliographical refernces (p.144-154) and index] ISBN 1-87724-290-X

0311
Carlo Vidua. A cura di Marisa Viaggi Bonisoli. - Torino: Manzoni 2003 [Engl. u. Ital.] [Enth. Werke von und über Carlo Vidua] ISBN 88-86142-90-0

0312
Hooker, Brian: Was John Rodolphus Kent responsible for an 1826 survey-plan of Port Nicholson attributed to James Herd? In: New Zealand Map Society journal. 16, 2003, p.1-6, 3 ill.

0313
Montgomery, Roy; McCarthy, Kerry: 'CMU 11' : an early, locally produced, and virtually unknown lithograph of the Canterbury settlement. In: New Zealand Map Society journal. 16, 2003, p.7-15, 1 ill. ISSN 0113-2458

0314
Peters, N.H.: Eredia Map 1602 : Ouro and Luca ; Antara Islands. In: Cartography : journal of the Mapping Sciences Institute, Australia. 32, 2003, 2, p.31-47, 1 ill., 6 mp. ISSN 0069-0805

g. Europe
Europa
L'Europe

0315
100 Jahre Stadtvermessung in Münster : 1899-1999. Autoren: Paul Alt-Epping u.a. - Münster: Vermessungs- und Katasteramt 1999, 76 p., ill., mp.

0316
150 Jahre Mecklenburgische Landesvermessung : 1853-2003. [Hrsg.: Landesvermessungsamt Mecklenburg-Vorpommern. Red.: Kansy, Annelie ...]. - Schwerin: Landesvermessungsamt Mecklenburg-Vorpommern 2003, 85 p., ill., mp.

0317
Ahlund, Bertil: Historia kring vara sjökort. - Stockholm: Sjöhistoriska samfundet 2002, 126 p., ill., mp. (Forum navales skriftserie ; 5) [History around sea maps.] ISBN 91-974015-2-8

0318
Amman, Gerhard: 200 Jahre "Atlas suisse" : ein Werk von Johann Rudolf Meyer, Johann Heinrich Weiss, Joachim Eugen Müller und Samuel Johann Jakob Scheurmann. - Küttigen: Edition Castel 2003, 24 p., ill.

0319
Augusteijn, Joost: De 52 stadsprofielen van Noord-Nederlandse steden in de oblong-uitgaven van Guicciardini. In: Caert-Thresoor. 22, 2003, 2, p.41-46, 7 ill., 1 tab. [Fifty-two profiles of towns in the northern Netherlands.] [Dutch with Engl. rés.] ISSN 0167-4994

0320
Bacchus, Michel: L'établissement des plans directeurs pendant la guerre de 1914-1918. In: Du paysage à la carte : trois siècles de cartographie militaire de la France ; [exposition tenue au château de Vincennes du 18 septembre au 10 novembre 2002]. Ministère de la Défense, services historiques des armées. Sous la dir. de Marie-Anne Villèle, Agnès Beylot et Alain Morgat. - Vincennes: Service Historique de l'Armée de Terre 2002, p.128-133. (Publications du Service de l'Armée de Terre) ISBN 2-86323-143-X

0321
Baella, Blanca; Pla, Maria: Mountain cartography at the Cartographic Institute of Catalonia. In: International Cartographic Association /Commission on Mountain Cartography : special issue: ICA Commission on Mountain Cartography. Ed. by Lorenz Hurni. - North York: Univ. of Toronto Press 2003, p.5-24, 25 ill. (Cartographica ; 38. 2001, 1/2) ISBN 0340-0654 / 0317-717

0322
Bäärnhielm, Göran: Tullinspektor Berghman och Söderköpings karta. In: Accurata descriptio : studier i kartografi, numismatik, orientalistik och biblioteksväsen tillägnade Ulla Ehrensvärd. [Redaktionskommitté: Göran Bäärnhielm ...]. - Stockholm: Kungl. Biblioteket 2003, p.73-79, 4 ill., [1 ill. im Anhang]. (Acta Bibliothecae regiae Stockholmiensis ; 69) ISBN 91-7000-222-3

0323
Balkan in kaart : vijf eeuwen strijd om identiteit ; catalogus bij een tentoonstelling in de Universiteitsbibliotheek Leiden, 4 september - 16 oktober 2003. Harrie Teunissen & John Steegh. - Leiden: Univ.-Bibl. 2003, 167 p., ill., mp. + CD-ROM. (Kleine publicaties van de Leidse Universiteitsbiblio-theek ; 55)

0324
Barbieri, Giuseppe: L'immagine di Vicenza : la città e il territorio in piante, mappe e vedute dal 15. al 20. secolo. - Treviso: Canova 2003, 238 p., ill. (Imago urbis ; 1) [The image of Vicenza : city and territory in drawings, maps and vedutas from the 15. to the 20th century.] [Ital.] [Contains bibliographical references]
ISBN 88-8409-066-0

0325
Beconytė, Giedre: Rozwój kartografii tematycznej na Litwie po odzyskaniu niepodligłości w 1990 roku. In: Polski przegląd kartograficzny. 35, 2003, 1, p.25-32, 6 ill. [Development of thematic cartography in independent Lithuania after 1990.] [Pol. with Engl. and Russ. rés.]
ISSN 0324-8321

0326
Blauw, Maili: Waterstaat in kaart : geschiedenis van de waterstaatskaart van Nederland 1865-1992. - Utrecht: Matrijs 2003, 160 p., ill., mp. [water state in maps : history of the water state card of the Netherlands 1865-1992.] [Dutch]
ISBN 90-5345-223-0

0327
Blumenfeld, Hervé: L'Ile-de-France aux XVIIIe et XIXe siècles, paysages et transformation de l'espace vus à travers la cartographie militaire. In: Du paysage à la carte : trois siècles de cartographie militaire de la France ; [exposition tenue au château de Vincennes du 18 septembre au 10 novembre 2002]. Ministère de la Défense, services historiques des armées. Sous la dir. de Marie-Anne Villèle, Agnès Beylot et Alain Morgat. - Vincennes: Service Historique de l'Armée de Terre 2002, 164, [4] p., ill., mp. (Publications du Service Historique de l'Armée de Terre)
ISBN 2-86323-143-X

0328
Bodenstein, Wulf: Pictures at an exhibition II : Rèves de capitale - Paris et ses plans d'embellissement (1675-1815). In: BIMCC newsletter / Brussels International Map Collectors' Circle. 16, 2003 p.4, 1 ill.

0329
Bonardi, Claudia: Gabriele Bertazzolo e la pratica agrimensoria nel Monferrato tra Cingue e Seicento. In: Carte e cartografi degli Stati Sabaudi : rappresentare uno stato dal XVI al XVIII secolo. A cura di Rinaldo Comba e Paola Sereno. - Torino [u.a.]: U.Allemandi 2002, p.125-141. (Archivi di arte e cultura piemontesi) [Gabriele Bertazzolo and the practice of surveying at Monferrato between 1600 and 1700.] [Ital.] ISBN 88-422-0717-9 [Vol. 1 + 2]

0330
Bousquet-Bressolier, Catherine: Du paysage naturel à l'utopie : le corps des ingénieurs-géographes et la diffusion d'un savoir théorique sur les cartes. In: Le paysage des cartes : genèse d'une codification ; actes de la 3e journée d'études du Musée des Plans-Reliefs, Paris, 19 novembre 1998. Sous la dir. de Cathérine Bousquet-Bressolier. - Paris: Musée des Plans-Reliefs 1999, p.81-97, 7 ill. ISBN 2-902559-31-3

0331
Bousquet-Bressolier, Catherine: Les Ingénieurs géographes militaires au XVIIIe siècle et la naissance de la cartographie moderne. In: Du paysage à la carte : trois siècles de cartographie militaire de la France ; [exposition tenue au château de Vincennes du 18 septembre au 10 novembre 2002]. Ministère de la Défense, services historiques des armées. Sous la dir. de Marie-Anne Villèle, Agnès Beylot et Alain Morgat. - Vincennes: Service Historique de l'Armée de Terre 2002, p.48-55. (Publications du Service Historique de l'Armée de Terre) ISBN 2-86323-143-X

0332
Branco, Rui: Cartographic policies in Portugal, 1788-1852 : from the "Carta topographica do Reino" to the "Carta chorographica do Reino". In: La cartografia europea tra primo Rinascimento e fine dell' illuminismo : atti del Convegno Internazionale The Making of European Cartography, (Firenze, BNF-EUI, 13 - 15 dicembre 2001). A cura di Diogo Ramada Curto ; Angelo Cattaneo ; André Ferrand Almeida. - Firenze: L.S. Olschki 2003, p.245-263. (Studi / Accademia Toscana di Scienze e Lettere La Colombaria ; 213) [Engl.] ISBN 88-222-5240-3

0333
Breda in kaart : [ter gelegenheid van de Tentoonstelling "Breda in Kaart"]. Breda's Museum [Samenst.: Pierre van der Pol ... Tekst: Cees Eimermann ...]. - Breda: Breda's Museum 2002, 112 p., ill., mp. [Breda in maps.] [Dutch] ISBN 90-806108-2-8

0334
Brunner, Kurt: Zur Aufarbeitung des Themas "Kartenverfälschungen in der DDR". In: Kartographische Nachrichten. 53, 2003, 6, p.282-283. ISSN 0022-9164

0335
Bürgi, Andreas: Die vielen Facetten von Franz Ludwig Pfyffers "Relief der Urschweiz". In: Bulletin / Association culturelle pour le voyage en Suisse, Lausanne. 2001, 4.

0336
Bürgi, Andreas: Relief als Vorlage, Relief als Ziel : Vermessung und Landschaftsdarstellung in der Aufklärung. In: Vermessene Landschaften : Kulturgeschichte und technische Praxis im 19. und 20. Jahrhundert. Hrsg. von David Gugerli. - Zürich: Chronos 1999, p.125-136. (Interferenzen ; 1) ISBN 3-905313-12-X

0337
Buisseret, David: La représentation des paysages en Europe vers 1600. In: Le paysage des cartes : genèse d'une codification ; actes de la 3e journée d'études du Musée des Plans-Reliefs, Paris, 19 novembre 1998. Sous la dir. de Cathérine Bousquet-Bressolier. - Paris: Musée des Plans-Reliefs 1999, p.17-27, 7 ill. ISBN 2-902559-31-3

0338
Buisseret, David: The mapmakers' quest : depicting new worlds in Renaissance Europe. - Oxford [u.a.]: Oxford Univ. Press 2003, XXI, 227 p., ill., mp. [1. publ.] ISBN 0-19-210053-X

0339
Bõiçan, Vasile V.: Geografia moldovei reflectatõ în documentele cartografice din secolul al XVIII-lea. - Bucureşti: Ed. Acad. Române 1996, 169, XXX p., ill., mp. [Moldavia's geography reflected in cartographic documents of the 18th century.] [Moldovan with Engl., and French rés.] ISBN 973-270561-2

0340
Calzolari, Mauro: L'Italia nella Tabula Peutingeriana. In: Tabula Peutingeriana : le antiche vie del mondo. A cura di Francesco Prontera. - Firenze: Olschki 2003, p.53-62, 1 ill. (Biblioteca di Geographia antiqua ; 3) [Tabula Peutingeriana : the ancient routes of the world.] [Ital.] [Important work containing enlarged reproduction of the 1916 facs. repr. of the medieval copy of a unique 4th-cent. A.D. Roman road atlas] [Includes in-depth essays, bibl., bibl. refs. and notes]ISBN 88-222-5269-1

0341
Caminada, Paul: Pioniere der Alpentopographie : die Geschichte der Schweizer Kartenkunst. - Zürich: AS-Verlag 2003, 240 p., ill.

0342
Carte e cartografi degli Stati Sabaudi : rappresentare uno stato dal XVI al XVIII secolo. A cura di Rinaldo Comba e Paola Sereno. - Torino [u.a.]: U.Allemandi 2002, 180 p. [vol. 1], 307 p [vol. 2]. (Archivi di arte e cultura piemontesi) [Maps and cartographers of the States of Savoy : representing a state from the XVI to the XVIII century.] [Ital.] [Vol. 1 + 2]
ISBN 88-422-0717-9

0343
La cartografia europea tra primo Rinascimento e fine dell' illuminismo : atti del Convegno Internazionale The Making of European Cartography, (Firenze, BNF-EUI, 13 - 15 dicembre 2001). A cura di Diogo Ramada Curto ; Angelo Cattaneo ; André Ferrand Almeida. - Firenze: L.S. Olschki 2003, XIII, 425 p., ill. (Studi / Accademi Toscana di Scienze e Lettere La Colombaria ; 213) [European cartography between the first Renaissance and the end of the age of enlightenment : acts of the International Congress " The Making of European Cartography", (Florence, BNF-EUI, 13 - 15 december 2001).] [Texts in Ital.or Engl.] [Also cont. exhib. catalogue (pp. 331-372)] [Bibl., bibl. refs., notes, name index] ISBN 88-222-5240-3

0344
Cartografia histórica : Andalucia. Ministerio de Defensa, Secretaría General Técnica. [Bajo la dir. de Rosa Martín y de Vega]. - [Madrid], 831 p. [History of cartography : Andalusia.] [Span.] [Includes indexes]
ISBN 84-7823-896-4

0345
Carton, A.; Baroni, C.; Seppi, R.: La cartografia antica ed attuale negli studi di glaciologia e di geologia glaciale. In: Bollettino della Associazione Italiana di Cartografia. 40, 2003, 117-118-119, p.376-396, 21 ill. [Ancient and modern cartography in the studies of glaciology and glacial geology.] [Ital.] ISSN 0044-9733

0346
Cavelti Hammer, Madlena: Messbare Sinnlichkeit : die Schweizer Reliefkarten des 19. Jahrhunderts. In: Vermessene Landschaften : Kulturgeschichte und technische Praxis im 19. und 20. Jahrhundert. Hrsg. von David Gugerli. - Zürich: Chronos 1999, p.165-179. (Interferenzen ; 1)
ISBN 3-905313-12-X

0347
Česnulevičius, Algimantas: Rozwój kartografii Litwy od czasów starożytnych do pierwszej połowy XX wieku. In: Polski przegląd kartograficzny. 35, 2003, 3, p.185- 190, 11 ill. [Development of Lithuanian cartography (since earliest times until the middle of the 20th century).] [Pol. with Engl. and Russ. rés.] ISSN 0324-8321

0348
Chapel, Enrico: Cartes et figures de l'urbanisme scientifique en France (1910-1943) : recherche sur le rôle et les fonctions de la statistique et de l'unification graphiques dans la production des doctrines urbaines. - Paris: Univ. 2000, 2 MF, 567 Bl., ill. [Mikrofiche-Ausg.] [Hochschulschrift]

0349
Chapuis, Alain and others: Développement de la photogrammétrie en Suisse. In: Geomatik Schweiz : Geoinformation und Landmanagement. 101, 2003, 9, p.502-506, 7 ill., 6 tab. [French with Germ., and Ital. rés.] ISSN 0252-9424

0350
Chapuis, Olivier: L'hydrographie des côtes de France (XVIIe siècle - XIXe siècle). In: Du paysage à la carte : trois siècles de cartographie militaire de la France ; [exposition tenue au château de Vincennes du 18 septembre au 10 novembre 2002].

Ministère de la Défense, services historiques des armées. Sous la dir. de Marie-Anne Villèle, Agnès Beylot et Alain Morgat. - Vincennes: Service Historique de l'Armée de Terre 2002, p.56-64. (Publications du Service de l'Armée de Terre) ISBN 2-86323-143-X

0351
Chrušč, R.M.: Etapy stanovlenija i razvitija fotogrammetrii v Rossii. In: Geodezija i kartografija : oficial'nyj organ Federal'noj Sluzby Geodezii i Kartografii Rossii i Geodeziceskich Sluzb Stran. 2003, 7, p.50-61. [Stages of development of photogrammetry in Russia.] [Russ.] ISSN 0016-7126

0352
Ciampi, Gabriele: Il confine politico italiano sulle alpi : sua rappresentazione nella cartografia speciale confinaria dell'IGM. In: Bollettino della Associazione Italiana di Cartografia. 40, 2003, 117-118-119, p.121-143, 15 ill. [The political border of Italy on the Alps : its representation in the special cartography of borders of the IGM.] [Ital.] ISBN 0044-9733

0353
Clergeot, Pierre: Aux origines du cadastre général parcellaire français. In: XYZ : revue de l'Association Française de Topographie. 25, 2003, 95, p.57-61. ISSN 0290-9057

0354
Comba, Rinaldo: Le carte nelle contestazioni territoriali intercomunali dei secoli XV e XVI. In: Carte e cartografi degli Stati Sabaudi : rappresentare uno stato dal XVI al XVIII secolo. A cura di Rinaldo Comba e Paola Sereno. - Torino [u.a.]: U.Allemandi 2002, p.117-123. (Archivi di arte e cultura piemontesi) [Maps in the territorial conflicts between local communities of the XV and XVI century.] [Ital.] [Vol. 1 + 2] ISBN 88-422-0717-9

0355
Danckaert, Lisette: Cartes suédoises dans la collection Vandermaelen à Bruxelles. In: Accurata descriptio : studier i kartografi, numismatik, orientalistik och biblioteksväsen tillägnade Ulla Ehrensvärd. [Redaktionskommitté: Göran Bäärnhielm ...]. - Stockholm: Kungl. Biblioteket 2003, p.97-117, 1 ill., 3 mp. (Acta Bibliothecae regiae Stockholmiensis ; 69) ISBN 91-7000-222-3

0356
De kadastrale kaart van 1832 : digitale ontsluiting on landschapsecologische toepassingen. W.C.Knol ; M.W.M. Noordman. - Wageningen: Alterra, Research Inst. voor de Groene Ruimte 2003, 60 p., ill., mp. (Alterra-Rapport ; 820)

0357
Débarbat, Suzanne: La méridienne de France. In: XYZ : revue de l'Association Française de Topographie. 25, 2003, 96, p.65-68, 4 ill. ISSN 0290-9057

0358
Devon maps and map-makers : manuscript maps before 1840. Ed. with an introduction by Mary R. Ravenhill and Margery M. Rowe. - Exeter: Devon and Cornwall Record Society 2002, Erschienen: 1-2.

0359
Donkers, Henk: Mysterie rond Bosatlas (deels) opgelost. In: Geografie. 12, 2003, 3, p.40-41, 1 ill. [Mystery about Bosatlas (partly) solved.] [Dutch] ISSN 0926-3837

0360
Dool, Aart van den: Pictures at an exhibition II : De zeven provincien / The seven provinces, maps of The Netherlands from the seventeenth and eighteenth centuries. In: BIMCC newsletter / Brussels International Map Collectors' Circle. 17, 2003, p.3, 1 ill.

0361
Du paysage à la carte : trois siècles de cartographie militaire de la France [exposition tenue au château de Vincennes du 18 septembre au 10 novembre 2002 ; l'Exposition "Du Paysage à la Carte: Trois Siècles de Cartographie Militaire de la France"]. Ministère de la Défense, Services historiques des armées. Sous la dir. de Marie-Anne Villèle, Agnès Beylot et Alain Morgat. - Vincennes: Service Historique de l`Armée de Terre 2002, 164, [4] p., ill., mp. (Publications du Service de l'Armée de Terre) ISBN 2-86323-143-X

0362
Durand-Delga, Michel: Eugène Maury (1868-1940) pionnier de la cartographie géologique de la Corse. In: Bulletin de la Société des Sciences historiques & naturelles de la Corse: Hommage à Pierre Simi. Tome 1. - Bastia 2003, p.19-42, 4 ill.

0363
E Eptanesos se chartes : apo ton Ptolemaio stus doryphorus. Epimeleia Euangelos Libieratos. - Thessalonike: Ethniko Kentro Charton kai Chartographikes Kleronomias 2001, 182 p. [Eptanesos on maps : from Ptolemy to satellites.] [Greek] [Paralleltitel: L'Eptaneso nelle carte : da Tolomeo ai satelliti (Ital.)]

0364
E Kypros sta azimuthia tu anemu : prosanatolismoi chartographikon apeikoniseon Europaion chartographon tes Kypru 14.-19. ai. Epimelaia Euangelos Libieratos. - Thessalonike: Ethnike Chartotheke 2003, 178 p., ill. [Cyprus on maps of the 14.-19. century.] [Greek] ISBN 960-799910-X

0365
Early Devon maps : maps of lands and estates in Devon before 1700. Ed. with an introd. by Mary R. Ravenhill and Margery M. Rowe. - Exeter: Friends of Devon's Archives 2000, VI, 58 p., ill., mp. (Friends of Devon's Archives occasional publications ; 1) ISBN 1-85522-728-2 [Includes bibliographical references]

0366
Ehrensvärd, Ulla: Från Nyen till Hiddensee : Svensk kartläggning under 1600-talet. In: Kart & bildteknik : mapping and image science. 18, 2003, 3, p.5-7, 1 ill. [From Nyen to Hiddensee : Swedish cartography before 1600.] [Swed.] ISSN 0283-0418

0367
Ehrensvärd, Ulla: Handgezeichnete Stadtpläne und Veduten von Ost-und Westpreußen in öffentlichen Sammlungen zu Stockholm und Uppsala. In: Lüneburger Beiträge zur Vedutenforschung II : Beiträge zum II. Veduten-Colloquium in Lüneburg 7. - 9.X. 1983, III. Veduten-Colloquium in Regensburg 3. - 6.X.1985 ; mit 238 Abb., 18 Falttaf. und 2 Tab. Hrsg. von Angelika Marsch und Eckhard Jäger. - Lüneburg: Verl. Nordostdt. Kulturwerk 2001, p.27-33. (Lüneburger Beiträge zur Vedutenforschung ; 2) ISBN 3-922296-37-8

0368
Ehrensvärd, Ulla: Svensk kartläggning i Baltikum. In: Öster om Östersjön. [Redakteur: Göran Hoppe]. - Stockholm: Svenska sällsk. för antropologi och geografi 2000, p.225-239, 2 mp. (Ymer ; 120) [Swed.] ISSN 0044-0477

0369
Eichner, Rudolf; Knoth, Wolfram: Ernst Beyrich und Julius Ewald : die Väter der geologischen Erstkartierung von Sachsen-Anhalt. In: Mitteilungen zur Geologie von Sachsen-Anhalt. 2001, 6, p.7-18, ill., mp. ISSN 0947-4269

0370
Espenhorst, Jürgen: The great handatlases. Ed. and transl. from the German text by George R. Crossman. - Schwerte: Pangaea-Verl. 2003, XX, 684 p., ill., mp. (Petermann's planet : a guide to German handatlases and their siblings throughout the world 1800-1950 ; Vol. 1)
ISBN 3-930401-35-5

0371
Et le Léman trouva le Nord ... : la cartographie lémanique du XVIe au XVIII siècle ; [à l'occasion de l'Exposition "Et le Léman trouva le Nord ... La Cartographie Lémanique du XVIe au XVIII Siècle", Musée d'Histoire des Sciences de Genève, du 19 septembre au 23 novembre 2003]. Bernard Favier. - Genève 2003, 49 p., mp. (The most beautiful Swiss books)

0372
Fabrikant, Sara Irina: Commentary on "A history of twentieth-century American academic cartography" by Robert McMaster and Susanna McMaster. In: Cartography and geographic information science. 30, 2003, 1, p.81-84.
ISSN 1523-0406

0373
Feldmann, Hans-Uli: Darstellungsformen vermessener Landschaften : ein Überblick über die amtliche Kartographie der Schweiz im 19. Jahrhundert. In: Vermessene Landschaften : Kulturgeschichte und technische Praxis im 19. und 20. Jahrhundert. Hrsg. von David Gugerli. - Zürich: Chronos 1999, p.51-63. (Interferenzen ; 1)
ISBN 3-905313-12-X

0374
Ferrar, Michael; Richardson, Alan: The Roman survey of Britain. - Oxford: Hedges [u.a.] 2003, II, 83 p., ill, mp. (British Archaeological Reports : BAR - British series ; 359) ISBN 1-8417-1348-1

0375
Finceur, Michel-Benoit; Silvestre, Marguerite: Bruxelles. sous la dir. de Hossam Elkhadem. - Bruxelles: Bibliothèque Royale de Belgique 2000, XXX, 546 p., ill., mp. (Inventaire raisonné des collections cartographiques Vandermaelen conservées à la Bibliothèque Royale de Belgique ; 4)
ISBN 2-87093-124-7

0376
Fischer, Hanspeter: Die "Carte de la Souabe" 1:100 000 (1818-1821) : [u.a. Region Hochrhein]. In: Cartographica Helvetica : Fachzeitschrift für Kartengeschichte. 27, 2003, p.3-12, ill., mp.
ISSN 1015-8480

0377
Fisher, Susanna: The world are looking to us...for Cyprus' : the first British Admiralty survey of the island by Thomas Graves in 1849. In: Journal of the International Map Collectors' Society. 95, 2003, p.35-47, 11 ill.

0378
Fleischmann, Peter: Politik - Propaganda - Kommerz? : die umstrittene Karte des Nürnberger Gebiets von Matthäus Ferdinand Cnopf (1764/66). In: Jahrbuch für fränkische Landesforschung /hrsg. vom Zentralinstitut für Regionalforschung an der Universität Erlangen-Nürnberg, Sektion Franken. 60, 2000, p.361-380.
ISSN 0446-3943

0379
Fowkes, Dudley: Pre 1650 manuscript maps held by county record offices in England and Wales : a catalogue. edited by Dudley Fowkes. - East Ardsley: Microform Acad. Publ. 1992, 8 MF, Manuskript 725 p. [Mikroform]

0380
Fromm, Heinz-Joachim: Siedlungs- und Flurentwicklung im Umland der industriellen Agglomeration BASF-Ludwigshafen, dargestellt und erläutert unter besonderer Berücksichtigung historischer und topographischer Karten. - Koblenz: H.-J. Fromm 2002, 368 p., ill., mp. [Zugl.: Koblenz, Landau, Univ., Abt. Landau, Diss., 2002]

0381
Gäfvert, Björn: The Seven Years War. In: Accurata descriptio : studier i kartografi, numismatik, orientalistik och biblioteksväsen tillägnade Ulla Ehrensvärd. [Redaktionskommitté: Göran Bäärnhielm ...]. - Stockholm: Kungl. Biblioteket 2003, p.131-136, [4 ill. im Anhang]. (Acta Bibliothecae regiae Stockholmiensis ; 69) ISBN 91-7000-222-3

0382
Ganado, Albert: Valletta città nuova : a map history (1566-1600). - Malta: Publishers Enterprises Group (PEG) 2003, XXIV, 623 p., ill., mp.
ISBN 99909-0346-8

0383
Geissl, Gerhard: Joseph Liesganig - die Wiener Meridianmessung und seine Arbeiten im Gebiet von Wiener Neustadt. - Wiener Neustadt: Verein Museum und Archiv für Arbeit und Industrie im Viertel unter dem Wienerwald 2001, 23 p., ill. (Dokumentation des Industrieviertel-Museums Wiener Neustadt ; 100)

0384
Gentile, Sebastiano: La rinascità della geografia di Tolomeo nel Quattrocento fiorentino. In: Leonardo genio e cartografo : la rappresentazione del territorio tra scienza e arte ; [Arezzo, Palazzo Comunale, 21 giugno 2003 - 30 settembre 2003]. A cura di Andrea Cantile. - Firenze: Istituto Geografico Militare 2003, p.171-193, 7 ill. [The re-birth of Ptolemy's Geographia in 15th century Florence.] [Ital. and Engl.] ISBN 88-523-0001-5

0385
Germundson, Nils: Die Nordeuropakarte von Abraham Ortelius : (Septentrionalium Regionum Descrip[tio]). In: Cartographica Helvetica : Fachzeitschrift für Kartengeschichte. 27, 2003, p.37-41, 7 ill., 2 tab. ISSN 1015-8480

0386
Germundson, Nils: Münster's three maps of Scandinavia : how to identify different states and editions. In: Accurata descriptio : studier i kartografi, numismatik, orientalistik och biblioteksväsen tillägnade Ulla Ehrensvärd. [Redaktionskommitté: Göran Bäärnhielm ...]. - Stockholm: Kungl. Biblioteket 2003, p.137-143, 6 ill. (Acta Bibliothecae regiae Stockholmiensis ; 69) ISBN 91-7000-222-3

0387
Geudeke, P.W.: Over tijdschrift en tijdbeeld. In: Kartografisch Tijdschrift. 29, 2003, 3, p.17-23, 13 ill. [On periodicals and periods.] [Dutch with Engl., and French rés.] ISSN 0167-5788

0388
Giuffrida, Romualdo: Il De'Medici e il progetto del Piazzi per una carta geografica della Sicilia. - Palermo: Accademia Nazionale di Scienze Lettere e Arti già Accademia del Buon Gusto 2002, 34 p. [De' Medici and the project of Piazzi of a geographic map of Sicily.] [Ital.] [Contains bibliographical references and notes]

0389
Götsch, Christian: Siegfried- und Landeskarten : geschrieben für Sammler aus Freude an alten Karten. [Ill. u. Bearb.:

Mirjam Engeler]. - Frauenfeld: C.Götsch 2003, 136 p., ill., mp. [2. korr. u. erw. Aufl.] ISBN 3-9522685-0-X

0390
Goffart, Walter: The plot of Gatterer's "Charten zur Geschichte der Völkerwanderung". In: Geschichtsdeutung auf alten Karten : Archäologie und Geschichte ; (46. Wolfenbütteler Symposium, vom 26. bis 29. Oktober 1999]. [Hrsg. von Dagmar Unverhau]. - Wiesbaden: Harrassowitz 2003, p.213-220. (Wolfenbütteler Forschungen ; 101) ISBN 3-447-04813-1

0391
Gole, Susan: Wine roads, robbers and land claims. In: Journal of the International Map Collectors' Society. 95, 2003, p.23-34, 7 ill.

0392
Gommers, Peter H.: Europe - what's in a name. - Leuven: Leuven Univ. Press 2001, 223 p., ill., mp. [Literaturverzeichnis S. 207] ISBN 90-5867-149-6

0393
Gregory, Ian N.; Southall, Humphrey R.: Mapping British population history. In: Past time, past place : GIS for history. Ed. by Anne Kelly Knowles. - Redlands, Calif.: ESRI Press 2002, p.117-130, 9 ill., 1 tab. ISBN 1-589-48032-5

0394
Greve, Dieter: Geschichte des Liegenschaftskatasters in Mecklenburg. In: 150 Jahre Mecklenburgische Landesvermessung : 1853-2003. [Hrsg.: Landesvermessungsamt Mecklenburg-Vorpommern. Red.: Kansy, Annelie ...]. - Schwerin: Landesvermessungsamt Mecklenburg-Vorpommern 2003, p.61-71, 3 ill., 1 tab.

0395
Grisel, Denis: Le Jura au XVIIIe siècle à travers la cartographie militaire. In: Du paysage à la carte : trois siècles de cartographie militaire de la France ; [exposition tenue au château de Vincennes du 18 septembre au 10 novembre 2002]. Ministère de la Défense, services historiques des armées. Sous la dir. de Marie-Anne Villèle, Agnès Beylot et Alain Morgat. - Vincennes: Service Historique de l'Armée de Terre 2002, p.96-105. (Publications du Service de l'Armée de Terre) ISBN 2-86323-143-X

0396
Gruber, Hartmut: Von den Anfängen der lokalen Vermessung bis zum Liegenschaftskataster und Stadtbauplan von Geislingen. In: Karten als Zeugen der Geschichte : 500 Jahre Kartographie am Beispiel von Geislingen und Umgebung ; Begleitheft zur Weihnachtsausstellung 2003 in der Galerie im Alten Bau, Geislingen an der Steige. von Wilhelm Rall mit Beitr. von Jürgen Hagel und Hartmut Gruber. - Geislingen and der Steige: Stadtarchiv 2003, p.85-98, 8 ill. (Veröffentlichung des Stadtarchivs / Stadtarchiv Geislingen an der Steige ; 21)

0397
Grudzinski, Lucjan: Untersuchungen zu historischen, privaten und öffentlichen baurechtlichen Bestimmungen als Hilfsmittel für Grenzfeststellungen im Stadtkreis Gera (vor 1920 Kern des Fürstentums Reuß j.L.). Hrsg.: Deutscher Verein für Vermessungswesen, Landesverein Thüringen - Red. überarb. und teilw. gekürzt durch den Hrsg. - Gotha 2002, 74 p., ill., mp. (Fachinformationsblatt / Deutscher Verein für Vermessungswesen, Landesverein Thüringen ; 3) [Vollst. zugl.: Dresden, Hochschule für Technik und Wirtschaft, Dipl.-Arb.,]

0398
Häberlein, Mark; Meurer, Peter H.: Die älteste gedruckte Karte der Champagne und Stefan Keltenhofer. In: Cartographica Helvetica : Fachzeitschrift für Kartengeschichte. 27, 2003, p.47-54, 6 ill., 2 tab. ISSN 1015-8480

0399
Hage, Rushika February: Honorable mention 2002 Ristow Prize for Cartographic History and Librarianship : The Island Book of Henricus Martellus. In: The Portolan. 2003, 56, p.7-23, 2 ill.

0400
Hameleers, Marc: Karten in het werk van de grote Amsterdamse stadshistorici. In: Caert-Thresoor. 22, 2003, 3, p.77-86, 14 ill., 2 tab. [Maps in the publications of the great Amsterdam city historians.] [Dutch with Engl. rés.] ISSN 0167-4994

0401
Hameleers, Marc: Vervaardiging en gebruik van een tussen 1892 en 1903 geactualiseerde "Gemeenteatlas van Amsterdam", oorspronkelijk uitgegeven door J.C. Loman jr. in 1876. In: Caert-Thresoor. 22, 2003, 4, p.105-111, 7 ill. [The making and use of a Gemeenteatlas van Amsterdam revised to between 1892 and 1903, that was originally published by J.C. Loman jr. in 1876.] [Dutch with Engl. rés.]
ISSN 0167-4994

0402
Hancock, Claire: Paris et Londres au XIXe siècle : représentations dans les guides et récits de voyage. - Paris: CNRS Editions 2003, 357 p., ill., mp. (Espace et milieux) [Zugl.: Paris, Univ., Diss., 1997]
ISBN 2-271-06132-6

0403
Harvey, Paul D.A.; Harvey, Yvonne: The coins on Herman Moll's maps of the counties of England and Wales, 1724. In: Accurata descriptio : studier i kartografi, numismatik, orientalistik och biblioteksväsen tillägnade Ulla Ehrensvärd. [Redaktionskommitté: Göran Bäärnhielm ...]. - Stockholm: Kungl. Biblioteket 2003, p.169-200, 2 ill. (Acta Bibliothecae regiae Stockholmiensis ; 69)
ISBN 91-7000-222-3

0404
Heere, Elger: Het gebruik van GIS bij het onderzoek naar prekadastrale kaarten. In: Kartografisch Tijdschrift. 29, 2003, 3, p.25-28, 5 ill. [The application of GIS in pre-cadastral map research.] [Dutch with Engl., and French rés.] ISSN 0167-5788

0405
Heinz, Markus: Modell eines Werkskataloges des kartographischen Verlages Homann, Homanns Erben und Fembo in Nürnberg : (1702-1848) ; in 2 Bänden. - Wien: Univ., Diss. 2002 [2 Bände]

0406
Hellyer, Roger: A guide to the Ordnance Survey 1:25,000 first series. With an introductory essay by Richard Oliver. - London: Charles Close Society 2003, VII, 34 p., mp. ISBN 1-87059-820-2

0407
Herreborg Thomsen, Brigitte: Kort og prospekter i Arkivet ved Dansk Centralbibliotek for Sydslesvig : en fortegnelse. - Flensborg: Dansk Centralbibliotek for Sydslesvig 2003, 54 p., ill. (Arkivserien / Studieafdelingen ved Dansk Centralbibliotek for Sydslesvig ; 10) [Danish]
ISBN 87-89178-42-4

0408
Herzig, Heinz Ernst: Plan de la ville d'Avenghe en Suisse (1786) : die erste archäologische Karte von Avenches. In: Geschichtsdeutung auf alten Karten :

Archäologie und Geschichte ; (46. Wolfenbütteler Symposium, vom 26. bis 29. Oktober 1999]. [Hrsg. von Dagmar Unverhau]. - Wiesbaden: Harrassowitz 2003, p.299-310, 5 ill. (Wolfenbütteler Forschungen ; 101) ISBN 3-447-04813-1

0409
Hesselink, Annika W.; Middelkoop, Hans: Application of old maps in reconstructing the morphological development of embanked floodplains of the lower river Rhine, The Netherlands. In: History makes a river : morphological changes and human interference in the river Rhine, The Netherlands. - Utrecht: Royal Dutch Geographical Soc. [u.a.] 2002, p.63-83, 10 ill., 3 tab. (Nederlands geographical studies ; 292) [Zugl.: Utrecht, Univ., Diss., 2002] ISBN 90-6809-327-4

0410
Hofmann, Cathérine: Le Voyage pittoresque de la Grèce du comte de Choiseul-Gouffier (1782-1822) : la carte au service de la découverte archéologique. In: Geschichtsdeutung auf alten Karten : Archäologie und Geschichte ; (46. Wolfenbütteler Symposium, vom 26. bis 29. Oktober 1999]. [Hrsg. von Dagmar Unverhau]. - Wiesbaden: Harrassowitz 2003, p.311-330, 11 ill. (Wolfenbütteler Forschungen ; 101) ISBN 3-447-04813-1

0411
Joó, István: A magyar nagyméretarányú földmérési alaptérképekrël (kifejilëdes, jelenliegi helyzet). In: Geodézia és kartográfia. 55, 2003, 5, p.12-18, 2 tab. [About the large scale map system in Hungary (development and nowadays condition).] [Hung. with Engl. rés.] ISSN 0016-7118

0412
Karten als Zeugen der Geschichte : 500 Jahre Kartographie am Beispiel von Geislingen und Umgebung ; Begleitheft zur Weihnachtsausstellung 2003 in der Galerie im Alten Bau, Geislingen an der Steige. von Wilhelm Rall mit Beitr. von Jürgen Hagel und Hartmut Gruber. - Geislingen and der Steige: Stadtarchiv 2003, 116 p. (Veröffentlichung des Stadtarchivs / Stadtarchiv Geislingen an der Steige ; 21)

0413
Kleinn, Hans: Die Vedute der Stadt Osnabrück auf Landkarten des Stiftes im 17. und 18. Jahrhundert : ein Beitrag zur Tradierung und Veränderung von Veduten. In: Lüneburger Beiträge zur Vedutenforschung II : Beiträge zum II. Veduten-Colloquium in Lüneburg 7. - 9.X.1983, III. Veduten-Colloquium in Regensburg 3. - 6.X.1985 ; mit 238 Abb., 18 Falttaf. und 2 Tab. Hrsg. von Angelika Marsch und Eckhard Jäger. - Lüneburg: Verl. Nordostdt. Kulturwerk 2001, p.353-360, 4 ill. (Lüneburger Beiträge zur Vedutenforschung ; 2) ISBN 3-922296-37-8

0414
Knowles, Leo: She mapped London with her feet. In: Mercator's World. 8, 2003, 1, p.16-19, 4 ill., 1 portr. ISSN 1086-6728

0415
Koeman, Cornelis: Ortelius's Theatrum orbis terrarum, De Jode's Speculum orbis terrarum, the Epitome, Caert-thresoor and Atlas minor, the atlases of the XVII provinces, and other atlases published in the Low Countries up to c. 1650. - t'Goy-Houten: HES & de Graaf 2003, p.463-970, ill, mp. (Koeman's atlantes Neerlandici / comp. by Peter van der Krogt ; Vol. 3, Pt. B) [New ed.] ISBN 90-6194-448-1

0416
Koeman, Cornelis: Ortelius's Theatrum orbis terrarum, De Jode's Speculum orbis terrarum, the Epitome, Caert-thresoor and

Atlas minor, the atlases of the XVII provinces, and other atlases published in the Low Countries up to c. 1650. - t'Goy-Houten: HES & de Graaf 2003, 462 p., ill. (Koeman's atlantes Neerlandici / comp by Peter van der Krogt ; Vol. 3, Pt. A) ISBN 90-6194-448-1 [New ed.]

0417
Koets, Guus: Het blad met de stadsgezichten van Groningen, Gorinchem en Brouwershaven uit de Civitates Orbis Terrarum. In: Caert-Thresoor. 22, 2003, 4, p.112-116, 4 ill. [The sheet with the town views of Groningen, Brouwershaven and Gorinchem in the Civitates Orbis Terrarum.] [Dutch with Engl. rés.] ISSN 0167-4994

0418
Kok, Hans: Mare Nostrum, Our Sea, Their Sea, Your Sea, Our Sea, as we saw it!. In: Journal of the International Map Collectors' Society. 95, 2003, p.9-22, 12 ill.

0419
Kowalski, Paweł: Kartografia prasowa w Polsce Ludowej (1945-1989). In: Polski przegląd kartograficzny. 35, 2003, 2, p.114-125, 13 ill. [Press cartography in the Polish People's Republic (1945-1989).] [Pol. with Engl. and Russ. rés.] ISSN 0324-8321

0420
Kowalski, Paweł: Kartografia prasowa w Polsce przed uzyskaniem niepodległości w 1918 roku. In: Polski przegląd kartograficzny. 35, 2003, 1, p.12-24, 9 ill. [Press cartography in Poland before the regaining of independence in 1918.] [Pol. with Engl. and Russ. rés.] ISSN 0324-8321

0421
Kozika, Kazimierz: Norymberska oficyna wydawnicza Johanna Baptisty Homanna i jego spadkobierców 1702-1848. In: Polski przegląd kartograficzny. 35, 2003, 2, p.126-130, 2 ill. [The publishing house of Johann Baptist Homann and his heirs in Nuernberg 1702-1848.] [Pol.] ISSN 0324-8321

0422
Krenn, Bettina: Verkehrsgeschichte im Kartenbild : Verkehr und Kartographie in Österreich von der Römerzeit bis zum Beginn des Eisenbahnzeitalters. - Wien: Univ. 2003, 587 p., 16 ill. [Diss.]

0423
Kupčyns'kij, Oleg: Ermitažna žbirka rukopysnych kart ukraïns'kich teritorij XVIII st. In: Kartohrafija ta istorija Ukraïny : zbirnyk naukovych pracÿ = Cartography and history of Ukraine : a collection of scholarly papers. Instytut Ukraïns'koï Archeohrafiï ta Dÿézereloznavstva im. M. Hruÿésevs'koho <Kyïv>. - L'viv: Koc' 2000, p.236-241. [The Hermitage's collections of the manuscript maps of Ukrainian territories in the XVIII century.] [Ukrain.] [In kyrill. Schrift] ISBN 996-02-1663-7

0424
Kvet, Radan; Rehák, Stanislav: Eine neue Stellungnahme zum Groß-Germanien des Ptolemäus. In: Regensburger Beiträge zur Regionalgeographie und Raumplanung. 2002, 8, p.41-56, mp. ISSN 0935-9184

0425
Lago, Luciano: Imago Italiae : the making of Italy in the history of cartography from the Middle Ages to the Modern era ; reality, image and imagination from the Codices of Claudius Ptolemy ... Contributions by Laura Cassi ... - Trieste: Goliardica E.U.T. 2002, 833 p., ill., mp. [Engl. ed.] ISBN 88-88745-00-9

0426
Lago, Luciano: Italy in mappae mundi and medieval sea-charts. In: Imago Italiae : the

making of Italy in the history of cartography from the Middle Ages to the Modern era ; reality, image and imagination from the Codices of Claudius Ptolemy ... Contributions by Laura Cassi ... - Trieste: Goliardica E.U.T. 2002, p.167-205, 43 ill. [Engl. ed.] ISBN 88-88745-00-9

0427
Lago, Luciano: Italy in the Tabula Peutingeriana. In: Imago Italiae : the making of Italy in the history of cartography from the Middle Ages to the Modern era ; reality, image and imagination from the Codices of Claudius Ptolemy ... Contributions by Laura Cassi ... - Trieste: Goliardica E.U.T. 2002, p.131-141, 7 ill. [Engl. ed.] ISBN 88-88745-00-9

0428
Lago, Luciano: Italy in the earliest codices of Ptolemaic cartography. In: Imago Italiae : the making of Italy in the history of cartography from the Middle Ages to the Modern era ; reality, image and imagination from the Codices of Claudius Ptolemy... Contributions by Laura Cassi ... - Trieste: Goliardica E.U.T. 2002, p.143-165, 29 ill. I [Engl. ed.] SBN 88-88745-00-9

0429
Lago, Luciano: Italy in the northern atlases of Ortelius and De Jode. In: Imago Italiae : the making of Italy in the history of cartography from the Middle Ages to the Modern era ; reality, image and imagination from the Codices of Claudius Ptolemy ... Contributions by Laura Cassi ... - Trieste: Goliardica E.U.T. 2002, p.537-582, 41 ill. [Engl. ed.] ISBN 88-88745-00-9

0430
Lago, Luciano: Maps of modern Italy. In: Imago Italiae : the making of Italy in the history of cartography from the Middle Ages to the Modern era ; reality, image and imagination from the Codices of Claudius Ptolemy ... Contributions by Laura Cassi ... - Trieste: Goliardica E.U.T. 2002, p.239-295, 51 ill. [Engl. ed.]
ISBN 88-88745-00-9

0431
Lago, Luciano: Mercator's construction of Italy. In: Imago Italiae : the making of Italy in the history of cartography from the Middle Ages to the Modern era ; reality, image and imagination from the Codices of Claudius Ptolemy ... Contributions by Laura Cassi ... - Trieste: Goliardica E.U.T. 2002, p.639-666, 20 ill., 1 portr. [Engl. ed.]
ISBN 88-88745-00-9

0432
Lago, Luciano: Pietro Coppo e le rappresentazioni del Piemonte nelle sue carte d'Italia. In: Carte e cartografi degli Stati Sabaudi : rappresentare uno stato dal XVI al XVIII secolo. A cura di Rinaldo Comba e Paola Sereno. - Torino [u.a.]: U.Allemandi 2002, p.19-26. (Archivi di arte e cultura piemontesi) [Pietro Coppo and the representations of the Piedmont on his maps of Italy.] [Ital.] [Vol. 1 + 2]
ISBN 88-422-0717-9

0433
Lago, Luciano: The iconico-graphic knowledge of Italy in the chorological tradition. In: Imago Italiae : the making of Italy in the history of cartography from the Middle Ages to the Modern era ; reality, image and imagination from the Codices of Claudius Ptolemy ... Contributions by Laura Cassi ... - Trieste: Goliardica E.U.T. 2002, p.128, 10 ill. [Engl. ed.] ISBN 88-88745-00-9

0434
Lago, Luciano: The mural atlas of Italy by Ignazio Danti. In: Imago Italiae : the making of Italy in the history of cartography from the Middle Ages to the Modern era ; reality, image and imagination from the

Codices of Claudius Ptolemy ... Contributions by Laura Cassi ... - Trieste: Goliardica E.U.T. 2002, p.583-637, 37 ill. [Engl. ed.] ISBN 88-88745-00-9

0435
Lago, Luciano: The oldest regional examples of maunscript cartography. In: Imago Italiae : the making of Italy in the history of cartography from the Middle Ages to the Modern era ; reality, image and imagination from the Codices of Claudius Ptolemy ... Contributions by Laura Cassi ... - Trieste: Goliardica E.U.T. 2002, p.299-310, 9 ill. [Engl. ed.] ISBN 88-88745-00-9

0436
Lapaine, Miljenko and others: Vinko Paletin of Korčula. In: Kartografija i geoinformacije. 2003, 2, p.86-98, 6 ill. [Croat. and Engl.] ISSN 1333-896X

0437
Laureti, Lamberti: La rappresentazione delle aree glacializzate della montagna alpina nella cartografia postgeodetica e ottocentesca (secoli XVIII-XIX) : ricostruzione sulla base dei documenti cartografici storici. In: Bollettino della Associazione Italiana di Cartografia. 40, 2003, 117-118-119, p.335-352, 26 ill. [The representation of glacial areas of the Alps in the postgeodetic cartography of the 19th century (XVIII-XIX century).] [Ital.] ISSN 0044-9733

0438
Lindner, Klaus: Landesaufnahmen deutscher Territorien : Beispiele der Militärkartographie und ihr historischer Quellenwert. In: Geschichtsdeutung auf alten Karten : Archäologie und Geschichte ; (46. Wolfenbütteler Symposium, vom 26. bis 29. Oktober 1999]. [Hrsg. von Dagmar Unverhau]. - Wiesbaden: Harrassowitz 2003, p.411-441, 2 ill. (Wolfenbütteler Forschungen ; 101) ISBN 3-447-04813-1

0439
Lingenberg, Heinz: Das Stadtbild Danzigs vom Anfang des 17. bis zum Anfang des 18. Jahrhunderts. In: Lüneburger Beiträge zur Vedutenforschung II : Beiträge zum II. Veduten-Colloquium in Lüneburg 7. - 9.X.1983, III. Veduten-Colloquium in Regensburg 3. - 6.X.1985 ; mit 238 Abb., 18 Falttaf. und 2 Tab. Hrsg. von Angelika Marsch und Eckhard Jäger. - Lüneburg: Verl. Nordostdt. Kulturwerk 2001, p.75-94, 8 ill. (Lüneburger Beiträge zur Vedutenforschung ; 2) ISBN 3-922296-37-8

0440
Lisov'ska, Jevgenija: Kadastrovi karty jak džerelo do istorii Gayčyny XIX st. In: Kartohrafija ta istorija Ukraïny : zbirnyk naukovych pracÿ = Cartography and history of Ukraine : a collection of scholarly papers. Instytut Ukraïns'koï Archeohrafiï ta Dÿézereloznavstva im. M. Hruÿésevs'koho <Kyïv>. - L'viv: Koc' 2000, p.245-251, 1 ill. [Cadastral maps as a source for the history of Halychyna in the XIX century.] [Ukrain.] [In kyrill. Schrift] ISBN 996-02-1663-7

0441
Loeck, Gottfried: Ausgewählte Darstellungen des Neuen Tiefs in gedruckten See- und Landkarten des 16. bis 19. Jahrhunderts. In: Deutsches Schiffahrtsarchiv. 22, 1999, p.169-188, ill., mp. ISSN 0343-3625

0442
Loza, Jurij: Pro koncepcija ta strukturu Velikogo Istryčnogo Atlasu Ukraïny. In: Kartohrafija ta istorija Ukraïny : zbirnyk naukovych pracÿ = Cartography and history of Ukraine : a collection of scholarly papers. Instytut Ukraïns'koï Archeohrafiï ta Dÿézereloznavstva im. M. Hruÿésevs'koho <Kyïv>. - L'viv: Koc' 2000, p.173-195. [About the conception and structure of the Great Historical Atlas

of Ukraine.] [Ukrain.] [In kyrill. Schrift]
ISBN 996-02-1663-7

0443
Loza, Jurij: Systema škil'nych atlasiv z istoriï Ukraïny. In: Kartohrafija ta istorija Ukraïny : zbirnyk naukovych pracÿ = Cartography and history of Ukraine : a collection of scholarly papers. Instytut Ukraïns'koï Archeohrafiï ta Dÿézereloznavstva im. M. Hruÿésevs'koho <Kyïv>. - L'viv: Koc' 2000, p.173-195. [System of school Ukraine history atlases.] [Ukrain.] [In kyrill. Schrift] ISBN 996-02-1663-7

0444
Łuczyński, Jarosław: Zmiany granic między Wielkim Księstwem Litewskim a Koroną w świetle mapy radziwiłłowskiej z 1613 roku. In: Polski przegląd kartograficzny. 35, 2003, 1, p.43-46, 1 ill. [Border changes between the Grand Duchy of Lithuania and Poland in the light of "Radziwiłł" map of 1613.] [Pol.]
ISSN 0324-8321

0445
Lüneburger Beiträge zur Vedutenforschung II : Beiträge zum II. Veduten-Colloquium in Lüneburg 7. - 9.X.1983, III. Veduten-Colloquium in Regensburg 3. - 6.X.1985. Hrsg. von Angelika Marsch und Eckhard Jäger. - Lüneburg: Verl. Nordostdt. Kulturwerk 2001, 496 p., 238 ill. + mp., 2 tab., 18 Falttaf. (Lüneburger Beiträge zur Vedutenforschung ; 2)
ISBN 3-922296-37-8

0446
Majewska, Barbara: Atlás Królestwa Polskiego Juliusza Kolberga. In: Biuletyn Informacyjny Biblioteki Narodowej. 157, 2001, 2, p.10-13, 2 ill., 1 portr. [Julius Kolbergs "Atlas of Polish Kingdom".] [Pol.] ISSN 0006-3983

0447
Mammucari, Renato: Campagna romana : carte geografiche, piante prospettiche, vedute panoramiche, costumi pittoreschi. - Città di Castello (Perugia): Edimond 2002, 357 p., ill. [Roman landscape : geographic maps, perspective plans, panorama views, colorful costumes.] [Ital.] [Contains bibliography] ISBN 88-500-0170-3

0448
Mangei, Johannes: Die Freiburg-Ansichten des Gregorius Sickinger von 1589 : Quellen zur Geschichte der Stadt in Spätmittelalter und früher Neuzeit. - Freiburg im Breisgau: Stadtarchiv 2003, 224 p., [14 Bl.], ill. (Veröffentlichungen aus dem Archiv der Stadt Freiburg ; 35) [Zugl.: Freiburg im Breisgau, Univ., Diss., 1999 u.d.T.: Mangei, Johannes: Gregorius Sickingers Stadtansichten als Quelle für die Geschichte Freiburgs im Spätmittelalter und in der frühen Neuzeit]
ISBN 3-923272-29-4

0449
Martín López, José: Cartógrafos españoles. - Madrid: Ministerio de Formento, Centro Nacional de Información Geográfica 2001, 319 p., ill., mp. [Spanish cartographers.] [Span.] [Bibliografia: p.317-319]
ISBN 84-95172-15-1

0450
Martinena Ruiz, Juan José: Catálogo de la sección de cartografia e iconografica del Archivo General de Navarra. - Pamplona: Gobierno de Navarra, Dep. de Educación y Cultura 2000, 259 p., ill. (Fuentes para historia de Navarra ; 70) [Catalogue of the cartographic and iconographic section of the Archivo General of Navarra.] [Span.]
ISBN 84-235-2039-0

0451
Martorell Garau, Antoni: Cartografia de les illes Balears : compendi de mapes impresos durant els segles XVI, XVII i XVIII ; estudi cartobibliogràfic. - [Palma de Mallorca]: Sa nostra, Obra Social i Cultural 2000, 256 p., mp. [Cartography of the Balear Islands : compendium of maps printed in the XVI, XVII and XVIII century ; cartobibliographic studies.] [Span.] ISBN 84-95352-33-8

0452
Mascaró Passarius, Josep: La toponímia i cartografia antigues de les Illes Balears : cartes ne navegar i texts des del segle VI abans de Crist fins a l'any 1599. - Palma (Mallorca): Muntaner 2000, 182 p., ill., mp. (Refaubetx ; 4) [Toponymics and ancient cartography of the Balear Islands : navigation maps and texts from the VIth century before Chr. to the year 1599.] [Mallorquí] ISBN 84-95360-05-5

0453
Mayer, Karl-Werner: Die Auswirkungen der beiden Weltkriege auf das kommunale Vermessungsamt. In: 100 Jahre Stadtvermessung in Münster : 1899-1999. Autoren: Paul Alt-Epping u.a. - Münster: Vermessungs- und Katasteramt 1999, p.13-19, 4 ill.

0454
Mayer, Karl-Werner: Historische Entwicklung des städtischen Vermessungsamtes. In: 100 Jahre Stadtvermessung in Münster : 1899-1999. Autoren: Paul Alt-Epping u.a. - Münster: Vermessungs- und Katasteramt 1999, p.7-12, 3 ill., 3 portr.

0455
Milanesi, Marica: Il Piemonte sud-occidentale nelle carte del rinascimento. In: Carte e cartografi degli Stati Sabaudi : rappresentare uno stato dal XVI al XVIII secolo. A cura di Rinaldo Comba e Paola Sereno. - Torino [u.a.]: U.Allemandi 2002, p.11-17. (Archivi di arte e cultura piemontesi) [The south-western Piedmont on Renaissance-maps.] [Ital.] [Vol. 1 + 2] ISBN 88-422-0717-9

0456
Milanesi, Marica: The geography of Claudius Ptolemy during the Renaissance. In: Imago Italiae : the making of Italy in the history of cartography from the Middle Ages to the Modern era ; reality, image and imagination from the Codices of Claudius Ptolemy ... Contributions by Laura Cassi ... - Trieste: Goliardica E.U.T. 2002, p.209-238, 36 ill. ISBN 88-88745-00-9 [Engl. ed.]

0457
Mongiano, Elisa: Delimitare e governare le frontiere : le istituzioni per i confini nello stato sabaudo del secolo XVIII. In: Carte e cartografi degli Stati Sabaudi : rappresentare uno stato dal XVI al XVIII secolo. A cura di Rinaldo Comba e Paola Sereno. - Torino [u.a.]: U.Allemandi 2002, p.165-178. (Archivi di arte e cultura piemontesi) [Delimiting and governing the frontiers : institutions for boundaries in the Sayoy State of the XVIII century.] [Ital.] [Vol. 1 + 2] ISBN 88-422-0717-9

0458
Moretto, Gino: Piante e vedute prospettiche della città dal 1479 al 1797. - Piazzola /sBrenta (PD): Ed. Papergraf 2001, 439 p., ill., mp. (Venetia : le immagini della Repubblica ; [incisioni] ; vol. 1) [Plants and perspective views of the city from 1479 to 1797.] [Ital.] ISBN 88-87264-42-2

0459
Mosser, Monique: Hortésie cartographe : de l'écriture classique des parcs français à la calligraphie poétique des jardins anglo-chinois. In: Le paysage des cartes : genèse d'une codification ; actes de la 3e journée d'études du Musée des Plans-Reliefs, Paris,

19 novembre 1998. Sous la dir. de Cathérine Bousquet-Bressolier. - Paris: Musée des Plans-Reliefs 1999, p.99-119, 9 ill. ISBN 2-902559-31-3

0460
Müller, Gerd: Zur Entwicklung des Liegenschaftskatasters in Sachsen : vom Grundsteuer- zum Eigentumskataster. Hrsg.: Deutscher Verein für Vermessungswesen, Landesverein Thüringen. - Gotha 2000, 35 p. (Fachinformationsblatt / Deutscher Verein für Vermessungswesen, Landesverein Thüringen ; 2)

0461
Musall, Heinz: Spuren der barockzeitlichen Kulturlandschaft Sudwestdeutschlands in J.V.Moreaus "Carte topographique de l'ancienne Souabe...". In: Geschichtsdeutung auf alten Karten : Archäologie und Geschichte ; (46. Wolfenbütteler Symposium, vom 26. bis 29. Oktober 1999]. [Hrsg. von Dagmar Unverhau]. - Wiesbaden: Harrassowitz 2003, p.443-466, 10 ill. (Wolfenbütteler Forschungen ; 101) ISBN 3-447-04813-1

0462
Nadal, Francesc; Urteaga, Luis: The topographic map of Spain to scale of 1:50 000 (1875-1968) : a critical summary. In: La cartografia europea tra primo Rinascimento e fine dell' illuminismo : atti del Convegno Internazionale The Making of European Cartography, (Firenze, BNF-EUI, 13 - 15 dicembre 2001). A cura di Diogo Ramada Curto ; Angelo Cattaneo ; André Ferrand Almeida. - Firenze: L.S. Olschki 2003, p.265-273. (Studi / Accademia Toscana d Scienze e Lettere La Colombaria ; 213) [Engl.] ISBN 88-222-5240-3

0463
Neumann, Joachim: Deutschlandkarten bis zum Ende des Heiligen Römischen Reiches Deutscher Nationen : Geschichtsdeutung aus Karten und humanistischen Landesbeschreibungen sowie aus reichsweiten Synthesen früher Landesaufnahmen. In: Geschichtsdeutung auf alten Karten : Archäologie und Geschichte ; (46. Wolfenbütteler Symposium, vom 26. bis 29. Oktober 1999]. [Hrsg. von Dagmar Unverhau]. - Wiesbaden: Harrassowitz 2003, p.397-410. (Wolfenbütteler Forschungen ; 101) ISBN 3-447-04813-1

0464
Nicholson, Tim: G.F. Cruchley and and "Maps for the Million". In: Journal of the International Map Collectors' Society. 93, 2003, p.21-38, 11 ill.

0465
Nickel, Herbert J.: Kaiser Maximilians Kartographen in Mexiko. - Frankfurt/Main: Vervuert 2003, 93, XX p., ill., mp. (Biblioteca Ibero-Americana ; 96) [Literaturverz. p. 90-93] ISBN 3-89354-596-4

0466
Niewodniczánski, Thomas: Der Kreis Bitburg-Prüm auf alten Landkarten. In: Heimatkalender : Landkreis Bitburg-Prüm. 2003, p.30-43, 14 ill.

0467
Nuti, Lucia: Cultures, manières de voir et de représenter l'espace urbain : la notion de temps dans les codes de représentation des villes. In: Le paysage des cartes : genèse d'une codification ; actes de la 3e journée d'études du Musée des Plans-Reliefs, Paris, 19 novembre 1998. Sous la dir. de Cathérine Bousquet-Bressolier. - Paris: Musée des Plans-Reliefs 1999, p.65-80, 7 ill. ISBN 2-902559-31-3

0468
Oeder, Werner: Zwischen Manier und Manie : militärische Dispositionen des Reliefeffekts. In: Vermessene Landschaften : Kulturgeschichte und technische Praxis im

19. und 20. Jahrhundert. Hrsg. von David Gugerli. - Zürich: Chronos 1999, p.149-164. (Interferenzen ; 1)
ISBN 3-905313-12-X

0469
Le opere cartografiche di Leonardo. In: Leonardo genio e cartografo : la rappresentazione del territorio tra scienza e arte ; [Arezzo, Palazzo Comunale, 21 giugno 2003 - 30 settembre 2003]. A cura di Andrea Cantile. - Firenze: Istituto Geografico Militare 2003, p.350-371, 5 mp. [Leonardo's cartographic works.] [Ital. and Engl.]
ISBN 88-523-0001-5

0470
Orgeix, Émilie d': Aperçu d'un genre iconographique peu connu : les atlas militaires manuscrits de la première moitié du XVIIe siècle. In: Le paysage des cartes : genèse d'une codification ; actes de la 3e journée d'études du Musée des Plans-Reliefs, Paris, 19 novembre 1998. Sous la dir. de Cathérine Bousquet-Bressolier. - Paris: Musée des Plans-Reliefs 1999, p.29-48, 8 ill.
ISBN 2-902559-31-3

0471
Ormeling, Ferdinand Jan: Een korte geschiedenis en evaluatie van de cartografie van Nederlands-Indië 1816-1942. In: Grote atlas van Nederlands Oost-Indië = Comprehensive atlas of the Netherlands East Indies. J.R. van Diessen. - Utrecht: KNAG 2003, p.6-13, 21 ill. [A brief history and evaluation of the cartography of the Netherlands East Indies 1816-1942.] [Dutch and Engl.] ISBN 90-74861-20-2

0472
Orr-Ewing, Hamish: Parish maps of Purton, Wiltshire of 1744 and 2000. In: Journal of the International Map Collectors' Society. 92, 2003, p.59-62, 2 ill.

0473
Orus Athoges thalasses perimetron charton metamorphoseis. Epimeleia Euangelos Libieratos. - Thessalonike: Ethnike Chartotheke 2002, 414 p., ill., mp. + 1 suppl. (1 mp.). [Mount Athos, land and sea represented on maps.] [Greek]
ISBN 960-799907-X

0474
Oster, Manfred: Entwicklungen in den kartographischen Techniken. In: Kartographische Nachrichten. 53, 2003, 3, p.107-113, 7 ill. ISSN 0022-9164

0475
Ostrowski, Jerzy: Mało znana angielskojęzyczna ścienna mapa Polski i krajów ościennych z 1948 roku opracowana pod redakcją Bogdana Zaborskiego. In: Polski przegląd kartograficzny. 35, 2003, 1, p.40-42, 2 ill. [A little known English map of Poland and the neighboring countries from 1948, edited by Bogdan Zaborski.] [Pol.]
ISSN 0324-8321

0476
Palmucci, Laura: La formazione del cartografo nello stato assoluto : i cartografi-agrimensori. In: Carte e cartografi degli Stati Sabaudi : rappresentare uno stato dal XVI al XVIII secolo. A cura di Rinaldo Comba e Paola Sereno. - Torino [u.a.]: U.Allemandi 2002, p.49-60. (Archivi di arte e cultura piemontesi) [The training of the cartographer in an absolute state: cartographers-land-surveyors.] [Ital.] [Vol. 1 + 2] ISBN 88-422-0717-9

0477
Palsky, Gilles: Pictures at an exhibition : military mapping in Vincennes. In: BIMCC newsletter / Brussels International Map Collectors' Circle. 15, 2003, p.3, 1 ill.

0478
Pannetier, Pascal: La naissance des Cartes routières vélocipédiques et automobiles. In: Le Monde des Cartes : revue du Comité Français de Cartographie. 175, 2003, p.36-41, 12 ill. ISSN 1634-3522

0479
Papotti, Davide: Un "mucchio di terra" : appunti per una storia del simbolo del "cono di talpa" nella cartografia alpina cinquecentesca e secentesca. In: Bollettino della Associazione Italiana di Cartografia. 40, 2003, 117-118-119, p.245-263, 2 ill. [A "heap of earth" : notes on a symbol history of the "mole cone" in the alpine cartography of the sixteenth and seventeenth century.] [Ital.] ISSN 0044-9733

0480
Pappalardo, Marta; Rossi, Annarita: La modificazione areale dei ghiacciai delle alpi marittime dalla piccola età glaciale ad oggi :
ricostruzione sulla base dei documenti cartografici storici. In: Bollettino della Associazione Italiana di Cartografia. 40, 2003, 117-118-119, p.311-324, 3 ill., 1 tab. [The areale modification of glaciers of the marine Alps from the small glacial age to today : reconstruction on the base of historical cartographic documents.] [Ital.] ISSN 0044-9733

0481
Le paysage des cartes : genèse d'une codification ; actes de la 3e journée d'études du Musée des Plans-Reliefs, Paris, 19 novembre 1998. Sous la dir. de Cathérine Bousquet-Bressolier. - Paris: Musée des Plans-Reliefs 1999, 150 p., ill., mp. ISBN 2-902559-31-3

0482
Pélissier, Jean-Pierre: Cartographie administrative historique de l'Yonne. - Auxerre: Soc. Généalogique de l'Yonne 2003, 21-[31] p., mp. ISBN 2-9510313-5-1

0483
Pellegrini, Ettore: Il territorio senese nella cartografia antica : le carte geografiche della Toscana meridionale dalle prime rappresentazioni misurate del Rinascimento alle elaborazioni della geodesia post illuminista. Con un saggio di Renato Lugarini su Girolamo Bellarmati e con il Repertorio delle carte a stampa pubblicate tra il 1558 e il 1844. - Siena: Protagon editori toscani 2002, 173 p., ill. [The territory of Siena in ancient cartography : the geographic maps of the southern Tuscany from the first measured representations of the Renaissance to the elaborations of post-enlightened geodesy.] [Ital.] ISBN 88-8024-101-X

0484
Pernal', Andrij Boleslav: Dodatky, zminy j vypravlennja vos'mogo arkuša Boplanovoï "Special'noï" karty ukraïny. In: Kartohrafija ta istorija Ukraïny : zbirnyk naukovych pracÿ = Cartography and history of Ukraine : a collection of scholarly papers. Instytut Ukraïns'koï Archeohrafiï ta Dÿézereloznavstva im. M. Hruÿésevs'koho <Kyïv>. - L'viv: Koc' 2000, p.23-39. [Additions, changes and corrections of the eighth sheet of the Beauplan "Special" map of Ukraine.] [Ukrain.] [In kyrill. Schrift] ISBN 996-02-1663-7

0485
Petrovič, Dušan: Mountain cartography in Slovenia. In: International Cartographic Association / Commission on Mountain Cartography special issue: ICA Commission on Mountain Cartography. Ed. by Lorenz Hurni. - North York: Univ. of Toronto Press 2003, p.25-30, 29 ill. (Cartographica ; 38. 2001, 1/2) ISBN 0340-0654 / 0317-717

0486
Petryšyn, Galyna: Karta von Miga jak džerelo do mistoznavstva Galyčyny. In: Kartohrafija ta istorija Ukraïny : zbirnyk naukovych pracÿ = Cartography and history of Ukraine : a collection of scholarly papers. Instytut Ukraïns'koï Archeohrafiï ta Dÿézereloznavstva im. M. Hruÿésevs'koho <Kyïv>. - L'viv: Koc' 2000, p.54-79, 5 ill., 1 tab. [The map by von Mieg as a source to the knowledge of the towns of Halychyna.] [Ukrain.] [In kyrill. Schrift]
ISBN 996-02-1663-7

0487
Pobanz, Wolfram: Anfänge der deutschen geographischen Schulatlanten im 18. Jahrhundert. In: Aspekte zur Gestaltung und Nutzung von Karten für den Schulunterricht. Hrsg. von der Deutschen Gesellschaft für Kartographie e.V., Kommission Schulkartographie. - Bonn: Kirschbaum 2003, p.127-132, 4 ill., 1 portr. (Kartographische Schriften ; 8) [Parallel als CD-ROM erschienen - Sign.: 1 D 12122]
ISBN 3-7812-1579-2

0488
Podobnikar, Tomaž: Kronologija izdelave digitalnega modela reliefa Slovenije. In: Geodetski vestnik. 47, 2003, 1&2, p.47-54, 3 ill. [Chronology of digital terrain model production of Slovenia.] [Sloven. with Engl. rés.] ISSN 0351-0271

0489
Pokorný, Miroslav; Hájek, Milan: Analýza priestorových objektov na mapách I. vojenského mapovania. In: Kartografické listy. 11, 2003, p.74-84, 4 ill., 2 tab. [Spatial object analysis on the maps from the 1st military mapping.] [Slovak. with Engl. rés.] ISBN 80-89060-02-1

0490
Postnikov, Alexei V.; Litvin, Alexei A.: Swedish Maps and Plans in Russian Archives. In: Accurata descriptio : studier i kartografi, numismatik, orientalistik och biblioteksväsen tillägnade Ulla Ehrensvärd. [Redaktionskommitté: Göran Bäärnhielm ...]. - Stockholm: Kungl. Biblioteket 2003, p.387-394. (Acta Bibliothecae regiae Stockholmiensis ; 69)
ISBN 91-7000-222-3

0491
Prescia, Salvatore: Il centro storico di Palermo e la sua rappresentazione. In: Ortofotocarta del centro storico di Palermo : Palermo 3-20 maggio 2001, Palazzo dei Normanni, Sala Gialla, Cortile Maqueda. [a cura di Adriana Fresina]. - Palermo: Centro regionale per l'inventario, la catalogazione e la documentazione grafica, fotografica, aerofotografica, fotogrammetrica e audiovisiva dei beni culturali, ambientali dell' Assessorato regionale dei bein culturali, ambientali e della pubblica istruzione della Regione siciliana 2001, p.25-36, 5 ill. [The historical centre of Palermo and its representation.] [Ital.] [Exhibition catalogue, not for sale]

0492
Przyłuska, Barbara: Atlasy geograficzne Eugeniusza Romera. In: Biuletyn Informacyjny Biblioteki Narodowej. 157, 2001, 2, p.14-19, 3 ill., 1 portr. [Eugenius Romers geographic atlases.] [Pol.]
ISSN 0006-3983

0493
Rall, Wilhelm: Karten als Zeugen der Geschichte : 500 Jahre Kartographie am Beispiel von Geislingen und Umgebung. In: Karten als Zeugen der Geschichte : 500 Jahre Kartographie am Beispiel von Geislingen und Umgebung ; Begleitheft zur Weihnachtsausstellung 2003 in der Galerie

im Alten Bau, Geislingen an der Steige. von Wilhelm Rall mit Beitr. von Jürgen Hagel und Hartmut Gruber. - Geislingen and der Steige: Stadtarchiv 2003, p.8-84, 60 ill. + mp. (Veröffentlichung des Stadtarchivs / Stadtarchiv Geislingen an der Steige ; 21)

0494
Recker, Gabriele: Von Trier nach Köln 1550-1850 : kartographiehistorische Beiträge zur historisch-geographischen Verkehrswegeforschung ; Betrachtungen zum Problem der Altkarten als Quelle anhand eines Fallbeispieles aus den Rheinlanden. - Rahden/Westf.: VML Verlag Marie Leidorf 2003, 482 p., ill., mp. [Teilw. zugl.: Bonn, Univ., Diss., 1998 u.d.T.: Recker, Gabriele: Kartographiehistorische Beiträge zur historisch-geographischen Verkehrswegeforschung - Betrachtungen zum Problem der Altkarten als Quelle anhand eines Fallbeispieles aus den Rheinlanden] ISBN 3-89646-025-0

0495
Renes, Hans: Oude kaarten als bron voor onderzoek naar de geschiedenis van het landschap. In: Caert-Thresoor. 22, 2003, 3, p.87-94, 9 ill. [Old maps as a source for the study of landscape history.] [Dutch with Engl. rés.] ISSN 0167-4994

0496
Renteux, Jean-Louis: Pictures at an exhibition I : how Brussels emerged from its fortifications. In: BIMCC newsletter / Brussel International Map Collectors' Circle. 16, 2003, p.3.

0497
Rickenbacher, Martin: Dufour Map - Spitzenkartografie in der vierten Dimension : eine Zeitreise mit General Guillaume-Henri Dufour. In: Geomatik Schweiz : Geoinformation und Landmanagement. 101, 2003, 12, p.676-680, 5 ill. [Germ. with French, and Ital. rés.]

0498
Rickenbacher, Martin; Oehrli, Markus: Sie hatten die besseren Karten! : die Nachführung der geheimen "Deutschen Heereskarte Schweiz 1:25 000 im zweiten Weltkrieg. In: Geomatik Schweiz : Geoinformation und Landmanagement. 101, 2003, 11, p.622-629, 10 ill. [Germ. with French, and Ital. rés.] ISSN 0252-9424

0499
Rombai, Leonardo: Cartografia, corografia e paesaggio nella Toscana dei secoli XV-XVII. In: La cartografia europea tra primo Rinascimento e fine dell' illuminismo : atti del Convegno Internazionale The Making of European Cartography, (Firenze, BNF-EUI, 13 - 15 dicembre 2001). A cura di Diogo Ramada Curto ; Angelo Cattaneo ; André Ferrand Almeida. - Firenze: L.S. Olschki 2003, p.197-227. (Studi / Accademia Toscana di Scienze e Lettere La Colombaria ; 213) [Cartography, chorography and landscape in Tuscany between XV-XVII century.] [Ital.] ISBN 88-222-5240-3

0500
Rombai, Leonardo: Geografia e cartografia nel rinascimento Italiano : la figura del cartografo e le rappresentazioni spaziali nel '400 e nel primo '500. In: Leonardo genio e cartografo : la rappresentazione del territorio tra scienza e arte ; [Arezzo, Palazzo Comunale, 21 giugno 2003 - 30 settembre 2003]. A cura di Andrea Cantile. - Firenze: Istituto Geografico Militare 2003, p.195-241, 7 ill. [Geography and cartography in the Italian renaissance : the role of the cartographer and spatial representation in the 15th and early 16th centuries.] [Ital. and Engl.] ISBN 88-523-0001-5

0501
Roper, Christopher: Historical mapping is still under-valued and under-used. In: The Cartographic Journal. 40, 2003, 2, p.131-134, 3 ill. ISSN 0008-7041

0502
Samuelsson, Göran: The towns, the countryside and the Land Survey. In: Accurata descriptio : studier i kartografi, numismatik, orientalistik och biblioteksväsen tillägnade Ulla Ehrensvärd. [Redaktionskommitté: Göran Bäärnhielm ...]. - Stockholm: Kungl. Biblioteket 2003, p.395-402, [5 ill. im Anhang]. (Acta Bibliothecae regiae Stockholmiensis ; 69) ISBN 91-7000-222-3

0503
Sanger, Victoria: Vauban et la topographie des places fortes : Brest et Longwy. In: Le paysage des cartes : genèse d'une codification ; actes de la 3e journée d'études du Musée des Plans-Reliefs, Paris, 19 novembre 1998. Sous la dir. de Cathérine Bousquet-Bressolier. - Paris: Musée des Plans-Reliefs 1999, p.49-63, 6 ill. ISBN 2-902559-31-3

0504
Sastre Domingo, Jesús: Hojas kilométricas: catastro inacabado de Madrid : imágenes del pasado con todo el futuro por delante. In: Topografia y cartografia : TOPCART. 20, 2003, 114, p.14-26, 9 ill. [Kilometric plans: unfinished catastre of Madrid : pictures of the past with the futur aheas.] [Span. with Engl. rés.]

0505
Schaffer, Jörg: Von der Mecklenburg- Karte Tilemann Stellas zum Geo-Informationssystem ATKIS : die Entwicklung der topographischen Landesaufnahme in Mecklenburg. In: 150 Jahre Mecklenburgische Landesvermessung : 1853-2003. [Hrsg.: Landesvermessungsamt Mecklenburg-Vorpommern. Red.: Kansy, Annelie ...]. - Schwerin: Landesvermessungsamt Mecklenburg-Vorpommern 2003, p.40-53, 15 ill., 2 tab.

0506
Schallenberg, Henk: De grootschalige basiskaart een gemeentelijke zorg. In: Geodesia. 45, 2003, 1, p.4-9, 8 ill. [Large scale base maps in Rotterdam.] [Dutch with Engl. rés.] ISSN 1385-7517

0507
Schnayder, Edward: A hand drafted German spatial planning atlas of the occupied "General-Government" (1940). In: Accurata descriptio : studier i kartografi, numismatik, orientalistik och biblioteksväsen tillägnade Ulla Ehrensvärd. [Redaktionskommitté: Göran Bäärnhielm ...]. - Stockholm: Kungl. Biblioteket 2003, p.419-443, 2 ill., 1 mp., [13 ill im Anhang]. (Acta Bibliothecae regiae Stockholmiensis ; 69) ISBN 91-7000-222-3

0508
Schneider, D.: Landesvermessung einst und heute. In: Geomatik Schweiz : Geoinformation und Landmanagement. 101, 2003, 12, p.669-674, 10 ill. [Germ. with French, and Ital. rés.] ISSN 0252-9424

0509
Seibold, Eugen: Early maps of the Arctic coast of Russia. In: Polarforschung / hrsg. vom Alfred-Wegener-Institut für Polar- und Meeresforschung und der Deutschen Gesellschaft für Polarforschung. 71, 2002, 3, p.121-148.

0510
Sels, Claudia: Elektronische Visualisierung von Altkarten : ausgewählte Regionalkarten des 16. und 17. Jahrhunderts. - Berlin: Technische Fachhochschule 2002, 61 Bl., ill., mp. [Dipl.-arb.]

0511
Selva, Orietta: Giovanni antonio Magini's Italia. In: Imago Italiae : the making of Italy in the history of cartography from the Middle Ages to the Modern era ; reality, image and imagination from the Codices of Claudius Ptolemy ... Contributions by Laura Cassi ... - Trieste: Goliardica E.U.T. 2002, p.669-772, 91 ill. [Engl. ed.] ISBN 88-88745-00-9

0512
Semotanová, Eva: Krajina Chomutovska na starých mapách. In: Comotovia : sborník příspěvk|- z konference věnované výročí 750 let první písemné zmínky o existenci Chomutova (1252-2002). 2002, p.115-124. [Landscape changes of the town Chomutov and its surrounding in the antique maps.] [Czech]

0513
Sereno, Paola: "Li Ingegneri Topograffici di Sua Maestà" : la formazione del cartografo militare negli Stati Sabaudi e l'istituzione dell'Ufficio di Topografia Reale. In: Carte e cartografi degli Stati Sabaudi : rappresentare uno stato dal XVI al XVIII secolo. A cura di Rinaldo Comba e Paola Sereno. - Torino [u.a.]: U.Allemandi 2002, p.61-102. (Archivi di arte e cultura piemontesi) ["The topographical engineers of His Majesty" : the training of a military cartographer in the States of Savoy and the institution "Ufficio di Topografia reale".] [Ital.] [Vol. 1 +2] ISBN 88-422-0717-9

0514
Sereno, Paola: "Se volesti descrivere il Piemonte" : Giovan Francesco Peverone e la cartografia come arte liberale. In: Carte e cartografi degli Stati Sabaudi : rappresentare uno stato dal XVI al XVIII secolo. A cura di Rinaldo Comba e Paola Sereno. - Torino [u.a.]: U.Allemandi 2002, p.33-46. (Archivi di arte e cultura piemontesi) ["If you want to describe the Piedmont" : Giovan Francesco Peverone and cartography as a liberal art.] [Ital.] [Vol. 1 + 2] ISBN 88-422-0717-9

0515
Sereno, Paola: Rappresentazioni della proprietà fondiaria : i cabrei e la cartografia cabreistica. In: Carte e cartografi degli Stati Sabaudi : rappresentare uno stato dal XVI al XVIII secolo. A cura di Rinaldo Comba e Paola Sereno. - Torino [u.a.]: U.Allemandi 2002, p.143-161. (Archivi di arte e cultura piemontesi) [Representations of real estate : Cabrei (cadastral maps) and cadastral cartography.] [Ital.] [Vol. 1 + 2] ISBN 88-422-0717-9

0516
Skrycki, Radosław: O powstawaniu tak zwanej Mapy Chrzanowskiego w świetle listu Generała z 28 września 1844 roku. In: Polski przegląd kartograficzny. 35, 2003, 4, p.280-283, 1 ill. [On the origin of so called 'Chrzanowski's Map' in the light of the General's letter of 28th September 1844.] [Pol.] ISSN 0324-8321

0517
Solchenbach, Karl: Wie genau sind alte Landkarten der Eifel? In: Heimatkalender : Landkreis Bitburg-Prüm. 2003, p.56-62, 8 ill.

0518
Souchon, Cécile: Les cartes du chevalier Louis-Pierre Daudet aux archives nationales : un itinéraire royal Reims-Soissons-Paris, 1722-1728 (?). In: Le Monde des Cartes : revue du Comité Français de Cartographie. 175, 2003, p.30-35, 3 ill. ISSN 1634-3522

0519
Spata, Manfred: Müfflings Kartenaufnahme der Rheinlande 1814-1828. In: Fachinformationsblatt / Deutscher Verein für Vermessungswesen (DVW), Landesverein

Thüringen e.V. - Gotha 2002, p.19-31, 1 ill., 6 mp. (Fachinformationsblatt / Deutscher Verein für Vermessungswesen, Landesverein Thüringen ; 4)

0520
Speich, Daniel: Das Grundbuch als Grund aller Pläne : Präzision und die Fiktion der Überschaubarkeit im Entstchungsprozess eines modernen Rechtsstaats. In: Vermessene Landschaften : Kulturgeschichte und technische Praxis im 19. und 20. Jahrhundert. Hrsg. von David Gugerli. - Zürich: Chronos 1999, p.137-148. (Interferenzen ; 1) ISBN 3-905313-12-X

0521
Sperling, Walter: Joseph Johann Graf Ferraris' Beiträge zur historischen Kartographie des Bitburger Raumes. In: Heimatkalender : Landkreis Bitburg-Prüm. 2003, p.17-29, 10 ill.

0522
Stadsplan Amsterdam : toekomstvisies op de ruimtelijke ontwikkeling van de stad, 1928-2003. [Red.: Allard Jolles... Tekstred.: Marianne Lahr]. - Rotterdam: NAi Uitgevers 2003, 208 p., ill., mp. [Town map Amsterdam : future visions of the spatial development of the town, 1928-2003.] [Dutch] ISBN 90-5662-332-X

0523
Stams, Werner: Inhalt und Aussage der sächsischen Meilenblätter. In: Burgenforschung aus Sachsen. 10, 1997, p.153-164, ill.

0524
Steinbrück, Hans-Jürgen: Müffling in der thüringischen Kartographie. In: Fachinformationsblatt / Deutscher Verein für Vermessungswesen (DVW), Landesverein Thüringen e.V. - Gotha 2002, p.53-58, 2 ill., 1 tab., 6 mp. (Fachinformationsblatt / Deutscher Verein für Vermessungswesen, Landesverein Thüringen ; 4)

0525
Sturani, Maria Luisa: Strumenti e tecniche di rilevamento cartografico negli stati sabaudi tra XVI e XVIII secolo. In: Carte e cartografi degli Stati Sabaudi : rappresentare uno stato dal XVI al XVIII secolo. A cura di Rinaldo Comba e Paola Sereno. - Torino [u.a.]: U.Allemandi 2002, p.103-114. (Archivi di arte e cultura piemontesi) [Instruments and techiques of cartographical survey in the States of Savoy between XVI and XVIII century.] [Ital.] [Vol. 1 + 2] ISBN 88-422-0717-9

0526
Swift, Michael: Historische Landkarten Europa. Deutsche Erstausgabe. - Augsburg: Bechtermünz 2000, 144 p., mp. [Orig.: Historical maps of Europe (dt.)] ISBN 3-8289-0383-5

0527
Szaniawska, Lucyna: Niemiecko-polskie przedsięwzięcie kartograficzne. In: Biuletyn Informacyjny Biblioteki Narodowej. 157, 2001, 2, p.34-35, 2 ill, 2 mp. [A German-Polish cartographic undertaking.] [Pol.] ISSN 0006-3983

0528
Torge, Wolfgang: Müffling und die europäischen Gradmessungen und Landesvermessungen im 18. und 19. Jahrhundert. In: Fachinformationsblatt / Deutscher Verein für Vermessungswesen (DVW), Landesverein Thüringen e.V. - Gotha 2002, p.5-18, 2 ill., 3 mp., 1 portr. (Fachinformationsblatt / Deutscher Verein für Vermessungswesen, Landesverein Thüringen ; 4)

0529
Tsotsos, G.P.; Savvaidis, P.D.: Identification of unidentified hostorical sites in

Macedonia with the aid of a comparison of Ptolemy's and present-day coordinates. In: The Cartographic Journal. 40, 2003, 3, p.235-242, 9 ill., 7 tab. ISSN 0008-7041

0530
Turner, Hilary L.: The Sheldon tapestry maps : their content and context. In: The Cartographic Journal. 40, 2003, 1, p.39-49, 4 ill. ISSN 0008-7041

0531
Umek, Dragan: The anonymous and undated manuscript atlas of Italy in the Bishops's Seminary Library in Padua. In: Imago Italiae : the making of Italy in the history of cartography from the Middle Ages to the Modern era ; reality, image and imagination from the Codices of Claudius Ptolemy ... Contributions by Laura Cassi ... - Trieste: Goliardica E.U.T. 2002, p.509-535, 20 ill. [Engl. ed.]
ISBN 88-88745-00-9

0532
Valerio, Vladimiro: L'occhio mutevole : militari e mappe tra rivoluzione e restaurazione. In: La cartografia europea tra primo Rinascimento e fine dell' illuminismo : atti del Convegno Internazionale The Making of European Cartography, (Firenze, BNF-EUI, 13 - 15 dicembre 2001). A cura di Diogo Ramada Curto ; Angelo Cattaneo ; André Ferrand Almeida. - Firenze: L.S. Olschki 2003, p.229-244. (Studi / Accademia Toscana di Scienze e Lettere L Colombaria ; 213) [Changing eye : soldiers and maps between revolution and restoration.] [Ital.] ISBN 88-222-5240-3

0533
Vantini, Sandra: Le prealpi vicentine presentate agli escursionisti di fine ottocento : dall'itinerario alla carta topografica. In: Bollettino della Associazione Italiana di Cartografia. 40, 2003, 117-118-119, p.264-278, 9 ill. [The preAlps of Vicenzo introduced to the excursionists of the late nineteenth century : from the route planner to the topographical map.] [Ital.]
ISSN 0044-9733

0534
Vavryčyn, Marija: Kompleks kart Ukraïny G. Boplana ta ïch zberežennja v bibliotekach Jevropy. In: Kartohrafija ta istorija Ukraïny : zbirnyk naukovych pracÿ = Cartography and history of Ukraine : a collection of scholarly papers. Instytut Ukraïns'koï Archeohrafiï ta Dÿézereloznavstva im. M. Hruÿésevs'koho <Kyïv>. - L'viv: Koc' 2000, p.18-22. [Complex of Ukraine's maps of G. Beauplan and their preservation in the libraries of Europe.] [Ukrain.] [In kyrill. Schrift]
ISBN 996-02-1663-7

0535
Vavryčyn, Marija; Gol'ko, Oleg: Pokažčik nazv ob'jektiv, vidobraženych na Special'nij karti Ukraïny G. Boplana 1650 r. In: Kartohrafija ta istorija Ukraïny : zbirnyk naukovych pracÿ = Cartography and history of Ukraine : a collection of scholarly papers. Instytut Ukraïns'koï Archeohrafiï ta Dÿézereloznavstva im. M. Hruÿésevs'koho <Kyïv>. - L'viv: Koc' 2000, p.258-330, 1 mp. [The indexes of the names of the objects pictured on the Special map of Ukraine by G. Beauplan, 1650.] [Ukrain.] [In kyrill. Schrift] ISBN 996-02-1663-7

0536
Veverka, Bohuslav; Čechurová, Monika: Georeferencování map II. a III. vojenského mapování. In: Kartografické listy. 11, 2003, p.103-113, 7 ill. [Georeferencing of the maps from the 2nd and 3rd military mapping.] [Slovak. with Engl. rés.]
ISBN 80-89060-02-1

0537
Vogl, Leopold: Das Mühlviertel im Kartenfragment von 1545 des Wolfgang Lazius. In: Jahrbuch des Oberösterreichischen Musealvereines, Gesellschaft für Landeskunde ; 148, Bd. 1. - Linz 2003, p.157-163, 5 ill.

0538
Wartenberg, Heiko; Porada, Haik Thomas: Schwedische Vermessungen in Pommern und Mecklenburg. In: Schwedenzeit. [anläßlich der Ausstellung "Die Alten Schweden - Legende, Wirklichkeit und Reflexion" im Stadtgeschichtlichen Museum Wismar "Schabbelhaus" und der Nikolaikirche Wismar vom 20. Juni bis 30. August 1998. Idee und Endfassung: Klaus-Dieter Hoppe]. - Wismar: Stadtgeschichtliches Museum 1998, 143 p., ill., mp.
ISBN 3-00-003165-0

0539
Watelet, Marcel: Les deux éditions de la carte murale de l'Europe (1554, 1572) de Gérard Mercator : sources pour l'histoire socio-économique et politique du XVIe siècle européen. In: Geschichtsdeutung auf alten Karten : Archäologie und Geschichte ; (46. Wolfenbütteler Symposium, vom 26. bis 29. Oktober 1999]. [Hrsg. von Dagmar Unverhau]. - Wiesbaden: Harrassowitz 2003, p.147-161. (Wolfenbütteler Forschungen ; 101) ISBN 3-447-04813-1

0540
Watelet, Marcel: Pratiques administratives et codification du paysage urbain en Wallonie (1804-1830) : Étude des corpus cartographiques des Ponts et Chaussées et du Waterstat. In: Le paysage des cartes : genèse d'une codification ; actes de la 3e journée d'études du Musée des Plans-Reliefs, Paris, 19 novembre 1998. Sous la dir. de Cathérine Bousquet-Bressolier. - Paris: Musée des Plans-Reliefs 1999, p.121-142, 5 ill. ISBN 2-902559-31-3

0541
Wawrik, Franz: Historische und kulturhistorische Informationen in den Werken österreichischer Kartographen des 16. Jahrhunderts, mit besonderer Berücksichtigung des Wolfgang Lazius. In: Geschichtsdeutung auf alten Karten : Archäologie und Geschichte ; (46. Wolfenbütteler Symposium, vom 26. bis 29. Oktober 1999]. [Hrsg. von Dagmar Unverhau]. - Wiesbaden: Harrassowitz 2003, p.193-212, 2 ill. (Wolfenbütteler Forschungen ; 101) ISBN 3-447-04813-1

0542
Wawrik, Franz: Schlesische Veduten in der österreichischen Nationalbibliothek. In: Lüneburger Beiträge zur Vedutenforschung II : Beiträge zum II. Veduten-Colloquium in Lüneburg 7. - 9.X.1983, III. Veduten-Colloquium in Regensburg 3. - 6.X.1985 ; mit 238 Abb., 18 Falttaf. und 2 Tab. Hrsg. von Angelika Marsch und Eckhard Jäger. - Lüneburg: Verl. Nordostdt. Kulturwerk 2001, p.43-53, 3 ill. (Lüneburger Beiträge zur Vedutenforschung ; 2)
ISBN 3-922296-37-8

0543
Wieland, Jos: Kadaster 1832 (1841) revisited : archiefbrede samenwerking op moderne leest onder de koepel van DIVA. In: Caert-Thresoor. 22, 2003, 1, p.14-16, 1 ill. [A modern way to present cadastral maps.] [Dutch with Engl. rés.]
ISSN 0167-4994

0544
Wilt, Carla G.D. de: Delflands kaarten belicht. - [Delft]: Hoogheemraadschap [u.a.] 2000, 179 p., ill., mp. [Maps of Delfland examined.] [Dutch]
ISBN 90-6550-094-4

0545
Windheim, Rolf: Auf den Spuren des französischen Ingenieur-Geographen Tranchot : mit GPS-Satelliten-Technik werden alte Karten neu erschlossen. In: Eifel-Jahrbuch. 2003, p.122-128, ill., mp.
ISSN 0424-687X

0546
Wolf, Armin: Zum Deutschland-Bild in Geschichtsatlanten des 19. Jahrhunderts. In: Geschichtsdeutung auf alten Karten : Archäologie und Geschichte ; (46. Wolfenbütteler Symposium, vom 26. bis 29. Oktober 1999]. [Hrsg. von Dagmar Unverhau]. - Wiesbaden: Harrassowitz 2003, p.255-286, 24 ill. (Wolfenbütteler Forschungen ; 101) ISBN 3-447-04813-1

0547
Wood, Michael: The mountain panorama and its significance in the Scottish context. In: International Cartographic Association / Commission on Mountain Cartography : special issue: ICA Commission on Mountain Cartography. Ed. by Lorenz Hurni. - North York: Univ. of Toronto Press 2003, p.103-118, 19 ill. (Cartographica ; 38. 2001, 1/2) ISBN 0340-0654 / 0317-717

0548
Wulffius, Wolf-Paul: Veduten auf Landkarten im Atlas von Livland des Grafen Mellin (1798). In: Lüneburger Beiträge zur Vedutenforschung II : Beiträge zum II. Veduten-Colloquium in Lüneburg 7. - 9.X.1983, III. Veduten-Colloquium in Regensburg 3. - 6.X.1985 ; mit 238 Abb., 18 Falttaf. und 2 Tab. Hrsg. von Angelika Marsch und Eckhard Jäger. - Lüneburg: Verl. Nordostdt. Kulturwerk 2001, p.361-371, 7 ill. (Lüneburger Beiträge zur Vedutenforschung ; 2) ISBN 3-922296-37-8

0549
Wytyczak, Roman: Publikowane mapy Śląska do połowy XVIII na tle innych regionów oraz ich adaptacje przez kartografów europejskich. In: Polski przegląd kartograficzny. 35, 2003, 4, p.265-275, 3 ill., 1 tab. [Maps of Silesia published until the half of the 18th century compared to other regions and their adaptations by European cartographers.] [Pol. with Engl. and Russ. rés.] ISSN 0324-8321

0550
Ytsma, B.: Zwolle en de kaart van 1832. In: Geodesia. 45, 2003, 11, p.434-437, 6 ill. [Zwolle in maps from 1832.] [Dutch]

0551
Zögner, Lothar: Preußische Karten von der Ostseeküste. In: Accurata descriptio : studier i kartografi, numismatik, orientalistik och biblioteksväsen tillägnade Ulla Ehrensvärd. [Redaktionskommitté: Göran Bäärnhielm ...]. - Stockholm: Kungl. Biblioteket 2003, p.521-527, 1 ill., [3 mp. im Anhang]. (Acta Bibliothecae regiae Stockholmiensis ; 69) ISBN 91-7000-222-3

h. Polar Regions
Polargebiete
Régions polaires

0552
Ross, Michael: Polus antarcticus : a catalogue of four states. In: The Globe. 2003, 54, p.1-12, 1 ill., 4 mp., 4 tab.
ISSN 0311-3930

0553
Schilder, Günter: Unknown steps in the Arctic Sea : The voyage by Mouris Willemsz (1608 or earlier). In: Accurata descriptio : studier i kartografi, numismatik, orientalistik och biblioteksväsen tillägnade Ulla Ehrensvärd. [Redaktionskommitté: Göran Bäärnhielm ...]. - Stockholm: Kungl. Biblioteket 2003, p.403-418, 7 ill. (Acta Bibliothecae regiae Stockholmiensis ; 69) ISBN 91-7000-222-3

0554
Seibold, Eugen: Early maps of the Arctic coast of Russia. In: Polarforschung / hrsg. vom Alfred-Wegener-Institut für Polar- un Meeresforschung und der Deutschen Gesellschaft für Polarforschung. 71, 2002, 3, p.121-148.

i. Outer Space
Weltraum
L'espace cosmique

0555
Dekker, Elly; Egmond, Marco van: Het 'ongewone' globepaar van Cornelis Covens : uit de hand gelopen hobby of baanbrekende innovation. In: Caert-Thresoor. 22, 2003, 1, p.1-13, 9 ill. [The unusual pair of globes of Cornelis Covens : hobby gotten out of hand or epochal innovation?] [Dutch] ISSN 0167-4994

0556
Hamel, Jürgen: Caspar Peucer als Astronom : ein Gelehrter zwischen den Zeiten. In: Zwischen Katheder, Thron und Kerker : Leben und Werk des Humanisten Caspar Peucer 1525-1602 ; Ausstellung 25. September bis 31. Dezember 2002. Stadtmuseum Bautzen. [Red.: Uwe Koch, Lars Weber, ...]. - Bautzen: Domowina-Verl. 2002, 215 p., ill., mp.
ISBN 3-7420-1925-2

0557
Mackensen, Ludolf von: Der Wandel des Weltbildes in der Zeit des Antonius Eisenhoit und des Jost Bürgi. In: Wunderwerk - Göttliche Ordnung und vermessene Welt : der Goldschmied und Kupferstecher Antonius Eisenhoit und die Hofkunst um 1600 ; Katalog der Ausstellung im Erzbischöflichen Diözesanmuseum Paderborn 2003. Hrsg. von Christoph Stiegemann. - Mainz: Zabern 2003, p.31-36, 5 ill.
ISBN 3-8053-3260-2

0558
Sagues, Liz: Greaves & Thomas, facsimile globemakers. In: Mercator's World. 5, 2000, 4, p.18-23, 6 ill. ISSN 1086-6728

3. Epochs of the History of Cartography
Epochen der Geschichte der Kartographie
Epoques de l'histoire de la cartographie

a. General Works
Allgemeines
Généralités

0559
Kerner, Martin: Urgeschichtliches Nivellieren und Horizontieren. In: Vermessung, Photogrammetrie, Kulturtechnik. 101, 2003, 1, p.20-22, 5 ill. [Germ. with French, and Ital. rés.] ISSN 0252-9424

b. Antiquity
Antike
Antiquité

0560
Brodersen, Kai: Die Tabula Peutingeriana Gehalt und Gestalt einer "alten Karte" und ihrer antiken Vorlagen. In: Geschichtsdeutung auf alten Karten : Archäologie und Geschichte ; (46. Wolfenbütteler Symposium, vom 26. bis 29. Oktober 1999]. [Hrsg. von Dagmar Unverhau]. - Wiesbaden: Harrassowitz 2003, p.289-297. (Wolfenbütteler Forschungen ; 101)
ISBN 3-447-04813-1

0561
Calzolari, Mauro: L'Italia nella Tabula Peutingeriana. In: Tabula Peutingeriana : le antiche vie del mondo. A cura di Francesco Prontera. - Firenze: Olschki 2003, p.53-62, 1 ill. (Biblioteca di Geographia antiqua ; 3) [Tabula Peutingeriana : the ancient routes of the world.] [Ital.] [Important work con-

taining enlarged reproduction of the 1916 facs. repr. of the medieval copy of a unique 4th-cent. A.D. Roman road atlas] [Includes in-depth essays, bibl., bibl. refs. and notes] ISBN 88-222-5269-1

0562
Dalché, Patrick Gautier: La trasmissione medievale e rinascimentale della Tabula Peutingeriana. In: Tabula Peutingeriana : le antiche vie del mondo. A cura di Francesco Prontera. - Firenze: Olschki 2003, p.43-52, 2 ill. (Biblioteca di Geographia antiqua ; 3) [Tabula Peutingeriana : the ancient routes of the world.] [Ital.] [Important work containing enlarged reproduction of 1916 facs. repr. of the medieval copy of a unique 4th-cent. A.D. Roman road atlas] [Includes in-depth essays, bibl., bibl. refs. and notes] ISBN 88-222-5269-1

0563
Knobloch, Eberhard; Lelgemann, Dieter; Fuls, Andreas: Zur hellenistischen Methode der Bestimmung des Erdumfanges und zur Asienkarte des Klaudios Ptolemaios : fit für ALKIS? In: ZfV : Zeitschrift für Geodäsie, Geoinformation und Landmanagement. 128, 2003, 3, p.211-217, 2 ill., 4 tab. ISSN 1618-8950

0564
Lago, Luciano: The origins of the scientific system : the depiction of the earth. In: Imago Italiae : the making of Italy in the history of cartography from the Middle Ages to the Modern era ; reality, image and imagination from the Codices of Claudius Ptolemy ... Contributions by Laura Cassi ... - Trieste: Goliardica E.U.T. 2002, p.13-23, 10 ill. [Engl. ed.] ISBN 88-88745-00-9

0565
Minow, Helmut: Vermessungsprobleme in den Schriften der römischen Agrimensoren. In: Vermessung, Photogrammetrie, Kulturtechnik. 101, 2003, 1, p.14-19, 12 ill. [Germ. with French, and Ital. rés.] ISSN 0252-9424

0566
Prontera, Francesco: La Tabula Peutingeriana nella storia della cartografia antica. In: Tabula Peutingeriana : le antiche vie del mondo. A cura di Francesco Prontera. - Firenze: Olschki 2003, p.17-41, 20 ill. (Biblioteca di Geographia antiqua ; 3) [Tabula Peutingeriana : the ancient routes of the world.] [Ital.] [Important work containing enlarged reproduction of 1916 facs. repr. of the medieval copy of a unique 4th-cent. A.D. Roman road atlas] [Includes in-depth essays, bibl., bibl. refs. and notes] ISBN 88-222-5269-1

0567
Tabula Peutingeriana : le antiche vie del mondo. A cura di Francesco Prontera. - Firenze: Olschki 2003, p.66 p., [14] Bl. (Biblioteca di Geographia antiqua ; 3) [Tabula Peutingeriana : the ancient routes of the world.] [Ital.] [Important work containing enlarged reproduction of the 1916 facs. repr. of the medieval copy of a unique 4th-cent. A.D. Roman road atlas] [Includes in-depth essays, bibl., bibl. refs. and notes] ISBN 88-222-5269-1

c. Middle Ages
Mittelalter
Moyen âge

0568
Borchi, Emilio; Cantile, Andrea: Strumenti topografici in uso nel XV e XVI secolo. In: Leonardo genio e cartografo : la rappresentazione del territorio tra scienza e arte ; [Arezzo, Palazzo Comunale, 21 giugno 2003 - 30 settembre 2003]. A cura di Andrea Cantile. - Firenze: Istituto Geografico Militare 2003, p.107-167, ill. [Comments on some century topographical instruments used in 15th and 16th centuries.] [Ital. and Engl.] ISBN 88-523-0001-5

0569
Brincken, Anna Dorothee von den: Herausragende Plätze der antiken Geschichte im Bild der mittelalterlichen Ökumene-Karte (9. bis beginnendes 14. Jahrhundert). In: Geschichtsdeutung auf alten Karten : Archäologie und Geschichte ; (46. Wolfenbütteler Symposium, vom 26. bis 29. Oktober 1999]. [Hrsg. von Dagmar Unverhau]. - Wiesbaden: Harrassowitz 2003, p.23-53, 13 ill., 1 tab. (Wolfenbütteler Forschungen ; 101) ISBN 3-447-04813-1

0570
Eisenstein, Herbert: "Mappae Arabicae" : das Weltbild des mittelalterlichen Islam im Spiegel seiner Karten. In: Geschichtsdeutung auf alten Karten : Archäologie und Geschichte ; (46. Wolfenbütteler Symposium, vom 26. bis 29. Oktober 1999]. [Hrsg. von Dagmar Unverhau]. - Wiesbaden: Harrassowitz 2003, p.93-108, 2 ill. (Wolfenbütteler Forschungen ; 101) ISBN 3-447-04813-1

0571
Harvey, Paul D.A.: The biblical content of medieval maps of the Holy Land. In: Geschichtsdeutung auf alten Karten : Archäologie und Geschichte ; (46. Wolfenbütteler Symposium, vom 26. bis 29. Oktober 1999]. [Hrsg. von Dagmar Unverhau]. - Wiesbaden: Harrassowitz 2003, p.55-63. (Wolfenbütteler Forschungen ; 101) ISBN 3-447-04813-1

0572
Lago, Luciano: From the flat earth to the globe : conjecture and experience for an epistemological revolution. In: Imago Italiae : the making of Italy in the history of cartography from the Middle Ages to the Modern era ; reality, image and imagination from the Codices of Claudius Ptolemy ... Contributions by Laura Cassi ... - Trieste: Goliardica E.U.T. 2002, p.93-117, 28 ill. [Engl. ed.] ISBN 88-88745-00-9

0573
Lago, Luciano: Italy in mappae mundi and medieval sea-charts. In: Imago Italiae : the making of Italy in the history of cartography from the Middle Ages to the Modern era ; reality, image and imagination from the Codices of Claudius Ptolemy ... Contributions by Laura Cassi ... - Trieste: Goliardica E.U.T. 2002, p.167-205, 43 ill. [Engl. ed.] ISBN 88-88745-00-9

0574
Stroffolino, Daniela: Sui trattati di rilevamento fra Quattro e Cinquecento. In: Leonardo genio e cartografo : la rappresentazione del territorio tra scienza e arte ; [Arezzo, Palazzo Comunale, 21 giugno 2003 - 30 settembre 2003]. A cura di Andrea Cantile. - Firenze: Istituto Geografico Militare 2003, p.45-104, ill. [About the treatises between the Quattrocento and the Cinquecento.] [Ital. and Engl.] ISBN 88-523-0001-5

0575
Tebel, René: Das Schiff im Kartenbild als Quelle für den Historiker : vom Anbeginn der Überlieferung kartographischer Zeugnisse im abendländischen Mittelalter bis zum Zeitalter W.J.Blaeus (1602). - Wien: Univ. 2003, 3 Bände, V+IX, 723 p., 160 ill., 10 Bildtafeln im Anhang. [Diss.]

d. Renaissance
Renaissance
Renaissance

0576
Besse, Jean-Marc: Les grandeurs de la Terre : aspects du savoir géographique à la Renaissance. - Lyon: ENS 2003, 420 p., ill. ISBN 2-8478-8030-5

0577
Borchi, Emilio; Cantile, Andrea: Strumenti topografici in uso nel XV e XVI secolo. In: Leonardo genio e cartografo : la rappresen-

tazione del territorio tra scienza e arte ; [Arezzo, Palazzo Comunale, 21 giugno 2003 - 30 settembre 2003]. A cura di Andrea Cantile. - Firenze: Istituto Geografico Militare 2003, p.107-167, ill. [Comments on some century topographical instruments used in 15th and 16th centuries.] [Ital. and Engl.] ISBN 88-523-0001-5

0578
Büttner, Nils: Chorographie : zwischen Kriegskunst und Propaganda. In: Geschichtsdeutung auf alten Karten : Archäologie und Geschichte ; (46. Wolfenbütteler Symposium, vom 26. bis 29. Oktober 1999]. [Hrsg. von Dagmar Unverhau]. - Wiesbaden: Harrassowitz 2003, p.467-486, 6 ill. (Wolfenbütteler Forschungen ; 101) ISBN 3-447-04813-1

0579
Conti, Simonetta: La cartografia della famiglia Olives-Oliva durante il XVI secolo. In: Grandes viajes descubridores. Seminario Iberoamericano de Descubrimientos y Cartografía, Instituto Interuniversitario de Estudios de Iberoamérica y Portugal. Coord.: Jesús Varela Marcos. - Tordesillas, Valladolid: Instituto Interuniversitario de Estudios de Iberoamérica y Portugal 2001, p.109-137, 5 ill. (Descubrimientos y cartografía ; 4) [Cartography of the family Olives-Oliva during the XVI century.] [Ital.] ISBN 8493062-96-0

0580
Danti, Egnazio; Levi-Donati, Gemmarosa: Le trentacinque cartelle della Guardaroba Medicea di Palazzo Vecchio in Firenze. A cura di /edited by G.R. Levi-Donati. - Ponte San Giovanni (Perugia): Benucci 2002, 123 p., ill. [The thirty-five scrolls of the Medici Guardaroba of Palazzo Vecchio in Florence.] [Ital. and Engl.]

0581
Federzoni, Laura: La montagna nella cartografia del cinquecento : vertigine, incanto, sfida. In: Bollettino della Associazione Italiana di Cartografia. 40, 2003, 117-118-119, p.220-242, 4 ill. [The mountains in the cartography of the sixteenth century : vertigo, spell, challenge.] [Ital.] ISSN 0044-9733

0582
Gentile, Sebastiano: Umanesimo e cartografia : Tolomeo nel secolo XV. In: La cartografia europea tra primo Rinascimento e fine dell' illuminismo : atti del Convegno Internazionale The Making of European Cartography, (Firenze, BNF-EUI, 13 - 15 dicembre 2001). A cura di Diogo Ramada Curto ; Angelo Cattaneo ; André Ferrand Almeida. - Firenze: L.S. Olschki 2003, p.3-18. (Studi / Accademia Toscana di Scienze e Lettere La Colombaria ; 213) [Humanism and cartography : Ptolomy in the XV century.] [Ital.] ISBN 88-222-5240-3

0583
Grandes viajes descubridores. Seminario Iberoamericano de Descubrimientos y Cartografía, Instituto Interuniversitario de Estudios de Iberoamérica y Portugal. Coord.: Jesús Varela Marcos. - Tordesillas, Valladolid: Instituto Interuniversitario de Estudios de Iberoamérica y Portugal 2001, 346 p., ill, mp. (Descubrimientos y cartografía ; 4) [Great discovery journeys.] [Span. and Ital.] ISBN 8493062-96-0

0584
Harrisse, Henry: The Dieppe world maps : 1541-1553. - Cerritos, Calif.: Plus Ultra Pub. Co. 2002, 23 p. ISBN 0-9667462-1-X [Previously published: Göttingen : University Printing Press (W.F. Kaestner), 1899]

0585
Kreuer, Johannes Werner: Die kartographische Wende von Schedel zu Martellus (Descriptio und Karte). In: Geschichtsdeutung auf alten Karten : Archäologie und Geschichte ; (46. Wolfenbütteler Symposium, vom 26. bis 29. Oktober 1999]. [Hrsg. von Dagmar Unverhau]. - Wiesbaden: Harrassowitz 2003, p.129-146, 9 ill. (Wolfenbütteler Forschungen ; 101)
ISBN 3-447-04813-1

0586
Lago, Luciano: From the flat earth to the globe : conjecture and experience for an epistemological revolution. In: Imago Italiae : the making of Italy in the history of cartography from the Middle Ages to the Modern era ; reality, image and imagination from the Codices of Claudius Ptolemy ... Contributions by Laura Cassi ... - Trieste: Goliardica E.U.T. 2002, p.93-117, 28 ill. [Engl. ed.] ISBN 88-88745-00-9

0587
Lago, Luciano: Geographical knowledge in the work of Pietro Coppo. In: Imago Italiae : the making of Italy in the history of cartography from the Middle Ages to the Modern era ; reality, image and imagination from the Codices of Claudius Ptolemy ... Contributions by Laura Cassi ... - Trieste: Goliardica E.U.T. 2002, p.65-75, 14 ill. [Engl. ed.] ISBN 88-88745-00-9

0588
Leonardo genio e cartografo : la rappresentazione del territorio tra scienza e arte ; [Arezzo, Palazzo Comunale, 21 giugno 2003 - 30 settembre 2003]. A cura di Andrea Cantile. - Firenze: Istituto Geografico Militare 2003, 383 p., ill., mp. [Leonardo: the genius and the cartographer : the representation of land in science and art.] [Ital. and Engl.] [Exhibition catalogue] [Contains bibliography]
ISBN 88-523-0001-5

0589
Martín López, José: Mapas antiguos y leyendas modernas. In: Topografía y cartografía : TOPCART. 20, 2003, 118-119, p.26-34, 4 ill. [Old maps and modern legends.] [Span.] ISSN 0212-9280

0590
Milanesi, Marica: The geography of Claudius Ptolemy during the Renaissance. In: Imago Italiae : the making of Italy in the history of cartography from the Middle Ages to the Modern era ; reality, image and imagination from the Codices of Claudius Ptolemy ... Contributions by Laura Cassi ... - Trieste: Goliardica E.U.T. 2002, p.209-238, 36 ill. [Engl. ed.]
ISBN 88-88745-00-9

0591
Milanesi, Marica: The revival of geography. In: Imago Italiae : the making of Italy in the history of cartography from the Middle Ages to the Modern era ; reality, image and imagination from the Codices of Claudius Ptolemy ... Contributions by Laura Cassi ... - Trieste: Goliardica E.U.T. 2002, p.35-42, 7 ill. [Engl. ed.]
ISBN 88-88745-00-9

0592
Miller, Naomi: Mapping the city : the language and culture of cartography in the Renaissance. - London [u.a.]: Continuum 2003, XVIII, 270 p., ill., mp. [Includes bibliographical references and index]
ISBN 0-8264-5636-7

0593
Mollo, Emanuela: L'attività di un cartografo piemontese fuori dello stato: Giacomo

Gastaldi. In: Carte e cartografi degli Stati Sabaudi : rappresentare uno stato dal XVI al XVIII secolo. A cura di Rinaldo Comba e Paola Sereno. - Torino [u.a.]: U.Allemandi 2002, p.27-31. (Archivi di arte e cultura piemontesi) [The activity of a cartographer from Piedmont outside of the state.] [Ital.] [Vol. 1 + 2]
ISBN 88-422-0717-9

0594
Relaño, Francesc: Cartography and discoveries : the re-definition of the ptolemaic model in the first quarter of the sixteenth century. In: La cartografia europea tra primo Rinascimento e fine dell'illuminismo : atti del Convegno Internazionale The Making of European Cartography, (Firenze, BNF-EUI, 13 - 15 dicembre 2001). A cura di Diogo Ramada Curto ; Angelo Cattaneo ; André Ferrand Almeida. - Firenze: L.S. Olschki 2003, p.49-61. (Studi / Accademia Toscana di Scienze e Lettere La Colombaria ; 213) [Engl.] ISBN 88-222-5240-3

0595
Schmidt, Rudolf: L'uomo e i globi. In: La cartografia europea tra primo Rinascimento e fine dell' illuminismo : atti del Convegno Internazionale The Making of European Cartography, (Firenze, BNF-EUI, 13 - 15 dicembre 2001). A cura di Diogo Ramada Curto ; Angelo Cattaneo ; André Ferrand Almeida. - Firenze: L.S. Olschki 2003, p.75-92. (Studi / Accademia Toscana di Scienze e Lettere La Colombaria 213) [Man and globes.] [Ital.]
ISBN 88-222-5240-3

0596
Starnazzi, Carlo: Le carte di Leonardo: un nuovo concetto di spazio. In: Leonardo genio e cartografo : la rappresentazione del territorio tra scienza e arte ; [Arezzo, Palazzo Comunale, 21 giugno 2003 - 30 settembre 2003]. A cura di Andrea Cantile. - Firenze: Istituto Geografico Militare 2003, p.277-297, 6 ill. [Leonardo's maps: a new concept of space.] [Ital. and Engl.]
ISBN 88-523-0001-5

0597
Stroffolino, Daniela: Sui trattati di rilevamento fra Quattro e Cinquecento. In: Leonardo genio e cartografo : la rappresentazione del territorio tra scienza e arte ; [Arezzo, Palazzo Comunale, 21 giugno 2003 - 30 settembre 2003]. A cura di Andrea Cantile. - Firenze: Istituto Geografico Militare 2003, p.45-104, ill. [About the treatises between the Quattrocento and the Cinquecento.] [Ital. and Engl.]
ISBN 88-523-0001-5

0598
Tebel, René: Das Schiff im Kartenbild als Quelle für den Historiker : vom Anbeginn der Überlieferung kartographischer Zeugnisse im abendländischen Mittelalter bis zum Zeitalter W.J.Blaeus (1602). - Wien: Univ. 2003, 3 Bände, V+IX, 723 p., 160 ill., 10 Bildtafeln im Anhang. [Diss.]

e. Baroque
Barock
Baroque

0599
Büttner, Nils: Chorographie : zwischen Kriegskunst und Propaganda. In: Geschichtsdeutung auf alten Karten : Archäologie und Geschichte ; (46. Wolfenbütteler Symposium, vom 26. bis 29. Oktober 1999]. [Hrsg. von Dagmar Unverhau]. - Wiesbaden: Harrassowitz 2003, p.467-486, 6 ill. (Wolfenbütteler Forschungen ; 101) ISBN 3-447-04813-1

0600
Ehrensvärd, Ulla: Från Nyen till Hiddensee : Svensk kartläggning under 1600-talet. In: Kart & bildteknik : mapping and image science. 18, 2003, 3, p.5-7, 1 ill. [From

Nyen to Hiddensee : Swedish cartography before 1600.] [Swed.] ISBN 0283-0418

0601
Heuchl, Barbara: Aspekte der Kartographiegeschichte des 17. Jahrhunderts : Gemeinsamkeiten und Unterschiede in den Karten der beiden niederländischen Verlagshäuser Hondius und Blaeu. - Wien: TU 2003 (182 p., 30 ill.) [Dipl.-Arb.]

0602
Neukirchner, Wolfgang: Bericht zur Fortbildungsveranstaltung der Bezirksgruppe Mittelfranken am 22.11.2002 im Stadtmuseum Fembohaus in Nürnberg. In: Mitteilungen des DVW-Bayern e.V. 55, 2003, 1, p.80- 86, 6 ill. ISSN 0723-6336

0603
Valerio, Vladimiro: L'occhio mutevole : militari e mappe tra rivoluzione e restaurazione. In: La cartografia europea tra primo Rinascimento e fine dell' illuminismo : atti del Convegno Internazionale The Making of European Cartography, (Firenze, BNF-EUI, 13 - 15 dicembre 2001). A cura di Diogo Ramada Curto ; Angelo Cattaneo ; André Ferrand Almeida. - Firenze: L.S. Olschki 2003, p.229-244. (Studi / Accademia Toscana di Scienze e Lettere La Colombaria ; 213) [Changing eye : soldiers and maps between revolution and restoration.] [Ital.] ISBN 88-222-5240-3

0604
Wytyczak, Roman: Publikowane mapy Śląska do połowy XVIII na tle innych regionów oraz ich adaptacje przez kartografów europejskich. In: Polski przegląd kartograficzny. 35, 2003, 4, p.265-275, 3 ill., 1 tab. [Maps of Silesia published until the half of the 18th century compared to other regions and their adaptations by European cartographers.] [Pol. with Engl. and Russ. rés.] ISSN 0324-8321

f. Modern Period
Moderne
Modernité

0605
Arca, Salvatore: La montagna nei 130 anni di attività dell'istituto geografico militare. In: Bollettino della Associazione Italiana di Cartografia. 40, 2003, 117-118-119, p.96-103, 8 ill. [The mountains in the 130 years of activity of the Military Geographic Institute.] [Ital.] ISSN 0044-9733

0606
Berlińska, Barbara: Mapy wielkoskalowe wydane po roku 1945. In: Biuletyn Informacyjny Biblioteki Narodowej. 157, 2001, 2, p.20-23, 6 ill. [Big-scale maps published after 1945.] [Pol.] ISSN 0006-3983

0607
Blais, Hélène: Qui dresse la carte? La controverse entre savants et voyageurs au XIXe siècle : le cas des circumnavigateurs français dans la première moitié du siècle. In: Le Monde des Cartes : revue du Comité Français de Cartographie. 175, 2003, p.25-29. ISSN 1634-3522

0608
Brink, Lowie E.S.: 'Herzien door K. Zeeman' : het verhaal van de gedreven schoolkartograaf. In: Kartografisch Tijdschrift. 29, 2003, 2, p.19-25, 5 ill. ['Revised by K. Zeeman' : the story of the zealous school cartographer.] [Dutch with Engl., and French rés.] ISSN 0167-5788

0609
Cassettari, Seppe: Post war Ordnance Survey photo maps. In: The Bulletin of the Society of Cartographers. 37, 2003, 2, p.57-58, 2 ill. ISSN 0036-1884

0610
Eidenbenz, Christoph; Flotron, André: 75 Jahre Schweizerische Gesellschaft für

Photogrammetrie, Bildanalyse und Fernerkundung : ein Rückblick. In: Geomatik Schweiz : Geoinformation und Landmanagement. 101, 2003, 9, p.492-500, 4 ill., 4 tab. [Germ. with French, and Ital. rés.] ISSN 0252-9424

0611
Fisher, Susanna: "More attractive and useful" : the popularity of privately published blueback charts in the nineteenth century. In: The Cartographic Journal. 40, 2003, 1, p.79-88, 5 ill.

0612
Forrest, David: The top ten maps of the twentieth century : a personal view. In: The Cartographic Journal. 40, 2003, 1, p.5-15, 10 ill. ISSN 0008-7041

0613
Häberling, Christian; Kääb, Andreas; Hurni, Lorenz: Cartographic representation of glacial phenomena : historical and recent developments. In: International Cartographic Association / Commission on Mountain Cartography : special issue: ICA Commission on Mountain Cartography. Ed. by Lorenz Hurni. - North York: Univ. of Toronto Press 2003, p.41-54, 12 ill. (Cartographica ; 38. 2001, 1/2) ISBN 0340-0654 / 0317-717

0614
Hurni, Lorenz; Dahinden, Tobias; Hutzler, Ernst: Digital cliff drawin for topographic maps : traditional representations by means of new technologies. In: International Cartographic Association /Commission on Mountain Cartography : special issue: ICA Commission on Mountain Cartography. Ed. by Lorenz Hurni. - North York: Univ. of Toronto Press 2003, p.55-65, 22 ill. (Cartographica ; 38. 2001, 1/2) ISBN 0340-0654 / 0317-717

0615
Líter Mayayo, Carmen: La obra de Tomás López. Con la colab. de Francisca Sanchis Ballester. - Madrid: Biblioteca Nacional 2002, 570 p., mp. [The work of Tomás López.] [Span.] [Includes bibliographical references (p.569-570) and index] ISBN 84-88699-59-X

0616
Millburn, John R.: Adams of Fleet Street : instrument makers to King George III. - Aldershot [u.a.]: Ashgate XIX, 420 p., XIX, 420 p., ill. [Includes bibliographical references and index] ISBN 0-7546-0080-7

0617
Millward, Steve: An origin with dubious motivation: 'Unlayering' the history of GIS : reflections on GIS Day 2003 held at Cornell University. In: Cartouche : the operational publication of the Canadian Cartographic Association. 52, 2003, p.6. ISSN 1183-2045

0618
Müfflings Leben und Werk aus der Sicht der Gegenwart : Wissenschaftliches Gedenk-Kolloquium zum 150. Todestag des Philipp Friedrich Karl Ferdinand Freiherr von Müffling am 09. November 2001 im Rathaus zu Erfurt. Hrsg.: Deutscher Verein für Vermessungswesen, Landesverein Thüringen. - Gotha 2002, 69 p., ill., mp. (Fachinformationsblatt / Deutscher Verein für Vermessungswesen, Landesverein Thüringen ; 4)

0619
Ottoson, Lars: Ekonomiska kartan på tio-i-topp. In: Kart & bildteknik : mapping and image science. 18, 2003, 4, p.22-23, 1 ill. [Economic maps in the top ten.] [Swed.] ISSN 0283-0418

0620
Palsky, Gilles: Cartes topographiques et cartes thématiques au XIXe siècle. In: La cartografia europea tra primo Rinascimento e fine dell' illuminismo : atti del Convegno Internazionale The Making of European Cartography, (Firenze, BNF-EUI, 13 - 15 dicembre 2001). A cura di Diogo Ramada Curto ; Angelo Cattaneo ; André Ferrand Almeida. - Firenze: L.S. Olschki 2003, p.275-289. (Studi / Accademia Toscana d Scienze e Lettere La Colombaria ; 213) [French] ISBN 88-222-5240-3

0621
Pampaloni, Maurizio: L'ing. Pio Paganini e la cartografia per la montagna nelle esplorazioni del duca degli Abruzzi. In: Bollettino della Associazione Italiana di Cartografia. 40, 2003, 117-118-119, p.279-285. [The engineer Pio Paganini and the cartography for the mountains in the explorations of the Duke of the Abruzzi.] [Ital.] ISSN 0044-9733

0622
Pannetier, Pascal: La naissance des Cartes routières vélocipédiques et automobiles. In: Le Monde des Cartes : revue du Comité Français de Cartographie. 175, 2003, p.36-41, 12 ill. ISSN 1634-3522

0623
Pannetier, Pascal: The birth of automobile and cycling maps 1880-1900. In: BIMCC newsletter / Brussels International Map Collectors' Circle 16, 2003, p.11-12, 1 ill.

0624
Podobnikar, Tomaž: Kronologija izdelave digitalnega modela reliefa Slovenije. In: Geodetski vestnik. 47, 2003, 1&2, p.47-54, 3 ill. [Chronology of digital terrain model production of Slovenia.] [Sloven. with Engl. rés.] ISSN 0351-0271

0625
Reitinger, Franz: Der Kartograph als Erdenwaller : zu einer "physischen" Karte des Berliner Kartenstechers Johann Karl Mare. In: Cartographica Helvetica : Fachzeitschrift für Kartengeschichte. 27, 2003, p.13-26, 13 ill. ISSN 1015-8480

0626
Reitinger, Franz: Kleiner Atlas der österreichischen Gemütlichkeit 1800-1918. - Klagenfurt: Ritter Verl. 2003, 167 p., ill., mp. ISBN 3-85415-340-6

0627
Tolstych, L.A.: O proischoždenii grifa "sekretno" na topografičeskich kartach. In: Geodezija i kartografija : oficial'nyj organ Federal'noj Sluzby Geodezii i Kartografii Rossii i Geodeziceskich Sluzb Stran. 2003, 6, p.58-60. [On appearance of "classified" signature stamp on topographic maps.] [Russ.] ISSN 0016-7126

0628
Torge, Wolfgang: Müffling und die europäischen Gradmessungen und Landesvermessungen im 18. und 19. Jahrhundert. In: Fachinformationsblatt / Deutscher Verein für Vermessungswesen (DVW), Landesverein Thüringen e.V. - Gotha 2002, p.5-18, 2 ill., 3 mp., 1 portr. (Fachinformationsblatt / Deutscher Verein für Vermessungswesen, Landesverein Thüringen ; 4)

0629
Valerio, Vladimiro: L'occhio mutevole : militari e mappe tra rivoluzione e restaurazione. In: La cartografia europea tra primo Rinascimento e fine dell' illuminismo : atti del Convegno Internazionale The Making of European Cartography, (Firenze, BNF-EUI, 13 - 15 dicembre 2001). A cura di Diogo Ramada Curto ; Angelo Cattaneo ; André Ferrand Almeida. - Firenze: L.S. Olschki 2003, p.229-244.

(Studi / Accademia Toscana di Scienze e Lettere La Colombaria ; 213) [Changing eye : soldiers and maps between revolution and restoration.] [Ital.]
ISBN 88-222-5240-3

0630
Zögner, Lothar; Zögner, Gudrun K.: Von Berlin in die Welt - Aus den Sammlungen der Gesellschaft für Erdkunde zu Berlin : eine Ausstellung zum 175jährigen Bestehen der Gesellschaft für Erdkunde zu Berlin. In: Die Erde : Zeitschrift der Gesellschaft für Erdkunde zu Berlin. 2003, 1, p.79-99, 9 ill., 1 mp. [Sonderheft] ISSN 0013-9998

C. Biographical Aspects of Cartography
Persönlichkeiten der Kartographie
Personnages de la cartographie

0631
Gerl, Armin: Fridericus Amann und die Geographie. In: Neutraublinger Blätter / hrsg. vom Direktorat des Gymnasiums Neutraubling. 3, 2001 2002, p.103-118.

0632
Mitchell, Denis: Professor Louis J. Arcand. In: Geomatica. 57, 2003, 2, p.282, 1 portr. ISSN 1195-1036

0633
Pelletier, Monique: Leo Bagrow à Paris. In: Accurata descriptio : studier i kartografi, numismatik, orientalistik och biblioteksväsen tillägnade Ulla Ehrensvärd. [Redaktionskommitté: Göran Bäärnhielm ...]. - Stockholm: Kungl. Biblioteket 2003, p.379-385, 1 portr. (Acta Bibliothecae regiae Stockholmiensis ; 69) ISBN 91-7000-222-3

0634
Stiebel, L.; Goldsworthy, C.: A suitable match : marrying technology to the past in the Thomas Baines and the "Great Map" CD-ROM project. In: Cartography : journal of the Mapping Sciences Institute, Australia. 32, 2003, 2, p.55-63, 4 ill. ISSN 0069-0805

0635
Knefelkamp, Ulrich: Der Behaim-Globus : Geschichtsbild und Geschichtsdeutung. In: Geschichtsdeutung auf alten Karten : Archäologie und Geschichte ; (46. Wolfenbütteler Symposium, vom 26. bis 29. Oktober 1999]. [Hrsg. von Dagmar Unverhau]. - Wiesbaden: Harrassowitz 2003, p.111-128, 6 ill. (Wolfenbütteler Forschungen ; 101) ISBN 3-447-04813-1

0636
Lugarini, Renato: "Non minus ingeniosi quam celeberrimi" : la vita di Girolamo Bellarmati, un esule senese alla corte del re di Francia. In: Pellegrini, Ettore: Il territorio senese nella cartografia antica: le carte geografiche della Toscana meridionale dalle prime rappresentazione misurate del rinascimento alle elaborazioni della geodesia post illuminista. - Siena: Protagon editori toscani 2002, p.69-90, 18 ill. [The life of Girolamo Bellarmati, exiled from Siena at the court of the king of France.] [Ital.] ISBN 88-8024-101-X

0637
Pellegrini, Ettore: Il territorio senese nella cartografia antica : le carte geografiche della Toscana meridionale dalle prime rappresentazioni misurate del Rinascimento alle elaborazioni della geodesia post illuminista. Con un saggio di Renato Lugarini su Girolamo Bellarmati e con il Repertorio delle carte a stampa pubblicate tra il 1558 e il 1844. - Siena: Protagon editori toscani 2002, 173 p., ill. [The territory of Siena in ancient cartography : the geographic maps of the southern Tuscany from the first measured representations of the Renaissance to the elaborations of post-enlightened geodesy.] [Ital.] ISBN 88-8024-101-X

0638
Bäärnhielm, Göran: Tullinspektor Berghman och Söderköpings karta. In: Accurata descriptio : studier i kartografi, numismatik, orientalistik och biblioteksväsen tillägnade Ulla Ehrensvärd. [Redaktionskommitté: Göran Bäärnhielm ...]. - Stockholm: Kungl. Biblioteket 2003, p.73-79, 4 ill., [1 ill. im Anhang]. (Acta Bibliothecae

regiae Stockholmiensis ; 69)
ISBN 91-7000-222-3

0639
Eichner, Rudolf; Knoth, Wolfram: Ernst Beyrich und Julius Ewald : die Väter der geologischen Erstkartierung von Sachsen-Anhalt. In: Mitteilungen zur Geologie von Sachsen-Anhalt. 2001, 6, p.7-18, ill., mp. ISSN 0947-4269

0640
Frolov, V.P.: A.P. Bolotov - Militärgeodät und Pädagoge. In: Geodezija i kartografija : oficial'nyj organ Federal'noj Sluzby Geodezii i Kartografii Rossii i Geodeziceskich Sluzb Stran. 2003, 3, p.40-42. [A.P. Bolotov - mitary surveyor and teacher (on 200th anniversary).] [Russ.]
ISSN 0016-7126

0641
Fuller, Colin: Anthony Gerald Bomford : 17.01.1927 - 10.05.2003. In: The Globe. 2003, 54, p.71-72. ISSN 0311-3930

0642
Robson, John Cullen: The charts produced during the Pacific voyages of Bougainville and Cook : a comparison. In: The Globe. 2003, 54, p.39-60, 12 ill. ISSN 0311-3930

0643
Jaton, Annick; Boulianne, Michel; Marchand, Pierre: M. Arthur J. Brandenberger. In: Geomatica. 57, 2003, 2, p.282-283, 1 portr. ISSN 1195-1036

0644
Leopold, John H.: Astronomen, Sterne, Geräte : Landgraf Wilhelm IV. und seine sich selbst bewegenden Globen. - Luzern: Edition Joseph Fremersdorf 1986, 239 p., ill. [u.a. mit den Kapiteln: VIII. Die vier großen Globen von Jost Bürgi, p.112-145 ; X. Die Mondmodelle von Jost Bürgi bis zur Mondanomalieuhr, p.158-173 ; XII. Die Planetarien von Jost Bürgi, p.186-203 ; XIII. Globus und Mond auf der Kristalluhr von Jost Bürgi, 1622-23, p.204-210] [Literaturverz. p. 234 - 237]
ISBN 3-85766-023-6

0645
Scheel, Eugene M.: Wellman Chamberlin, Cartographer. In: The Portolan. 2003, 56, p.41-44, 2 ill. ISSN 1096-1925

0646
Hofmann, Cathérine: Le Voyage pittoresque de la Grèce du comte de Choiseul-Gouffier (1782-1822) : la carte au service de la découverte archéologique. In: Geschichtsdeutung auf alten Karten : Archäologie und Geschichte ; (46. Wolfenbütteler Symposium, vom 26. bis 29. Oktober 1999]. [Hrsg. von Dagmar Unverhau]. - Wiesbaden: Harrassowitz 2003, p.311-330, 11 ill. (Wolfenbütteler Forschungen ; 101) ISBN 3-447-04813-1

0647
Fleischmann, Peter: Politik - Propaganda - Kommerz? : die umstrittene Karte des Nürnberger Gebiets von Matthäus Ferdinand Cnopf (1764/66). In: Jahrbuch für fränkische Landesforschung /hrsg. vom Zentralinstitut für Regionalforschung an der Universität Erlangen-Nürnberg, Sektion Franken. 60, 2000, p.361-380. ISSN 0446-3943

0648
Lago, Luciano: Geographical knowledge in the work of Pietro Coppo. In: Imago Italiae : the making of Italy in the history of cartography from the Middle Ages to the Modern era ; reality, image and imagination from the Codices of Claudius Ptolemy ... Contributions by Laura Cassi ... - Trieste: Goliardica E.U.T. 2002, p.65-75, 14 ill. [Engl. ed.] ISBN 88-88745-00-9

0649
Lago, Luciano: Pietro Coppo e le rappresentazioni del Piemonte nelle sue carte d'Italia. In: Carte e cartografi degli Stati Sabaudi : rappresentare uno stato dal XVI al XVIII secolo. A cura di Rinaldo Comba e Paola Sereno. - Torino [u.a.]: U.Allemandi 2002, p.19-26. (Archivi di arte e cultura piemontesi) [Pietro Coppo and the representations of the Piedmont on his maps of Italy.] [Ital.] [Vol. 1 + 2] ISBN 88-422-0717-9

0650
Milanesi, Marica: Note sull' "Epitome Cosmografica" di Vincenzo Coronelli (1692-1693). In: La cartografia europea tra primo Rinascimento e fine dell' illuminismo : atti del Convegno Internazionale The Making of European Cartography, (Firenze, BNF-EUI, 13 - 15 dicembre 2001). A cura di Diogo Ramada Curto ; Angelo Cattaneo ; André Ferrand Almeida. - Firenze: L.S. Olschki 2003, p.63-74. (Studi / Accademia Toscana di Scienze e Lettere La Colombaria 213) [Notes on the "Epitome Cosmografica" of Vincenzo Coronelli (1692-1693).] [Ital.] ISBN 88-222-5240-3

0651
Alvarez, Aldo: Geomagnetism and the Cartography of Juan de La Cosa. In: Terrae incognitae : the journal for the history of discoveries. 35, 2003, p.1.15, 10 ill., 1 tab. ISSN 0082-2884

0652
Varela Marcos, Jesús: Los reflejos políticos en la carta de Juan de la Cosa. In: Grandes viajes descubridores. Seminario Iberoamericano de Descubrimientos y Cartografía, Instituto Interuniversitario de Estudios de Iberoamérica y Portugal. Coord.: Jesús Varela Marcos. - Tordesillas, Valladolid: Instituto Interuniversitario de Estudios de Iberoamérica y Portugal 2001, p.61-79, 1 tab. (Descubrimientos y cartografía ; 4) [Political reflections in the map of Juan de la Cosa.] [Span.] ISBN 8493062-96-0

0653
Dekker, Elly; Egmond, Marco van: Het 'ongewone' globepaar van Cornelis Covens : uit de hand gelopen hobby of baanbrekende innovation. In: Caert-Thresoor. 22, 2003, 1, p.1-13, 9 ill. [The unusual pair of globes of Cornelis Covens : hobby gotten out of hand or epochal innovation?] [Dutch] ISSN 0167-4994

0654
Nicholson, Tim: G.F. Cruchley and and "Maps for the Million". In: Journal of the International Map Collectors' Society. 93, 2003, p.21-38, 11 ill.

0655
Filliozat, Manomani: J.B. D'Après de Mannevillette et la cartographie de la nouvelle route des Indes. In: Le Monde des Cartes : revue du Comité Français de Cartographie. 175, 2003, p.6-16, 5 ill. ISSN 1634-3522

0656
Souchon, Cécile: Les cartes du chevalier Louis-Pierre Daudet aux archives nationales : un itinéraire royal Reims-Soissons-Paris, 1722-1728 (?). In: Le Monde des Cartes : revue du Comité Français de Cartographie. 175, 2003, p.30-35, 3 ill. ISSN 1634-3522

0657
Feldmann, Hans-Uli: Arthur Dürst : 6.10. 1926-28.12.2000. In: GeoAgenda. 8, 2001 [Publikationsliste]

0658
Rickenbacher, Martin: Dufour Map - Spitzenkartografie in der vierten Dimension : eine Zeitreise mit General Guillaume-Henri Dufour. In: Geomatik Schweiz : Geoinfor-

mation und Landmanagement. 101, 2003, 12, p.676-680, 5 ill. [Germ. with French, and Ital. rés.]

0659
Legg, Stephen: Dr. J. Stuart Duncan : 21-6-1922 - 24-4-2003. In: The Globe. 2003, 54, p.67-69. ISSN 0311-3930

0660
Legg, Stephen: Dr. J. Stuart Duncan : 21-6-1922 - 24-4-2003. In: Newsletter / The Australian Map Circle. 89, 2003, p.9-10. ISSN 0811-9511

0661
Accurata descriptio : studier i kartografi, numismatik, orientalistik och biblioteksväsen tillägnade Ulla Ehrensvärd. [Redaktionskommitté: Göran Bäärnhielm ...]. - Stockholm: Kungl. Biblioteket 2003, 567, XV p., ill., mp. (Acta Bibliothecae regiae Stockholmiensis ; 69) [Swed.] ISBN 91-7000-222-3

0662
Mackensen, Ludolf von: Der Wandel des Weltbildes in der Zeit des Antonius Eisenhoit und des Jost Bürgi. In: Wunderwerk - Göttliche Ordnung und vermessene Welt : der Goldschmied und Kupferstecher Antonius Eisenhoit und die Hofkunst um 1600 ; Katalog der Ausstellung im Erzbischöflichen Diözesanmuseum Paderborn 2003. Hrsg. von Christoph Stiegemann. - Mainz: Zabern 2003, p.31-36, 5 ill. ISBN 3-8053-3260-2

0663
Wunderwerk - Göttliche Ordnung und vermessene Welt : der Goldschmied und Kupferstecher Antonius Eisenhoit und die Hofkunst um 1600 ; Katalog der Ausstellung im Erzbischöflichen Diözesanmuseum Paderborn 2003 : der Goldschmied und Kupferstecher Antonius Eisenhoit und die Hofkunst um 1600 ; Katalog der Ausstellung im Erzbischöflichen Diözesanmuseum Paderborn 2003. Hrsg. von Christoph Stiegemann. - Mainz: Zabern 2003, XXI, 394 p., ill. [Literaturverz. S. [385]-393] ISBN 3-8053-3260-2

0664
Gill, Brinda: The Big Man : surveying Sir George Everest. In: Mercator's World. 5, 2000, 4, p.24-27, 1 ill. 1 portr.

0665
Sperling, Walter: Joseph Johann Graf Ferraris' Beiträge zur historischen Kartographie des Bitburger Raumes. In: Heimatkalender : Landkreis Bitburg-Prüm. 2003, p.17-29, 10 ill.

0666
Grätsch, Siegfried: Hans-Richard Fischer 1910-2003. In: Kartographische Nachrichten. 53, 2003, 6, p.290-292, 1 portr. ISSN 0022-9164

0667
Sievers, Jörn: Uwe Förster +. In: Kartographische Nachrichten. 53, 2003, 1, p.32. ISSN 0022-9164

0668
Ferrand Almeida, André: Samuel Fritz revisited : the maps of the Amazon and their circulation in Europe. In: La cartografia europea tra primo Rinascimento e fine dell' illuminismo : atti del Convegno Internazionale The Making of European Cartography, (Firenze, BNF-EUI, 13 - 15 dicembre 2001). A cura di Diogo Ramada Curto ; Angelo Cattaneo ; André Ferrand Almeida. - Firenze: L.S. Olschki 2003, p.133-153. (Studi / Accademia Toscana di Scienze e Lettere La Colombaria ; 213) [Engl.] ISBN 88-222-5240-3

0669
Šimková Broulová, Kamila; Šimek, Vladimír: Samuel Fritz : české stopy na březích

amazonky. - Praha: Kant 2002, 128 p., ill., mp. [Czech] ISBN 80-86217-24-8

0670
Mollo, Emanuela: L'attività di un cartografo piemontese fuori dello stato: Giacomo Gastaldi. In: Carte e cartografi degli Stati Sabaudi : rappresentare uno stato dal XVI al XVIII secolo. A cura di Rinaldo Comba e Paola Sereno. - Torino [u.a.]: U.Allemandi 2002, p.27-31. (Archivi di arte e cultura piemontesi) [The activity of a cartographer from Piedmont outside of the state.] [Ital.] [Vol. 1 + 2]
ISBN 88-422-0717-9

0671
Goffart, Walter: The plot of Gatterer's "Charten zur Geschichte der Völkerwanderung". In: Geschichtsdeutung auf alten Karten : Archäologie und Geschichte ; (46. Wolfenbütteler Symposium, vom 26. bis 29. Oktober 1999]. [Hrsg. von Dagmar Unverhau]. - Wiesbaden: Harrassowitz 2003, p.213-220. (Wolfenbütteler Forschungen ; 101) ISBN 3-447-04813-1

0672
Helmfrid, Staffan: Profet i främmande land : Jacob Gråberg och Marockokartan. In: Accurata descriptio : studier i kartografi, numismatik, orientalistik och biblioteksväsen tillägnade Ulla Ehrensvärd. [Redaktionskommitté: Göran Bäärnhielm ...]. - Stockholm: Kungl. Biblioteket 2003, p.253-267, 1 portr., 1 ill., 3 mp,. (Acta Bibliothecae regiae Stockholmiensis ; 69) [Swed.] ISBN 91-7000-222-3

0673
Herbert, Francis: Jacob Gråberg af Hemsö, the Royal Geographical Society, the Foreign Office, and Italian portolan charts for the British Museum. In: Accurata descriptio : studier i kartografi, numismatik, orientalistik och biblioteksväsen tillägnade Ulla Ehrensvärd. [Redaktionskommitté: Göran Bäärnhielm ...]. - Stockholm: Kungl. Biblioteket 2003, p.269-314, 4 ill., 1 portr. (Acta Bibliothecae regiae Stockholmiensis ; 69) ISBN 91-7000-222-3

0674
Fisher, Susanna: The world are looking to us...for Cyprus' : the first British Admiralty survey of the island by Thomas Graves in 1849. In: Journal of the International Map Collectors' Society. 95, 2003, p.35-47, 11 ill.

0675
Feldmann, Hans-Uli: Georges André Grosjean (1921-2002). In: Imago Mundi. 55, 2003, p.127-128. ISSN 0308-5694

0676
Ansprachen anläßlich der Verabschiedung des Präsidenten und Professors des Instituts für Angewandte Geodäsie Univ.-Prof. Dr.- Ing. Hermann Seeger und der Amtseinführung seines Nachfolgers Univ.-Prof. Dr.-Ing. Dietmar Grünreich. - Frankfurt a.M.: Verl. des Bundesamtes für Kartographie und Geodäsie 2002, 60 p., ill. (Mitteilungen des Bundesamtes für Kartographie und Geodäsie ; 3)

0677
Augusteijn, Joost: De 52 stadsprofielen van Noord-Nederlandse steden in de oblong-itgaven van Guicciardini. In: Caert-Threoor. 22, 2003, 2, p.41-46, 7 ill., 1 tab. [Fifty-two profiles of towns in the northern Netherlands.] [Dutch with Engl. rés.]
ISSN 0167-4994

0678
Föckeler, Albert: Rolf Harbeck im Ruhestand. In: Kartographische Nachrichten. 53, 2003, 3, p.138-140, 1 portr.
ISSN 0022-9164

0679
Dörflinger, Johannes: Das geschichtskartoraphische Werk von Johann Matthias Hase (Hasius) : Paradigmenwechsel in der Histoischen Kartographie (?). In: Geschichtsdeuung auf alten Karten : Archäologie und Gechichte ; (46. Wolfenbütteler Symposium, vom 26. bis 29. Oktober 1999]. [Hrsg. von Dagmar Unverhau]. - Wiesbaden: Harrasowitz 2003, p.221-253, 6 ill. (Wolfenbütteler Forschungen ; 101)
ISBN 3-447-04813-1

0680
Feldmann, Hans-Uli: Markus Heinz : neuer Leiter der Kommission "Geschichte der Kartographie" der DGfK. In: Cartographica Helvetica : Fachzeitschrift für Kartengeschichte. 27, 2003, Rücks. d. vord. Heftumschlags, 1 portr. ISSN 1015-8480

0681
Hooker, Brian: Was John Rodolphus Kent responsible for an 1826 survey-plan of Port Nicholson attributed to James Herd? In: New Zealand Map Society journal. 16, 2003, p.1-6, 3 ill.

0682
Mattelaer, Pierre: La Pierre levée in Poitiers (France). In: BIMCC newsletter / Brussels International Map Collectors' Circle. 15, 2003 p.13-14, 1 ill.

0683
Ross, Michael: Polus antarcticus : a catalogue of four states. In: The Globe. 2003, 54, p.1-12, 1 ill., 4 mp., 4 tab. ISSN 0311-3930

0684
Stojnov, Vl.: Po povod na edno čestvane. In: Geodezija, kartografija, zemeustrojstvo. 43, 2003, 1-2, p.38-39. [On the 100th anniversary of prof V. Hristov.] [Bulg. with Engl. rés.] ISSN 0324-1610

0685
Zögner, Lothar: Ergänzung zum Nachruf von Viola Imhof-May : (siehe Cartographica Helvetica 26/2002, S.2). In: Cartographica Helvetica : Fachzeitschrift für Kartengeschichte. 27, 2003, Rücks. d. vord. Heftumschlags. ISSN 1015-8480

0686
Häberlein, Mark; Meurer, Peter H.: Die älteste gedruckte Karte der Champagne und Stefan Keltenhofer. In: Cartographica Helvetica : Fachzeitschrift für Kartengeschichte. 27, 2003, p.47-54, 6 ill., 2 tab. ISSN 1015-8480

0687
Kane, Daniel: The inscrutable father of Korean cartography : Kim Chong-ho and his maps. In: Mercator's World. 8, 2003, 1, p.30-37, 8 ill. ISSN 1086-6728

0688
Vorsey, Louis de: Mapping the world below : Athanasius Kircher and his subterranean world. In: Mercator's World. 8, 2003, 1, p.28-31, 3 ill. ISSN 1086-6728

0689
Feldmann, Hans-Uli: Albert Knoepfli, 9.12. 1909 - 14.12.2002. In: Cartographica Helvetica : Fachzeitschrift für Kartengeschichte. 27, 2003, Rücks. d. vord. Heftumschlags, 1 portr. ISSN 1015-8480

0690
Buchroithner, Manfred: Wolf Günther Koch 60 Jahre. In: Kartographische Nachrichten. 53, 2003, 4, p.177-179, 1 ill. ISSN 0022-9164

0691
Majewska, Barbara: Atlás Królestwa Polskiego Juliusza Kolberga. In: Biuletyn Informacyjny Biblioteki Narodowej. 157, 2001, 2, p.10-13, 2 ill., 1 portr. [Julius

Kolbergs "Atlas of Polish Kingdom".] [Pol.] ISSN 0006-3983

0692
Szaniawska, Lucyna: Reprint portolanu Kolumba. In: Biuletyn Informacyjny Biblioteki Narodowej. 157, 2001, 2, p.6-9, 3 ill. [The reprint of Columbus' sea map.] [Pol.] ISSN 0006-3983

0693
Izotov, A.A.: Vklad F.N.Krasovskogo v razvitie geodezii i kartografii. In: Geodezija i kartografija : oficial'nyj organ Federal'noj Sluzby Geodezii i Kartografii Rossii i Geodeziceskich Sluzb Stran. 2003, 10, p.53-57. [Feodosij Nikolaevič Krasovskijs input into development of geodesy and cartography.] [Russ.] ISSN 0016-7126

0694
Makarenko, N.L.; Jurkina, M.I.; Dem'janov, G.V.: K 125-letiju so dnja roždenija F.N. Krasovskogo. In: Geodezija i kartografija : oficial'nyj organ Federal'noj Sluzby Geodezii i Kartografii Rossii i Geodeziceskich Sluzb Stran. 2003, 10, p.50-52, 1 portr. [On the 125th anniversary of Feodosij Nikolaevič Krasovskij.] [Russ.] ISSN 0016-7126

0695
Kupčík, Ivan: Dr. Olga Kudrnovská (1917-2003). In: Kartographische Nachrichten. 53, 2003, 5, p.241-242, 1 portr. ISSN 0022-9164

0696
Kupčík, Ivan: Ohlédnutí za Dr. Olgou Kudrnovskou, CSc (1917-2003). In: Geografie : sborník Ceské geografické spolecnosti. 108, 2003, p.234-235, 1 portr. [In memory of O. Kudrnovská.] [Czech] ISSN 1210-115X, 1212-0014

0697
Vogl, Leopold: Das Mühlviertel im Kartenfragment von 1545 des Wolfgang Lazius. In: Jahrbuch des Oberösterreichischen Musealvereines, Gesellschaft für Landeskunde ; 148, Bd. 1. - Linz 2003, p.157-163, 5 ill.

0698
Wawrik, Franz: Historische und kulturhistorische Informationen in den Werken österreichischer Kartographen des 16. Jahrhunderts, mit besonderer Berücksichtigung des Wolfgang Lazius. In: Geschichtsdeutung auf alten Karten : Archäologie und Geschichte ; (46. Wolfenbütteler Symposium, vom 26. bis 29. Oktober 1999]. [Hrsg. von Dagmar Unverhau]. - Wiesbaden: Harrassowitz 2003, p.193-212, 2 ill. (Wolfenbütteler Forschungen ; 101) ISBN 3-447-04813-1

0699
Cantile, Andrea: Leonardo genio e cartografo. In: Leonardo genio e cartografo : la rappresentazione del territorio tra scienza e arte ; [Arezzo, Palazzo Comunale, 21 giugno 2003 - 30 settembre 2003]. A cura di Andrea Cantile. - Firenze: Istituto Geografico Militare 2003, p.299-341, 18 ill., 4 mp. [Leonardo: the genius and the cartographer.] [Ital. and Engl.] ISBN 88-523-0001-5

0700
Leonardo genio e cartografo : la rappresentazione del territorio tra scienza e arte ; [Arezzo, Palazzo Comunale, 21 giugno 2003 - 30 settembre 2003]. A cura di Andrea Cantile. - Firenze: Istituto Geografico Militare 2003, 383 p., ill., mp. [Leonardo: the genius and the cartographer : the representation of land in science and art.] [Ital. and Engl.] [Exhibition catalogue] [Contains bibliography]

0701
Le opere cartografiche di Leonardo. In: Leonardo genio e cartografo : la rappresentazione del territorio tra scienza e arte ; [Arezzo, Palazzo Comunale, 21 giugno 2003 - 30 settembre 2003]. A cura di Andrea Cantile. - Firenze: Istituto Geografico Militare 2003, p.350-371, 5 mp. [Leonardo's cartographic works.] [Ital. and Engl.] ISBN 88-523-0001-5

0702
Starnazzi, Carlo: Le carte di Leonardo: un nuovo concetto di spazio. In: Leonardo genio e cartografo : la rappresentazione del territorio tra scienza e arte ; [Arezzo, Palazzo Comunale, 21 giugno 2003 - 30 settembre 2003]. A cura di Andrea Cantile. - Firenze: Istituto Geografico Militare 2003, p.277-297, 6 ill. [Leonardo's maps: a new concept of space.] [Ital. and Engl.] ISBN 88-523-0001-5

0703
Starnazzi, Carlo: Leonardo cartografo. - Firenze: Istituto Geografico Militare 2003, 159 p., ill., mp. (L'universo ; 83. 2003, 2, Suppl.) [Leonardo as cartographer.] [Ital.] ISSN 0042-0409

0704
Geissl, Gerhard: Joseph Liesganig - die Wiener Meridianmessung und seine Arbeiten im Gebiet von Wiener Neustadt. - Wiener Neustadt: Verein Museum und Archiv für Arbeit und Industrie im Viertel unter dem Wienerwald 2001, 23 p., ill. (Dokumentation des Industrieviertel-Museums Wiener Neustadt ; 100)

0705
Boogart, Ernst van den: Civil and corrupt Asia : images and text in the "Itinerario" and the "Icones" of Jan Huygen van Linschoten. - Chicago [u.a.]: Univ. of Chicago Press 2003, 123 p., ill. [Incl. bibliogr. ref. and index] ISBN 0-226-84700-4

0706
Líter Mayayo, Carmen: La obra de Tomás López. Con la colab. de Francisca Sanchis Ballester. - Madrid: Biblioteca Nacional 2002, 570 p., mp. [The work of Tomás López.] [Span.] [Includes bibliographical references (p.569-570) and index] ISBN 84-88699-59-X

0707
Conradi, Peter: De nieuwe kaart van Suriname : privé-project van een bevlogen geograaf. In: Geografie / uitg. van het Koninklij Nederlands Aardrijkskundig Genootschap, KNAG. 12, 2003, 1, p.12-15, 3 ill., 1 portr. [The new map of Surinam.] [Dutch] ISSN 0926-3837

0708
Farquharson, John: Brig. (retd) Donald Macdonald : 1910-2003. In: The Globe. 2003, 54, p.69-70. ISSN 0311-3930

0709
Farquharson, John: Obituary Brig. (retd) Donald Macdonald : 1910-2003. In: Newsletter / The Australian Map Circle. 89, 2003, p.8 ISSN 0811-9511

0710
David, Andrew: Lieutenant Murdoch Mackenzie and his survey of the Bristol Channel and the south coast of England. In: The Cartographic Journal. 40, 2003, 1, p.69-78, 6 ill. ISSN 0008-7041

0711
Selva, Orietta: Giovanni antonio Magini's Italia. In: Imago Italiae : the making of Italy in the history of cartography from the Middle Ages to the Modern era ; reality, image and imagination from the Codices of Claudius Ptolemy ... Contributions by Laura Cassi ... - Trieste: Goliardica E.U.T. 2002, p.669-772, 91 ill. [Engl. ed.] ISBN 88-88745-00-9

0712
Mangei, Johannes: Die Freiburg-Ansichten des Gregorius Sickinger von 1589 : Quellen zur Geschichte der Stadt in Spätmittelalter und früher Neuzeit. - Freiburg im Breisgau: Stadtarchiv 2003, 224 p., [14 Bl.], ill. (Veröffentlichungen aus dem Archiv der Stadt Freiburg ; 35) [Zugl.: Freiburg im Breisgau, Univ., Diss., 1999 u.d.T.: Mangei, Johannes: Gregorius Sickingers Stadtansichten als Quelle für die Geschichte Freiburgs im Spätmittelalter und in der frühen Neuzeit]
ISBN 3-923272-29-4

0713
Moreau, Richard; Durand-Delga, Michel: Jules Marcou (1824 - 1898) : précurseur français de la géologie nord-américaine. - Paris [u.a.]: L'Harmattan 2002, 199 p., ill., mp. + 1 mp. (Collection Les acteurs de la science) ISBN 2-7475-3096-5

0714
Reitinger, Franz: Der Kartograph als Erdenwaller : zu einer "physischen" Karte des Berliner Kartenstechers Johann Karl Mare. In: Cartographica Helvetica : Fachzeitschrift für Kartengeschichte. 27, 2003, p.13-26, 13 ill. ISSN 1015-8480

0715
Hage, Rushika February: Honorable mention 2002 Ristow Prize for Cartographic History and Librarianship : The Island Book of Henricus Martellus. In: The Portolan. 2003, 56, p.7-23, 2 ill.

0716
Peck, Douglas T.: The 1511 Peter Martyr map revisited. In: The Portolan. 2003, 56, p.34-39, 2 ill. ISSN 1096-1925

0717
Weber, Bruno: Der Kartenverleger Emil Matthieu. In: Beiträge zur Kulturgeschichte : 150 Jahre Verlag Matthieu. [Red.: Alfred Cattani]. - Zürich: Matthieu 2003, p.42-65, ill. ISBN 3-906998-06-1

0718
Cattaneo, Angelo: Fra Mauro "Cosmographus Incomparabilis" and his "Mappamundi" : documents, sources , and protocols for mapping. In: La cartografia europea tra primo Rinascimento e fine dell' illuminismo : atti del Convegno Internazionale The Making of European Cartography, (Firenze, BNF-EUI, 13 - 15 dicembre 2001). A cura di Diogo Ramada Curto ; Angelo Cattaneo ; André Ferrand Almeida. - Firenze: L.S. Olschki 2003, p.19-48. (Studi / Accademia Toscana di Scienze e Lettere La Colombaria ; 213) [Engl.]
ISBN 88-222-5240-3

0719
Durand-Delga, Michel: Eugène Maury (1868-1940) pionnier de la cartographie géologique de la Corse. In: Bulletin de la Société des Sciences historiques & naturelles de la Corse: Hommage à Pierre Simi. Tome 1. - Bastia 2003, p.19-42, 4 ill.

0720
Crane, Nicholas: Mercator : de man die de wereld in kaart bracht. - Amsterdam ; Antwerpen: Ambo ; Manteau 2003, 364 p. [16] p., ill. [Mercator : the man who mapped the planet.] [Dutch]
ISBN 90-76341-50-8

0721
Crane, Nicholas: Mercator : the man who mapped the planet. - New York: H. Holt 2003, XIII, 348 p., ill. [Includes bibliographical references (p.331-338) and index]
ISBN 0-8050-6624-1

0722
Crane, Nicholas: Mercator : the man who mapped the planet. - London: Weidenfeld & Nicolson 2002, XIII, 348 p., ill., mp.

[Includes bibliographical references and index] ISBN 0-29764665-6

0723
Lago, Luciano: Mercator's construction of Italy. In: Imago Italiae : the making of Italy in the history of cartography from the Middle Ages to the Modern era ; reality, image and imagination from the Codices of Claudius Ptolemy ... Contributions by Laura Cassi ... - Trieste: Goliardica E.U.T. 2002, p.639-666, 20 ill., 1 portr. [Engl. ed.] ISBN 88-88745-00-9

0724
Watelet, Marcel: Les deux éditions de la carte murale de l'Europe (1554, 1572) de Gérard Mercator : sources pour l'histoire socio-économique et politique du XVIe siècle européen. In: Geschichtsdeutung auf alten Karten : Archäologie und Geschichte ; (46. Wolfenbütteler Symposium, vom 26. bis 29. Oktober 1999]. [Hrsg. von Dagmar Unverhau]. - Wiesbaden: Harrassowitz 2003, p.147-161. (Wolfenbütteler Forschungen ; 101) ISBN 3-447-04813-1

0725
Harvey, Paul D.A.; Harvey, Yvonne: The coins on Herman Moll's maps of the counties of England and Wales, 1724. In: Accurata descriptio : studier i kartografi, numismatik, orientalistik och biblioteksväsen tillägnade Ulla Ehrensvärd. [Redaktionskommitté: Göran Bäärnhielm ...]. - Stockholm: Kungl. Biblioteket 2003, p.169-200, 2 ill. (Acta Bibliothecae regiae Stockholmiensis ; 69) ISBN 91-7000-222-3

0726
Müffling, Karl von: Karl Freiherr von Müffling : Offizier - Kartograph - Politiker (1775-1851) ; Lebenserinnerungen und kleinere Schriften. bearb. und erg. von Hans-Joachim Behr. - Köln [u.a.]: Böhlau 2003, 498 p., ill. (Veröffentlichungen aus den Archiven Preussischer Kulturbesitz ; 56) ISBN 3-412-02803-7

0727
Baumann, Eberhard: Geodätische Literatur an der Schwelle des 19. Jahrhunderts zu Beginn der Karriere von Müfflings. In: Fachinformationsblatt / Deutscher Verein für Vermessungswesen (DVW), Landesverein Thüringen e.V. - Gotha 2002, p.59-64, 1 ill. (Fachinformationsblatt / Deutscher Verein für Vermessungswesen, Landesverein Thüringen ; 4)

0728
Grobe, Karsten: Müffling, ein Ingenieur seiner Zeit - Zeugnisse seiner ingenieurtechnischen Tätigkeit in Thüringen. In: Fachinformationsblatt / Deutscher Verein für Vermessungswesen (DVW), Landesverein Thüringen e.V. - Gotha 2002, p.45-50, 9 ill., 1 portr. (Fachinformationsblatt / Deutscher Verein für Vermessungswesen, Landesverein Thüringen ; 4)

0729
Kaiser, Klaus-Dieter: Müfflings militärwissenschaftliches Wirken in Thüringen. In: Fachinformationsblatt / Deutscher Verein für Vermessungswesen (DVW), Landesverein Thüringen e.V. - Gotha 2002, p.32-44, 6 ill., 1 mp., 1 portr. (Fachinformationsblatt / Deutscher Verein für Vermessungswesen, Landesverein Thüringen ; 4)

0730
Krähahn, Michael: Müffling - genealogische Anmerkungen zu einer interessanten preußischen Familie. In: Fachinformationsblatt / Deutscher Verein für Vermessungswesen (DVW), Landesverein Thüringen e.V. - Gotha 2002, p.51-52. (Fachinformationsblatt / Deutscher Verein für Vermessungswesen, Landesverein Thüringen ; 4)

0731
Müfflings Leben und Werk aus der Sicht der Gegenwart : Wissenschaftliches Gedenk-Kolloquium zum 150. Todestag des Philipp Friedrich Karl Ferdinand Freiherr von Müffling am 09. November 2001 im Rathaus zu Erfurt. Hrsg.: Deutscher Verein für Vermessungswesen, Landesverein Thüringen. - Gotha 2002, 69 p., ill., mp. (Fachinformationsblatt / Deutscher Verein für Vermessungswesen, Landesverein Thüringen ; 4)

0732
Spata, Manfred: Mülfflings Kartenaufnahme der Rheinlande 1814-1828. In: Fachinformationsblatt / Deutscher Verein für Vermessungswesen (DVW), Landesverein Thüringen e.V. - Gotha 2002, p.19-31, 1 ill., 6 mp. (Fachinformationsblatt / Deutscher Verein für Vermessungswesen, Landesverein Thüringen ; 4)

0733
Steinbrück, Hans-Jürgen: Müffling in der thüringischen Kartographie. In: Fachinformationsblatt / Deutscher Verein für Vermessungswesen (DVW), Landesverein Thüringen e.V. - Gotha 2002, p.53-58, 2 ill., 1 tab., 6 mp. (Fachinformationsblatt / Deutscher Verein für Vermessungswesen, Landesverein Thüringen ; 4)

0734
Torge, Wolfgang: Müffling und die europäischen Gradmessungen und Landesvermessungen im 18. und 19. Jahrhundert. In: Fachinformationsblatt / Deutscher Verein für Vermessungswesen (DVW), Landesverein Thüringen e.V. - Gotha 2002, p.5-18, 2 ill., 3 mp., 1 portr. (Fachinformationsblatt / Deutscher Verein für Vermessungswesen, Landesverein Thüringen ; 4)

0735
Germundson, Nils: Münster's three maps of Scandinavia : how to identify different states and editions. In: Accurata descriptio : studier i kartografi, numismatik, orientalistik och biblioteksväsen tillägnade Ulla Ehrensvärd. [Redaktionskommitté: Göran Bäärnhielm ...]. - Stockholm: Kungl. Biblioteket 2003, p.137-143, 6 ill. (Acta Bibliothecae regiae Stockholmiensis ; 69) ISBN 91-7000-222-3

0736
Vries, Dirk de: De Collectie Bodel Nijenhuis 'ten nutte der wetenschap' : voordracht bij het afscheid als conservator. In: Caert-Thresoor. 22, 2003, 3, p.71-75, 1 ill., 1 portr. [The Bodel Nijenhuis Collection 'serving the science'.] [Dutch with Engl. rés.] ISSN 0167-4994

0737
Forselles-Riska, Cecilia af: Två framstående kartsamlare. In: Accurata descriptio : studier i kartografi, numismatik, orientalistik och biblioteksväsen tillägnade Ulla Ehrensvärd. [Redaktionskommitté: Göran Bäärnhielm ...]. - Stockholm: Kungl. Biblioteket 2003, p.119-130, 2 portr., [1 ill. im Anhang]. (Acta Bibliothecae regiae Stockholmiensis ; 69) [Swed.] ISBN 91-7000-222-3

0738
Kokkonen, Pellervo: A.E.Nordenskiöld and the discovery of history. In: Accurata descriptio : studier i kartografi, numismatik, orientalistik och biblioteksväsen tillägnade Ulla Ehrensvärd. [Redaktionskommitté: Göran Bäärnhielm ...]. - Stockholm: Kungl. Biblioteket 2003, p.337-352, 1 ill. (Acta Bibliothecae regiae Stockholmiensis ; 69) ISBN 91-7000-222-3

0739
Conti, Simonetta: La cartografia della famiglia Olives-Oliva durante il XVI secolo. In: Grandes viajes descubridores. Seminario Iberoamericano de Descubrimientos y

Cartografia, Instituto Interuniversitario de Estudios de Iberoamérica y Portugal. Co-ord.: Jesús Varela Marcos. - Tordesillas, Valladolid: Instituto Interuniversitario de Estudios de Iberoamérica y Portugal 2001, p.109-137, 5 ill. (Descubrimientos y cartografia ; 4) [Cartography of the family Olives-Oliva during the XVI century.] [Ital.] ISBN 8493062-96-0

0740
Berghaus, Peter: Die Deorum Dearumque Capita des Abraham Ortelius. In: Accurata descriptio : studier i kartografi, numismatik, orientalistik och biblioteksväsen tillägnade Ulla Ehrensvärd. [Redaktionskommitté: Göran Bäärnhielm ...]. - Stockholm: Kungl. Biblioteket 2003, p.31-40, 6 ill. (Acta Bibliothecae regiae Stockholmiensis ; 69) ISBN 91-7000-222-3

0741
Besse, Jean-Marc: Les grandeurs de la Terre : aspects du savoir géographique à la Renaissance. - Lyon: ENS 2003, 420 p., ill. ISBN 2-8478-8030-5

0742
Broecke, Marcel van den: Historische kaarten en hun teksten in de eerste moderne atlas van Abraham Ortelius. In: Caert-Thresoor. 22, 2003, 2, p.29-39, 8 ill. [Historical maps and their texts in the first modern atlas by Abraham Ortelius.] [Dutch with Engl. rés.] ISSN 0167-4994

0743
Germundson, Nils: Die Nordeuropakarte von Abraham Ortelius : (Septentrionalium Regionum Descrip[tio]). In: Cartographica Helvetica : Fachzeitschrift für Kartengeschichte. 27, 2003, p.37-41, 7 ill., 2 tab. ISSN 1015-8480

0744
Lago, Luciano: Italy in the northern atlases of Ortelius and De Jode. In: Imago Italiae : the making of Italy in the history of cartography from the Middle Ages to the Modern era ; reality, image and imagination from the Codices of Claudius Ptolemy ... Contributions by Laura Cassi ... - Trieste: Goliardica E.U.T. 2002, p.537-582, 41 ill.[Engl. ed.] ISBN 88-88745-00-9

0745
Pampaloni, Maurizio: L'ing. Pio Paganini e la cartografia per la montagna nelle esplorazioni del duca degli Abruzzi. In: Bollettino della Associazione Italiana di Cartografia. 40, 2003, 117-118-119, p.279-285. [The engineer Pio Paganini and the cartography for the mountains in the explorations of the Duke of the Abruzzi.] [Ital.] ISSN 0044-9733

0746
Lapaine, Miljenko and others: Vinko Paletin of Korčula. In: Kartografija i geoinformacije. 2003, 2, p.86-98, 6 ill. [Croat. and Engl.] ISSN 1333-896X

0747
Semotanová, Eva: Tri dějepisné mapy Aleše Pařízka z konce 18. století. In: Historická geografie. 32, 2003, p.69-92. [Three historical maps of Ales Parízek from the end of the 18th century.] [Czech] ISSN 0441-7348, 0323-0988

0748
Knowles, Leo: She mapped London with her feet. In: Mercator's World. 8, 2003, 1, p.16-19, 4 ill., 1 portr. ISSN 1086-6728

0749
Sauvain, Bernard: Charles Perron: cartographe privilégié de la Nouvelle géographie universelle d'Elisée Reclus, ou les premières représentations carto-didactiques. - Genève: Université, Département de géographie 2003, 49 p., ill. [Mémoire de licence en géographie, Université de Genève]

0750
Ashmore, Bernie: Arno Peters changed the world! : evelopment education and the Peters' projection. In: The Cartographic Journal. 40, 2003, 1, p.57-59.
ISSN 0008-7041

0751
Crampton, Jeremy W.: Reflections on Arno Peters (1916-2002). In: The Cartographic Journal. 40, 2003, 1, p.55-56.
ISSN 0008-7041

0752
Kaiser, Ward L.; Wood, Denis: Arno Peters : the man, the map, the message. In: The Cartographic Journal. 40, 2003, 1, p.53-54. ISSN 0008-7041

0753
Vujakovic, Peter: Arno Peters : the man and his map. In: The Cartographic Journal. 40, 2003, 1, p.51-52, 1 ill.
ISSN 0008-7041

0754
Vujakovic, Peter: Damn or be damned : Arno Peters and the struggle for the "new cartography". In: The Cartographic Journal. 40, 2003, 1, p.61-67. ISSN 0008-7041

0755
Peters, N.H.: Eredia Map 1602 : Ouro and Luca ; Antara Islands. In: Cartography : journal of the Mapping Sciences Institute, Australia. 32, 2003, 2, p.31-47, 1 ill., 6 mp.
ISSN 0069-0805

0756
Hamel, Jürgen: Caspar Peucer als Astronom : ein Gelehrter zwischen den Zeiten. In: Zwischen Katheder, Thron und Kerker : Leben und Werk des Humanisten Caspar Peucer 1525-1602 ; Ausstellung 25. September bis 31. Dezember 2002. Stadtmuseum Bautzen. [Red.: Uwe Koch, Lars Weber, ...]. - Bautzen: Domowina-Verl. 2002, 215 p., ill., mp. ISBN 3-7420-1925-2

0757
Sereno, Paola: "Se volesti descrivere il Piemonte" : Giovan Francesco Peverone e la cartografia come arte liberale. In: Carte e cartografi degli Stati Sabaudi : rappresentare uno stato dal XVI al XVIII secolo. A cura di Rinaldo Comba e Paola Sereno. - Torino [u.a.]: U.Allemandi 2002, p.33-46. (Archivi di arte e cultura piemontesi) ["If you want to describe the Piedmont" : Giovan Francesco Peverone and cartography as a liberal art.] [Ital.] [Vol. 1 + 2]
ISBN 88-422-0717-9

0758
Bürgi, Andreas: Die vielen Facetten von Franz Ludwig Pfyffers "Relief der Urschweiz". In: Bulletin / Association culturelle pour le voyage en Suisse, Lausanne. 2001, 4.

0759
Giuffrida, Romualdo: Il De'Medici e il progetto del Piazzi per una carta geografica della Sicilia. - Palermo: Accademia Nazionale di Scienze Lettere e Arti già Accademia del Buon Gusto 2002, 34 p. [De'Medici and the project of Piazzi of a geographic map of Sicily.] [Ital.] [Contains bibliographical references and notes]

0760
Kirsch, Scott: John Wesley Powell and the mapping of the Colorado Plateau, 1869-1879 : survey science, geographical solutions, and the economy of environmental values. In: Annals of the Association of American Geographers. 92, 2002, 3, p.548-572, ill., mp. ISSN 0004-5608

0761
Gentile, Sebastiano: La rinascità della geografia di Tolomeo nel Quattrocento fioren-

tino. In: Leonardo genio e cartografo : la rappresentazione del territorio tra scienza e arte ; [Arezzo, Palazzo Comunale, 21 giugno 2003 - 30 settembre 2003]. A cura di Andrea Cantile. - Firenze: Istituto Geografico Militare 2003, p.171-193, 7 ill. [The re-birth of Ptolemy's Geographia in 15th century Florence.] [Ital. and Engl.] ISBN 88-523-0001-5

0762
Gentile, Sebastiano: Umanesimo e cartografia : Tolomeo nel secolo XV. In: La cartografia europea tra primo Rinascimento e fine dell' illuminismo : atti del Convegno Internazionale The Making of European Cartography, (Firenze, BNF-EUI, 13 - 15 dicembre 2001). A cura di Diogo Ramada Curto ; Angelo Cattaneo ; André Ferrand Almeida. - Firenze: L.S. Olschki 2003, p.3-18. (Studi / Accademia Toscana di Scienze e Lettere La Colombaria ; 213) [Humanism and cartography : Ptolomy in the XV century.] [Ital.] ISBN 88-222-5240-3

0763
Knobloch, Eberhard; Lelgemann, Dieter; Fuls, Andreas: Zur hellenistischen Methode der Bestimmung des Erdumfanges und zur Asienkarte des Klaudios Ptolemaios : fit für ALKIS? In: ZfV : Zeitschrift für Geodäsie, Geoinformation und Landmanagement. 128, 2003, 3, p.211-217, 2 ill., 4 tab. ISSN 1618-8950

0764
Kvet, Radan; Rehák, Stanislav: Eine neue Stellungnahme zum Groß-Germanien des Ptolemäus. In: Regensburger Beiträge zur Regionalgeographie und Raumplanung. 2002, 8, p.41-56, mp. ISSN 0935-9184

0765
Lago, Luciano: Italy in the earliest codices of Ptolemaic cartography. In: Imago Italiae : the making of Italy in the history of cartography from the Middle Ages to the Modern era ; reality, image and imagination from the Codices of Claudius Ptolemy ... Contributions by Laura Cassi ... - Trieste: Goliardica E.U.T. 2002, p.143-165, 29 ill. [Engl. ed.] ISBN 88-88745-00-9

0766
Milanesi, Marica: The geography of Claudius Ptolemy during the Renaissance. In: Imago Italiae : the making of Italy in the history of cartography from the Middle Ages to the Modern era ; reality, image and imagination from the Codices of Claudius Ptolemy ... Contributions by Laura Cassi ... - Trieste: Goliardica E.U.T. 2002, p.209-238, 36 ill. [Engl. ed.] ISBN 88-88745-00-9

0767
Relaño, Francesc: Cartography and discoveries : the re-definition of the Ptolemaic model in the first quarter of the sixteenth century. In: La cartografia europea tra primo Rinascimento e fine dell' illuminismo : atti del Convegno Internazionale The Making of European Cartography, (Firenze, BNF-EUI, 13 - 15 dicembre 2001). A cura di Diogo Ramada Curto ; Angelo Cattaneo ; André Ferrand Almeida. - Firenze: L.S. Olschki 2003, p.49-61. (Studi / Accademia Toscana di Scienze e Lettere La Colombaria ; 213) [Engl.] ISBN 88-222-5240-3

0768
Szaniawska, Lucyna: 'Geografia' Ptolemeusza i perypetie jej krakowskiego egzemplarza. In: Polski przegląd kartograficzny. 35, 2003, 3, p.207-213, 5 ill. [Ptolemeus' 'Geography' and vicissitudes of its Cracow copy.] [Pol.] ISSN 0324-8321

0769
Tsotsos, G.P.; Savvaidis, P.D.: Identification of unidentified hostorical sites in Macedonia with the aid of a comparison of

Ptolemy's and present-day coordinates. In: The Cartographic Journal. 40, 2003, 3, p.235-242, 9 ill., 7 tab. ISSN 0008-7041

0770
Zawisza, Anna: Geografia Ptolemeusza : Uratowane dzieło kartograficzne. In: Biuletyn Informacyjny Biblioteki Narodowej. 157, 2001, 2, p.4-5, 1 ill. [Ptolemy's "Geography" : the rescued cartographic work.] [Pol.] ISSN 0006-3983

0771
Wille, Volker: Dr. Herbert Reiners +. In: Kartographische Nachrichten. 53, 2003, 1, p.31-32, 1 portr. ISSN 0022-9164

0772
Shirley, Rodney: An unusual find. In: Journal of the International Map Collectors' Society. 92, 2003, p.27-29, 1 ill.

0773
Przyłuska, Barbara: Atlasy geograficzne Eugeniusza Romera. In: Biuletyn Informacyjny Biblioteki Narodowej. 157, 2001, 2, p.14-19, 3 ill., 1 portr. [Eugenius Romers geographic atlases.] [Pol.]
ISSN 0006-3983

0774
Kretschmer, Ingrid: Wolfgang Scharfe 1942-2003. In: Kartographische Nachrichten. 53, 2003, 6, p.289-290, 1 portr. ISSN 0022-9164

0775
Kreuer, Johannes Werner: Die kartographische Wende von Schedel zu Martellus (Descriptio und Karte). In: Geschichtsdeutung auf alten Karten : Archäologie und Geschichte ; (46. Wolfenbütteler Symposium, vom 26. bis 29. Oktober 1999]. [Hrsg. von Dagmar Unverhau]. - Wiesbaden: Harrassowitz 2003, p.129-146, 9 ill. (Wolfenbütteler Forschungen ; 101)
ISBN 3-447-04813-1

0776
Haack, Erfried: Werner Schirm zum 65. Geburtstag. In: Kartographische Nachrichten. 53, 2003, 3, p.140-141, 1 portr. ISSN 0022-9164

0777
Torge, Wolfgang: Günter Seeber 60 Jahre : zur Entwicklung der Satellitengeodäsie an der Universität Hannover. In: Festschrift Univ.-Prof. Dr. Ing. Günter Seeber zum 60. Geburtstag : 30 Jahre satellitengestützte Positionsbestimmung in Wissenschaft und Praxis ; von der Meter- zur Subzentimetergenauigkeit. [Hrsg.: Institutz für Erdmessung, AG Geodätische Raumverfahren. Red.: Stefan Willgalis]. - Hannover: Inst. für Erdmessung, AG Geodätische Raumverfahren 2001, p.9-13. (Wissenschaftliche Arbeiten der Fachrichtung Vermessungswesen der Universität Hannover ; 239)
ISSN 0174-1454

0778
Haft, Adele J.: The terraqueous world of Ludo Slagmolen. In: Mercator's World. 8, 2003, 1, p.38-41, 3 ill. ISSN 1086-6728

0779
Mandell, Mel: The mapmaker who swallowed his maps. In: Mercator's World. 8, 2003, 1, p.42-45, 4 ill., 1 portr.
ISSN 1086-6728

0780
Hessler, John W.: A new view of the world : John P. Snyder and the Space Oblique Mercator projection. In: The Portolan. 2003, 57, p.21-27, 4 ill. ISSN 1096-1925

0781
Hühnel, Helga: Drei österreichische Kartographenschicksale. In: Kartographische Zimelien : die 50 schönsten Karten und Globen der Österreichischen Nationalbibliothek. Hrsg.: Österreichische Nationalbibliothek Wien. Franz Wawrik... - Wien:

Holzhausen 1995, p.11-18, 3 ill.
ISBN 3-900518-36-X

0782
Koch, Wolf Günther: Werner Stams 75 Jahre. In: Kartographische Nachrichten. 53, 2003, 1, p.33-34. ISSN 0022-9164

0783
Cardinal, Louis: Hugo Leendert Philip Stibbe, 1934-2003. In: Bulletin / Association of Canadian Map Libraries and Archives. 2003 117, p.50-51, 1 portr. [French version: p. 52-53] ISSN 0840-9331

0784
Jarring, Gunnar: Stray notes on some place-names on Strahlenbergs map. In: Accurata descriptio : studier i kartografi, numismatik, orientalistik och biblioteksväsen tillägnade Ulla Ehrensvärd. [Redaktionskommitté: Göran Bäärnhielm ...]. - Stockholm: Kungl. Biblioteket 2003, p.325-330, 2 ill. (Acta Bibliothecae regiae Stockholmiensis ; 69)
ISBN 91-7000-222-3

0785
Barton, Cathy: Marie Tharp, oceanographic cartographer, and her contributions to the revolution in the earth sciences. In: The earth inside and out : some major contributions to geology in the twentieth century ; [presented at a symposium ; held at Rio de Janeiro in August 2000]. [organized by the International Commission on the History of Geological Sciences (INHIGEO) for the International Geological Congress]. Ed. by David R. Oldroyd. - London: Geological Society 2002, 369 p., ill., mp. (Geological Society special publication ; 192)
ISBN 1-86239-096-7

0786
Jenish, D'Arcy: Epic wanderer : David Thompson and the mapping of the Canadian West. - Lincoln, Nebr.: Univ. of Nebraska Press 2003, 309 p., ill., mp. [Includes bibliographical references and index] ISBN 0-8032-2600-4

0787
Tooley's dictionary of mapmakers : E-J. Ed.: Josephine French. - Riverside, Conn.: Early World Press 2001, VI, 462 p. [Rev. ed.] [Vol. 2] ISBN 0-906430-14-3

0788
Tooley's dictionary of mapmakers : K-P. Ed.: Valerie Scott. - Riverside, Conn.: Early World Press 2003, VI, 472 p. [Rev. ed.] [Vol. 3] ISBN 0-906430-14-3

0789
Windheim, Rolf: Auf den Spuren des französischen Ingenieur-Geographen Tranchot : mit GPS-Satelliten-Technik werden alte Karten neu erschlossen. In: Eifel-Jahrbuch. 2003, p.122-128, ill., mp.
ISSN 0424-687X

0790
Danckaert, Lisette: Cartes suédoises dans la collection Vandermaelen à Bruxelles. In: Accurata descriptio : studier i kartografi, numismatik, orientalistik och biblioteksväsen tillägnade Ulla Ehrensvärd. [Redaktionskommitté: Göran Bäärnhielm ...]. - Stockholm: Kungl. Biblioteket 2003, p.97-117, 1 ill., 3 mp. (Acta Bibliothecae regiae Stockholmiensis ; 69)
ISBN 91-7000-222-3

0791
Sanger, Victoria: Vauban et la topographie des places fortes : Brest et Longwy. In: Le paysage des cartes : genèse d'une codification ; actes de la 3e journée d'études du Musée des Plans-Reliefs, Paris, 19 novembre 1998. Sous la dir. de Cathérine Bousquet-Bressolier. - Paris: Musée des Plans-Reliefs 1999, p.49-63, 6 ill.
ISBN 2-902559-31-3

0792
Carlo Vidua. A cura di Marisa Viaggi Bonisoli. - Torino: Manzoni 2003 [Engl. u. Ital.] [Enth. Werke von und über Carlo Vidua] ISBN 88-86142-90-0

0793
Novak, Drago: The coast of Spain and western Mediterranean on the portolan charts of Vincentius Demetrius Volcius Raguseus (1563-1607) a portolan maker from Dubrovnik. In: Journal of the International Map Collectors' Society. 94, 2003, p.31-45, 9 ill., 1 tab.

0794
Heuvel, Charles van den: Open kaart : getuigenissen van het conservatorschap van de Collectie Bodel Nijenhuis van Dirk de Vries. In: Caert-Thresoor. 22, 2003, 3, p.65-70, 1 ill., 1 portr. [Open kaart : Testimonies of Dirk de Vries' curatorship of the Bodel Nijenhuis Collection.] [Dutch with Engl. rés.] ISSN 0167-4994

0795
Kelley, James E.: Waldseemüller's secret, revisited. In: Mercator's World. 8, 2003, 1, p.10-13, 1 ill. ISSN 1086-6728

0796
Rankin, Kathy: Ron Whistance-Smith memorial. In: Information bulletin /Western Association of Map Libraries. 34, 2003, 1, p.23 25, 3 ill. ISSN 0049-7282

0797
Ronald Whistance-Smith, 1935-2003. In: Bulletin / Association of Canadian Map Libraries and Archives. 2003, 118, p.14-15, 1 portr. ISSN 0840-9331

0798
Schöler, Horst; Hoffmeister, Helmut: Heinrich Wild und sein Wirken für den geodätischen Instrumentenbau in Jena. In: Mitteilungen des DVW-Bayern e.V. 55, 2003, 1, p.53-61, 6 ill. ISSN 0723-6336

0799
Schilder, Günter: Unknown steps in the Arctic Sea : The voyage by Mouris Willemsz (1608 or earlier). In: Accurata descriptio : studier i kartografi, numismatik, orientalistik och biblioteksväsen tillägnade Ulla Ehrensvärd. [Redaktionskommitté: Göran Bäärnhielm ...]. - Stockholm: Kungl. Biblioteket 2003, p.403-418, 7 ill. (Acta Bibliothecae regiae Stockholmiensis ; 69) ISBN 91-7000-222-3

0800
Jaffee, David: James Wilson and the early American globe makers. In: The Portolan. 2003, 56, p.24-33, 4 ill. ISSN 1096-1925

0801
Brink, Lowie E.S.: 'Herzien door K. Zeeman' : het verhaal van de gedreven schoolkartograaf. In: Kartografisch Tijdschrift. 29, 2003, 2, p.19-25, 5 ill. ['Revised by K. Zeeman' : the story of the zealous school cartographer.] [Dutch with Engl., and French rés.] ISSN 0167-5788

0802
Zögner, Lothar: August Zeune (1778-1853) : Geographie für Sehende und Blinde. In: Verhandlungen der Gesellschaft für Erdkunde zu Berlin 2003 (Sonderheft von: Die Erde : Zeitschrift der Gesellschaft für Erdkunde, Berlin ; Forum für Erdsystem- und Erdraumforschung). 134, p.26-30, 2 ill., 1 portr. ISBN 0013-9998 [(Sonderheft von: Die Erde : Zeitschrift der Gesellschaft für Erdkunde, Berlin ; Forum für Erdsystem- und Erdraumforschung)]

D. Organizations and Institutions of Cartography Organisationen und Institutionen der Kartographie Organisations et institutions de la cartographie

1. General Features Allgemeines Généralités

0803
Brunner, Kurt: Geheimhaltung topographischer Karten und Manipulation ihres Inhalts. In: Allgemeine Vermessungs-Nachrichten. 110, 2003, 5, p.183-188, 5 ill. ISSN 0002-5968

0804
Brunner, Kurt: Geheimhaltung und Verfälschung von Karten aus militärischen und politischen Gründen. In: Kartenverfälschung als Folge übergroßer Geheim haltung? : eine Annäherung an das Thema Einflußnahme der Staatssicherheit auf das Kartenwesen der DDR ; Referate der Tagung der BStU vom 08.-09.2001 in Berlin. Hrsg. von Dagmar Unverhau. - Münster: Lit 2002, p.161-175, 12 ill. ISBN 3-8258-5964-9

0805
Jahresbericht : Geosuisse, Schweizerischer Verband für Geomatik und Landmanagement. Schweizerischer Verband für Geomatik und Landmanagement. - Scherz: SIGImedia AG 2003, 16 p. [Beil. zu: Geomatik Schweiz : Geoinformation und Landmanagement =Géomatique Suisse = Geomatica Svizzera, 2003, Bd. 101] ISSN 0252-9424

0806
Jahresbericht Rapport annuel / Société Suisse des Mensurations et Améliorations Foncières : Schweizerischer Verein für Vermessung und Kulturtechnik, SVVK. Schweizerischer Verein für Vermessung und Kulturtechnik (SVVK). - Scherz: SIGImedia AG 2002, 16 [Beil. zu: Vermessung, Photogrammetrie, Kulturtechnik : VPK = Mensuration, photogrammétrie, génie rural] p.ISSN 0252-9424

0807
Kartenverfälschung als Folge übergroßer Geheimhaltung? : eine Annäherung an das Thema Einflußnahme der Staatssicherheit auf das Kartenwesen der DDR ; Referate der Tagung der BStU vom 08.-09.03.2001 in Berlin. Hrsg. von Dagmar Unverhau. - Münster: Lit 2003, 300 p.,ill., mp. (Archiv zur DDR-Staatssicherheit ; 5) [2., durchges. Aufl.] ISBN 3-8258-5964-9

0808
Kerfoot, Helen: National agencies, models, and procedures. In: Training Course on Toponymy : Enschede, Frankfurt am Main, Berlin, 11 August - 6 September 2002. Comp. and ed. by Ferjan Ormeling, K. Hans Stabe and Jörn Sievers. - Frankfurt a.M.: bkg 2003, p.39-46, 1 ill. (Mitteilungen des Bundesamtes für Kartographie und Geodäsie ; 28) ISBN 3-89888-872-X

0809
Kraak, Menno-Jan: Kartografie, GIN en de kaart. In: Kartografisch Tijdschrift. 29, 2003, 4, p.11-13. [Cartography, GIN and maps.] [Dutch] ISSN 0167-5788

0810
Kruif, Jan de: Overzicht organisaties in Geo-land. In: Geodesia. 45, 2003, 4, p.152-158, 1 ill., 2 tab. [Organisations in the field of geo-information.] [Dutch with Engl. rés.] ISSN 1385-7517

0811
Lapaine, Miljenko; Frančula, Nedjeljko: Cartography in Croatia 1999-2003. In:

Kartografija i geoinformacije. 2003, 2, p.6-72, 21 ill. [Croat. and Engl.] ISSN 1333-896X

0812
Lessons for the global spatial data infrastructure : international case study analysis. Science and Technology Policy Institute. Beth E. Lachmann... - Santa Monica, Calif. [u.a.]: RAND 2002, XVI, 146 p. ISBN 0-8330-3141-4

0813
Lucht, Roland; Henkel, Horst; Scholz, Wolfgang: Analyse der "Ausgabe für die Volkswirtschaft" in Umsetzung des Beschlusses des nationalen Verteidigungsrates der DDR vom 13. Oktober 1965 im Vergleich mit der topographischen Karte der DDR. In: Kartenverfälschung als Folge übergroßer Geheimhaltung? : eine Annäherung an das Thema Einflußnahme der Staatssicherheit auf das Kartenwesen der DDR ; Referate der Tagung der BStU vom 08.-09.2001 in Berlin. Hrsg. von Dagmar Unverhau. - Münster: Lit 2002, p.99-142, 12 ill., 3 tab. ISBN 3-8258-5964-9

0814
Mapping directory profiles. In: The Cartographic Journal. 40, 2003, 2, p.157-198, ill. ISSN 0008-7041

0815
Pápay, Gyula: Politik und Kartographie. In: Kartenverfälschung als Folge übergroßer Geheimhaltung? : eine Annäherung an das Thema Einflußnahme der Staatssicherheit auf das Kartenwesen der DDR ; Referate der Tagung der BStU vom 08.-09.2001 in Berlin. Hrsg. von Dagmar Unverhau. - Münster: Lit 2002, p.13-25. (Archiv zur DDR-Staatssicherheit ; Bd. 5) ISBN 3-8258-5964-9

0816
Report on the cartographic activities of the Federal Republic of Germany in the period 1999-2003. German Cartographic Society. Comp. by Wolfgang Scharfe. - Berlin 2003, 41 p.

0817
Unverhau, Dagmar: Die "Linie Vermessungswesen" im Ministerium für Staatssicherheit. In: Kartenverfälschung als Folge übergroßer Geheimhaltung? : eine Annäherung an das Thema Einflußnahme der Staatssicherheit auf das Kartenwesen der DDR ; Referate der Tagung der BStU vom 08.-09.2001 in Berlin. Hrsg. von Dagmar Unverhau. - Münster: Lit 2002, p.51-80. (Archiv zur DDR-Staatssicherheit ; Bd. 5) ISBN 3-8258-5964-9

0818
Views from the societies. In: The Cartographic Journal. 40, 2003, 2, p.199-208, 1 ill. ISSN 0008-7041

0819
Wood, Alberta Auringer: On the edge - à la fine pointe 2003 : conference report. In: Bulletin / Association of Canadian Map Libraries and Archives. 2003, 117, p.19-30, 7 ill.

2. Cartographic Societies
Kartographische Gesellschaften
Sociétés cartographiques

0820
Keller, C.Peter: Canadian National Committee for ICA. In: Geomatica. 57, 2003, 2, p.185-186. ISSN 1195-1036

0821
Ormeling, Ferdinand Jan: De NVK en de kartografie-opleiding in Nederland. In: Kartografisch Tijdschrift. 29, 2003, 3, p.9-16, 11 ill., 2 tab. [The Netherlands

Cartographic Society and cartographic education.] [Dutch] ISSN 0167-5788

0822
Piket, J.J.C.: Kartografische Sectie / Nederlandse Vereniging voor Kartografie 1958-1975-2003 : Kartografie in beweging. In: Kartografisch Tijdschrift. 29, 2003, 3, p.5-8, 4 ill. [Cartographic section /Netherlands Cartographic Society 1958-1975-2003 : cartography in movement.] [Dutch] ISBN 0167-5788

0823
Wood, Alberta Auringer: International cartographic association meeting in south Africa 2003 : my report. In: Bulletin / Associatio of Canadian Map Libraries and Archives. 2003, 118, p.53-56. ISBN 0840-9331

3. Teaching and Research Institutions
Institutionen der Lehre und Forschung
Institutions de l'enseignement et de la recherche

0824
10 Jahre Fachhochschulausbildung in den Studiengängen Vermessungswesen und Kartographie an der HTW Dresden (FH) und 50 Jahre Ausbildung von Vermessungs- und Kartographieingenieuren in Dresden. Hrsg. von Uwe Jäschke u.a. Schriftleitung: Kristin Gehrt - Harald Köhler. - Dresden: Fachbereich Vermessungswesen, Kartographie der Hochsch. für Technik und Wirtschaft 2002, 180 p., ill., mp. (Dresdner Kartographische Schriften ; 4) ISBN 1436-0004

0825
Am Puls von Raum und Zeit : 50 Jahre Deutsche Geodätische Kommission ; Festschrift. Hrsg. von Jörg Albertz u.a. - München: Verl. der Bayerischen Akad. der Wiss. in Kommission bei Beck 2002, 306 p., ill., mp. (Deutsche Geodätische Kommission bei der Bayerischen Akademie der Wissenschaften : Reihe E, Geschichte und Entwicklung der Geodäsie ; 26) ISBN 3-7696-9669-7

0826
Blaschke, Karlheinz: Die Kartographie an der Hochschule für Technik und Wirtschaft Dresden im Dienste der sächsischen Landesgeschichte. In: 10 Jahre Fachhochschulausbildung in den Studiengängen Vermessungswesen und Kartographie an der HTW Dresden (FH) und 50 Jahre Ausbildung von Vermessungs- und Kartographie-ingenieuren in Dresden. Hrsg. von Uwe Jäschke u.a. Schriftleitung: Kristin Gehrt - Harald Köhler. - Dresden: Fachbereich Vermessungswesen, Kartographie der Hochsch. für Technik und Wirtschaft 2002, p.27-29. (Dresdner Kartographische Schriften ; 4) ISSN 1436-0004

0827
Carson, Thomas M.: The Shuttle Radar Topography Mission and GeoSAR Interferometric Interferometric Synthetic Aperture Radar programs at National Imagery and Mapping Agency. In: Cartography and geographic information science. 30, 2003, 2, p.179-180, 2 ill.

0828
Drewes, Hermann: Das Deutsche Geodätische Forschungsinstitut - ehemals Abteilung I: Theoretische Geodäsie. In: Am Puls von Raum und Zeit : 50 Jahre Deutsche Geodätische Kommission ; Festschrift. Hrsg. von Jörg Albertz u.a. - München: Verl. der Bayerischen Akad. der Wiss. in

Kommission bei Beck 2002, p.159-177, 17 ill., 1 tab. (Deutsche Geodätische Kommission bei der Bayerischen Akademie der Wissenschaften : Reihe E, Geschichte und Entwicklung der Geodäsie ; 26)
ISBN 3-7696-9669-7

0829
Fabrikant, Sara Irina: Commentary on "A history of twentieth-century American academic cartography" by Robert McMaster and Susanna McMaster. In: Cartography and geographic information science. 30, 2003, 1, p.81-84.
ISSN 1523-0406

0830
Forrest, David: Cartographic education and research in the UK. In: The Cartographic Journal. 40, 2003, 2, p.147-156.
ISSN 0008-7041

0831
Gazicka, Dorota: Biblioteka dla kartografów. In: Biuletyn Informacyjny Biblioteki Narodowej. 157, 2001, 2, p.49-52, 4 ill. [A library for cartographers.] [Pol.]
ISSN 0006-3983

0832
Hoffmeister, Ernst-Dietrich: 10 Jahre Fachbereich Vermessungswesen/Kartographie an der Hochschule für Technik und Wirtschaft Dresden (FH). In: 10 Jahre Fachhochschulausbildung in den Studiengängen Vermessungswesen und Kartographie an der HTW Dresden (FH) und 50 Jahre Ausbildung von Vermessungs- und Kartographieingenieuren in Dresden. Hrsg. von Uwe Jäschke u.a. Schriftleitung: Kristin Gehrt - Harald Köhler. - Dresden: Fachbereich Vermessungswesen, Kartographie der Hochsch. für Technik und Wirtschaft 2002, p.9-20, 1 tab. (Dresdner Kartographische Schriften ; 4)
ISBN 1436-0004

0833
Jahresbericht. Technische Universität Dresden, Institut für Kartographie. - Dresden: Institut für Kartographie, 2003.

0834
Köbben, Barend J.; Worm, Jeroen van den; Feringa, Wim: Consulting op het ITC : veel verschillende activiteiten over de hele wereld. In: Kartografisch Tijdschrift. 29, 2003, 3, p.34-42, 8 ill. [Consulting at ITC : a range of activities around the world.] [Dutch with Engl., and French rés.]
ISSN 0167-5788

0835
Kowanda, Andreas: Archäologische Karten - Ergebnisse der Kooperation zwischen dem Studiengang Kartographie der Hochschule für Technik und Wirtschaft Dresden (FH) und dem Sächsischen Landesamt für Archäologie. In: 10 Jahre Fachhochschulausbildung in den Studiengängen Vermessungswesen und Kartographie an der HTW Dresden (FH) und 50 Jahre Ausbildung von Vermessungs- und Kartographieingenieuren in Dresden. Hrsg. von Uwe Jäschke u.a. Schriftleitung: Kristin Gehrt - Harald Köhler. - Dresden: Fachbereich Vermessungswesen, Kartographie der Hochsch. für Technik und Wirtschaft 2002, p.111-121, 4 ill., 1 tab. (Dresdner Kartographische Schriften ; 4) ISSN 1436-0004

0836
Makarenko, N.L.: ZNIIGAiK - 75 let. In: Geodezija i kartografija : oficial'nyj organ Federal'noj Sluzby Geodezii i Kartografii Rossii i Geodeziceskich Sluzb Stran. 2003, 10, p.1-7. [Central Research Institute (TSNIIGAiK) celebrates 75th anniversary.] [Russ.] ISSN 0016-7126

0837
McMaster, Robert B.; McMaster, Susanna: Response [to: "Commentary on 'A history of twentieth-century American academic

cartography' by Robert McMaster and Susanna McMaster" by Sara Irina Fabrikant]. In: Cartography and geographic information science. 30, 2003, 1, p.85-87. ISBN 1523-0406 [Article refers to: "Commentary on 'A history of twentieth-century American academic cartography' by Robert McMaster and Susanna McMaster" by Sara Irina Fabrikant, Cartography and geographic information science - 30, 2003, 1, p.81-84]

0838
Nechin, S.S.; Zotov, G.A.: Sovremennye technologii ZNIIGAiK dlja sozdanija i obnovlenija kart i planov. In: Geodezija i kartografija : oficial'nyj organ Federal'noj Sluzby Geodezii i Kartografii Rossii i Geodeziceskich Sluzb Stran. 2003, 11, p.44-51, 1 ill. [Modern technologies of the Central Scientific Research Institute of Geodesy, Aerial Photography and Cartography for mapping and map revision.] [Russ.] ISSN 0016-7126

0839
Pinnell, Richard: Triuniversity group of libraries metadata project : developing a GIS metadata application. In: Bulletin / Association o Canadian Map Libraries and Archives. 2003, 116, p.25-31, 6 ill. ISSN 0840-9331

0840
Projet pour un portail universitaire québecois de données numériques et géospatiales. In: Bulletin / Association of Canadia Map Libraries and Archives. 2003, 116, p.11-17. ISSN 0840-9331 [Engl. Version "Quebec scholar portal of digital and geospatial data project" p. 18-24, translated by Martine Rocheleau]

0841
Rapport national des activités cartographiques françaises entre 1999 et 2003. - Paris: Comité Français de Cartographie 2003, 65 ill., mp., 1 suppl. (Le Monde des Cartes : revue du Comité Français de Cartographie ; 176) ISSN 1634-3522

0842
Sereno, Paola: "Li Ingegneri Topograffici di Sua Maestà" : la formazione del cartografo militare negli Stati Sabaudi e l'istituzione dell'Ufficio di Topografia Reale. In: Carte e cartografi degli Stati Sabaudi : rappresentare uno stato dal XVI al XVIII secolo. A cura di Rinaldo Comba e Paola Sereno. - Torino [u.a.]: U.Allemandi 2002, p.61-102. (Archivi di arte e cultura piemontesi) ["The topographical engineers of His Majesty" : the training of a military cartographer in the States of Savoy and the institution "Ufficio di Topografia reale".] [Ital.] [Vol. 1 +2] ISBN 88-422-0717-9

0843
Service Hydrographique et Océanographique de la Marine (SHOM). In: Le Monde des Cartes : revue du Comité Français de Cartographie. 176, 2003, p.40-43, 3 ill. ISSN 1634-3522

0844
Sintes-Aïoutz, Madeleine: UMR Espace 6012 Université de Nice : Université de Nice - Sophia Antipolis CNRS. In: Le Monde des Cartes : revue du Comité Français de Cartographie. 176, 2003, p.20-23. ISSN 1634-3522

0845
Tjuflin, Ju.S.: Iz istorii rabot ZNIIGAiK v oblasti kartografirovanija planet. In: Geodezija i kartografija : oficial'nyj organ Federal'noj Sluzby Geodezii i Kartografii Rossii i Geodeziceskich Sluzb Stran. 2003, 11, p.38-43, 1 ill. [From the history of works of the Central Scientific Research Institute of Geodesy, Aerial Photography and Cartography in mapping planets.] [Russ.] ISSN 0016-7126

0846
Znamirowski, Barbara: Reference service levels for spatial data delivery and GIS activity in libraries : Trent University - a case study of a small academic library. In: Bulletin / Association o Canadian Map Libraries and Archives. 2003, 118, p.9-12, 2 ill. ISSN 0840-9331

4. Cartographic Training Kartographische Ausbildung Formation cartographique

0847
10 Jahre Fachhochschulausbildung in den Studiengängen Vermessungswesen und Kartographie an der HTW Dresden (FH) und 50 Jahre Ausbildung von Vermessungs- und Kartographieingenieuren in Dresden. Hrsg. von Uwe Jäschke u.a. Schriftleitung: Kristin Gehrt - Harald Köhler. - Dresden: Fachbereich Vermessungswesen, Kartographie der Hochsch. für Technik und Wirtschaft 2002, 180 p., ill., mp. (Dresdner Kartographische Schriften ; 4) ISSN 1436-0004

0848
Alvarez-Claro Irisarri, Manuel and others: Una propuesta para la nueva docencia de la fotogrametría en la Ingeniería Cartográfica. In: Topografia y cartografia : TOPCART. 20, 2003, 114, p.35-42, 2 ill., 1 tab. [A proposal for new teaching of photogrammetry in Cartographic Engineering.] [Span. with Engl. rés.] ISSN 0212-9280

0849
Barbier, Pascal: La formation à distance en cartographie. In: Le Monde des Cartes : revue du Comité Français de Cartographie. 177-178, 2003, p.43-44. ISSN 1634-3522

0850
Chueca Pazos, Manuel; García García, Francisco; Quintanilla-García, Israel: Los estudios de Ingeniería Técnica Topográfica en España : Escuela Técnica Superior de Ingeniería Geodésica, Cartográfica y Topográfica (Universidad Politécnica de Valencia). In: Topografia y cartografia : TOPCART. 20, 2003, 116, p.58-68, 23 ill. [The studies of Topographic Technical Engineering in Spain : Superior Technical school of Geodesic, Cartographic and Topographic Engineering (Polytechnical University of Valencia).] [Span.] ISSN 0212-9280

0851
Desclaux-Salachas, Jasmine: Le cartographe, passeur d'informations. In: Le Monde des Cartes : revue du Comité Français de Cartographie. 177-178, 2003, p.24-25. ISSN 1634-3522

0852
Forrest, David: Cartographic education and research in the UK. In: The Cartographic Journal. 40, 2003, 2, p.147-156. ISSN 0008-7041

0853
Helbig, Falk: Die kulturgeschichtliche Bedeutung von Geodäsie und Kartographie - eine wesentliche Lehr- und Forschungsaufgabe. In: 10 Jahre Fachhochschulausbildung in den Studiengängen Vermessungswesen und Kartographie an der HTW Dresden (FH) und 50 Jahre Ausbildung von Vermessungs- und Kartographieingenieuren in Dresden. Hrsg. von Uwe Jäschke u.a. Schriftleitung: Kristin Gehrt - Harald Köhler. - Dresden: Fachbereich Vermessungswesen, Kartographie der Hochsch. für Technik und Wirtschaft 2002, p.53-62, 6 ill. (Dresdner Kartographische Schriften ; 4) ISSN 1436-0004

0854
Jullien, Camille: La reconnaissance du géomaticien, une compétence basée sur une complémentarité de formations en sciences géographiques. In: Le Monde des Cartes :

revue du Comité Français de Cartographie. 177-178, 2003, p.38-42. ISSN 1634-3522

0855
Kruif, Jan de: Waar leer ik geo-informatie? In: Geodesia. 45, 2003, 6, p.247-260, 9 ill., 2 tab. [Where can I learn geo-information?] [Dutch with Engl. rés.] ISSN 1385-7517

0856
Krygier, John: Geographic information literacy and the World Wide Web. In: Maps and the internet. Ed. by Michael Peterson. Publ. on behalf of the International Cartographic Association. - Amsterdam [u.a.]: Elsevier Science 2003, p.17-33, 3 ill. ISBN 0-08-044201-3

0857
Los estudios de Ingeniería Técnica Topográfica en España : Centro Universitario de Mérida (Universidad de Extremadura). In: Topografía y cartografía : TOPCART. 20, 2003, 114, p.58-62, 5 ill., 6 tab. [The studies of Topographic Technical Engineering in Spain : University center of Mérida (University of Extremadura).] [Span.]

0858
Mathian, Hélène; Boulier, Joël; Dhee, Francis: La cartographie dans le monde de la géomatique : l'évolution nécessaire des formations face à un secteur en forte croissance. In: Le Monde des Cartes : revue du Comité Français de Cartographie. 177-178, 2003, p.26-27. ISSN 1634-3522

0859
McDougall, K.; Young, F.R.; Apan, A.: Operational infrastructure for quality distance and online geospatial programs. In: Cartography : journal of the Mapping Sciences Institute, Australia. 32, 2003, 1, p.25-37, 3 ill. ISSN 0069-0805

0860
Müller, Hans: 40 Jahre Ausbildung an der Ingenieurschule für Geodäsie und Kartographie in Dresden (1952-1992). In: 10 Jahre Fachhochschulausbildung in den Studiengängen Vermessungswesen und Kartographie an der HTW Dresden (FH) und 50 Jahre Ausbildung von Vermessungs- und Kartographieingenieuren in Dresden. Hrsg. von Uwe Jäschke u.a. Schriftleitung: Kristin Gehrt - Harald Köhler. - Dresden: Fachbereich Vermessungswesen, Kartographie der Hochsch. für Technik und Wirtschaft 2002, p.35-41, 6 ill. (Dresdner Kartographische Schriften ; 4) ISSN 1436-0004

0861
Mukhopadhyay, Tapati: Cartographic education in India : past, present and future. In: Geography and applied cartography : proceedings of the National Seminar on Geography and Applied Cartography, organised to commemorate the birth centenary celebration of Padmabhushan Professor S.P. Chatterjee. Organised by National Atlas & Thematic Mapping Organisation, in collaboration with Prof. S.P. Chatterjee Memorial Foundation. [General ed.: Pritvish Nag]. - Kolkata: Govt. of India, Dept of Science & Technology, National Atlas & Thematic Mapping Organisation 2003, p.106-112.

0862
Núñez Andrés, Amparo: Los estudios de Ingeniería Técnica Topográfica en España : Escuela Universitaria Politécnica de Barcelona (Universidad Politécnica de Cataluña). In: Topografía y cartografía : TOPCART. 20, 2003, 115, p.10-15, 8 ill., 9 tab. [The studies of Topographic Technical Engineering in Spain : Polytechnical University school of Barcelona (Polytechnical University of Catalonia).] [Span.]
ISSN 0212-9280

0863
Ormeling, Ferdinand Jan: De NVK en de kartografie-opleiding in Nederland. In: Kartografisch Tijdschrift. 29, 2003, 3, p.9-16, 11 ill., 2 tab. [The Netherlands Cartographic Society and cartographic education.] [Dutch] ISSN 0167-5788

0864
Palmucci, Laura: La formazione del cartografo nello stato assoluto : i cartografi-agrimensori. In: Carte e cartografi degli Stati Sabaudi : rappresentare uno stato dal XVI al XVIII secolo. A cura di Rinaldo Comba e Paola Sereno. - Torino [u.a.]: U.Allemandi 2002, p.49-60. (Archivi di arte e cultura piemontesi) [The training of the cartographer in an absolute state: cartographers-land-surveyors.] [Ital.] [Vol. 1 + 2] ISBN 88-422-0717-9

0865
Perez, Francis: De l'importance de la formation en cartographie à destination des publics déficients visuels. In: Le Monde des Cartes : revue du Comité Français de Cartographie. 177-178, 2003, p.16-23, 2 ill. ISSN 1634-3522

0866
Plümer, Lutz: Geoinformation : Chancen und Herausforderungen von Multimedia für die Ausbildung in einem interdisziplinären Studienfach. In: Auf dem Weg zu operationellen Prozessketten in Photogrammetrie, Fernerkundung und Geoinformation : 23. wissenschaftlich-technische Jahrestagung der DGPF 9. - 11. September 2003 in Bochum. Eckhardt Seyfert, Hrsg. - Münster: Geschäftsstelle der DGPF 2003, p.9-13, 2 ill. (Publikationen der Deutschen Gesellschaft für Photogrammetrie, Fernerkundung und Geoinformation e.V. ; Band 12) ISBN 0942-2870 [CD-ROM enth.: Farbabbildungen des Tagungsbandes]

0867
Schwieger, Volker; Kaufmann, Thilo: Internetbasierte Lernmodule zur Geo-Datenerfassung. In: Allgemeine Vermessungs-Nachrichten. 110, 2003, 7, p.248-254, 8 ill., 2 tab. ISSN 0002-5968

0868
Sereno, Paola: "Li Ingegneri Topograffici di Sua Maestà" : la formazione del cartografo militare negli Stati Sabaudi e l'istituzione dell'Ufficio di Topografia Reale. In: Carte e cartografi degli Stati Sabaudi : rappresentare uno stato dal XVI al XVIII secolo. A cura di Rinaldo Comba e Paola Sereno. - Torino [u.a.]: U.Allemandi 2002, p.61-102. (Archivi di arte e cultura piemontesi) ["The topographical engineers of His Majesty" : the training of a military cartographer in the States of Savoy and the institution "Ufficio di Topografia reale".] [Ital.] [Vol. 1 +2] ISBN 88-422-0717-9

0869
Serrano Colmenarejo, Nicolás; Priéto Morín, Juan; Farjas-Abadía, Mercedes: Los estudios de Ingeniería Técnica Topográfica en España : Escuela Universitaria de Ingeniería Técnica Topográfica (Universidad Politécnica de Madrid). In: Topografia y cartografia : TOPCART. 20, 2003, 117, p.56-64, 9 ill., 3 tab. [The studies of Topographic Technical Engineering in Spain : University school of Topographic Technical Engineering (Polytechnical University of Madrid).] [Span.] ISSN 0212-9280

0870
Training Course on Toponymy : Enschede, Frankfurt am Main, Berlin, 11 August - 6 September 2002. Comp. and ed. by Ferjan Ormeling, K. Hans Stabe and Jörn Sievers. - Frankfurt a.M.: bkg 2003, 184 p., ill., mp. (Mitteilungen des Bundesamtes für Kartographie und Geodäsie ; 28) ISBN 3-89888-872-X

0871
Troipoux, Gilles: L'information géographique et la formation au Minstère de l'Équipement. In: Le Monde des Cartes : revue du Comité Français de Cartographie. 177-178, 2003, p.45-46. ISSN 1634-3522

0872
Walter, Johann-Hinrich; Kramer, Holger: CAD II - eine neue Lehrveranstaltung zur Messung, Modellierung und Präsentation von 3D-Gebäudemodellen. In: 10 Jahre Fachhochschulausbildung in den Studiengängen Vermessungswesen und Kartographie an der HTW Dresden (FH) und 50 Jahre Ausbildung von Vermessungs- und Kartographieingenieuren in Dresden. Hrsg. von Uwe Jäschke u.a. Schriftleitung: Kristin Gehrt - Harald Köhler. - Dresden: Fachbereich Vermessungswesen, Kartographie der Hochsch. für Technik und Wirtschaft 2002, p.123-130, 9 ill. (Dresdner Kartographische Schriften ; 4) ISSN 1436-0004

0873
Wayne, Chris: Profiling cartographic education in GIS certificate programs. In: Cartography and geographic information science. 30, 2003, 2, p.181-184, 1 ill., 1 tab. ISSN 1523-0406

0874
Wehmann, Wolffried: Diplom- oder Bachelor- und Masterstudiengänge : wie weiter in der Ingenieurausbildung im Vermessungswesen und in der Kartographie in Deutschland? In: 10 Jahre Fachhochschulausbildung in den Studiengängen Vermessungswesen und Kartographie an der HTW Dresden (FH) und 50 Jahre Ausbildung von Vermessungs- und Kartographieingenieuren in Dresden. Hrsg. von Uwe Jäschke u.a. Schriftleitung: Kristin Gehrt - Harald Köhler. - Dresden: Fachbereich Vermessungswesen, Kartographie der Hochsch. für Technik und Wirtschaft 2002, p.71-76, 2 ill. (Dresdner Kartographische Schriften ; 4) ISSN 1436-0004

0875
Wehmann, Wolffried; Hahn, Michael: Bachelor- und Masterstudiengänge in der Vermessungsausbildung : steht der Hochschulausbildung ein Strukturwandel bevor? In: ZfV : Zeitschrift für Geodäsie, Geoinformation und Landmanagement. 128, 2003, 6, p.374-382. ISSN 1618-8950

5. Map Producers / Kartenhersteller / Producteurs de cartes

0876
100 Jahre Stadtvermessung in Münster : 1899-1999. Autoren: Paul Alt-Epping u.a. - Münster: Vermessungs- und Katasteramt 1999, 76 p., ill., mp.

0877
Albin, Jerzy: Hauptrichtungen des polnischen geodätisch-kartographischen Dienstes. In: Vermessung Brandenburg. 8, 2003, p.12-18, 3 ill. [Übersetzung aus dem Polnischen durch Eva Maria Steiger] ISSN 1430-7650

0878
Alt-Epping, Paul: Das Vermessungs- und Katasteramt der Stadt Münster im Sog des technischen Wandels im Vermessungswesen von 1963 bis 1998. In: 100 Jahre Stadtvermessung in Münster : 1899-1999. Autoren: Paul Alt-Epping u.a. - Münster: Vermessungs- und Katasteramt 1999, p.31-41.

0879
Arca, Salvatore: La montagna nei 130 anni di attività dell'istituto geografico militare. In: Bollettino della Associazione Italiana di Cartografia. 40, 2003, 117-118-119, p.96-103, 8 ill. [The mountains in the 130 years

of activity of the Military Geographic Institute.] [Ital.] ISSN 0044-9733

0880
Birth, Konrad: ATKIS-Projekt Modell- und kartographische Generalisierung, und die Entwicklung geht weiter. In: Kartographische Nachrichten. 53, 2003, 3, p.119-126, 6 ill. ISSN 0022-9164

0881
Caquard, Sébastien: Internet, maps and public participation : contemporary limits and possibilities. In: Maps and the internet. Ed. by Michael Peterson. Publ. on behalf of the International Cartographic Association. - Amsterdam [u.a.]: Elsevier Science 2003, p.345-357, 1 ill., 2 tab.
ISBN 0-08-044201-3

0882
Cavazzani, Augusto; Garofalo, Alessandro: La cartografia della F.I.S.O : Federazione Italiana Sport Orientamento. In: Bollettino della Associazione Italiana di Cartografia. 40, 2003, 117-118-119, p.427-431. [The cartography of the F.I.S.O : Italian Federation of Sport Orientation.] [Ital.]
ISSN 0044-9733

0883
Ciampi, Gabriele: Il confine politico italiano sulle alpi : sua rappresentazione nella cartografia speciale confinaria dell'IGM. In: Bollettino della Associazione Italiana di Cartografia. 40, 2003, 117-118-119, p.121-143, 15 ill. [The political border of Italy on the Alps : its representation in the special cartography of borders of the IGM.] [Ital.] ISSN 0044-9733

0884
Cvetkov, Stojan; Bojadžiev, Belčo; Dekov, Zlatko: 55 godini "Geoplanproekt". In: Geodezija, kartografija, zemeustrojstvo. 43, 2003, 5-6, p.31-34. [Geoplanproject 55 years anniversary.] [Bulg. with Engl. rés.]
ISSN 0324-1610

0885
Demčenko, Ganna: Atlasy kartografičnoï firmy Blau -najvyšče dosjagnennja gollnads'kogo atlasnogo kartografuvannja XVII st. In: Kartohrafija ta istorija Ukraïny : zbirnyk naukovych pracÿ = Cartography and history of Ukraine : a collection of scholarly papers. Instytut Ukraïns'koï Archeohrafiï ta Dÿézereloznavstva im. M. Hruÿésevs'koho <Kyïv>. - L'viv: Koc' 2000, p.40-44. [Atlases of the Blaeu's cartographic firm : the highest achievement of the Dutch atlas cartography in the XVII century.] [Ukrain.] ISBN 996-02-1663-7 [In kyrill. Schrift]

0886
Devon maps and map-makers : manuscript maps before 1840. Ed. with an introduction by Mary R. Ravenhill and Margery M. Rowe. - Exeter: Devon and Cornwall Record Society 2002, Erschienen: 1-2.

0887
Dokumentierte Landschaft : öffentliches Vermessungswesen in Baden-Württemberg. [Hrsg.: Wirtschaftsministerium Baden-Württemberg]. - Stuttgart: Wirtschaftsministerium Baden-Württemberg 2002, 16 p., ill., mp.

0888
Eidenbenz, Christoph; Flotron, André: 75 Jahre Schweizerische Gesellschaft für Photogrammetrie, Bildanalyse und Fernerkundung : ein Rückblick. In: Geomatik Schweiz : Geoinformation und Landmanagement. 101, 2003, 9, p.492-500, 4 ill., 4 tab. [Germ. with French, and Ital. rés.] ISSN 0252-9424

0889
Feldmann, Hans-Uli: Darstellungsformen vermessener Landschaften : ein Überblick

über die amtliche Kartographie der Schweiz im 19. Jahrhundert. In: Vermessene Landschaften : Kulturgeschichte und technische Praxis im 19. und 20. Jahrhundert. Hrsg. von David Gugerli. - Zürich: Chronos 1999, p.51-63. (Interferenzen ; 1) ISBN 3-905313-12-X

0890
Furlough, Mike: Cartographic users advisory council 2003 annual agencies meeting. In: Information bulletin / Western Association of Map Libraries. 34, 2003, 1, p.6-22. ISSN 0049-7282

0891
Geschäftsbericht / Landesvermessungsamt Nordrhein-Westfalen. - Bonn: Landesvermessungsamt Nordrhein-Westfalen 2002

0892
Gill, Eunice; Holmes, Jonathan: Location Based Services. In: The Bulletin of the Society of Cartographers. 37, 2003, 2, p.49-51. ISSN 0036-1884

0893
Gjurkovski, M.: S'stojanie na dejnostite po s'zdavane na kadast'ra v B'lgarija. In: Geodezija, kartografija, zemeustrojstvo. 43, 2003, 1-2, p.22-25. [Current status of the cadastral works in Bulgaria.] [Bulg. with Engl. rés.] ISSN 0324-1610

0894
Görtler, Wilfried: Kartographische Unterrichtsmittel aus Gotha für den Heimatkundeunterricht. In: Aspekte zur Gestaltung und Nutzung von Karten für den Schulunterricht. Hrsg. von der Deutschen Gesellschaft für Kartographie e.V., Kommission Schulkartographie. - Bonn: Kirschbaum 2003, p.118-126, 3 ill. (Kartographische Schriften ; 8) [Parallel als CD-ROM erschienen - Sign.: 1 D 12122] ISBN 3-7812-1579-2

0895
Groot, M. de: DataLand : het centrale loket voor gebouwinformatie. In: Geodesia. 45, 2003, 7/8, p.280-284, 5 ill. [DataLand, a distribution point for building information.] [Dutch with Engl. rés.] ISSN 1385-7517

0896
Heinz, Markus: Modell eines Werkskataloges des kartographischen Verlages Homann, Homanns Erben und Fembo in Nürnberg : (1702-1848) ; in 2 Bänden. - Wien: Univ., Diss. 2002 [2 Bände]

0897
Heuchl, Barbara: Aspekte der Kartographiegeschichte des 17. Jahrhunderts : Gemeinsamkeiten und Unterschiede in den Karten der beiden niederländischen Verlagshäuser Hondius und Blaeu. - Wien: TU 2003 (182 p., 30 ill.) [Dipl.-Arb.]

0898
Jäger, Ernst: ATKIS als Gemeinschaftsaufgabe der Länder und des Bundes. In: Kartographische Nachrichten. 53, 2003, 3, p.113-119, 1 ill., 2 tab. ISSN 0022-9164

0899
Jahresbericht des Bundesamtes für Landestopographie. - Wabern: Bundesamt 2001 [Jahresbericht Swisstopo] [Nachgewiesen 2001-]

0900
Jarausch, Helga: Meine Welt - Gedanken und erste Ergebnisse zu "Weltkarten von Kinderhand". In: Aspekte zur Gestaltung und Nutzung von Karten für den Schulunterricht. Hrsg. von der Deutschen Gesellschaft für Kartographie e.V., Kommission Schulkartographie. - Bonn: Kirschbaum 2003, p.161-171, 13 ill., 1 tab. (Kartographische Schriften ; 8) [Parallel als CD-ROM erschienen - Sign.: 1 D 12122] ISBN 3-7812-1579-2

0901
Joó, István: A magyar nagyméretarányú földmérési alaptérképekrël (kifejilëdes, jelenliegi helyzet). In: Geodézia és kartográfia. 55, 2003, 5, p.12-18, 2 tab. [About the large scale map system in Hungary (development and nowadays condition).] [Hung. with Engl. rés.] ISSN 0016-7118

0902
Kelmelis, John: To "The National Map" and beyond. In: Cartography and geographic information science. 30, 2003, 2, p.185-198, 4 ill. ISSN 1523-0406

0903
Kerfoot, Helen: Role of the United Nations in the standardization of geographical names. In: Training Course on Toponymy : Enschede, Frankfurt am Main, Berlin, 11 August - 6 September 2002. Comp. and ed. by Ferjan Ormeling, K. Hans Stabe and Jörn Sievers. - Frankfurt a.M.: bkg 2003, p.109-118, 3 ill., 1 tab. (Mitteilungen des Bundesamtes für Kartographie und Geodäsie ; 28) ISBN 3-89888-872-X

0904
Knowles, Leo: She mapped London with her feet. In: Mercator's World. 8, 2003, 1, p.16-19, 4 ill., 1 portr. ISSN 1086-6728

0905
Kozika, Kazimierz: Norymberska oficyna wydawnicza Johanna Baptisty Homanna i jego spadkobierców 1702-1848. In: Polski przegląd kartograficzny. 35, 2003, 2, p.126-130, 2 ill. [The publishing house of Johann Baptist Homann and his heirs in Nuernberg 1702-1848.] [Pol.] ISSN 0324-8321

0906
Lee, Kent D.; Shumakov, Andrei: Access to geospatial data in 2003 : a global survey of public policy and technological factors. In: Cartography and geographic information science. 30, 2003, 2, p.225-230, 2 ill., 1 tab. ISSN 1523-0406

0907
List of published maps available for sale. Geological Survey of India, Central Headquarters Calcutta. - Calcutta: Geological Survey of India 2003

0908
Ludmer-Gliebe, Susan: Serious fun : the map painters of Redstone Studios. In: Mercator's World. 5, 2000, 4, p.46-51, 7 ill. ISSN 1086-6728

0909
Lydon, Maeve: Community mapping : the recovery (and discovery) of our common ground. In: Geomatica. 57, 2003, 2, p.131-143. ISSN 1195-1036

0910
MacIntosh, Barbara: Federal government cartographic activities 1999-2003. In: Geomatica. 57, 2003, 2, p.197-224. ISSN 1195-1036

0911
Matschenz, Andreas: Geographisches Institut und Landkartenverlag Julius Straube 1858 bis 1969 : eine fragmentarische Berliner Verlagsgeschichte. - Berlin: Ed. Gauglitz 2003, 31 p., 8 ill. [Beih. zur Faksimileausgabe von Straube Übersichtsplan 1 4000, hrsg vom Landesarchiv] ISBN 3-933502-15-2

0912
Mayer, Karl-Werner: Die Auswirkungen der beiden Weltkriege auf das kommunale Vermessungsamt. In: 100 Jahre Stadtvermessung in Münster : 1899-1999. Autoren: Paul Alt-Epping u.a. - Münster: Vermessungs- und Katasteramt 1999, p.13-19, 4 ill.

0913
Mayer, Karl-Werner: Historische Entwicklung des städtischen Vermessungsamtes. In: 100 Jahre Stadtvermessung in Münster : 1899-1999. Autoren: Paul Alt-Epping u.a. - Münster: Vermessungs- und Katasteramt 1999, p.7-12, 3 ill., 3 portr.

0914
McGrath, Gerald: Marketing. In: Basic cartographyfor students and technicians : english version. [International Cartographic Association] Ed.: Roger W. Anson and F.J. Ormeling. - Oxford [u.a.]: Butterworth-Heinemann 2002, p.151-174, 17 ill., 5 tab. [Vol. 2] [2nd edition]
ISBN 0-075064996-8

0915
Meer, Ad van der; Kruif, Jan de: "Gemeenten verantwoordelijk voor topografie". In: Geodesia. 45, 2003, 2, p.83-85, 3 ill. ["Municipalities responsible for topography".] [Dutch with Engl. rés.]
ISSN 1385-7517

0916
Millburn, John R.: Adams of Fleet Street : instrument makers to King George III. - Aldershot [u.a.]: Ashgate XIX, 420 p., XIX, 420 p., ill. [Includes bibliographical references and index] ISBN 0-7546-0080-7

0917
Mischke, Hubert: Kartographie-und Reproduktionstechniken. In: 100 Jahre Stadtvermessung in Münster : 1899-1999. Autoren: Paul Alt-Epping u.a. - Münster: Vermessungs- und Katasteramt 1999, p.44-62, 10 ill.

0918
Murre, L.M.: Nieuwe Stichting LSV GBKN van start. In: Geodesia. 45, 2003, 9, p.342-345, 4 ill. [A new national GBKN-organisation has started.] [Dutch]
ISSN 1385-7517

0919
Nadal, Francesc; Urteaga, Luis: The topographic map of Spain to scale of 1:50 000 (1875-1968) : a critical summary. In: La cartografia europea tra primo Rinascimento e fine dell' illuminismo : atti del Convegno Internazionale The Making of European Cartography, (Firenze, BNF-EUI, 13 - 15 dicembre 2001). A cura di Diogo Ramada Curto ; Angelo Cattaneo ; André Ferrand Almeida. - Firenze: L.S. Olschki 2003, p.265-273. (Studi / Accademia Toscana di Scienze e Lettere La Colombaria ; 213) [Engl.]
ISBN 88-222-5240-3

0920
Nagel, Günter: "Public Private Partnership" in der deutschen Satellitenpositionierung SAPOS : Zusammenarbeit der Bayerischen Landesvermessung mit der Ruhrgas AG ; Teil 1. In: Mitteilungen des DVW-Bayern e.V. 55, 2003, 2, p.117-131, 8 ill.
ISSN 0723-6336

0921
Ein Name wird zur Weltmarke : Baedeker-Allianz-Reiseführer ; [die Geschichte des Verlages]. - [Ostfildern]: Baedeker 2003, 24 p., ill., mp.

0922
Neukirchner, Wolfgang: Bericht zur Fortbildungsveranstaltung der Bezirksgruppe Mittelfranken am 22.11.2002 im Stadtmuseum Fembohaus in Nürnberg. In: Mitteilungen des DVW-Bayern e.V. 55, 2003, 1, p.80-86, 6 ill. ISSN 0723-6336

0923
Neupert, Anita; Theile, Erik: Karten und Kartenproduktion in der DDR. In: Kartenverfälschung als Folge übergroßer Geheimhaltung? : eine Annäherung an das Thema Einflußnahme der Staatssicherheit auf das Kartenwesen der DDR ; Referate der Tagung der BStU vom 08.-09.2001 in Berlin.

Hrsg. von Dagmar Unverhau. - Münster: Lit 2002, p.27-49, 6 ill. (Archiv zur DDR-Staatssicherheit ; Bd. 5)
ISBN 3-8258-5964-9

0924
Nicholson, Tim: G.F. Cruchley and and "Maps for the Million". In: Journal of the International Map Collectors' Society. 93, 2003, p.21-38, 11 ill.

0925
Niehues, James: James Niehues map artist. In: Information bulletin / Western Association of Map Libraries. 33, 2002, 2, p.82-85, 3 ill. ISSN 0049-7282

0926
Olomo, R.O.: The current trend of mapping in Nigeria. In: Cartography : journal of the Mapping Sciences Institute, Australia. 32, 2003, 1, p.39-51, 9 tab.
ISSN 0069-0805

0927
Oster, Manfred: Entwicklungen in den kartographischen Techniken. In: Kartographische Nachrichten. 53, 2003, 3, p.107-113, 7 ill. ISSN 0022-9164

0928
Pobanz, Wolfram: Topographische Veränderung in Karten der Verlagskartographie der DDR. In: Kartenverfälschung als Folge übergroßer Geheimhaltung? : eine Annäherung an das Thema Einflußnahme der Staatssicherheit auf das Kartenwesen der DDR ; Referate der Tagung der BStU vom 08.-09.2001 in Berlin. Hrsg. von Dagmar Unverhau. - Münster: Lit 2002, p.193-214, 15 ill. ISBN 3-8258-5964-9

0929
Provincial and territorial government cartographic activities. In: Geomatica. 57, 2003, 2, p.225-253, 1 ill. ISSN 1195-1036

0930
Rapport national des activités cartographiques françaises entre 1999 et 2003. - Paris: Comité Français de Cartographie 2003, 65 ill., ill., mp., 1 suppl. (Le Monde des Cartes : revue du Comité Français de Cartographie ; 176) ISSN 1634-3522

0931
Reports from UK mapping organizations. In: The Cartographic Journal. 40, 2003, 2, p.147-156. ISSN 0008-7041

0932
Rocchini, Claudio; Nuti, Alessandro: Il processo di produzione dei plastici dell'istituto geografico militare. In: Bollettino della Associazione Italiana di Cartografia. 40, 2003, 117-118-119, p.305-310, 7 ill. [The process of production of plastics at the Military Geographic Institute.] [Ital.]
ISSN 0044-9733

0933
Rombai, Leonardo: Geografia e cartografia nel rinascimento Italiano : la figura del cartografo e le rappresentazioni spaziali nel '400 e nel primo '500. In: Leonardo genio e cartografo : la rappresentazione del territorio tra scienza e arte ; [Arezzo, Palazzo Comunale, 21 giugno 2003 - 30 settembre 2003]. A cura di Andrea Cantile. - Firenze: Istituto Geografico Militare 2003, p.195-241, 7 ill. [Geography and cartography in the Italian renaissance : the role of the cartographer and spatial representation in the 15th and early 16th centuries.] [Ital. and Engl.] ISBN 88-523-0001-5

0934
Roth, Keven: Initial implementation of "The National Map". In: Cartography and geographic information science. 30, 2003, 2, p.199-202, 3 ill. ISSN 1523-0406

0935
Roy, B.K.: The Indian census info : applications in the advancement of geography & cartography. In: Geography and applied cartography : proceedings of the National Seminar on Geography and Applied Cartography, organised to commemorate the birth centenary celebration of Padmabhushan Professor S.P. Chatterjee. Organised by National Atlas & Thematic Mapping Organisation, in collaboration with Prof. S.P. Chatterjee Memorial Foundation. [General ed.: Pritvish Nag]. - Kolkata: Govt. of India, Dept of Science & Technology, National Atlas & Thematic Mapping Organisation 2003, p.62-76, 3 tab.

0936
Sagues, Liz: Greaves & Thomas, facsimile globemakers. In: Mercator's World. 5, 2000, 4, p.18-23, 6 ill. ISSN 1086-6728

0937
Saha, Asid; Ganguly, Dhruba: Geologische kartering in India. In: Kartografisch Tijdschrift. 29, 2003, 4, p.20-28, 8 ill., 1 tab. [Geological mapping in India.] [Dutch with Engl., and French rés.] ISSN 0167-5788

0938
Schallenberg, Henk: De grootschalige basiskaart een gemeentelijke zorg. In: Geodesia. 45, 2003, 1, p.4-9, 8 ill. [Large scale base maps in Rotterdam.] [Dutch with Engl. rés.] ISSN 1385-7517

0939
Scheele, Theo: Een dagje... : op herhaling bij de Koninklijke Landmacht. In: Geodesia. 45, 2003, 9, p.350-355, 10 ill. [A day... : retraining exerdise in the Dutch Army.] [Dutch with Engl. rés.] ISSN 1385-7517

0940
Seeger, Hermann and others: Geschichte des Instituts für Angewandte Geodäsie - Abteilung II des DGFI. In: Am Puls von Raum und Zeit : 50 Jahre Deutsche Geodätische Kommission ; Festschrift. Hrsg. von Jörg Albertz u.a. - München: Verl. der Bayerischen Akad. der Wiss. in Kommission bei Beck 2002, p.178-214, 6 ill., 6 portr., 1 tab. (Deutsche Geodätische Kommission bei der Bayerischen Akademie der Wissenschaften : Reihe E, Geschichte und Entwicklung der Geodäsie ; 26) ISBN 3-7696-9669-7

0941
Service Hydrographique et Océanographique de la Marine (SHOM). In: Le Monde des Cartes : revue du Comité Français de Cartographie. 176, 2003, p.40-43, 3 ill. ISSN 1634-3522

0942
Šíma, Jiří: Analýza úrovně zeměměřických služeb evropských zemí na základě národních zpráv prezentovaných na CERCO a EuroGeographics : (1. část). In: Geodetický a kartografický obzor. 49, 2003, 11, p.239-[243]. [An analysis of level regarding mapping agencies of European countries as presented at CERCO and EuroGeographics.] [Czech with Engl. rés.]

0943
Šíma, Jiří: Analýza úrovně zeměměřických služeb evropských zemí na základě národních zpráv prezentovaných na CERCO a EuroGeographics : (2. část). In: Geodetický a kartografický obzor. 49, 2003, 12, p.253-259. [An analysis of level regarding mapping agencies of European countries as presented at CERCO and EuroGeographics.] [Czech with Engl. rés.]

0944
Spindler, Steve: The business of cartography : a survey. In: Cartouche : the operational publication of the Canadian Cartographic Association. 52, 2003, p.10-11. ISSN 1183-2045

0945
Tooley's dictionary of mapmakers : E-J. Ed.: Josephine French. - Riverside, Conn.: Early World Press 2001, VI, 462 p. [Rev. ed.] [Vol. 2] ISBN 0-906430-14-3

0946
Tooley's dictionary of mapmakers : K-P. Ed.: Valerie Scott. - Riverside, Conn.: Early World Press 2003, VI, 472 p. ISBN 0-906430-14-3 [Rev. ed.] [Vol. 3]

0947
Trainor, Timothy: U.S.Census Bureau geographic support : a response to changing technology and improved data. In: Cartography and geographic information science. 30, 2003, 2, p.217-223. ISSN 1523-0406

0948
Uralgeoinformu - 10 let. In: Geodezija i kartografija : oficial'nyj organ Federal'noj Sluzby Geodezii i Kartografii Rossii i Geodeziceskich Sluzb Stran. 2003, 1, p.17-20, 1 portr. [Uralgeoinform - 10th anniversary.] [Russ.] ISSN 0016-7126

0949
Valerio, Vladimiro: L'occhio mutevole : militari e mappe tra rivoluzione e restaurazione. In: La cartografia europea tra primo Rinascimento e fine dell' illuminismo : atti del Convegno Internazionale The Making of European Cartography, (Firenze, BNF-EUI, 13 - 15 dicembre 2001). A cura di Diogo Ramada Curto ; Angelo Cattaneo ; André Ferrand Almeida. - Firenze: L.S. Olschki 2003, p.229-244. (Studi / Accademia Toscana di Scienze e Lettere La Colombaria ; 213) [Changing eye : soldiers and maps between revolution and restoration.] [Ital.] ISBN 88-222-5240-3

0950
Weaving a national map : review of the U.S.Geological Survey concept of the National Map. Committee to Review the U.S. Geological Survey Concept of the National Map. - Washington, D.C.: National Academies Press 2003, XII, 128 p. [Includes bibliographical references (p.81-85)] ISBN 0-309-08747-3

0951
Weber, Bruno: Der Kartenverleger Emil Matthieu. In: Beiträge zur Kulturgeschichte : 150 Jahre Verlag Matthieu. [Red.: Alfred Cattani]. - Zürich: Matthieu 2003, p.42-65, ill. ISBN 3-906998-06-1

0952
Whitfield, Peter: The house of maps. In: Geographical : the Royal Geographical Society magazine. 75, 2003, 12, p.50-55, 6 ill., 4 mp., 1 portr. ISSN 0016-741X

6. Map Collections Kartensammlungen Cartothèques

0953
Akerman, James: Gousha and National Survey Gifts enlarge the Newberry's Holdings of American Road Maps. In: Mapline : a quarterly newsletter published by the Hermon Dunlap Smith Center for the History of Cartography at the Newberry Library :. 96, 2003, p.1-4, 4 ill. ISSN 0196-881

0954
Allen, David Y.: Library research from home : online map catalogues in North America and Europe. In: Mercator's World. 5, 2000, 4, p.54-55, 2 ill. ISSN 1086-6728

0955
Beard, Colleen: Reference service levels for spatial data delivery and GIS activity in libraries : a local assessment. In: Bulletin / Association of Canadian Map Libraries and Archives. 2003, 118, p.4-8, 1 ill. ISBN 0840-9331

0956
Braune, Stephan; Bertelmann, Roland: Online-Visualisierung des Kartenbestandes der Bibliothek des Wissenschaftsparks Albert Einstein. In: Angewandte geographische Informationsverarbeitung XIV : Beiträge zum AGIT-Symposium Salzburg 2003. Josef Strobl ... (Hrsg.). - Heidelberg: Wichmann 2003, p.47-52, 3 ill.
ISBN 3-87907-392-9

0957
Bühler, Jürg: 30 Jahre Kartensammlung der ETH-Bibliothek. In: Vermessung, Photogrammetrie, Kulturtechnik. 101, 2003, 1, p.23. ISSN 0252-9424

0958
Carte di riso : far eastern cartography with a complete catalogue of the collection of Chinese and Japanese maps owned by the Società Geografica Italiana. A cura di Claudio Cerreti. - Roma: Soc. Geografica Italiana 2003, 345 p., ill. (Memorie della Società Geografica Italiana ; 69)
ISSN 0391-5190

0959
Cockburn, Marc; Welch, Grace: Association of Canadian Map Libraries and Archives : Annual General Meeting - May 30, 2002. In: Bulletin /Association of Canadian Map Libraries and Archives. 2003, 116, p.32-36. ISSN 0840-9331

0960
Craig, Dana: Interactive floor plan of York University Map Library. In: Bulletin /Association of Canadian Map Libraries and Archives 2003, 117, p.16, 1 ill.
ISBN 0840-9331

0961
Dannehl, Jens; Dörpinghaus, Hermann Josef: Der Heidelberger Karl-Theodor-Globus in den Sammlungen der UB Heidelberg : ein Zeugnis für die Pflege der Wissenschaft in der Kurpfalz im 18. Jahrhundert. In: Theke. 1998, p.55-61.
ISBN 0175-5781

0962
Danusewicz, Anna: Księgozbiór podręczny czytelni kartograficznej. In: Biuletyn Informacyjny Biblioteki Narodowej. 157, 2001, 2, p.24-27, 5 ill. [The Reference Collection of the Cartographic Reading Room.] [Pol.] ISSN 0006-3983

0963
De Palma, Daniela: The Japanese cartographic collection of the Società Geografica Italiana. In: Carte di riso : far eastern cartography with a complete catalogue of the collection of Chinese and Japanese maps owned by the Società Geografica Italiana. A cura di Claudio Cerreti. - Roma: Soc. Geografica Italiana 2003, p.157-190. (Memorie della Società Geografica Italiana ; 69) ISSN 0391-5190

0964
Earl, Christine; Lauriault, Tracy P.: Some thoughts on digital archiving. In: Cartouche : the operational publication of the Canadian Cartographic Association. 50, 2003, p.10-11.

0965
Ehrensvärd, Ulla: Handgezeichnete Stadtpläne und Veduten von Ost-und Westpreußen in öffentlichen Sammlungen zu Stockholm und Uppsala. In: Lüneburger Beiträge zur Vedutenforschung II : Beiträge zum II. Veduten-Colloquium in Lüneburg 7. - 9.X. 1983, III. Veduten-Colloquium in Regensburg 3. - 6.X.1985 ; mit 238 Abb., 18 Falttaf. und 2 Tab. Hrsg. von Angelika Marsch und Eckhard Jäger. - Lüneburg: Verl. Nordostdt. Kulturwerk 2001, p.27-33. (Lüneburger Beiträge zur Vedutenforschung ; 2) ISBN 3-922296-37-8

0966
Fortin, Marcel: Whither Canadian Map Libraries? : 1967-2003. In: Bulletin / Association of Canadian Map Libraries and Archives. 2003 117, p.3-9. ISSN 0840-9331

0967
Galliano, Graziella: Le carte nautiche spagnole dei secoli XVI-XVII conservate a Genova. In: Grandes viajes descubridores. Seminario Iberoamericano de Descubrimientos y Cartografia, Instituto Interuniversitario de Estudios de Iberoamérica y Portugal. Coord.: Jesús Varela Marcos. - Tordesillas, Valladolid: Instituto Interuniversitario de Estudios de Iberoamérica y Portugal 2001, p.139-161, 8 ill. (Descubrimientos y cartografia ; 4) [The spanish nautical maps conserved at Genoa.] [Ital.] ISBN 8493062-96-0

0968
Gill, Eunice; Holmes, Jonathan: Location Based Services. In: The Bulletin of the Society of Cartographers. 37, 2003, 2, p.49-51. ISBN 0036-1884

0969
Giorgi, Maria Luisa: The Chinese map collection of the Società Geografica Italiana. In: Carte di riso : far eastern cartography with a complete catalogue of the collection of Chinese and Japanese maps owned by the Società Geografica Italiana. A cura di Claudio Cerreti. - Roma: Soc. Geografica Italiana 2003, p.125-156. (Memorie della Società Geografica Italiana ; 69) ISSN 0391-5190

0970
Grim, Ronald: Die Globensammlung der Geographie- und Kartenabteiung der Kongressbibliothek in Washington. In: News / International Coronelli-Gesellschaft für Globenkunde. 2003, p.8-15, 2 ill., 2 tab. [Germ. and Engl.] ISSN 1680-5356

0971
Haczewska, Zofia: Zbiór globusów Biblioteki Narodowej. In: Biuletyn Informacyjny Biblioteki Narodowej. 157, 2001, 2, p.3. [Collection of Globes in the National Library.] [Pol.] ISSN 0006-3983

0972
Hébert, John: Chinese cartography : the Library's Geography and Map Division includes hundreds of Chinese maps spanning eight centuries. In: Information bulletin / The Library of Congress. 62, 2003, 12 p.312-314, 5 ill. ISSN 0041-7904

0973
Henaff-Bargot, Évelyne: Bibliothèque Nationale de France : Département des Cartes et Plans. In: Le Monde des Cartes : revue du Comité Français de Cartographie. 176, 2003, p.30-31.

0974
Heuvel, Charles van den: Open kaart : getuigenissen van het conservatorschap van de Collectie Bodel Nijenhuis van Dirk de Vries. In: Caert-Thresoor. 22, 2003, 3, p.65-70, 1 ill., 1 portr. [Open kaart : Testimonies of Dirk de Vries' curatorship of the Bodel Nijenhuis Collection.] [Dutch with Engl. rés.] ISSN 0167-4994

0975
Kaartenverzameling 2003. Bibliotheek Vrije Universiteit. - Amsterdam: Bibliotheek 2003, 53 p. [Map collection 2003.] [Dutch] ISSN 1160-5984

0976
Kallenbach, Helga: Staatsbibliothek - Kartensammlung : geologische Karten. In: Geowissenschaftliche Sammlungen in Berlin und Brandenburg : Einladungen zum Schauen. Herausgegeben von H.- J.Schröder u. A. Heinke. - Berlin: Selbstverl. Geowissenschaftler in Berlin und Brandenburg

e.V. 2002, p,148-149. (Führer zur Geologie von Berlin und Brandenburg ; 8) ISBN 3-928651-10-2

0977
Kintrup, Andrea: Die visuelle Suchfunktion des Online-Kartenkataloges der Staats- und Universitätsbibliothek Bremen. In: Kartographische Nachrichten. 53, 2003, 4, p.175-176.

0978
Klöti, Thomas: Der Katalog zur Sammlung Ryhiner : die Welt auf 16 000 Karten, Plänen und Ansichten : nach der Erschliessung der Sammlung Ryhiner ist nun auch der vierbändige Katalog zur Sammlung Ryhiner erschienen. In: Libernensis, Bern (StUB). 2003, 1, p.10-13, ill.

0979
Kovarsky, Joel: Maps at Mr. Jefferson's University : The Albert and Shirley Small Special Collections Library. In: The Porolan. 2003, 56, p.45-50, 4 mp. ISSN 1096-1925

0980
Krömker, Susanne; Dannehl, Jens: Wissenschaftliches Rechnen und Restaurierung einer Globuskugel : Bericht über eine geglückte Zusammenarbeit zwischen dem Interdisziplinären Zentrum für Wissenschaftliches Rechnen und der Universitätsibliothek Heidelberg. In: Theke. 2000, p.27-36. ISSN 0175-5781

0981
Krysiak, Ewa: Zbiory kartograficzne w serwisie BUBL. In: Biuletyn Informacyjny Biblioteki Narodowej. 157, 2001, 2, p.28. [Cartographic collections in the BUBL Service.] [Pol.] ISSN 0006-3983

0982
Kublin, Lucyna; Przyłuska, Barbara; Saniawskiej, Lucyna: Kartografia w nowej siedzibie. In: Biuletyn Informacyjny Biblioeki Narodowej. 157, 2001, 2, p.4-22, 10 ill. [Cartography in the new Seat.] [Pol.] ISSN 0006-3983

0983
Kupčyns'kij, Oleg: Ermitažna žbirka rukopysnych kart ukraïns'kich teritorij XVIII st. In: Kartohrafija ta istorija Ukraïny : zbirnyk naukovych pracÿ = Cartography and history of Ukraine : a collection of scholarly papers. Instytut Ukraïns'koï Archeohrafiï ta Dÿézerelo-znavstva im. M. Hruÿésevs'koho <Kyïv>. - L'viv: Koc' 2000, p.236-241. [The Hermitage's collections of the manuscript maps of Ukrainian territories in the XVIII century.] [Ukrain.] ISBN 996-02-1663-7 [In kyrill. Schrift]

0984
Leidel, Gerhard: Die Anfänge der archivischen Kartographie im deutschsprachigen Raum : acht handgezeichnete Karten des 15. Jahrhunderts im Bayerischen Hauptstaatsarchiv. In: Archivalische Zeitschrift / hrsg. von der Generaldirektion der Staatlichen Archiv Bayerns. 85, 2003, p.85-146. ISSN 0003-9497

0985
McClintock, Thomas: Was mich an Globenrestaurierung interessiert. In: News / Internationale Coronelli-Gesellschaft für Globenkunde 2003, p.16-17, 1 ill. [Germ. and Engl.] ISSN 1680-5356

0986
Möse, Sabrina: Kartensammlungen in Berlin West> : Zusammenstellung und Charakterisierung. vorgelegt von Sabrina Möse. - Berlin 1986, 60 Bl. [Diplomarbeit]

0987
Monmonier, Mark: Preservation anxiety : how well do microfilm and scanning pre-

serve maps? In: Mercator's World. 8, 2003, 1, p.52-54, 2 ill. ISSN 1086-6728

0988
Old world pictures : a privileged peek into the map library of the Royal Geographic Society (with IBG) to explore the fascinating world of cartography. In: Geographical : the Royal Geographical Society magazine. 75, 2003, 12, p.60-65, 7 ill. ISSN 0016-741X

0989
Palaschewski, Thomas: Die Übernahme von Karten des militärtopographischen Dienstes der ehemaligen nationalen Volksarmee : ein Statement. In: Kartenverfälschung als Folge übergroßer Geheimhaltung? : eine Annäherung an das Thema Einflußnahme der Staatssicherheit auf das Kartenwesen der DDR ; Referate der Tagung der BStU vom 08.-09.2001 in Berlin. Hrsg. von Dagmar Unverhau. - Münster: Lit 2002, p.157-159. ISBN 3-8258-5964-9

0990
Porter, Donna: Library and archives of Canada : cartographic and geomatics activities in 2002-2003. In: Bulletin / Association of Canadian Map Libraries and Archives. 2003, 117, p.31-38. [French version: Bibliothèque et archives du Canada : activités cartographiques et géomatiques en 2002-2003, p.39-47, 1 ill.]

0991
Pritchard, Margaret Beck: Maps from the Colonial Williamsburg Collection. In: The Portolan. 2003, 57, p.p.10-16, 2 ill., 3 mp. ISSN 1096-1925

0992
Romme, Gerald: A web-based search engine for multiple applications in map and GIS collections. In: Bulletin / Association of Canadia Map Libraries and Archives. 2003, 117, p.17-18, 2 ill.

0993
Ronald Whistance-Smith, 1935-2003. In: Bulletin / Association of Canadian Map Libraries and Archives. 2003, 118, p.14-15, 1 portr. ISSN 0840-9331

0994
Roth, Steven: Remote sensing image technology in archives. In: Bulletin / Association of Canadian Map Libraries and Archives. 2003 116, p.3-10. ISAN 0840-9331

0995
Sammlung Ryhiner : Karten, Pläne und Ansichten aus dem 16. bis 19. Jahrhundert = Ryhiner Collection : maps, plans and views from the 16th to the 19th century. Hrsg. von Thomas Klöti. Stadt- und Universitätsbibliothek Bern. - Bern: Stadt- und Universitätsbibliothek Bern 2003, 4 Bände, Bd.1: p.1-407 , Bd.2: p.408-1040, Bd.3: p.1041-1507, Bd.4: p.1508-1786. ISBN 3-9521539-0-7

0996
Schlechter, Armin: Restaurierung : Probleme bei einem Globus des 18. Jahrhunderts in der UB Heidelberg. In: Bibliotheksdienst. 32, 1998, p.1808. ISSN 0006-1972

0997
Smith, Dale; Sauer, Serge A.: Air Photo indexes - online. In: Bulletin / Association of Canadian Map Libraries and Archives. 2003 117, p.10-11, 1 ill. ISSN 0840-9331

0998
Szaniawska, Lucyna: 'Geografia' Ptolemeusza i perypetie jej krakowskiego egzemplarza. In: Polski przegląd kartograficzny. 35, 2003, 3, p.207-213, 5 ill. [Ptolemeus' 'Geography' and vicissitudes of its Cracow copy.] [Pol.] ISSN 0324-8321

0999
Szaniawska, Lucyna: Niemiecko-polskie przedsięwzięcie kartograficzne. In: Biuletyn Informacyjny Biblioteki Narodowej. 157, 2001, 2, p.34-35, 2 ill, 2 mp. [A German-Polish cartographic undertaking.] [Pol.] ISSN 0006-3983

1000
Szaniawska, Lucyna: Reprint portolanu Kolumba. In: Biuletyn Informacyjny Biblioteki Narodowej. 157, 2001, 2, p.6-9, 3 ill. [The reprint of Columbus' sea map.] [Pol.] ISSN 0006-3983

1001
Vries, Dirk de: De Collectie Bodel Nijenhuis 'ten nutte der wetenschap' : voordracht bij het afscheid als conservator. In: Caert-Thresoor. 22, 2003, 3, p.71-75, 1 ill., 1 portr. [The Bodel Nijenhuis Collection 'serving the science'.] [Dutch with Engl. rés.] ISSN 0167-4994

1002
Wanser, Heather: Conservation Corner : the challenge of caring for Asian maps. In: Information bulletin / The Library of Congress. 62 2003, 12, p.315-316, 5 ill. ISSN 0041-7904

1003
Watelet, Marcel: La cartothèque du Ministère wallon de l'Équipement et des Transports : structure des fonds et des collections. In: Accurata descriptio : studier i kartografi, numismatik, orientalistik och biblioteksväsen tillägnade Ulla Ehrensvärd. [Redaktionskommitté: Göran Bäärnhielm ...]. - Stockholm: Kungl. Biblioteket 2003, p.459-465, 2 ill., [2 ill. im Anhang]. (Acta Bibliothecae regiae Stockholmiensis ; 69)
ISBN 91-7000-222-3

1004
Wawrik, Franz: Schlesische Veduten in der österreichischen Nationalbibliothek. In: Lüneburger Beiträge zur Vedutenforschung II : Beiträge zum II. Veduten-Colloquium in Lüneburg 7. - 9.X.1983, III. Veduten-Colloquium in Regensburg 3. - 6.X.1985 ; mit 238 Abb., 18 Falttaf. und 2 Tab. Hrsg. von Angelika Marsch und Eckhard Jäger. - Lüneburg: Verl. Nordostdt. Kulturwerk 2001, p.43-53, 3 ill. (Lüneburger Beiträge zur Vedutenforschung ; 2)
ISBN 3-922296-37-8

1005
Zawisza, Anna: Geografia Ptolemeusza : Uratowane dzieło kartograficzne. In: Biuletyn Informacyjny Biblioteki Narodowej. 157, 2001, 2, p.4-5, 1 ill. [Ptolemy's "Geography" : the rescued cartographic work.] [Pol.] ISSN 0006-3983

1006
Zeilinger, Elisabeth: Cartographica curiosa aus den Beständen der Österreichischen Nationalbibliothek. In: Kartographische Zimelien : die 50 schönsten Karten und Globen der Österreichischen Nationalbibliothek. Hrsg.: Österreichische Nationalbibliothek Wien. Franz Wawrik... - Wien: Holzhausen 1995, p.28-32, 2 ill.
ISBN 3-900518-36-X

1007
Znamirowski, Barbara: Reference service levels for spatial data delivery and GIS activity in libraries : Trent University - a case study of a small academic library. In: Bulletin / Association of Canadian Map Libraries and Archives. 2003, 118, p.9-12, 2 ill. ISSN 0840-9331

1008
Zögner, Lothar; Zögner, Gudrun K.: Von Berlin in die Welt - Aus den Sammlungen der Gesellschaft für Erdkunde zu Berlin :

eine Ausstellung zum 175jährigen Bestehen der Gesellschaft für Erdkunde zu Berlin. In: Die Erde : Zeitschrift der Gesellschaft für Erdkunde zu Berlin. 2003, 1, p.79-99, 9 ill., 1 mp. [Sonderheft] ISSN 0013-9998

1009
Zögner, Lothar: Die Kartensammlung der Gesellschaft für Erdkunde zu Berlin. In: Die Erde : Zeitschrift der Gesellschaft für Erdkunde zu Berlin. 2003, 1, p.35-36. IS [Sonderheft] SN 0013-9998

7. Events, Conferences and Exhibitions Veranstaltungen, Tagungen, Ausstellungen Conférences, Réunions et expositions

1010
Aktines anemon ste thalassa = raggi di venti sul mare. Epimeleia Euangelos Libieratos. - Thessalonike: Ethnike Chartotheke 2000, 111 p., ill., mp. [Beams of wind on the sea.] [Greek and Ital.] ISBN 960-799904-5 [Catalogo della mostra di carte nautiche manoscritte 16. sec. provenienti dal museo Correr di Venezia, tenutasi presso il Centro nazionale ellenico per le carte e il patrimonio cartografico, cartoteca nazionale, di Tessalonica, dal 24 gennaio al 13 febbraio 2000. 7 conferenze su portolani e carte nautiche, istituto italiano di cultura di Salonicco, Thessaloniki, 25-26 gennaio 2000]

1011
Angewandte geographische Informationsverarbeitung XIV : Beiträge zum AGIT-Symposium Salzburg 2003. Josef Strobl ... (Hrsg.). - Heidelberg: Wichmann 2003, XII, 588 p., ill., mp. ISBN 3-87907-392-9

1012
Arbeitsgruppe Automation in der Kartographie : Tagung 2002. - Frankfurt am Main: Verlag des Bundesamtes für Kartographie und Geodäsie 2003, 144 p., ill., mp. (Mitteilungen des Bundesamtes für Kartographie und Geodäsie ; 24) ISBN 3-89888-867-3

1013
Auf dem Weg zu operationellen Prozessketten in Photogrammetrie, Fernerkundung und Geoinformation : Vorträge : 23. wissenschaftlich-technische Jahrestagung der DGPF 9. - 11. September 2003 in Bochum. Eckhardt Seyfert, Hrsg. - Münster: Geschäftsstelle der DGPF 2003, 464 p., ill., mp. + 1 CD-ROM. (Publikationen der Deutschen Gesellschaft für Photogrammetrie, Fernerkundung und Geoinformation e.V. ; Band 12) [CD-ROM enth.: Farbabbildungen des Tagungsbandes] ISSN 0942-2870

1014
Australian contributions to the 12th general assembly of the International Cartographic Association & 21st International Cartographic Conference, 10 - 16 August 2003, Durban, South Africa : ICC 2003 Durban South Africa. - [Brisbane]: Mapping Sciences Inst. Australia [u.a.] 2003, 1 CD-ROM. [Elektronische Ressource]

1015
Balkan in kaart : vijf eeuwen strijd om identiteit ; catalogus bij een tentoonstelling in de Universiteitsbibliotheek Leiden, 4 september - 16 oktober 2003. Harrie Teunissen & John Steegh. - Leiden: Univ.-Bibl. 2003, 167 p., ill., mp. + CD-ROM. (Kleine publicaties van de Leidse Universiteitsbibliotheek ; 55)

1016
Berk, V.I. and others: MFG - 125 let. In: Geodezija i kartografija : oficial'nyj organ Federal'noj Sluzby Geodezii i Kartografii

Rossii i Geodeziceskich Sluzb Stran. 2003, 6, p.1-4. [FIG - 125th anniversary.] [Russ.] ISSN 0016-7126

1017
Berk, V.I.; Borodko, A.V.: Kembridžskaja konferenzija rukovoditel'ej kartografo-geodezičeskich služb. In: Geodezija i kartografija : oficial'nyj organ Federal'noj Sluzby Geodezii i Kartografii Rossii i Geodeziceskich Sluzb Stran. 2003, 9, p.55-58, 3 ill. [Conference in Cambridge of heads of cartographic-geodetic services.] [Russ.] ISSN 0016-7126

1018
Berk, V.I.; Borodko, A.V.; Prusakov, A.N.: XII General'naja assambleja i XXI Kartografičeskaja konferencija Meždunarodnoj kartografičeskoj associacii. In: Geodezija i kartografija : oficial'nyj organ Federal'noj Sluzby Geodezii i Kartografii Rossii i Geodeziceskich Sluzb Stran. 2003, 9, p.58-61, 3 ill. [International cartographic conference in Durban.] [Russ.] ISSN 0016-7126

1019
Biotopkartierung in Bergregionen : [Beiträge der Tagung "Biotopkartierung in Bergregionen" 28.29.2.2000]. Hrsg.: Dietrich Fürnkranz. - Dorfbeuern [u.a.]: 2001 2001, 503 p., ill., mp. (Sauterian : Schriftenreihe für systemat. Botanik, Floristik u. Geobotanik ; 11) ISBN 3-901917-03-9

1020
Bodenstein, Wulf: Pictures at an exhibition II : Black sea - golden steppes - antiquarian maps of the Black Sea coast and the steppes of old Ukraine. In: BIMCC newsletter / Brussels International Ma Collectors' Circle. 16, 2003, p.5, 1 ill.

1021
Bodenstein, Wulf: Pictures at an exhibition II : Rèves de capitale - Paris et ses plans d'embellissement (1675-1815). In: BIMCC newsletter / Brussels International Map Collectors' Circle. 16, 2003, p.4, 1 ill.

1022
Bodenstein, Wulf: Pictures at an exhibition II : Street mapping : an A to Z of urban cartography. In: BIMCC newsletter / Brussel International Map Collectors' Circle. 16, 2003, p.6, 1 ill.

1023
Breda in kaart : [ter gelegenheid van de Tentoonstelling "Breda in Kaart"]. Breda's Museum [Samenst.: Pierre van der Pol ... Tekst: Cees Eimermann ...]. - Breda: Breda's Museum 2002, 112 p., ill., mp. [Breda in maps.] [Dutch] ISBN 90-806108-2-8

1024
Cartografia della montagna : Atti del convegno nazionale. - Firenze: Associazione Italiana di Cartografia 2003, 513 p., ill. (Bollettino della Associazione Italiana di Cartografia ; 40.2003,117-119) [Ital.] ISSN 0044-9733

1025
La cartografia europea tra primo Rinascimento e fine dell' illuminismo : atti del Convegno Internazionale The Making of European Cartography, (Firenze, BNF-EUI, 13 - 15 dicembre 2001). A cura di Diogo Ramada Curto ; Angelo Cattaneo ; André Ferrand Almeida. - Firenze: L.S. Olschki 2003, XIII, 425 p., ill. (Studi / Accademi Toscana di Scienze e Lettere La Colombaria ; 213) [European cartography between the first Renaissance and the end of the age of enlightenment : acts of the International Congress " The Making of European Cartography", (Florence, BNF-EUI, 13 - 15 december 2001).] [Texts in

Ital.or Engl.] [Also cont. exhib. catalogue (pp. 331-372)] [Bibl., bibl. refs., notes, name index]ISBN 88-222-5240-3

1026
Cartographic rarities of the "Woldan Collection" : (late 15th to early 19th centuries) ; exhibition in the Archives of the Vienna University ; 16th International Conference on the History of Cartography. [exhibition and catalogue: Gerhard Holzer]. - Wien: Österr. Akad. der Wiss., Kommission für Geschichte der Mathematik, Naturwiss. und Medizin 1995, 20 p.

1027
Cockburn, Marc; Welch, Grace: Association of Canadian Map Libraries and Archives : Annual General Meeting - May 30, 2002. In: Bulletin /Association of Canadian Map Libraries and Archives. 2003, 116, p.32-36. ISSN 0840-9331

1028
Dannehl, Jens: "Die Welt in Händen...". In: Vernissage : die Zeitschrift der Ausstellung. 8, 2000, 5, p.38.

1029
David, Robert G.: IMCoS 22nd International Symposium in Cyprus. In: Journal of the International Map Collectors' Society. 95, 2003, p.57-62, 10 ill.

1030
Dolz, Wolfram: 10. Symposium der Internationalen Coronelli-Gesellschaft für Globenkunde in Nürnberg : 23. bis 25. September 2002. In: Cartographica Helvetica : Fachzeitschrift für Kartengeschichte. 28, 2003, p.43-44, 1 ill. ISSN 1015-8480

1031
Dool, Aart van den: Pictures at an exhibition II : De zeven provincien / The seven provinces, maps of The Netherlands from the seventeenth and eighteenth centuries. In: BIMCC newsletter / Brussels International Map Collectors' Circle. 17, 2003, p.3, 1 ill.

1032
Du paysage à la carte : trois siècles de cartographie militaire de la France [exposition tenue au château de Vincennes du 18 septembre au 10 novembre 2002 ; l'Exposition "Du Paysage à la Carte: Trois Siècles de Cartographie Militaire de la France"]. Ministère de la Défense, Services historiques des armées. Sous la dir. de Marie-Anne Villèle, Agnès Beylot et Alain Morgat. - Vincennes: Service Historique de l`Armée de Terre 2002, 164, [4] p., ill., mp. (Publications du Service de l'Armée de Terre) ISBN 2-86323-143-X

1033
Et le Léman trouva le Nord ... : la cartographie lémanique du XVIe au XVIII siècle ; [à l'occasion de l'Exposition "Et le Léman trouva le Nord ... La Cartographie Lémanique du XVIe au XVIII Siècle", Musée d'Histoire des Sciences de Genève, du 19 septembre au 23 novembre 2003]. Bernard Favier. - Genève 2003, 49 p., mp. (The most beautiful Swiss books)

1034
Feldmann, Hans-Uli: 20. Internationale Konferenz zur Geschichte der Kartographie in Cambridge und Portland (USA) : 15. bis 20. Juni 2003. In: Cartographica Helvetica : Fachzeitschrift für Kartengeschichte. 28, 2003, p.42-43, 1 ill. ISSN 1015-8480

1035
The first Portuguese maps and sketches of Southeast Asia and the Philippines, 1512 - 1571 ; [exhibition: Manila, Metropolitan Museum, 15 October - 30 November 2002]. [Scientific commissioner and curator Ivo Carneiro de Sousa ...]. - Lisboa:

Centro Português de Estudos do Sudeste Asiático 2002, 61 p., ill., mp. ISBN 972-877800-7

1036
Furlough, Mike: Cartographic users advisory council 2003 annual agencies meeting. In: Information bulletin / Western Association of Map Libraries. 34, 2003, 1, p.6-22. ISSN 0049-7282

1037
Geography and applied cartography : proceedings of the National Seminar on Geography and Applied Cartography, organised to commemorate the birth centenary celebration of Padmabhushan Professor S.P. Chatterjee. Organised by National Atlas & Thematic Mapping Organisation, in collaboration with Prof. S.P. Chatterjee Memorial Foundation. [General ed.: Pritvish Nag]. - Kolkata: Govt. of India, Dept of Science & Technology, National Atlas & Thematic Mapping Organisation 2003, 356, [8] p., ill., mp.

1038
Geschichtsdeutung auf alten Karten : Archäologie und Geschichte ; (46. Wolfenbütteler Symposium, vom 26. bis 29. Oktober 1999]. [Hrsg. von Dagmar Unverhau]. - Wiesbaden: Harrassowitz 2003, 495 p., ill., mp. (Wolfenbütteler Forschungen ; 101) ISBN 3-447-04813-1

1039
Gosson, Claire; Lacasse, Diane: The Canadian cartographic exhibit 2001 and 2003 / L'exposition cartographique Canadienne 2001 et 2003 In: Geomatica. 57, 2003, 2, p.254-258. ISSN 1195-1036

1040
Herzog, Werner: Kartographie als Baustein moderner Kommunikation. In: Kartographische Nachrichten. 53, 2003, 1, p.27-30, 2 ill. ISSN 0022-9164

1041
International Cartographic Association / Commission on Mountain Cartography : special issue: ICA Commission on Mountain Cartography. Ed. by Lorenz Hurni. - North York: Univ. of Toronto Press 2003, 156 p., ill., mp. (Cartographica ; 38. 2001, 1/2) ISSN 0340-0654 / 0317-7173

1042
Jarausch, Helga: Meine Welt - Gedanken und erste Ergebnisse zu "Weltkarten von Kinderhand". In: Aspekte zur Gestaltung und Nutzung von Karten für den Schulunterricht. Hrsg. von der Deutschen Gesellschaft für Kartographie e.V., Kommission Schulkartographie. - Bonn: Kirschbaum 2003, p.161-171, 13 ill., 1 tab. (Kartographische Schriften ; 8) [Parallel als CD-ROM erschienen - Sign.: 1 D 12122] ISBN 3-7812-1579-2

1043
Joó, István; Joó, István jun.: "Az információs társadalom és a Nemzeti Kataszteri Program" címå. In: Geodézia és kartográfia. 55, 2003, 4, p.3-10, 22 ill. [About the Conference on "Information society and the Hungarian National Cadaster Programme" (NCP).] [Hung. with Engl. rés.] ISSN 0016-7118

1044
Karten als Zeugen der Geschichte : 500 Jahre Kartographie am Beispiel von Geislingen und Umgebung ; Begleitheft zur Weihnachtsausstellung 2003 in der Galerie im Alten Bau, Geislingen an der Steige. von Wilhelm Rall mit Beitr. von Jürgen Hagel und Hartmut Gruber. - Geislingen and der Steige: Stadtarchiv 2003, 116 p. (Veröffentlichung des Stadtarchivs / Stadtarchiv Geislingen an der Steige ; 21)

1045
Kartenverfälschung als Folge übergroßer Geheimhaltung? : eine Annäherung an das Thema Einflußnahme der Staatssicherheit auf das Kartenwesen der DDR ; Referate der Tagung der BStU vom 08.- 09.03.2001 in Berlin. Hrsg. von Dagmar Unverhau. - Münster: Lit 2003, 300 p.,ill., mp. (Archiv zur DDR-Staatssicherheit ; 5) [2., durchges. Aufl.] ISBN 3-8258-5964-9

1046
Koch, Wolf Günther; Wolodtschenko, Alexander: Seminar der ICA-Commission "Theoretical Cartography" in Gdańsk (Danzig). In: Kartographische Nachrichten. 53, 2003, 4, p.174-175.

1047
Kriz, Karel: 21st ICA/ACI International Cartographic Conference Durban, 10. bis 16. August 2003. In: Mitteilungen der Österreichischen Geographischen Gesellschaft. 145, 2003, p.315-316. ISSN 0029-9138

1048
Kublin, Lucyna; Przyłuska, Barbara; Saniawskiej, Lucyna: Kartografia w nowej siedzibie. In: Biuletyn Informacyjny Biblioteki Narodowej. 157, 2001, 2, p.4-22, 10 ill. [Cartography in the new Seat.] [Pol.] ISSN 0006-3983

1049
Kupčík, Ivan: 11. Kartographiehistorisches Colloquium in Nürnberg 19. bis 21. September 2002. In: Cartographica Helvetica : Fachzeitschrift für Kartengeschichte. 27, 2003, p.42-44, 3 ill., 1 portr. ISSN 1015-8480

1050
Kupčík, Ivan: Interaktiver Historischer Atlas Schleswig-Holstein. In: Kartographische Nachrichten. 53, 2003, 2, p.70-72, 1 ill. ISSN 0022-9164

1051
Leenders, E.: Mare Nostrum - maps of the Mediterranean : third BIMCC Conference, Brussels, 14th December 2002. In: BIMCC newsletter / Brussels International Map Collectors' Circle. 15, 2003, p.14-17, 2 ill.

1052
Leonardo genio e cartografo : la rappresentazione del territorio tra scienza e arte ; [Arezzo, Palazzo Comunale, 21 giugno 2003 - 30 settembre 2003]. A cura di Andrea Cantile. - Firenze: Istituto Geografico Militare 2003, 383 p., ill., mp. [Leonardo: the genius and the cartographer : the representation of land in science and art.] [Ital. and Engl.] [Exhibition catalogue] [Contains bibliography] ISBN 88-523-0001-5

1053
L'oceano della convivenza. Expo Lisbona '98. - [Milano]: Skira 1998, 233 p., ill. [The ocean of cohabitation.] [Ital.] ISBN 88-8118-397-8

1054
Lüneburger Beiträge zur Vedutenforschung II : Beiträge zum II. Veduten-Colloquium in Lüneburg 7. - 9.X.1983, III. Veduten-Colloquium in Regensburg 3. - 6.X.1985. Hrsg. von Angelika Marsch und Eckhard Jäger. - Lüneburg: Verl. Nordostdt. Kulturwerk 2001, 496 p., 238 ill. + mp., 2 tab., 18 Falttaf. (Lüneburger Beiträge zur Vedutenforschung ; 2) ISBN 3-922296-37-8

1055
Malm, Britt-Louise: Ökat intresse för Kartdagarna. In: Kart & bildteknik : mapping and image science. 18, 2003, 2, p.6-13, 15 ill. [High interest in mapdays.] [Swed.] ISSN 0283-0418

1056
Mapping the Mediterranean : Anchorage charts from 18th century France ; September/October 2002. Victoria Munroe Fine Art. - Boston, Mass. 2002, [10] Bl., mp. [Exhibition ; (Boston, Mass.) : 2002.09.-10]

1057
Metzner, Martin: 7. Workshop Kommunale Geoinformationssysteme 2003. In: Allgemeine Vermessungs-Nachrichten. 110, 2003, 6, p.234-236. ISSN 0002-5968

1058
Millward, Steve: An origin with dubious motivation: 'Unlayering' the history of GIS : reflections on GIS Day 2003 held at Cornell University. In: Cartouche : the operational publication of the Canadian Cartographic Association. 52, 2003, p.6. ISSN 1183-2045

1059
Möller, Matthias: 51. Deutscher Kartographentag : ein Rückblick. In: GeoBit : das Magazin für raumbezogene Informationstechnologie. 8, 2003, 7, p.8. ISSN 1430-3663

1060
Müfflings Leben und Werk aus der Sicht der Gegenwart : Wissenschaftliches Gedenk-Kolloquium zum 150. Todestag des Philipp Friedrich Karl Ferdinand Freiherr von Müffling am 09. November 2001 im Rathaus zu Erfurt. Hrsg.: Deutscher Verein für Vermessungswesen, Landesverein Thüringen. - Gotha 2002, 69 p., ill., mp. (Fachinformationsblatt / Deutscher Verein für Vermessungswesen, Landesverein Thüringen ; 4)

1061
Nacionalna NTK "S'stojanie na dejnostite po s'zdavaneto na kadast'ra v B'lgarija. In: Geodezija, kartografija, zemeustrojstvo. 43, 2003, 1-2, p.36-37. [National scientific and technical conference on the status of the cadastral work in Bulgaria.] [Bulg. with Engl. rés.] ISSN 0324-1610

1062
Nagel, Günter: "Public Private Partnership" in der deutschen Satellitenpositionierung SAPOS : Zusammenarbeit der Bayerischen Landesvermessung mit der Ruhrgas AG ; Teil 1. In: Mitteilungen des DVW-Bayern e.V. 55, 2003, 2, p.117-131, 8 ill. ISSN 0723-6336

1063
Neukirchner, Wolfgang: Bericht zur Fortbildungsveranstaltung der Bezirksgruppe Mittelfranken am 22.11.2002 im Stadtmuseum Fembohaus in Nürnberg. In: Mitteilungen des DVW-Bayern e.V. 55, 2003, 1, p.80-86, 6 ill. ISSN 0723-6336

1064
Neumann, Joachim; Schnabel, Olaf: Kartographie im Dreiländereck : der 51. Deutsche Kartographentag 2003 in Bad Krozingen. In: Kartographische Nachrichten. 53, 2003, 6, p.283-288, 2 ill. ISSN 0022-9164

1065
O tesouro dos mapas = The treasure of the maps : a cartografia na formaçao do Brasil ; exposiçao da coleçao cartográfica do Instituto Cultural Banco Santos. Texto e curadoria Paulo Miceli. - Sao Paulo, Brasil: Instituto Cultural Banco Santos 2002, 339 p., ill., mp. [Port.] [Includes bibliographical references (p.338)] ISBN 85-89025-01-2

1066
Palsky, Gilles: Pictures at an exhibition : military mapping in Vincennes. In: BIMCC newsletter / Brussels International Ma Collectors' Circle. 15, 2003, p.3, 1 ill.

1067
Papp-Váry, Arpád; Pokoly, Béla: A Nemzetközi Térképészeti Társulás (ICA) elsë afrikai közgyålése és konferenciája. In: Geodézia és kartográfia. 55, 2003, 12, p.21-28, 3 ill., 2 tab. [General Assembly and Conference of ICA held in Africa for the first time.] [Hung. with Engl. rés.] ISSN 0016-7118

1068
Parker, Velma: Report on the meeting of the Canadian Committee on Cataloguing : March, 14, 2003, Gatineau (Hull), Quebec. In: Bulletin / Association of Canadian Map Libraries and Archives. 2003, 116, p. 58 ISSN 0840-9331

1069
Porter, Donna: Library and archives of Canada : cartographic and geomatics activities in 2002-2003. In: Bulletin / Association of Canadian Map Libraries and Archives. 2003, 117, p.31-38. [French version: Bibliothèque et archives du Canada : activités cartographiques et géomatiques en 2002-2003, p.39-47, 1 ill.]

1070
Reis, Olivier: Intergeo, rendez-vous automnal des topographes de tous horizons. In: XYZ : revue de l'Association Française de Topographie. 25, 2003, 97, p.26-27, 1 ill. ISSN 0290-9057

1071
Renteux, Jean-Louis: Pictures at an exhibition I : how Brussels emerged from its fortifications. In: BIMCC newsletter / Brussel International Map Collectors' Circle. 16, 2003, p.3.

1072
Rüegsegger, Marianne: NACIS XXII Konferenz 2002 in Columbus/Ohio. In: Kartographische Nachrichten. 53, 2003, 4, p.172-173. ISSN 0022-9164

1073
Sander, Tom: Returning to Croatia - this time for the maps. In: Journal of the International Map Collectors' Society. 94, 2003, p.48-51, 1 ill.

1074
Die Sehnsucht des Kartografen : Franz Ackermann ... ; Kunstverein Hannover, 13. Dezember 2003 bis 1. Februar 2004 ; [anlässlich der Ausstellung Die Sehnsucht des Kartografen im Kunstverein Hannover] = The longing of the cartographer. Hrsg.: Stephan Berg ; Martin Engler. [Übers.: George Frederick Takis ; Marie Luise Knott]. - Hannover 2003, 220 p., ill. [Text Germ. and Engl.] ISBN 3-00-012475-6

1075
The selected problems of theoretical cartography 2000 : proceedings of a seminar of the Commission on Theoretical Cartography (Gdańsk, Poland, Poland, July 20-21, 2002). Alexander Wolodtschenko. - Dresden: International Cartographic Association 2003, 81 p.

1076
Street mapping : an A to Z of urban cartography : an exhibition in the Bodleian Library, February - April 2003. Nick Millea: Bodleian Library, Univ. of Oxford 2003, 79 p., mp. ISBN 1-85124-041-1

1077
Training Course on Toponymy : Enschede, Frankfurt am Main, Berlin, 11 August - 6 September 2002. Comp. and ed. by Ferjan Ormeling, K. Hans Stabe and Jörn Sievers. - Frankfurt a.M.: bkg 2003, 184 p., ill., mp. (Mitteilungen des Bundesamtes für Kartographie und Geodäsie ; 28) ISBN 3-89888-872-X

1078
Trends in landscape modeling : proceedings at Anhalt University of Applied Sciences

2003 ; [proceedings to the 4th International Conference on New Technologies in Landscape Architecture (May 15 and 16, 2003) held by the master of landscape architecture program of Anhalt University of Applied Sciences]. Erich Buhmann; Stephen M. Ervin (eds.). - Heidelberg: Wichmann 2003, XII, 274 p., ill. ISBN 3-87907-403-8

1079
Unverhau, Dagmar: Geschichtsdeutung (Archäologie und Geschichte) auf alten Karten : Bericht über die Tagung. In: Geschichtsdeutung auf alten Karten : Archäologie und Geschichte ; (46. Wolfenbütteler Symposium, vom 26. bis 29. Oktober 1999]. [Hrsg. von Dagmar Unverhau]. - Wiesbaden: Harrassowitz 2003, p.7-19. (Wolfenbütteler Forschungen ; 101) ISBN 3-447-04813-1

1080
Visualisierung und Erschließung von Geodaten : Seminar GEOVIS 2003, 26. bis 27. Februar 2003, Universität Hannover. Hrsg. von der Deutschen Gesellschaft für Kartographie e.V., Kommission Geoinformation und Visualisierung. Schriftleitung: Jürgen Dodt; Wolf-Dieter Rase. - Bonn: Kirschbaum-Verl. 2003, II, 194 p., ill., mp. + 1 CD-ROM. (Kartographische Schriften ; 7) ISBN 3-7812-1577-6

1081
Wheate, Roger; Gamache, Martin; Patterson, Tom: Mountain cartography session at the 2003 AGM. In: Cartouche : the operational publication of the Canadian Cartographic Association. 50, 2003, p.5-7, 6 ill. ISSN 1183-2045

1082
Wood, Alberta Auringer: International cartographic association meeting in south Africa 2003 : my report. In: Bulletin / Associatio of Canadian Map Libraries and Archives. 2003, 118, p.53-56. ISSN 0840-9331

1083
Wood, Alberta Auringer: On the edge - à la fine pointe 2003 : conference report. In: Bulletin / Association of Canadian Map Libraries and Archives. 2003, 117, p.19-30, 7 ill.

1084
Zögner, Lothar; Zögner, Gudrun K.: Von Berlin in die Welt - Aus den Sammlungen der Gesellschaft für Erdkunde zu Berlin : eine Ausstellung zum 175jährigen Bestehen der Gesellschaft für Erdkunde zu Berlin. In: Die Erde : Zeitschrift der Gesellschaft für Erdkunde zu Berlin. 2003, 1, p.79-99, 9 ill., 1 mp. [Sonderheft] ISSN 0013-9998

8. Legal Questions, Copyright
Rechtsfragen, Urheberrecht
Questions juridiques, droit d'auteur

1085
Harbeck, Rolf: Geobasisdaten Online - amtliche Quellen zur netzbasierten Geoinformationsverarbeitung. In: Web.Mapping 2 : Telekartographie, Geovisualisierung und mobile Geodienste. Hartmut Asche; Christian Herrmann (Hrsg.). - Heidelberg: Wichmann 2003, p.36-41, 3 ill. ISBN 3-87907-388-0

1086
Harneid, Kirsten; Oswald, Manfred: Liegenschaftsvermessung im Land Brandenburg : Erläuterungen der Verwaltungsvorschrift zur Durchführung von Liegenschaftsvermessungen (Liegenschaftsvermessungsvorschrift - VVLiegVerm) und der Verwaltungsvorschrift zur Qualitätskontrolle bei der Fortführungsentscheidung (Fortführungsentscheidungsvorschrift -

VVFortEnt). - Potsdam 2003, 87 p., ill. [in der Fassung vom September 2003]

1087
Kasser, Michel: Les nouveaux textes réglementaires français en matière de précision des levers. In: XYZ : revue de l'Association Française de Topographie. 25, 2003, 96, p.31-34, 1 tab.
ISSN 0290-9057

1088
Lee, Kent D.; Shumakov, Andrei: Access to geospatial data in 2003 : a global survey of public policy and technological factors. In: Cartography and geographic information science. 30, 2003, 2, p.225-230, 2 ill., 1 tab. ISSN 1523-0406

1089
Die Liegenschaftsvermessungen im Land Brandenburg. Land Brandenburg, Ministerium des Innern. - [Potsdam]: Ministerium des Innern des Landes Brandenburg 2003, 1 CD-ROM. [Elektronische Ressource]

1090
Monmonier, Mark: Proprietary perspectives : the quirky creativity of patented map projections. In: Mercator's World. 8, 2003, 1, p.54-56, 6 ill. ISSN 1086-6728

1091
Monmonier, Mark: The internet, cartographic survellance, and locational privacy. In: Maps and the internet. Ed. by Michael Peterson. Publ. on behalf of the International Cartographic Association. - Amsterdam [u.a.]: Elsevier Science 2003, p.97-113, 8 ill. ISBN 0-08-044201-3

1092
Päll, Peeter: Legal status of names. In: Training Course on Toponymy : Enschede, Frankfurt am Main, Berlin, 11 August - 6 September 2002. Comp. and ed. by Ferjan Ormeling, K. Hans Stabe and Jörn Sievers. - Frankfurt a.M.: bkg 2003, p.91-94. (Mitteilungen des Bundesamtes für Kartographie und Geodäsie ; 28)
ISBN 3-89888-872-X

1093
Verwaltungsvorschrift des Wirtschaftsministeriums für die Einräumung von Nutzungsrechten an topographischen und kartographischen Basisinformationen : (Nutzungsrechtsvorschrift -VwVNutzrecht) ; vom 02.01.2003, Az.: 6V-2851/5. Wirtschaftsministerium Baden-Württemberg. - Stuttgart: Landesvermessungsamt Baden-Württemberg 2003, 16 p. [Stand: 02.01.2003]

1094
Vorschriftensammlung für das Vermessungswesen. Hrsg.: Senatsverwaltung für Stadtentwicklung, Abteilung Geoinformation und Vermessung, Wertermittlung.
- Berlin: Senatsverwaltung für Stadtentwicklung, Abteilung Geoinformation und Vermessung, Wertermittlung 2003, CD-ROM + Beil. ([8] p.). [[Stand]: Januar 2003] [Elektronische Ressource]

E. Theory of Cartography
Theorie der Kartographie
Théorie de la cartographie

1. Nature and Philosophy of Cartography
Wesen der Kartographie
Nature de la cartographie

1095
Berg, Stephan: Im Labyrinth der Kartografie. In: Die Sehnsucht des Kartografen : Franz Ackermann ... ; Kunstverein Hannover, 13. Dezember 2003 bis 1. Februar 2004 ; [anlässlich der Ausstellung Die Sehnsucht des Kartografen im Kunstverein Hannover] = The longing of the cartographer. Hrsg.: Stephan Berg ; Martin Engler. [Übers.: George Frederick Takis ; Marie Luise Knott]. - Hannover 2003, p.004-008 (Germ.), p.018-023 (Engl.). [Text Germ. and Engl.] ISBN 3-00-012475-6

1096
Casey, Edward S.: Representing place : landscape painting and maps. - Minneapolis [u.a.]: Univ. of Minnesota Press 2002, XX, 366 p., [8] Bl., ill., mp. [Includes index] ISBN 0-8166-3714-8 / 0-8166-3715-6

1097
Desclaux-Salachas, Jasmine: Le cartographe, passeur d'informations. In: Le Monde des Cartes : revue du Comité Français de Cartographie. 177-178, 2003, p.24-25. ISSN 1634-3522

1098
Gartner, Georg: Geovisualisierung und Kartenpräsentation im Internet Stand und Entwicklung. In: Web.Mapping 2 : Telekartographie, Geovisualisierung und mobile Geodienste. Hartmut Asche; Christian Herrmann (Hrsg.). - Heidelberg: Wichmann 2003, p.45-56, 3 ill.
ISBN 3-87907-388-0

1099
Hurni, Lorenz: Digitalisierung und Virtualisierung der Landschaft : ein Überblick über die amtliche Kartographie der Schweiz im 19. Jahrhundert. In: Vermessene Landschaften : Kulturgeschichte und technische Praxis im 19. und 20. Jahrhundert. Hrsg. von David Gugerli. - Zürich: Chronos 1999, p.65-78. (Interferenzen ; 1)
ISBN 3-905313-12-X

1100
Kraak, Menno-Jan: Web cartography - design, use and products. In: Web.Mapping 2 : Telekartographie, Geovisualisierung und mobile Geodienste. Hartmut Asche; Christian Herrmann (Hrsg.). - Heidelberg: Wichmann 2003, p.18-26.
ISBN 3-87907-388-0

1101
Leidel, Gerhard: Die Anfänge der archivischen Kartographie im deutschsprachigen Raum : acht handgezeichnete Karten des 15. Jahrhunderts im Bayerischen Hauptstaatsarchiv. In: Archivalische Zeitschrift / hrsg. von der Generaldirektion der Staatlichen Archiv Bayerns. 85, 2003, p.85-146.
ISSN 0003-9497

1102
Leidel, Gerhard: Zur Logik der archivischen Kartographie. In: Sammelblatt / Historischer Verein Eichstätt. 92/93, 1999/2000, p.307-328. ISSN 0936-5869

1103
Lydon, Maeve: Community mapping : the recovery (and discovery) of our common ground. In: Geomatica. 57, 2003, 2, p.131-143. ISSN 1195-1036

1104
Millward, Andrew: Mapping a message : (mis)leading the masses. In: Cartouche : the operational publication of the Canadian

Cartographic Association. 49, 2003, p.3-4, 2 ill. ISSN 1183-2045

1105
Roeleveld, Gerda: Kartografie und Politik : eine gefährliche Liaison. In: Raum : österreichische Zeitschrift für Raumplanung und Reginalpolitik. 50, 2003, p.20-23, 3 ill.

1106
Spence, Mary: Changes in commercial cartography in the UK and prospects for the future. In: The Cartographic Journal. 40, 2003, 2, p.117-119. ISSN 0008-7041

1107
Taylor, David Ruxton Fraser: Geodata communication on personal digital assistants (PDA). In: Maps and the internet. Ed. by Michael Peterson. Publ. on behalf of the International Cartographic Association. - Amsterdam [u.a.]: Elsevier Science 2003, p.405-420, 2 ill. ISBN 0-08-044201-3

1108
Wood, Michael: Cartography in the age of geographic information science. In: Geografický časopis : časopis geografického ústavu Slovenskej Akadémie Vied. 55, 2003, 4, p.267-278. ISSN 0016-7193

1109
Wood, Michael: Some personal reflections on change... the past and future of cartography. In: The Cartographic Journal. 40, 2003, 2, p.111-115. ISSN 0008-7041

2. Cartographic Terminology Kartographische Terminologie Terminologie cartographique

1110
Kupčík, Ivan: Dr. Olga Kudrnovská (1917-2003). In: Kartographische Nachrichten. 53, 2003, 5, p.241-242, 1 portr. ISSN 0022-9164

1111
Kupčík, Ivan: Ohlédnutí za Dr. Olgou Kudrnovskou, CSc (1917-2003). In: Geografie : sborník Ceské geografické spolecnosti. 108, 2003, p.234-235, 1 portr. [In memory of O. Kudrnovská.] [Czech] ISBN 1210-115X, 1212-0014

1112
Morita, Takashi: Reflections on the results of a questionnaire on the definitions of map, cartography and GIS. In: The selected problems of theoretical cartography 2000 : proceedings of a seminar of the Commission on Theoretical Cartography (Gdańsk, Poland, July 20-21, 2002). Alexander Wolodtschenko. - Dresden: International Cartographic Association 2003, p.34-44, 7 ill., 1 tab.

1113
Pravda, Ján: Stručný lexikon kartografie. - Bratislava: Slovenská Akad. Vied, Geografický Ustav 2003, 324 p., ill., mp. (Geographia Slovaca ; 17) [Short cartographical dictionary.] [Slovak]

1114
Stams, Werner: Lexika zur Kartographie : Rückblick und Vergleich. In: Kartographische Nachrichten. 53, 2003, 5, p.236-240, 1 ill. ISSN 0022-9164

3. Theoretical Foundations of Cartography Theoretische Grundlagen der Kartographie Bases théoriques de la cartographie

1115
Beconytė, Giedre: Semantic modelling and cartographic transcription. In: The selected problems of theoretical cartography 2000 : proceedings of a seminar of the Commission on Theoretical Cartography (Gdańsk, Poland, July 20-21, 2002). Alexander

Wolodtschenko. - Dresden: International Cartographic Association 2003, p.5-13, 4 ill., 1 tab.

1116
Bezzel, Chris: Der weiße Fleck auf der Landkarte. In: Die Sehnsucht des Kartografen : Franz Ackermann ... ; Kunstverein Hannover, 13. Dezember 2003 bis 1. Februar 2004 ; [anlässlich der Ausstellung Die Sehnsucht des Kartografen im Kunstverein Hannover] = The longing of the cartographer. Hrsg.: Stephan Berg ; Martin Engler. [Übers.: George Frederick Takis ; Marie Luise Knott]. - Hannover 2003, p.122-126 (Germ.), p.168-173 (Engl.). [Text Germ. and Engl.] ISBN 3-00-012475-6

1117
Boscoe, Francis P.; Pickle, Linda W.: Choosing geographic units for choropleth rate maps, with an emphasis on public health applications. In: Cartography and geographic information science. 30, 2003, 3, p.237-248, 4 ill., 2 tab. ISSN 1523-0406

1118
Brodersen, Lars: Modellierung der Beziehungen zwischen Geoinformation, Graphik und Benutzer. In: Visualisierung und Erschließung von Geodaten : Seminar GEOVIS 2003, 26. bis 27. Februar 2003, Universität Hannover. Hrsg. von der Deutschen Gesellschaft für Karthographie e.V., Kommission Geoinformation und Visualisierung. Schriftleitung: Jürgen Dodt; Wolf-Dieter Rase. - Bonn: Kirschbaum-Verl. 2003, p.95-99, 2 ill. (Kartographische Schriften ; 7) ISBN 3-7812-1577-6

1119
Brodersen, Lars: Modelling the visualization of internet maps. In: Maps and the internet. Ed. by Michael Peterson. Publ. on behalf of the International Cartographic Association. - Amsterdam [u.a.]: Elsevier Science 2003, p.421-436, 10 ill. ISBN 0-08-044201-3

1120
Brown, Allan; Feringa, Wim: Colour basics for GIS users. - Harlow: Prentice Hall 2003, XI, 171 p., ill., mp. ISBN 0-13-033343-3

1121
Calder, Nigel: How to read a nautical chart : a complete guide to the symbols, abbreviations, and data displayed on nautical charts. - Camden, Me. [u.a.]: International Marine /McGraw-Hill 2003, 237 p., ill., mp. ISBN 0-07-137615-1

1122
Cartwright, William: Maps on the web. In: Maps and the internet. Ed. by Michael Peterson. Publ. on behalf of the International Cartographic Association. - Amsterdam [u.a.]: Elsevier Science 2003, p.35-56, 7 ill. ISBN 0-08-044201-3

1123
Casti, Emanuel: Elementi per una teoria dell' interpretazione cartografica. In: La cartografia europea tra primo Rinascimento e fine dell' illuminismo : atti del Convegno Internazionale The Making of European Cartography, (Firenze, BNF-EUI, 13 - 15 dicembre 2001). A cura di Diogo Ramada Curto ; Angelo Cattaneo ; André Ferrand Almeida. - Firenze: L.S. Olschki 2003, p.293-324. (Studi / Accademi Toscana di Scienze e Lettere La Colombaria ; 213) [Elements for a theory of cartographic interpretation.] [Ital.] ISBN 88-222-5240-3

1124
Dasgupta, S.P.: Atlas cartography : some old thoughts and new vistas. In: Geography and applied cartography : proceedings of the National Seminar on Geography and Applied Cartography, organised to com-

memorate the birth centenary celebration of Padmabhushan Professor S.P. Chatterjee. Organised by National Atlas & Thematic Mapping Organisation, in collaboration with Prof. S.P. Chatterjee Memorial Foundation. [General ed.: Pritvish Nag]. - Kolkata: Govt. of India, Dept of Science & Technology, National Atlas & Thematic Mapping Organisation 2003, p.19-33.

1125
Dransch, Doris: Konzepte zur Modellierung der Nutzer von Geovisualisierungs-Systemen. In: Visualisierung und Erschließung von Geodaten : Seminar GEOVIS 2003, 26. bis 27. Februar 2003, Universität Hannover. Hrsg. von der Deutschen Gesellschaft für Karthographie e.V., Kommission Geoinformation und Visualisierung. Schriftleitung: Jürgen Dodt; Wolf-Dieter Rase. - Bonn: Kirschbaum-Verl. 2003, p.103-110, 3 ill. (Kartographische Schriften ; 7) ISBN 3-7812-1577-6

1126
Geiling, Heiko: Pierre Bourdieus soziale Kartografie und die Deutung feiner Unterschiede. In: Die Sehnsucht des Kartografen : Franz Ackermann ... ; Kunstverein Hannover, 13. Dezember 2003 bis 1. Februar 2004 ; [anlässlich der Ausstellung Die Sehnsucht des Kartografen im Kunstverein Hannover] = The longing of the cartographer. Hrsg.: Stephan Berg ; Martin Engler. [Übers.: George Frederick Takis ; Marie Luise Knott]. - Hannover 2003, p.128-135 (Germ.), p.174-180 (Engl.). [Text Germ. and Engl.] ISBN 3-00-012475-6

1127
Glasmeier, Michael: Die Teppiche des Johannes Vermeer. In: Die Sehnsucht des Kartografen : Franz Ackermann ... ; Kunstverein Hannover, 13. Dezember 2003 bis 1. Februar 2004 ; [anlässlich der Ausstellung Die Sehnsucht des Kartografen im Kunstverein Hannover] = The longing of the cartographer. Hrsg.: Stephan Berg ; Martin Engler. [Übers.: George Frederick Takis ; Marie Luise Knott]. - Hannover 2003, p.136-142,6 ill. (Germ.), p.182-188, 5 ill. (Engl.). [Text Germ. and Engl.] ISBN 3-00-012475-6

1128
Hanna, Stephen P.; Del Casino, Vincent J.: Introduction : tourism spaces, mapped representations, and the practices of identity. In: Mapping tourism. Ed. by Stephen P. Hanna and Vincent J. Del Casino Jr. - Minneapolis, Minn [u.a.]: University of Minnesota Press 2003, p.IX-XXVII, 1 ill. [Include bibliographical references (p.187-207) and index] ISBN 0-8166-3955-8 / 0-8166-3956-6

1129
Koch, Wolf Günther: Cartographic theories. In: The selected problems of theoretical cartography 2000 : proceedings of a seminar of the Commission on Theoretical Cartography (Gdańsk, Poland, July 20-21, 2002). Alexander Wolodtschenko. - Dresden: International Cartographic Association 2003, p.24-33.

1130
Koch, Wolf Günther; Wolodtschenko, Alexander: Seminar der ICA-Commission "Theoretical Cartography" in Gdańsk (Danzig). In: Kartographische Nachrichten. 53, 2003, 4, p.174-175.

1131
Kraak, Menno-Jan: De ruimte-tijd-kubus : bekeken vanuit het perspectief van de geovisualisatie. In: Kartografisch Tijdschrift. 29, 2003, 4, p.46-52, 5 ill. [The space-time-cube seen in the perspective of geovisualization.] [Dutch with Engl., and French rés.] ISSN 0167-5788

1132
Lebedev, P.P.: Strukturnyj podchod v kartografii. In: Geodezija i kartografija : oficial'nyj organ Federal'noj Sluzby Geodezii i Kartografii Rossii i Geodeziceskich Sluzb Stran. 2003, 6, p.29-30. [Structural approach in cartography.] [Russ.] ISSN 0016-7126

1133
Monga, Luigi: Translating the journey : a literary perspective on thruth in cartography. In: Cross-cultural travel : papers from the Royal Irish Academy Symposium on Literature and Travel, National University of Ireland, Galway, November 2002. Ed. by Jane Conroy. - New York [u.a.]: Lang 2003, p.11-30, 14 ill. (Travel writing across the disciplines ; 7)
ISBN 0-8204-6930-0

1134
Morgenstern, Dieter: Raumbezogene Kommunikation - alltäglich und kartographisch. In: Kartographische Nachrichten. 53, 2003, 3, p.103-107, 7 ill. ISSN 0022-9164

1135
Neytchev, Pavel: The main trends in theoretical cartography and the map language. In: The selected problems of theoretical cartography 2000 : proceedings of a seminar of the Commission on Theoretical Cartography (Gdańsk, Poland, July 20-21, 2002). Alexander Wolodtschenko. - Dresden: International Cartographic Association 2003, p.45-48.

1136
Ormeling, Ferjan; Anson, Roger W.: Communication, design and visualisation. In: Basic cartography for students and technicians : english version. [International Cartographic Association] Ed.: Roger W. Anson and F.J. Ormeling. - Oxford [u.a.]: Butterworth-Heinemann 1996, p.71-92, 31 ill. [Vol. 3] ISBN 0-7506-2702-6

1137
Peterson, Michael: Foundations of research in internet cartography. In: Maps and the internet. Ed. by Michael Peterson. Publ. on behalf of the International Cartographic Association. - Amsterdam [u.a.]: Elsevier Science 2003, p.437-445, 2 ill.
ISBN 0-08-044201-3

1138
Prochorova, E.A.: Karty social'noj infrastruktury. In: Geodezija i kartografija : oficial'nyj organ Federal'noj Sluzby Geodezii i Kartografii Rossii i Geodeziceskich Sluzb Stran. 2003, 9, p.32-38. [Maps of social infrastructure.] [Russ.]
ISSN 0016-7126

1139
Reichenbacher, Tumasch; Meng, Liqiu: Forschungsfragen der mobilen Kartographie. In: Kartographische Nachrichten. 53, 2003, 2, p.67-70. ISSN 0022-9164

1140
Rouleau, Bernard: Theory of cartographic expression and design. In: Basic cartography for students and technicians : english version. [International Cartographic Association] Ed.: Roger W. Anson and F.J. Ormeling. - Oxford [u.a.]: Butterworth-Heinemann 1993, transferred to digital printing 2001, p.65-91, 59 ill. [Vol. 1] [2nd edition] ISBN 0-08-042344-2

1141
Schlichtmann, Hansgeorg: Visualization in thematic cartography : towards a framework. In: The selected problems of theoretical cartography 2000 : proceedings of a seminar of the Commission on Theoretical Cartography (Gdańsk, Poland, July 20-21, 2002). Alexander Wolodtschenko. - Dresden: International Cartographic Association 2003, p.49-61.

1142
Die Sehnsucht des Kartografen : Franz Ackermann ... ; Kunstverein Hannover, 13. Dezember 2003 bis 1. Februar 2004 ; [anlässlich der Ausstellung Die Sehnsucht des Kartografen im Kunstverein Hannover] = The longing of the cartographer. Hrsg.: Stephan Berg ; Martin Engler. [Übers.: George Frederick Takis ; Marie Luise Knott]. - Hannover 2003, 220 p., ill. [Text Germ. and Engl.] ISBN 3-00-012475-6

1143
The selected problems of theoretical cartography 2000 : proceedings of a seminar of the Commission on Theoretical Cartography (Gdańsk, Poland, Poland, July 20-21, 2002). Alexander Wolodtschenko. - Dresden: International Cartographic Association 2003, 81 p.

1144
Solchenbach, Karl: Wie genau sind alte Landkarten der Eifel? In: Heimatkalender : Landkreis Bitburg-Prüm. 2003, p.56-62, 8 ill.

1145
Starnazzi, Carlo: Le carte di Leonardo: un nuovo concetto di spazio. In: Leonardo genio e cartografo : la rappresentazione del territorio tra scienza e arte ; [Arezzo, Palazzo Comunale, 21 giugno 2003 - 30 settembre 2003]. A cura di Andrea Cantile. - Firenze: Istituto Geografico Militare 2003, p.277-297, 6 ill. [Leonardo's maps: a new concept of space.] [Ital. and Engl.] ISBN 88-523-0001-5

1146
Timpf, Sabine: Abstraction, levels of detail and hierarchies in map series. In: Spatial information theory : cognitive and computational foundations of geographic information science. Christian Freksa; David M. Mark (eds.). - Berlin ; Heidelberg: Springer 2002, p.125-139, 7 ill. (Lecture notes in computer science ; 1661) ISBN 3-540-66365-7 / 0302-974

1147
Tversky, Barbara; Lee, Paul U.: Pictorial and verbal tools for conveying routes. In: Spatial information theory : cognitive and computational foundations of geographic information science. Christian Freksa; David M. Mark (eds.). - Berlin ; Heidelberg: Springer 2002, p.51-64, 4 ill. (Lecture notes in computer science ; 1661) ISBN 3-540-66365-7 / 0302-974

1148
Varela Marcos, Jesús: Los reflejos políticos en la carta de Juan de la Cosa. In: Grandes viajes descubridores. Seminario Iberoamericano de Descubrimientos y Cartografía, Instituto Interuniversitario de Estudios de Iberoamérica y Portugal. Coord.: Jesús Varela Marcos. - Tordesillas, Valladolid: Instituto Interuniversitario de Estudios de Iberoamérica y Portugal 2001, p.61-79, 1 tab. (Descubrimientos y cartografía ; 4) [Political reflections in the map of Juan de la Cosa.] [Span.] ISBN 8493062-96-0

1149
Wolodtschenko, Alexander: Kartosemiotik in Europa. - Dresden: Techn. Univ. 2002, 80 p. (Diskussionsbeiträge zur Kartosemiotik und zur Theorie der Kartographie ; 5) ISBN 3-86005-350-7

1150
Wolodtschenko, Alexander: Kartosemiotik in Europa. - Dresden: Techn. Univ. 2002, 60 p. (Diskussionsbeiträge zur Kartosemiotik und zur Theorie der Kartographie ; 6) ISBN 3-86005-413-9

1151
Zipf, Alexander: Die Relevanz von Geoobjekten in Fokuskarten : zur Bestimmung von Bewertungsformeln unter Berücksichtigung personen-und kontextabhängiger

Parameter. In: Angewandte geographische Informationsverarbeitung XIV : Beiträge zum AGIT-Symposium Salzburg 2003. Josef Strobl ... (Hrsg.). - Heidelberg: Wichmann 2003, p.567-576, 1 ill.
ISBN 3-87907-392-9

4. Graphic Foundations of Cartography
Graphische Grundlagen der Kartographie
Bases graphiques de la cartographie

1152
Beconytè, Giedre: Semantic modelling and cartographic transcription. In: The selected problems of theoretical cartography 2000 : proceedings of a seminar of the Commission on Theoretical Cartography (Gdańsk, Poland, July 20-21, 2002). Alexander Wolodtschenko. - Dresden: International Cartographic Association 2003, p.5-13, 4 ill., 1 tab.

1153
Brewer, Cynthia A.; Hatchard, Geoffrey W.; Harrower, Mark: ColorBrewer in Print : a catalog of color schemes for maps. In: Cartography and geographic information science. 30, 2003, 1, p.5-32, 12 ill., 2 tab.
ISSN 1523-0406

1154
Brown, Allan; Feringa, Wim: Colour basics for GIS users. - Harlow: Prentice Hall 2003 [Literaturverz. S. 149 - 150]
ISBN 0-13-033343-3

1155
Calder, Nigel: How to read a nautical chart : a complete guide to the symbols, abbreviations, and data displayed on nautical charts. - Camden, Me. [u.a.]: International Marine /McGraw-Hill 2003, 237 p., ill., mp. ISBN 0-07-137615-1

1156
Collier, Peter; Forrest, David; Pearson, Alastair: The representation of topographic information on maps : the depiction of relief. In: The Cartographic Journal. 40, 2003, 1, p.17-26, 6 ill., 1 tab.
ISSN 0008-7041

1157
Csida, Sascha: Kartographische Anforderungen an eine 4D-Animation zur Visualisierung postglazialer Ereignisse, gezeigt anhand des Beispiels GLOF - Glacial Lake Outburst Flood. - Wien: Univ. Wien 2003, 171 p., 64 ill., 1 CD. [Dipl.-Arb.]

1158
Dahinden, Tobias; Neumann, Andreas; Winter, Andréas M.: Internet-Kartengraphik mit SVG-Werkzeugen - Techniken und Anwendungen. In: Web.Mapping 2 : Telekartographie, Geovisualisierung und mobile Geodienste. Hartmut Asche; Christian Herrmann (Hrsg.). - Heidelberg: Wichmann 2003, p.190-206, 4 ill.
ISBN 3-87907-388-0

1159
Farbmanagement für kartographische Druckerzeugnisse. - Dresden: Techn. Univ., Inst. für Kartographie 2003, 1 CD-ROM. (Kartographische Bausteine ; 25) [Parallel als Buchausg. ersch. u.d.T.: Lucht, Alexandra: Farbmanagement für kartographische Druckerzeugnisse]

1160
Federzoni, Laura: La montagna nella cartografia del cinquecento : vertigine, incanto, sfida. In: Bollettino della Associazione Italiana di Cartografia. 40, 2003, 117-118-119, p.220-242, 4 ill. [The mountains in the cartography of the sixteenth century : vertigo, spell, challenge.] [Ital.]
ISSN 0044-9733

1161
Harrower, Mark; Brewer, Cynthia A.: ColorBrewer.org : an online tool for selecting colour schemes for maps. In: The Cartographic Journal. 40, 2003, 1, p.27-37, 9 ill., 3 tab. ISSN 0008-7041

1162
Ikonović, Vesna: Importance of cartographic semiology and semiometry. In: The selected problems of theoretical cartography 2000 : proceedings of a seminar of the Commission on Theoretical Cartography (Gdańsk, Poland, July 20-21, 2002). Alexander Wolodtschenko. - Dresden: International Cartographic Association 2003, p.14-23, 1 tab.

1163
Jaroszewicz, Joanna: Colour progression scales balanced to constant depth colours. In: Geodezja i kartografia. 52, 2003, 3, p.179-188, 12 ill. [Engl. with Pol., and Russ. rés.] ISSN 0016-7134

1164
Kudrnovský, Emil: Návrh znakového klíče cykloturistického obsahu map pro volný čas. In: Kartografické listy. 11, 2003, p.37-45, 21 ill. [Design of symbol code for the biking content in maps for leisure time.] [Slovak. with Engl. rés.] ISBN 80-89060-02-1

1165
Kupčík, Ivan: Das Janusgesicht der Portolankarten : die ungelösten Fragen zur Ikonographie der Portolankarten. In: Geschichtsdeutung auf alten Karten : Archäologie und Geschichte ; (46. Wolfenbütteler Symposium, vom 26. bis 29. Oktober 1999]. [Hrsg. von Dagmar Unverhau]. - Wiesbaden: Harrassowitz 2003, p.65-92, 12 ill., 1 tab. (Wolfenbütteler Forschungen ; 101) ISBN 3-447-04813-1

1166
Lucht, Alexandra: Farbmanagement für kartographische Druckerzeugnisse. Dresden: Techn. Univ., Inst. für Kartographie 2003, 143 p., ill. (Kartographische Bausteine ; 25) [Parallel als CD-ROM-Ausg. ersch. u.d.T.: Farbmanagement für kartographische Druckerzeugnisse]

1167
Motta, Giuseppe: Cartografia della montagna : evoluzione e innovazione della rappresentazione. In: Bollettino della Associazione Italiana di Cartografia. 40, 2003, 117-118-119, p.65-95, 30 ill. [Cartography of the mountains : evolution and innovation of representation.] [Ital.] ISSN 0044-9733

1168
Neumann, Andreas; Winter, Andréas M.: Webkartographie mit Vektorgraphik - Formate, Standards und Beispiele mit SVG. In: Web.Mapping 2 : Telekartographie, Geovisualisierung und mobile Geodienste. Hartmut Asche; Christian Herrmann (Hrsg.). - Heidelberg: Wichmann 2003, p.89-106, 4 ill. ISBN 3-87907-388-0

1169
Ogao, Patrick J.: Gebruik van animaties om ruimtelijke structuren te exploreren : zijn ze effectief? In: Kartografisch Tijdschrift. 29, 2003, 1, p.25-31, 7 ill. [Using animation to explore geospatial structures : are they effective?] [Dutch with Engl. rés.] ISSN 0167-5788

1170
Papotti, Davide: Un "mucchio di terra" : appunti per una storia del simbolo del "cono di talpa" nella cartografia alpina cinquecentesca e secentesca. In: Bollettino della Associazione Italiana di Cartografia. 40, 2003, 117-118-119, p.245-263, 2 ill. [A "heap of earth" : notes on a symbol history of the "mole cone" in the alpine

cartography of the sixteenth and seventeenth century.] [Ital.] ISSN 0044-9733

1171
Pędzich, Paweł; Cybulski, Krzysztof: Próba wykorzystania Digital Cartographic Studio (DCS) do tworzenia grafiki mapy. In: Geodezja i kartografia. 52, 2003, 2, p.111-129, 15 ill. [An attempt to utilise Digital Cartographic Studio (DCS) for creation map graphics.] [Pol. with Engl., and Russ. rés.] ISSN 0016-7134

1172
Pokorný, Miroslav; Hájek, Milan: Analýza priestorových objektov na mapách I. vojenského mapovania. In: Kartografické listy. 11, 2003, p.74-84, 4 ill., 2 tab. [Spatial object analysis on the maps from the 1st military mapping.] [Slovak. with Engl. rés.] ISBN 80-89060-02-1

1173
Räber, Stefan; Jenny, Bernhard: Karten im Netz - ein Plädoyer für mediengerechte Kartengrafik. In: Web.Mapping 2 : Telekartographie, Geovisualisierung und mobile Geodienste. Hartmut Asche; Christian Herrmann (Hrsg.). - Heidelberg: Wichmann 2003, p.57-76, 17 ill.
ISBN 3-87907-388-0

1174
Rouleau, Bernard: Theory of cartographic expression and design. In: Basic cartography for students and technicians : english version. [International Cartographic Association] Ed.: Roger W. Anson and F.J. Ormeling. - Oxford [u.a.]: Butterworth-Heinemann 1993, transferred to digital printing 2001, p.65-91, 59 ill. [Vol. 1] [2nd edition]
ISBN 0-08-042344-2

1175
Rowell, Jonathan; Ungar, Simon: a taxonomy for tactile symbols : creating a useable database for tactile map designers. In: The Cartographic Journal. 40, 2003, 3, p.273-276, 1 ill.

1176
Visvalingam, Mahes: Map-induced semiosis. In: The selected problems of theoretical cartography 2000 : proceedings of a seminar of the Commission on Theoretical Cartography (Gdańsk, Poland, July 20-21, 2002). Alexander Wolodtschenko. - Dresden: International Cartographic Association 2003, p.62-72.

1177
Wei, Wenzhan and others: Mathematical definitions of point, line and area symbols in cartography. In: Geo-spatial information science. 6, 2003, 3, p.62-65, 3 ill.
ISSN 1009-5020

5. Surveying for Mapping
Kartendaten-Aufnahme
Lever cartographique

1178
Alcázar Molina, Manuel G.; Sánchez de la Orden, Manuel: Documentación gráfica del catastro rústico Español : del croquis a la ortofotogafia digital (II). In: Topografia y cartografia : TOPCART. 19, 2002, 112, p.30-38, 2 ill., 2 tab. [Graphic documentation of the Spanish land catastre : from sketch to digital orthophotography.] [Span.] ISSN 0212-9280

1179
Beard, Colleen: Reference service levels for spatial data delivery and GIS activity in libraries : a local assessment. In: Bulletin / Association of Canadian Map Libraries and Archives. 2003, 118, p.4-8, 1 ill.
ISSN 0840-9331

1180
Berg, W. van de; Jong, F.W. de: Kwaliteit in beheer van ruimtelijke informatie. In: Geodesia. 45, 2003, 5, p.192-198, 6 ill.

[The management of quality of spatial information.] [Dutch with Engl. rés.]
ISSN 1385-7517

1181
Bernard, Lars and others: Ontologies for intelligent search and semantic translation in spatial data infrastructures. In: Photogrammetrie, Fernerkundung, Geoinformation. 2003, 6, p.451-461, 2 ill.
ISSN 1432-8364

1182
Borchert, Ralf; Mause, Alexandra: Geodatenportale : Technologie und wirtschaftlicher Nutzen. In: Mitteilungen / Deutscher Verein für Vermessungswesen, Landesvereine Hessen und Thüringen. 54, 2003, 1, p.8-15, 4 ill. ISSN 0949-7900

1183
Illert, Andreas; Afflerbach, Sabine: Die Entwicklung eines gemeinsamen Modells für europäische topographosche Geobasisdaten im GiMoDig-Projekt. In: Visualisierung und Erschließung von Geodaten : Seminar GEOVIS 2003, 26. bis 27. Februar 2003, Universität Hannover. Hrsg. von der Deutschen Gesellschaft für Kartographie e.V., Kommission Geoinformation und Visualisierung. Schriftleitung: Jürgen Dodt; Wolf-Dieter Rase. - Bonn: Kirschbaum-Verl. 2003, p.163-170, 2 ill., 1 tab. (Kartographische Schriften ; 7)
ISBN 3-7812-1577-6

1184
Kelley, James E.: Waldseemüller's secret, revisited. In: Mercator's World. 8, 2003, 1, p.10-13, 1 ill. ISSN 1086-6728

1185
Klöppel, Reinhard; Friehl, Mario: Geodateninfrastruktur in Hessen unter wirtschafs- und technologiepolitischen sowie verwaltungsökonomischen Aspekten. In: Mitteilungen / Deutsche Verein für Vermessungswesen, Landesvereine Hessen und Thüringen. 54, 2003, 1, p.20-26, 14 ill.
ISSN 0949-7900

1186
Knab, Jürgen: Datenserver LIKA online. In: Mitteilungen / Deutscher Verein für Vermessungswesen, Landesvereine Hessen und Thüringen. 54, 2003, 1, p.3-7, 4 ill.
ISSN 0949-7900

1187
Li, Bin: Peer to peer sharing of cartographic data and software. In: Maps and the internet. Ed. by Michael Peterson. Publ. on behalf of the International Cartographic Association. - Amsterdam [u.a.]: Elsevier Science 2003, p.159-170, 6 ill.
ISBN 0-08-044201-3

1188
Matzner, Ronald F.; Moeller, John: Integrating geospatial information activities : enabling the National Spatial Data Infrastructure. In: Information bulletin / Western Association of Map Libraries. 33, 2002, 2, p.91-93. ISBN 0049-7282

1189
Müller, Martina: Management historischer Geodaten. In: 10 Jahre Fachhochschulausbildung in den Studiengängen Vermessungswesen und Kartographie an der HTW Dresden (FH) und 50 Jahre Ausbildung von Vermessungs- und Kartographieingenieuren in Dresden. Hrsg. von Uwe Jäschke u.a. Schriftleitung: Kristin Gehrt - Harald Köhler. - Dresden: Fachbereich Vermessungswesen, Kartographie der Hochsch. für Technik und Wirtschaft 2002, p.99-106, 3 ill., 1 tab. (Dresdner Kartographische Schriften ; 4) ISSN 1436-0004

1190
O'Sullivan, David; Unwin, David: Geographic information analysis. - Hoboken, NJ: Wiley 2003, XI, 436 p., ill., mp. [Includes

bibliographical references and index]
ISBN 0-471-21176-1

1191
Penzkofer, Markus: Entzerrung und Georeferenzierung von Alpenvereinskarten. In: Untersuchungen zur Georeferenzierung von Alpenvereinskarten. Zsgest. von Burt Brunner und Walter Welsch. - München: Haus des Alpinismus 2001, p.19-59, 10 ill., 13 tab. (Wissenschaftliche Alpenvereinshefte ; 34) ISBN 3-928777-89-0

1192
Petrovič, Dušan: Predlog vodenja in vzdrževanja topografiskih podatkov v Sloveniji. In: Geodetski vestnik. 47, 2003, 3, p.215-223, 2 ill., 2 tab. [A proposal for managing and updating the topographic data in Slovenia.] [Sloven. with Engl. rés.] ISSN 0351-0271

1193
Projet pour un portail universitaire québecois de données numériques et géospatiales. In: Bulletin / Association of Canadia Map Libraries and Archives. 2003, 116, p.11-17. ISBN 0840-9331 [Engl. Version "Quebec scholar portal of digital and geospatial data project" p. 18-24, translated by Martine Rocheleau]

1194
Sester, Monika: Verfahren der automatischen Dateninterpretation. In: Visualisierung und Erschließung von Geodaten : Seminar GEOVIS 2003, 26. bis 27. Februar 2003, Universität Hannover. Hrsg. von der Deutschen Gesellschaft für Kartographie e.V., Kommission Geoinformation und Visualisierung. Schriftleitung: Jürgen Dodt; Wolf-Dieter Rase. - Bonn: Kirschbaum-Verl. 2003, p.153-161, 3 ill. (Kartographische Schriften ; 7)
ISBN 3-7812-1577-6

1195
Sester, Monika; Hampe, Mark; Anders, Karl-Heinrich: Multiskalige Geodaten in einer Datenbank : Erzeugung und Nutzen. In: Photogrammetrie, Fernerkundung, Geoinformation. 2003, 6, p.481-491, 11 ill. ISSN 1432-8364

1196
Stabe, K.Hans: Field collection of geographical names and office treatment of collected names. In: Training Course on Toponymy : Enschede, Frankfurt am Main, Berlin, 11 August - 6 September 2002. Comp. and ed. by Ferjan Ormeling, K. Hans Stabe and Jörn Sievers. - Frankfurt a.M.: bkg 2003, p.141-172, 12 ill., 4 tab. (Mitteilungen des Bundesamtes für Kartographie und Geodäsie ; 28)
ISBN 3-89888-872-X

1197
Stage, David: An assessment of parcel data in the United States. In: Surveying and land information science. 63, 2003, 4, p.235-241, 5 ill. ISSN 1538-1242

1198
Steinbach, Grit; Buchroithner, Manfred; Stieber, Hans: Teilautomatische Übernahme nicht objektstrukturierter Vektordaten in ein ATKIS-konformes Datenmodell. In: Kartographische Nachrichten. 53, 2003, 4, p.168-172, 1 ill. ISSN 0022-9164

1199
Šumrada, Radoš: Mednarodni standardi za geografske podatke in informacije. In: Geodetski vestnik. 47, 2003, 1&2, p.37-46. [International standards for geographic data and information.] [Sloven. with Engl. rés.] ISSN 0351-0271

1200
Tichelaar, Tjeerd: Field collection of names in multi-lingual and multi-cultural areas. In:

Training Course on Toponymy : Enschede, Frankfurt am Main, Berlin, 11 August - 6 September 2002. Comp. and ed. by Ferjan Ormeling, K. Hans Stabe and Jörn Sievers. - Frankfurt a.M.: bkg 2003, p.79-83. (Mitteilungen des Bundesamtes für Kartographie und Geodäsie ; 28)
ISBN 3-89888-872-X

1201
Tichelaar, Tjeerd; Ormeling, Ferjan: Names collection in the field and the office. In: Training Course on Toponymy : Enschede, Frankfurt am Main, Berlin, 11 August - 6 September 2002. Comp. and ed. by Ferjan Ormeling, K. Hans Stabe and Jörn Sievers. - Frankfurt a.M.: bkg 2003, p.77-78. (Mitteilungen des Bundesamtes für Kartographie und Geodäsie ; 28)
ISBN 3-89888-872-X

1202
Visualisierung und Erschließung von Geodaten : Seminar GEOVIS 2003, 26. bis 27. Februar 2003, Universität Hannover. Hrsg. von der Deutschen Gesellschaft für Kartographie e.V., Kommission Geoinformation und Visualisierung. Schriftleitung: Jürgen Dodt; Wolf-Dieter Rase. - Bonn: Kirschbaum-Verl. 2003, II, 194 p., ill., mp. + 1 CD-ROM. (Kartographische Schriften ; 7)
ISBN 3-7812-1577-6

1203
Young, Paul M.: Spatial database revision. In: Basic cartography for students and technicians : english version. [International Cartographic Association] Ed.: Roger W. Anson and F.J. Ormeling. - Oxford [u.a.]: Butterworth-Heinemann 1996, p.37-47, 15 ill. [Vol. 3] ISBN 0-7506-2702-6

1204
Zellmer, Linda: Chasing mayflies : archiving spatial data. In: Information bulletin / Western Association of Map Libraries. 34, 2003 2, p.71-75. ISSN 0049-7282

1205
Zhang, C. and others: GML-based interoptable geographical databases. In: Cartography : journal of the Mapping Sciences Institute, Australia. 32, 2003, 2, p.1-15, 9 ill. ISSN 0069-0805

1206
Znamirowski, Barbara: Reference service levels for spatial data delivery and GIS activity in libraries : Trent University - a case study of a small academic library. In: Bulletin / Association of Canadian Map Libraries and Archives. 2003, 118, p.9-12, 2 ill. ISSN 0840-9331

a. Geodesy, Topography
Geodäsie, Vermessung, Topographie
Géodésie, topographie

1207
10 Jahre Fachhochschulausbildung in den Studiengängen Vermessungswesen und Kartographie an der HTW Dresden (FH) und 50 Jahre Ausbildung von Vermessungs- und Kartographieingenieuren in Dresden. Hrsg. von Uwe Jäschke u.a. Schriftleitung: Kristin Gehrt - Harald Köhler. - Dresden: Fachbereich Vermessungswesen, Kartographie der Hochsch. für Technik und Wirtschaft 2002, 180 p., ill., mp. (Dresdner Kartographische Schriften ; 4) ISSN 1436-0004

1208
100 Jahre Stadtvermessung in Münster : 1899-1999. Autoren: Paul Alt-Epping u.a. - Münster: Vermessungs- und Katasteramt 1999, 76 p., ill., mp.

1209
12. Internationale Geodätische Woche, Obergurgl 2003. Günter Chesi; Thomas Weinold (Hrsg.). - Heidelberg: Wichmann 2003, 265 p., ill., mp. [Literaturangaben]
ISBN 3-87907-401-1

1210
150 Jahre Mecklenburgische Landesvermessung : 1853-2003. [Hrsg.: Landesvermessungsamt Mecklenburg-Vorpommern. Red.: Kansy, Annelie ...]. - Schwerin: Landesvermessungsamt Mecklenburg-Vorpommern 2003, 85 p., ill., mp.

1211
Akyilmaz, Orhan; Özlüdemir, Tevfik: Geoid surface approximation by using Adaptive Network based Fuzzy Inference Systems. In: Allgemeine Vermessungs-Nachrichten. 110, 2003, 8-9, p.308-315, 11 ill., 3 tab. ISSN 0002-5968

1212
Al-Kamu, Adib M.: Analiz na razlikata v položenieto na geodezičeski točki, opredeleni po tradicionni metodi i čres GPS. In: Geodezija, kartografija, zemeustrojstvo. 43, 2003, 3-4, p.12-15, 2 ill. [Analysis of differences between survey point positions determined by conventional methods and GPS.] [Bulg. with Engl. rés.] ISSN 0324-1610

1213
Alberda, J.E.; Ebbinge, J.B.: Inleiding landmeetkunde. - Delft: DUP Blue Print 2003, 484 p., ill. [Dutch]
ISBN 90-407-2387-7

1214
Albin, Jerzy: Hauptrichtungen des polnischen geodätisch-kartographischen Dienstes. In: Vermessung Brandenburg. 8, 2003, p.12-18, 3 ill. [Übersetzung aus dem Polnischen durch Eva Maria Steiger]
ISBN 1430-7650

1215
Alt-Epping, Paul: Das Vermessungs- und Katasteramt der Stadt Münster im Sog des technischen Wandels im Vermessungswesen von 1963 bis 1998. In: 100 Jahre Stadtvermessung in Münster : 1899-1999. Autoren: Paul Alt-Epping u.a. - Münster: Vermessungs- und Katasteramt 1999, p.31-41.

1216
Alvarez-Claro Irisarri, Manuel and others: Una propuesta para la nueva docencia de la fotogrametría en la Ingeniería Cartográfica. In: Topografia y cartografia : TOPCART. 20, 2003, 114, p.35-42, 2 ill., 1 tab. [A proposal for new teaching of photogrammetry in Cartographic Engineering.] [Span. with Engl. rés.] ISSN 0212-9280

1217
Am Puls von Raum und Zeit : 50 Jahre Deutsche Geodätische Kommission ; Festschrift. Hrsg. von Jörg Albertz u.a. - München: Verl. der Bayerischen Akad. der Wiss. in Kommission bei Beck 2002, 306 p., ill., mp. (Deutsche Geodätische Kommission bei der Bayerischen Akademie der Wissenschaften : Reihe E, Geschichte und Entwicklung der Geodäsie ; 26)
ISBN 3-7696-9669-7

1218
Andres, Ludovic: Transformation dans le système R.G.F. 93 de la base de données géographiques de la Ville de Nice. In: XYZ : revue de l'Association Française de Topographie. 25, 2003, 97, p.56-64, 6 ill., 3 tab. ISSN 0290-9057

1219
Ansprachen anläßlich der Verabschiedung des Präsidenten und Professors des Instituts für Angewandte Geodäsie Univ.-Prof. Dr.-Ing. Hermann Seeger und der Amtseinführung seines Nachfolgers Univ.-Prof. Dr.-Ing. Dietmar Grünreich. - Frankfurt a.M.: Verl. des Bundesamtes für Kartographie und Geodäsie 2002, 60 p., ill. (Mitteilungen des Bundesamtes für Kartographie und Geodäsie ; 3)

1220
Antipov, A.V.; Gavrilov, S.G.: Soveršenstvovanie geodezičeskoj seti Moskvy. In: Geodezija i kartografija : oficial'nyj organ Federal'noj Sluzby Geodezii i Kartografii Rossii i Geodeziceskich Sluzb Stran. 2003, 9, p.4-13, 1 ill., 5 tab. [Complex on activities on perfecting the reference geodetic network of Moscow.] [Russ.] ISSN 0016-7126

1221
Åsheim, Stein; By, Leif Morten: GPS som vertikaldatum til havs. In: Kart og plan. 96, 2003, 1, p.6-10, 3 ill. [GPS as Offshore Vertical Datum.] [Norw. with Engl. rés.] ISSN 0047-3278

1222
Augath, Wolfgang; Ihde, Johannes: Definición y ejecucíon de sistemas de referencia altimétricos : la solución europea EVRS/ EVRF 2000. In: Topografia y cartografia : TOPCART. 20, 2003, 114, p.27-34, 6 ill., 2 tab. [Definition and realization of horizontal reference systems : the european solution EVRS/EVRF 2000.] [Span. with Engl. rés.] ISSN 0212-9280

1223
Bähr, Hans-Peter: Geodäsie: eine Geowissenschaft? : Forschungsarbeiten im Jahr der Geowissenschaften. In: Vermessung Brandenburg. 8, 2003, p.3-11, 4 ill., 1 tab. ISSN 1430-7650

1224
Bauer, Manfred: Vermessung und Ortung mit Satelliten : GPS und andere satellitengestützte Navigationssysteme. Mit Beiträgen von Lambert Wanninger. - Heidelberg: Wichmann 2003, XII, 392 p. [5., neu bearb. und erw. Aufl.]
ISBN 3-87907-360-0

1225
Baumann, Eberhard: Geodätische Literatur an der Schwelle des 19. Jahrhunderts zu Beginn der Karriere von MüFFLINGs. In: Fachinformationsblatt / Deutscher Verein für Vermessungswesen (DVW), Landesverein Thüringen e.V. - Gotha 2002, p.59-64, 1 ill. (Fachinformationsblatt / Deutscher Verein für Vermessungswesen, Landesverein Thüringen ; 4)

1226
Baur, J.: 3D-Scannen der Eberstadter Tropfsteinhöhle mit dem Lasermesssystem "IMAGER 5003". In: Mitteilungen und Veröffentlichungen zum Vermessungswesen aus den Themenbereichen Geodäsie, Geoinformation und Landmanagement / Deutscher Verein für Vermessungswesen, Landesverein Baden-Württemberg e.V. 50, 2003, 2, p.60-68, 11 ill. ISSN 0940-2942

1227
Beck, Torsten and others: Gründlich durchforstet : Katasterdigitalisierung und Qualitätssicherung in der Thüringer Landesforstverwaltung. In: GeoBit : das Magazin für raumbezogene Informationstechnologie. 8, 2003, 7, p.16-18, 4 ill.

1228
Bedini, Silvio A.: The Jefferson Stone : demarcation of the first meridian of the United States. - Frederick, MD: Professional Surveyors Publ. 1999, XV, 184 p., ill. ISBN 0-9665120-1-4

1229
Beinat, Alberto; Crosilla, Fabio: Generalised Procrustes algorithms for the conformal updating of a cadastral map. In: ZfV : Zeitschrift für Geodäsie, Geoinformation und Landmanagement. 128, 2003, 5, p.341-349, 7 ill, 2 tab. ISSN 1618-8950

1230
Berk, Sandi and others: Kombinirani izračun EUREF GPS-kampanj na območju Slovenije. In: Geodetski vestnik. 47, 2003, 4, p.414-422, 2 ill., 2 tab. [Combined solution of the EUREF GPS campaigns on the territory of Slovenia.] [Sloven. with Engl. rés.] ISSN 0351-0271

1231
Boljen, Joachim: Bezugssystemumstellung DHDN90 -> ETRS89 in Schleswig- Holstein. In: ZfV : Zeitschrift für Geodäsie, Geoinformation und Landmanagement. 128, 2003, 4, p.244-250, 4 ill., 1 tab. ISSN 1618-8950

1232
Bonardi, Claudia: Gabriele Bertazzolo e la pratica agrimensoria nel Monferrato tra Cingue e Seicento. In: Carte e cartografi degli Stati Sabaudi : rappresentare uno stato dal XVI al XVIII secolo. A cura di Rinaldo Comba e Paola Sereno. - Torino [u.a.]: U.Allemandi 2002, p.125-141. (Archivi di artè e cultura piemontesi) [Gabriele Bertazzolo and the practice of surveying at Monferrato between 1600 and 1700.] [Ital.] [Vol. 1 + 2] ISBN 88-422-0717-9

1233
Borchi, Emilio; Cantile, Andrea: Strumenti topografici in uso nel XV e XVI secolo. In: Leonardo genio e cartografo : la rappresentazione del territorio tra scienza e arte ; [Arezzo, Palazzo Comunale, 21 giugno 2003 - 30 settembre 2003]. A cura di Andrea Cantile. - Firenze: Istituto Geografico Militare 2003, p.107-167, ill. [Comments on some century topographical instruments used in 15th and 16th centuries.] [Ital. and Engl.] ISBN 88-523-0001-5

1234
Borruso, Giuseppe: Cartografia escursionistica tradizionale versus nuove tecnologie geografiche : problemi e prospective. In: Bollettino della Associazione Italiana di Cartografia. 40, 2003, 117-118-119, p.432-443, 4 ill. [Traditional excursionistic cartography versus new geographical technology : problems and perspectives.] [Ital.] ISSN 0044-9733

1235
Borza, Tibor; Frey, Sándor: Az európai múholdas hesymeghatározás és várható hatása a geodéziára. In: Geodézia és kartográfia. 55, 2003, 12, p.3-10, 1 ill., 7 tab. [European satellite navigation systems and their future impact on geodesy.] [Hung. with Engl. rés.] ISSN 0016-7118

1236
Bottmeyer, Manfred: Der virtuelle Feldvergleich : Einführung eines Visualisierungssystems in der amtlichen Gebäudevermessung. In: GeoBit : das Magazin für raumbezogene Informationstechnologie. 8, 2003, 4, p.35-37, 4 ill. ISSN 1430-3663

1237
Bousquet-Bressolier, Catherine: Du paysage naturel à l'utopie : le corps des ingénieurs-géographes et la diffusion d'un savoir théorique sur les cartes. In: Le paysage des cartes : genèse d'une codification ; actes de la 3e journée d'études du Musée des Plans-Reliefs, Paris, 19 novembre 1998. Sous la dir. de Cathérine Bousquet-Bressolier. - Paris: Musée des Plans-Reliefs 1999, p.81-97, 7 ill. ISBN 2-902559-31-3

1238
Burke, Michael: Transfer of admiralty charts of the British Isles to a WGS 84. In: The Cartographic Journal. 40, 2003, 1, p.89-93, 4 ill. ISSN 0008-7041

1239
Byrnes, Giselle: Boundary markers : land surveying and the colonisation of New Zealand. - Wellington: Bridget Williams

Books 2001, IX, 158 p., ill., mp. [Includes bibliographical refernces (p.144-154) and index] ISBN 1-87724-290-X

1240
čada, Václav; Marzín, Václav: Vedení a údržba D-SGI v lokalitách sáhových map. In: Geodetický a kartografický obzor. 49, 2003, 12, p.243-253, 5 ill. [Administration and maintenance of the digital file of geodetic information at loacations with maps at fathom scales.] [Czech with Engl. rés.]

1241
čechurová, Monika: Souřadnicové výpočty v kladu list├ rakouských topografických map ze III. vojenského mapováni. In: Geodetický a kartografický obzor. 49, 2003, 6, p.103-108, 4 ill. [Coordinate calculation in the map layout of Austrian topographic maps from the third military survey.] [Czech. with Engl. rés.] ISSN 0016-7096

1242
Chapuis, Alain and others: Développement de la photogrammétrie en Suisse. In: Geomatik Schweiz : Geoinformation und Landmanagement. 101, 2003, 9, p.502-506, 7 ill., 6 tab. [French with Germ., and Ital. rés.] ISSN 0252-9424

1243
Chueca Pazos, Manuel; García García, Francisco; Quintanilla-García, Israel: Los estudios de Ingeniería Técnica Topográfica en España : Escuela Técnica Superior de Ingeniería Geodésica, Cartográfica y Topográfica (Universidad Politécnica de Valencia). In: Topografia y cartografia : TOPCART. 20, 2003, 116, p.58-68, 23 ill. [The studies of Topographic Technical Engineering in Spain : Superior Technical school of Geodesic, Cartographic and Topographic Engineering (Polytechnical University of Valencia).] [Span.] ISSN 0212-9280

1244
Cigrovski-Detelić, Brankica: Geodetic contribution to the determination of recent tectonic activities at the area of Croatia. In: Allgemeine Vermessungs-Nachrichten. 110, 2003, 8-9, p.288-298, 6 ill., 1 tab. ISSN 0002-5968

1245
Clergeot, Pierre: Aux origines du cadastre général parcellaire français. In: XYZ : revue de l'Association Française de Topographie. 25, 2003, 95, p.57-61. ISSN 0290-9057

1246
Cone, Leslie: The National Integrated Land System. In: Surveying and land information science. 63, 2003, 4, p.227-233, 6 ill. ISSN 1538-1242

1247
Cowen, David J.; Craig, William: A retrospective look at the need for a multipurpose cadastre. In: Surveying and land information science. 63, 2003, 4, p.205-214. ISSN 1538-1242

1248
Craig, Belle A.; Wahl, Jerry L.: Cadastral survey accuracy standards. In: Surveying and land information science. 63, 2003, 2, p.87-106, 4 ill., 1 tab. ISSN 1538-1242

1249
Dačev, Ju.; Belev, B.: Sistema za elektronno izobrazjavane na karti i informacija (ECDIS). In: Geodezija, kartografija, zemeustrojstvo. 43, 2003, 1-2, p.15-17, 4 ill., 1 tab. [An electronic chart and document imaging system (ECDIS).] [Bulg. with Engl. rés.] ISSN 0324-1610

1250
De kadastrale kaart van 1832 : digitale ontsluiting on landschapsecologische

toepassingen. W.C.Knol ; M.W.M.Noordman. - Wageningen: Alterra, Research Inst. voor de Groene Ruimte 2003, 60 p., ill., mp. (Alterra-rapport ; 820)

1251
Débarbat, Suzanne: La méridienne de France. In: XYZ : revue de l'Association Française de Topographie. 25, 2003, 96, p.65-68, 4 ill. ISSN 0290-9057

1252
Derenbach, Heinrich: SAPOS aktuell. In: GPS 2002 : Antennen Höhenbestimmungen und RTK-Anwendungen : Beiträge zu 57. DVW-Seminar am 16. und 17. September 2002 in Karlsruhe ; [Beiträge 57. DVW-Seminars zu den Aktuellen Fragestellungen GPS 2002]. Redaktion Bernhard Heck und Michael Illner. - Stuttgart: Verlag Konrad Wittwer 2002, p.19-27, 3 ill., 2 tab. (Schriftenreihe des DVW ; 44) ISBN 3-87919-281-2

1253
Dick, H.-G.; Derenbach, H.: Ein Festpunktfeld wird aktiv - Aufbau und Betrieb von SAPOS in Baden-Württemberg. In: Mitteilungen und Veröffentlichungen zum Vermessungswesen aus den Themenbereichen Geodäsie, Geoinformation und Landmanagement / Deutscher Verein für Vermessungswesen, Landesverein Baden-Württemberg e.V. 50, 2003, 2, p.21-47, 8 ill., 3 tab. ISSN 0940-2942

1254
Diewald, Günter: Verborgene Datenschätze heben : der Weg der Verbandsgemeinde Bruchmühlbach-Miesau zum GIS. In: GeoBit : das Magazin für raumbezogene Informationstechnologie. 8, 2003, 8, p.32-33, 3 ill. ISSN 1430-3663

1255
Dokumentierte Landschaft : öffentliches Vermessungswesen in Baden-Württemberg. [Hrsg.: Wirtschaftsministerium Baden-Württemberg]. - Stuttgart: Wirtschaftsministerium Baden-Württemberg 2002, 16 p., ill., mp.

1256
Drewes, Hermann: Das Deutsche Geodätische Forschungsinstitut - ehemals Abteilung I: Theoretische Geodäsie. In: Am Puls von Raum und Zeit : 50 Jahre Deutsche Geodätische Kommission ; Festschrift. Hrsg. von Jörg Albertz u.a. - München: Verl. der Bayerischen Akad. der Wiss. in Kommission bei Beck 2002, p.159-177, 17 ill., 1 tab. (Deutsche Geodätische Kommission bei der Bayerischen Akademie der Wissenschaften : Reihe E, Geschichte und Entwicklung der Geodäsie ; 26) ISBN 3-7696-9669-7

1257
Drewes, Hermann: Die Entwicklung der geometrischen Referenzsysteme in der Geodäsie. In: Am Puls von Raum und Zeit : 50 Jahre Deutsche Geodätische Kommission ; Festschrift. Hrsg. von Jörg Albertz u.a. - München: Verl. der Bayerischen Akad. der Wiss. in Kommission bei Beck 2002, p.47-53, 4 ill. (Deutsche Geodätische Kommission bei der Bayerischen Akademie der Wissenschaften : Reihe E, Geschichte und Entwicklung der Geodäsie ; 26) ISBN 3-7696-9669-7

1258
Du, Zhixing; Liu, Jingnan: Jointly inversing the plate driving forces on the boundaries around Sichuan-Yunnan area using GPS measurements of the Crustal Movement Observation Network of China and the principal stress orientation data of China area. In: Geomatics and information science of Wuhan University. 28, 2003, 2, p.162-166 (+ p.176), 5 ill., 2 tab. [Chin. with Engl. rés.] ISSN 1000-050X

1259
Eissfeller, Bernd: Das Europäische Satellitennavigationssystem GALILEO. In: GPS 2002 : Antennen Höhenbestimmungen und RTK-Anwendungen : Beiträge zu 57. DVW-Seminar am 16. und 17. September 2002 in Karlsruhe ; [Beiträge 57. DVW-Seminars zu den Aktuellen Fragestellungen GPS 2002]. Redaktion Bernhard Heck und Michael Illner. - Stuttgart: Verlag Konrad Wittwer 2002, p.28-45, 11 ill., 3 tab. (Schriftenreihe des DVW ; 44)
ISBN 3-87919-281-2

1260
European Vertical Reference Network (EUVN) : final documentation. International Association of Geodesy, Section I - Positioning, Commission X - Global and Regional Geodetic Networks. Ed. by Johannes Ihde ... - Frankfurt a.M.: Verl. des Bundesamtes für Kartographie und Geodäsie 2002 (Mitteilungen des Bundesamtes für Kartographie und Geodäsie ; ...)

1261
Fejes, István: GNSS földi infrastruktúra : az EUPOS kezdeményezés. In: Geodézia és kartográfia. 55, 2003, 2, p.22-27, 3 ill., 2 tab. [The EUPOS initiative.] [Hung. with Engl. rés.] ISSN 0016-7118

1262
Fenoglio-Marc, Luciana; Groten, Erwin: On the variability of mean sea level. In: Allgemeine Vermessungs-Nachrichten. 110, 2003, 2, p.55-59, 4 ill.
ISSN 0002-5968

1263
Ferrar, Michael; Richardson, Alan: The Roman survey of Britain. - Oxford: Hedges [u.a.] 2003, II, 83 p., ill, mp. (British Archaeological Reports : BAR - British series ; 359) ISBN 1-8417-1348-1

1264
Festschrift Univ.-Prof. Dr. Ing. Günter Seeber zum 60. Geburtstag : 30 Jahre satellitengestützte Positionsbestimmung in Wissenschaft und Praxis ; von der Meter- zur Subzentimetergenauigkeit. [Hrsg.: Institutz für Erdmessung, AG Geodätische Raumverfahren. Red.: Stefan Willgalis]. - Hannover: Inst. für Erdmessung, AG Geodätische Raumverfahren 2001, VII, 169 p., ill., mp. (Wissenschaftliche Arbeiten der Fachrichtung Vermessungswesen der Universität Hannover ; 239)
ISSN 0174-1454

1265
Fleck, Alajos: A szögmérés kezdetei a földmérésben. In: Geodézia és kartográfia. 55, 2003, 5, p.19-26, 20 ill. [The very beginning of the angle measuring in Land-surveying.] [Hung. with Engl. rés.]
ISSN 0016-7118

1266
Forsthuber, Johannes: Mobiles GIS mit DGPS zur Datenerfassung. In: 12. Internationale Geodätische Woche, Obergurgl 2003. Günter Chesi; Thomas Weinold (Hrsg.). - Heidelberg: Wichmann 2003, p.225-230, 6 ill. ISBN 3-87907-401-1

1267
Frangeš, Stanislav; Frančula, Nedjeljko; Lapaine, Miljenko: 80. obljetnica Geodetskog lista. In: Geodetski list. 57, 2003, 4, p.251-262, 2 ill., 9 tab. [80th anniversary of Geodetski list.] [Croat. with Engl. rés.]
ISSN 0016-710X

1268
Geissl, Gerhard: Joseph Liesganig - die Wiener Meridianmessung und seine Arbeiten im Gebiet von Wiener Neustadt. - Wiener Neustadt: Verein Museum und Archiv für Arbeit und Industrie im Viertel unter dem Wienerwald 2001, 23 p., ill.

(Dokumentation des Industrieviertel-Museums Wiener Neustadt ; 100)

1269
Geodäsie im Küsten- und Meeresbereich : [eine Fachbibliographie]. [red. Bearbeiter: Herbert Fritsch]. - Stuttgart: Fraunhofer-IRB-Verl. 2003, [ca 40] Bl. (IRB-Literaturdokumentation ; 2052) [1. Bd.] [Aktualisierte Fassung vom 28.02.2003]
ISBN 3-8167-1975-9

1270
Gill, Brinda: The Big Man : surveying Sir George Everest. In: Mercator's World. 5, 2000, 4, p.24-27, 1 ill. 1 portr.

1271
Glatthard, Thomas: RAHDIS: Raster- und Höhendaten-Infrastruktur der swisstopo. In: Geomatik Schweiz : Geoinformation und Landmanagement. 101, 2003, 11, p.612-615, 4 ill. [Germ. with French, and Ital. rés.] ISSN 0252-9424

1272
Gorte, B.: Themamiddag Laseraltimetrie. In: Geodesia. 45, 2003, 7/8, p.286-288, 3 ill. [Workshop laseraltimetry.] [Dutch]

1273
Greve, Dieter: Geschichte des Liegenschaftskatasters in Mecklenburg. In: 150 Jahre Mecklenburgische Landesvermessung : 1853-2003. [Hrsg.: Landesvermessungsamt Mecklenburg-Vorpommern. Red.: Kansy, Annelie ...]. - Schwerin: Landesvermessungsamt Mecklenburg-Vorpommern 2003, p.61-71, 3 ill., 1 tab.

1274
Happ, Elmar: Das Forstliche Geographische Informationssystem von Sachsen (FGIS). In: Arbeitsgruppe Automation in der Kartographie : Tagung 2002. - Frankfurt am Main: Verlag des Bundesamtes für Kartographie und Geodäsie 2003, p.39-46, 3 ill. (Mitteilungen des Bundesamtes für Kartographie und Geodäsie ; 24)
ISBN 3-89888-867-3

1275
Harneid, Kirsten; Oswald, Manfred: Liegenschaftsvermessung im Land Brandenburg : Erläuterungen der Verwaltungsvorschrift zur Durchführung von Liegenschaftsvermessungen (Liegenschaftsvermessungsvorschrift - VVLiegVerm) und der Verwaltungsvorschrift zur Qualitätskontrolle bei der Fortführungsentscheidung (Fortführungsentscheidungsvorschrift - VVFortEnt). - Potsdam 2003, 87 p., ill. [in der Fassung vom September 2003]

1276
Heere, Elger: Het bos in met GPS. In: Kartografisch Tijdschrift. 29, 2003, 1, p.5-8, 3 ill. [In the sticks with GPS.] [Dutch with Engl., and French rés.]
ISSN 0167-5788

1277
Heine, Erwin; Mansberger, Reinfried; Ernst, Julius: Landadministration und Dateninfrastruktur : nationale Problemstellungen und europäische Entwicklungen. In: 12. Internationale Geodätische Woche, Obergurgl 2003. Günter Chesi; Thomas Weinold (Hrsg.). - Heidelberg: Wichmann 2003, p.51-66, 7 ill. ISBN 3-87907-401-1

1278
Heksem, Geir: Kvalitetssikring av eiendomsmålinger. In: Kart og plan. 96, 2003, 4, p.221-226, 3 tab. [Quality assurance of cadastral survey.] [Norw. with Engl. rés.]
ISSN 0047-3278

1279
Helbig, Falk: Die kulturgeschichtliche Bedeutung von Geodäsie und Kartographie - eine wesentliche Lehr- und Forschungsaufgabe. In: 10 Jahre Fachhochschulausbildung in den Studiengängen Vermes-

sungswesen und Kartographie an der HTW Dresden (FH) und 50 Jahre Ausbildung von Vermessungs- und Kartographieingenieuren in Dresden. Hrsg. von Uwe Jäschke u.a. Schriftleitung: Kristin Gehrt - Harald Köhler. - Dresden: Fachbereich Vermessungswesen, Kartographie der Hochsch. für Technik und Wirtschaft 2002, p.53-62, 6 ill. (Dresdner Kartographische Schriften ; 4) ISSN 1436-0004

1280
Hornanský, Imrich: Vývojový trend alebo náhoda? In: Geodetický a kartografický obzor. 49, 2003, 6, p.109-112. [A trend of evolution or an accident?] [Czech. with Engl. rés.] ISSN 0016-7096

1281
Hornik, Helmut; Tremel, Herbert: Punktbestimmung im Rahmen der photogrammetrischen Neuaufnahme des Gletschergebietes Tujuksu, Tienschan. In: Allgemeine Vermessungs-Nachrichten. 110, 2003, 1, p.10-15, 4 ill. ISSN 0002-5968

1282
Hutár, Vladimír; Sviček, Michal; Scholz, Peter: Parcelné merania v Slovenskej republike podl'a kritérií Európskerj únie (integrovaný administratívny a kontrolný systém, časø parcelné merania a tolerancie). In: Kartografické listy. 11, 2003, p.24-29, 2 ill., 1 tab. [Measurement of parcels in the Slovak Republic with regard to the European Union's criteria (the measurement of parcels and tolerances as a part of integrated administrative and control system).] [Slovak. with Engl. rés.] ISBN 80-89060-02-1

1283
The Irish grid : a description of the coordinate reference system used in Ireland. - [Dublin] 1996, 43 p., ill., mp. [Includes bibliographical references]

1284
Jäger, Reiner and others: Konzepte und Realisierungen von Datenbanken zur hochgenauen Transformation zwischen klassischen Landessystemen und ITRF/ ETRS89 im aktuellen GIS- und GNSS-Anwendungsprofil. In: 12. Internationale Geodätische Woche, Obergurgl 2003. Günter Chesi; Thomas Weinold (Hrsg.). - Heidelberg: Wichmann 2003, p.211-216, 3 ill. ISBN 3-87907-401-1

1285
Jahn, Cord-Hinrich: Ein neues aktives dreidimensionales Bezugssystem für Niedersachsen. In: Festschrift Univ.-Prof. Dr. Ing. Günter Seeber zum 60. Geburtstag : 30 Jahre satellitengestützte Positionsbestimmung in Wissenschaft und Praxis ; von der Meter- zur Subzentimetergenauigkeit. [Hrsg.: Institutz für Erdmessung, AG Geodätische Raumverfahren. Red.: Stefan Willgalis]. - Hannover: Inst. für Erdmessung, AG Geodätische Raumverfahren 2001, p.63-75, 11 ill., 1 tab. (Wissenschaftliche Arbeiten der Fachrichtung Vermessungswesen der Universität Hannover ; 239) ISSN 0174-1454

1286
Jahresbericht Rapport annuel / Société Suisse des Mensurations et Améliorations Foncières : Schweizerischer Verein für Vermessung und Kulturtechnik, SVVK. Schweizerischer Verein für Vermessung und Kulturtechnik (SVVK). - Scherz: SIGImedia AG 2002, 16 p. [Beil. zu: Vermessung, Photogrammetrie, Kulturtechnik : VPK =Mensuration, photogrammétrie, génie rural] ISSN 0252-9424

1287
Jeffress, Gary A.: The value of cadastral surveying to efficient land administration. In: Surveying and land information science. 63, 2003, 4, p.253-258, 3 ill.
ISSN 1538-1242

1288
Kasser, Michel: Les nouveaux textes réglementaires français en matière de précision des levers. In: XYZ : revue de l'Association Française de Topographie. 25, 2003, 96, p.31-34, 1 tab. ISSN 0290-9057

1289
Kaufmann, Edwin: GPS : Karte und Kompass. - Thun: Ott-Verlag 2003, 96 p., ill. [5. überarbeitete Auflage] [Ed. française: GPS : carte et boussole pour la randonnée, le sport, la course d'orientation. - Chavannes/Renens: Editions MPA, 2003]

1290
Kaufmann, Jürg: Kataster- und Landregistrierungssystem in Georgien. In: Geomatik Schweiz : Geoinformation und Landmanagement. 101, 2003, 12, p.665-668, 7 ill. [Germ. with French, and Ital. rés.] ISSN 0252-9424

1291
Kavanagh, Barry F.: Geomatics. - Upper Saddle River, NJ: Prentice Hall 2003, XII, 589 p., ill., mp. ISBN 0-13-032289-X [Includes bibliographical references and index]

1292
Keay, John: The Great Arc : Epedition Great Arc. Aus dem Engl. von Gabriele Gockel; Bernhard Jendricke u. Rita Seuß (Kollektiv Druck- Reif). - Frankfurt/Main [u.a.]: Campus-Verl. 2002, 234 p., ill., mp. ISBN 3-593-36947-8

1293
Kennedy, Michael: The global positioning system and GIS : an introduction. - London [u.a.]: Taylor & Francis 2002, XXXII, 345 p., ill., mp., 1 CD-ROM. [2. ed.] ISBN 0-415-28608-5

1294
Kerner, Martin: Urgeschichtliches Nivellieren und Horizontieren. In: Vermessung, Photogrammetrie, Kulturtechnik. 101, 2003, 1, p.20-22, 5 ill. [Germ. with French, and Ital. rés.] ISSN 0252-9424

1295
Knobloch, Eberhard; Lelgemann, Dieter; Fuls, Andreas: Zur hellenistischen Methode der Bestimmung des Erdumfanges und zur Asienkarte des Klaudios Ptolemaios : fit für ALKIS? In: ZfV : Zeitschrift für Geodäsie, Geoinformation und Landmanagement. 128, 2003, 3, p.211-217, 2 ill., 4 tab. ISSN 1618-8950

1296
Koler, Božo; Vardjan, Nuša: Analiza stanja nivelmanskih mrež Republike Slovenij. In: Geodetski vestnik. 47, 2003, 3, p.251-262, 6 ill., 7 tab. [Analysis of the State of Slovenian levelling network.] [Sloven. with Engl. rés.] ISSN 0351-0271

1297
Krieg, Bettina; Matusczyk, Jörg: Die Daten vor Ort : Kombination von Satellitenmesstechnik und mobilem grafischem Informationssystem in der Energieversorgung. In: GeoBit : das Magazin für raumbezogene Informationstechnologie. 8, 2003, 10, p.36-37, 2 ill.

1298
Kummer, Reinhard: Karte, Kompass, GPS. - Welver: Stein 2003, 99 p., ill., mp. (Outdoor-Handbuch : Basiswissen für draußen ; Bd. 4) ISBN 3-89392-604-6 [4., überarb. Aufl.]

1299
Lago, Luciano: From the flat earth to the globe : conjecture and experience for an epistemological revolution. In: Imago Italiae : the making of Italy in the history

of cartography from the Middle Ages to the Modern era ; reality, image and imagination from the Codices of Claudius Ptolemy ... Contributions by Laura Cassi ... - Trieste: Goliardica E.U.T. 2002, p.93-117, 28 ill. ISBN 88-88745-00-9

1300
Lelgemann, Dieter; Noak, Martin: Transformation des Deutschen Hauptdreiecknetzes DHDN in das Europäische Terrestrische Referenzsystem ETRS 89. In: ZfV : Zeitschrift für Geodäsie, Geoinformation und Landmanagement. 128, 2003, 6, p.411-414, 3 tab. ISSN 1618-8950

1301
Lenk, Ulrich: Effiziente (adaptive) Triangulation von Vermessungsdaten in der Geländemodellierung. In: Arbeitsgruppe Automation in der Kartographie : Tagung 2002. - Frankfurt am Main: Verlag des Bundesamtes für Kartographie und Geodäsie 2003, p.59-83, 20 ill., 1 tab. (Mitteilungen des Bundesamtes für Kartographie und Geodäsie ; 24)
ISBN 3-89888-867-3

1302
Lenk, Ulrich: Triangulationen und Adaptive Triangulationen : ein Verfahren zur Ausdünnung unregelmäßig verteilter Massenpunkte in der Geländemodellierung. In: ZfV : Zeitschrift für Geodäsie, Geoinformation und Landmanagement. 128, 2003, 1, p.47-56, 7 ill., 1 tab. ISSN 1618-8950

1303
Lenk, Ulrich; Lelgemann, Dieter; Fuls, Andreas: 2.5D-Diskontinuitäten in der Geländemodellierung und spezielle Aspekte bei Delaunay-Triangulationen. In: ZfV : Zeitschrift für Geodäsie, Geoinformation und Landmanagement. 128, 2003, 3, p.357-365, 7 ill. ISSN 1618-8950

1304
Leonardo genio e cartografo : la rappresentazione del territorio tra scienza e arte ; [Arezzo, Palazzo Comunale, 21 giugno 2003 - 30 settembre 2003]. A cura di Andrea Cantile. - Firenze: Istituto Geografico Militare 2003, 383 p., ill., mp. [Leonardo: the genius and the cartographer : the representation of land in science and art.] [Ital. and Engl.] [Exhibition catalogue] [Contains bibliography] ISBN 88-523-0001-5

1305
Li, Bijun; Zhang, Zhixian; Ren, Juan: Extraction of building's feature from laser scanning data. In: Geomatics and information science of Wuhan University. 28, 2003, 1, p.65-70, 6 ill., 1 tab. [Chin. with Engl. rés.] ISSN 1000-050X

1306
Die Liegenschaftsvermessungen im Land Brandenburg. Land Brandenburg, Ministerium des Innern. - [Potsdam]: Ministerium des Innern des Landes Brandenburg 2003, 1 CD-ROM. [Elektronische Ressource]

1307
Lipej, Božena: Novi izzivi in nove priložnosti Slovenske geodezije. In: Geodetski vestnik. 47, 2003, 4, p.375-386, 5 ill. [New challenges and new opportunities for Slovene geodesy.] [Sloven. with Engl. rés.] ISSN 0351-0271

1308
Loef, Peter; Kühnel, Johannes; Naumann, Stefan: Auf der Pirsch nach Daten : satellitengestütze Vermessung im Wald mit GPS und GLONASS. In: GeoBit : das Magazin für raumbezogene Informationstechnologie. 8, 2003, 8, p.17-19, 3 ill. ISSN 1430-3663

1309
Los estudios de Ingeniería Técnica Topográfica en España : Centro Universitario de

Mérida (Universidad de Extremadura). In: Topografía y cartografía : TOPCART. 20, 2003, 114, p.58-62, 5 ill., 6 tab. [The studies of Topographic Technical Engineering in Spain : University center of Mérida (University of Extremadura).] [Span.]

1310
Making maps compatible with GPS : transformations between the Irish grid and the GPS co-ordinate reference frame WGS84/ ETRF89. - Dublin: O.S.I. 1999, 31 p., ill., mp. [Zugl.: [Belfast.]: Ordnance Survey of Northern Ireland]

1311
Mathisen, Olav: Evaluering av WSKTRANS. In: Kart og plan. 96, 2003, 1, p.34-42, 9 ill., 1 tab. [Evaluation of WSKTRANS.] [Norw. with Engl. rés.] ISSN 0047-3278

1312
Mayer, Karl-Werner: Die Auswirkungen der beiden Weltkriege auf das kommunale Vermessungsamt. In: 100 Jahre Stadtvermessung in Münster : 1899-1999. Autoren: Paul Alt-Epping u.a. - Münster: Vermessungs- und Katasteramt 1999, p.13-19, 4 ill.

1313
Mayer, Karl-Werner: Historische Entwicklung des städtischen Vermessungsamtes. In: 100 Jahre Stadtvermessung in Münster : 1899-1999. Autoren: Paul Alt-Epping u.a. - Münster: Vermessungs- und Katasteramt 1999, p.7-12, 3 ill., 3 portr.

1314
Meichle, H.: Passpunktfreie direkte Höhenbestimmung mittels DFHBF in Baden-Württemberg. In: GPS 2002 : Antennen Höhenbestimmungen und RTK-Anwendungen : Beiträge zu 57. DVW-Seminar am 16. und 17. September 2002 in Karlsruhe ; [Beiträge 57. DVW-Seminars zu den Aktuellen Fragestellungen GPS 2002]. Redaktion Bernhard Heck und Michael Illner. - Stuttgart: Verlag Konrad Wittwer 2002, p.197-223, 18 ill. (Schriftenreihe des DVW ; 44) ISBN 3-87919-281-2

1315
Meng, Liqiu: Zur Entwicklung und Nutzung von Geodiensten. In: Am Puls von Raum und Zeit : 50 Jahre Deutsche Geodätische Kommission ; Festschrift. Hrsg. von Jörg Albertz u.a. - München: Verl. der Bayerischen Akad. der Wiss. in Kommission bei Beck 2002, p.89-95, 7 ill. (Deutsche Geodätische Kommission bei der Bayerischen Akademie der Wissenschaften : Reihe E, Geschichte und Entwicklung der Geodäsie ; 26) ISBN 3-7696-9669-7

1316
Meyer, Nancy von: Implementing the FGDC cadastral standard in ArcGIS. In: Surveying and land information science. 63, 2003, 4, p.215-226, 8 ill. ISSN 1538-1242

1317
Mihály, Szabolcs: A földügyi és térképészeti szakigazgatás feladatairól az információs társadalomban. In: Geodézia és kartográfia. 55, 2003, 11, p.6-11. [Mission of the Hungarian Land and Mapping Administration in information society.] [Hung. with Engl. rés.] ISSN 0016-7118

1318
Milev, G. and others: Osnovy za priloženie na Euref v B'lgarija. In: Geodezija, kartografija, zemeustrojstvo. 43, 2003, 1-2, p.3-9, 7 ill., 3 tab. [Foundamentals of EUREF implementation in Bulgaria.] [Bulg. with Engl. rés.] ISSN 0324-1610

1319
Minow, Helmut: Vermessungsprobleme in den Schriften der römischen Agrimensoren. In: Vermessung, Photogrammetrie, Kultur-

technik. 101, 2003, 1, p.14-19, 12 ill. [Germ. with French, and Ital. rés.] ISSN 0252-9424

1320
Möller, Günter: Umsetzung des ALKIS-Konzepts in Rheinland-Pfalz. In: 12. Internationale Geodätische Woche, Obergurgl 2003. Günter Chesi; Thomas Weinold (Hrsg.). - Heidelberg: Wichmann 2003, p.103-112, 6 ill. ISBN 3-87907-401-1

1321
Movsesjan, R.A. and others: Seismičeskaja geodezija - novoe napravlenie v geodinamike. In: Geodezija i kartografija : oficial'nyj organ Federal'noj Sluzby Geodezii i Kartografii Rossii i Geodeziceskich Sluzb Stran. 2003, 1, p.27-31. [Seismic geodesy - a new trend in geodinamics.] [Russ.] ISSN 0016-7126

1322
Müller, Hans: 40 Jahre Ausbildung an der Ingenieurschule für Geodäsie und Kartographie in Dresden (1952-1992). In: 10 Jahre Fachhochschulausbildung in den Studiengängen Vermessungswesen und Kartographie an der HTW Dresden (FH) und 50 Jahre Ausbildung von Vermessungs- und Kartographieingenieuren in Dresden. Hrsg. von Uwe Jäschke u.a. Schriftleitung: Kristin Gehrt - Harald Köhler. - Dresden: Fachbereich Vermessungswesen, Kartographie der Hochsch. für Technik und Wirtschaft 2002, p.35-41, 6 ill. (Dresdner Kartographische Schriften ; 4) ISSN 1436-0004

1323
Nagel, Günter: "Public Private Partnership" in der deutschen Satellitenpositionierung SAPOS : Zusammenarbeit der Bayerischen Landesvermessung mit der Ruhrgas AG ; Teil 1. In: Mitteilungen des DVW-Bayern e.V. 55, 2003, 2, p.117-131, 8 ill. ISSN 0723-6336

1324
Neidhart, Frank: Von der Bildflugplanung bis zum GIS in 24 Stunden. In: Arbeitsgruppe Automation in der Kartographie : Tagung 2002. - Frankfurt am Main: Verlag des Bundesamtes für Kartographie und Geodäsie 2003, p.87-101, 4 ill. (Mitteilungen des Bundesamtes für Kartographie und Geodäsie ; 24) ISBN 3-89888-867-3

1325
Núñez Andrés, Amparo: Los estudios de Ingeniería Técnica Topográfica en España : Escuela Universitaria Politécnica de Barcelona (Universidad Politécnica de Cataluña). In: Topografía y cartografía : TOPCART. 20, 2003, 115, p.10-15, 8 ill., 9 tab. [The studies of Topographic Technical Engineering in Spain : Polytechnical University school of Barcelona (Polytechnical University of Catalonia).] [Span.] ISSN 0212-9280

1326
Pahulje, Darko; Čeh, Marjan: Anketa o uvajanju novih tehnologij v geodetzske merske postopke. In: Geodetski vestnik. 47, 2003, 1&2, p.27-36, 3 ill. [Questionnair introduction of new technologies into geodetic measurements.] [Sloven. with Engl. rés.] ISSN 0351-0271

1327
Pecci, Massimo: Cartografia geomorfologica delle aree di alta montagna applicata alla riduzione dei rischi naturali : integrazione di rilievi tradizionali e tecnologie GIS e GPS nel caso di studio del Cho Oyu - Himalaya, Tibet. In: Bollettino della Associazione Italiana di Cartografia. 40, 2003, 117-118-119, p.499-506, 7 ill., 1 tab. [Geomorphological cartography of high mountain areas for the reduction of natural risks : integration of traditional reliefs and GIS technology and GPS in the case of the study of the Cho Oyu - Himalaya, Tibet.] [Ital.] ISSN 0044-9733

1328
Polli, Mariano; Sala, Bruno: La cartografia oggi in provincia di Trento e suoi sviluppi futuri. In: Bollettino della Associazione Italiana di Cartografia. 40, 2003, 117-118-119, p.104-110, 8 ill. [Cartography today in the province of Trento and its future development.] [Ital.] ISSN 0044-9733

1329
Rao, Sebastiano: L'esperienza del progetto INTERREG II Alpi senza frontiere. In: Bollettino della Associazione Italiana di Cartografia. 40, 2003, 117-118-119, p.444-451, 1 ill., 1 tab. [Experiences with the project INTERREG II Alps without borders.] [Ital.]

1330
Reis, Olivier: Intergeo, rendez-vous automnal des topographes de tous horizons. In: XYZ : revue de l'Association Française de Topographie. 25, 2003, 97, p.26-27, 1 ill. ISSN 0290-9057

1331
Report on the Symposium of the IAG Subcommission for Europe (EUREF), held in Ponta Delgada, 5-8 June 2002. Ed. by Joao Agria Torres and Helmut Hornik. - Frankfurt a.M.: Verl. des Bundesamtes für Kartographie und Geodäsie 2003, 426 p., ill., mp. (Mitteilungen des Bundesamtes für Kartographie und Geodäsie ; 29) ISBN 3-89888-873-8

1332
Resnik, Boris; Bill, Ralf: Vermessungskunde für den Planungs-, Bau- und Umweltbereich. - Heidelberg: Wichmann 2003, XII, 303 p., ill. + 1 CD-ROM. ISBN 3-87907-399-6

1333
Rodemerk, Gunter: Die Nutzung von SAPOS bei Liegenschaftsvermessungen in Brandenburg. In: Vermessung Brandenburg. 8, 2003, p.26-30, 3 ill. ISSN 1430-7650

1334
Schmidt, Hubert: Warum GUM? : Kritische Anmerkungen zur Normdefinition der "Messunsicherheit" und zu verzerrten "Elementarfehlermodellen". In: ZfV : Zeitschrift für Geodäsie, Geoinformation und Landmanagement. 128, 2003, 5, p.303-312. ISSN 1618-8950

1335
Schmitt, Günter: Integration aktueller Forschungsergebnisse in die Lehre am Beispiel "Netzplanung". In: Allgemeine Vermessungs-Nachrichten. 110, 2003, 2, p.47-50, 4 ill. ISSN 0002-5968

1336
Schneider, D.: Landesvermessung einst und heute. In: Geomatik Schweiz : Geoinformation und Landmanagement. 101, 2003, 12, p.669-674, 10 ill. [Germ. with French, and Ital. rés.] ISSN 0252-9424

1337
Schöler, Horst; Hoffmeister, Helmut: Heinrich Wild und sein Wirken für den geodätischen Instrumentenbau in Jena. In: Mitteilungen des DVW-Bayern e.V. 55, 2003, 1, p.53-61, 6 ill. ISSN 0723-6336

1338
Schrader, Reiner: INTERGEO 2003 : Programmpunkt Hamburg. In: ZfV : Zeitschrift für Geodäsie, Geoinformation und Landmanagement. 128, 2003, 4, p.233-234, 3 ill. ISSN 1618-8950

1339
Schüttel, Marcel: ALB und ALK : fit für ALKIS? In: ZfV : Zeitschrift für Geodäsie, Geoinformation und Landmanagement. 128, 2003, 3, p.185-192, 4 tab. ISSN 1618-8950

1340
Schultz, Wolfgang: Untersuchungen zur Anwendung von SAPOS -HEPS im Liegenschaftskataster. In: Vermessung Brandenburg. 8, 2003, p.19-26, 8 ill.
ISSN 1430-7650

1341
Seeber, Günter: Satellite geodesy : [foundations, methods, and applications]. - Berlin [u.a.]: de Gruyter 2003, XIX, 589 p., ill., mp. [Enth. Lite-raturangaben (p.539-574) und Index (p.575-589)] [2. compl. revised and extended ed.]
ISBN 3-11-017549-5

1342
Seeger, Hermann and others: Geschichte des Instituts für Angewandte Geodäsie - Abteilung II des DGFI. In: Am Puls von Raum und Zeit : 50 Jahre Deutsche Geodätische Kommission ; Festschrift. Hrsg. von Jörg Albertz u.a. - München: Verl. der Bayerischen Akad. der Wiss. in Kommission bei Beck 2002, p.178-214, 6 ill., 6 portr., 1 tab. (Deutsche Geodätische Kommission bei der Bayerischen Akademie der Wissenschaften : Reihe E, Geschichte und Entwicklung der Geodäsie ; 26)
ISBN 3-7696-9669-7

1343
Sengoku, Arata: Amendmment of the hydrographic activities law and nautical charts based on WGS-84. In: Map : journal of the Japan Cartographers Association. 41, 2003, 3, p.25-31, 1 ill. [Jap.]
ISSN 0009-4897

1344
Serrano Colmenarejo, Nicolás; Priéto Morín, Juan; Farjas-Abadía, Mercedes: Los estudios de Ingeniería Técnica Topográfica en España : Escuela Universitaria de Ingeniería Técnica Topográfica (Universidad Politécnica de Madrid). In: Topografia y cartografia : TOPCART. 20, 2003, 117, p.56-64, 9 ill., 3 tab. [The studies of Topographic Technical Engineering in Spain : University school of Topographic Technical Engineering (Polytechnical University of Madrid).] [Span.] ISSN 0212-9280

1345
Sidorov, E.G.: Razrabotka GIS syr'evoj bazy dlja elemontov platinovoj gruppy. In: Geodezija i kartografija : oficial'nyj organ Federal'noj Sluzby Geodezii i Kartografii Rossii i Geodeziceskich Sluzb Stran. 2003, 2, p.43-44. [Elaboration of GIS of raw material base of platinum group.] [Russ.]
ISSN 0016-7126

1346
Sillard, Patrick: Arrźté sur les classes de précision applicables aux catégories de travaux topographiques : quelques aspects statistiques. In: XYZ : revue de l'Association Française de Topographie. 25, 2003, 96, p.35-39, 1 ill. ISSN 0290-9057

1347
Šíma, Jiří: Analýza úrovně zeměměřických služeb evropských zemí na základě národních zpráv prezentovaných na CERCO a EuroGeographics : (1. část). In: Geodetický a kartografický obzor. 49, 2003, 11, p.239-[243]. [An analysis of level regarding mapping agencies of European coutries as presented at CERCO and EuroGeographics.] [Czech with Engl. rés.]

1348
Šíma, Jiří: Analýza úrovně zeměměřických služeb evropských zemí na základě národních zpráv prezentovaných na CERCO a EuroGeographics : (2. část). In: Geodetický a kartografický obzor. 49, 2003, 12, p.253- 259. [An analysis of level regarding mapping agencies of European coutries as presented at CERCO and EuroGeographics.] [Czech with Engl. rés.]

1349
Snay, Richard: Introducing two spatial reference frames for regions of the Pacific Ocean. In: Surveying and land information science. 63, 2003, 1, p.5-12, 1 ill., 4 tab. ISSN 1538-1242

1350
Spata, Manfred: Müfflings Kartenaufnahme der Rheinlande 1814-1828. In: Fachinformationsblatt / Deutscher Verein für Vermessungswesen (DVW), Landesverein Thüringen e.V. - Gotha 2002, p.19-31, 1 ill., 6 mp. (Fachinformationsblatt / Deutscher Verein für Vermessungswesen, Landesverein Thüringen ; 4)

1351
Spatial data quality. Ed. by Wenzhong Shi. - London [u.a.]: Taylor & Francis 2002, XX, 313 p., ill., mp. ["...grew out of an international Symposium on Spatial Data Qality held in Hong Kong in the summer of 1999"] ISBN 0-415-25835-9

1352
Speich, Daniel: Das Grundbuch als Grund aller Pläne : Präzision und die Fiktion der Überschaubarkeit im Entstehungsprozess eines modernen Rechtsstaats. In: Vermessene Landschaften : Kulturgeschichte und technische Praxis im 19. und 20. Jahrhundert. Hrsg. von David Gugerli. - Zürich: Chronos 1999, p.137-148. (Interferenzen ; 1) ISBN 3-905313-12-X

1353
Spreckels, Volker: Einführung fester Transformationsparameter vom ETRS'89 zum Gauß-Krüger-Koordinatensystem über NWREF-Punkte zur einheitlichen Führung der Koordinaten und GIS-Datenbestände der Deutschen Steinkohle AG (DSK AG). In: Auf dem Weg zu operationellen Prozessketten in Photogrammetrie, Fernerkundung und Geoinformation : 23. wissenschaftlich-technische Jahrestagung der DGPF 9. - 11. September 2003 in Bochum. Eckhardt Seyfert, Hrsg. - Münster: Geschäftsstelle der DGPF 2003, p.145-156, 8 ill. (Publikationen der Deutschen Gesellschaft für Photogrammetrie, Fernerkundung und Geoinformation e.V. ; Band 12) [CD-ROM enth.: Farbabbildungen des Tagungsbandes] ISSN 0942-2870

1354
Steinhilber, U.: Entwicklung und Einsatz von SAPOS in Baden-Württemberg. In: Mitteilungen und Veröffentlichungen zum Vermessungswesen aus den Themenbereichen Geodäsie, Geoinformation und Landmanagement / Deutscher Verein für Vermessungswesen Landesverein Baden-Württemberg e.V. 50, 2003, 2, p.13-20. ISSN 0940-2942

1355
Strand, Geir-Harald: Fjerde generasjon geodata på nett - utvikling av en nasjonal geografisk infrastruktur. In: Kart og plan. 96, 2003, 2, p.70-76, 4 ill. [Fourth generation geospatial data on the Internet - the development of a national geospatial infrastructure.] [Norw. with Engl. rés.] ISSN 0047-3278

1356
Stroffolino, Daniela: Sui trattati di rilevamento fra Quattro e Cinquecento. In: Leonardo genio e cartografo : la rappresentazione del territorio tra scienza e arte ; [Arezzo, Palazzo Comunale, 21 giugno 2003 - 30 settembre 2003]. A cura di Andrea Cantile. - Firenze: Istituto Geografico Militare 2003, p.45-104, ill. [About the treatises between the Quattrocento and the Cinquecento.] [Ital. and Engl.] ISBN 88-523-0001-5

1357
Sturani, Maria Luisa: Strumenti e tecniche di rilevamento cartografico negli stati sabaudi tra XVI e XVIII secolo. In: Carte e

cartografi degli Stati Sabaudi : rappresentare uno stato dal XVI al XVIII secolo. A cura di Rinaldo Comba e Paola Sereno. - Torino [u.a.]: U.Allemandi 2002, p.103-114. (Archivi di arte e cultura piemontesi) [Instruments and techiques of cartographical survey in the States of Savoy between XVI and XVIII century.] [Ital.] [Vol. 1 + 2] ISBN 88-422-0717-9

1358
Świderski, Grzegorz Dominik: Cyfrowy Zestaw Akwizycji i Rejestracji (CZAR). In: Polski przegląd kartograficzny. 35, 2003, 1, p.37-40, 3 ill. [Digital set of acquisition and registration (CZAR).] [Pol.] ISSN 0324-8321

1359
Takács, Bence: Lokális ionoszféra-modellek Magyarország területére. In: Geodézia és kartográfia. 55, 2003, 6, p.19-25, 8 ill., 1 tab. [Local ionosphere models for the area of Hungary.] [Hung. with Engl. rés.] ISSN 0016-7118

1360
Thurston, Jeff; Poiker, Thomas K.; Moore, Patrick: Integrated geospatial technologies : a guide to GPS, GIS, and data logging. - Hoboken, NJ: Wiley 2003, XIII, 266 p. ISBN 0-471-24409-0

1361
Timár, Gábor; Kubány, Csongor; Molnár, Gábor: A magyarországi Gauss-Krüger-vetületú katonai topográfiai térképek dátumparaméterei. In: Geodézia és kartográfia. 55, 2003, 7, p.18-22, 3 tab. [Datum parameters of the Hungarian Gauss-Krüger military topographic maps.] [Hung. with Engl. rés.] ISSN 0016-7118

1362
Torge, Wolfgang: Günter Seeber 60 Jahre : zur Entwicklung der Satellitengeodäsie an der Universität Hannover. In: Festschrift Univ.-Prof. Dr. Ing. Günter Seeber zum 60. Geburtstag : 30 Jahre satellitengestützte Positionsbestimmung in Wissenschaft und Praxis ; von der Meter- zur Subzentimetergenauigkeit. [Hrsg.: Institut für Erdmessung, AG Geodätische Raumverfahren. Red.: Stefan Willgalis]. - Hannover: Inst. für Erdmessung, AG Geodätische Raumverfahren 2001, p.9-13. (Wissenschaftliche Arbeiten der Fachrichtung Vermessungswesen der Universität Hannover ; 239) ISSN 0174-1454

1363
Torge, Wolfgang: Müffling und die europäischen Gradmessungen und Landesvermessungen im 18. und 19. Jahrhundert. In: Fachinformationsblatt / Deutscher Verein für Vermessungswesen (DVW), Landesverein Thüringen e.V. - Gotha 2002, p.5-18, 2 ill., 3 mp., 1 portr. (Fachinformationsblatt / Deutscher Verein für Vermessungswesen, Landesverein Thüringen ; 4)

1364
Tsotsos, G.P.; Savvaidis, P.D.: Identification of unidentified hostorical sites in Macedonia with the aid of a comparison of Ptolemy's and present-day coordinates. In: The Cartographic Journal. 40, 2003, 3, p.235-242, 9 ill., 7 tab. ISSN 0008-7041

1365
Tutsch, Gernot: Von Geodaten zu Geoinformation. In: 12. Internationale Geodätische Woche, Obergurgl 2003. Günter Chesi; Thomas Weinold (Hrsg.). - Heidelberg: Wichmann 2003, p.236-244, 11 ill. ISBN 3-87907-401-1

1366
Vagács, Géza: Az 1808. évi háromszögelési láncolat és a második katonai felmérés. In: Geodézia és kartográfia. 55, 2003, 5, p.33-38, 4 ill. [The triangulation chain of 1808 and the second

military survey.] [Hung. with Engl. rés.]
ISSN 0016-7118

1367
Vasconcelos, M.; Patrício, P.: Coordinate transformation in Portugal Mainland - a brief study. In: Report on the Symposium of the IAG Subcommission for Europe (EUREF), held in Ponta Delgada, 5-8 June 2002. Ed. by Joao Agria Torres and Helmut Hornik. - Frankfurt a.M.: Verl. des Bundesamtes für Kartographie und Geodäsie 2003, p.360-365, 8 ill. (Mitteilungen des Bundesamtes für Kartographie und Geodäsie ; 29) ISBN 3-89888-873-8

1368
Vorschriftensammlung für das Vermessungswesen. Hrsg.: Senatsverwaltung für Stadtentwicklung, Abteilung Geoinformation und Vermessung, Wertermittlung. - Berlin: Senatsverwaltung für Stadtentwicklung, Abteilung Geoinformation und Vermessung, Wertermittlung 2003, CD-ROM + Beil. ([8] p.). [[Stand]: Januar 2003] [Elektronische Ressource]

1369
Wadhwani, Ashok: Reference system exercise : recent advances in mobile GPS/GIS mapping technology. In: Training Course on Toponymy : Enschede, Frankfurt am Main, Berlin, 11 August - 6 September 2002. Comp. and ed. by Ferjan Ormeling, K. Hans Stabe and Jörn Sievers. - Frankfurt a.M.: bkg 2003, p.75-76. (Mitteilungen des Bundesamtes für Kartographie und Geodäsie ; 28)
ISBN 3-89888-872-X

1370
Wehmann, Wolffried: Diplom- oder Bachelor- und Masterstudiengänge : wie weiter in der Ingenieurausbildung im Vermessungswesen und in der Kartographie in Deutschland? In: 10 Jahre Fachhochschulausbildung in den Studiengängen Vermessungswesen und Kartographie an der HTW Dresden (FH) und 50 Jahre Ausbildung von Vermessungs- und Kartographieingenieuren in Dresden. Hrsg. von Uwe Jäschke u.a. Schriftleitung: Kristin Gehrt - Harald Köhler. - Dresden: Fachbereich Vermessungswesen, Kartographie der Hochsch. für Technik und Wirtschaft 2002, p.71-76, 2 ill. (Dresdner Kartographische Schriften ; 4) ISSN 1436-0004

1371
Wehmann, Wolffried; Hahn, Michael: Bachelor- und Masterstudiengänge in der Vermessungsausbildung : steht der Hochschulausbildung ein Strukturwandel bevor? In: ZfV : Zeitschrift für Geodäsie, Geoinformation und Landmanagement. 128, 2003, 6, p.374-382. ISSN 1618-8950

1372
Wei, Ziqing: National geodetic coordinate system : to next generation. In: Geomatics and information science of Wuhan University. 28, 2003, 2, p.138.143(+ p.148), 5 tab. [Chin. with Engl. rés.]

1373
Widmer, Fredy: Der Mittelpunkt des Kantons St. Gallen : die Lütisalp in der Gemeinde Krummenau - eine würdige Mitte. In: Terra plana : Vierteljahreszeitschr. für Kultur, Geschichte, Tourismus u. Wirtschaft. 2003, 2, p.25-26, ill., mp.

1374
Wijnbergen, J.J.E.R.: Mobiele applicatiearchitecturen. In: Geodesia. 45, 2003, 10, p.380-385, 6 ill. [Architectures for mobile GIS applications.] [Dutch with Engl. rés.]
ISSN 1385-7517

1375
Wisløff, Sverre: Stedsavhengig transformasjon. In: Kart og plan. 96, 2003, 1, p.11-18, 6 ill. [Local plane transformation

based on triangles.] [Norw. with Engl. rés.]
ISSN 0047-3278

b. Photogrammetry, Remote Sensing Photogrammetrie, Fernerkundung Photogrammétrie, télédétection

1376
12. Internationale Geodätische Woche, Obergurgl 2003. Günter Chesi; Thomas Weinold (Hrsg.). - Heidelberg: Wichmann 2003, 265 p., ill., mp. [Literaturangaben]
ISBN 3-87907-401-1

1377
Aerts, Jeroen; Donker, Adri: Duurzaam skien. In: Geografie. 12, 2003, 2, p.20-22, 6 ill. [Sustainable skiing.] [Dutch.]
ISSN 0926-3837

1378
Akkermans, M.; Amoureus, L.: DTB-revisie met FLI-MAP. In: Geodesia. 45, 2003, 4, p.152-158, 9 ill., 1 tab. [Revision of large-scale topography with airborne lasermapping.] [Dutch with Engl. rés.]
ISSN 1385-7517

1379
Alvarez-Claro Irisarri, Manuel and others: Una propuesta para la nueva docencia de la fotogrametría en la Ingeniería Cartográfica. In: Topografia y cartografia : TOPCART. 20, 2003, 114, p.35-42, 2 ill., 1 tab. [A proposal for new teaching of photogrammetry in Cartographic Engineering.] [Span. with Engl. rés.] ISSN 0212-9280

1380
Attwenger, Maria; Briese, Christian: Vergleich digitaler Geländemodelle aus Photogrammetrie und Laserscanning. In: VGI : österreichische Zeitschrift für Vermessung & Geoinformation. 91, 2003, 4, p.271-280, 19 ill. ISSN 0029-9650

1381
Auf dem Weg zu operationellen Prozessketten in Photogrammetrie, Fernerkundung und Geoinformation : Vorträge : 23. wisseschaftlich-technische Jahrestagung der DGPF 9. - 11. September 2003 in Bochum. Eckhardt Seyfert, Hrsg. - Münster: Geschäftsstelle der DGPF 2003, 464 p., ill., mp. + 1 CD-ROM. (Publikationen der Deutschen Gesellschaft für Photogrammetrie, Fernerkundung und Geoinformation e.V. ; Band 12) [CD-ROM enth.: Farbabbildungen des Tagungsbandes]
ISSN 0942-2870

1382
Barsi, Arpád and others: Adatgyűtés légi lézerletapogatással. In: Geodézia és kartográfia. 55, 2003, 7, p.10-17, 4 ill. [Data capture by aerial laserscanning.] [Hung. with Engl. rés.] ISSN 0016-7118

1383
Barsi, Arpád and others: Digitális ortofotók készítése és alkalmazási lehetěségei. In: Geodézia és kartográfia. 55, 2003, 2, p.3-7, 4 ill. [Producing digital orthoimages and their application possibilities.] [Hung. with Engl. rés.] ISSN 0016-7118

1384
Baumgartner, Albert Johann: Automatische Extraktion von Straßen aus digitalen Luftbildern. - München: Beck 2003, 78 p., ill., mp. (Deutsche Geodätische Kommission bei der Bayerischen Akademie der Wissenschaften - Reihe C, Dissertationen ; 564)
ISBN 3-7696-5003-4

1385
Beck, Michael: Virtuelle Geoinformationssysteme - Grundlagen und Anwendungsszenarien mit TerraView. In: Web.Mapping 2 : Telekartographie, Geovisualisierung und mobile Geodienste. Hartmut Asche;

Christian Herrmann (Hrsg.). - Heidelberg: Wichmann 2003, p.133-143, 7 ill.
ISBN 3-87907-388-0

1386
Boltižiar, Martin: Mapovanie a analýza vzøahu krakrajinnej štruktúry a reliéfu vysokohorskej krajiny Tatier s využitím údajov DPZ a GIS. In: Kartografické listy. 11, 2003, p.5-15, 13 ill. [Mapping and analysis of the relationship between a landscape structure and relief in the high mountain landscape of the Tatra Mts. using the results of the Remote Sensing and GIS.] [Slovak. with Engl. rés.]
ISBN 80-89060-02-1

1387
Borza, Tibor; Frey, Sándor: Az európai múholdas hesymeghatározás és várható hatása a geodéziára. In: Geodézia és kartográfia. 55, 2003, 12, p.3-10, 1 ill., 7 tab. [European satellite navigation systems and their future impact on geodesy.] [Hung. with Engl. rés.]
ISSN 0016-7118

1388
Briese, Christian; Kraus, Karl: Datenreduktion dichter Laser-Geländemodelle. In: ZfV : Zeitschrift für Geodäsie, Geoinformation und Landmanagement. 128, 2003, 5, p.312-317, 6 ill.

1389
Briese, Christian; Kraus, Karl: Laser-Geländemodelle : Zusammenspiel von Filterung und Datenreduktion. In: Auf dem Weg zu operationellen Prozessketten in Photogrammetrie, Fernerkundung und Geoinformation : 23. wissenschaftlich-technische Jahrestagung der DGPF 9. - 11. September 2003 in Bochum. Eckhardt Seyfert, Hrsg. - Münster: Geschäftsstelle der DGPF 2003, p.125-134, 5 ill., 1 tab. (Publikationen der Deutschen Gesellschaft für Photogrammetrie, Fernerkundung und Geoinformation e.V. ; Band 12) [CD-ROM enth.: Farbabbildungen des Tagungsbandes] ISSN 0942-2870

1390
Brunner, Kurt: Topographisch-geodätische Aufnahmemethoden der Alpenvereinskarten. In: Untersuchungen zur Georeferenzierung von Alpenvereinskarten. Zsgest. von Burt Brunner und Walter Welsch. - München: Haus des Alpinismus 2001, p.9-18. (Wissenschaftliche Alpenvereinshefte ; 34) ISBN 3-928777-89-0

1391
Bude, Silke; Prinz, Torsten: Das geostrukturelle Inventar zwischen Arunta Block und Amadeus Basin (Zentralaustralien) : digitale Fernerkennungsanalysen und Geländebefunde im Kontaktbereich intrakratoner Blöcke. In: Auf dem Weg zu operationellen Prozessketten in Photogrammetrie, Fernerkundung und Geoinformation : 23. wissenschaftlich-technische Jahrestagung der DGPF 9. - 11. September 2003 in Bochum. Eckhardt Seyfert, Hrsg. - Münster: Geschäftsstelle der DGPF 2003, p.375-386, 8 ill. (Publikationen der Deutschen Gesellschaft für Photogrammetrie, Fernerkundung und Geoinformation e.V. ; Band 12) [CD-ROM enth.: Farbabbildungen des Tagungsbandes] ISSN 0942-2870

1392
Bunje, Jürn; Ringot, Jean Loup: Lebensräume im Wandel : Flächenbilanz von Salzwiesen und Dünen im niedersächsischen Wattenmeer zwischen den Jahren und 1997 ; eine Luftbildauswertung ; Abschlussbericht. - Wilhelmshaven: Bezirksregierung Weser-Ems, Nationalparkverwaltung "Niedersächsisches Wattenmeer" 2003, 46 p., ill., mp., 1 suppl. + 1 CD-ROM. (Schriftenreihe Nationalpark Niedersächsisches Wattenmeer ; 7)

1393
Carson, Thomas M.: The Shuttle Radar Topography Mission and GeoSAR Interferometric Interferometric Synthetic Aperture Radar programs at National Imagery and Mapping Agency. In: Cartography and geographic information science. 30, 2003, 2, p.179-180, 2 ill.

1394
Cassettari, Seppe: Post war Ordnance Survey photo maps. In: The Bulletin of the Society of Cartographers. 37, 2003, 2, p.57-58, 2 ill. ISSN 0036-1884

1395
černanský, Jozef; Kožuch, Miroslav: Digitálna automatická aerotriangulácia - využitie v geoinformatike a v kartografii. In: Geodetický a kartografický obzor. 49, 2003, 7-8, p.157-165, 6 ill.., 6 tab. [Automated digital aerotriangulation - its application in geoinformatics and in cartography.] [Czech. with Engl. rés.] ISSN 0016-7096

1396
Chlebnikova, T.A.; Koloskov, S.V.: Technologii opyt sozdanija cifrovych topografičeskich kart, planov, ortofotoplanov po materialam aerofotos"emki. In: Geodezija i kartografija : oficial'nyj organ Federal'noj Sluzby Geodezii i Kartografii Rossii i Geodeziceskich Sluzb Stran. 2003, 1, p.36-39, 1 ill., 1 tab. [Seismic geodesy - a new trend in geodinamics.] [Russ.] ISSN 0016-7126

1397
Ciceli, Tomislav; Prosen, Anton: Fotogrametrija, dljinska istraživanja i GIS kao nove technologije u prostornom planiranju i urbanizmu. In: Geodetski list. 57, 2003, 3, p.195-205, 7 ill., 1 tab. [Photogrammetry, remote sensing and GIS like new technologies in urban and regional planning.] [Croat. with Engl. rés.]

1398
Csaplovics, Elmar: Beiträge zur Extraktion von Felskanten aus Airborne Laser Scanner Daten am Beispiel der Elbsandsteinformationen im Nationalpark Sächsische Schweiz. In: Photogrammetrie, Fernerkundung, Geoinformation. 2003, 2, p.105-114, 9 ill. ISBN 1432-8364

1399
Csekë, Arpád: Arvíz- és belvízfelmérés radar felvételekkel. In: Geodézia és kartográfia. 55, 2003, 2, p.16-22, 3 ill., 2 tab. [Flood and waterlog monitoring in Hungary with radar images.] [Hung. with Engl. rés.] ISBN 0016-7118

1400
Dal Poz, Aluir Porfirio; Oliveira da Silva, Marco Aurélio: Road segment delineation using active testing principle and an edge-based post-processing strategy. In: Geomatica. 57, 2003, 4, p.399-409, 8 ill. ISBN 1195-1036

1401
Devine, Pauline: Mapping coral reefs : data collection options. In: Cartouche : the operational publication of the Canadian Cartographic Association. 50, 2003, p.8-10. ISBN 1183-2045

1402
Döllner, Jürgen: Die Landschaft aus neuer Sicht : Visualisierung raumbezogener Informationen mittels 3 D-Karten. In: GeoBit : das Magazin für raumbezogene Informationstechnologie. 8, 2003, 5, p. 29-31, 6 ill. ISSN 1430-3663

1403
Dorninger, Peter and others: Modellierung der Marsoberfläche aus Laserscannerdaten. In: 12. Internationale Geodätische Woche, Obergurgl 2003. Günter Chesi; Thomas Weinold (Hrsg.). - Heidelberg: Wichmann 2003, p.21-30, 10 ill., 1 tab. ISBN 3-87907-401-1

1404
Dorninger, Peter: Analyse und geomorphologische Verbesserung von Geländemodellen mittels Regensimulation. In: VGI : österreichische Zeitschrift für Vermessung & Geoinformation. 91, 2003, 4, p.253-261, 15 ill. ISSN 0029-9650

1405
Eder, K. and others: Orthophotokarte Vernagtferner 1999 aus Luftbildern einer Teilmesskamera. In: Zeitschrift für Gletscherkunde und Glazialgeologie. 38, 2002, 2, p.155-163, 5 ill., 1 mp.-suppl.

1406
Ehlers, Manfred; Schiewe, Jochen; Möller, Matthias: 3D city modelling using ultra high resolution and multisensoral remote sensing. In: GIS : Geoinformationssysteme. 16, 2003, 6, p.30-37, 7 ill., 3 tab. ISSN 1430-3663

1407
Eidenbenz, Christoph; Flotron, André: 75 Jahre Schweizerische Gesellschaft für Photogrammetrie, Bildanalyse und Fernerkundung : ein Rückblick. In: Geomatik Schweiz : Geoinformation und Landmanagement. 101, 2003, 9, p.492-500, 4 ill., 4 tab. [Germ. with French, and Ital. rés.] ISSN 0252-9424

1408
Ekroth, Johan; Edmark, Pelle: Geografisk information i framtidens nätverksvbaserade försvar. In: Kart & bildteknik : mapping and image science. 18, 2003, 1, p.10-13, 4 ill. [Geographic information in futur networkbased defence.] [Swed.] ISSN 0283-0418

1409
Fenoglio-Marc, Luciana; Groten, Erwin: On the variability of mean sea level. In: Allgemeine Vermessungs-Nachrichten. 110, 2003, 2, p.55-59, 4 ill. ISSN 0002-5968

1410
Forsthuber, Johannes: Mobiles GIS mit DGPS zur Datenerfassung. In: 12. Internationale Geodätische Woche, Obergurgl 2003. Günter Chesi; Thomas Weinold (Hrsg.). - Heidelberg: Wichmann 2003, p.225-230, 6 ill. ISBN 3-87907-401-1

1411
Fritsch, Dieter: 3D building visualization : outdoors and indoors applications. In: GIS : Geoinformationssysteme. 16, 2003, 9, p.26-32, 6 ill. ISSN 1430-3663

1412
Fuchs, Frank and others: Trois approches pour la construction automatique de modèles 3-D de bâtiments en imagerie aérienne haute résolution. In: Bulletin d'information de l'IGN. 73, 2002, p.17-26, 12 ill. ISSN 0427-2218

1413
Fuller, R.M.; Smith, G.M.; Devereux, B.J.: The characterisation and measurement of land cover change through remote sensing : problems in operational applications? In: International journal of applied earth observation and geoinformation. 4, 2003, 3, p.243-253, 2 ill., 2 tab. ISSN 0303-2434

1414
Gajdamowicz, Krzystzof: "Optical 3-D Measurement Techniques V" : i framkanten av tillämpad mätteknologi. In: Kart & bildteknik : mapping and image science.

18, 2003, 1, p.20-22, 9 ill. ["Optical 3-D Measurement Techniques V" : in the front edge of applied measure technology.] [Swed.] ISSN 0283-0418

1415
Garnero, G.; Godone, D.: Immagini satellitari ad alta risoluzione : un nuovo strumento per l'aggiornamento della cartografia in zona montana. In: Bollettino della Associazione Italiana di Cartografia. 40, 2003, 117-118-119, p.p.355-363, 4 ill., 4 tab. [Satellite images of high resolution : a new instrument for the modernization of cartography in the mountain zone.] [Ital.] ISSN 0044-9733

1416
Gehrke, Stephan and others: Cartography with HRSC on Mars Express : the new series "Topographic Image Map Mars 1:200,000". In: Auf dem Weg zu operationellen Prozessketten in Photogrammetrie, Fernerkundung und Geoinformation : 23. wissenschaftlich-technische Jahrestagung der DGPF 9. - 11. September 2003 in Bochum. Eckhardt Seyfert, Hrsg. - Münster: Geschäftsstelle der DGPF 2003, p.451-458, 3 ill. (Publikationen der Deutschen Gesellschaft für Photogrammetrie, Fernerkundung und Geoinformation e.V. ; Band 12) [CD-ROM enth.: Farbabbildungen des Tagungsbandes] ISSN 0942-2870

1417
Gleitsmann, Lars; Kappas, Martin: DGM-Erstellung und Reliefanalyse aus Schrägluftbildern in Alaska als Grundlage angewandter Klimaforschung. In: Auf dem Weg zu operationellen Prozessketten in Photogrammetrie, Fernerkundung und Geoinformation : 23. wissenschaftlich-technische Jahrestagung der DGPF 9. - 11. September 2003 in Bochum. Eckhardt Seyfert, Hrsg. - Münster: Geschäftsstelle der DGPF 2003, p.329-338, 4 ill. (Publikationen der Deutschen Gesellschaft für Photogrammetrie, Fernerkundung und Geoinformation e.V. ; Band 12) [CD-ROM enth.: Farbabbildungen des Tagungsbandes] ISSN 0942-2870

1418
Graham, Ron; Koh, Alexander: Digital aerial survey : theory ond practice. - Caithness [u.a.]: Whittles [u.a.] 2002, VIII, 247 p., ill., mp. + 1 CD-ROM. [Includes bibliographical references and index] ISBN 1-87032-598-2

1419
Grilc, Matjaž and others: Vzpsostavitev katastra stavb : registrski podatki. In: Geodetski vestnik. 47, 2003, 3, p.55-63, 2 ill. [The setup of building cadastre : registry data.] [Sloven. with Engl. rés.] ISSN 0351-0271

1420
Grün, Armin; Kölbl, Otto; Itten, Klaus I.: Aktuelle Forschung in Photogrammetrie und Fernerkundung in der Schweiz. In: Geomatik Schweiz : Geoinformation und Landmanagement. 101, 2003, 9, p.511-520, 4 ill. [Germ. with French, and Ital. rés.] ISSN 0252-9424

1421
Hannson, Erik; Arnberg, Wolter: Satellitburen radar för översvämningskartering. In: Kart & bildteknik : mapping and image science. 18, 2003, 2, p.20-24, 10 ill. [Satellite radar for flood mapping.] [Swed.] ISSN 0283-0418

1422
Harris, Richard: Population mapping by geodemographical and digital imagery. In: Remotely sensed cities. Ed. by Victor Mesev. - London [u.a.]: Taylor & Francis 2003, p.223-241, 5 ill. ISBN 0-415-26045-0

1423
Hessler, John W.: A new view of the world : John P. Snyder and the Space Oblique Mercator projection. In: The Portolan. 2003, 57, p.21-27, 4 ill. ISSN 1096-1925

1424
Hild, Heiner: Automatische Georeferenzierung von Fernerkundungsdaten. - München: Beck 2003, 132 p., ill., mp. (Deutsche Geodätische Kommission bei der Bayerischen Akademie der Wissenschaften Reihe C, Disserationen ; 562) [Zugl.: Stuttgart, Univ., Diss., 2002]
ISBN 3-7696-5001-8

1425
Höfner, Matthias; Schaab, Gertrud: Dynamische Visualisierung von Wetter und Klima. In: Visualisierung und Erschließung von Geodaten : Seminar GEOVIS 2003, 26. bis 27. Februar 2003, Universität Hannover. Hrsg. von der Deutschen Gesellschaft für Karthographie e.V., Kommission Geoinformation und Visualisierung. Schriftleitung: Jürgen Dodt; Wolf-Dieter Rase. - Bonn: Kirschbaum-Verl. 2003, p.35-45, 5 ill. (Kartographische Schriften ; 7) ISBN 3-7812-1577-6

1426
Jacobsen, Karsten: Fernerkundung - einfache Kartenerstellung mit Satellitenbildern. In: Die Sehnsucht des Kartografen : Franz Ackermann ... ; Kunstverein Hannover, 13. Dezember 2003 bis 1. Februar 2004 ; [anlässlich der Ausstellung Die Sehnsucht des Kartografen im Kunstverein Hannover] = The longing of the cartographer. Hrsg.: Stephan Berg ; Martin Engler. [Übers.: George Frederick Takis ; Marie Luise Knott]. - Hannover 2003, p.150-153, 9 ill. (Germ.), p.198-200, 9 ill. (Engl.). [Text Germ. and Engl.]
ISBN 3-00-012475-6

1427
Jacobsen, Karsten: Geometric potential of IKONOS and QuickBird images. In: GIS : Geoinformationssysteme. 16, 2003, 9, p.33-39, 9 ill., 3 tab. ISSN 1430-3663

1428
Jakomulska, Anna M.; Radomski, Jan P.: Uncertainty in land cover mapping from remotely sensed data using textural algorithm and artificial neural networks. In: Uncertainty in remote sensing and GIS. Edited by Giles M. Foody and Peter M. Atkinson. - Chichester: Wiley 2002, p.99-118, 8 ill., 4 tab. [Paper from a conference held at the University of Southampton in July 2001] ISBN 0-470-84408-6

1429
Jansa, Josef; Stanek, Heinz: Ableitung von Stadtmodellen aus Laser-Scanner-Daten, Grundrissplänen und photographischen Aufnahmen. In: VGI : österreichische Zeitschrift für Vermessung & Geoinformation. 91, 2003, 4, p.262-270, 11 ill. ISSN 0029-9650

1430
Jones, Alun: Aerial photography for mapping the UK. In: The Cartographic Journal. 40, 2003, 2, p.135-140, 3 ill.

1431
Knedlik, Stefan: Auf Kalman-Filtern basierende Verfahren zur Erzielung genauer Höhenmodelle in SAR-Inter-ferometrie. - Aachen: Shaker 2003, XI, 269, XX p., ill. (ZESS-Forschungsberichte ; 20) [Zugl.: Siegen, Univ., Diss, 2003]
ISBN 3-8322-1596-4

1432
Koehl, Mathieu: Modèles et méthodologies de saisie pour maquettes numériques 3D. In: XYZ : revue de l'Association Française de Topographie. 25, 2003, 97, p.37-43, 8 ill. ISSN 0290-9057

1433
Kosmatin Fras, Mojca: Quality model based on total quality management in photogrammetry. In: Geodetski list. 57, 2003, 3, p.167-181, 5 ill. [Engl. with Croat. rés.] ISSN 0016-710X

1434
Kosuga, Hiroshi; Nomura, Harutsugu: Color photo map of Antarctica. In: Map : journal of the Japan Cartographers Association. 41, 2003, 3, p.1-7, 3 ill., 1 tab. [Jap.] ISSN 0009-4897

1435
Kreutzmann, Bettina: Herstellung von Forstkarten : Luftbildinterpretation und GIS-Erfassung. - Karlsruhe: Fachhochschule Karlsruhe, Hochschule für Technik, Fachbereich Geoinformationswesen 2001, 29 p., 22 ill., 1 mp. (Karlsruher geowissenschaftliche Schriften, Reihe D, Topographische und thematische Einzelkarten ; 8) [Zugl.: Karlsruhe, Fachhochsch., Dipl.-Arbeit] ISBN 3-89063-707-8

1436
Lang, Stefan and others: Objektbasierte Ansätze zur halbautomatisierten Fortschreibung von CIR-Luftbild Kartierungen : ein Verfahrensvergleich. In: GIS : Geoinformationssysteme. 16, 2003, 9, p.17-25, 9 ill., 1 tab. ISSN 1430-3663

1437
Langford, Mitchel: Refining methods for dasymetric mapping using satellite remote sensing. In: Remotely sensed cities. Ed. by Victor Mesev. - London [u.a.]: Taylor & Francis 2003, p.137-156, 5 ill. ISBN 0-415-26045-0

1438
Li, Rongxing; Ma, Fei: Geometric constraints in feature extraction from aerial imagery. In: Surveying and land information science. 63, 2003, 2, p.107-115, 12 ill. ISSN 1538-1242

1439
Lin, Zongjian; Liu, Zhengrong: Methods and prospects of road and linear structure extraction from remote sensing image. In: Geomatics and information science of Wuhan University. 28, 2003, 1, p.90-93. [Chin. with Engl. rés.] ISSN 1000-050X

1440
Linder, Wilfried: Beispiele für den Einsatz digitaler Photogrammetrie unter erschwerten Bedingungen. In: 12. Internationale Geodätische Woche, Obergurgl 2003. Günter Chesi; Thomas Weinold (Hrsg.). - Heidelberg: Wichmann 2003, p.90-98, 4 ill. ISBN 3-87907-401-1

1441
Linder, Wilfried: Digital photogrammetry : theory and applications. - Berlin [u.a.]: Springer 2003, XI, 189 p., ill.+ 1 CD-ROM + 1 3D-Brille. [Literaturverz. S. 181-183] ISBN 3-540-00810-1

1442
Lo, Chor Pang: Zone-based estimation of population and housing units from satellite-generated land use/land cover maps. In: Remotely sensed cities. Ed. by Victor Mesev. - London [u.a.]: Taylor & Francis 2003, p.157-180, 6 ill., 7 tab. ISBN 0-415-26045-0

1443
Lohr, Uwe: Digitale lagerichtige Orthophotos und LIDAR-Höhenmodelle. In: GIS : Geoinformationssysteme. 16, 2003, 3, p.26-29, 6 ill., 1 tab. ISSN 1430-3663

1444
Lolonis, Panos: Método basado en la estadística x2 para comprobar que el ajuste de bordes de mapas y diegramas de zonas adyacentes sea satisfactorio. In: Topografía

y cartografia : TOPCART. 20, 2003, 118-119, p.35-43, 4 ill., 2 tab. [A statistical method to determine whether two or more maps produced by independent surveys and cover adjacent areas match each other satisfactorily.] [Span. with Engl. rés] ISSN 0212-9280

1445
Lynn Usery, E. and others: Projecting global datasets to achieve equal areas. In: Cartography and geographic information science. 30, 2003, 1, p.69-79, 5 ill., 6 tab. ISSN 1523-0406

1446
May, Ilka: Forführung und Erweiterung von GDF (Geographic Data File) als Datengrundlage für Autonavigationssysteme. - Berlin: Inst. für Geographie der Techn. Univ. 2002, XXIII, 209 p., ill. [Zugl.: Berlin, Techn. Univ., Diss., 2002] ISBN 3-7983-1897-2

1447
Mitašová, Helena; Hofierka, Jaroslav: Vpyv nových technológií mapovania na komunikáciu geopriestorových informácií. In: Kartografické listy. 11, 2003, p.53-60, 5 ill. [Impact of new mapping technologies on the communication of geospatial information.] [Slovak. with Engl. rés.] ISBN 80-89060-02-1

1448
Möller, Matthias: Urbanes Umweltmonitoring mit digitalen Flugzeugscannerdaten. - Heidelberg: Wichmann [u.a.] 2003, IX, 126 p., ill., mp.+ 1 CD-ROM u. 1 3-D-Brille. ISBN 3-87907-402-X [1. Aufl.]

1449
Müller, Rupert and others: From airborne digital raw data to image maps. In: Photogrammetrie, Fernerkundung, Geoinformation. 2003, 4, p.317-326, 6 ill., 3 tab. ISSN 1432-8364

1450
Nechin, S.S.; Zotov, G.A.: Sovremennye technologii ZNIIGAiK dlja sozdanija i obnovlenija kart i planov. In: Geodezija i kartografija : oficial'nyj organ Federal'noj Sluzby Geodezii i Kartografii Rossii i Geodeziceskich Sluzb Stran. 2003, 11, p.44-51, 1 ill. [Modern technologies of the Central Scientific Research Institute of Geodesy, Aerial Photography and Cartography for mapping and map revision.] [Russ.] ISSN 0016-7126

1451
Neidhart, Frank: Von der Bildflugplanung bis zum GIS in 24 Stunden. In: Arbeitsgruppe Automation in der Kartographie : Tagung 2002. - Frankfurt am Main: Verlag des Bundesamtes für Kartographie und Geodäsie 2003, p.87-101, 4 ill. (Mitteilungen des Bundesamtes für Kartographie und Geodäsie ; 24) ISBN 3-89888-867-3

1452
Ortofotocarta digitale del centro storico di Palermo : Palermo 3-20 maggio 2001, Palazzo dei Normanni, Sala Gialla, Cortile Maqueda. [a cura di Adriana Fresina]. - Palermo: Centro regionale per l'inventario, la catalogazione e la documentazione grafica, fotografica, aerofotografica, fotogrammetrica e audiovisiva dei beni culturali, ambientali dell'Assessorato regionale dei bein culturali, ambientali e della pubblica istruzione della Regione siciliana 2001, 71 p., ill. [Digital orthophoto-maps of the historical centre of Palermo.] [Ital.] [Exhibition catalogue, not for sale]

1453
Pahl, Martin: Architektur eines wissensbasierten Systems zur Interpretation multisensorieller Fernerkundungsdaten. - Stuttgart: Ibidem-Verl. 2003, XVIII, 146 p., ill. (Wissensbasierte Bildauswertung ; 3) [Zugl.: Hannover, Univ., Diss., 2003] ISBN 3-89821-273-4

1454
Pampaloni, Maurizio: L'ing. Pio Paganini e la cartografia per la montagna nelle esplorazioni del duca degli Abruzzi. In: Bollettino della Associazione Italiana di Cartografia. 40, 2003, 117-118-119, p.279-285. [The engineer Pio Paganini and the cartography for the mountains in the explorations of the Duke of the Abruzzi.] [Ital.] ISSN 0044-9733

1455
Portalés, Cristina; Lerma, José Luis: Georeferenciación GPS/INS de imágenes aéreas adquiridas con escáneres rotacionales : ejemplo prático y resultados. In: Topografia y cartografia : TOPCART. 20, 2003, 116, p.4-9, 9 ill. [Georeferenciation GPS/INS of aerophotos aquired with rotational scanners.] [Span.] ISSN 0212-9280

1456
Rao, V.M.: Regional development planning and urban change monitoring through high resoution IKONOS data. In: Geography and applied cartography : proceedings of the National Seminar on Geography and Applied Cartography, organised to commemorate the birth centenary celebration of Padmabhushan Professor S.P. Chatterjee. Organised by National Atlas & Thematic Mapping Organisation, in collaboration with Prof. S.P. Chatterjee Memorial Foundation. [General ed.: Pritvish Nag]. - Kolkata: Govt. of India, Dept of Science & Technology, National Atlas & Thematic Mapping Organisation 2003, p.329-333.

1457
Remotely sensed cities. Ed. by Victor Mesev. - London [u,a.]: Taylor & Francis 2003, XXV, 378 p. ISBN 0-415-26045-0

1458
Roth, Steven: Remote sensing image technology in archives. In: Bulletin / Association of Canadian Map Libraries and Archives. 2003 116, p.3-10. ISSN 0840-9331

1459
Rubio Campos, Tomás; Ruiz Lendínez, Juan J.: Algoritmo de segmentación de imágenes basado en texturas : aplicaciones cartográficas. In: Topografia y cartografia : TOPCART. 20, 2003, 115, p.40-43. 3 ill., 1 tab. [Algorithm of segmentation of images based on textures : cartographic applications.] [Span. with Engl. rés.] ISSN 0212-9280

1460
Sande, C.J. van der; Jong, S.M. de; Roo, A.P.J. de: A segmentation and classification approach of IKONOS-2 imagery for land cover mapping to assist flood risk and flood damage assessment. In: International journal of applied earth observation and geoinformation. 4, 2003, 3, p.217-229, 6 ill., 8 tab. ISSN 0303-2434

1461
Saunders, Theodore; Feuquay, Jay; Kelmelis, John A.: The U.S. Geological Survey land remote sensing program. In: Cartography and geographic information science. 30, 2003, 2, p.211-215, 4 ill. ISSN 1523-0406

1462
Sénégas, J.; Schmitt, M.; Nonin, P.: Conditional simulation applied to uncertainty assessment in DTMs. In: Uncertainty in remote sensing and GIS. Edited by Giles M. Foody and Peter M. Atkinson. - Chichester: Wiley 2002, p.269-285, 7 ill., 1 tab. [Paper from a conference held at the University of Southampton in July 2001] ISBN 0-470-84408-6

1463
Singh, D.S. and others: Physiography of upper Subarnarekha Watershed : a remote sensing approach for soil resource map-

ping. In: Geography and applied cartography : proceedings of the National Seminar on Geography and Applied Cartography, organised to commemorate the birth centenary celebration of Padmabhushan Professor S.P. Chatterjee. Organised by National Atlas & Thematic Mapping Organisation, in collaboration with Prof. S.P. Chatterjee Memorial Foundation. [General ed.: Pritvish Nag]. - Kolkata: Govt. of India, Dept of Science & Technology, National Atlas & Thematic Mapping Organisation 2003, p.334-342, 1 ill., 1 mp., 1 tab.

1464
Smith, Dale; Sauer, Serge A.: Air Photo indexes - online. In: Bulletin / Association of Canadian Map Libraries and Archives. 2003 117, p.10-11, 1 ill. ISSN 0840-9331

1465
Smith, G.M.; Fuller, R.M.: Land cover map 2000 and meta-data at the land parcel level. In: Uncertainty in remote sensing and GIS. Edited by Giles M. Foody and Peter M. Atkinson. - Chichester: Wiley 2002, p.143-154, 4 ill., 1 tab. [Paper from a conference held at the University of Southampton in July 2001] ISBN 0-470-84408-6

1466
Sörgel, Uwe: Event-driven SAR data acquisition in urban areas using GIS. In: GIS : Geoinformationssysteme. 16, 2003, 12, p.32-37, 5 ill. ISSN 1430-3663

1467
Süveg, Ildikó: Reconstruction of 3D building from aerial images and maps. - Delft: Nederlandse Commissie voor Geodesie 2003, X, 143 p. (Publications on geodesy ; 53) [Literaturverz. p. 125-132] ISBN 90-6132-280-4

1468
Svešnikov, V.V. and others: Technologija podgotovki k izdaniju stranic NAR s kosmičeskimi izobraženijami. In: Geodezija i kartografija : oficial'nyj organ Federal'noj Sluzby Geodezii i Kartografii Rossii i Geodeziceskich Sluzb Stran. 2003, 12, p.27-31. [Technology of preparation for publication of NAR pages with space images.] [Russ.] ISSN 0016-7126

1469
Tatem, Andrew J. and others: Super-resolution land cover mapping from remotely sensed imagery using a Hopfield neural network. In: Uncertainty in remote sensing and GIS. Edited by Giles M. Foody and Peter M. Atkinson. - Chichester: Wiley 2002, p.77-98, 8 ill., 6 tab. [Paper from a conference held at the University of Southampton in July 2001] ISBN 0-470-84408-6

1470
Theilen-Willige, Barbara: Structural interpretation of LANDSAT ETM-and ERS-radar satellite data from Southwest Czech Republik and northern Austria as contribution to seismic microzonation studies. In: Auf dem Weg zu operationellen Prozessketten in Photogrammetrie, Fernerkundung und Geoinformation : 23. wissenschaftlich-technische Jahrestagung der DGPF 9. - 11. September 2003 in Bochum. Eckhardt Seyfert, Hrsg. - Münster: Geschäftsstelle der DGPF 2003, p.349-362, 16 ill. (Publikationen der Deutschen Gesellschaft für Photogrammetrie, Fernerkundung und Geoinformation e.V. ; Band 12) [CD-ROM enth.: Farbabbildungen des Tagungsbandes] ISSN 0942-2870

1471
Thurston, Jeff; Poiker, Thomas K.; Moore, Patrick: Integrated geospatial technologies : a guide to GPS, GIS, and data logging. - Hoboken, NJ: Wiley 2003, XIII, 266 p. ISBN 0-471-24409-0

1472
Timár, Gábor; Telbisz, Tamás; Székely, Balázs: Űrtechnológia a digitális domborzati modellezésben : az SRTM adatbázis. In: Geodézia és kartográfia. 55, 2003, 12, p.11-15, 3 ill. [Space technology in the digital elevation modelling : the SRTM database.] [Hung. with Engl. rés.] ISSN 0016-7118

1473
Tjuflin, Ju.S.: Iz istorii rabot ZNIIGAiK v oblasti kartografirovanija planet. In: Geodezija i kartografija : oficial'nyj organ Federal'noj Sluzby Geodezii i Kartografii Rossii i Geodeziceskich Sluzb Stran. 2003, 11, p.38-43, 1 ill. [From the history of works of the Central Scientific Research Institute of Geodesy, Aerial Photography and Cartography in mapping planets.] [Russ.] ISSN 0016-7126

1474
Tungalagsaikhan, Padsuren and others: Operational processing of AVHRR data at DFD. In: Auf dem Weg zu operationellen Prozessketten in Photogrammetrie, Fernerkundung und Geoinformation : 23. wissenschaftlich-technische Jahrestagung der DGPF 9. - 11. September 2003 in Bochum. Eckhardt Seyfert, Hrsg. - Münster: Geschäftsstelle der DGPF 2003, p.435-449, 6 ill. (Publikationen der Deutschen Gesellschaft für Photogrammetrie, Fernerkundung und Geoinformation e.V. ; Band 12) [CD-ROM enth.: Farbabbildungen des Tagungsbandes] ISSN 0942-2870

1475
Tutsch, Gernot: Von Geodaten zu Geoinformation. In: 12. Internationale Geodätische Woche, Obergurgl 2003. Günter Chesi; Thomas Weinold (Hrsg.). - Heidelberg: Wichmann 2003, p.236-244, 11 ill. ISBN 3-87907-401-1

1476
Uncertainty in remote sensing and GIS. Edited by Giles M. Foody and Peter M. Atkinson. - Chichester: Wiley 2002, XVIII, 307 p., ill., mp. [Papers from a conference held at the University of Southampton in July 2001] [Literaturangaben] ISBN 0-470-84408-6

1477
Vansteenvoort, Liesbeth; Maeyer, Philippe de; Lavreau, J.: Kartografie van moeilijk toegankelijke gebieden : Proefblad Kalima. In: Kartografisch Tijdschrift. 29, 2003, 2, p.42-44, 2 ill. [Cartography of difficultly accessible areas : test sheet Kalima.] [Dutch] ISSN 0167-5788

1478
Ven, T.J.M. van de; Beck, R.: Mutaties opsporen per satelliet. In: Geodesia. 45, 2003, 10, p.373-375, 8 ill. [Change detection using high-resolution satellite images.] [Dutch with Engl. rés.] ISSN 1385-7517

1479
Verfahrensentwicklung zur fernerkundungsbasierten Erstellung des Waldverzeichnisses Thüringens : Abschlussbericht. Hrsg.: Thüringer Landesanstalt für Wald, Jagd und Fischerei. Autoren: Herbert Sagischewski... Gefördert durch das: Deutsche Zentrum für Luft- und Raumfahrt. - Gotha 2003, 120 p., ill., mp.+ 1 CD-ROM. (Mitteilungen /Thüringer Landesanstalt für Wald, Jagd und Fischerei ; 22)

1480
Vettore, Antonio: Space-based surface change detection with differential synthetic-aperture radar (SAR) interferometry : Potentialities and preliminary investigations. In: Geomatica. 57, 2003, 3, p.326-334, 5 ill., 1 tab. ISSN 1195-1036

1481
Villa, Benedetto: L'ortofotocarta digitale a colori : uno strumento innovativo per la rappresentazione dei centri storici. In: Ortofotocarta del centro storico di Palermo : Palermo 3-20 maggio 2001, Palazzo dei Normanni, Sala Gialla, Cortile Maqueda. [a cura di Adriana Fresina]. - Palermo: Centro regionale per l'inventario, la catalogazione e la documentazione grafica, fotografica, aerofotografica, fotogrammetrica e audiovisiva dei beni culturali, ambientali dell' Assessorato regionale dei bein culturali, ambientali e della pubblica istruzione della Regione siciliana 2001, p.37-54, 15 ill. [Orthophoto-mapping in colors : an innovative tool for the representation of historical centres.] [Ital.] [Exhibition catalogue, not for sale]

1482
Warren, Anthony J. and others: Managing uncertainty in a geospatial model of biodiversity. In: Uncertainty in remote sensing and GIS. Edited by Giles M. Foody and Peter M. Atkinson. - Chichester: Wiley 2002, p.167-185, 8 ill., 4 tab. [Paper from a conference held at the University of Southampton in July 2001]
ISBN 0-470-84408-6

1483
Wen, Gongjian; Li, Deren; Ye, Fen: Automatic extraction of urban area from satellite panchromatic remote sensing images. In: Geomatics and information science of Wuhan University. 28, 2003, 2, p.212-218, 7 ill., 1 tab. [Chin. with Engl. rés.] ISSN 1000-050X

1484
Wetzel, Hans-Ulrich; Franzke, Hans Joachim: Lassen sich über die Fernerkundung erweiterte Kenntnisse zur seismogenen Zone Bodensee-Stuttgart (9' -Ost) gewinnen? In: Auf dem Weg zu operationellen Prozessketten in Photogrammetrie, Fernerkundung und Geoinformation : 23. wissenschaftlich-technische Jahrestagung der DGPF 9. - 11. September 2003 in Bochum. Eckhardt Seyfert, Hrsg. - Münster: Geschäftsstelle der DGPF 2003, p.339-347, 4 ill. (Publikationen der Deutschen Gesellschaft für Photogrammetrie, Fernerkundung und Geoinformation e.V. ; Band 12) [CD-ROM enth.: Farbabbildungen des Tagungsbandes] ISSN 0942-2870

1485
Windheim, Rolf: Auf den Spuren des französischen Ingenieur-Geographen Tranchot : mit GPS-Satelliten-Technik werden alte Karten neu erschlossen. In: Eifel-Jahrbuch. 2003, p.122-128, ill., mp. ISSN 0424-687X

1486
Winkler, Péter: Magyarország digitális ortofotó programja (MADOP) és nagyfelbontású digitális domborzat modell (DDM) az ország teljes területére. In: Geodézia és kartográfia. 55, 2003, 12, p.3-10, 1 ill., 7 tab. [The national orthophoto programme (MADOP) and high resolution digital elevation model completed for the whole territory of Hungary.] [Hung. with Engl. rés.] ISSN 0016-7118

1487
Won-In, Krit; Charusiri, Punya: Enhancement of thematic mapper satellite images for geological mapping of the Cho Dien area, northern Vietnam. In: International journal of applied earth observation and geoinformation. 4, 2003, 3, p.183-193, 12 ill., 1 tab. ISSN 0303-2434

1488
You, Hongijan; Li, Shukai: Building extraction from DSM acquired by airborne 3 D image. In: Geo-spatial information science. 6, 2003, 3, p.25-31, 8 ill.
ISSN 1009-5020

1489
Zakšek, Klemen; Oštir, Krištof; Podobnikar, Tomaž: Osončenost površja Slovenije. In: Geodetski vestnik. 47, 2003, 1&2, p.55-63, 2 ill. [Solar illumination radiation of Slovenia.] [Sloven. with Engl. rés.] ISSN 0351-0271

1490
Zhan, Qingming; Molenaar, Martien; Lucieer, Arko: Pixel unmixing at the sub-pixel scale based on land cover clas probabilities : application to urban areas. In: Uncertainty in remote sensing and GIS. Edited by Giles M. Foody and Peter M. Atkinson. - Chichester: Wiley 2002, p.59-76, 14 ill., 6 tab. ISBN 0-470-84408-6 [Paper from a conference held at the University of Southampton in July 2001]

1491
Ziemann, Hartmut; Grohmann, Daniel: Photogrammetric procedures for digital terrain model determination. In: Trends in landscape modeling : proceedings at Anhalt University of Applied Sciences 2003 ; [proceedings to the 4th International Conference on New Technologies in Landscape Architecture (May 15 and 16, 2003) held by the master of landscape architecture program of Anhalt University of Applied Sciences]. Erich Buhmann; Stephen M. Ervin (eds.). - Heidelberg: Wichmann 2003, p.20-26. ISBN 3-87907-403-8

1492
Zihlavník, Stefan: Kartografické informačné zdroje pri lesníckom mapovaní. In: Geodetický a kartografický obzor. 49, 2003, 7-8, p.150-153. [Cartographic information sources during forest survey.] [Czech. with Engl. rés.] ISSN 0016-7096

1493
Zourarakis, Demetrio P.; Carson Lambert, Susan; Palmer, Mike: Towards developing Kentucky's landscape change maps. In: Cartography and geographic information science. 30, 2003, 2, p.175-178, 4 ill. ISSN 1523-0406

1494
Zumsprekel, Heiko; Bischoff, Lutz: Möglichkeiten der Fernerkundung zur Analyse terrestrischer Impaktstrukturen. In: Auf dem Weg zu operationellen Prozessketten in Photogrammetrie, Fernerkundung und Geoinformation : 23. wissenschaftlich-technische Jahrestagung der DGPF 9. - 11. September 2003 in Bochum. Eckhardt Seyfert, Hrsg. - Münster: Geschäftsstelle der DGPF 2003, p.363-374, 7 ill. (Publikationen der Deutschen Gesellschaft für Photogrammetrie, Fernerkundung und Geoinformation e.V. ; Band 12) [CD-ROM enth.: Farbabbildungen des Tagungsbandes] ISBN 0942-2870

c. Data Collection for thematic Maps Thematische Kartendaten-Aufnahme Lever cartographique thématique

1495
Biotopkartierung in Bergregionen : [Beiträge der Tagung "Biotopkartierung in Bergregionen" 28.29.2.2000]. Hrsg.: Dietrich Fürnkranz. - Dorfbeuern [u.a.]: 2001 2001, 503 p., ill., mp. (Sauterian : Schriftenreihe für systemat. Botanik, Floristik u. Geobotanik ; 11) ISBN 3-901917-03-9

1496
Blaschka, Albin; Zunghammer, Diana: Der Garnisonsübungsplatz Saalachau : Diversität im Spiegel sich ändernder Nutzung ; eine Fallstudie. In: Biotopkartierung in Bergregionen : [Beiträge der Tagung "Biotopkartierung in Bergregionen" 28.29.2. 2000]. Hrsg.: Dietrich Fürnkranz. - Dorfbeuern [u.a.]: 2001 2001, p.255-281,

systemat. Botanik, Floristik u. Geobotanik ; 11) ISBN 3-901917-03-9

1497
Blaschka, Albin: Biotzopkaritierung und Biotopdiversität : Möglichkeiten zur Feststellung objektivierbarer Parameter zur Biotopdiversität. In: Biotopkartierung in Bergregionen : [Beiträge der Tagung "Biotopkartierung in Bergregionen" 28.29.2. 2000]. Hrsg.: Dietrich Fürnkranz. - Dorfbeuern [u.a.]: 2001 2001, p.51-60, 2 ill. (Sauterian : Schriftenreihe für systemat. Botanik, Floristik u. Geobotanik ; 11) ISBN 3-901917-03-9

1498
Damiano, Richard; Bordas, Thierry; Lacombe, Sylvain: L'imagerie géographique 3D par laser héliporté, le système FLI-MAP : application à un levé topographique de voies ferrées pour RFF-SNCF. In: XYZ : revue de l'Association Française de Topographie. 25, 2003, 94, p.49-54, 11 ill. ISSN 0290-9057

1499
Diehl, Frank: Stand der forstlichen Standortkartierung in Salzburg : Methoden und Resultate. In: Biotopkartierung in Bergregionen : [Beiträge der Tagung "Biotopkartierung in Bergregionen" 28.29.2.2000]. Hrsg.: Dietrich Fürnkranz. - Dorfbeuern [u.a.]: 2001 2001, p.87-108, 1 ill., 4 tab. (Sauterian : Schriftenreihe für systemat. Botanik, Floristik u. Geobotanik ; 11) ISBN 3-901917-03-9

1500
Dumfarth, Erich: Vegetationskartierung mit Schall : submerse Makrophyten im "Visier" von Echosonden. In: Angewandte geographische Informationsverarbeitung XIV : Beiträge zum AGIT-Symposium Salzburg 2003. Josef Strobl ... (Hrsg.). - Heidelberg: Wichmann 2003, p.65- 72, 4 ill. ISBN 3-87907-392-9

1501
Geodäsie im Küsten- und Meeresbereich : [eine Fachbibliographie]. [red. Bearbeiter: Herbert Fritsch]. - Stuttgart: Fraunhofer-IRB-Verl. 2003, [ca 40] Bl. (IRB-Literaturdokumentation ; 2052) [1. Bd.] [Aktualisierte Fassung vom 28.02.2003] ISBN 3-8167-1975-9

1502
Hüttmeyer, Ulrich F.H.; Reiter, Guido; Jerabek, Maria: Fledermäuse in Salzburg : Kartierung - Monitoring - Schutz. In: Biotopkartierung in Bergregionen : [Beiträge der Tagung "Biotopkartierung in Bergregionen" 28.29.2.2000]. Hrsg.: Dietrich Fürnkranz. - Dorfbeuern [u.a.]: 2001 2001, p.179-185, 1 ill. (Sauterian : Schriftenreihe für systemat. Botanik, Floristik u. Geobotanik ; 11) ISBN 3-901917-03-9

1503
Klötzli, Frank: Zur Biotopkartierung der Bergregionen : eine vegetationskundliche Betrachtung. In: Biotopkartierung in Bergregionen : [Beiträge der Tagung "Biotopkartierung in Bergregionen" 28.29.2.2000]. Hrsg.: Dietrich Fürnkranz. - Dorfbeuern [u.a.]: 2001 2001, p.9-25, 1 ill., 5 tab. (Sauterian : Schriftenreihe für systemat. Botanik, Floristik u. Geobotanik ; 11) ISBN 3-901917-03-9

1504
Krupochkin, Ye. P.: A geographic informational approach to the compilation of slope maps. In: Mapping sciences and remote sensing. 40, 2003, 1, p.60-65, 1 ill., 1 tab. ISSN 0749-3878

1505
Laurore, Lionel: Cartographie à grande échelle en zone interdite : l'alternative des satellites à résolution métrique. In: XYZ : revue de l'Association Française de Topo-

graphie. 25, 2003, 95, p.49-54, 11 ill.
ISSN 0290-9057

1506
Limpach, Philippe; Skaloud, Jan: Trajectographie de courses de ski alpin avec GPS. In: Geomatik Schweiz : Geoinformation und Landmanagement. 101, 2003, 7, p.389-392, 4 ill. [French with Germ., and Ital. rés.] ISSN 0252-9424

1507
Nowotny, Günther; Arming, Claudia; Eichberger, Christian: Die Salzburger Biotopkartierung als Grundlage für vegationskundliche Forschungen am Beispiel von Mager- und Halbtrockenrasen. In: Biotopkartierung in Bergregionen : [Beiträge der Tagung "Biotopkartierung in Bergregionen" 28.29.2.2000]. Hrsg.: Dietrich Fürnkranz. - Dorfbeuern [u.a.]: 2001 2001, p.189-223, 3 ill., 4 tab., 5 mp. (Sauterian : Schriftenreihe für systemat. Botanik, Floristik u. Geobotanik ; 11)
ISBN 3-901917-03-9

1508
Patzner, Robert A.: Kartierung von Flusskrebsen im Bundesland Salzburg. In: Biotopkartierung in Bergregionen : [Beiträge der Tagung "Biotopkartierung in Bergregionen" 28.29.2.2000]. Hrsg.: Dietrich Fürnkranz. - Dorfbeuern [u.a.]: 2001 2001, p.223-229, 2 ill. (Sauterian : Schriftenreihe für systemat. Botanik, Floristik u. Geobotanik ; 11) ISBN 3-901917-03-9

1509
Pedrotti, Franco: Biotopkartierung im Trentino : Methoden und Resultate. In: Biotopkartierung in Bergregionen : [Beiträge der Tagung "Biotopkartierung in Bergregionen" 28.29.2.2000]. Hrsg.: Dietrich Fürnkranz. - Dorfbeuern [u.a.]: 2001 2001, p.61-74, 7 ill. (Sauterian : Schriftenreihe für systemat. Botanik, Floristik u. Geobotanik ; 11)
ISBN 3-901917-03-9

1510
Plewe, Brandon S.: Representing datum-level uncertainty in historical GIS. In: Cartography and geographic information science. 30, 2003, 4, p.319-334, 8 ill., 4 tab. ISSN 1523-0406

1511
Prechtel, Nikolas; Habermann, Klaus: Aufnahme und Kartierung der Weißeritzflut im Dresdner Stadtgebiet. In: Kartographische Nachrichten. 53, 2003, 1, p.23-27, 5 ill. ISSN 0022-9164

1512
Robinson, T.P.: A comparison of inverse distance weighting and ordinary kriging for characterising within-paddock spatial variability of soil : properties in western Australia. In: Cartography : journal of the Mapping Sciences Institute, Australia. 32, 2003, 1, p.11-24, 5 ill., 3 tab.
ISSN 0069-0805

1513
Schenke, Hans-Werner: Die Bathymetrie der Antarktis : Stand und Perspektiven aus geodätischer Sicht. In: Festschrift Univ.-Prof. Dr. Ing. Günter Seeber zum 60. Geburtstag : 30 Jahre satellitengestützte Positionsbestimmung in Wissenschaft und Praxis ; von der Meter- zur Subzentimetergenauigkeit. [Hrsg.: Institutz für Erdmessung, AG Geodätische Raumverfahren. Red.: Stefan Willgalis]. - Hannover: Inst. für Erdmessung, AG Geodätische Raumverfahren 2001, p.85-996, ill. (Wissenschaftliche Arbeiten der Fachrichtung Vermessungswesen der Universität Hannover ; 239)
ISSN 0174-1454

1514
Schütz, Marion; Kühl, Robert: In die Tiefe gehen : das grafische Bohrdaten-Informationssystem der Landeshauptstadt Stuttgart. In: GeoBit : das Magazin für raumbezogene Informationstechnologie. 8, 2003, 10, p.23-25, 5 ill. ISSN 1430-3663

1515
Valavanis, Vasilis D.: Geographic information in oceanography and fisheries. - London [u.a.]: Taylor & Francis 2002, XVIII, 209 p., ill., mp.
ISBN 0-415-28463-5

1516
Voženílek, Vít: Struktura databáze sesuv|- pro modelování a tvorbu map svahových deformací. In: Kartografické listy. 11, 2003, p.114-121, 2 ill., 5 tab. [Structure of the landslide database for modelling and production of the slope deformation maps.] [Slovak. with Engl. rés.]
ISBN 80-89060-02-1

1517
Weidinger, Herbert; Mrkvicka, Alexander: Standortlkartierung der Quellenschutzwälder der Stadt Wien. In: Biotopkartierung in Bergregionen : [Beiträge der Tagung "Biotopkartierung in Bergregionen" 28.29.2.2000]. Hrsg.: Dietrich Fürnkranz. - Dorfbeuern [u.a.]: 2001 2001, p.109-121, 1 ill. (Sauterian : Schriftenreihe für systemat. Botanik, Floristik u. Geobotanik ; 11)
ISBN 3-901917-03-9

6. Map Drafting and Map Design Kartenentwurf und Kartengestaltung Préparation et conception cartographiques

1518
Rowell, Jonathan; Ungar, Simon: The world of touch : results of an international survey of tactile maps and symbols. In: The Cartographic Journal. 40, 2003, 3, p.259-263, 7 ill., 1 tab.
ISSN 0008-7041

a. Map Editing Kartenredaktion Rédaction cartographique

1519
Asch, Christine: The 1:5 Million International Geological Map of Europe and adjacent areas : development and implementation of a GIS-enabled concept ; with 46 tables. - Stuttgart: Schweizerbart 2003, 172, 8 p. (Geologisches Jahrbuch, Sonderhefte, Reihe A ; SA 3) [Zugl.: Berlin, Freie Univ., Diss.] ISBN 3-510-95903-5

1520
Brande-Lavridsen, Hanne: GIS og kartografisk repraesentation. In: GIS i Danmark. - København: Teknisk Forl. 1997, p.9-21, 4 ill. [GIS and cartographic representation.] [Dan.] ISBN 87-571-1775-6

1521
Brodersen, Lars; Andersen, Hans H.K.; Weber, Steen: Applying eye-movement tracking for the study of map perception and map design. - København: National Survey and Cadastre - Denmark 2002, 98 p., ill., mp. + 1 CD-ROM. (Publications / The National Survey and Cadastre - Series 4 ; 9) ISBN 87-7866-340-7

1522
Brunner, Kurt: Geheimhaltung und Verfälschung von Karten aus militärischen und politischen Gründen. In: Kartenverfälschung als Folge übergroßer Geheimhaltung? : eine Annäherung an das Thema Einflußnahme der Staatssicherheit auf das Kartenwesen der DDR ; Referate der Tagung der BStU vom 08.-09.2001 in Berlin. Hrsg. von Dagmar Unverhau. - Münster: Lit 2002, p.161-175, 12 ill.
ISBN 3-8258-5964-9

1523
Cartwright, William: Maps on the web. In: Maps and the internet. Ed. by Michael Peterson. Publ. on behalf of the International Cartographic Association. - Amsterdam [u.a.]: Elsevier Science 2003, p.35-56, 7 ill. ISBN 0-08-044201-3

1524
Dodge, Martin: Mapping secret places and sensitive sites : examining the cryptome 'eyeballing' map series. In: The Bulletin of the Society of Cartographers. 37, 2003, 1, p.5-11, 2 ill.

1525
Fuster Puig, Pau: Elaboración de un mapa topográfico, temático y excursionista de Morella. In: Topografia y cartografia : TOPCART. 20, 2003, 116, p.43-56, 11 ill., 3 tab. [Elaboration of a topographic and thematic tourist map of Morella,.] [Span.] ISSN 0212-9280

1526
Gartner, Georg: Geovisualisierung und Kartenpräsentation im Internet Stand und Entwicklung. In: Web.Mapping 2 : Telekartographie, Geovisualisierung und mobile Geodienste. Hartmut Asche; Christian Herrmann (Hrsg.). - Heidelberg: Wichmann 2003, p.45-56, 3 ill. ISBN 3-87907-388-0

1527
Häberling, Christian: Topographische 3D-Karten : Thesen für kartographische Gestaltungsgrundsätze. - [S.l.]: [s.n.] 2003, 216 p., ill. [Diss. Nr. 15379 techn. Wiss. ETH Zürich]

1528
Harkányine Székely, Zsuzsanna: A térképismérvek jelentésége a paradigmaváltás idején. In: Geodézia és kartográfia. 55, 2003, 11, p.29-32, 5 ill. [Significance of the map criterions in the time of paradigm change.] [Hung. with Engl. rés.] ISSN 0016-7118

1529
Kanazawa, Kei: Map drawing and lettering techniques. In: Basic cartography for students and technicians : english version. [International Cartographic Association] Ed.: Roger W. Anson and F.J. Ormeling. - Oxford [u.a.]: Butterworth-Heinemann 1993, transferred to digital printing 2001, p.93-177, 228 ill. [Vol. 1] [2nd edition] ISBN 0-08-042344-2

1530
Kartenverfälschung als Folge übergroßer Geheimhaltung? : eine Annäherung an das Thema Einflußnahme der Staatssicherheit auf das Kartenwesen der DDR ; Referate der Tagung der BStU vom 08.-09.03.2001 in Berlin. Hrsg. von Dagmar Unverhau. - Münster: Lit 2003, 300 p.,ill., mp. (Archiv zur DDR-Staatssicherheit ; 5) [2., durchges. Aufl.] ISBN 3-8258-5964-9

1531
Kerfoot, Helen: Office processing of geographical names. In: Training Course on Toponymy : Enschede, Frankfurt am Main, Berlin, 11 August - 6 September 2002. Comp. and ed. by Ferjan Ormeling, K. Hans Stabe and Jörn Sievers. - Frankfurt a.M.: bkg 2003, p.95-103, 1 ill. (Mitteilungen des Bundesamtes für Kartographie und Geodäsie ; 28) ISBN 3-89888-872-X

1532
Medynska-Gulij, B.: The effect of cartographic content on tourist map users. In: Cartography : journal of the Mapping Sciences Institute, Australia. 32, 2003, 2, 7 ill. ISSN 0069-0805

1533
Ormeling, Ferjan; Anson, Roger W.: Communication, design and visualisation. In:

Basic cartography for students and technicians : english version. [International Cartographic Association] Ed.: Roger W. Anson and F.J. Ormeling. - Oxford [u.a.]: Butterworth-Heinemann 1996, p.71- 92, 31 ill. [Vol. 3] ISBN 0-7506-2702-6

1534
Pravda, Ján: Koncepčné a kartografické aspekty Atlasu krajiny Slovenskej republiky. In: Kartografické listy. 11, 2003, p.85-94. [Conceptual and cartographic aspects of the Landscape Atlas of the Slovak Republic.] [Slovak. with Engl. rés.] ISBN 80-89060-02-1

1535
Räber, Stefan; Jenny, Bernhard: Karten im Netz - ein Plädoyer für mediengerechte Kartengrafik. In: Web.Mapping 2 : Telekartographie, Geovisualisierung und mobile Geodienste. Hartmut Asche; Christian Herrmann (Hrsg.). - Heidelberg: Wichmann 2003, p.57-76, 17 ill.
ISBN 3-87907-388-0

1536
Russchen, J.; Tichelaar, Tjeerd: Kaartredactie. In: Kartografisch Tijdschrift. 29, 2003, 3, Kernkatern 20, p.77-80. [Map redaction.] [Dutch] ISSN 0167-5788

1537
Sitte, Wolfgang: Gestaltungsmerkmale geographischer Schulatlanten am Beispiel neuer österreichischer Atlanten. In: Aspekte zur Gestaltung und Nutzung von Karten für den Schulunterricht. Hrsg. von der Deutschen Gesellschaft für Kartographie e.V., Kommission Schulkartographie.
- Bonn: Kirschbaum 2003, p.147-160, 3 ill. (Kartographische Schriften ; 8) [Parallel als CD-ROM erschienen - Sign.: 1 D 12122]
ISBN 3-7812-1579-2

1538
Spiess, Ernst: Map compilation. In: Basic cartography for students and technicians : english version. [International Cartographic Association] Ed.: Roger W. Anson and F.J. Ormeling. - Oxford [u.a.]: Butterworth-Heinemann 2002, p.25-84, 238 ill. [Vol. 2] [2nd edition] ISBN 0-075064996-8

1539
Stabe, K.Hans: Field collection of geographical names and office treatment of collected names. In: Training Course on Toponymy : Enschede, Frankfurt am Main, Berlin, 11 August - 6 September 2002. Comp. and ed. by Ferjan Ormeling, K. Hans Stabe and Jörn Sievers. - Frankfurt a.M.: bkg 2003, p.141-172, 12 ill., 4 tab. (Mitteilungen des Bundesamtes für Kartographie und Geodäsie ; 28) ISBN 3-89888-872-X

1540
Thaler, Peter: Konzeption und Realisierung einer Sportstättenkarte am Beispiel Wien. - Wien: Universität 2003, 107 p., 19 ill., 13 tab., Anhang: Kartenausschnitt 1:12 500 mit Legende.

1541
Tichelaar, Tjeerd; Ormeling, Ferjan: Names collection in the field and the office. In: Training Course on Toponymy : Enschede, Frankfurt am Main, Berlin, 11 August - 6 September 2002. Comp. and ed. by Ferjan Ormeling, K. Hans Stabe and Jörn Sievers.
- Frankfurt a.M.: bkg 2003, p.77-78. (Mitteilungen des Bundesamtes für Kartographie und Geodäsie ; 28)
ISBN 3-89888-872-X

1542
Wintges, Theodor: Geodata communication on personal digital assistants (PDA). In: Maps and the internet. Ed. by Michael Peterson. Publ. on behalf of the International

Cartographic Association. - Amsterdam [u.a.]: Elsevier Science 2003, p.397-402, 3 ill. ISBN 0-08-044201-3

1543
Wolodtschenko, Alexander: Structural modes in cartography. In: The selected problems of theoretical cartography 2000 : proceedings of a seminar of the Commission on Theoretical Cartography (Gdańsk, Poland, July 20-21, 2002). Alexander Wolodtschenko. - Dresden: International Cartographic Association 2003, p.73-81, 13 ill.

1544
Zanin, Christine; Trémélo, Marie-Laure: Savoir faire une carte : aide à la conception et à la réalisation d'une carte thématique univariée. - Paris: Belin 2003, 199 p., mp. (Belin Sup, Géographie)
ISBN 2-7011-3671-7

b. Map Types, Cartographic Methods
Kartentypen, kartographische Methoden
Types cartographiques, méthodes cartographiques

1545
Avelar, Silvania: Schematic maps on demand : design, modeling and visualization. - Zürich: Swiss Federal Inst. of Technology, X, 130 p., ill. (Diss. ETH ; 14700)
ISBN 1 B 85386

1546
Bobrich, Joachim; Otto, Steffen: Digitale Anreicherung analoger Karten. In: Arbeitsgruppe Automation in der Kartographie : Tagung 2002. - Frankfurt am Main: Verlag des Bundesamtes für Kartographie und Geodäsie 2003, p.7-14, 9 ill. (Mitteilungen des Bundesamtes für Kartographie und Geodäsie ; 24) ISBN 3-89888-867-3

1547
Buchroithner, Manfred; Wälder, Olga: 3D-Visualisierung von Geodaten : Gegenwart und Zukunft. In: 12. Internationale Geodätische Woche, Obergurgl 2003. Günter Chesi; Thomas Weinold (Hrsg.). - Heidelberg: Wichmann 2003, p.197-200, 1 ill. ISBN 3-87907-401-1

1548
Cavelti Hammer, Madlena: Messbare Sinnlichkeit : die Schweizer Reliefkarten des 19. Jahrhunderts. In: Vermessene Landschaften : Kulturgeschichte und technische Praxis im 19. und 20. Jahrhundert. Hrsg. von David Gugerli. - Zürich: Chronos 1999, p.165-179. (Interferenzen ; 1)
ISBN 3-905313-12-X

1549
Csida, Sascha; Riegler, Dieter; Riedl, Andreas: Kartographische Anforderungen an eine 4D-Animation zur Visualisierung postglazialer Ereignisse gezeigt anhand eines GLOF - Glacial Lake Outburst Flood. In: Angewandte geographische Informationsverarbeitung XIV : Beiträge zum AGIT-Symposium Salzburg 2003. Josef Strobl ... (Hrsg.). - Heidelberg: Wichmann 2003, p.53-58, 7 ill. ISBN 3-87907-392-9

1550
Danti, Egnazio; Levi-Donati, Gemmarosa: Le trentacinque cartelle della Guardaroba Medicea di Palazzo Vecchio in Firenze. A cura di / edited by G.R. Levi-Donati. - Ponte San Giovanni (Perugia): Benucci 2002, 123 p., ill. [The thirty-five scrolls of the Medici Guardaroba of Palazzo Vecchio in Florence.] [Ital. and Engl.]

1551
Fowkes, Dudley: Pre 1650 manuscript maps held by county record offices in England and Wales : a catalogue. edited by

Dudley Fowkes. - East Ardsley: Microform Acad. Publ. 1992, 8 MF, Manuskript 725 p. [Mikroform]

1552
Grünwied, Gertrud: Applikationen für kleine Displays - neue Herausforderungen an das Interaktionsdesign. In: 12. Internationale Geodätische Woche, Obergurgl 2003. Günter Chesi; Thomas Weinold (Hrsg.). - Heidelberg: Wichmann 2003, p.39-44, 3 ill. ISBN 3-87907-401-1

1553
Haft, Adele J.: The terraqueous world of Ludo Slagmolen. In: Mercator's World. 8, 2003, 1, p.38-41, 3 ill. ISSN 1086-6728

1554
Kahlen, Peter: Kartographische Klassifikation von Radioaktivität : eine automatische GIS-Lösung. - Graz: Technische Universität 2003 [Diplomarbeit]

1555
Kanazawa, Kei: Map drawing and lettering techniques. In: Basic cartography for students and technicians : english version. [International Cartographic Association] Ed.: Roger W. Anson and F.J. Ormeling. - Oxford [u.a.]: Butterworth-Heinemann 1993, transferred to digital printing 2001, p.93-177, 228 ill. [Vol. 1] [2nd edition] ISBN 0-08-042344-2

1556
Kolbe, Thomas H.; Steinrücken, Jörg; Plümer, Lutz: Cooperative web maps. In: GIS : Geoinformationssysteme. 16, 2003, 6, p.10-16, 5 ill. ISSN 1430-3663

1557
Kolbe, Thomas H.; Steinrücken, Jörg; Plümer, Lutz: Diskutieren wir es and der Karte - Cooperative Web Maps. In: Arbeitsgruppe Automation in der Kartographie : Tagung 2002. - Frankfurt am Main: Verlag des Bundesamtes für Kartographie und Geodäsie 2003, p.47-58, 5 ill. (Mitteilungen des Bundesamtes für Kartographie und Geodäsie ; 24) ISBN 3-89888-867-3

1558
Koninck, Rodolphe de; Miller, Marc; Gendron, Bruno: La répartition de la population en Asie du Sud-Est : Cartographie de son évolution 1950-1995. In: Mappemonde. 2003, 71, p.1-6, 5 ill. [French with Engl., and Span. rés.] ISSN 0764-3470

1559
Kosuga, Hiroshi; Nomura, Harutsugu: Color photo map of Antarctica. In: Map : journal of the Japan Cartographers Association. 41, 2003, 3, p.1-7, 3 ill., 1 tab. [Jap.] ISSN 0009-4897

1560
Kriz, Karel: Avalanche cartography : visualization of dynamic-temporal phenomena in a mountainous environment. In: International Cartographic Association / Commission on Mountain Cartography special issue: ICA Commission on Mountain Cartography. Ed. by Lorenz Hurni. - North York: Univ. of Toronto Press 2003, p.77-87, 14 ill., 4 tab. (Cartographica ; 38. 2001, 1/2) ISBN 0340-0654 / 0317-717

1561
Krzywicka-Blum, Ewa: Agregacja danych punktowych i pól odniesiena a informacyjne własności map gęstości. In: Polski przegląd kartograficzny. 35, 2003, 3, p.175-184, 8 ill., 3 tab. [Aggragation of dot elements and reference space units and informational characteristics of density maps.] [Pol. with Engl. and Russ. rés.] ISSN 0324-8321

1562
Leitner, Dieter: Kartographie im Internet. In: 12. Internationale Geodätische Woche, Obergurgl 2003. Günter Chesi; Thomas

Weinold (Hrsg.). - Heidelberg: Wichmann 2003, p.82-89, 2 ill. ISBN 3-87907-401-1

1563
Leonowicz, Anna: Kartogram w programie CommonGIS. In: Polski przegląd kartograficzny. 35, 2003, 3, p.199-203, 5 ill. [Two-variable choropleth map based on CommonGIS software.] [Pol.] ISSN 0324-8321

1564
Meng, Liqiu: Rahmenbedingungen beim Einsatz von Methoden und Techniken der Geovisualisierung. In: Visualisierung und Erschließung von Geodaten : Seminar GEOVIS 2003, 26. bis 27. Februar 2003, Universität Hannover. Hrsg. von der Deutschen Gesellschaft für Karthographie e.V., Kommission Geoinformation und Visualisierung. Schriftleitung: Jürgen Dodt; Wolf-Dieter Rase. - Bonn: Kirschbaum-Verl. 2003, p.3-11, 5 ill. (Kartographische Schriften ; 7) ISBN 3-7812-1577-6

1565
Oeder, Werner: Zwischen Manier und Manie : militärische Dispositionen des Reliefeffekts. In: Vermessene Landschaften : Kulturgeschichte und technische Praxis im 19. und 20. Jahrhundert. Hrsg. von David Gugerli. - Zürich: Chronos 1999, p.149-164. (Interferenzen ; 1) ISBN 3-905313-12-X

1566
Ogao, Patrick J.: Gebruik van animaties om ruimtelijke structuren te exploreren : zijn ze effectief? In: Kartografisch Tijdschrift. 29, 2003, 1, p.25-31, 7 ill. [Using animation to explore geospatial structures : are they effective?] [Dutch with Engl. rés.] ISSN 0167-5788

1567
Ormeling, Ferdinand Jan: Fantasiekaarten als gereedschap om begrippen te ordenen. In: Kartografisch Tijdschrift. 29, 2003, 2, p.26-33, 6 ill. [Fantasy maps as sources for cartographic concepts.] [Dutch with Engl., and French rés.] ISSN 0167-5788

1568
Oswald, Franz; Baccini, Peter: Netzstadt : Einführung in das Stadtenwerfen. In Zsarb. mit Mark Michaeli. - Basel [u.a.]: Birkhäuser 2003, 303 p., ill., mp. [Literaturverz. p.300-301] ISBN 3-7643-6962-0

1569
Peterson, Michael: Foundations of research in internet cartography. In: Maps and the internet. Ed. by Michael Peterson. Publ. on behalf of the International Cartographic Association. - Amsterdam [u.a.]: Elsevier Science 2003, p.437-445, 2 ill. ISBN 0-08-044201-3

1570
Pike, William; Gahegan, Mark: Constructing semantically scalable cognitive spaces. In: Spatial information theory : foundations of geographic information science ; international conference, COSIT 2003, Kartause Ittingen, Switzerland, September 24 - 28, 2003 ; proceedings. Werner Kuhn and others (eds.). - Berlin [u.a.]: Springer 2003, p.332-348, 6 ill. (Lecture notes in computer science ; 2825) ISSN 0302-9743

1571
Reitinger, Franz: Kleiner Atlas der österreichischen Gemütlichkeit 1800-1918. - Klagenfurt: Ritter Verl. 2003, 167 p., ill., mp. ISBN 3-85415-340-6

1572
Schumann, Heidrun; Kreuseler, Matthias: Fokus- und Kontext-Darstellung im geographischen Kontext. In: Visualisierung und Erschließung von Geodaten : Seminar GEOVIS 2003, 26. bis 27. Februar 2003, Universität Hannover. Hrsg. von der Deutschen Gesellschaft für Karthographie e.V.,

Kommission Geoinformation und Visualisierung. Schriftleitung: Jürgen Dodt; Wolf-Dieter Rase. - Bonn: Kirschbaum-Verl. 2003, p.25-34, 12 ill. (Kartographische Schriften ; 7) ISBN 3-7812-1577-6

1573
Sengoku, Arata: Amendmment of the hydrographic activities law and nautical charts based on WGS-84. In: Map : journal of the Japan Cartographers Association. 41, 2003, 3, p.25-31, 1 ill. [Jap.] ISSN 0009-4897

1574
Siekierska, Eva; Müller, Anita: Tactile and audio-tactile maps within the Canadian 'Government On-Line' program. In: The Cartographic Journal. 40, 2003, 3, p.299-304, 8 ill.

1575
Sikorska-Maykowska, Małgorzata and others: Rodzaje generalizacji treści map topograficznych na przykładzie mapy 1:50 000. In: Polski przegląd kartograficzny. 35, 2003, 4, p.259-264, 4 ill., 2 tab. [Methods of presentation of geoenvironmental issues on general thematic maps.] [Pol. with Engl. and Russ. rés.] ISSN 0324-8321

1576
Skupin, André; Fabrikant, Sara Irina: Spatialization methods : a cartographic research agenda for non-geographic information visualization. In: Cartography and geographic information science. 30, 2003, 2, p.99-119, 16 ill. ISSN 1523-0406

1577
Takai, Toshibumi; Okunuki, Kei-ichi; Okamoto, Kohei: A method for analyzing sketch maps using GIS. In: Map : journal of the Japan Cartographers Association. 41, 2003, 4, p.27-36, 7 ill., 1 tab. [Jap. with Engl. rés.] ISSN 0009-4897

1578
Tardiola, Giuseppe: L'oceano del fantasticare. In: L'oceano della convivenza. Expo Lisboa 98. - [Milano]: Skira 1998, p.90-105, 11 ill. [The ocean of fancies.] [Ital.] ISBN 88-8118-397-8

1579
Taylor, David Ruxton Fraser: Geodata communication on personal digital assistants (PDA). In: Maps and the internet. Ed. by Michael Peterson. Publ. on behalf of the International Cartographic Association. - Amsterdam [u.a.]: Elsevier Science 2003, p.405-420, 2 ill. ISBN 0-08-044201-3

1580
Tominski, Christian; Schulze-Wollgast, Petra; Schumann, Heidrun: Visualisierung zeitlicher Verläufe auf geographischen Karten. In: Visualisierung und Erschließung von Geodaten : Seminar GEOVIS 2003, 26. bis 27. Februar 2003, Universität Hannover. Hrsg. von der Deutschen Gesellschaft für Karthographie e.V., Kommission Geoinformation und Visualisierung. Schriftleitung: Jürgen Dodt; Wolf-Dieter Rase. - Bonn: Kirschbaum-Verl. 2003, p.47-57, 13 ill. (Kartographische Schriften ; 7) ISBN 3-7812-1577-6

1581
Turner, Hilary L.: The Sheldon tapestry maps : their content and context. In: The Cartographic Journal. 40, 2003, 1, p.39-49, 4 ill. ISSN 0008-7041

1582
Wandkaarten Kaartenverzameling : overzicht van de wandkayarten en transparantenatlassen ten dienste van het onderwijs aan de Vrije Universiteit. - Amsterdam: Bibliotheek Vrije Universiteit 2002, 64 p., 4 ill. [Dutch]

1583
Weindorf, Manuel: Regelbasierte Interpretation unstrukturierter Vektorkarten. - München: Beck 2002, 73 p., ill., mp. (Deutsche Geodätische Kommission bei der Bayerischen Adademie der Wissenschaften Reihe C, Dissertationen ; 555) ISBN 3-7696-9594-1 [Zugl.: Karlsruhe, Univ., Diss., 2001]

1584
Zhang, Shanshan; Yang, Zongliang: A spatio-temporal indexing method for GIS. In: Geomatics and information science of Wuhan University. 28, 2003, 1, p.51-54, 2 ill. [Chin. with Engl. rés.]

1585
Zipf, Alexander: Die Relevanz von Geoobjekten in Fokuskarten : zur Bestimmung von Bewertungsformeln unter Berücksichtigung personen- und kontextabhängiger Parameter. In: Angewandte geographische Informationsverarbeitung XIV : Beiträge zum AGIT-Symposium Salzburg 2003. Josef Strobl ... (Hrsg.). - Heidelberg: Wichmann 2003, p.567-576, 1 ill. ISBN 3-87907-392-9

c. Map Scale, Sheet Layout, Sheet Numbering and Naming Kartenmaßstab, Blattschnitt, Blattbezeichnung Echelle cartographique, découpage des feuilles, numéro et nom des feuilles

1586
Cecconi, Alessandro: Integration of cartographic generalization and multi-scale databases for enhanced web mapping : [Testdaten aus der Schweiz]. - [S.l.]: [s.n.] 2003, 1 CD-ROM. [Diss. phil. II Zürich]

1587
Galanda, Martin; Cecconi, Alessandro: Adaptives Zoomen in der Internetkartographie. In: Kartographische Nachrichten. 53, 2003, 1, p.11-16, 5 ill., 1 tab. ISSN 0022-9164

d. Map Projection, Mathematical Cartography Kartennetzentwurf, mathematische Kartographie Projection cartographique, cartographie mathématique

1588
Andres, Ludovic: Transformation dans le système R.G.F. 93 de la base de données géographiques de la Ville de Nice. In: XYZ : revue de l'Association Française de Topographie. 25, 2003, 97, p.56-64, 6 ill., 3 tab. ISSN 0290-9057

1589
Balcerzak, Jerzy; Panasiuk, Jan: Analytical description of Gauss-Krüger projection in spheroidal and spheroidal-and spherical versions. In: Geodezja i kartografia. 52, 2003, 4, p.193-203, 1 tab. [Engl. with Pol., and Russ. rés.] ISSN 0016-7134

1590
Bretterbauer, Kurt: Gebrauchsformeln für die UTM-Projektion nach Krüger. In: VGI : österreichische Zeitschrift für Vermessung & Geoinformation. 91, 2003, 3, p.163-165, 1 tab. ISSN 0029-9650

1591
Burke, Michael: Transfer of admiralty charts of the British Isles to a WGS 84. In: The Cartographic Journal. 40, 2003, 1, p.89-93, 4 ill. ISSN 0008-7041

1592
Čechurová, Monika: Souřadnicové výpočty v kladu listů rakouských topografických map ze III. vojenského mapování. In: Geodetický a kartografický obzor. 49, 2003, 6, p.103-108, 4 ill. [Coordinate calculation in the map layout of Austrian

topographic maps from the third military survey.] [Czech. with Engl. rés.]
ISSN 0016-7096

1593
Flacke, Werner; Kraus, Birgit: Koordinatensysteme in ARcGIS : Praxis der Transformationen und Projektionen. - Norden [u.a.]: Points-Verl. 2003, XII, 255 p., ill. [1. Aufl.] ISBN 3-9808463-2-6

1594
Gábor, Timár; József, Varga; Balázs, Székely: Ismeretlen paraméterezésú valódi kúpvetületern készült térkép térinformatikai rendszerbe integrálása. In: Geodézia és kartográfia. 55, 2003, 2, p.8-11, 1 ill., 1 tab. [GIS integration of a map drawn in real conic projection with unknown parameters.] [Hung. with Engl. rés.]
ISSN 0016-7118

1595
Heller, Armin: Die Alpenvereinskarte als Grundlage für geographische Informationssysteme. In: Untersuchungen zur Georeferenzierung von Alpenvereinskarten. Zsgest. von Burt Brunner und Walter Welsch. - München: Haus des Alpinismus 2001, p.61-81, 17 ill., 3 tab. (Wissenschaftliche Alpenvereinshefte ; 34)
ISBN 3-928777-89-0

1596
Hessler, John W.: A new view of the world : John P. Snyder and the Space Oblique Mercator projection. In: The Portolan. 2003, 57, p.21-27, 4 ill. ISSN 1096-1925

1597
Hild, Heiner: Automatische Georeferenzierung von Fernerkundungsdaten. - München: Beck 2003, 132 p., ill., mp. (Deutsche Geodätische Kommission bei der Bayerischen Akademie der Wissenschaften Reihe C, Disserationen ; 562) [Zugl.: Stuttgart, Univ., Diss., 2002]
ISBN 3-7696-5001-8

1598
The Irish grid : a description of the coordinate reference system used in Ireland. - [Dublin] 1996, 43 p., ill., mp. [Includes bibliographical references]

1599
Juhász, Péter: Az Érdi-Krausz vetület javítása. In: Geodézia és kartográfia. 55, 2003, 6, p.13-19, 5 ill. [Repairing of the Érdi-Krausz projection.] [Hung. with Engl. rés.] ISSN 0016-7118

1600
Kadmon, Naftali; Knippers, Richard: The definition of location. In: Training Course on Toponymy : Enschede, Frankfurt am Main, Berlin, 11 August - 6 September 2002. Comp. and ed. by Ferjan Ormeling, K. Hans Stabe and Jörn Sievers. - Frankfurt a.M.: bkg 2003, p.65-73, 4 ill., 2 tab. (Mitteilungen des Bundesamtes für Kartographie und Geodäsie ; 28)
ISBN 3-89888-872-X

1601
Kanazawa, Kei: Investigations for questions about the Gauss' projections and other related topics. In: Map : journal of the Japan Cartographers Association. 41, 2003, 3, p.14-24, 3 ill. [Jap. with Engl. rés.]
ISSN 0009-4897

1602
Knedlik, Stefan: Auf Kalman-Filtern basierende Verfahren zur Erzielung genauer Höhenmodelle in SAR-Interferometrie. - Aachen: Shaker 2003, XI, 269, XX p., ill. (ZESS-Forschungsberichte ; 20) [Zugl.: Siegen, Univ., Diss, 2003]
ISBN 3-8322-1596-4

1603
Krömker, Susanne; Dannehl, Jens: Wissenschaftliches Rechnen und Restaurierung einer Globuskugel : Bericht über eine geglückte Zusammenarbeit zwischen dem Interdisziplinären Zentrum für Wissenschaftliches Rechnen und der Universitätsbibliothek Heidelberg. In: Theke. 2000, p.27-36. ISSN 0175-5781

1604
Kulik, Lars; Klippel, Alexander: Reasoning about cardinal directions using grids as qualitative geographic coordinates. In: Spatial information theory : cognitive and computational foundations of geographic information science. Christian Freksa; David M. Mark (eds.). - Berlin ; Heidelberg: Springer 2002, p.205-220, 5 ill. (Lecture notes in computer science ; 1661) ISBN 3-540-66365-7 / 0302-9743

1605
Li, Rongxing; Ma, Fei: Geometric constraints in feature extraction from aerial imagery. In: Surveying and land information science. 63, 2003, 2, p.107-115, 12 ill. ISSN 1538-1242

1606
Lolonis, Panos: Método basado en la estadística x2 para comprobar que el ajuste de bordes de mapas y diegramas de zonas adyacentes sea satisfactorio. In: Topografia y cartografia : TOPCART. 20, 2003, 118-119, p.35-43, 4 ill., 2 tab. [A statistical method to determine whether two or more maps produced by independent surveys and cover adjacent areas match each other satisfactorily.] [Span. with Engl. rés] ISSN 0212-9280

1607
Lynn Usery, E. and others: Projecting global datasets to achieve equal areas. In: Cartography and geographic information science. 30, 2003, 1, p.69-79, 5 ill., 6 tab. ISSN 1523-0406

1608
Making maps compatible with GPS : transformations between the Irish grid and the GPS co-ordinate reference frame WGS84/ ETRF89. - Dublin: O.S.I. 1999, 31 p., ill., mp. [Zugl.: [Belfast.]: Ordnance Survey of Northern Ireland]

1609
Maling, Derek H.: Mathematical cartography. In: Basic cartography for students and technicians : english version. [International Cartographic Association] Ed.: Roger W. Anson and F.J. Ormeling. - Oxford [u.a.]: Butterworth-Heinemann 1993, transferred to digital printing 2001, p.19-63, 95 ill., 6 tab. [Vol. 1] [2nd edition] ISBN 0-08-042344-2

1610
Mittermayer, Eberhard: Die meridiantreue Projektion der Kugel in die Ebene als Lösung einer Anfangswertaufgabe (Kinematik). In: ZfV : Zeitschrift für Geodäsie, Geoinformation und Landmanagement. 128, 2003, 2, p.79-87, 7 ill. ISSN 1618-8950

1611
Monmonier, Mark: Proprietary perspectives : the quirky creativity of patented map projections. In: Mercator's World. 8, 2003, 1, p.54-56, 6 ill. ISSN 1086-6728

1612
Naus, Krzysztof; Makar, Artur: Dynamic perspective projection - methods of connecting the reference plane and the projection centre with the moving vessel. In: Geodezja i kartografia. 52, 2003, 2, p.99-110, 9 ill. [Engl. with Pol., and Russ. rés.] ISSN 0016-7134

1613
Penzkofer, Markus: Entzerrung und Georeferenzierung von Alpenvereinskarten. In: Untersuchungen zur Georeferenzierung von Alpenvereinskarten. Zsgest. von Burt Brunner und Walter Welsch. - München: Haus des Alpinismus 2001, p.19-59, 10 ill., 13 tab. (Wissenschaftliche Alpenvereinshefte ; 34) ISBN 3-928777-89-0

1614
Report on the Symposium of the IAG Subcommission for Europe (EUREF), held in Ponta Delgada, 5-8 June 2002. Ed. by Joao Agria Torres and Helmut Hornik. - Frankfurt a.M.: Verl. des Bundesamtes für Kartographie und Geodäsie 2003, 426 p., ill., mp. (Mitteilungen des Bundesamtes für Kartographie und Geodäsie ; 29) ISBN 3-89888-873-8

1615
Sahr, Kevin; White, Denis; Kimerling, A. Jon: Geodesic discrete global grid systems. In: Cartography and geographic information science. 30, 2003, 2, p.121-134, 12 ill., 1 tab. ISSN 1523-0406

1616
Schmitt, Günter: Integration aktueller Forschungsergebnisse in die Lehre am Beispiel "Netzplanung". In: Allgemeine Vermessungs-Nachrichten. 110, 2003, 2, p.47-50, 4 ill. ISSN 0002-5968

1617
Spreckels, Volker: Einführung fester Transformationsparameter vom ETRS'89 zum Gauß-Krüger-Koordinatensystem über NWREF-Punkte zur einheitlichen Führung der Koordinaten und GIS-Datenbestände der Deutschen Steinkohle AG (DSK AG). In: Auf dem Weg zu operationellen Prozessketten in Photogrammetrie, Fernerkundung und Geoinformation : 23. wissenschaftlich-technische Jahrestagung der DGPF 9. - 11. September 2003 in Bochum. Eckhardt Seyfert, Hrsg. - Münster: Geschäftsstelle der DGPF 2003, p.145-156, 8 ill. (Publikationen der Deutschen Gesellschaft für Photogrammetrie, Fernerkundung und Geoinformation e.V. ; Band 12) [CD-ROM enth.: Farbabbildungen des Tagungsbandes] ISSN 0942-2870

1618
Svensson, S.Leif: Map projections and boundary problems. In: Geodesy : the challenge of the third millenium. Erik W. Grafarend, Friedrich W. Krumm, Volker S. Schwarze (editors). - Berlin [u.a.]: Springer 2003, p.257-260. ISBN 3-540-43160-8

1619
Timár, Gábor; Danišík, Martin: Aproximácia Křovákovho zobrazenia Lamertovým konformným kužel'ovým zobrazením na území Sovenska pre potreby GIS a GPS. In: Kartografické listy. 11, 2003, p.100-102. [Approximation of the Křovák projection with the Lambert conformal conic projection in the GIS and GPS applications on the territory of Slovakia.] [Slovak. with Engl. rés.] ISBN 80-89060-02-1

1620
Timár, Gábor; Kubány, Csongor; Molnár, Gábor: A magyarországi Gauss-Krüger-vetületú katonai topográfiai térképek dátumparaméterei. In: Geodézia és kartográfia. 55, 2003, 7, p.18-22, 3 tab. [Datum parameters of the Hungarian Gauss-Krüger military topographic maps.] [Hung. with Engl. rés.] ISSN 0016-7118

1621
Timár, Gábor; Molnár, Gábor: A második katonai felmérés : térképeinek közelítë vetületi és alapfelületi leírása a térinformatikai alkalmazások számára. In: Geodézia és kartográfia. 55, 2003, 5, p.27-31. [Approximation projection and datum

description of the second military survey of the Hungarian part of the Habsburg Empire, for the GIS applications.] [Hung. with Engl. rés.] ISSN 0016-7118

1622
Timár, Gábor; Molnár, Gábor; Márta, Gergely: A budapesti sztereografikus, illetve a régi magyarországi henger-vetületek és geodéziai dátumaik paraméterezése a térinformatikai gyakorlat számára. In: Geodézia és kartográfia. 55, 2003, 3, p.16-21, 1 tab. [Parameters of the Hungarian Stereographic and old zonal cylindric projections and their datums for the GIS practice.] [Hung. with Engl. rés.] ISSN 0016-7118

1623
Veverka, Bohuslav; Čechurová, Monika: Georeferencování map II. a III. vojenského mapování. In: Kartografické listy. 11, 2003, p.103-113, 7 ill. [Georeferencing of the maps from the 2nd and 3rd military mapping.] [Slovak. with Engl. rés.] ISBN 80-89060-02-1

1624
Wei, Wenzhan and others: Mathematical definitions of point, line and area symbols in cartography. In: Geo-spatial information science. 6, 2003, 3, p.62-65, 3 ill. ISSN 1009-5020

1625
Zhong, Yexun and others: Mathematical definitions of operators for cartographic generalization. In: Geo-spatial information science. 6, 2003, 1, p.70-73, 7 ill. ISSN 1009-5020

e. Legend, Drafting Instructions, Map Specifications, Symbol Legends
Legende, Zeichenvorschriften, Musterblätter, Signaturenmaßstab
Légende, spécifications cartographiques, échelle d'un symbole

1626
Bousquet-Bressolier, Catherine: Du paysage naturel à l'utopie : le corps des ingénieurs-géographes et la diffusion d'un savoir théorique sur les cartes. In: Le paysage des cartes : genèse d'une codification ; actes de la 3e journée d'études du Musée des Plans-Reliefs, Paris, 19 novembre 1998. Sous la dir. de Cathérine Bousquet-Bressolier. - Paris: Musée des Plans-Reliefs 1999, p.81-97, 7 ill. ISBN 2-902559-31-3

1627
Chakraborty, Utpal; Kumar, Mitra: Symolization in thematic cartography : with reference to tourist atlas of West Bengal. In: Geography and applied cartography : proceedings of the National Seminar on Geography and Applied Cartography, organised to commemorate the birth centenary celebration of Padmabhushan Professor S.P. Chatterjee. Organised by National Atlas & Thematic Mapping Organisation, in collaboration with Prof. S.P. Chatterjee Memorial Foundation. [General ed.: Pritvish Nag]. - Kolkata: Govt. of India, Dept of Science & Technology, National Atlas & Thematic Mapping Organisation 2003, p.252-255, 1 mp.

1628
Czerny, Andrzej: Konstrukcja skal wartości w legendach map. In: Polski przegląd kartograficzny. 35, 2003, 2, p.87-99, 20 ill.

[Composition of value scales in map legends.] [Pol. with Engl. and Russ. rés.] ISSN 0324-8321

1629
Kudrnovský, Emil: Návrh znakového klíče cykloturistického obsahu map pro volný čas. In: Kartografické listy. 11, 2003, p.37-45, 21 ill. [Design of symbol code for the biking content in maps for leisure time.] [Slovak. with Engl. rés.] ISBN 80-89060-02-1

1630
Die Liegenschaftsvermessungen im Land Brandenburg. Land Brandenburg, Ministeium des Innern. - [Potsdam]: Ministerium des Innern des Landes Brandenburg 2003, 1 CD-ROM. [Elektronische Ressource]

1631
Martín López, José: Mapas antiguos y leyendas modernas. In: Topografia y cartorafia : TOPCART. 20, 2003, 118-119, p.26-34, 4 ill. [Old maps and modern legends.] [Span.] ISSN 0212-9280

1632
Neverov, L.B.: Razrabotka elektronnoj versij edinoj sistemy uslovnych znakov dlja topografičeskich planov i kart. In: Geodezija i kartografija : oficial'nyj organ Federal'noj Sluzby Geodezii i Kartografii Rossii i Geodeziceskich Sluzb Stran. 2003, 10, p.26-32, 7 ill. [Elaboration of computerised version of symbols for topographic maps.] [Russ.] ISSN 0016-7126

1633
Pokorný, Miroslav; Hájek, Milan: Analýza priestorových objektov na mapách I. vojenského mapovania. In: Kartografické listy. 11, 2003, p.74-84, 4 ill., 2 tab. [Spatial object analysis on the maps from the 1st military mapping.] [Slovak. with Engl. rés.] ISBN 80-89060-02-1

1634
Richtlinien für die Einrichtung der Automatisierten Liegenschaftskarte in Brandenburg (ALK-Richtlinien) : eingeführt durch Runderlass III Nr. 25/1995 des Ministeriums des Innern vom 13.12.1995 zuletzt geändert durch Runderlass Nr. 8/2000 des Ministeriums des Innern vom 04. Mai 2000. Ministerium des Innern des Landes Brandenburg. - [Potsdam]: Ministerium des Innern des Landes Brandenburg 2000 [Stand: 31.03.2000]

1635
Thüringer Anweisung für die Anfertigung von amtlichen Lageplänen zu Bauanträgen (Thüringer Lageplananweisung) : Runderlass des Thüringer Innenministeriums vom 29.05.2000, [Az.]: 64-9352.10-001. - Erfurt: Thüringer Landesvermessungsamt 2000, Getr. Zählung. (Nr. ... der Vorschriftensammlung / Thüringer Innenministerium, Kataster- und Vermessungswesen ; 20)

f. Generalization
Generalisierung
Généralisation

1636
Brassel, Kurt; Weibel, Robert: Generalisation. In: Basic cartography for students and technicians : english version. [International Cartographic Association] Ed.: Roger W. Anson and F.J. Ormeling. - Oxford [u.a.]: Butterworth-Heinemann 2002, p.85-122, 31 ill. [Vol. 2] [2nd edition] ISBN 0-075064996-8

1637
Cecconi, Alessandro: Integration of cartographic generalization and multi-scale databases for enhanced web mapping. - Zürich: Univ. 2003, 1 CD-ROM + 1 Beil. [Elektronische Ressource] [Hochschulschrift (Diss.)]

1638
Galanda, Martin; Weibel, Robert; Keuper, Alex D.: Using an energy minimization technique for polygon generalization. In: Cartography and geographic information science. 30, 2003, 3, p.263-279, 11 ill., 1 tab. ISSN 1523-0406

1639
Ostrowski, Wiesław: Rodzaje generalizacji treści map topograficznych na przykładzie mapy 1:50 000. In: Polski przegląd kartograficzny. 35, 2003, 4, p.251-258, 1 ill. [Types of topographic maps generalization based on an example of a map in 1:50 000.] [Pol. with Engl. and Russ. rés.] ISSN 0324-8321

1640
Pun-Cheng, L.S.C.; Li, Z.; Gao, W.: Integration of generalisation operators for vegetation maps based on bio-geographical principles. In: Cartography : journal of the Mapping Sciences Institute, Australia. 32, 2003, 2, p.17-30, 11 ill. ISSN 0069-0805

1641
Saux, Eric: B-spline functions and wavelets for cartographic line generalization. In: Cartography and geographic information science. 30, 2003, 1, p.33-50, 25 ill., 2 tab. ISSN 1523-0406

1642
Soukup, Petr; Votoček, Michal: Konstrukce přímkové kostry plochy a její využití v kartografii. In: Kartografické listy. 11, 2003, p.95-99, 3 ill. [Construction of the straight skeleton surface and its use in cartography.] [Slovak. with Engl. rés.] ISBN 80-89060-02-1

1643
Stefanakis, Emmanuel: Representation of generalized map series using semi-structured data models. In: Cartography and geographic information science. 30, 2003, 1, p.51-68, 14 ill. ISSN 1523-0406

1644
Zhong, Yexun and others: Mathematical definitions of operators for cartographic generalization. In: Geo-spatial information science. 6, 2003, 1, p.70-73, 7 ill. ISSN 1009-5020

g. Geographical Names, Toponymy Namenschreibung, Ortsnamenkunde Orthographie des noms géographiques, toponymie

1645
Boginskij, V.M. and others: Avtomatizirovannyj Gosudarstvennyj katalog geografičeskichnazvanij Rossii [Sostojanie i perspektivy razvitija]. In: Geodezija i kartografija : oficial'nyj organ Federal'noj Sluzby Geodezii i Kartografii Rossii i Geodeziceskich Sluzb Stran. 2003, 10, p.33-41, 2 ill. [Automated state catalogue of geographic names for Russia (present state and outlook).] [Russ.] ISSN 0016-7126

1646
Broome, Rodney: Amerike : the Briton who gave America its name. - Stroud: Sutton 2002, XXIII, 227, [8] p. ISBN 0-7509-2909-X

1647
Brown, Wesley A.: The place-name "Vinland" on the world map in the "Rudimentum Novitiorum". In: Journal of the International Map Collectors' Society. 93, 2003, p.9-20, 4 ill.

1648
Fičor, Dušan: Aktuálne problémy štandardizácie geografického názvoslovia. In: Geodetický a kartografický obzor. 49, 2003, 7-8, p.166-170. [Actual problems of stan-

dardization of geographic names.] [Czech. with Engl. rés.] ISSN 0016-7096

1649
Gommers, Peter H.: Europe - what's in a name. - Leuven: Leuven Univ. Press 2001, 223 p., ill., mp. [Literaturverzeichnis S. 207] ISBN 90-5867-149-6

1650
Jarring, Gunnar: Stray notes on some place-names on Strahlenbergs map. In: Accurata descriptio : studier i kartografi, numismatik, orientalistik och biblioteksväsen tillägnade Ulla Ehrensvärd. [Redaktionskommitté: Göran Bäärnhielm ...]. - Stockholm: Kungl. Biblioteket 2003, p.325-330, 2 ill. (Acta Bibliothecae regiae Stockholmiensis ; 69) ISBN 91-7000-222-3

1651
Joó, István: A földrajzi nevekrël (Beszélgetés Földi Ervinnel). In: Geodézia és kartográfia. 55, 2003, 3, p.3-10. [Geographical names (Talking with E.Földi).] [Hung. with Engl. rés.] ISSN 0016-7118

1652
Kadmon, Naftali; Knippers, Richard: The definition of location. In: Training Course on Toponymy : Enschede, Frankfurt am Main, Berlin, 11 August - 6 September 2002. Comp. and ed. by Ferjan Ormeling, K. Hans Stabe and Jörn Sievers. - Frankfurt a.M.: bkg 2003, p.65-73, 4 ill., 2 tab. (Mitteilungen des Bundesamtes für Kartographie und Geodäsie ; 28) ISBN 3-89888-872-X

1653
Kadmon, Naftali: Toponymy - theory and practice of geographical names. In: Basic cartography for students and technicians : english version. [International Cartographic Association] Ed.: Roger W. Anson and F.J. Ormeling. - Oxford [u.a.]: Butterworth-Heinemann 1996, p.23-35, 6 ill., 1 tab. [Vol. 3] ISBN 0-7506-2702-6

1654
Kerfoot, Helen: National agencies, models, and procedures. In: Training Course on Toponymy : Enschede, Frankfurt am Main, Berlin, 11 August - 6 September 2002. Comp. and ed. by Ferjan Ormeling, K. Hans Stabe and Jörn Sievers. - Frankfurt a.M.: bkg 2003, p.39-46, 1 ill. (Mitteilungen des Bundesamtes für Kartographie und Geodäsie ; 28) ISBN 3-89888-872-X

1655
Kerfoot, Helen: Office processing of geographical names. In: Training Course on Toponymy : Enschede, Frankfurt am Main, Berlin, 11 August - 6 September 2002. Comp. and ed. by Ferjan Ormeling, K. Hans Stabe and Jörn Sievers. - Frankfurt a.M.: bkg 2003, p.95-103, 1 ill. (Mitteilungen des Bundesamtes für Kartographie und Geodäsie ; 28) ISBN 3-89888-872-X

1656
Kerfoot, Helen: Role of the United Nations in the standardization of geographical names. In: Training Course on Toponymy : Enschede, Frankfurt am Main, Berlin, 11 August - 6 September 2002. Comp. and ed. by Ferjan Ormeling, K. Hans Stabe and Jörn Sievers. - Frankfurt a.M.: bkg 2003, p.109-118, 3 ill., 1 tab. (Mitteilungen des Bundesamtes für Kartographie und Geodäsie ; 28) ISBN 3-89888-872-X

1657
Mascaró Passarius, Josep: La toponímia i cartografia antigues de les Illes Balears : cartes ne navegar i texts des del segle VI abans de Crist fins a l'any 1599. - Palma (Mallorca): Muntaner 2000, 182 p., ill., mp. (Refaubetx ; 4) [Toponymics and ancient cartography of the Balear Islands : navigation maps and texts from the VIth century

before Chr. to the year 1599.] [Mallorquí]
ISBN 84-95360-05-5

1658
Mills, Anthony David: A dictionary of British place names. - Oxford [u.a.]: Oxford University Press 2003, XXXI, 533 p., mp. [Includes bibliographical references] [Rev. and expanded edition]
ISBN 0-19-852758-6

1659
Müllers großes deutsches Ortsverzeichnis. - [München]: Saur 2003, CD-ROMs. [Druckausg.: Müllers großes deutsches Ortsbuch]

1660
Ormeling, Ferdinand Jan: Een model voor de verandering van plaatsnamen in het kader van de Europese expansie. In: Kartografisch Tijdschrift. 29, 2003, 4, p.36-43, 6 ill., 2 tab. [Place name change models and European expansion.] [Dutch with Engl., and French rés.] ISSN 0167-5788

1661
Ormeling, Ferjan: Exonyms in cartography. In: Training Course on Toponymy : Enschede, Frankfurt am Main, Berlin, 11 August - 6 September 2002. Comp. and ed. by Ferjan Ormeling, K. Hans Stabe and Jörn Sievers. - Frankfurt a.M.: bkg 2003, p.119-125. (Mitteilungen des Bundesamtes für Kartographie und Geodäsie ; 28)
ISBN 3-89888-872-X

1662
Ormeling, Ferjan: Functions of geographical names for cartographic and non-cartographic purposes. In: Training Course on Toponymy : Enschede, Frankfurt am Main, Berlin, 11 August - 6 September 2002. Comp. and ed. by Ferjan Ormeling, K. Hans Stabe and Jörn Sievers. - Frankfurt a.M.: bkg 2003, p.29-37, 3 ill., 1 tab. (Mitteilungen des Bundesamtes für Kartographie und Geodäsie ; 28)
ISBN 3-89888-872-X

1663
Ormeling, Ferjan: Multilingual areas and linguistic minorities. In: Training Course on Toponymy : Enschede, Frankfurt am Main, Berlin, 11 August - 6 September 2002. Comp. and ed. by Ferjan Ormeling, K. Hans Stabe and Jörn Sievers. - Frankfurt a.M.: bkg 2003, p.85-90, p.85-90. (Mitteilungen des Bundesamtes für Kartographie und Geodäsie ; 28)
ISBN 3-89888-872-X

1664
Päll, Peeter: Legal status of names. In: Training Course on Toponymy : Enschede, Frankfurt am Main, Berlin, 11 August - 6 September 2002. Comp. and ed. by Ferjan Ormeling, K. Hans Stabe and Jörn Sievers. - Frankfurt a.M.: bkg 2003, p.91-94. (Mitteilungen des Bundesamtes für Kartographie und Geodäsie ; 28)
ISBN 3-89888-872-X

1665
Päll, Peeter: Script transformation systems. In: Training Course on Toponymy : Enschede, Frankfurt am Main, Berlin, 11 August - 6 September 2002. Comp. and ed. by Ferjan Ormeling, K. Hans Stabe and Jörn Sievers. - Frankfurt a.M.: bkg 2003, p.131-138. (Mitteilungen des Bundesamtes für Kartographie und Geodäsie ; 28)
ISBN 3-89888-872-X

1666
Pampaloni, Maurizio: L'ing. Pio Paganini e la cartografia per la montagna nelle esplorazioni del duca degli Abruzzi. In: Bollettino della Associazione Italiana di Cartografia. 40, 2003, 117-118-119, p.279-285. [The engineer Pio Paganini and the cartography

for the mountains in the explorations of the Duke of the Abruzzi.] [Ital.]
ISSN 0044-9733

1667
Papadopoulos, K.: Automatic transcription of geographic names : a cartographic implementation. In: Cartography : journal of the Mapping Sciences Institute, Australia. 32, 2003, 1, p.1-10, 6 ill., 1 tab.
ISSN 0069-0805

1668
Romanova, Ju.P.: Problemy napisanija geografičeskich nazvanij Uzbekistana pri sozdanii kartografičeskoj produkcii. In: Geodezija i kartografija : oficial'nyj organ Federal'noj Sluzby Geodezii i Kartografii Rossii i Geodeziceskich Sluzb Stran. 2003, 5, p.49-50. [Problems of transcriptions of geographical names of Uzbekistan in map production.] [Russ.] ISSN 0016-7126

1669
Room, Adrian: The Penguin dictionary of British place names. - London [u.a.]: Penguin Books 2002, XXXIX, 548 p., mp. [Includes bibliographical references]

1670
Sievers, Jörn: Uwe Förster +. In: Kartographische Nachrichten. 53, 2003, 1, p.32.
ISSN 0022-9164

1671
Singh, B.P.: Importance of correct place names in cartography. In: Geography and applied cartography : proceedings of the National Seminar on Geography and Applied Cartography, organised to commemorate the birth centenary celebration of Padmabhushan Professor S.P. Chatterjee. Organised by National Atlas & Thematic Mapping Organisation, in collaboration with Prof. S.P. Chatterjee Memorial Foundation. [General ed.: Pritvish Nag]. - Kolkata: Govt. of India, Dept of Science & Technology, National Atlas & Thematic Mapping Organisation 2003, p.239-249.

1672
Stabe, K.Hans: Field collection of geographical names and office treatment of collected names. In: Training Course on Toponymy : Enschede, Frankfurt am Main, Berlin, 11 August - 6 September 2002. Comp. and ed. by Ferjan Ormeling, K. Hans Stabe and Jörn Sievers. - Frankfurt a.M.: bkg 2003, p.141-172, 12 ill., 4 tab. (Mitteilungen des Bundesamtes für Kartographie und Geodäsie ; 28)
ISBN 3-89888-872-X

1673
Tichelaar, Tjeerd: Field collection of names in multi-lingual and multi-cultural areas. In: Training Course on Toponymy : Enschede, Frankfurt am Main, Berlin, 11 August - 6 September 2002. Comp. and ed. by Ferjan Ormeling, K. Hans Stabe and Jörn Sievers. - Frankfurt a.M.: bkg 2003, p.79-83. (Mitteilungen des Bundesamtes für Kartographie und Geodäsie ; 28)
ISBN 3-89888-872-X

1674
Tichelaar, Tjeerd: Toponymic guidelines. In: Training Course on Toponymy : Enschede, Frankfurt am Main, Berlin, 11 August - 6 September 2002. Comp. and ed. by Ferjan Ormeling, K. Hans Stabe and Jörn Sievers. - Frankfurt a.M.: bkg 2003, p.127-130. (Mitteilungen des Bundesamtes für Kartographie und Geodäsie ; 28)
ISBN 3-89888-872-X

1675
Tichelaar, Tjeerd: Toponymy and language. In: Training Course on Toponymy : Enschede, Frankfurt am Main, Berlin, 11 August - 6 September 2002. Comp. and ed. by Ferjan Ormeling, K. Hans Stabe and Jörn Sievers. - Frankfurt a.M.: bkg 2003, p.47-57. (Mitteilungen des Bundesamtes für

Kartographie und Geodäsie ; 28)
ISBN 3-89888-872-X

1676
Tichelaar, Tjeerd: Writing systems. In: Training Course on Toponymy : Enschede, Frankfurt am Main, Berlin, 11 August - 6 September 2002. Comp. and ed. by Ferjan Ormeling, K. Hans Stabe and Jörn Sievers. - Frankfurt a.M.: bkg 2003, p.59-63. (Mitteilungen des Bundesamtes für Kartographie und Geodäsie ; 28)
ISBN 3-89888-872-X

1677
Training Course on Toponymy : Enschede, Frankfurt am Main, Berlin, 11 August - 6 September 2002. Comp. and ed. by Ferjan Ormeling, K. Hans Stabe and Jörn Sievers. - Frankfurt a.M.: bkg 2003, 184 p., ill., mp. (Mitteilungen des Bundesamtes für Kartographie und Geodäsie ; 28)
ISBN 3-89888-872-X

1678
Urmes, Dietmar: Handbuch der geographischen Namen : [ihre Herkunft, Entwicklung und Bedeutung]. - Wiesbaden: Fourier 2003, 618 p. ISBN 3-932412-32-X

7. Map Revision
Kartenaktualisierung
Mis à jour des cartes

1679
Ashworth, Mick: Paper or pixels : where to next for maps? In: Geographical : the Royal Geographical Society magazine. 75, 2003, 12, p.56-59, 2 ill. ISSN 0016-741X

1680
Balogun, Olayinka Y.: Traditional methods of map revision. In: Basic cartography for students and technicians : english version. [International Cartographic Association] Ed.: Roger W. Anson and F.J. Ormeling. - Oxford [u.a.]: Butterworth-Heinemann 1996, p.1-10, 6 ill. [Vol. 3]
ISBN 0-7506-2702-6

1681
Hameleers, Marc: Vervaardiging en gebruik van een tussen 1892 en 1903 geactualiseerde "Gemeenteatlas van Amsterdam", oorspronkelijk uitgegeven door J.C. Loman jr. in 1876. In: Caert-Thresoor. 22, 2003, 4, p.105-111, 7 ill. [The making and use of a Gemeenteatlas van Amsterdam revised to between 1892 and 1903, that was originally published by J.C. Loman jr. in 1876.] [Dutch with Engl. rés.] ISSN 0167-4994

1682
Kolbe, Thomas H.; Steinrücken, Jörg; Plümer, Lutz: Cooperative web maps. In: GIS : Geoinformationssysteme. 16, 2003, 6, p.10-16, 5 ill. ISSN 1430-3663

1683
Lang, Stefan and others: Objektbasierte Ansätze zur halbautomatisierten Fortschreibung von CIR-Luftbild Kartierungen : ein Verfahrensvergleich. In: GIS : Geoinformationssysteme. 16, 2003, 9, p.17-25, 9 ill., 1 tab. ISSN 1430-3663

1684
May, Ilka: Forführung und Erweiterung von GDF (Geographic Data File) als Datengrundlage für Autonavigationssysteme. - Berlin: Inst. für Geographie der Techn. Univ. 2002, XXIII, 209 p., ill. [Zugl.: Berlin, Techn. Univ., Diss., 2002]
ISBN 3-7983-1897-2

1685
Nechin, S.S.; Zotov, G.A.: Sovremennye technologii ZNIIGAiK dlja sozdanija i obnovlenija kart i planov. In: Geodezija i kartografija : oficial'nyj organ Federal'noj Sluzby Geodezii i Kartografii Rossii i Geodeziceskich Sluzb Stran. 2003, 11, p.44-51, 1 ill. [Modern technologies of the

Central Scientific Research Institute of Geodesy, Aerial Photography and Cartography for mapping and map revision.] [Russ.] ISSN 0016-7126

1686
Petrovič, Dušan: Predlog vodenja in vzdrževanja topografiskih podatkov v Sloveniji. In: Geodetski vestnik. 47, 2003, 3, p.215-223, 2 ill., 2 tab. [A proposal for managing and updating the topographic data in Slovenia.] [Sloven. with Engl. rés.] ISSN 0351-0271

1687
Sayda, Florian; Geisler, Bernd; Reinhardt, Wolfgang: Aktualisierung von Datenbeständen aum Beispiel eines positionsbezogenen GI-Dienstes für Bergsteiger und Wanderer. In: 12. Internationale Geodätische Woche, Obergurgl 2003. Günter Chesi; Thomas Weinold (Hrsg.). - Heidelberg: Wichmann 2003, p.134-141, 7 ill. ISBN 3-87907-401-1

1688
Schrader, Reiner: INTERGEO 2003 : Programmpunkt Hamburg. In: ZfV : Zeitschrift für Geodäsie, Geoinformation und Landmanagement. 128, 2003, 4, p.233-234, 3 ill. ISSN 1618-8950

1689
Wheeler, Tony: Maps of misadventure. In: Meanjin on travel. - Carlton, Victoria 2003, p.56-60. (Meanjin ; 62.2003,4)

F. Map Production, Practical Cartography
Kartenherstellung, Praktische Kartographie
Production des cartes, cartographie pratique

1. General Features
Allgemeines
Généralités

1690
Asch, Christine: The 1:5 Million International Geological Map of Europe and adjacent areas : development and implementation of a GIS-enabled concept ; with 46 tables. - Stuttgart: Schweizerbart 2003, 172, 8 p. (Geologisches Jahrbuch, Sonderhefte, Reihe A ; SA 3) [Zugl.: Berlin, Freie Univ., Diss.] ISBN 3-510-95903-5

1691
Ashworth, Mick: Paper or pixels : where to next for maps? In: Geographical : the Royal Geographical Society magazine. 75, 2003, 12, p.56-59, 2 ill. ISSN 0016-741X

1692
Fuster Puig, Pau: Elaboración de un mapa topográfico, temático y excursionista de Morella. In: Topografia y cartografia : TOPCART. 20, 2003, 116, p.43-56, 11 ill., 3 tab. [Elaboration of a topographic and thematic tourist map of Morella,.] [Span.] ISSN 0212-9280

1693
Hackner, Norbert: Outsourcing in der Kartographie - neue Produktionsformen in einer globalisierten Welt. In: Kartographische Nachrichten. 53, 2003, 4, p.155-160, 1 ill., 1 tab.

1694
Lydon, Maeve: Community mapping : the recovery (and discovery) of our common ground. In: Geomatica. 57, 2003, 2, p.131-143. ISSN 1195-1036

1695
Maeyer, Philippe de; Pellé, Jean Michel; Collard, Christophe: Management van kaartreproductie : aspecten van de kostprijscalculatie. In: Kartografisch Tijdschrift. 29, 2003, 4, p.7-10, 1 ill. [Management of map reproduction : aspects of cost calculation.] [Dutch with Engl., and French rés.] ISSN 0167-5788

1696
Mikšovský, Miroslav: Jak dalé v tisku map? In: Kartografické listy. 11, 2003, p.46-52, 6 ill. [How to gow on in map printing?] [Slovak. with Engl. rés.] ISBN 80-89060-02-1

1697
Novák, Svatopluk; Kramáreková, Hilda: česká a slovenská kartografická tvorba v školských zemepisných atlasoch. In: Geodetický a kartografický obzor. 49, 2003, 7-8, p.142-149. [Czech and Slovak cartographic production in geographical atlases for schools.] [Czech. with Engl. rés.] ISSN 0016-7096

1698
Oster, Manfred: Entwicklungen in den kartographischen Techniken. In: Kartographische Nachrichten. 53, 2003, 3, p.107-113, 7 ill. ISSN 0022-9164

1699
Pardy, D.: Topographic maps to support courses for visually impaired students. In:

The Cartographic Journal. 40, 2003, 3, p.288-291, 4 ill. ISSN 0008-7041

1700
Rowell, Jonathan; Ungar, Simon: The world of touch : results of an international survey of tactile maps and symbols. In: The Cartographic Journal. 40, 2003, 3, p.259-263, 7 ill., 1 tab. ISSN 0008-7041

1701
Zanin, Christine; Trémélo, Marie-Laure: Savoir faire une carte : aide à la conception et à la réalisation d'une carte thématique univariée. - Paris: Belin 2003, 199 p., mp. (Belin Sup, Géographie)
ISBN 2-7011-3671-7

2. Traditional Reprographic Techniques
Herkömmliche Zeichen- und Reproduktionsverfahren
Procédés de dessin reprographiques traditionnelles en cartographie

a. General Features
Allgemeines
Généralités

1702
Orr-Ewing, Hamish: Parish maps of Purton, Wiltshire of 1744 and 2000. In: Journal of the International Map Collectors' Society. 92, 2003, p.59-62, 2 ill.

b. Drawing, Engraving and Scribing Techniques
Zeichenverfahren, Gravurverfahren
Procédés de dessin, de gravure simple et avancée, matériaux, instruments

1703
Haft, Adele J.: The terraqueous world of Ludo Slagmolen. In: Mercator's World. 8, 2003, 1, p.38-41, 3 ill. ISSN 1086-6728

1704
Niehues, James: James Niehues map artist. In: Information bulletin / Western Association of Map Libraries. 33, 2002, 2, p.82-85, 3 ill. ISSN 0049-7282

c. Map Lettering Techniques
Kartenbeschriftungsverfahren
Procédés des écritures cartographiques

1705
Petzold, Ingo: Beschriftung von Bildschirmkarten in Echtzeit : Konzept und Struktur. - Bonn: Univ. 2003, III, 167 p., ill., mp. [Diss.]

d. Photographic Techniques
Photographische Reproduktionsverfahren
Procédés photographiques

1706
Mischke, Hubert: Kartographie-und Reproduktionstechniken. In: 100 Jahre Stadtvermessung in Münster : 1899-1999. Autoren: Paul Alt-Epping u.a. - Münster: Vermessungs- und Katasteramt 1999, p.44-62, 10 ill.

1707
Palm, Christer; Steen, Sjef van der: Cartographic pre-press, press and post-press production. In: Basic cartography for students and technicians : english version. [International Cartographic Association] Ed.: Roger W. Anson and F.J. Ormeling. - Oxford [u.a.]: Butterworth-Heinemann 1993, transferred to digital printing 2001, p.179- 207, 43 ill. [Vol. 1] [2nd edition] ISBN 0-08-042344-2

1708
Sastre Domingo, Jesús: Hojas kilométricas: catastro inacabado de Madrid : imágenes del pasado con todo el futuro por delante. In: Topografia y cartografia : TOPCART. 20, 2003, 114, p.14-26, 9 ill. [Kilometric plans: unfinished catastre of Madrid : pictures of the past with the futur aheas.] [Span. with Engl. rés.]

f. Reproduction and Presswork
Vervielfältigungsverfahren und Druckverfahren
Procédés reprographiques et procédés d'impression

1709
Brewer, Cynthia A.; Hatchard, Geoffrey W.; Harrower, Mark: ColorBrewer in Print : a catalog of color schemes for maps. In: Cartography and geographic information science. 30, 2003, 1, p.5-32, 12 ill., 2 tab. ISSN 1523-0406

1710
Harrower, Mark; Brewer, Cynthia A.: ColorBrewer.org : an online tool for selecting colour schemes for maps. In: The Cartographic Journal. 40, 2003, 1, p.27-37, 9 ill., 3 tab. ISSN 0008-7041

1711
McCallum, Don; Rowell, Jonathan; Ungar, Simon: Producing tactile maps using new inkjet technology : an introduction. In: The Cartographic Journal. 40, 2003, 3, p.288-291, 4 ill.

1712
Mikšovský, Miroslav: Jak dalé v tisku map? In: Kartografické listy. 11, 2003, p.46-52, 6 ill. [How to gow on in map printing?] [Slovak. with Engl. rés.] ISBN 80-89060-02-1

1713
Mischke, Hubert: Kartographie-und Reproduktionstechniken. In: 100 Jahre Stadtvermessung in Münster : 1899-1999. Autoren: Paul Alt- Epping u.a. - Münster: Vermessungs- und Katasteramt 1999, p.44-62, 10 ill.

1714
Palm, Christer; Steen, Sjef van der: Cartographic pre-press, press and post-press production. In: Basic cartography for students and technicians : english version. [International Cartographic Association] Ed.: Roger W. Anson and F.J. Ormeling. - Oxford [u.a.]: Butterworth-Heinemann 1993, transferred to digital printing 2001, p.179-207, 43 ill. [Vol. 1] [2nd edition] ISBN 0-08-042344-2

3. Computer-Assisted Map Techniques
Rechnergestützte Kartentechnik
Techniques cartographiques assistées par ordinateur

a. General Features
Allgemeines
Généralités

1715
Alt-Epping, Paul: Das Vermessungs- und Katasteramt der Stadt Münster im Sog des technischen Wandels im Vermessungswesen von 1963 bis 1998. In: 100 Jahre Stadtvermessung in Münster : 1899-1999. Auto-

ren: Paul Alt-Epping u.a. - Münster: Vermessungs- und Katasteramt 1999, p.31-41.

1716
Arbeitsgruppe Automation in der Kartographie : Tagung 2002. - Frankfurt am Main: Verlag des Bundesamtes für Kartographie und Geodäsie 2003, 144 p., ill., mp. (Mitteilungen des Bundesamtes für Kartographie und Geodäsie ; 24)
ISBN 3-89888-867-3

1717
Avelar, Silvania: Schematic maps on demand : design, modeling and visualization. - Zürich: Swiss Federal Inst. of Technology, X, 130 p., ill. (Diss. ETH ; 14700)

1718
Burban, P.Ju.; Litvinov, V.F.: Technologija sozdanija cifrovych kart Novgorodskoj oblasti. In: Geodezija i kartografija : oficial'nyj organ Federal'noj Sluzby Geodezii i Kartografii Rossii i Geodeziceskich Sluzb Stran. 2003, 11, p.51-57, 3 ill. [Modern technology of creation of digital maps of the Novgeord area.] [Russ.]
ISSN 0016-7126

1719
Clarke, Keith C.: Getting started with geographic information system Upper Saddle River, NJ [u.a.]: Pearson Education 2003, XII, 340 p., ill., mp. + 1 CD-ROM.
ISBN 0-13-046027-3 [Includes bibliograpical references]

1720
DeBelin, Mandy: Mapping skills tutorial. - Leicester: Friends of the Centre for English Local History 2003, 57 p., ill., mp. + 1 Diskette. (Friend's paper / Friends of the Centre for English Local History ; 6)
ISBN 0-9533105-6-6

1721
Dobešová, Zdena: Interaktivní papa regionálního členění georeliéfu ČR. In: Kartografické listy. 11, 2003, p.122-126, 4 ill., 1 tab. [Interactive map of the regional division of the Czech Republic's georelief.] [Slovak. with Engl. rés.]
ISBN 80-89060-02-1

1722
Dočekal, Filip: OCAD : software pro kartografické začátečníky i profesionály. In: Geodetický a kartografický obzor. 49, 2003, 1, p.8-12, 6 ill. [OCAD : Software for beginners and professionals in cartography.] [Czech. with Engl. rés.]
ISSN 0016-7096

1723
Dransch, Doris: Handlungsorientierte Mensch-Computer-Interaktion für die kartographische Informationsverarbeitung in Geo-Informationssystemen. - Berlin: Selbstverl. Fachbereich Geowiss. - Freie Universität 2002, IV, 134, 6b S., ill., mp. (Berliner geowissenschaftliche Abhandlungen - Reihe C, Kartographie ; 18) [Zugl.: Berlin, Freie Univ., Habil.-Schr., 2002] ISBN 3-89582-989-7

1724
Farbmanagement für kartographische Druckerzeugnisse. - Dresden: Techn. Univ., Inst. für Kartographie 2003, 1 CD-ROM. (Kartographische Bausteine ; 25) [Parallel als Buchausg. ersch. u.d.T.: Lucht, Alexandra: Farbmanagement für kartographische Druckerzeugnisse]

1725
Frye, Charlie: The 1:24,000-scale topographic base map data model. In: Cartography and geographic information science. 30, 2003, 2, p.163-168, 4 ill.
ISSN 1523-0406

1726
Gehrke, Stephan and others: Cartography with HRSC on Mars Express : the new series "Topographic Image Map Mars 1:200,000". In: Auf dem Weg zu operationellen Prozessketten in Photogrammetrie, Fernerkundung und Geoinformation : 23. wissenschaftlich-technische Jahrestagung der DGPF 9. - 11. September 2003 in Bochum. Eckhardt Seyfert, Hrsg. - Münster: Geschäftsstelle der DGPF 2003, p.451-458, 3 ill. (Publikationen der Deutschen Gesellschaft für Photogrammetrie, Fernerkundung und Geoinformation e.V. ; Band 12) [CD-ROM enth.: Farbabbildungen des Tagungsbandes] ISSN 0942-2870

1727
Graichen, Beate; Kranz, Katrin: Das Forstliche Geographische Informationssystem von Sachsen (FGIS). In: Arbeitsgruppe Automation in der Kartographie : Tagung 2002. - Frankfurt am Main: Verlag des Bundesamtes für Kartographie und Geodäsie 2003, p.27-38, 6 ill. (Mitteilungen des Bundesamtes für Kartographie und Geodäsie ; 24) ISBN 3-89888-867-3

1728
Herzog, Werner: Kartographie als Baustein moderner Kommunikation. In: Kartographische Nachrichten. 53, 2003, 1, p.27-30, 2 ill. ISSN 0022-9164

1729
Höck, Michael; Manegold, Jochen: ArcMap : Programmierung mit VBA. - München: Eigenverl. 2003, 758 p., ill. + 1 CD-ROM. [3., überarb. Aufl., 1000-1500] ISBN 3-00-007658-1

1730
Kalenickij, A.I.; Kravčenko, Ju.A.: O probleme unifikacii v avtomatizirovannom kartografirovanii. In: Geodezija i kartografija : oficial'nyj organ Federal'noj Sluzby Geodezii i Kartografii Rossii i Geodeziceskich Sluzb Stran. 2003, 7, p.44-48. [On the problem of unification in automated mapping.] [Russ.] ISBN 0016-7126
: Die Gebietseinteilung der Schweiz von der Helvetik bis zur Mediation (1798-1803). Hans-Peter Höhener. - Murten: Verlag Cartographica Helvetica 2003, 19 p, ill. (Sonderheft der Fachzeitschrift für Kartengeschichte Cartographica Helvetica ; 17)

1731
Kelmelis, John: To "The National Map" and beyond. In: Cartography and geographic information science. 30, 2003, 2, p.185-198, 4 ill. ISSN 1523-0406

1732
Kete, Primož; Karničnik, Igor; Radowan, Dalibor: Elektronska navigacijska karta (ENC) Koprskega zaliva. In: Geodetski vestnik. 47, 2003, 3, p.231-239, 3 ill. [Electronic navigational chart (ENC) of the Bay of Koper.] [Sloven. with Engl. rés.] ISSN 0351-0271

1733
Koop, Olev R.: Desktop cartography. In: Basic cartography for students and technicians : english version. [International Cartographic Association] Ed.: Roger W. Anson and F.J. Ormeling. - Oxford [u.a.]: Butterworth-Heinemann 1996, p.93-107, 21 ill. ISBN 0-7506-2702-6 [Vol. 3]

1734
Lucht, Alexandra: Farbmanagement für kartographische Druckerzeugniss Dresden: Techn. Univ., Inst. für Kartographie 2003, 143 p., ill. (Kartographische Bausteine ; 25) [Parallel als CD-ROM-Ausg. ersch. u.d.T.: Farbmanagement für kartographische Druckerzeugnisse]

1735
Mikšovský, Miroslav: Jak dalé v tisku map? In: Kartografické listy. 11, 2003, p.46-52,

6 ill. [How to gow on in map printing?] [Slovak. with Engl. rés.] ISBN 80-89060-02-1

1736
Moser, Bernhard: Strategien zur Erstellung serverseitig generierter, online erweiterbarer Karten unter Verwendung des UMN Map Server. - Wien: TU 2003, 81 p., 35 ill. [Dipl.-Arb.]

1737
Panajotov, Ivan; Jacob, Olivia: PDF in der praktischen Anwendung. In: Kartographische Nachrichten. 53, 2003, 3, p.133-137, 8 ill., 1 tab. ISSN 0022-9164

1738
Pędzich, Paweł; Cybulski, Krzysztof: Próba wykorzystania Digital Cartographic Studio (DCS) do tworzenia grafiki mapy. In: Geodezja i kartografia. 52, 2003, 2, p.111-129, 15 ill. [An attempt to utilise Digital Cartographic Studio (DCS) for creation map graphics.] [Pol. with Engl., and Russ. rés.] ISSN 0016-7134

1739
Rocchini, Claudio; Nuti, Alessandro: Il processo di produzione dei plastici dell' istituto geografico militare. In: Bollettino della Associazione Italiana di Cartografia. 40, 2003, 117-118-119, p.305-310, 7 ill. [The process of production of plastics at the Military Geographic Institute.] [Ital.] ISSN 0044-9733

1740
Sastre Domingo, Jesús: Hojas kilométricas: catastro inacabado de Madrid : imágenes del pasado con todo el futuro por delante. In: Topografia y cartografia : TOPCART. 20, 2003, 114, p.14-26, 9 ill. [Kilometric plans: unfinished catastre of Madrid : pictures of the past with the futur aheas.] [Span. with Engl. rés.]

1741
Schär, Peter: Datenbankgestützte Vektorkartenherstellung mit Scalable Vector Graphics : am Beispiel des Strukturatlas der Region Bern. - Bern: Universität, Geographisches Institut 2003, 123 p., ill. [Diplomarbeit phil.-nat. Fakultät Univ. Bern]

1742
Schlegl, Herbert: Anwendung der objektorientierten Programmierung bei der Herstellung und dem Einsatz kartographischer Lehrmittel. - Wien: Universität 2003, 109 p., 22 ill. [Diplomarbeit]

1743
Sels, Claudia: Elektronische Visualisierung von Altkarten : ausgewählte Regionalkarten des 16. und 17. Jahrhunderts. - Berlin: Technische Fachhochschule 2002, 61 Bl., ill., mp. [Dipl.-arb.]

1744
Stoll, Heinz: Computergestützte Kartografie : Script für Kartografie-Lehrlinge und -Lehrtöchter. Schweizerische Gesellschaft für Kartographie. - Bern: Schule für Gestaltung Bern und Biel 2002, 81p., ill., mp. (Kartographische Publikationsreihe ; 15)

1745
Tungalagsaikhan, Padsuren and others: Operational processing of AVHRR data at DFD. In: Auf dem Weg zu operationellen Prozessketten in Photogrammetrie, Fernerkundung und Geoinformation : 23. wissenschaftlich-technische Jahrestagung der DGPF 9. - 11. September 2003 in Bochum. Eckhardt Seyfert, Hrsg. - Münster: Geschäftsstelle der DGPF 2003, p.435-449, 6 ill. (Publikationen der Deutschen Gesellschaft für Photogrammetrie, Fernerkundung und Geoinformation e.V. ; Band 12) [CD-ROM enth.: Farbabbildungen des Tagungsbandes] ISSN 0942-2870

b. Data Acquisition and Data Storage Techniques
Verfahren der Datenerfassung und Datenspeicherung
Procédés de l'acquisition et de la mémorisation des données

1746
Bobrich, Joachim; Otto, Steffen: Digitale Anreicherung analoger Karten. In: Arbeitsgruppe Automation in der Kartographie : Tagung 2002. - Frankfurt am Main: Verlag des Bundesamtes für Kartographie und Geodäsie 2003, p.7-14, 9 ill. (Mitteilungen des Bundesamtes für Kartographie und Geodäsie ; 24) ISBN 3-89888-867-3

1747
Devine, Pauline: Mapping coral reefs : data collection options. In: Cartouche : the operational publication of the Canadian Cartographic Association. 50, 2003, p.8-10. ISSN 1183-2045

1748
Hudra, György: Interpretation of Hungarian cadastral maps : Luftbildinterpretation und GIS-Erfassung. - Karlsruhe: Fachhochschule Karlsruhe, Hochschule für Technik, Fachbereich Geoinformationswesen 2001, p.37-57, 26 ill., 7 tab. (Karlsruher geowissenschaftliche Schriften, Reihe D, Topographische und thematische Einzelkarten ; 8) ISBN 3-89063-707-8 [Zugl.: Karlsruhe, Fachhochsch., Dipl.-Arbeit]

1749
Kreutzmann, Bettina: Herstellung von Forstkarten : Luftbildinterpretation und GIS-Erfassung. - Karlsruhe: Fachhochschule Karlsruhe, Hochschule für Technik, Fachbereich Geoinformationswesen 2001, 29 p., 22 ill., 1 mp. (Karlsruher geowissenschaftliche Schriften, Reihe D, Topographische und thematische Einzelkarten ; 8) [Zugl.: Karlsruhe, Fachhochsch., Dipl.-Arbeit] ISBN 3-89063-707-8

1750
Schwieger, Volker; Kaufmann, Thilo: Internetbasierte Lernmodule zur Geo-Datenerfassung. In: Allgemeine Vermessungs-Nachrichten. 110, 2003, 7, p.248-254, 8 ill., 2 tab. ISSN 0002-5968

1751
Świderski, Grzegorz Dominik: Cyfrowy Zestaw Akwizycji i Rejestracji (CZAR). In: Polski przegląd kartograficzny. 35, 2003, 1, p.37-40, 3 ill. [Digital set of acquisition and registration (CZAR).] [Pol.]
ISSN 0324-8321

c. Data Processing Techniques, Digital Generalization
Verfahren der Datenaufbereitung, digitale Generalisierung
Procédés de la préparation des données, généralisation numérique

1752
Affholder, Jean-Georges: Exagération des formes basée sur une nouvelle modélisation du linéaire routier. In: Bulletin d'information de l'IGN. 73, 2002, p.17-26, 12 ill. ISSN 0427-2218

1753
Ai, Tinghua: Subdivision of polygon parcel in land-use data generalization. In: Geospatial information science. 6, 2003, 3, p.56-61, 5 ill. ISSN 1009-5020

1754
Birth, Konrad: ATKIS-Projekt Modell- und kartographische Generalisierung, und die Entwicklung geht weiter. In: Kartographische Nachrichten. 53, 2003, 3, p.119-126, 6 ill. ISSN 0022-9164

1755
Bobzien, Matthias: Verallgemeinerung der Modellgeneralisierung. In: Arbeitsgruppe

Automation in der Kartographie : Tagung 2002. - Frankfurt am Main: Verlag des Bundesamtes für Kartographie und Geodäsie 2003, p.17-25, 8 ill. (Mitteilungen des Bundesamtes für Kartographie und Geodäsie ; 24) ISBN 3-89888-867-3

1756
Cecconi, Alessandro: Integration of cartographic generalization and multi-scale databases for enhanced web mapping : [Testdaten aus der Schweiz]. - [S.l.]: [s.n.] 2003, 1 CD-ROM. [Diss. phil. II Zürich]

1757
Dal Poz, Aluir Porfirio; Oliveira da Silva, Marco Aurélio: Road segment delineation using active testing principle and an edge-based post-processing strategy. In: Geomatica. 57, 2003, 4, p.399-409, 8 ill. ISSN 1195-1036

1758
Fei, Lifan: A method of automated cartographic displacement : on the relationship between streets and bilduings. - Hannover: Univ. 2002, 117 p., mp. (Wissenschaftliche Arbeiten der Fachrichtung Vermessungswesen der Universität Hannover ; 248) [Zugl.: Hannover, Univ., Diss., 2002]

1759
Follger, Dirk-Michael; Richter, Andreas; Scharfe, Wolfgang: Automationsgestützte Generalisierung von flächenhaft dargestellten Reliefeinheiten - Geomorphographische Übersichtskarte der Bundesrepublik Deutschland 1:1 Million. In: Kartographische Nachrichten. 53, 2003, 3, p.126-133, 3 ill., 2 tab.

1760
Galanda, Martin; Weibel, Robert; Keuper, Alex D.: Using an energy minimization technique for polygon generalization. In: Cartography and geographic information science. 30, 2003, 3, p.263-279, 11 ill., 1 tab. ISSN 1523-0406

1761
Galanda, Martin: Automated polygon generalization in a multi agent system : [u.a. Anwendungen von Vector25]. - [s.l.]: [s.n.] 2003, X, 176 p., ill. [Diss. phil. II Zürich]

1762
Galanda, Martin; Cecconi, Alessandro: Adaptives Zoomen in der Internetkartographie. In: Kartographische Nachrichten. 53, 2003, 1, p.11-16, 5 ill., 1 tab. ISSN 0022-9164

1763
Harrie, Lars: Weight-setting and quality assessment in simultaneous graphic generalization. In: The Cartographic Journal. 40, 2003, 2, p.221-233, 8 ill., 2 tab. ISSN 0008-7041

1764
Hatger, Carsten; Kremeike, Katrin: Interpretation und Generalisierung dichter digitaler Geländemodelle. In: Auf dem Weg zu operationellen Prozessketten in Photogrammetrie, Fernerkundung und Geoinformation : 23. wissenschaftlich-technische Jahrestagung der DGPF 9. - 11. September 2003 in Bochum. Eckhardt Seyfert, Hrsg. - Münster: Geschäftsstelle der DGPF 2003, p.135-144, 6 ill. (Publikationen der Deutschen Gesellschaft für Photogrammetrie, Fernerkundung und Geoinformation e.V. ; Band 12) ISBN 0942-2870 [CD-ROM enth.: Farbabbildungen des Tagungsbandes]

1765
Hauser, Martin: Arbeitsabläufe zur digitalen Erstellung von Felsdarstellung : Möglichkeiten und Ansätze. - Wien: TU 2003, 100 p., 70 ill. [Dipl.-Arb.]

1766
Jakomulska, Anna M.; Radomski, Jan P.: Uncertainty in land cover mapping from remotely sensed data using textural algorithm and artificial neural networks. In: Uncertainty in remote sensing and GIS. Edited by Giles M. Foody and Peter M. Atkinson. - Chichester: Wiley 2002, p.99-118, 8 ill., 4 tab. [Paper from a conference held at the University of Southampton in July 2001] ISBN 0-470-84408-6

1767
Lal, Jagdish: Using genetic algorithms to displace conflicting objects in 3D. In: Visualisierung und Erschließung von Geodaten : Seminar GEOVIS 2003, 26. bis 27. Februar 2003, Universität Hannover. Hrsg. von der Deutschen Gesellschaft für Karthographie e.V., Kommission Geoinformation und Visualisierung. Schriftleitung: Jürgen Dodt; Wolf-Dieter Rase. - Bonn: Kirschbaum-Verl. 2003, p.177-184, 8 ill. (Kartographische Schriften ; 7) ISBN 3-7812-1577-6

1768
Nimre, Saleem; Doytsher, Yerach: An alignment process for fusion of large-scale master plans. In: Geomatica. 57, 2003, 3, p.299-311, 13 ill., 2 tab. ISSN 1195-1036

1769
Olszewski, Robert: Grid generalisation based on cellular automata theory. In: Geodezja i kartografia. 52, 2003, 2, p.57-69, 7 ill., 1 tab. [Pol. with Engl., and Russ. rés.] ISSN 0016-7134

1770
Papadopoulos, K.: Automatic transcription of geographic names : a cartographic implementation. In: Cartography : journal of the Mapping Sciences Institute, Australia. 32, 2003, 1, p.1-10, 6 ill., 1 tab. ISSN 0069-0805

1771
Pun-Cheng, L.S.C.; Li, Z.; Gao, W.: Integration of generalisation operators for vegetation maps based on bio-geographical principles. In: Cartography : journal of the Mapping Sciences Institute, Australia. 32, 2003, 2, p.17-30, 11 ill. ISSN 0069-0805

1772
Rubio Campos, Tomás; Ruiz Lendínez, Juan J.: Algoritmo de segmentación de imágenes basado en texturas : aplicaciones cartográficas. In: Topografia y cartografia : TOPCART. 20, 2003, 115, p.40-43. 3 ill., 1 tab. [Algorithm of segmentation of images based on textures : cartographic applications.] [Span. with Engl. rés.] ISSN 0212-9280

1773
Saux, Eric: B-spline functions and wavelets for cartographic line generalization. In: Cartography and geographic information science. 30, 2003, 1, p.33-50, 25 ill., 2 tab. ISSN 1523-0406

1774
Shellito, Bradley A.; Pijanowski, Bryan C.: Using neural nets to model the spatial distribution of seasonal homes. In: Cartography and geographic information science. 30, 2003, 3, p.281-290, 3 tab., 2 ill. ISSN 1523-0406

1775
Soukup, Petr; Votoček, Michal: Konstrukce přímkové kostry plochy a její využití v kartografii. In: Kartografické listy. 11, 2003, p.95-99, 3 ill. [Construction of the straight skeleton surface and its use in cartography.] [Slovak. with Engl. rés.] ISBN 80-89060-02-1

1776
Stefanakis, Emmanuel: Representation of generalized map series using semi-struc-

tured data models. In: Cartography and geographic information science. 30, 2003, 1, p.51-68, 14 ill. ISSN 1523-0406

1777
Tatem, Andrew J. and others: Super- resolution land cover mapping from remotely sensed imagery using a Hopfield neural network. In: Uncertainty in remote sensing and GIS. Edited by Giles M. Foody and Peter M. Atkinson. - Chichester: Wiley 2002, p.77-98, 8 ill., 6 tab. [Paper from a conference held at the University of Southampton in July 2001] ISBN 0-470-84408-6

1778
Thiemann, Frank:
3D-Gebäude-Generalisierung. In: Visualisierung und Erschließung von Geodaten : Seminar GEOVIS 2003, 26. bis 27. Februar 2003, Universität Hannover. Hrsg. von der Deutschen Gesellschaft für Karthographie e.V., Kommission Geoinformation und Visualisierung. Schriftleitung: Jürgen Dodt; Wolf-Dieter Rase. - Bonn: Kirschbaum-Verl. 2003, p.185-192, 5 ill., 1 tab. (Kartographische Schriften ; 7)
ISBN 3-7812-1577-6

1779
Wimmer, Heinrich; Zoller, Jochen: Kommunale GIS in der Anwendung : Bericht zum Pilotprojekt "Interaktiver Flächennutzungsplan". In: Mitteilungen des DVW-Bayern e.V. 55, 2003, 2, p.133-156, 17 ill. ISSN 0723-6336

1780
Wodtke, Klaus-Peter: Produktion der DTK25 in Niedersachsen : Einbeziehung von Geobasisdaten der Nachbarländer. In: Arbeitsgruppe Automation in der Kartographie : Tagung 2002. - Frankfurt am Main: Verlag des Bundesamtes für Kartographie und Geodäsie 2003, p.135-143, 8 ill. (Mitteilungen des Bundesamtes für Kartographie und Geodäsie ; 24)
ISBN 3-89888-867-3

1781
Zhan, Qingming; Molenaar, Martien; Lucieer, Arko: Pixel unmixing at the sub-pixel scale based on land cover clas probabilities : application to urban areas. In: Uncertainty in remote sensing and GIS. Edited by Giles M. Foody and Peter M. Atkinson. - Chichester: Wiley 2002, p.59-76, 14 ill., 6 tab. [Paper from a conference held at the University of Southampton in July 2001] ISBN 0-470-84408-6

1782
Zhang, Shanshan; Yang, Zongliang: A spatio-temporal indexing method for GIS. In: Geomatics and information science of Wuhan University. 28, 2003, 1, p.51-54, 2 ill. [Chin. with Engl. rés.]

d. Digital Models
Digitale Modelle
Modèle numérique

1783
Ali, Syed Ahmed; Rangzan, Kazem; Pirasteh, Saied: Use of digital elevation model for study of drainage morphometry and identification stability and saturation zones in relations to landslide assessments in parts of the Shahbazan area, SW Iran. In: Cartography : journal of the Mapping Sciences Institute, Australia. 32, 2003, 2, p.71-76, 5 ill., 3 tab. ISSN 0069-0805

1784
Attwenger, Maria; Briese, Christian: Vergleich digitaler Geländemodelle aus Photogrammetrie und Laserscanning. In: VGI : österreichische Zeitschrift für Vermessung & Geoinformation. 91, 2003, 4, p.271-280, 19 ill. ISSN 0029-9650

1785
Barsi, Arpád and others: Adatgyútés légi lézerletapogatással. In: Geodézia és kartográfia. 55, 2003, 7, p.10-17, 4 ill. [Data capture by aerial laserscanning.] [Hung. with Engl. rés.] ISSN 0016-7118

1786
Birth, Konrad: ATKIS-Projekt Modell- und kartographische Generalisierung, und die Entwicklung geht weiter. In: Kartographische Nachrichten. 53, 2003, 3, p.119-126, 6 ill. ISSN 0022-9164

1787
Bobzien, Matthias: Verallgemeinerung der Modellgeneralisierung. In: Arbeitsgruppe Automation in der Kartographie : Tagung 2002. - Frankfurt am Main: Verlag des Bundesamtes für Kartographie und Geodäsie 2003, p.17-25, 8 ill. (Mitteilungen des Bundesamtes für Kartographie und Geodäsie ; 24) ISBN 3-89888-867-3

1788
Bolch, Tobias; Kamp, Ulrich: Qualitätsanalyse digitaler ASTER-Geländemodelle von Hochgebirgsregionen (Cerro Sillajhuay, Chile/Bolivien). In: Kartographische Nachrichten. 53, 2003, 5, p.224-230, 8 ill., 1 tab. ISSN 0022-9164

1789
Boltižiar, Martin: Mapovanie a analýza vzøahu krakrajinnej štruktúry a reliéfu vysokohorskej krajiny Tatier s využitím údajov DPZ a GIS. In: Kartografické listy. 11, 2003, p.5-15, 13 ill. [Mapping and analysis of the relationship between a landscape structure and relief in the high mountain landscape of the Tatra Mts. using the results of the Remote Sensing and GIS.] [Slovak. with Engl. rés.] ISBN 80-89060-02-1

1790
Briese, Christian; Kraus, Karl: Datenreduktion dichter Laser-Geländemodelle. In: ZfV : Zeitschrift für Geodäsie, Geoinformation und Landmanagement. 128, 2003, 5, p.312-317, 6 ill.

1791
Briese, Christian; Kraus, Karl: Laser-Geländemodelle : Zusammenspiel von Filterung und Datenreduktion. In: Auf dem Weg zu operationellen Prozessketten in Photogrammetrie, Fernerkundung und Geoinformation : 23. wissenschaftlich-technische Jahrestagung der DGPF 9. - 11. September 2003 in Bochum. Eckhardt Seyfert, Hrsg. - Münster: Geschäftsstelle der DGPF 2003, p.125-134, 5 ill., 1 tab. (Publikationen der Deutschen Gesellschaft für Photogrammetrie, Fernerkundung und Geoinformation e.V. ; Band 12) [CD-ROM enth.: Farbabbildungen des Tagungsbandes] ISSN 0942-2870

1792
Carson, Thomas M.: The Shuttle Radar Topography Mission and GeoSAR Interferometric Interferometric Synthetic Aperture Radar programs at National Imagery and Mapping Agency. In: Cartography and geographic information science. 30, 2003, 2, p.179-180, 2 ill.

1793
Chiabrando, R. and others: Manutenzione ordinaria del territorio nella Provincia di Torino : ruolo del SIT nelle metodologie di studio. In: Bollettino della Associazione Italiana di Cartografia. 40, 2003, 117-118-119, p.489-498, 3 ill., 1 tab. [Ordinary maintenance of territory in the province of Turin : role of the SIT in study methodologies.] [Ital.] ISSN 0044-9733

1794
Chiabrando, R.; Godone, D.: Il modello digitale del terreno come supporto decisionale per interventi di valorizzazione del territorio montano. In: Bollettino della Associazione Italiana di Cartografia. 40, 2003, 117-118-119, p.480-488, 6 ill. [The digital terrain model as decisional support for participation at the valorization of mountain territory.] [Ital.]
ISSN 0044-9733

1795
Cieslik, Bernhard: Hamburg in der dritten Dimension. In: ZfV : Zeitschrift für Geodäsie, Geoinformation und Landmanagement. 128, 2003, 4, p.254-260, 11 ill.
ISSN 1618-8950

1796
Cigrovski-Detelić, Brankica: Geodetic contribution to the determination of recent tectonic activities at the area of Croatia. In: Allgemeine Vermessungs-Nachrichten. 110, 2003, 8-9, p.288-298, 6 ill., 1 tab.
ISSN 0002-5968

1797
Döllner, Jürgen: Die Landschaft aus neuer Sicht : Visualisierung raumbezogener Informationen mittels 3 D-Karten. In: GeoBit : das Magazin für raumbezogene Informationstechnologie. 8, 2003, 5, p. 29-31, 6 ill. ISBN 1430-3663

1798
Döllner, Jürgen: Virtuelle 3D-Kartenmodelle. In: Web.Mapping 2 : Telekartographie, Geovisualisierung und mobile Geodienste. Hartmut Asche; Christian Herrmann (Hrsg.). - Heidelberg: Wichmann 2003, p.77-88, 7 ill. ISBN 3-87907-388-0

1799
Dorninger, Peter and others: Modellierung der Marsoberfläche aus Laserscannerdaten. In: 12. Internationale Geodätische Woche, Obergurgl 2003. Günter Chesi; Thomas Weinold (Hrsg.). - Heidelberg: Wichmann 2003, p.21-30, 10 ill., 1 tab.
ISBN 3-87907-401-1

1800
Dorninger, Peter: Analyse und geomorphologische Verbesserung von Geländemodellen mittels Regensimulation. In: VGI : österreichische Zeitschrift für Vermessung & Geoinformation. 91, 2003, 4, p.253-261, 15 ill. ISSN 0029-9650

1801
Ehlers, Manfred; Schiewe, Jochen; Möller, Matthias: 3D city modelling using ultra high resolution and multisensoral remote sensing. In: GIS : Geoinformationssysteme. 16, 2003, 6, p.30-37, 7 ill., 3 tab.
ISSN 1430-3663

1802
Ervin, Stephen M.: Trends in landscape modeling. In: Trends in landscape modeling : proceedings at Anhalt University of Applied Sciences 2003 ; [proceedings to the 4th International Conference on New Technologies in Landscape Architecture (May 15 and 16, 2003) held by the master of landscape architecture program of Anhalt University of Applied Sciences]. Erich Buhmann; Stephen M. Ervin (eds.). - Heidelberg: Wichmann 2003, p.2-8.
ISBN 3-87907-403-8

1803
Franzen, Michael; Mandlburger, Gottfried: Die neue Generation des digitalen Geländemodells von Österreich. In: VGI : österreichische Zeitschrift für Vermessung & Geoinformation. 91, 2003, 3, p.154-162, 8 ill., 1 tab. ISSN 0029-9650

1804
Gajdamowicz, Krzystzof: "Optical 3-D Measurement Techniques V" : i framkanten av tillämpad mätteknologi. In: Kart & bild-

teknik : mapping and image science. 18, 2003, 1, p.20-22, 9 ill. ["Optical 3-D Measurement Techniques V" : in the front edge of applied measure technology.] [Swed.] ISSN 0283-0418

1805
Gerschwitz, Andreas: Überprüfung der Genauigkeit des Digitalen Geländemodell ATKIS -DGM50. In: ZfV : Zeitschrift für Geodäsie, Geoinformation und Landmanagement. 128, 2003, 4, p.250-253, 2 ill. ISSN 1618-8950

1806
Gleitsmann, Lars; Kappas, Martin: DGM-Erstellung und Reliefanalyse aus Schrägluftbildern in Alaska als Grundlage angewandter Klimaforschung. In: Auf dem Weg zu operationellen Prozessketten in Photogrammetrie, Fernerkundung und Geoinformation : 23. wissenschaftlich-technische Jahrestagung der DGPF 9. - 11. September 2003 in Bochum. Eckhardt Seyfert, Hrsg. - Münster: Geschäftsstelle der DGPF 2003, p.329-338, 4 ill. (Publikationen der Deutschen Gesellschaft für Photogrammetrie, Fernerkundung und Geoinformation e.V. ; Band 12) ISSN 0942-2870 [CD-ROM enth.: Farbabbildungen des Tagungsbandes]

1807
Gorte, B.: Themamiddag Laseraltimetrie. In: Geodesia. 45, 2003, 7/8, p.286-288, 3 ill. [Workshop laseraltimetry.] [Dutch]

1808
Hatger, Carsten; Kremeike, Katrin: Interpretation und Generalisierung dichter digitaler Geländemodelle. In: Auf dem Weg zu operationellen Prozessketten in Photogrammetrie, Fernerkundung und Geoinformation : 23. wissenschaftlich-technische Jahrestagung der DGPF 9. - 11. September 2003 in Bochum. Eckhardt Seyfert, Hrsg. - Münster: Geschäftsstelle der DGPF 2003, p.135-144, 6 ill. (Publikationen der Deutschen Gesellschaft für Photogrammetrie, Fernerkundung und Geoinformation e.V. ; Band 12) [CD-ROM enth.: Farbabbildungen des Tagungsbandes] ISSN 0942-2870

1809
Havrlant, Jan: Použití jazyka VRML pro tvorbu prostorových modelů map. In: Geodetický a kartografický obzor. 49, 2003, 7-8, p.129-137, 6 ill. [VRML application to creation of space map models.] [Czech. with Engl. rés.] ISSN 0016-7096

1810
Heuvelink, Gerard B.M.: Analysing uncertainty propagation in GIS : why is it not that simple. In: Uncertainty in remote sensing and GIS. Edited by Giles M. Foody and Peter M. Atkinson. - Chichester: Wiley 2002, p.155-165, 10 ill. [Paper from a conference held at the University of Southampton in July 2001] ISBN 0-470-84408-6

1811
Jacobi, Ole: Digitale højdemodeller. In: GIS i Danmark. - København: Teknisk Forl. 1997, p.61-71, 13 ill. [Digital heigth-model.] [Dan.] ISBN 87-571-1775-6

1812
Jacobsen, Karsten: Geometric potential of IKONOS and QuickBird images. In: GIS : Geoinformationssysteme. 16, 2003, 9, p.33-39, 9 ill., 3 tab. ISSN 1430-3663

1813
Kalenickij, A.I.; Kravčenko, Ju.A.: O probleme unifikacii v avtomatizirovannom kartografirovanii. In: Geodezija i kartografija : oficial'nyj organ Federal'noj Sluzby Geodezii i Kartografii Rossii i Geodeziceskich Sluzb Stran. 2003, 7, p.44-48. [On the problem of unification in automated mapping.] [Russ.] : Die Gebietseinteilung der Schweiz von der Helvetik bis zur Mediation (1798-1803). Hans-Peter

Höhener. - Murten: Verlag Cartographica Helvetica 2003, 19 p,, ill. (Sonderheft der Fachzeitschrift für Kartengeschichte Cartographica Helvetica ; 17) ISSN 0016-7126

1814
Kersting, Oliver Patrick: Interaktive, dynamische 3D-Karten zur Kommunikation raumbezogener Informationen. - Potsdam: Univ. 2002, IV, 105 p., ill. [Diss.]

1815
Knedlik, Stefan: Auf Kalman-Filtern basierende Verfahren zur Erzielung genauer Höhenmodelle in SAR-Interferometrie. - Aachen: Shaker 2003, XI, 269, XX p., ill. (ZESS-Forschungsberichte ; 20) [Zugl.: Siegen, Univ., Diss, 2003]
ISBN 3-8322-1596-4

1816
Kraus, Karl: LaserScanDTMs for modeling flood risk areas. In: GIS : Geoinformationssysteme. 16, 2003, 12, p.26-31, 10 ill.

1817
Lenk, Ulrich: Effiziente (adaptive) Triangulation von Vermessungsdaten in der Geländemodellierung. In: Arbeitsgruppe Automation in der Kartographie : Tagung 2002. - Frankfurt am Main: Verlag des Bundesamtes für Kartographie und Geodäsie 2003, p.59-83, 20 ill., 1 tab. (Mitteilungen des Bundesamtes für Kartographie und Geodäsie ; 24) ISBN 3-89888-867-3

1818
Lenk, Ulrich: Triangulationen und Adaptive Triangulationen : ein Verfahren zur Ausdünnung unregelmäßig verteilter Massenpunkte in der Geländemodellierung. In: ZfV : Zeitschrift für Geodäsie, Geoinformation und Landmanagement. 128, 2003, 1, p.47-56, 7 ill., 1 tab. ISSN 1618-8950

1819
Lenk, Ulrich; Lelgemann, Dieter; Fuls, Andreas: 2.5D-Diskontinuitäten in der Geländemodellierung und spezielle Aspekte bei Delaunay-Triangulationen. In: ZfV : Zeitschrift für Geodäsie, Geoinformation und Landmanagement. 128, 2003, 3, p.357-365, 7 ill. ISSN 1618-8950

1820
Linder, Wilfried: Beispiele für den Einsatz digitaler Photogrammetrie unter erschwerten Bedingungen. In: 12. Internationale Geodätische Woche, Obergurgl 2003. Günter Chesi; Thomas Weinold (Hrsg.). - Heidelberg: Wichmann 2003, p.90-98, 4 ill. ISBN 3-87907-401-1

1821
Liu, Xuefeng and others: Research and implementation of spatio-temporal data model based on time-varying sequence of geographical events. In: Geomatics and information science of Wuhan University. 28, 2003, 2, p.197-201 (+ p.207), 2 ill., 2 tab. [Chin. with Engl. rés.]
ISSN 1000-050X

1822
Löwner, Marc-Oliver; Dörschlag, Dirk; Plümer, Lutz: Interaktive Geoobjekterkennung in digitalen Höhenmodellen mittels Parametervisualisierung. In: Visualisierung und Erschließung von Geodaten : Seminar GEOVIS 2003, 26. bis 27. Februar 2003, Universität Hannover. Hrsg. von der Deutschen Gesellschaft für Karthographie e.V., Kommission Geoinformation und Visualisierung. Schriftleitung: Jürgen Dodt; Wolf-Dieter Rase. - Bonn: Kirschbaum-Verl. 2003, p.59-66, 6 ill. (Kartographische Schriften ; 7) ISBN 3-7812-1577-6

1823
Lohr, Uwe: Digitale lagerichtige Orthophotos und LIDAR-Höhenmodelle. In:

GIS : Geoinformationssysteme. 16, 2003, 3, p.26-29, 6 ill., 1 tab. ISSN 1430-3663

1824
Lovett, Andrew and others: Landscape modelling and visualisation for environmental planning in intensive agricultural areas. In: Trends in landscape modeling : proceedings at Anhalt University of Applied Sciences 2003 ; [proceedings to the 4th International Conference on New Technologies in Landscape Architecture (May 15 and 16, 2003) held by the master of landscape architecture program of Anhalt University of Applied Sciences]. Erich Buhmann; Stephen M. Ervin (eds.). - Heidelberg: Wichmann 2003, p.114-122, 8 ill. ISBN 3-87907-403-8

1825
Meichle, H.: Passpunktfreie direkte Höhenbestimmung mittels DFHBF in Baden-Württemberg. In: GPS 2002 : Antennen Höhenbestimmungen und RTK-Anwendungen : Beiträge zu 57. DVW-Seminar am 16. und 17. September 2002 in Karlsruhe ; [Beiträge 57. DVW-Seminars zu den Aktuellen Fragestellungen GPS 2002]. Redaktion Bernhard Heck und Michael Illner. - Stuttgart: Verlag Konrad Wittwer 2002, p.197-223, 18 ill. (Schriftenreihe des DVW ; 44) ISBN 3-87919-281-2

1826
Milanesi, Marica: The revival of geography. In: Imago Italiae : the making of Italy in the history of cartography from the Middle Ages to the Modern era ; reality, image and imagination from the Codices of Claudius Ptolemy ... Contributions by Laura Cassi ... - Trieste: Goliardica E.U.T. 2002, p.35-42, 7 ill.[Engl. ed.] ISBN 88-88745-00-9

1827
Mitašová, Helena; Hofierka, Jaroslav: Vpyv nových technológií mapovania na komunikáciu geopriestorových informácií. In: Kartografické listy. 11, 2003, p.53-60, 5 ill. [Impact of new mapping technologies on the communication of geospatial information.] [Slovak. with Engl. rés.] ISBN 80-89060-02-1

1828
Neidhart, Frank: Von der Bildflugplanung bis zum GIS in 24 Stunden. In: Arbeitsgruppe Automation in der Kartographie : Tagung 2002. - Frankfurt am Main: Verlag des Bundesamtes für Kartographie und Geodäsie 2003, p.87-101, 4 ill. (Mitteilungen des Bundesamtes für Kartographie und Geodäsie ; 24) ISBN 3-89888-867-3

1829
Patterson, Tom: DEM manipulation and 3-D terrain visualization : techniques used by the U.S.National Park Service. In: International Cartographic Association / Commission on Mountain Cartography special issue: ICA Commission on Mountain Cartography. Ed. by Lorenz Hurni. - North York: Univ. of Toronto Press 2003, p.89-101, 16 ill. (Cartographica ; 38. 2001, 1/2) ISSN 0340-0654 / 0317-717

1830
Podobnikar, Tomaž: Kronologija izdelave digitalnega modela reliefa Slovenije. In: Geodetski vestnik. 47, 2003, 1&2, p.47-54, 3 ill. [Chronology of digital terrain model production of Slovenia.] [Sloven. with Engl. rés.] ISSN 0351-0271

1831
Podrenek, Martin: Automationsgestützte Ableitung des ATKIS-DLM50 und der DTK50 aus dem ATKIS-Basis-DLM. In: Visualisierung und Erschließung von Geodaten : Seminar GEOVIS 2003, 26. bis 27. Februar 2003, Universität Hannover. Hrsg. von der Deutschen Gesellschaft für Karthographie e.V., Kommission Geoinformation und Visualisierung. Schriftleitung:

Jürgen Dodt; Wolf-Dieter Rase. - Bonn: Kirschbaum-Verl. 2003, p.171-176, 4 ill., 3 tab. (Kartographische Schriften ; 7) ISBN 3-7812-1577-6

1832
Rumsey, David; Williams, Meredith: Historical maps in GIS. In: Past time, past place : GIS for history. Ed. by Anne Kelly Knowles. - Redlands, Calif.: ESRI Press 2002, p.1-18, 11 ill. ISBN 1-589-48032-5

1833
Sahr, Kevin; White, Denis; Kimerling, A. Jon: Geodesic discrete global grid systems. In: Cartography and geographic information science. 30, 2003, 2, p.121-134, 12 ill., 1 tab. ISSN 1523-0406

1834
Schmidt, Ronald; Heller, Armin; Sailer, Rudolf: Die Eignung verschiedener digitaler Geländemodelle für die dynamische Lawinensimulation mit SAMOS. In: Angewandte geographische Informationsverarbeitung XIV : Beiträge zum AGIT-Symposium Salzburg 2003. Josef Strobl ... (Hrsg.). - Heidelberg: Wichmann 2003, p.455-464, 2 ill, 1 tab. ISBN 3-87907-392-9

1835
Semotanová, Eva: Cultural landscape, landscape maemory ant its digital modelling. In: Historica : historical sciences in the Czech Republic. 9 (38), 2002, p.155-183. ISSN 1210-8499

1836
Sénégas, J.; Schmitt, M.; Nonin, P.: Conditional simulation applied to uncertainty assessment in DTMs. In: Uncertainty in remote sensing and GIS. Edited by Giles M. Foody and Peter M. Atkinson. - Chichester: Wiley 2002, p.269-285, 7 ill., 1 tab. [Paper from a conference held at the University of Southampton in July 2001] ISBN 0-470-84408-6

1837
Sörgel, Uwe: Event-driven SAR data acquisition in urban areas using GIS. In: GIS : Geoinformationssysteme. 16, 2003, 12, p.32-37, 5 ill. ISSN 1430-3663

1838
Spreckels, Volker: Einführung fester Transformationsparameter vom ETRS'89 zum Gauß-Krüger-Koordinatensystem über NWREF-Punkte zur einheitlichen Führung der Koordinaten und GIS-Datenbestände der Deutschen Steinkohle AG (DSK AG). In: Auf dem Weg zu operationellen Prozessketten in Photogrammetrie, Fernerkundung und Geoinformation : 23. wissenschaftlich-technische Jahrestagung der DGPF 9. - 11.September 2003 in Bochum. Eckhardt Seyfert, Hrsg. - Münster: Geschäftsstelle der DGPF 2003, p.145-156, 8 ill. (Publikationen der Deutschen Gesellschaft für Photogrammetrie, Fernerkundung und Geoinformation e.V. ; Band 12) [CD-ROM enth.: Farbabbildungen des Tagungsbandes] ISSN 0942-2870

1839
Steidler, Franz; Beck, Michael: 3D-Stadtmodelle mit dem CyberCity-Modeler : Generierung und Echtzeitbegehung. In: Angewandte geographische Informationsverarbeitung XIV : Beiträge zum AGIT-Symposium Salzburg 2003. Josef Strobl ... (Hrsg.). - Heidelberg: Wichmann 2003, p.501-507, 4 ill. ISBN 3-87907-392-9

1840
Timár, Gábor: Az Alföld nagyfelbontású digitális domborzati modellje. In: Geodézia és kartográfia. 55, 2003, 4, p.19-23, 2 ill. [High resolution digital elevation model of the Great Hungarian Plain.] [Hung. with Engl. rés.] ISSN 0016-7118

1841
Timár, Gábor; Telbisz, Tamás; Székely, Balázs: Űrtechnológia a digitális domborzati modellezésben : az SRTM adatbázis. In: Geodézia és kartográfia. 55, 2003, 12, p.11-15, 3 ill. [Space technology in the digital elevation modelling : the SRTM database.] [Hung. with Engl. rés.] ISSN 0016-7118

1842
Vanneuville, Wouter and others: Model of the effects of a flood in the Dender catchment, based on a risk methodology. In: The Bulletin of the Society of Cartographers. 37, 2003, 2, p.59-64, 5 ill., 1 tab. ISSN 0036-1884

1843
Wang, Yongjun; Gong, Jianya: A COM-based framework for management, analysis ansd visualization of large scope digital elevation models. In: Geo-spatial information science. 6, 2003, 3, p.32-36, 4 ill. ISSN 1009-5020

1844
Westort, Caroline Y.: An explosion tool for DTM sculpting. In: Trends in landscape modeling : proceedings at Anhalt University of Applied Sciences 2003 ; [proceedings to the 4th International Conference on New Technologies in Landscape Architecture (May 15 and 16, 2003) held by the master of landscape architecture program of Anhalt University of Applied Sciences]. Erich Buhmann; Stephen M. Ervin (eds.). - Heidelberg: Wichmann 2003, p.35-44, 2 ill. ISBN 3-87907-403-8

1845
Winkler, Péter: Magyarország digitális ortofotó programja (MADOP) és nagyfelbontású digitális domborzat modell (DDM) az ország teljes területére. In: Geodézia és kartográfia. 55, 2003, 12, p.3-10, 1 ill., 7 tab. [The national orthophoto programme (MADOP) and high resolution digital elevation model completed for the whole territory of Hungary.] [Hung. with Engl. rés.] ISSN 0016-7118

1846
Wu, Fan: Scale-dependent representations of relief based on wavelet analysis. In: Geo-spatial information science. 6, 2003, 1, p.66-69, 6 ill. ISSN 1009-5020

1847
Wycisk, Peter; Fabritius, Holger: Mehr als nur ein Bild : digitale 3-D-Raummodelle des geologischen Untergrundes. In: GeoBit : das Magazin für raumbezogene Informationstechnologie. 8, 2003, 11, p.8-10, 5 ill. ISSN 1430-3663

1848
You, Hongijan; Li, Shukai: Building extraction from DSM acquired by airborne 3 D image. In: Geo-spatial information science. 6, 2003, 3, p.25-31, 8 ill. ISSN 1009-5020

1849
Yu, Nong; Wu, Changyong: Automatic target recognition technique based on morphological theory : adaptive BP learning algorithm. In: Geomatics and information science of Wuhan University. 28, 2003, 2, p.219-223, 3 ill. [Chin. with Engl. rés.] ISSN 1000-050X

1850
Zakšek, Klemen; Oštir, Krištof; Podobnikar, Tomaž: Osončenost površja Slovenije. In: Geodetski vestnik. 47, 2003, 1&2, p.55-63, 2 ill. [Solar illumination radiation of Slovenia.] [Sloven. with Engl. rés.] ISSN 0351-0271

1851
Ziemann, Hartmut; Grohmann, Daniel: Photogrammetric procedures for digital terrain model determination. In: Trends in landscape modeling : proceedings at Anhalt

University of Applied Sciences 2003 ; [proceedings to the 4th International Conference on New Technologies in Landscape Architecture (May 15 and 16, 2003) held by the master of landscape architecture program of Anhalt University of Applied Sciences]. Erich Buhmann; Stephen M. Ervin (eds.). - Heidelberg: Wichmann 2003, p.20-26. ISBN 3-87907-403-8

e. Data Presentation Techniques
Verfahren der Datenausgabe
Procédé de sortie des données

1852
Schaal, Peter: Digitale Planveröffentlichung : Interaktive Präsentation des Landschaftsrahmenplans und des regionalen Raumordnungsprogramms im Landkreis Emsland. In: GeoBit : das Magazin für raumbezogene Informationstechnologie. 8, 2003, 4, p.27-29, 3 ill. ISSN 1430-3663

1853
Siekierska, Eva; Müller, Anita: Tactile and audio-tactile maps within the Canadian 'Government On-Line' program. In: The Cartographic Journal. 40, 2003, 3, p.299-304, 8 ill.

G. Spatial Information Systems Raumbezogene Informationssysteme Systèmes d'informations spatiales

1. General Features, Graphic Data Banks Allgemeines, graphische Datenbanken Généralités, banques de données graphiques

1854
12. Internationale Geodätische Woche, Obergurgl 2003. Günter Chesi; Thomas Weinold (Hrsg.). - Heidelberg: Wichmann 2003, 265 p., ill., mp. ISBN 3-87907-401-1 [Literaturangaben]

1855
Andrae, Christine: Jenseits von Web Mapping : Chancen von OpenGIS in der Wasserwirtschaft. In: GeoBit : das Magazin für raumbezogene Informationstechnologie. 8, 2003, 11, p.38-40, 3 ill.

1856
Arbeitsgruppe Automation in der Kartographie : Tagung 2002. - Frankfurt am Main: Verlag des Bundesamtes für Kartographie und Geodäsie 2003, 144 p., ill., mp. (Mitteilungen des Bundesamtes für Kartographie und Geodäsie ; 24) ISBN 3-89888-867-3

1857
Aumann, Gabriele and others: OGC Web Services zur interoperablen Nutzung verteilter Geodatenbanken für mobile Anwendungen. In: GIS : Geoinformationssysteme. 16, 2003, 6, p.17-23, 7 ill.

1858
Bakker, N.J.: Standaarden in TOPIONL. In: Kartografisch Tijdschrift. 29, 2003, 3, p.29-33, 5 ill., 1 tab. [Standards in TOPIONL.] [Dutch] ISSN 0167-5788

1859
Baldegger, Joachim; Giger, Christine: Datengrundlage für Location Based Services (LBS). In: 12. Internationale Geodätische Woche, Obergurgl 2003. Günter Chesi; Thomas Weinold (Hrsg.). - Heidelberg: Wichmann 2003, p.1-9, 3 ill. ISBN 3-87907-401-1

1860
Berg, W. van de; Jong, F.W. de: Kwaliteit in beheer van ruimtelijke informatie. In: Geodesia. 45, 2003, 5, p.192-198, 6 ill. [The management of quality of spatial information.] [Dutch with Engl. rés.] ISSN 1385-7517

1861
Biljecki, Z. and others: Croatian Cartographic Data Model, Creation and Implementation. In: Kartografija i geoinformacije. 2003, 2, p.118-127, 5 ill. [Croat. and Engl.] ISSN 1333-896X

1862
Bluhm, Rosita: Konzipierung eines nutzerfreundlichen kartographischen Tourismusinformationssystems für den Spreewald am Beispiel des Wasserwanderns. - Wien: TU 2003, 121 p., 30 ill., 1 tab. [Dipl.-Arb.]

1863
Borchert, Ralf; Mause, Alexandra: Geodatenportale : Technologie und wirtschaftlicher Nutzen. In: Mitteilungen / Deutscher Verein für Vermessungswesen, Landesvereine Hessen und Thüringen. 54, 2003, 1, p.8-15, 4 ill. ISSN 0949-7900

1864
Borodko, A.V.; Makarenko, N.L.: O sozdanii regional'noj informacionno-

kartografičeskoj sistemy. In: Geodezija i kartografija : oficial'nyj organ Federal'noj Sluzby Geodezii i Kartografii Rossii i Geodeziceskich Sluzb Stran. 2003, 9, p.1-4. [About the creation of a regional informational-cartographical system.] [Russ.] ISSN 0016-7126

1865
Breunig, Martin and others: XML-basierte Techniken für Location Based Services. In: Geoinformation mobil. Alexander Zipf; Josef Strobl (Hrsg.). - Heidelberg: Wichmann 2002, p.26-35, 5 ill. ISBN 3-87907-373-2

1866
Čada, Václav; Marzín, Václav: Vedení a údržba D-SGI v lokalitách sáhových map. In: Geodetický a kartografický obzor. 49, 2003, 12, p.243-253, 5 ill. [Administration and maintenance of the digital file of geodetic information at loacations with maps at fathom scales.] [Czech with Engl. rés.]

1867
Cammack, Rex G.: Cartography, virtual reality, and the internet : integrating abstract models of the environment via the internet. In: Maps and the internet. Ed. by Michael Peterson. Publ. on behalf of the International Cartographic Association. - Amsterdam [u.a.]: Elsevier Science 2003, p.359-370, 6 ill. ISBN 0-08-044201-3

1868
Cecconi, Alessandro: Integration of cartographic generalization and multi-scale databases for enhanced web mapping. - Zürich: Univ. 2003, 1 CD-ROM + 1 Beil. [Elektronische Ressource] [Hochschulschrift (Diss.)]

1869
Cecconi, Alessandro: Integration of cartographic generalization and multi-scale databases for enhanced web mapping : [Testdaten aus der Schweiz]. - [S.l.]: [s.n.] 2003, 1 CD-ROM. [Diss. phil. II Zürich]

1870
Cooper, A.Paul R.; Fretwell, Peter: A placename geography for Antarctica. In: The Bulletin of the Society of Cartographers. 37, 2003, 2, p.53-55, 3 ill. ISSN 0036-1884

1871
Dobešová, Zdena: Interaktivní papa regionálního členění georeliéfu ČR. In: Kartografické listy. 11, 2003, p.122-126, 4 ill., 1 tab. [Interactive map of the regional division of the Czech Republic's georelief.] [Slovak. with Engl. rés.] ISBN 80-89060-02-1

1872
Findley, John: Geographic analysis and monitoring at the United States Geological Survey. In: Cartography and geographic information science. 30, 2003, 2, p.203-210, 7 ill. ISSN 1523-0406

1873
Fitzke, Jens and others: Deegree : ein Open-Source-Projekt zum Aufbau von Geodateninfrastrukturen auf der Basis aktueller OGC- und ISO-Standards. In: GIS : Geoinformationssysteme. 16, 2003, 9, p.10-16, 4 ill., 1 tab. ISSN 1430-3663

1874
Förster, Theodor; Senkler, Kristian: Nutzung mehrsprachiger OGC Web Map Services in einer grenzübergreifenden GDI. In: GIS : Geoinformationssysteme. 16, 2003, 12, p.11-14, 4 ill.

1875
Gartner, Georg: Telecartography : maps, multimedia and the mobile internet. In: Maps and the internet. Ed. by Michael Peterson. Publ. on behalf of the International Cartographic Association. - Amsterdam

[u.a.]: Elsevier Science 2003, p.385-396, 8 ill. ISBN 0-08-044201-3

1876
Geoinformation mobil. Alexander Zipf; Josef Strobl (Hrsg.). - Heidelberg: Wichmann 2002, VIII, 230 p., ill., mp. [Literaturangaben] ISBN 3-87907-373-2

1877
Hächler, Thomas: Online visualization of spatial data a prototype of an open source internet map server with backend spatial database for the Swiss National Park. - Zürich: Universität, Geographisches Institut 2003, 105 p., ill. [Diplomarbeit Univ. Zürich]

1878
Harbeck, Rolf: Geobasisdaten Online - amtliche Quellen zur netzbasierten Geoinformationsverarbeitung. In: Web.Mapping 2 : Telekartographie, Geovisualisierung und mobile Geodienste. Hartmut Asche; Christian Herrmann (Hrsg.). - Heidelberg: Wichmann 2003, p.36-41, 3 ill. ISBN 3-87907-388-0

1879
Havrlant, Jan: Použití jazyka VRML pro tvorbu prostorových model|- map. In: Geodetický a kartografický obzor. 49, 2003, 7-8, p.129-137, 6 ill. [VRML application to creation of space map models.] [Czech. with Engl. rés.] ISSN 0016-7096

1880
Heere, Elger: Het bos in met GPS. In: Kartografisch Tijdschrift. 29, 2003, 1, p.5-8, 3 ill. [In the sticks with GPS.] [Dutch with Engl., and French rés.] ISSN 0167-5788

1881
Heersink, Paul: A catalogue of freely accessible Canadian spatial data sources on the web. In: Cartouche : the operational publication of the Canadian Cartographic Association. 52, 2003, p.9. ISSN 1183-2045

1882
Heine, Erwin; Mansberger, Reinfried; Ernst, Julius: Landadministration und Datenifrastruktur : nationale Problemstellungen und europäische Entwicklungen. In: 12. Internationale Geodätische Woche, Obergurgl 2003. Günter Chesi; Thomas Weinold (Hrsg.). - Heidelberg: Wichmann 2003, p.51-66, 7 ill. ISBN 3-87907-401-1

1883
Jäger, Ernst: ATKIS als Gemeinschaftsaufgabe der Länder und des Bundes. In: Kartographische Nachrichten. 53, 2003, 3, p.113-119, 1 ill., 2 tab. ISSN 0022-9164

1884
Jäger, Reiner and others: Konzepte und Realisierungen von Datenbanken zur hochgenauen Transformation zwischen klassischen Landessystemen und ITRF/ ETRS89 im aktuellen GIS- und GNSS-Anwendungsprofil. In: 12. Internationale Geodätische Woche, Obergurgl 2003. Günter Chesi; Thomas Weinold (Hrsg.). - Heidelberg: Wichmann 2003, p.211-216, 3 ill. ISBN 3-87907-401-1

1885
Joos, Gerhard: Das Web-Mapping-Testbed des Open-GIS-Konsortiums. In: Web.Mapping 2 : Telekartographie, Geovisualisierung und mobile Geodienste. Hartmut Asche; Christian Herrmann (Hrsg.). - Heidelberg: Wichmann 2003, p.181-189, 1 ill. ISBN 3-87907-388-0

1886
Jullien, Camille: La reconnaissance du géomaticien, une compétence basée sur une complémentarité de formations en sciences géographiques. In: Le Monde des Cartes :

revue du Comité Français de Cartographie. 177-178, 2003, p.38-42. ISSN 1634-3522

1887
Kastelliz, Barbara: Potential von SVG für die kartographische Informationsvermittlung im Kontext Tele-Kartographie. - Wien: TU 2003, 104 p., 23 ill., 14 tab., 7 Programmlistings. [Dipl.-Arb.]

1888
Kersting, Oliver Patrick: Interaktive, dynamische 3D-Karten zur Kommunikation raumbezogener Informationen. - Potsdam: Univ. 2002, IV, 105 p., ill. [Diss.]

1889
Kettani, Driss; Moulin, Bernard: A spatial model based on the notions of spatial conceptual map and of object's influence areas. In: Spatial information theory : cognitive and computational foundations of geographic information science. Christian Freksa; David M. Mark (eds.). - Berlin ; Heidelberg: Springer 2002, p.401-416, 5 ill., 2 tab. ISBN 3-540-66365-7 / 0302-974

1890
Knab, Jürgen: Datenserver LIKA online. In: Mitteilungen / Deutscher Verein für Vermessungswesen, Landesvereine Hessen und Thüringen. 54, 2003, 1, p.3-7, 4 ill. ISSN 0949-7900

1891
Köbben, Barend J.: Scalable vector graphics : het (karto)grafische broertje van de XML-familie. In: Kartografisch Tijdschrift. 29, 2003, 1, p.21-24 + p.41, 4 ill. [Scalable vector graphics: the (carto-) graphic sibling of the XML-family.] [Dutch with Engl., and French rés.] ISSN 0167-5788

1892
Kohlhaas, Andreas; Bertram, Olaf: Nah an der Realität : 3-D-Stadtmodelle in Architektur-CAAD-Software. In: GeoBit : das Magazin für raumbezogene Informationstechnologie. 8, 2003, 11, p.16-18, 5 ill. ISSN 1430-3663

1893
Koua, Etien L.: 'Self-organizing maps' voor de representatie en visualisatie van coplexe ruimtelike gegevens. In: Kartografisch Tijdschrift. 29, 2003, 2, p.5-9, 4 ill. [Exploring self-organising maps for representation and visualisation of complex geospatial data sets.] [Dutch with Engl., and French rés.] ISSN 0167-5788

1894
Kraak, Menno-Jan: Kartografie, GIN en de kaart. In: Kartografisch Tijdschrift. 29, 2003, 4, p.11-13. [Cartography, GIN and maps.] [Dutch] ISSN 0167-5788

1895
Kusendová, Dagmar: Vedecká vizualizácia geoúdajov. In: Geodetický a kartografický obzor. 49, 2003, 7-8, p.121-124. [Scientific visualisation of geodata.] [Czech. with Engl. rés.]

1896
Lang, Stefan and others: Objektbasierte Ansätze zur halbautomatisierten Fortschreibung von CIR-Luftbild Kartierungen : ein Verfahrensvergleich. In: GIS : Geoinformationssysteme. 16, 2003, 9, p.17-25, 9 ill., 1 tab. ISSN 1430-3663

1897
Lechthaler, Mirjanka: Kartenbasiertes mobiles GIS : Informationserschließung durch Location Based Services. In: 12. Internationale Geodätische Woche, Obergurgl 2003. Günter Chesi; Thomas Weinold (Hrsg.). - Heidelberg: Wichmann 2003, p.71-81, 8 ill. ISBN 3-87907-401-1

1898
Lee, Kent D.; Shumakov, Andrei: Access to geospatial data in 2003 : a global survey

of public policy and technological factors. In: Cartography and geographic information science. 30, 2003, 2, p.225-230, 2 ill., 1 tab. ISSN 1523-0406

1899
Leitner, Dieter: Kartographie im Internet. In: 12. Internationale Geodätische Woche, Obergurgl 2003. Günter Chesi; Thomas Weinold (Hrsg.). - Heidelberg: Wichmann 2003, p.82-89, 2 ill. ISBN 3-87907-401-1

1900
Lessons for the global spatial data infrastructure : international case study analysis. Science and Technology Policy Institute. Beth E. Lachmann... - Santa Monica, Calif. [u.a.]: RAND 2002, XVI, 146 p. ISBN 0-8330-3141-4

1901
Mac Gillavry, Edward: Collaborative mapping : by the people, for the people. In: The Bulletin of the Society of Cartographers. 37, 2003, 2, p.43-46. ISSN 0036-1884

1902
Mathian, Hélène; Boulier, Joël; Dhee, Francis: La cartographie dans le monde de la géomatique : l'évolution nécessaire des formations face à un secteur en forte croissance. In: Le Monde des Cartes : revue du Comité Français de Cartographie. 177-178, 2003, p.26-27. ISSN 1634-3522

1903
Matzner, Ronald F.; Moeller, John: Integrating geospatial information activities : enabling the National Spatial Data Infrastructure. In: Information bulletin / Western Association of Map Libraries. 33, 2002, 2, p.91-93. ISSN 0049-7282

1904
May, Ilka: Forführung und Erweiterung von GDF (Geographic Data File) als Datengrundlage für Autonavigationssysteme. - Berlin: Inst. für Geographie der Techn. Univ. 2002, XXIII, 209 p., ill. [Zugl.: Berlin, Techn. Univ., Diss., 2002] ISBN 3-7983-1897-2

1905
Meng, Liqiu: Zur Entwicklung und Nutzung von Geodiensten. In: Am Puls von Raum und Zeit : 50 Jahre Deutsche Geodätische Kommission ; Festschrift. Hrsg. von Jörg Albertz u.a. - München: Verl. der Bayerischen Akad. der Wiss. in Kommission bei Beck 2002, p.89-95, 7 ill. (Deutsche Geodätische Kommission bei der Bayerischen Akademie der Wissenschaften : Reihe E, Geschichte und Entwicklung der Geodäsie ; 26) ISBN 3-7696-9669-7

1906
Müller, Martina: Management historischer Geodaten. In: 10 Jahre Fachhochschulausbildung in den Studiengängen Vermessungswesen und Kartographie an der HTW Dresden (FH) und 50 Jahre Ausbildung von Vermessungs- und Kartographieingenieuren in Dresden. Hrsg. von Uwe Jäschke u.a. Schriftleitung: Kristin Gehrt - Harald Köhler. - Dresden: Fachbereich Vermessungswesen, Kartographie der Hochsch. für Technik und Wirtschaft 2002, p.99-106, 3 ill., 1 tab. (Dresdner Kartographische Schriften ; 4) ISSN 1436-0004

1907
Nebiker, Stephan: Mobile 3D-Geoinformationsdienste : Geomatik im Zentrum der Informationsgesellschaft. In: 10 Jahre Fachhochschulausbildung in den Studiengängen Vermessungswesen und Kartographie an der HTW Dresden (FH) und 50 Jahre Ausbildung von Vermessungs- und Kartographieingenieuren in Dresden. Hrsg. von Uwe Jäschke u.a. Schriftleitung: Kristin Gehrt - Harald Köhler. - Dresden: Fachbereich Vermessungswesen, Kartographie der Hochsch. für Technik und

Wirtschaft 2002, p.21-26, 6 ill. (Dresdner Kartographische Schriften ; 4)
ISSN 1436-0004

1908
Neudeck, Stefan: Eigenschaften digitaler Geodatenbanken im Hnblick auf die kartografische Darstellung ortsbezogener Dienste. In: Geoinformation mobil. Alexander Zipf; Josef Strobl (Hrsg.). - Heidelberg: Wichmann 2002, p.109-116, 6 ill., 1 tab.
ISBN 3-87907-373-2

1909
Neumann, Karl; Eckstein, Silke: Geography Markup Language (GML) : eine Einführung aus Informatiksicht. In: Arbeitsgruppe Automation in der Kartographie : Tagung 2002. - Frankfurt am Main: Verlag des Bundesamtes für Kartographie und Geodäsie 2003, p.103-110, 4 ill. (Mitteilungen des Bundesamtes für Kartographie und Geodäsie ; 24) ISBN 3-89888-867-3

1910
Ottoson, Patrick: Three-dimensional visualisation on the internet. In: Maps and the internet. Ed. by Michael Peterson. Publ. on behalf of the International Cartographic Association. - Amsterdam [u.a.]: Elsevier Science 2003, p.247-270, 17 ill.
ISBN 0-08-044201-3

1911
Panajotov, Ivan; Jacob, Olivia: PDF in der praktischen Anwendung. In: Kartographische Nachrichten. 53, 2003, 3, p.133-137, 8 ill., 1 tab. ISSN 0022-9164

1912
Peterson, M.P.: Webmapping at the start of the new Millenium - state of the art. In: Web.Mapping 2 : Telekartographie, Geovisualisierung und mobile Geodienste. Hartmut Asche; Christian Herrmann (Hrsg.). - Heidelberg: Wichmann 2003, p.3-17, 3 ill., 3 tab. ISBN 3-87907-388-0

1913
Petrovič, Dušan: Predlog vodenja in vzdrževanja topografiskih podatkov v Sloveniji. In: Geodetski vestnik. 47, 2003, 3, p.215-223, 2 ill., 2 tab. [A proposal for managing and updating the topographic data in Slovenia.] [Sloven. with Engl. rés.]
ISSN 0351-0271

1914
Pinnell, Richard: Triuniversity group of libraries metadata project : developing a GIS metadata application. In: Bulletin / Association of Canadian Map Libraries and Archives. 2003, 116, p.25-31, 6 ill.
ISSN 0840-9331

1915
Projet pour un portail universitaire québecois de données numériques et géospatiales. In: Bulletin / Association of Canadia Map Libraries and Archives. 2003, 116, p.11-17. [Engl. Version "Quebec scholar portal of digital and geospatial data project" p. 18-24, translated by Martine Rocheleau] ISBN 0840-9331

1916
Reichardt, Mark: Canada's role in advancing interoperability through the open GIS consortium (OGC). In: Geomatica. 57, 2003, 1, p.68-71. ISSN 1195-1036

1917
Reinhardt, Wolfgang and others: Geoinformation und mobile Dienste - Anforderungen und Anwendungen für Bergsteiger und Wanderer. In: Photogrammetrie, Fernerkundung, Geoinformation. 2003, 6, p.463-469, 6 ill. ISSN 1432-8364

1918
Riedl, Andreas: Globenjagd im Internet. In: News / Internationale Coronelli-Gesellschaft für Globenkunde. 2003, p.4-8, 1 portr. [Germ. and Engl.]
ISSN 1680-5356

1919
Rowell, Jonathan; Ungar, Simon: a taxonomy for tactile symbols : creating a useable database for tactile map designers. In: The Cartographic Journal. 40, 2003, 3, p.273-276, 1 ill.

1920
Saunders, Theodore; Feuquay, Jay; Kelmelis, John A.: The U.S. Geological Survey land remote sensing program. In: Cartography and geographic information science. 30, 2003, 2, p.211-215, 4 ill. ISSN 1523-0406

1921
Sayda, Florian; Geisler, Bernd; Reinhardt, Wolfgang: Aktualisierung von Datenbeständen aum Beispiel eines positionsbezogenen GI-Dienstes für Bergsteiger und Wanderer. In: 12. Internationale Geodätische Woche, Obergurgl 2003. Günter Chesi; Thomas Weinold (Hrsg.). - Heidelberg: Wichmann 2003, p.134-141, 7 ill. ISBN 3-87907-401-1

1922
Schär, Peter: Datenbankgestützte Vektorkartenherstellung mit Scalable Vector Graphics : am Beispiel des Strukturatlas der Region Bern. - Bern: Universität, Geographisches Institut 2003, 123 p., ill. [Diplomarbeit phil.-nat. Fakultät Univ. Bern]

1923
Schöler, Horst; Hoffmeister, Helmut: Heinrich Wild und sein Wirken für den geodätischen Instrumentenbau in Jena. In: Mitteilungen des DVW-Bayern e.V. 55, 2003, 1, p.53-61, 6 ill. ISSN 0723-6336

1924
Schwarzbach, Ines: Web Map Server - Entwicklungsstand am Beispiel des SICAD IMS. In: 10 Jahre Fachhochschulausbildung in den Studiengängen Vermessungswesen und Kartographie an der HTW Dresden (FH) und 50 Jahre Ausbildung von Vermessungs- und Kartographieingenieuren in Dresden. Hrsg. von Uwe Jäschke u.a. Schriftleitung: Kristin Gehrt - Harald Köhler. - Dresden: Fachbereich Vermessungswesen, Kartographie der Hochsch. für Technik und Wirtschaft 2002, p.145-153, 7 ill. (Dresdner Kartographische Schriften ; 4) ISSN 1436-0004

1925
Schwieger, Volker; Kaufmann, Thilo: Internetbasierte Lernmodule zur Geo-Datenerfassung. In: Allgemeine Vermessungs-Nachrichten. 110, 2003, 7, p.248-254, 8 ill., 2 tab. ISSN 0002-5968

1926
Sester, Monika; Hampe, Mark; Anders, Karl-Heinrich: Multiskalige Geodaten in einer Datenbank : Erzeugung und Nutzen. In: Photogrammetrie, Fernerkundung, Geoinformation. 2003, 6, p.481-491, 11 ill. ISSN 1432-8364

1927
Seuß, Martina; Seuß, Robert: Geoinformatik wird Bestandteil der klassischen Informationsverarbeitung. In: Allgemeine Vermessungs-Nachrichten. 110, 2003, 2, p.43-46, 2 ill. ISSN 0002-5968

1928
Shekhar, Shashi; Chawla, Sanjay: Spatial databases : a tour. - Upper Saddle River, NJ: Prentice Hall 2003, XXIII, 262 p. (An Alan R.Apt book) ISBN 0-13-017480-7

1929
Skupin, André; Fabrikant, Sara Irina: Spatialization methods : a cartographic research agenda for non-geographic information visualization. In: Cartography and geographic information science. 30, 2003, 2, p.99-119, 16 ill. ISSN 1523-0406

1930
Slocum, Terry A. and others: Evaluating the usability of a tool for visualizing the uncertainty of the future global water balance. In: Cartography and geographic information science. 30, 2003, 4, p.299-317, 10 ill. ISSN 1523-0406

1931
Stefanakis, Emmanuel: Representation of generalized map series using semi-structured data models. In: Cartography and geographic information science. 30, 2003, 1, p.51-68, 14 ill. ISSN 1523-0406

1932
Steinbach, Grit; Buchroithner, Manfred; Stieber, Hans: Teilautomatische Übernahme nicht objektstrukturierter Vektordaten in ein ATKIS-konformes Datenmodell. In: Kartographische Nachrichten. 53, 2003, 4, p.168-172, 1 ill. ISSN 0022-9164

1933
Strand, Geir-Harald: Fjerde generasjon geodata på nett - utvikling av en nasjonal geografisk infrastruktur. In: Kart og plan. 96, 2003, 2, p.70-76, 4 ill. [Fourth generation geospatial data on the Internet - the development of a national geospatial infrastructure.] [Norw. with Engl. rés.] ISSN 0047-3278

1934
Šumrada, Radoš: Mednarodni standardi za geografske podatke in informacije. In: Geodetski vestnik. 47, 2003, 1&2, p.37-46. [International standards for geographic data and information.] [Sloven. with Engl. rés.] ISSN 0351-0271

1935
Sweeny, Robert C.H.; Olson, Sherry: Map: Montréal l'avenir du passé : sharing geodatabases yesterday, today and tomorrow. In: Geomatica. 57, 2003, 2, p.145-154. ISSN 1195-1036

1936
Trainor, Timothy: U.S.Census Bureau geographic support : a response to changing technology and improved data. In: Cartography and geographic information science. 30, 2003, 2, p.217-223. ISSN 1523-0406

1937
Tsou, Ming-Hsiang: An intelligent software agent architecture for distributed cartographic knowledge bases and internet mapping services. In: Maps and the internet. Ed. by Michael Peterson. Publ. on behalf of the International Cartographic Association. - Amsterdam [u.a.]: Elsevier Science 2003, p.231-245, 7 ill. ISBN 0-08-044201-3

1938
Tutsch, Gernot: Von Geodaten zu Geoinformation. In: 12. Internationale Geodätische Woche, Obergurgl 2003. Günter Chesi; Thomas Weinold (Hrsg.). - Heidelberg: Wichmann 2003, p.236-244, 11 ill. ISBN 3-87907-401-1

1939
Uncertainty in remote sensing and GIS. Edited by Giles M. Foody and Peter M. Atkinson. - Chichester: Wiley 2002, XVIII, 307 p., ill., mp. [Papers from a conference held at the University of Southampton in July 2001] [Literaturangaben] ISBN 0-470-84408-6

1940
Verwaltungsvorschrift des Wirtschaftsministeriums für die Einräumung von Nutzungsrechten an topographischen und kartographischen Basisinformationen : (Nutzungsrechtsvorschrift - VwVNutzrecht) ; vom 02.01.2003, Az.: 6V-2851/5. Wirtschaftsministerium Baden-Württemberg. - Stuttgart: Landesvermessungsamt Baden- Württemberg 2003, 16 p. [Stand: 02.01.2003]

1941
Visualisierung und Erschließung von Geodaten : Seminar GEOVIS 2003, 26. bis 27. Februar 2003, Universität Hannover. Hrsg. von der Deutschen Gesellschaft für Kartographie e.V., Kommission Geoinformation und Visualisierung. Schriftleitung: Jürgen Dodt; Wolf-Dieter Rase. - Bonn: Kirschbaum-Verl. 2003, II, 194 p., ill., mp. + 1 CD-ROM. (Kartographische Schriften ; 7) ISBN 3-7812-1577-6

1942
Weaving a national map : review of the U.S.Geological Survey concept of the National Map. Committee to Review the U.S. Geological Survey Concept of the National Map. - Washington, D.C.: National Academies Press 2003, XII, 128 p. [Includes bibliographical references (p.81-85)] ISBN 0-309-08747-3

1943
Web.Mapping 2 : Telekartographie, Geovisualisierung und mobile Geodienste. Hartmut Asche; Christian Herrmann (Hrsg.). - Heidelberg: Wichmann 2003, VIII, 208 p., ill., mp. ISBN 3-87907-388-0

1944
Wood, Michael: Cartography in the age of geographic information science. In: Geografický časopis : časopis geografického ústavu Slovenskej Akadémie Vied. 55, 2003, 4, p.267-278. ISSN 0016-7193

1945
Young, Paul M.: Spatial database revision. In: Basic cartography for students and technicians : english version. [International Cartographic Association] Ed.: Roger W. Anson and F.J. Ormeling. - Oxford [u.a.]: Butterworth-Heinemann 1996, p.37-47, 15 ill. ISBN 0-7506-2702-6 [Vol. 3]

1946
Zellmer, Linda: Chasing mayflies : archiving spatial data. In: Information bulletin / Western Association of Map Libraries. 34, 2003 2, p.71-75. ISSN 0049-7282

1947
Zhang, C. and others: GML-based interoptable geographical databases. In: Cartography : journal of the Mapping Sciences Institute, Australia. 32, 2003, 2, p.1-15, 9 ill. ISSN 0069-0805

1948
Zhang, Jianqun; Liang, Juanzhu: Implementation of mobile spatial information service by MMS. In: Geomatics and information science of Wuhan University. 28, 2003, 1, p.115-119, 3 ill. [Chin. with Engl. rés.] ISSN 1000-050X

1949
Zhao, Xiuyi; Xiong, Qingwen; Tu, Jianguang: Two-order analysis mode of the design of GIS application database. In: Geomatics and information science of Wuhan University. 28, 2003, 1, p.100-104, 2 ill., 1 tab. [Chin. with Engl. rés.] ISSN 1000-050X

1950
Znamirowski, Barbara: Reference service levels for spatial data delivery and GIS activity in libraries : Trent University - a case study of a small academic library. In: Bulletin / Association of Canadian Map Libraries and Archives. 2003, 118, p.9-12, 2 ill. ISSN 0840-9331

2. Geographical Information Systems (GIS) Geographische Informationssysteme Systèmes d'informations géographiques

1951
Alt-Epping, Paul: Das Vermessungs- und Katasteramt der Stadt Münster im Sog des technischen Wandels im Vermessungswesen von 1963 bis 1998. In: 100 Jahre Stadtvermessung in Münster : 1899-1999. Autoren: Paul Alt-Epping u.a. - Münster: Vermessungs- und Katasteramt 1999, p.31-41.

1952
Andrienko, Gennady; Andrienko, Natalia; Voss, Hans: GIS for everyone : the CommonGIS project and beyond. In: Maps and the internet. Ed. by Michael Peterson. Publ. on behalf of the International Cartographic Association. - Amsterdam [u.a.]: Elsevier Science 2003, p.131-146, 3 ill., 1 tab. ISBN 0-08-044201-3

1953
Angewandte geographische Informationsverarbeitung XIV : Beiträge zum AGIT-Symposium Salzburg 2003. Josef Strobl ... (Hrsg.). - Heidelberg: Wichmann 2003, XII, 588 p., ill., mp. ISBN 3-87907-392-9

1954
Asch, Christine: The 1:5 Million International Geological Map of Europe and adjacent areas : development and implementation of a GIS-enabled concept ; with 46 tables. - Stuttgart: Schweizerbart 2003, 172, 8 p. (Geologisches Jahrbuch, Sonderhefte, Reihe A ; SA 3) [Zugl.: Berlin, Freie Univ., Diss.] ISBN 3-510-95903-5

1955
Auf dem Weg zu operationellen Prozessketten in Photogrammetrie, Fernerkundung und Geoinformation : Vorträge : 23. wissenschaftlich-technische Jahrestagung der DGPF 9. - 11. September 2003 in Bochum. Eckhardt Seyfert, Hrsg. - Münster: Geschäftsstelle der DGPF 2003, 464 p., ill., mp. + 1 CD-ROM. (Publikationen der Deutschen Gesellschaft für Photogrammetrie, Fernerkundung und Geoinformation e.V. ; Band 12) ISSN 0942-2870 [CD-ROM enth.: Farbabbildungen des Tagungsbandes]

1956
Beard, Colleen: Reference service levels for spatial data delivery and GIS activity in libraries : a local assessment. In: Bulletin /Association of Canadian Map Libraries and Archives. 2003, 118, p.4-8, 1 ill. ISSN 0840-9331

1957
Beck, Michael: Virtuelle Geoinformationssysteme - Grundlagen und Anwendungsszenarien mit TerraView. In: Web.Mapping 2 : Telekartographie, Geovisualisierung und mobile Geodienste. Hartmut Asche; Christian Herrmann (Hrsg.). - Heidelberg: Wichmann 2003, p.133-143, 7 ill. ISBN 3-87907-388-0

1958
Beck, Torsten and others: Gründlich durchforstet : Katasterdigitalisierung und Qualitätssicherung in der Thüringer Landesforstverwaltung. In: GeoBit : das Magazin für raumbezogene Informationstechnologie. 8, 2003, 7, p.16-18, 4 ill.

1959
Bernard, Lars and others: Ontologies for intelligent search and semantic translation in spatial data infrastructures. In: Photogrammetrie, Fernerkundung, Geoinformation. 2003, 6, p.451-461, 2 ill. ISSN 1432-8364

1960
Berné Valero, José Luis and others: Sistema de información geográfica para la poda del arbolado en la ciudad de Valencia. In: Topografia y cartografia : TOPCART. 20, 2003, 117, p.15-20, 9 ill., 1 tab. [GIS for the pruning of the trees in the city of Valencia.] [Span.] ISSN 0212-9280

1961
Betal, Himanshu R.: Population mapping : a cartographic challenge. In: Geography and applied cartography : proceedings of the National Seminar on Geography and Applied Cartography, organised to commemorate the birth centenary celebration of Padmabhushan Professor S.P. Chatterjee. Organised by National Atlas & Thematic Mapping Organisation, in collaboration with Prof. S.P. Chatterjee Memorial Foundation. [General ed.: Pritvish Nag]. - Kolkata: Govt. of India, Dept of Science & Technology, National Atlas & Thematic Mapping Organisation 2003, p.222-224.

1962
Bieser, Gero: SAP und GIS jetzt integrieren? Und wie?. In: Allgemeine Vermessungs-Nachrichten. 110, 2003, 6, p.202-204, 2 ill. ISSN 0002-5968

1963
Bill, Ralf: Eine günstige Alternative : Open Source als Basis für Internet-GIS-Lösungen in Kommunen und Landkreisen. In: GeoBit : das Magazin für raumbezogene Informationstechnologie. 8, 2003, 10, p.28-30, 3 ill. ISSN 1430-3663

1964
Boekholt, J.E.; Lahau, F.R.M.: GeoNet, kijkdoos voor ruimtelijke informatie. In: Geodesia. 45, 2003, 11, p.420-425, 6 ill. [GeoNet, a viewer for geo-information.] [Dutch with Engl. rés.]

1965
Boginskij, V.M. and others: Avtomatizirovannyj Gosudarstvennyj katalog geografičeskichnazvanij Rossii [Sostojanie i perspektivy razvitija]. In: Geodezija i kartografija : oficial'nyj organ Federal'noj Sluzby Geodezii i Kartografii Rossii i Geodeziceskich Sluzb Stran. 2003, 10, p.33-41, 2 ill. [Automated state catalogue of geographic names for Russia (present state and outlook).] [Russ.] ISSN 0016-7126

1966
Boltižiar, Martin: Mapovanie a analýza vzøahu krakrajinnej štruktúry a reliéfu vysokohorskej krajiny Tatier s využitím údajov DPZ a GIS. In: Kartografické listy. 11, 2003, p.5-15, 13 ill. [Mapping and analysis of the relationship between a landscape structure and relief in the high mountain landscape of the Tatra Mts. using the results of the Remote Sensing and GIS.] [Slovak. with Engl. rés.] ISBN 80-89060-02-1

1967
Borruso, Giuseppe: Cartografia escursionistica tradizionale versus nuove tecnologie geografiche : problemi e prospective. In: Bollettino della Associazione Italiana di Cartografia. 40, 2003, 117-118-119, p.432-443, 4 ill. [Traditional excursionistic cartography versus new geographical technology : problems and perspectives.] [Ital.] ISSN 0044-9733

1968
Bottmeyer, Manfred: Der virtuelle Feldvergleich : Einführung eines Visualisierungssystems in der amtlichen Gebäudevermessung. In: GeoBit : das Magazin für raumbezogene Informationstechnologie. 8, 2003, 4, p.35-37, 4 ill. ISSN 1430-3663

1969
Brande-Lavridsen, Hanne: GIS og kartografisk repraesentation. In: GIS i Danmark. - København: Teknisk Forl. 1997, p.9-21, 4 ill. [GIS and cartographic representation.] [Dan.] ISBN 87-571-1775-6

1970
Brown, Allan; Feringa, Wim: Colour basics for GIS users. - Harlow: Prentice Hall 2003, XI, 171 p., ill., mp. ISBN 0-13-033343-3

1971
Brown, Allan; Feringa, Wim: Colour basics for GIS users. - Harlow: Prentice Hall 2003 [Literaturverz. S. 149 - 150] ISBN 0-13-033343-3

1972
Bürgi, Martin; Hitz, Patrick; Stahl, Martin: Straßeninformationssystem der Stadt Zürich : GIS-Anwendung für die Werterhaltung. In: Geomatik Schweiz : Geoinformation und Landmanagement. 101, 2003, 5, p.216-220, 7 ill. [Germ. with French, and Ital. rés.] ISSN 0252-9424

1973
Burban, P.Ju.; Litvinov, V.F.: Technologija sozdanija cifrovych kart Novgorodskoj oblasti. In: Geodezija i kartografija : oficial'nyj organ Federal'noj Sluzby Geodezii i Kartografii Rossii i Geodeziceskich Sluzb Stran. 2003, 11, p.51-57, 3 ill. [Modern technology of creation of digital maps of the Novgeord area.] [Russ.] ISSN 0016-7126

1974
Burghardt, Dirk; Edwardes, Alistair; Weibel, Robert: WebPark - Entwicklung eines mobilen Informationssystems für Erholungs- und Naturschutzgebiete. In: Kartographische Nachrichten. 53, 2003, 2, p.58-64, 6 ill., 3 tab. ISSN 0022-9164

1975
Cao, Yu and others: Synthesis of beneficial ore-forming information based on GIS. In: Geomatics and information science of Wuhan University. 28, 2003, 2, p.167-176, 6 ill., 7 tab. [Chin. with Engl. rés.] ISSN 1000-050X

1976
Cauvin, Colette: La cartographie à Strasbourg à l'ère des SIG et du multimédia. In: Le Monde des Cartes : revue du Comité Français de Cartographie. 176, 2003, p.24-27, 1 ill. ISSN 1634-3522

1977
Čemanský, Jozef; Kožuch, Miroslav: Digitálna automatická aerotriangulácia - využitie v geoinformatike a v kartografii. In: Geodetický a kartografický obzor. 49, 2003, 7-8, p.157-165, 6 ill., 6 tab. [Automated digital aerotriangulation - its application in geoinformatics and in cartography.] [Czech. with Engl. rés.] ISSN 0016-7096

1978
Ciceli, Tomislav; Prosen, Anton: Fotogrametrija, dljinska istraživanja i GIS kao nove technologije u prostornom planiranju i urbanizmu. In: Geodetski list. 57, 2003, 3, p.195-205, 7 ill., 1 tab. [Photogrammetry, remote sensing and GIS like new technologies in urban and regional planning.] [Croat. with Engl. rés.]

1979
Clarke, Keith C.: Getting started with geographic information system Upper Saddle River, NJ [u.a.]: Pearson Education 2003, XII, 340 p., ill., mp. + 1 CD-ROM. [Includes bibliograpical references] ISBN 0-13-046027-3

1980
Crampton, Jeremy W.: Cartographic rationality and the politics of geosurveillance and security. In: Cartography and geographic information science. 30, 2003, 2, p.135-148, 1 ill.

1981
Cromley, Robert G.; Hanink, Dean M.: Scale-independent land-use allocation modeling in raster GIS. In: Cartography and geographic information science. 30, 2003, 4, p.343-350, 7 ill., 3 tab.
ISSN 1523-0406

1982
Cunfer, Geoff: Causes of the dust bowl. In: Past time, past place : GIS for history. Ed. by Anne Kelly Knowles. - Redlands, Calif.: ESRI Press 2002, p.93-104, 8 ill.
ISBN 1-589-48032-5

1983
Diewald, Günter: Verborgene Datenschätze heben : der Weg der Verbandsgemeinde Bruchmühlbach-Miesau zum GIS. In: GeoBit : das Magazin für raumbezogene Informationstechnologie. 8, 2003, 8, p.32-33, 3 ill. ISSN 1430-3663

1984
Dransch, Doris: Handlungsorientierte Mensch-Computer-Interaktion für die kartographische Informationsverarbeitung in Geo-Informationssystemen. - Berlin: Selbstverl. Fachbereich Geowiss. - Freie Universität 2002, IV, 134, 6b S., ill., mp. (Berliner geowissenschaftliche Abhandlungen - Reihe C, Kartographie ; 18) [Zugl.: Berlin, Freie Univ., Habil.-Schr., 2002]
ISBN 3-89582-989-7

1985
Dummer, Trevor: Modelling accessibility to hospital using geographical information systems. In: The Bulletin of the Society of Cartographers. 37, 2003, 1, p.13-16, 6 ill.
ISSN 0036-1884

1986
Ehlers, Manfred; Schiewe, Jochen; Möller, Matthias: 3D city modelling using ultra high resolution and multisensoral remote sensing. In: GIS : Geoinformationssysteme. 16, 2003, 6, p.30-37, 7 ill., 3 tab.
ISSN 1430-3663

1987
Ekroth, Johan; Edmark, Pelle: Geografisk information i framtidens nätverksvbaserade försvar. In: Kart & bildteknik : mapping and image science. 18, 2003, 1, p.10-13, 4 ill. [Geographic information in futur networkbased defence.] [Swed.]
ISSN 0283-0418

1988
Fauth, Christian Egloff; Nadolski, Knut: Auf allen Plätzen gut informiert : Geoinformation-online für die ländliche Entwicklung in Bayern. In: GeoBit : das Magazin für raumbezogene Informationstechnologie. 8, 2003, 8, p.20-22, 3 ill.

1989
Flacke, Werner; Kraus, Birgit: Koordinatensysteme in ARcGIS : Praxis der Transformationen und Projektionen. - Norden [u.a.]: Points-Verl. 2003, XII, 255 p., ill.
ISBN 3-9808463-2-6 [1. Aufl.]

1990
Florea, Daniela: Location Based Services. In: The Bulletin of the Society of Cartographers. 37, 2003, 2, p.47-48.
ISSN 0036-1884

1991
Forssell, Anders: GIS som räddar liv. In: Kart & bildteknik : mapping and image science. 18, 2003, 2, p.25-27, 3 ill. [GIS for life rescuing.] [Swed.] ISSN 0283-0418

1992
Foundations of geographic information science. Edited by Matt Duckham, Michael F. Goodchild and Michael F. Worboys. - London [u.a.]: Taylor & Francis 2003, 257 p., ill. [Includes bibliographical references and index] ISBN 0-415-30726-0

1993
Frick, Annett; Tervooren, Steffen: Erholungswert bewahren : Potsdams internetkompatibles Umweltinformationssystem. In: GeoBit : das Magazin für raumbezogene Informationstechnologie. 8, 2003, 7, p.22-24, 3 ill. ISSN 1430-3663

1994
Fritsch, Dieter; Klinec, Darco; Volz, Steffen: NEXUS : Integrating data and services for mobile users of location based applications. In: GIS : Geoinformationssysteme. 16, 2003, 3, p.21-25, 4 ill., 1 tab. ISSN 1430-3663

1995
Frye, Charlie: The 1:24,000-scale topographic base map data model. In: Cartography and geographic information science. 30, 2003, 2, p.163-168, 4 ill. ISSN 1523-0406

1996
GEOVIS 2003 : aktuelle Entwicklungen in Geoinformation und Visualisierung ; Seminar am 27./28. Februar 2003. Kommission Geoinformation und Visualisierung der Deutschen Gesellschaft für Kartographie (DGfK) ... - Bonn 2003, 1 CD-ROM. [CD-ROM enth.: schriftlichen Fassungen der Vorträge des Seminars GEOVIS] [Elektronische Ressource]

1997
GIS i Danmark. - København: Teknisk Forl. 1997, XVI, 463 p., ill., mp. [GIS in Denmark.] [Dan.] ISBN 87-571-1775-6

1998
Gábor, Timár; József, Varga; Balázs, Székely: Ismeretlen paraméterezésú valódi kúpvetületern készült térkép térinformatikai rendszerbe integrálása. In: Geodézia és kartográfia. 55, 2003, 2, p.8-11, 1 ill., 1 tab. [GIS integration of a map drawn in real conic projection with unknown parameters.] [Hung. with Engl. rés.] ISSN 0016-7118

1999
Gao, Yang; Lee, Suen: Mobile asset data aquisition and decision making over the internet. In: Geomatica. 57, 2003, 1, p.31-40, 15 ill. ISSN 1195-1036

2000
Geoinformationssysteme : Leifaden für kommunale GIS-Einsteiger. Bayerisches Staatsministerium der Finanzen. - München: Bayer. Staatsministerium der Finanzen 2003, 74 p., ill., mp. [1.Aufl.] ISBN 3-935612-39-7

2001
Giordano, Alberto: Historical geoinformation on the web : lessons learned form the Chapter 91 pilot project. In: Maps and the internet. Ed. by Michael Peterson. Publ. on behalf of the International Cartographic Association. - Amsterdam [u.a.]: Elsevier Science 2003, p.321-334, 2 ill. ISBN 0-08-044201-3

2002
Glatthard, Thomas: GIS-Lösung der Kantone St. Gallen und Appenzell A.Rh. In: Geomatik Schweiz : Geoinformation und Landmanagement. 101, 2003, 5, p.201-205, 6 ill. [Germ. with French, and Ital. rés.] ISSN 0252-9424

2003
Glatthard, Thomas: RAHDIS: Raster- und Höhendaten-Infrastruktur der swisstopo. In: Geomatik Schweiz : Geoinformation

und Landmanagement. 101, 2003, 11, p.612-615, 4 ill. [Germ. with French, and Ital. rés.] ISSN 0252-9424

2004
Göldner, Reiner; Schöninger, Johannes: Blick in die Vergangenheit : Sächsisches Landesamt für Archäologie nutzt Open-GIS-Technologie. In: GeoBit : das Magazin für raumbezogene Informationstechnologie. 8, 2003, 10, p.38-39, 3 ill. ISSN 1430-3663

2005
Graeff, Bastian: Abfragesprachen für rasterbasierte Geo-Informationssysteme. In: Geomatik Schweiz : Geoinformation und Landmanagement. 101, 2003, 5, p.224-228, 7 ill. [Germ. with French, and Ital. rés.] ISSN 0252-9424

2006
Graichen, Beate; Kranz, Katrin: Das Forstliche Geographische Informationssystem von Sachsen (FGIS). In: Arbeitsgruppe Automation in der Kartographie : Tagung 2002. - Frankfurt am Main: Verlag des Bundesamtes für Kartographie und Geodäsie 2003, p.27-38, 6 ill. (Mitteilungen des Bundesamtes für Kartographie und Geodäsie ; 24) ISBN 3-89888-867-3

2007
Gregory, Ian N.; Southall, Humphrey R.: Mapping British population history. In: Past time, past place : GIS for history. Ed. by Anne Kelly Knowles. - Redlands, Calif.: ESRI Press 2002, p.117-130, 9 ill., 1 tab. ISBN 1-589-48032-5

2008
Greve, Catharina; Cowell, Peter J.; Thomi, Bruce G.: A GIS approach to coastal risk assessment and mapping. In: 2001, geography - a spatial odyssey : proceedings of the third Joint Conference of the New Zealand Geographical Society and the Institute of Australian Geographers. Ed. by Peter Holland. - Hamilton: New Zealand Geographical Soc. 2002, p.171-176, 6 ill. (Conference series / New Zealand Geographical Society ; 21)

2009
Guan, Jihong and others: Querying distributed geographic information based on mobile agent. In: Geomatics and information science of Wuhan University. 28, 2003, 1, p.39-44, 5 ill., 1 tab. [Chin. with Engl. rés.] ISSN 1000-050X

2010
Guszlev, Antal; Zentai, László: A webtérképezés környezete : lehetëségek és korlátok. In: Geodézia és kartográfia. 55, 2003, 10, p.28-31, 4 ill. [Webmapping surroundings possibilities and limits.] [Hung. with Engl. rés.] ISSN 0016-7118

2011
Hachmann, Roland: Beteiligung für alle : der interaktive Landschaftsplan Königslutter am Elm. In: GeoBit : das Magazin für raumbezogene Informationstechnologie. 8, 2003, 10, p.11-13, 3 ill. ISSN 1430-3663

2012
Häussler, Jochen; Zipf, Alexander: Multimodale Karteninteraktion zur Navigationsunterstützung für Fußgänger und Autofahrer : submerse Makrophyten im "Visier" von Echosonden. In: Angewandte geographische Informationsverarbeitung XIV : Beiträge zum AGIT-Symposium Salzburg 2003. Josef Strobl ... (Hrsg.). - Heidelberg: Wichmann 2003, p.110-119, 3 ill. ISBN 3-87907-392-9

2013
Handbook on geographic information systems and digital mapping. Department of Economic and Social Affairs, Statistics Division. - New York: United Nations

2000, VIII, 197 p., ill. (Studies in methods ; 79) [United Nations publication]
ISBN 92-1-161426-0

2014
Harmon, John E.; Anderson, Steven J.: The design and implementation of geographic information systems. - Hoboken, NJ: Wiley 2003, VIII, 264 p., ill., mp.
ISBN 0-471-20488-9

2015
Harris, Trevor M.: GIS in archaelology. In: Past time, past place : GIS for history. Ed. by Anne Kelly Knowles. - Redlands, Calif.: ESRI Press 2002, p.131-143, 8 ill.
ISBN 1-589-48032-5

2016
Harron, Bill; Parkinson, Bob: A National Land and Water Information Service : Potentialities and preliminary investigations. In: Geomatica. 57, 2003, 3, p.335-337, 3 ill. ISSN 1195-1036

2017
Harvey, Francis J.: Preface : transitions in U.S. cartography and geographic information science. In: Cartography and geographic information science. 30, 2003, 2, p.95-98, 1 ill. ISSN 1523-0406

2018
Heere, Elger: Het gebruik van GIS bij het onderzoek naar prekadastrale kaarten. In: Kartografisch Tijdschrift. 29, 2003, 3, p.25-28, 5 ill. [The application of GIS in pre-cadastral map research.] [Dutch with Engl., and French rés.] ISSN 0167-5788

2019
Heller, Armin: Die Alpenvereinskarte als Grundlage für geographische Informationssysteme. In: Untersuchungen zur Georeferenzierung von Alpenvereinskarten. Zsgest. von Burt Brunner und Walter Welsch. - München: Haus des Alpinismus 2001, p.61-81, 17 ill., 3 tab. (Wissenschaftliche Alpenvereinshefte ; 34)
ISBN 3-928777-89-0

2020
Henzler, J.: GIS über Internet als Dienstleistung für Kommunen : (Kurzfassung des Vortrags vom 7. Mai 2003 im Rahmen der DVW-Fachtagung in Schwäbisch Hall). In: Mitteilungen und Veröffentlichungen zum Vermessungswesen aus den Themenbereichen Geodäsie, Geoinformation und Landmanagement / Deutscher Verein für Vermessungswesen, Landesverein Baden-Württemberg e.V. 50, 2003, 2, p.69-78, 4 ill. ISSN 0940-2942

2021
Herzog, David: Mapping the news : case studies in GIS and journalism. - Redlands, Calif.: ESRI Press 2003, 147 p., ill., mp.
ISBN 1-589-48072-4

2022
Heuvelink, Gerard B.M.: Analysing uncertainty propagation in GIS : why is it not that simple. In: Uncertainty in remote sensing and GIS. Edited by Giles M. Foody and Peter M. Atkinson. - Chichester: Wiley 2002, p.155-165, 10 ill. [Paper from a conference held at the University of Southampton in July 2001] ISBN 0-470-84408-6

2023
Hilbring, Désirée; Schneider, Burkhard; Wiesel, Joachim: 3D-GIS-Anwendungen im Umwelt-Informationssystem Baden Württemberg. In: Photogrammetrie, Fernerkundung, Geoinformation. 2003, 6, p.481-491, 11 ill. ISSN 1432-8364

2024
Hillier, Amy: Redlining in Philadelphia. In: Past time, past place : GIS for history. Ed. by Anne Kelly Knowles. - Redlands, Calif.: ESRI Press 2002, p.79-92, 10 ill.
ISBN 1-589-48032-5

2025
Hou, Wenguang and others: Evaluation of soil quality based on GIS. In: Geomatics and information science of Wuhan University. 28, 2003, 1, p.60-64, 1 ill., 5 tab. [Chin. with Engl. rés.] ISSN 1000-050X

2026
Hu, Shunfu: Web-based multimedia GIS : exploring interactive maps and associated multimedia information on the internet. In: Maps and the internet. Ed. by Michael Peterson. Publ. on behalf of the International Cartographic Association. - Amsterdam [u.a.]: Elsevier Science 2003, p.335-344, 5 ill. ISBN 0-08-044201-3

2027
Huber, Ulrich: Für Forschung und Praxis : das Referenz-GIS "Nationalpark Bayerischer Wald" - ein fachübergreifende Forschungsplattform für die Geoinformatik. In: GeoBit : das Magazin für raumbezogene Informationstechnologie. 8, 2003, 7, p.30-32, 4 ill. ISBN 1430-3663

2028
Illert, Andreas; Afflerbach, Sabine: Die Entwicklung eines gemeinsamen Modells für europäische topographosche Geobasisdaten im GiMoDig-Projekt. In: Visualisierung und Erschließung von Geodaten : Seminar GEOVIS 2003, 26. bis 27. Februar 2003, Universität Hannover. Hrsg. von der Deutschen Gesellschaft für Karthographie e.V., Kommission Geoinformation und Visualisierung. Schriftleitung: Jürgen Dodt; Wolf-Dieter Rase. - Bonn: Kirschbaum-Verl. 2003, p.163-170, 2 ill., 1 tab. (Kartographische Schriften ; 7) ISBN 3-7812-1577-6

2029
Jahresbericht : Geosuisse, Schweizerischer Verband für Geomatik und Landmanagement. Schweizerischer Verband für Geomatik und Landmanagement. - Scherz: SIGImedia AG 2003, 16 p. [Beil. zu: Geomatik Schweiz : Geoinformation und Landmanagement =Géomatique Suisse =Geomatica Svizzera, 2003, Bd. 101] ISSN 0252-9424

2030
Jiang, Bin: Beyond serving maps : serving GIS functionality over the Internet. In: Maps and the internet. Ed. by Michael Peterson. Publ. on behalf of the International Cartographic Association. - Amsterdam [u.a.]: Elsevier Science 2003, p.147-158, 7 ill. ISBN 0-08-044201-3

2031
Jude, Simon and others: Developing techniques to visualise future coastal landscapes. In: Trends in landscape modeling : proceedings at Anhalt University of Applied Sciences 2003 ; [proceedings to the 4th International Conference on New Technologies in Landscape Architecture (May 15 and 16, 2003) held by the master of landscape architecture program of Anhalt University of Applied Sciences]. Erich Buhmann; Stephen M. Ervin (eds.). - Heidelberg: Wichmann 2003, p.228-238, 8 ill. ISBN 3-87907-403-8

2032
Kahlen, Peter: Kartographische Klassifikation von Radioaktivität : eine automatische GIS-Lösung. - Graz: Technische Universität 2003 [Diplomarbeit]

2033
Kassebeer, Wolf; Ruff, Michael: Georisikokarte Vorarlberg : Analyse geogener Gefährdungen mit GIS im regionalen Maßstab. In: Angewandte geographische Informa-

tionsverarbeitung XIV : Beiträge zum AGIT-Symposium Salzburg 2003. Josef Strobl ... (Hrsg.). - Heidelberg: Wichmann 2003, p.186, 4 ill., 1 tab.
ISBN 3-87907-392-9

2034
Katzlberger, Gernot: Interoperable Webmapserver zur Visualisierung von Geodaten - am Beispiel der Datenbestände des Instituts für Geographie und Regionalforschung der Universität Wien. - Wien: Universität Wien 2003, 115 p., 31 ill. [Dipl.-Arb.]

2035
Kavanagh, Barry F.: Geomatics. - Upper Saddle River, NJ: Prentice Hall 2003, XII, 589 p., ill., mp. ISBN 0-13-032289-X [Includes bibliographical references and index]

2036
Keijsers, Wim; Witberg, Marten: De legenda van Nederland : de nationale kaart bestaat niet in kartografie voor beleid. In: Kartografisch Tijdschrift. 29, 2003, 4, p.29-35, 9 ill. [The legend of the Netherlands ; the national map does not exist in cartography for policy making.] [Dutch with Engl., and French rés.]
ISBN 0167-5788

2037
Kennedy, Michael: The global positioning system and GIS : an introduction. - London [u.a.]: Taylor & Francis 2002, XXXII, 345 p., ill., mp., 1 CD-ROM. [2. ed.]
ISBN 0-415-28608-5

2038
Kimerling, A. Jon: Geographic information systems and cartography. In: Basic cartography for students and technicians : english version. [International Cartographic Association] Ed.: Roger W. Anson and F.J. Ormeling. - Oxford [u.a.]: Butterworth-Heinemann 1996, p.49-68, 20 ill. [Vol. 3]
ISBN 0-7506-2702-6

2039
Knowles, Anne Kelly: Introducing historical GIS. In: Past time, past place : GIS for history. Ed. by Anne Kelly Knowles. - Redlands, Calif.: ESRI Press 2002, XI-XX. ISBN 1-589-48032-5

2040
Knowles, Anne Kelly: Past time, past place : GIS for history. Ed. by Anne Kelly Knowles. - Redlands, Calif.: ESRI Press 2002, XX, 202 p., ill., mp. [Includes bibliographical references]
ISBN 1-589-48032-5

2041
Kolbe, Thomas H.; Steinrücken, Jörg; Plümer, Lutz: Diskutieren wir es an der Karte - Cooperative Web Maps. In: Arbeitsgruppe Automation in der Kartographie : Tagung 2002. - Frankfurt am Main: Verlag des Bundesamtes für Kartographie und Geodäsie 2003, p.47-58, 5 ill. (Mitteilungen des Bundesamtes für Kartographie und Geodäsie ; 24) ISBN 3-89888-867-3

2042
Kraak, Menno-Jan; Ormeling, Ferjan: Cartography : visualization of geospatial data. - Harlow [u.a.]: Prentice Hall 2003, IX, 205 p., ill., mp. [Includes index] [2. ed.]
ISBN 0-13-088890-7

2043
Kruif, Jan de: Waar leer ik geo-informatie? In: Geodesia. 45, 2003, 6, p.247-260, 9 ill., 2 tab. [Where can I learn geo-information?] [Dutch with Engl. rés.] ISSN 1385-7517

2044
Krupochkin, Ye. P.: A geographic informational approach to the compilation of slope maps. In: Mapping sciences and remote

sensing. 40, 2003, 1, p.60-65, 1 ill., 1 tab. ISSN 0749-3878

2045
Lancaster, Lewis R.; Bodenhamer, David J.: The Electronic Cultural Atlas Initiative and the North American Religion Atlas. In: Past time, past place : GIS for history. Ed. by Anne Kelly Knowles. - Redlands, Calif.: ESRI Press 2002, p.163-177, 9 ill., 1 tab. ISBN 1-589-48032-5

2046
Lembo, Arthur J. and others: Computing distance to the nearest utility : as the crow flies vs. as the gas flows. In: Cartography and geographic information science. 30, 2003, 4, p.335-342, 10 ill. ISSN 1523-0406

2047
Leonowicz, Anna: Kartogram w programie CommonGIS. In: Polski przegląd kartograficzny. 35, 2003, 3, p.199-203, 5 ill. [Two-variable choropleth map based on CommonGIS software.] [Pol.] ISSN 0324-8321

2048
Li, Jianhua; Bian, Fuling: 3D spatial modeling technology and its application to engineering geology. In: Geomatics and information science of Wuhan University. 28, 2003, 1, p.25-30, 4 ill. [Chin. with Engl. rés.] ISSN 1000-050X

2049
Liebig, Wolfgang: Desktop-GIS mit ArcView-GIS : Leitfaden für Anwender. - Heidelberg: Wichmann 2001, VIII, 419 p., ill., mp. ISBN 3-87907-358-9

2050
Liu, Shoujun; Huang, Hui; Zhang, Yanjiang: A method for solving GIS interlinked graphic editing under the non-topology relation. In: Geomatics and information science of Wuhan University. 28, 2003, 1, p.111-114, 2 ill., 1 tab. [Chin. with Engl. rés.] ISSN 1000-050X

2051
Liu, Xuefeng and others: Research and implementation of spatio-temporal data model based on time-varying sequence of geographical events. In: Geomatics and information science of Wuhan University. 28, 2003, 2, p.197-201 (+ p.207), 2 ill., 2 tab. [Chin. with Engl. rés.] ISSN 1000-050X

2052
Ljungblom, Maria; Gullstrand, Karin: Integrering av ett statistiskt verktyg i ArcMap : samt introduktion av verktyget i samhällsvetenskaplig forskning i Uganda. In: Kart & bildteknik : mapping and image science. 18, 2003, 1, p.6-8, 2 ill. [Integration of a statistic tool in ArcMap : with introduction of tools in sociological research in Uganda.] [Swed.] ISSN 0283-0418

2053
Loef, Peter; Kühnel, Johannes; Naumann, Stefan: Auf der Pirsch nach Daten : satellitengestützte Vermessung im Wald mit GPS und GLONASS. In: GeoBit : das Magazin für raumbezogene Informationstechnologie. 8, 2003, 8, p.17-19, 3 ill. ISSN 1430-3663

2054
Lowe, David W.: Telling civil war battlefield stories with GIS. In: Past time, past place : GIS for history. Ed. by Anne Kelly Knowles. - Redlands, Calif.: ESRI Press 2002, p.51-63, 7 ill. ISBN 1-589-48032-5

2055
Ma, Jinwi: From professional to people's software : tracing the development of 3D GIS software at ESRI. In: Trends in landscape modeling : proceedings at Anhalt University of Applied Sciences 2003 ;

[proceedings to the 4th International Conference on New Technologies in Landscape Architecture (May 15 and 16, 2003) held by the master of landscape architecture program of Anhalt University of Applied Sciences]. Erich Buhmann; Stephen M. Ervin (eds.). - Heidelberg: Wichmann 2003, p.246-252. ISBN 3-87907-403-8

2056
Mac Gillavry, Edward: WebGIS: naar een gefundeerde keuze. In: Kartografisch Tijdschrift. 29, 2003, 1, Kernkatern 19, p.73-76, 2 ill., 3 tab. [WebGIS: to a founded choice.] [Dutch]

2057
Malaka, Rainer: Deep Map - ein Projekt zur movilen Nutzung komplexer Geoinformationen. In: Web.Mapping 2 : Telekartographie, Geovisualisierung und mobile Geodienste. Hartmut Asche; Christian Herrmann (Hrsg.). - Heidelberg: Wichmann 2003, p.159-166, 2 ill.
ISBN 3-87907-388-0

2058
Manegold, Jochen: Using the ModelBuilder of ArcGIS 9 for landscape modeling. In: Trends in landscape modeling : proceedings at Anhalt University of Applied Sciences 2003 ; [proceedings to the 4th International Conference on New Technologies in Landscape Architecture (May 15 and 16, 2003) held by the master of landscape architecture program of Anhalt University of Applied Sciences]. Erich Buhmann; Stephen M. Ervin (eds.). - Heidelberg: Wichmann 2003, p.240-245, 5 ill.
ISBN 3-87907-403-8

2059
Mattson, Daniel and others: Brandriskmodell für samhällen i nordvästra USA : Pocatello och Lava Hot Springs, Idaho. In: Kart & bildteknik : mapping and image science. 18, 2003, 1, p.16-19, 9 ill. [Model for danger of fire for communities in Northwest USA.] [Swed.] ISSN 0283-0418

2060
Metzner, Martin: 7. Workshop Kommunale Geoinformationssysteme 2003. In: Allgemeine Vermessungs-Nachrichten. 110, 2003, 6, p.234-236. ISSN 0002-5968

2061
Millward, Steve: An origin with dubious motivation: 'Unlayering' the history of GIS : reflections on GIS Day 2003 held at Cornell University. In: Cartouche : the operational publication of the Canadian Cartographic Association. 52. 2003. p.6.
ISSN 1183-2045

2062
Mitašová, Helena; Hofierka, Jaroslav: Vpyv nových technológií mapovania na komunikáciu geopriestorových informácií. In: Kartografické listy. 11, 2003, p.53-60, 5 ill. [Impact of new mapping technologies on the communication of geospatial information.] [Slovak. with Engl. rés.]
ISBN 80-89060-02-1

2063
Möller, Matthias: Urbanes Umweltmonitoring mit digitalen Flugzeugscannerdaten. - Heidelberg: Wichmann [u.a.] 2003, IX, 126 p., ill., mp.+ 1 CD-ROM u. 1 3-D-Brille. [1. Aufl.] ISBN 3-87907-402-X

2064
Moser, Bernhard: Strategien zur Erstellung serverseitig generierter, online erweiterbarer Karten unter Verwendung des UMN Map Server. - Wien: TU 2003, 81 p., 35 ill. [Dipl.-Arb.]

2065
Müller, Detlev: Vor Ort statt im Büro : mobiles GIS im technischen Betrieb eines Gasversorgers. In: GeoBit : das Magazin

für raumbezogene Informationstechnologie. 8, 2003, 8, p.10-12, 3 ill. ISSN 1430-3663

2066
Murad, AbdulKader A.: Creating a GIS application for retail centers in Jeddah city : problems in operational applications? In: International journal of applied earth observation and geoinformation. 4, 2003, 4, p.329-338, 6 ill. ISSN 0303-2434

2067
Neidhart, Frank: Von der Bildflugplanung bis zum GIS in 24 Stunden. In: Arbeitsgruppe Automation in der Kartographie : Tagung 2002. - Frankfurt am Main: Verlag des Bundesamtes für Kartographie und Geodäsie 2003, p.87-101, 4 ill. (Mitteilungen des Bundesamtes für Kartographie und Geodäsie ; 24) ISBN 3-89888-867-3

2068
Niederer, Sibylle: Kartographische und konzeptionelle Gestaltung für WebGIS : am Beispiel eines GIS-Portals für den Katastrophenschutz. - Wien: Universität 2003, 102 p., 33 ill., 2 tab. [Diplomarbeit]

2069
Niederer, Sibylle; Kriz, Karel: Kartographische und methodische Gestaltung für Online-GIS : am Beispiel eines GIS Portals für den Katastrophenschutz. In: Angewandte geographische Informationsverarbeitung XIV : Beiträge zum AGIT-Symposium Salzburg 2003. Josef Strobl ... (Hrsg.). - Heidelberg: Wichmann 2003, p.330-335, 1 tab. ISBN 3-87907-392-9

2070
O'Sullivan, David; Unwin, David: Geographic information analysis. - Hoboken, NJ: Wiley 2003, XI, 436 p., ill., mp. [Includes bibliographical references and index] ISBN 0-471-21176-1

2071
Oťahel', Ján and others: Mapovanie zmien krajinnej pokrývky aplikáciou databázy Corine Land Cover (na príklade okresu Senica). In: Kartografické listy. 11, 2003, p.61-73, 8 ill., 2 tab. [Land cover change mapping by applying the CORINE Land Cover database (on example of the Skalica district).] [Slovak. with Engl. rés.] ISBN 80-89060-02-1

2072
Odic, Marc Anton: Kühlschrank auf Reisen : Anwendung von GIS zur Abschätzung von Abfalltransporten am Beispiel von Altkühlgeräten. In: GeoBit : das Magazin für raumbezogene Informationstechnologie. 8, 2003, 4, p.21-23, 3 ill., 1 tab. ISSN 1430-3663

2073
Pauls, Sebastian: Eine Stadt wird dreidimensional : übergreifender Einsatz von Geoinformationen in Helsinki. In: GeoBit : das Magazin für raumbezogene Informationstechnologie. 8, 2003, 11, p.14-15, 3 ill. ISSN 1430-3663

2074
Pecci, Massimo: Cartografia geomorfologica delle aree di alta montagna applicata alla riduzione dei rischi naturali : integrazione di rilievi tradizionali e tecnologie GIS e GPS nel caso di studio del Cho Oyu - Himalaya, Tibet. In: Bollettino della Associazione Italiana di Cartografia. 40, 2003, 117-118-119, p.499-506, 7 ill., 1 tab. [Geomorphological cartography of high mountain areas for the reduction of natural risks : integration of traditional reliefs and GIS technology and GPS in the case of the study of the Cho Oyu - Himalaya, Tibet.] [Ital.] ISSN 0044-9733

2075
Petrisková, Barbora; čižmár, Jozef: Experimentálny model veternej erózie. In: Geodetický a kartografický obzor. 49, 2003, 7-8, p.176-182, 6 ill., 2 tab. [Experimental model of soil wind erosion in the GIS environment.] [Czech. with Engl. rés.] ISSN 0016-7096

2076
Placer. Kerstin: Hadrbolec. Michael: Umwelt in Nachbars Garten : Österreichisches Umweltbundesamt bietet aktuelle Informationen für Fachleute und Öffentlichkeit. In: GeoBit : das Magazin für raumbezogene Informationstechnologie. 8, 2003, 10, p.14-16, 4 ill. ISSN 1430-3663

2077
Plewe, Brandon S.: Representing datum-level uncertainty in historical GIS. In: Cartography and geographic information science. 30, 2003, 4, p.319-334, 8 ill., 4 tab. ISSN 1523-0406

2078
Plümer, Lutz: Geoinformation : Chancen und Herausforderungen von Multimedia für die Ausbildung in einem interdisziplinären Studienfach. In: Auf dem Weg zu operationellen Prozessketten in Photogrammetrie, Fernerkundung und Geoinformation : 23. wissenschaftlich-technische Jahrestagung der DGPF 9. - 11. September 2003 in Bochum. Eckhardt Seyfert, Hrsg. - Münster: Geschäftsstelle der DGPF 2003, p.9-13, 2 ill. (Publikationen der Deutschen Gesellschaft für Photogrammetrie, Fernerkundung und Geoinformation e.V. ; Band 12) [CD-ROM enth.: Farbabbildungen des Tagungsbandes] ISSN 0942-2870

2079
Prechtel, Nikolas; Habermann, Klaus: Aufnahme und Kartierung der Weißeritzflut im Dresdner Stadtgebiet. In: Kartographische Nachrichten. 53, 2003, 1, p.23-27, 5 ill. ISSN 0022-9164

2080
Quinter, Marco; Ruben, Armon; Moser, Dominic: NETinfo - GIS-Integration bei cablecom. In: Geomatik Schweiz : Geoinformation und Landmanagement. 101, 2003, 5, p.221-223, 5 ill. [Germ. with French, and Ital. rés.] ISSN 0252-9424

2081
Ralston, Bruce A.: Developing GIS Solutions with MapObjects and Visual Basic. - Albany, NY: Onword Press 2002, XII, 315 p., ill., 1 CD-ROM. ISBN 0-7668-5438-8

2082
Rao, Sebastiano: L'esperienza del progetto INTERREG II Alpi senza frontiere. In: Bollettino della Associazione Italiana di Cartografia. 40, 2003, 117-118-119, p. 444-451, 1 ill., 1 tab. [Experiences with the project INTERREG II Alps without borders.] [Ital.]

2083
Ray, Benjamin C.: Teaching the Salem witch trials. In: Past time, past place : GIS for history. Ed. by Anne Kelly Knowles. - Redlands, Calif.: ESRI Press 2002, p.19-33, 8 ill. ISBN 1-589-48032-5

2084
Reinhardt, Wolfgang and others: Geoinformation and Location Based Services : principles and some experiences with applications for mountaineers. In: GIS : Geoinformationssysteme. 16, 2003, 6, p.24-29, 5 ill. ISSN 1430-3663

2085
Rumsey, David; Williams, Meredith: Historical maps in GIS. In: Past time, past place : GIS for history. Ed. by Anne Kelly Know-

les. - Redlands, Calif.: ESRI Press 2002, p.1-18, 11 ill. ISBN 1-589-48032-5

2086
Scanu, Giuseppe; Madau, Caterina; Podda, Cinzia: Tra cartografia, sviluppo locale e risorse della montagna : l'esempio della carta del sughero della Sardegna. In: Bollettino della Associazione Italiana di Cartografia. 40, 2003, 117-118-119, p.178-209, 6 ill., 5 tab. [Between cartography, local development and mountain resources : the example of the cork map of Sardinia.] [Ital.] ISSN 0044-9733

2087
Scheider, Simon and others: Einfach kinderleicht : interaktive Verortung, Animation und Analyse von Naturbeobachtungen. In: GeoBit : das Magazin für raumbezogene Informationstechnologie. 8, 2003, 10, p.8-10, 5 ill. ISSN 1430-3663

2088
Scherpenzeel-Capel, B.J.: Wegenlegger en GIS. In: Geodesia. 45, 2003, 2, p.60-65, 5 ill. [Registration of rural roads: the road legger.] [Dutch with Engl. rés.] ISSN 1385-7517

2089
Scheu, Martin: Datenpflege in Geoinformationssystemen - eine Herausforderung für Geodäten. In: ZfV : Zeitschrift für Geodäsie, Geoinformation und Landmanagement. 128, 2003, 4, p.284-288, 2 ill. ISSN 1618-8950

2090
Schütz, Marion; Kühl, Robert: In die Tiefe gehen : das grafische Bohrdaten- Informationssystem der Landeshauptstadt Stuttgart. In: GeoBit : das Magazin für raumbezogene Informationstechnologie. 8, 2003, 10, p.23-25, 5 ill. ISSN 1430-3663

2091
Schweikart, Jürgen; Kistemann, Thomas: Ein weites Feld : Einsatzmöglichkeiten für GIS im Gesundheitswesen. In: GeoBit : das Magazin für raumbezogene Informationstechnologie. 8, 2003, 10, p.40-42, 5 ill. ISSN 1430-3663

2092
Sheehan-Dean, Aaron C.: Similarity and difference in the antebellum North and South. In: Past time, past place : GIS for history. Ed. by Anne Kelly Knowles. - Redlands, Calif.: ESRI Press 2002, p.35-49, 10 ill. ISBN 1-589-48032-5

2093
Sikorska-Maykowska, Małgorzata and others: Rodzaje generalizacji treści map topograficznych na przykładzie mapy 1:50 000. In: Polski przegląd kartograficzny. 35, 2003, 4, p.259-264, 4 ill., 2 tab. [Methods of presentation of geoenvironmental issues on general thematic maps.] [Pol. with Engl. and Russ. rés.] ISSN 0324-8321

2094
Sörgel, Uwe: Event-driven SAR data acquisition in urban areas using GIS. In: GIS : Geoinformationssysteme. 16, 2003, 12, p.32-37, 5 ill. ISSN 1430-3663

2095
Spatial data quality. Ed. by Wenzhong Shi. - London [u.a.]: Taylor & Francis 2002, XX, 313 p., ill., mp. ["...grew out of an international Symposium on Spatial Data Qality held in Hong Kong in the summer of 1999"] ISBN 0-415-25835-9

2096
Spickermann, Gregor: Gebührender Abstand : GIS-gestützt erstellte Abstandskarten zeigen das Drifteintragspotenzial von Pflanzenschutzmitteln in Fließgewässer. In: GeoBit : das Magazin für raumbezogene

Informationstechnologie. 8, 2003, 7, p.10-12, 3 ill., 1 tab. ISSN 1430-3663

2097
Steenbruggen, J.G.M.; Grothe, M.: Location Based Services : hoe om te gaan met een innovatie? In: Geodesia. 45, 2003, 10, p.390-395, 3 ill, 1 tab. [Location Based Services, how to handle an innovation.] [Dutch with Engl. rés.] ISSN 1385-7517

2098
Stoter, Jantien: KvAG-themamiddag Ondergrondse Geo-informatie. In: Geodesia. 45, 2003, 11, p.438-441, 4 ill. [KvAG-Workshop Underground Geo-information.] [Dutch] ISSN 1385-7517

2099
Strand, Geir-Harald: Gårdskart på nett. In: Kart og plan. 96, 2003, 2, p.121-125-6 ill. [Farm maps on the Internet.] [Norw. with Engl. rés.] ISSN 0047-3278

2100
Su, Kang; Liu. Jingnan; Yan, Li: GIS-based unmanned air vehicle route planning. In: Geomatics and information science of Wuhan University. 28, 2003, 2, p.188-190 (+ p.196). [Chin. with Engl. rés.] ISSN 1000-050X

2101
Świderski, Grzegorz Dominik: Cyfrowy Zestaw Akwizycji i Rejestracji (CZAR). In: Polski przegląd kartograficzny. 35, 2003, 1, p.37-40, 3 ill. [Digital set of acquisition and registration (CZAR).] [Pol.] ISSN 0324-8321

2102
Taddei, Ugo; Hochschild, Volker: A visualization system for environmental information systems and geohydrological modeling : proceedings at Anhalt University of Applied Sciences 2003 ; [proceedings to the 4th International Conference on New Technologies in Landscape Architecture (May 15 and 16, 2003) held by the master of landscape architecture program of Anhalt University of Applied Sciences]. In: Trends in landscape modeling : proceedings at Anhalt University of Applied Sciences 2003 ; [proceedings to the 4th International Conference on New Technologies in Landscape Architecture (May 15 and 16, 2003) held by the master of landscape architecture program of Anhalt University of Applied Sciences]. Erich Buhmann; Stephen M. Ervin (eds.). - Heidelberg: Wichmann 2003, p.10-19, 4 ill. ISBN 3-87907-403-8

2103
Takai, Toshibumi; Okunuki, Kei-ichi; Okamoto, Kohei: A method for analyzing sketch maps using GIS. In: Map : journal of the Japan Cartographers Association. 41, 2003, 4, p.27-36, 7 ill., 1 tab. [Jap. with Engl. rés.] ISSN 0009-4897

2104
Talwar, Sonia and others: The Georgia Basin Digital Library (GBDL) : a framework for a place-based exploration of sustainability issues. In: Geomatica. 57, 2003, 2, p.155-164, 5 ill. ISSN 1195-1036

2105
Tao, C.Vincent; Yuan, Shuxin: Speech recognition and its implications for mobile GIS. In: Geomatica. 57, 2003, 1, p.41-48, 2 ill. ISSN 1195-1036

2106
Thurston, Jeff; Poiker, Thomas K.; Moore, Patrick: Integrated geospatial technologies : a guide to GPS, GIS, and data logging. - Hoboken, NJ: Wiley 2003, XIII, 266 p. ISBN 0-471-24409-0

2107
Timár, Gábor; Danišík, Martin: Aproximácia Křovákovho zobrazenia Lamertovým konformným kužeľovým zobrazením na

území Sovenska pre potreby GIS a GPS. In: Kartografické listy. 11, 2003, p.100-102. [Approximation of the Křovák projection with the Lambert conformal conic projection in the GIS and GPS applications on the territory of Slovakia.] [Slovak. with Engl. rés.] ISBN 80-89060-02-1

2108
Timár, Gábor; Molnár, Gábor: A második katonai felmérés : térképeinek közelítë vetületi és alapfelületi leírása a térinformatikai alkalmazások számára. In: Geodézia és kartográfia. 55, 2003, 5, p.27-31. [Approximation projection and datum description of the second military survey of the Hungarian part of the Habsburg Empire, for the GIS applications.] [Hung. with Engl. rés.] ISSN 0016-7118

2109
Timár, Gábor; Molnár, Gábor; Márta, Gergely: A budapesti sztereografikus, illetve a régi magyarországi hengervetületek és geodéziai dátumaik paramétezése a térinformatikai gyakorlat számára. In: Geodézia és kartográfia. 55, 2003, 3, p.16-21, 1 tab. [Parameters of the Hungarian Stereographic and old zonal cylindric projections and their datums for the GIS practice.] [Hung. with Engl. rés.] ISSN 0016-7118

2110
Tomlinson, Roger: Thinking about GIS : geographic information system planning for managers. - Redlands, Calif.: ESRI Press 2003, XX, 283 p., ill. [Includes bibliographical references and index] ISBN 1-589-48070-8

2111
Trends in landscape modeling : proceedings at Anhalt University of Applied Sciences 2003 ; [proceedings to the 4th International Conference on New Technologies in Landscape Architecture (May 15 and 16, 2003) held by the master of landscape architecture program of Anhalt University of Applied Sciences]. Erich Buhmann; Stephen M. Ervin (eds.). - Heidelberg: Wichmann 2003, XII, 274 p., ill. ISBN 3-87907-403-8

2112
Troipoux, Gilles: L'information géographique et la formation au Minstère de l'Equipement. In: Le Monde des Cartes : revue du Comité Français de Cartographie. 177-178, 2003, p.45-46. ISSN 1634-3522

2113
Tronde, Patrick: GIS-stöd i skötsel av mark. In: Kart & bildteknik : mapping and image science. 18, 2003, 2, p.28-31, 6 ill. [GIS-support for soil management.] [Swed.] ISSN 0283-0418

2114
Tvedt, Pål: Ny nasjonal vegdatabank (NVDB) understøtter effektiviseringen i Statens vegvesen. In: Kart og plan. 96, 2003, 2, p.77-81, 2 ill. [New national road data base (NVDB) supports a more efficient National Public Roads Administration.] [Norw. with Engl. rés.] ISSN 0047-3278

2115
Tveite, Håvard: Erfaringer med UMN Mapserver; en "Open Source" karttjener. In: Kart og plan. 96, 2003, 2, p.112-120, 7 ill. [Experiences with UMN Mapserver, an "Open Source" map server.] [Norw. with Engl. rés.] ISSN 0047-3278

2116
Valavanis, Vasilis D.: Geographic information in oceanography and fisheries. - London [u.a.]: Taylor & Francis 2002, XVIII, 209 p., ill., mp. ISBN 0-415-28463-5

2117
Vandegraft, Douglas L.: Report on cartographic and GIS activity in the U.S. Fish

and Wildlife service. In: Cartography and geographic information science. 30, 2003, 2, p.169-173, 5 ill.

2118
Vassilopoulos, A.; Evelpidou, N.: Internet GIS development for educational purposes. In: Cartography : journal of the Mapping Sciences Institute, Australia. 32, 2003, 1, p.53-58, 7 ill. ISSN 0069-0805

2119
Voženílek, Vít: Struktura databáze sesuv|- pro modelování a tvorbu map svahových deformací. In: Kartografické listy. 11, 2003, p.114-121, 2 ill., 5 tab. [Structure of the landslide database for modelling and production of the slope deformation maps.] [Slovak. with Engl. rés.]
ISBN 80-89060-02-1

2120
Wadhwani, Ashok: Reference system exercise : recent advances in mobile GPS/GIS mapping technology. In: Training Course on Toponymy : Enschede, Frankfurt am Main, Berlin, 11 August - 6 September 2002. Comp. and ed. by Ferjan Ormeling, K. Hans Stabe and Jörn Sievers. - Frankfurt a.M.: bkg 2003, p.75-76. (Mitteilungen des Bundesamtes für Kartographie und Geodäsie ; 28) ISBN 3-89888-872-X

2121
Wakabayashi, Yoshiki; Suzuki, Koshiro: Theoretical and practical issues of the relationship between spatial cognition and maps. In: Map : journal of the Japan Cartographers Association. 41, 2003, 4, p.3-16, 3 tab. [Jap. with Engl. rés.]
ISSN 0009-4897

2122
Wallimann, Hans: LIS/GIS Kanton Obwalden und Geoinformation Zentralschweiz. In: Geomatik Schweiz : Geoinformation und Landmanagement. 101, 2003, 5, p.210-211, 3 ill. [Germ. with French, and Ital. rés.] ISSN 0252-9424

2123
Wayne, Chris: Profiling cartographic education in GIS certificate programs. In: Cartography and geographic information science. 30, 2003, 2, p.181-184, 1 ill., 1 tab.
ISSN 1523-0406

2124
Wijnbergen, J.J.E.R.: Mobiele applicatie-architecturen. In: Geodesia. 45, 2003, 10, p.380-385, 6 ill. [Architectures for mobile GIS applications.] [Dutch with Engl. rés.]
ISSN 1385-7517

2125
Will, Norbert; Kühl, Robert: Kurze Wege für die Post : raumbezogene Planungsinstrumente für die Zustellung von Briefen, Paketen und mehr. In: GeoBit : das Magazin für raumbezogene Informationstechnologie. 8, 2003, 10, p.17-19, 3 ill.
ISSN 1430-3663

2126
Wilting, Rolf; Borchert, Axel: Eine Frage des Standortes : Geoinformationen sorgen für Überblick in der Immobilienwirtschaft. In: GeoBit : das Magazin für raumbezogene Informationstechnologie. 8, 2003, 11, p.25-27, 3 ill. ISSN 1430-3663

2127
Wimmer, Heinrich; Zoller, Jochen: Kommunale GIS in der Anwendung : Bericht zum Pilotprojekt "Interaktiver Flächennutzungsplan". In: Mitteilungen des DVW-Bayern e.V. 55, 2003, 2, p.133-156, 17 ill.
ISSN 0723-6336

2128
Xie, Zhiying and others: Design and implementation of an open location service system based on SVG. In: Geomatics and information science of Wuhan University. 28,

2003, 1, p.74-79, 4 ill., 1 tab. [Chin. with Engl. rés.] ISSN 1000-050X

2129
Yu, Jie; Bian, Fuling; Hu, Binqing: Dynamic simulation on the relationship between socio-economic development and eco-environment based on the integration of GIS and SD. In: Geomatics and information science of Wuhan University. 28, 2003, 1, p.18-24, 6 ill., 1 tab. [Chin. with Engl. rés.] ISSN 1000-050X

2130
Yu, Taoping and others: Client-side implementation of mobile spatial information service. In: Geomatics and information science of Wuhan University. 28, 2003, 1, p.80-85, 6 ill. [Chin. with Engl. rés.] ISSN 1000-050X

2131
Zhang, Shanshan; Yang, Zongliang: A spatio-temporal indexing method for GIS. In: Geomatics and information science of Wuhan University. 28, 2003, 1, p.51-54, 2 ill. [Chin. with Engl. rés.]

2132
Żyszkowska, Wiesława: Analizy przestrzenne w systemach informacji geograficznej. In: Polski przegląd kartograficzny. 35, 2003, 2, p.100-113, 16 ill. [Spatial analysis in Geographic Information Systems.] [Pol. with Engl. and Russ. rés.] ISSN 0324-8321

3. Land Information Systems (LIS) Landinformationssysteme Systèmes d'informations du territoire

2133
Aumann, Gabriele and others: OGC Web Services zur interoperablen Nutzung verteilter Geodatenbanken für mobile Anwendungen. In: GIS : Geoinformationssysteme. 16, 2003, 6, p.17-23, 7 ill.

2134
Barnes, Grenville and others: Developing a spatio-temporal cadastral database using county appraisal data from northern Florida. In: Surveying and land information science. 63, 2003, 4, p.243-251, 9 ill. ISSN 1538-1242

2135
Cone, Leslie: The National Integrated Land System. In: Surveying and land information science. 63, 2003, 4, p.227-233, 6 ill. ISSN 1538-1242

2136
Cowen, David J.; Craig, William: A retrospective look at the need for a multipurpose cadastre. In: Surveying and land information science. 63, 2003, 4, p.205-214. ISSN 1538-1242

2137
Cui, Xu; Fu, Zhongliang: Development of cadastral information system based on UML. In: Geomatics and information science of Wuhan University. 28, 2003, 1, p.105-110 (+ p.119), 9 ill. [Chin. with Engl. rés.] ISSN 1000-050X

2138
Forsthuber, Johannes: Mobiles GIS mit DGPS zur Datenerfassung. In: 12. Internationale Geodätische Woche, Obergurgl 2003. Günter Chesi; Thomas Weinold (Hrsg.). - Heidelberg: Wichmann 2003, p.225-230, 6 ill. ISBN 3-87907-401-1

2139
Geoinformationssysteme : Leifaden für kommunale GIS-Einsteiger. Bayerisches Staatsministerium der Finanzen. - München: Bayer. Staatsministerium der Finanzen 2003, 74 p., ill., mp. [1.Aufl.] ISBN 3-935612-39-7

2140
Gusche, Meinhard: Die Basisinformationssysteme ALB und ALK im Liegenschaftskataster in Mecklenburg-Vorpommern : ein Überblick und der weitere Weg nach ALKIS. In: 150 Jahre Mecklenburgische Landesvermessung : 1853-2003. [Hrsg.: Landesvermessungsamt Mecklenburg-Vorpommern. Red.: Kansy, Annelie ...]. - Schwerin: Landesvermessungsamt Mecklenburg-Vorpommern 2003, p.72-83, 2 ill., 3 tab.

2141
Happ, Elmar: Das Forstliche Geographische Informationssystem von Sachsen (FGIS). In: Arbeitsgruppe Automation in der Kartographie : Tagung 2002. - Frankfurt am Main: Verlag des Bundesamtes für Kartographie und Geodäsie 2003, p.39-46, 3 ill. (Mitteilungen des Bundesamtes für Kartographie und Geodäsie ; 24) ISBN 3-89888-867-3

2142
Kaufmann, Jürg: Kataster- und Landregistrierungssystem in Georgien. In: Geomatik Schweiz : Geoinformation und Landmanagement. 101, 2003, 12, p.665-668, 7 ill. [Germ. with French, and Ital. rés.] ISSN 0252-9424

2143
Meyer, Nancy von: Implementing the FGDC cadastral standard in ArcGIS. In: Surveying and land information science. 63, 2003, 4, p.215-226, 8 ill. ISSN 1538-1242

2144
Möller, Günter: Umsetzung des ALKIS-Konzepts in Rheinland-Pfalz. In: 12. Internationale Geodätische Woche, Obergurgl 2003. Günter Chesi; Thomas Weinold (Hrsg.). - Heidelberg: Wichmann 2003, p.103-112, 6 ill. ISBN 3-87907-401-1

2145
Oltersdorf, Bettina: Gute Karten für die Verwaltung : das Planungs-und Informationssystem der Stadt Göppingen. In: Geo-Bit : das Magazin für raumbezogene Informationstechnologie. 8, 2003, 8, p.30-31, 2 ill. ISSN 1430-3663

2146
Pearson, Alastair; Collier, Peter: Agricultural history with GIS. In: Past time, past place : GIS for history. Ed. by Anne Kelly Knowles. - Redlands, Calif.: ESRI Press 2002, p.105-116, 6 ill. ISBN 1-589-48032-5

2147
Richtlinien für die Einrichtung der Automatisierten Liegenschaftskarte in Brandenburg (ALK-Richtlinien) : eingeführt durch Runderlass III Nr. 25/1995 des Ministeriums des Innern vom 13.12.1995 zuletzt geändert durch Runderlass Nr. 8/2000 des Ministeriums des Innern vom 04. Mai 2000. Ministerium des Innern des Landes Brandenburg. - [Potsdam]: Ministerium des Innern des Landes Brandenburg 2000 [Stand: 31.03.2000]

2148
Seifert, Markus: Der Standard ALKIS : Chancen und Konsequenzen für das amtliche Vermessungswesen. In: Mitteilungen des DVW-Bayern e.V. 55, 2003, 2, p.157-167, 4 ill. ISSN 0723-6336

2149
Stage, David: An assessment of parcel data in the United States. In: Surveying and land information science. 63, 2003, 4, p.235-241, 5 ill. ISSN 1538-1242

2150
Tong, Xiaohua; Liu, Dajie; Gong, Jianya: Adjustment models and methods of parcel area processing in GIS. In: Geomatics and

information science of Wuhan University. 28, 2003, 2, p.182-187, 3 ill., 5 tab. [Chin. with Engl. rés.] ISSN 1000-050X

2151
Wulf, Joachim: Eine gute Verbindung : Kopplung voan SAP und GIS bei der Wasser- und Schifffahrtsverwaltung des Bundes. In: GeoBit : das Magazin für raumbezogene Informationstechnologie. 8, 2003, 11, p.28-29, 2 ill. ISSN 1430-3663

2152
Zevenbergen, Jaap: Systems of land registration : aspects and effect Delft: Nederlandse Commissie voor Geodesie 2002, VIII, 210 p., ill. (Publications on geodesy , N.S., 51) ISBN 90-6132-277-4

2153
Kolbe, Thomas H.; Steinrücken, Jörg; Plümer, Lutz: Cooperative web maps. In: GIS : Geoinformationssysteme. 16, 2003, 6, p.10-16, 5 ill. ISSN 1430-3663

H. Topographic Cartography
Topographische Kartographie
Cartographie topographique

1. General Features, Map Specifications
Allgemeines und Zeichenvorschriften
Généralités et spécifications

2154
Biljecki, Z. and others: Croatian Cartographic Data Model, Creation and Implementation. In: Kartografija i geoinformacije. 2003, 2, p.118-127, 5 ill. [Croat. and Engl.] ISSN 1333-896X

2155
Birth, Konrad: ATKIS-Projekt Modell- und kartographische Generalisierung, und die Entwicklung geht weiter. In: Kartographische Nachrichten. 53, 2003, 3, p.119-126, 6 ill. ISSN 0022-9164

2156
Böhme, Rolf; Illert, Andreas: Topographic cartography. In: Basic cartography for students and technicians : english version. [International Cartographic Association] Ed.: Roger W. Anson and F.J. Ormeling. - Oxford [u.a.]: Butterworth-Heinemann 2002, p.1-23, 24 ill. [Vol. 2] [2nd edition] ISBN 0-075064996-8

2157
Branco, Rui: Cartographic policies in Portugal, 1788-1852 : from the "Carta topographica do Reino" to the "Carta chorographica do Reino". In: La cartografia europea tra primo Rinascimento e fine dell' illuminismo : atti del Convegno Internazionale The Making of European Cartography, (Firenze, BNF-EUI, 13 - 15 dicembre 2001). A cura di Diogo Ramada Curto ; Angelo Cattaneo ; André Ferrand Almeida. - Firenze: L.S. Olschki 2003, p.245-263. (Studi / Accademia Toscana di Scienze e Lettere La Colombaria ; 213) [Engl.] ISBN 88-222-5240-3

2158
Brunner, Kurt: Geheimhaltung topographischer Karten und Manipulation ihres Inhalts. In: Allgemeine Vermessungs-Nachrichten. 110, 2003, 5, p.183-188, 5 ill. ISSN 0002-5968

2159
Chlebnikova, T.A.; Koloskov, S.V.: Technologii opyt sozdanija cifrovych topografičeskich kart, planov, ortofotoplanov po materialam aerofotos"emki. In: Geodezija i kartografija : oficial'nyj organ Federal'noj Sluzby Geodezii i Kartografii Rossii i Geodeziceskich Sluzb Stran. 2003, 1, p.36-39, 1 ill., 1 tab. [Seismic geodesy - a new trend in geodinamics.] [Russ.] ISSN 0016-7126

2160
Föckeler, Albert: Rolf Harbeck im Ruhestand. In: Kartographische Nachrichten. 53, 2003, 3, p.138-140, 1 portr. ISSN 0022-9164

2161
Fromm, Heinz-Joachim: Siedlungs- und Flurentwicklung im Umland der industriellen Agglomeration BASF-Ludwigshafen, dargestellt und erläutert unter besonderer Berücksichtigung historischer und topographischer Karten. - Koblenz: H.-J. Fromm 2002, 368 p., ill., mp. [Zugl.: Koblenz, Landau, Univ., Abt. Landau, Diss., 2002]

2162
Häberling, Christian: Topographische 3D-Karten : Thesen für kartographische Gestaltungsgrundsätze. - [S.l.]: [s.n.] 2003,

216 p., ill. [Diss. Nr. 15379 techn. Wiss. ETH Zürich]

2163
Horvat, Slavko; Železnjak, Željko; Lapaine, Miljenko: Military topographic and cartographic system of the Republic of Croatia. In: Kartografija i geoinformacije. 2003, 2, p.74-85, 6 ill. [Croat. and Engl.] ISSN 1333-896X

2164
Israelson, Michael; Gadd, Jacob: Digitale topografiske kort. In: GIS i Danmark. - København: Teknisk Forl. 1997, p.103-112, 3 ill., 1 tab. [Digital topographic maps.] [Dan.] ISBN 87-571-1775-6

2165
Jäger, Ernst: ATKIS als Gemeinschaftsaufgabe der Länder und des Bundes. In: Kartographische Nachrichten. 53, 2003, 3, p.113-119, 1 ill., 2 tab. ISSN 0022-9164

2166
Jahresbericht des Bundesamtes für Landestopographie. - Wabern:Bundesamt 2001 [Jahresbericht Swisstopo] [Nachgewiesen 2001-]

2167
Lipej, Božena: Novi izzivi in nove priložnosti Slovenske geodezije. In: Geodetski vestnik. 47, 2003, 4, p.375-386, 5 ill. [New challenges and new opportunities for Slovene geodesy.] [Sloven. with Engl. rés.] ISSN 0351-0271

2168
Meer, Ad van der; Kruif, Jan de: "Gemeenten verantwoordelijk voor topografie". In: Geodesia. 45, 2003, 2, p.83-85, 3 ill. ["Municipalities responsible for topography".] [Dutch with Engl. rés.] ISSN 1385-7517

2169
Oster, Manfred: Entwicklungen in den kartographischen Techniken. In: Kartographische Nachrichten. 53, 2003, 3, p.107-113, 7 ill. ISSN 0022-9164

2170
Palsky, Gilles: Cartes topographiques et cartes thématiques au XIXe siècle. In: La cartografia europea tra primo Rinascimento e fine dell' illuminismo : atti del Convegno Internazionale The Making of European Cartography, (Firenze, BNF-EUI, 13 - 15 dicembre 2001). A cura di Diogo Ramada Curto ; Angelo Cattaneo ; André Ferrand Almeida. - Firenze: L.S. Olschki 2003, p.275-289. (Studi / Accademia Toscana d Scienze e Lettere La Colombaria ; 213) [French] ISBN 88-222-5240-3

2171
Pardy, D.: Topographic maps to support courses for visually impaired students. In: The Cartographic Journal. 40, 2003, 3, p.288-291, 4 ill. ISBN 0008-7041

2172
Petrovič, Dušan: Predlog vodenja in vzdrževanja topografiskih podatkov v Sloveniji. In: Geodetski vestnik. 47, 2003, 3, p.215-223, 2 ill., 2 tab. [A proposal for managing and updating the topographic data in Slovenia.] [Sloven. with Engl. rés.] ISSN 0351-0271

2173
Pobanz, Wolfram: Topographische Veränderung in Karten der Verlagskartographie der DDR. In: Kartenverfälschung als Folge übergroßer Geheimhaltung? : eine Annäherung an das Thema Einflußnahme der Staatssicherheit auf das Kartenwesen der DDR ; Referate der Tagung der BStU vom 08.-09.2001 in Berlin. Hrsg. von Dagmar Unverhau. - Münster: Lit 2002, p.193-214, 15 ill. ISBN 3-8258-5964-9

2174
Polli, Mariano; Sala, Bruno: La cartografia oggi in provincia di Trento e suoi sviluppi futuri. In: Bollettino della Associazione Italiana di Cartografia. 40, 2003, 117-118-119, p.104-110, 8 ill. [Cartography today in the province of Trento and its future development.] [Ital.] ISSN 0044-9733

2175
Sauro, Ugo and others: La carta topografica : utile strumento per la scoperta dei territori montani. In: Bollettino della Associazione Italiana di Cartografia. 40, 2003, 117-118-119, p.117-120. [The cartographic map : useful instrument for the discovery of mountain territories.] [Ital.] ISSN 0044-9733

2176
Sereno, Paola: "Li Ingegneri Topograffici di Sua Maestà" : la formazione del cartografo militare negli Stati Sabaudi e l'istituzione dell'Ufficio di Topografia Reale. In: Carte e cartografi degli Stati Sabaudi : rappresentare uno stato dal XVI al XVIII secolo. A cura di Rinaldo Comba e Paola Sereno. - Torino [u.a.]: U.Allemandi 2002, p.61-102. (Archivi di arte e cultura piemontesi) ["The topographical engineers of His Majesty" : the training of a military cartographer in the States of Savoy and the institution "Ufficio di Topografia reale".] [Ital.] ISBN 88-422-0717-9 [Vol. 1 + 2]

2177
Tolstych, L.A.: O proischoždenii grifa "sekretno" na topografičeskich kartach. In: Geodezija i kartografija : oficial'nyj organ Federal'noj Sluzby Geodezii i Kartografii Rossii i Geodeziceskich Sluzb Stran. 2003, 6, p.58-60. [On appearance of "classified" signature stamp on topographic maps.] [Russ.] ISSN 0016-7126

2178
Vansteenvoort, Liesbeth; Maeyer, Philippe de; Lavreau, J.: Kartografie van moeilijk toegankelijke gebieden : Proefblad Kalima. In: Kartografisch Tijdschrift. 29, 2003, 2, p.42-44, 2 ill. [Cartography of difficultly accessible areas : test sheet Kalima.] [Dutch] ISSN 0167-5788

2179
Verwaltungsvorschrift des Wirtschaftsministeriums für die Einräumung von Nutzungsrechten an topographischen und kartographischen Basisinformationen : (Nutzungsrechtsvorschrift - VwVNutzrecht) ; vom 02.01.2003, Az.: 6V-2851/5. Wirtschaftsministerium Baden-Württemberg. - Stuttgart: Landesvermessungsamt Baden-Württemberg 2003, 16 p. [Stand: 02.01.2003]

2. Maps Grouped According to Scale
Maßstabsbestimmte Kartengruppen
Cartes groupées d'après les échelles

a. Map Scales larger than 1:10 000
Karten bis 1:10 000
Cartes jusqu'à l'échelle 1:10 000

2180
Alcázar Molina, Manuel G.; Sánchez de la Orden, Manuel: Documentación gráfica del catastro rústico Español : del croquis a la ortofotogafia digital (II). In: Topografia y cartografia : TOPCART. 19, 2002, 112, p.30-38, 2 ill., 2 tab. [Graphic documentation of the Spanish land catastre : from sketch to digital orthophotography.] [Span.] ISSN 0212-9280

2181
Bacchus, Michel: L'établissement des plans directeurs pendant la guerre de 1914-1918.

In: Du paysage à la carte : trois siècles de cartographie militaire de la France ; [exposition tenue au château de Vincennes du 18 septembre au 10 novembre 2002]. Ministère de la Défense, services historiques des armées. Sous la dir. de Marie-Anne Villèle, Agnès Beylot et Alain Morgat. - Vincennes: Service Historique de l'Armée de Terre 2002, p.128-133. (Publications du Service de l'Armée de Terre)
ISBN 2-86323-143-X

2182
Bakker, N.J.: Standaarden in TOPIONL. In: Kartografisch Tijdschrift. 29, 2003, 3, p.29-33, 5 ill., 1 tab. [Standards in TOPIONL.] [Dutch] ISSN 0167-5788

2183
Berg, W. van de; Jong, F.W. de: Kwaliteit in beheer van ruimtelijke informatie. In: Geodesia. 45, 2003, 5, p.192-198, 6 ill. [The management of quality of spatial information.] [Dutch with Engl. rés.]
ISSN 1385-7517

2184
Boltižiar, Martin: Mapovanie a analýza vzøahu krakrajinnej štruktúry a reliéfu vysokohorskej krajiny Tatier s využitím údajov DPZ a GIS. In: Kartografické listy. 11, 2003, p.5-15, 13 ill. [Mapping and analysis of the relationship between a landscape structure and relief in the high mountain landscape of the Tatra Mts. using the results of the Remote Sensing and GIS.] [Slovak. with Engl. rés.]
ISBN 80-89060-02-1

2185
Brande-Lavridsen, O.: Digitale tekniske kort. In: GIS i Danmark. - København: Teknisk Forl. 1997, p.113-122, 1 ill., 5 tab. [Digital techical maps.] [Dan.]
ISBN 87-571-1775-6

2186
Čada, Václav; Marzín, Václav: Vedení a údržba D-SGI v lokalitách sáhových map. In: Geodetický a kartografický obzor. 49, 2003, 12, p.243-253, 5 ill. [Administration and maintenance of the digital file of geodetic information at loacations with maps at fathom scales.] [Czech with Engl. rés.]

2187
Cassettari, Seppe: Post war Ordnance Survey photo maps. In: The Bulletin of the Society of Cartographers. 37, 2003, 2, p.57-58, 2 ill. ISSN 0036-1884

2188
Clergeot, Pierre: Aux origines du cadastre général parcellaire français. In: XYZ : revue de l'Association Française de Topographie. 25, 2003, 95, p.57-61. ISSN 0290-9057

2189
Duhovnik, Marjana and others: Geodetske podlage in topografska baza. In: Geodetski vestnik. 47, 2003, 3, p.224-230, 3 ill., 2 tab. [Maps for spatial plans and topographic database.] [Sloven. with Engl. rés.]
ISSN 0351-0271

2190
Early Devon maps : maps of lands and estates in Devon before 1700. Ed. with an introd. by Mary R. Ravenhill and Margery M. Rowe. - Exeter: Friends of Devon's Archives 2000, VI, 58 p., ill., mp. (Friends of Devon's Archives occasional publications ; 1) ISBN 1-85522-728-2 [Includes bibliographical references]

2191
Eekelen, N.J.M. van: GBKN bestellen via internet. In: Geodesia. 45, 2003, 5, p.214-217, 4 ill. [Ordering GBKN through the internet.] [Dutch with Engl. rés.]
ISSN 1385-7517

2192
Gram, Michael; Grøngaard, Claus: Digitale bykort. In: GIS i Danmark. - København: Teknisk Forl. 1997, p.123-133, 3 ill. [Digital city-maps.] [Dan.] ISBN 87-571-1775-6

2193
Greve, Dieter: Geschichte des Liegenschaftskatasters in Mecklenburg. In: 150 Jahre Mecklenburgische Landesvermessung : 1853-2003. [Hrsg.: Landesvermessungsamt Mecklenburg-Vorpommern. Red.: Kansy, Annelie ...]. - Schwerin: Landesvermessungsamt Mecklenburg-Vorpommern 2003, p.61-71, 3 ill., 1 tab.

2194
Gruber, Hartmut: Von den Anfängen der lokalen Vermessung bis zum Liegenschaftskataster und Stadtbauplan von Geislingen. In: Karten als Zeugen der Geschichte : 500 Jahre Kartographie am Beispiel von Geislingen und Umgebung ; Begleitheft zur Weihnachtsausstellung 2003 in der Galerie im Alten Bau, Geislingen an der Steige. von Wilhelm Rall mit Beitr. von Jürgen Hagel und Hartmut Gruber. - Geislingen and der Steige: Stadtarchiv 2003, p.85-98, 8 ill. (Veröffentlichung des Stadtarchivs / Stadtarchiv Geislingen an der Steige ; 21)

2195
Gusche, Meinhard: Die Basisinformationssysteme ALB und ALK im Liegenschaftskataster in Mecklenburg-Vorpommern : ein Überblick und der weitere Weg nach ALKIS. In: 150 Jahre Mecklenburgische Landesvermessung : 1853-2003. [Hrsg.: Landesvermessungsamt Mecklenburg-Vorpommern. Red.: Kansy, Annelie ...]. - Schwerin: Landesvermessungsamt Mecklenburg-Vorpommern 2003, p.72-83, 2 ill., 3 tab.

2196
Hameleers, Marc: Vervaardiging en gebruik van een tussen 1892 en 1903 geactualiseerde "Gemeenteatlas van Amsterdam", oorspronkelijk uitgegeven door J.C. Loman jr. in 1876. In: Caert-Thresoor. 22, 2003, 4, p.105-111, 7 ill. [The making and use of a Gemeenteatlas van Amsterdam revised to between 1892 and 1903, that was originally published by J.C. Loman jr. in 1876.] [Dutch with Engl. rés.] ISSN 0167-4994

2197
Heere, Elger: Het gebruik van GIS bij het onderzoek naar prekadastrale kaarten. In: Kartografisch Tijdschrift. 29, 2003, 3, p.25-28, 5 ill. [The application of GIS in pre-cadastral map research.] [Dutch with Engl., and French rés.] ISSN 0167-5788

2198
Hudra, György: Interpretation of Hungarian cadastral maps : Luftbildinterpretation und GIS-Erfassung. - Karlsruhe: Fachhochschule Karlsruhe, Hochschule für Technik, Fachbereich Geoinformationswesen 2001, p.37-57, 26 ill., 7 tab. (Karlsruher geowissenschaftliche Schriften, Reihe D, Topographische und thematische Einzelkarten ; 8) [Zugl.: Karlsruhe, Fachhochsch., Dipl.-Arbeit] ISBN 3-89063-707-8

2199
Joó, István: A magyar nagyméretarányú földmérési alaptérképekrël (kifejilëdes, jelenliegi helyzet). In: Geodézia és kartográfia. 55, 2003, 5, p.12-18, 2 tab. [About the large scale map system in Hungary (development and nowadays condition).] [Hung. with Engl. rés.] ISSN 0016-7118

2200
Kobel, Siegfried: Ende des "kartenlosen Gebiets" für die Stadt Fürstenberg (Havel). In: Vermessung Brandenburg. 8, 2003, p.30-39, 3 ill. ISSN 1430-7650

2201
Lisov'ska, Jevgenija: Kadastrovi karty jak džerelo do istorii Gayčyny XIX st. In: Kartografija ta istorija Ukraïny : zbirnyk naukovych pracÿ = Cartography and history of Ukraine : a collection of scholarly papers. Instytut Ukraïns'koï Archeohrafiï ta Dÿézereloznavstva im. M. Hruÿésevs'koho <Kyïv>. - L'viv: Koc' 2000, p.245-251, 1 ill. [Cadastral maps as a source for the history of Halychyna in the XIX century.] [Ukrain.] [In kyrill. Schrift]
ISBN 996-02-1663-7

2202
Lolonis, Panos: Método basado en la estadística x2 para comprobar que el ajuste de bordes de mapas y diegramas de zonas adyacentes sea satisfactorio. In: Topografia y cartografia : TOPCART. 20, 2003, 118-119, p.35-43, 4 ill., 2 tab. [A statistical method to determine whether two or more maps produced by independent surveys and cover adjacent areas match each other satisfactorily.] [Span. with Engl. rés]
ISSN 0212-9280

2203
Murre, L.M.: Nieuwe Stichting LSV GBKN van start. In: Geodesia. 45, 2003, 9, p.342-345, 4 ill. [A new national GBKN-organisation has started.] [Dutch]
ISSN 1385-7517

2204
Orr-Ewing, Hamish: Parish maps of Purton, Wiltshire of 1744 and 2000. In: Journal of the International Map Collectors' Society. 92, 2003, p.59-62, 2 ill.

2205
Richtlinien für die Einrichtung der Automatisierten Liegenschaftskarte in Brandenburg (ALK-Richtlinien) : eingeführt durch Runderlass III Nr. 25/1995 des Ministeriums des Innern vom 13.12.1995 zuletzt geändert durch Runderlass Nr. 8/2000 des Ministeriums des Innern vom 04. Mai 2000. Ministerium des Innern des Landes Brandenburg. - [Potsdam]: Ministerium des Innern des Landes Brandenburg 2000 [Stand: 31.03.2000]

2206
Roper, Christopher: Historical mapping is still under-valued and under-used. In: The Cartographic Journal. 40, 2003, 2, p.131-134, 3 ill. ISSN 0008-7041

2207
Sastre Domingo, Jesús: Hojas kilométricas: catastro inacabado de Madrid : imágenes del pasado con todo el futuro por delante. In: Topografia y cartografia : TOPCART. 20, 2003, 114, p.14-26, 9 ill. [Kilometric plans: unfinished catastre of Madrid : pictures of the past with the futur aheas.] [Span. with Engl. rés.]

2208
Schallenberg, Henk: De grootschalige basiskaart een gemeentelijke zorg. In: Geodesia. 45, 2003, 1, p.4-9, 8 ill. [Large scale base maps in Rotterdam.] [Dutch with Engl. rés.] ISSN 1385-7517

2209
Schüttel, Marcel: ALB und ALK : fit für ALKIS? In: ZfV : Zeitschrift für Geodäsie, Geoinformation und Landmanagement. 128, 2003, 3, p.185-192, 4 tab.
ISSN 1618-8950

2210
Stevens, Robert; Kirkpatrick, Stewart: Cost-benefit analysis of Montana's Cadastral Mapping Project website. In: Surveying and land information science. 63, 2003, 4, p.259-263, 1 ill., 4 tab. ISSN 1538-1242

b. Map Scales from 1:10 000 to 1:300 000
Karten von 1:10 000 bis 1:300 000
Cartes de l'échelle 1:10 000 à l'échelle 1:300 000

2211
Arrighi, Antonio; Rienzo, Lino di; Rita, Alessandro di: Rocce digitali e C.A.R.S. per cartografia a media scala. In: Bollettino della Associazione Italiana di Cartografia. 40, 2003, 117-118-119, p.286-304, 29 ill. [Digital cliffs and C.A.R.S. for medium scale cartography.] [Ital.] ISSN 0044-9733

2212
Bacchus, Michel: L'établissement des plans directeurs pendant la guerre de 1914-1918. In: Du paysage à la carte : trois siècles de cartographie militaire de la France ; [exposition tenue au château de Vincennes du 18 septembre au 10 novembre 2002]. Ministère de la Défense, services historiques des armées. Sous la dir. de Marie-Anne Villèle, Agnès Beylot et Alain Morgat. - Vincennes: Service Historique de l'Armée de Terre 2002, p.128-133. (Publications du Service de l'Armée de Terre)
ISBN 2-86323-143-X

2213
Berlińska, Barbara: Mapy wielkoskalowe wydane po roku 1945. In: Biuletyn Informacyjny Biblioteki Narodowej. 157, 2001, 2, p.20-23, 6 ill. [Big-scale maps published after 1945.] [Pol.] ISSN 0006-3983

2214
Cassettari, Seppe: Post war Ordnance Survey photo maps. In: The Bulletin of the Society of Cartographers. 37, 2003, 2, p.57-58, 2 ill. ISSN 0036-1884

2215
Čechurová, Monika: Souřadnicové výpočty v kladu listů rakouských topografických map ze III. vojenského mapováni. In: Geodetický a kartografický obzor. 49, 2003, 6, p.103-108, 4 ill. [Coordinate calculation in the map layout of Austrian topographic maps from the third military survey.] [Czech. with Engl. rés.] ISSN 0016-7096

2216
Eder, K. and others: Orthophotokarte Vernagtferner 1999 aus Luftbildern einer Teilmesskamera. In: Zeitschrift für Gletscherkunde und Glazialgeologie. 38, 2002, 2, p.155-163, 5 ill., 1 mp.-suppl.

2217
Feldmann, Hans-Uli: Darstellungsformen vermessener Landschaften : ein Überblick über die amtliche Kartographie der Schweiz im 19. Jahrhundert. In: Vermessene Landschaften : Kulturgeschichte und technische Praxis im 19. und 20. Jahrhundert. Hrsg. von David Gugerli. - Zürich: Chronos 1999, p.51-63. (Interferenzen ; 1)
ISBN 3-905313-12-X

2218
Fischer, Hanspeter: Die "Carte de la Souabe" 1:100 000 (1818-1821) : [u.a. Region Hochrhein]. In: Cartographica Helvetica : Fachzeitschrift für Kartengeschichte. 27, 2003, p.3-12, ill., mp. ISSN 1015-8480

2219
Frye, Charlie: The 1:24,000-scale topographic base map data model. In: Cartography and geographic information science. 30, 2003, 2, p.163-168, 4 ill. ISSN 1523-0406

2220
Fuster Puig, Pau: Elaboración de un mapa topográfico, temático y excursionista de Morella. In: Topografia y cartografia : TOPCART. 20, 2003, 116, p.43-56, 11 ill., 3 tab. [Elaboration of a topographic and thematic tourist map of Morella,.] [Span.] ISSN 0212-9280

2221
Gehrke, Stephan and others: Cartography with HRSC on Mars Express : the new series "Topographic Image Map Mars 1:200,000". In: Auf dem Weg zu operationellen Prozessketten in Photogrammetrie, Fernerkundung und Geoinformation : 23. wissenschaftlich-technische Jahrestagung der DGPF 9. - 11. September 2003 in Bochum. Eckhardt Seyfert, Hrsg. - Münster: Geschäftsstelle der DGPF 2003, p.451-458, 3 ill. (Publikationen der Deutschen Gesellschaft für Photogrammetrie, Fernerkundung und Geoinformation e.V. ; Band 12) ISBN 0942-2870 [CD-ROM enth.: Farbabbildungen des Tagungsbandes]

2222
Götsch, Christian: Siegfried- und Landeskarten : geschrieben für Sammler aus Freude an alten Karten. [Ill. u. Bearb.: Mirjam Engeler]. - Frauenfeld, Allmendweg 14: C.Götsch 2003, 136 p., ill., mp. [2. korr. u. erw. Aufl.] ISBN 3-9522685-0-X

2223
Heller, Armin: Die Alpenvereinskarte als Grundlage für geographische Informationssysteme. In: Untersuchungen zur Georeferenzierung von Alpenvereinskarten. Zsgest. von Burt Brunner und Walter Welsch. - München: Haus des Alpinismus 2001, p.61-81, 17 ill., 3 tab. (Wissenschaftliche Alpenvereinshefte ; 34) ISBN 3-928777-89-0

2224
Hellyer, Roger: A guide to the Ordnance Survey 1:25,000 first series. With an introductory essay by Richard Oliver. - London: Charles Close Society 2003, VII, 34 p., mp. ISBN 1-87059-820-2

2225
Kalke, Ralf: Verfahren zum digitalen Vergleich von analogen topographischen Karten. In: Kartenverfälschung als Folge übergroßer Geheimhaltung? : eine Annäherung an das Thema Einflußnahme der Staatssicherheit auf das Kartenwesen der DDR ; Referate der Tagung der BStU vom 08.-09.2001 in Berlin. Hrsg. von Dagmar Unverhau. - Münster: Lit 2002, p.177-192, 15 ill. ISBN 3-8258-5964-9

2226
Koch, Wolf Günther: Zur Problematik der topographischen Karten (Ausgabe für die Volkswirtschaft) der DDR. In: Kartenverfälschung als Folge übergroßer Geheimhaltung? : eine Annäherung an das Thema Einflußnahme der Staatssicherheit auf das Kartenwesen der DDR ; Referate der Tagung der BStU vom 08.-09.2001 in Berlin. Hrsg. von Dagmar Unverhau. - Münster: Lit 2002, p.81-96, 6 ill. ISBN 3-8258-5964-9

2227
Kretschmer, Ingrid: Österreichische Expeditionskartographie in Südamerika. In: Cartographica Helvetica : Fachzeitschrift für Kartengeschichte. 28, 2003, p.13-23, 1 ill., 6 mp. ISSN 1015-8480

2228
Lucht, Roland; Henkel, Horst; Scholz, Wolfgang: Analyse der "Ausgabe für die Volkswirtschaft" in Umsetzung des Beschlusses des nationalen Verteidigungsrates der DDR vom 13. Oktober 1965 im Vergleich mit der topographischen Karte der DDR. In: Kartenverfälschung als Folge übergroßer Geheimhaltung? : eine Annäherung an das Thema Einflußnahme der Staatssicherheit auf das Kartenwesen der DDR ; Referate der Tagung der BStU vom 08.-09.2001 in Berlin. Hrsg. von Dagmar Unverhau. - Münster: Lit 2002, p.99-142, 12 ill., 3 tab. ISBN 3-8258-5964-9

2229
Medynska-Gulij, B.: The effect of cartographic content on tourist map users. In: Cartography : journal of the Mapping Sciences Institute, Australia. 32, 2003, 2, , 7 ill.
ISSN 0069-0805

2230
Musall, Heinz: Spuren der barockzeitlichen Kulturlandschaft Sudwestdeutschlands in J.V.Moreaus "Carte topographique de l'ancienne Souabe...". In: Geschichtsdeutung auf alten Karten : Archäologie und Geschichte ; (46. Wolfenbütteler Symposium, vom 26. bis 29. Oktober 1999]. [Hrsg. von Dagmar Unverhau]. - Wiesbaden: Harrassowitz 2003, p.443-466, 10 ill. (Wolfenbütteler Forschungen ; 101)
ISBN 3-447-04813-1

2231
Nadal, Francesc; Urteaga, Luis: The topographic map of Spain to scale of 1:50 000 (1875-1968) : a critical summary. In: La cartografia europea tra primo Rinascimento e fine dell' illuminismo : atti del Convegno Internazionale The Making of European Cartography, (Firenze, BNF-EUI, 13 - 15 dicembre 2001). A cura di Diogo Ramada Curto ; Angelo Cattaneo ; André Ferrand Almeida. - Firenze: L.S. Olschki 2003, p.265-273. (Studi / Accademia Toscana d Scienze e Lettere La Colombaria ; 213) [Engl.] ISBN 88-222-5240-3

2232
Ostrowski, Wiesław: Rodzaje generalizacji treści map topograficznych na przykładzie mapy 1:50 000. In: Polski przegląd kartograficzny. 35, 2003, 4, p.251-258, 1 ill. [Types of topographic maps generalization based on an example of a map in 1:50 000.] [Pol. with Engl. and Russ. rés.]
ISSN 0324-8321

2233
Palaschewski, Thomas: Die Übernahme von Karten des militärtopographischen Dienstes der ehemaligen nationalen Volksarmee : ein Statement. In: Kartenverfälschung als Folge übergroßer Geheimhaltung? : eine Annäherung an das Thema Einflußnahme der Staatssicherheit auf das Kartenwesen der DDR ; Referate der Tagung der BStU vom 08.-09.2001 in Berlin. Hrsg. von Dagmar Unverhau. - Münster: Lit 2002, p.157-159. ISBN 3-8258-5964-9

2234
Penzkofer, Markus: Entzerrung und Georeferenzierung von Alpenvereinskarten. In: Untersuchungen zur Georeferenzierung von Alpenvereinskarten. Zsgest. von Burt Brunner und Walter Welsch. - München: Haus des Alpinismus 2001, p.19-59, 10 ill., 13 tab. (Wissenschaftliche Alpenvereinshefte ; 34) ISBN 3-928777-89-0

2235
Podrenek, Martin: Automationsgestützte Ableitung des ATKIS-DLM50 und der DTK50 aus dem ATKIS-Basis-DLM. In: Visualisierung und Erschließung von Geodaten : Seminar GEOVIS 2003, 26. bis 27. Februar 2003, Universität Hannover. Hrsg. von der Deutschen Gesellschaft für Kartographie e.V., Kommission Geoinformation und Visualisierung. Schriftleitung: Jürgen Dodt; Wolf-Dieter Rase. - Bonn: Kirschbaum-Verl. 2003, p.171-176, 4 ill., 3 tab. (Kartographische Schriften ; 7)
ISBN 3-7812-1577-6

2236
Pokorný, Miroslav; Hájek, Milan: Analýza priestorových objektov na mapách I. vojenského mapovania. In: Kartografické listy. 11, 2003, p.74-84, 4 ill., 2 tab. [Spatial object analysis on the maps from the 1st military mapping.] [Slovak. with Engl. rés.] ISBN 80-89060-02-1

2237
Rickenbacher, Martin: Dufour Map - Spitzenkartografie in der vierten Dimension : eine Zeitreise mit General Guillaume-Henri Dufour. In: Geomatik Schweiz : Geoinformation und Landmanagement. 101, 2003, 12, p.676-680, 5 ill. [Germ. with French, and Ital. rés.]

2238
Rickenbacher, Martin; Oehrli, Markus: Sie hatten die besseren Karten! : die Nachführung der geheimen "Deutschen Heereskarte Schweiz 1:25 000 im zweiten Weltkrieg. In: Geomatik Schweiz : Geoinformation und Landmanagement. 101, 2003, 11, p.622-629, 10 ill. [Germ. with French, and Ital. rés.] ISSN 0252-9424

2239
Schaffer, Jörg: Von der Mecklenburg- Karte Tilemann Stellas zum Geo-Informationssystem ATKIS : die Entwicklung der topographischen Landesaufnahme in Mecklenburg. In: 150 Jahre Mecklenburgische Landesvermessung : 1853-2003. [Hrsg.: Landesvermessungsamt Mecklenburg-Vorpommern. Red.: Kansy, Annelie ...]. - Schwerin: Landesvermessungsamt Mecklenburg-Vorpommern 2003, p.40-53, 15 ill., 2 tab.

2240
Spata, Manfred: Müfflings Kartenaufnahme der Rheinlande 1814-1828. In: Fachinformationsblatt / Deutscher Verein für Vermessungswesen (DVW), Landesverein Thüringen e.V. - Gotha 2002, p.19-31, 1 ill., 6 mp. (Fachinformationsblatt / Deutscher Verein für Vermessungswesen, Landesverein Thüringen ; 4)

2241
Spiess, Ernst: Die Panta-Karte der SAC-Expedition in die Cordillera Vilcabamba (Peru). In: Cartographica Helvetica : Fachzeitschrift für Kartengeschichte. 28, 2003, p.25-32, 12 ill. ISSN 1015-8480

2242
Stams, Werner: Inhalt und Aussage der sächsischen Meilenblätter. In: Burgenforschung aus Sachsen. 10, 1997, p.153-164, ill.

2243
Steinbrück, Hans-Jürgen: Müffling in der thüringischen Kartographie. In: Fachinformationsblatt / Deutscher Verein für Vermessungswesen (DVW), Landesverein Thüringen e.V. - Gotha 2002, p.53-58, 2 ill., 1 tab., 6 mp. (Fachinformationsblatt / Deutscher Verein für Vermessungswesen, Landesverein Thüringen ; 4)

2244
Torge, Wolfgang: Müffling und die europäischen Gradmessungen und Landesvermessungen im 18. und 19. Jahrhundert. In: Fachinformationsblatt / Deutscher Verein für Vermessungswesen (DVW), Landesverein Thüringen e.V. - Gotha 2002, p.5-18, 2 ill., 3 mp., 1 portr. (Fachinformationsblatt / Deutscher Verein für Vermessungswesen, Landesverein Thüringen ; 4)

2245
Vantini, Sandra: Le prealpi vicentine presentate agli escursionisti di fine ottocento : dall'itinerario alla carta topografica. In: Bollettino della Associazione Italiana di Cartografia. 40, 2003, 117-118-119, p.264-278, 9 ill. [The preAlps of Vicenzo introduced to the excursionists of the late nineteenth century : from the route planner to the topographical map.] [Ital.] ISSN 0044-9733

2246
Veverka, Bohuslav; Čechurová, Monika: Georeferencování map II. a III. vojenského mapování. In: Kartografické listy. 11, 2003, p.103-113, 7 ill. [Georeferencing of the maps from the 2nd and 3rd military mapping.] [Slovak. with Engl. rés.] ISBN 80-89060-02-1

c. **Map Scales smaller than 1:300 000**
Karten kleiner als 1:300 000
Cartes à une échelle de moins de 1:300 000

2247
Bogoyavlenskiy, B.A.: Cartographic support for planning, construction, and use of the Baykal-Amur railroad route. In: Mapping sciences and remote sensing. 40, 2003, 3, p.225-230.

3. **Content of Topographic Maps**
Inhaltselemente topographischer Karten
Eléments du contenu des cartes topographiques

a. **Planimetry**
Situation
Planimétrie

2248
Affholder, Jean-Georges: Exagération des formes basée sur une nouvelle modélisation du linéaire routier. In: Bulletin d'information de l'IGN. 73, 2002, p.17-26, 12 ill. ISSN 0427-2218

2249
Akkermans, M.; Amoureus, L.: DTB-revisie met FLI-MAP. In: Geodesia. 45, 2003, 4, p.152-158, 9 ill., 1 tab. [Revision of large-scale topography with airborne lasermapping.] [Dutch with Engl. rés.] ISSN 1385-7517

2250
Baumgartner, Albert Johann: Automatische Extraktion von Straßen aus digitalen Luftbildern. - München: Beck 2003, 78 p., ill., mp. (Deutsche Geodätische Kommission bei der Bayerischen Akademie der Wissenschaften - Reihe C, Dissertationen ; 564) ISBN 3-7696-5003-4

2251
Berg, W. van de; Jong, F.W. de: Kwaliteit in beheer van ruimtelijke informatie. In: Geodesia. 45, 2003, 5, p.192-198, 6 ill. [The management of quality of spatial information.] [Dutch with Engl. rés.] ISSN 1385-7517

2252
Carton, A.; Baroni, C.; Seppi, R.: La cartografia antica ed attuale negli studi di glaciologia e di geologia glaciale. In: Bollettino della Associazione Italiana di Cartografia. 40, 2003, 117-118-119, p.376-396, 21 ill. [Ancient and modern cartography in the studies of glaciology and glacial geology.] [Ital.] ISSN 0044-9733

2253
Ciampi, Gabriele: Il confine politico italiano sulle alpi : sua rappresentazione nella cartografia speciale confinaria dell'IGM. In: Bollettino della Associazione Italiana di Cartografia. 40, 2003, 117-118-119, p.121-143, 15 ill. [The political border of Italy on the Alps : its representation in the special cartography of borders of the IGM.] [Ital.] ISSN 0044-9733

2254
Dal Poz, Aluir Porfirio; Oliveira da Silva, Marco Aurélio: Road segment delineation using active testing principle and an edge-based post-processing strategy. In: Geomatica. 57, 2003, 4, p.399-409, 8 ill. ISSN 1195-1036

2255
Elias, Birgit; Sester, Monika: Landmarken für Wegbeschreibungen - Identifikation, Extraktion und Visualisierung. In: Kartographische Nachrichten. 53, 2003, 2, p. 51-57, 10 ill., 2 tab.

2256
Fei, Lifan: A method of automated cartographic displacement : on the relationship between streets and bilduings. - Hannover: Univ. 2002, 117 p., mp. (Wissenschaftliche Arbeiten der Fachrichtung Vermessungswesen der Universität Hannover ; 248) [Zugl.: Hannover, Univ., Diss., 2002]

2257
Laureti, Lamberti: La rappresentazione delle aree glacializzate della montagna alpina nella cartografia postgeodetica e ottocentesca (secoli XVIII-XIX) : ricostruzione sulla base dei documenti cartografici storici. In: Bollettino della Associazione Italiana di Cartografia. 40, 2003, 117-118-119, p.335-352, 26 ill. [The representation of glacial areas of the Alps in the postgeodetic cartography of the 19th century (XVIII-XIX century).] [Ital.]
ISSN 0044-9733

2258
Mongiano, Elisa: Delimitare e governare le frontiere : le istituzioni per i confini nello stato sabaudo del secolo XVIII. In: Carte e cartografi degli Stati Sabaudi : rappresentare uno stato dal XVI al XVIII secolo. A cura di Rinaldo Comba e Paola Sereno. - Torino [u.a.]: U.Allemandi 2002, p.165-178. (Archivi di arte e cultura piemontesi) [Delimiting and governing the frontiers : institutions for boundaries in the Sayoy State of the XVIII century.] [Ital.]
ISBN 88-422-0717-9 [Vol. 1 + 2]

2259
Pappalardo, Marta; Rossi, Annarita: La modificazione areale dei ghiacciai delle alpi marittime dalla piccola età glaciale ad oggi : ricostruzione sulla base dei documenti cartografici storici. In: Bollettino della Associazione Italiana di Cartografia. 40, 2003, 117-118-119, p.311-324, 3 ill., 1 tab. [The areale modification of glaciers of the marine Alps from the small glacial age to today : reconstruction on the base of historical cartographic documents.] [Ital.] ISSN 0044-9733

2260
Pokorný, Miroslav; Hájek, Milan: Analýza priestorových objektov na mapách I. vojenského mapovania. In: Kartografické listy. 11, 2003, p.74-84, 4 ill., 2 tab. [Spatial object analysis on the maps from the 1st military mapping.] [Slovak. with Engl. rés.] ISBN 80-89060-02-1

2261
Thiemann, Frank: 3D-Gebäude-Generalisierung. In: Visualisierung und Erschließung von Geodaten : Seminar GEOVIS 2003, 26. bis 27. Februar 2003, Universität Hannover. Hrsg. von der Deutschen Gesellschaft für Karthographie e.V., Kommission Geoinformation und Visualisierung. Schriftleitung: Jürgen Dodt; Wolf-Dieter Rase. - Bonn: Kirschbaum-Verl. 2003, p.185-192, 5 ill., 1 tab. (Kartographische Schriften ; 7) ISBN 3-7812-1577-6

2262
Varotto, Mauro: Montagne deserte : l'abbandono delle "terre alte" visto attraverso la cartografia. In: Bollettino della Associazione Italiana di Cartografia. 40, 2003, 117-118-119, p.165-177, 6 ill. [Desert mountains : the abandonment of high lands seen through cartography.] [Ital.]
ISSN 0044-9733

b. Relief
Gelände
Terrain

2263
Arca, Salvatore: La montagna nei 130 anni di attività dell'istituto geografico militare. In: Bollettino della Associazione Italiana di Cartografia. 40, 2003, 117-118-119, p.96-103, 8 ill. [The mountains in the 130 years

of activity of the Military Geographic Institute.] [Ital.] ISSN 0044-9733

2264
Arrighi, Antonio; Rienzo, Lino di; Rita, Alessandro di: Rocce digitali e C.A.R.S. per cartografia a media scala. In: Bollettino della Associazione Italiana di Cartografia. 40, 2003, 117-118-119, p.286-304, 29 ill. [Digital cliffs and C.A.R.S. for medium scale cartography.] [Ital.] ISSN 0044-9733

2265
Baella, Blanca; Pla, Maria: Mountain cartography at the Cartographic Institute of Catalonia. In: International Cartographic Association /Commission on Mountain Cartography : special issue: ICA Commission on Mountain Cartography. Ed. by Lorenz Hurni. - North York: Univ. of Toronto Press 2003, p.5-24, 25 ill. (Cartographica ; 38. 2001, 1/2) ISSN 0340-0654 / 0317-717

2266
Boltižiar, Martin: Mapovanie a analýza vzøahu krakrajinnej štruktúry a reliéfu vysokohorskej krajiny Tatier s využitím údajov DPZ a GIS. In: Kartografické listy. 11, 2003, p.5-15, 13 ill. [Mapping and analysis of the relationship between a landscape structure and relief in the high mountain landscape of the Tatra Mts. using the results of the Remote Sensing and GIS.] [Slovak. with Engl. rés.] ISBN 80-89060-02-1

2267
Brunner, Kurt: Topographisch-geodätische Aufnahmemethoden der Alpenvereinskarten. In: Untersuchungen zur Georeferenzierung von Alpenvereinskarten. Zsgest. von Burt Brunner und Walter Welsch. - München: Haus des Alpinismus 2001, p.9-18. (Wissenschaftliche Alpenvereinshefte ; 34) ISBN 3-928777-89-0

2268
Caminada, Paul: Pioniere der Alpentopographie : die Geschichte der Schweizer Kartenkunst. - Zürich: AS-Verlag 2003, 240 p., ill.

2269
Cartografia della montagna : Atti del convegno nazionale. - Firenze: Associazione Italiana di Cartografia 2003, 513 p., ill. (Bollettino della Associazione Italiana di Cartografia ; 40.2003,117-119) [Ital.] ISSN 0044-9733

2270
Cavelti Hammer, Madlena: Messbare Sinnlichkeit : die Schweizer Reliefkarten des 19. Jahrhunderts. In: Vermessene Landschaften : Kulturgeschichte und technische Praxis im 19. und 20. Jahrhundert. Hrsg. von David Gugerli. - Zürich: Chronos 1999, p.165-179. (Interferenzen ; 1) ISBN 3-905313-12-X

2271
Collier, Peter; Forrest, David; Pearson, Alastair: The representation of topographic information on maps : the depiction of relief. In: The Cartographic Journal. 40, 2003, 1, p.17-26, 6 ill., 1 tab. ISBN 0008-7041

2272
Csaplovics, Elmar: Beiträge zur Extraktion von Felskanten aus Airborne Laser Scanner Daten am Beispiel der Elbsandsteinformationen im Nationalpark Sächsische Schweiz. In: Photogrammetrie, Fernerkundung, Geoinformation. 2003, 2, p.105-114, 9 ill. ISSN 1432-8364

2273
Dorninger, Peter: Analyse und geomorphologische Verbesserung von Geländemodellen mittels Regensimulation. In: VGI : österreichische Zeitschrift für Vermessung

& Geoinformation. 91, 2003, 4, p.253-261, 15 ill. ISSN 0029-9650

2274
Federzoni, Laura: La montagna nella cartografia del cinquecento : vertigine, incanto, sfida. In: Bollettino della Associazione Italiana di Cartografia. 40, 2003, 117-118-119, p.220-242, 4 ill. [The mountains in the cartography of the sixteenth century : vertigo, spell, challenge.] [Ital.] ISSN 0044-9733

2275
Ferwerda, J.G.: Het karteren van de wereldzeeën, mede door het GEBCO-programma. In: Kartografisch Tijdschrift. 29, 2003, 1, p.9-20, 10 ill. [Charting the world seas and the role of the GEBCO-programme.] [Dutch with Engl. rés.] ISSN 0167-5788

2276
Freitag, Ulrich: Ein neuer Globus der wirklichen Erdoberfläche. In: Kartographische Nachrichten. 53, 2003, 4, p.173-174, 1 ill. ISSN 0022-9164

2277
Garnero, G.; Godone, D.: Immagini satellitari ad alta risoluzione : un nuovo strumento per l'aggiornamento della cartografia in zona montana. In: Bollettino della Associazione Italiana di Cartografia. 40, 2003, 117-118-119, p.p.355-363, 4 ill., 4 tab. [Satellite images of high resolution : a new instrument for the modernization of cartography in the mountain zone.] [Ital.] ISSN 0044-9733

2278
Gregori, Lucilia: La "letteratura" dei processi morfogenetici nella cartografia della montagna. In: Bollettino della Associazione Italiana di Cartografia. 40, 2003, 117-118-119, p.144-164, 30 ill. [The "literature" on morphogenetic processes in the cartography of mountains.] [Ital.] ISSN 0044-9733

2279
Hauser, Martin: Arbeitsabläufe zur digitalen Erstellung von Felsdarstellung : Möglichkeiten und Ansätze. - Wien: TU 2003, 100 p., 70 ill. [Dipl.-Arb.]

2280
Havrlant, Jan: Použití jazyka VRML pro tvorbu prostorových modelů map. In: Geodetický a kartografický obzor. 49, 2003, 7-8, p.129-137, 6 ill. [VRML application to creation of space map models.] [Czech. with Engl. rés.] ISSN 0016-7096

2281
Hurni, Lorenz; Dahinden, Tobias; Hutzler, Ernst: Digital cliff drawing for topographic maps : traditional representations by means of new technologies. In: International Cartographic Association / Commission on Mountain Cartography : special issue: ICA Commission on Mountain Cartography. Ed. by Lorenz Hurni. - North York: Univ. of Toronto Press 2003, p.55-65, 22 ill. (Cartographica ; 38. 2001, 1/2) ISBN 0340-0654 / 0317-717

2282
Hurni, Lorenz: The new "Atlas of Switzerland - interactive" : applications in mountain cartography. In: High mountain cartography 2000 : proceedings of the Second Symposium of the Commission on Mountain Cartography of the International Cartographic Association held at the Alpine Centre Rudolfshütte (2315 m), Austria from 29 March to 2 April 2000. edited by Manfred F. Buchroithner et al. - Dresden: Technische Universität Dresden, Institut für Kartographie 2000, 7 p. (Kartographische Bausteine ; 18)

2283
International Cartographic Association / Commission on Mountain Cartography : special issue: ICA Commission on Mountain Cartography. Ed. by Lorenz Hurni. - North York: Univ. of Toronto Press 2003, 156 p., ill., mp. (Cartographica ; 38. 2001, 1/2) ISSN 0340-0654 / 0317-7173

2284
Jenny, Bernhard: An interactive approach to analytical relief shading. In: International Cartographic Association / Commission on Mountain Cartography : special issue: ICA Commission on Mountain Cartography. Ed. by Lorenz Hurni. - North York: Univ. of Toronto Press 2003, p.67-75, 10 ill. (Cartographica ; 38. 2001, 1/2) ISSN 0340-0654 / 0317-7173

2285
Li, Rongxing; Ma, Fei: Geometric constraints in feature extraction from aerial imagery. In: Surveying and land information science. 63, 2003, 2, p.107-115, 12 ill. ISSN 1538-1242

2286
Miller, Toni: Gedanken zur dritten Dimension im Städtebau : Zusammenspiel von Topographie und Gebäuden. - Wuppertal: Müller +Busmann 2003, 208 p., ill., mp. ISBN 3-928766-56-2

2287
Motta, Giuseppe: Cartografia della montagna : evoluzione e innovazione della rappresentazione. In: Bollettino della Associazione Italiana di Cartografia. 40, 2003, 117-118-119, p.65-95, 30 ill. [Cartography of the mountains : evolution and innovation of representation.] [Ital.] ISSN 0044-9733

2288
Oeder, Werner: Zwischen Manier und Manie : militärische Dispositionen des Reliefeffekts. In: Vermessene Landschaften : Kulturgeschichte und technische Praxis im 19. und 20. Jahrhundert. Hrsg. von David Gugerli. - Zürich: Chronos 1999, p.149-164. (Interferenzen ; 1) ISBN 3-905313-12-X

2289
Pampaloni, Maurizio: L'ing. Pio Paganini e la cartografia per la montagna nelle esplorazioni del duca degli Abruzzi. In: Bollettino della Associazione Italiana di Cartografia. 40, 2003, 117-118-119, p.279-285. [The engineer Pio Paganini and the cartography for the mountains in the explorations of the Duke of the Abruzzi.] [Ital.] ISSN 0044-9733

2290
Papotti, Davide: Un "mucchio di terra" : appunti per una storia del simbolo del "cono di talpa" nella cartografia alpina cinquecentesca e secentesca. In: Bollettino della Associazione Italiana di Cartografia. 40, 2003, 117-118-119, p.245-263, 2 ill. [A "heap of earth" : notes on a symbol history of the "mole cone" in the alpine cartography of the sixteenth and seventeenth century.] [Ital.] ISSN 0044-9733

2291
Patterson, Tom: DEM manipulation and 3-D terrain visualization : techniques used by the U.S.National Park Service. In: International Cartographic Association / Commission on Mountain Cartography special issue: ICA Commission on Mountain Cartography. Ed. by Lorenz Hurni. - North York: Univ. of Toronto Press 2003, p.89-101, 16 ill. (Cartographica ; 38. 2001, 1/2) ISSN 0340-0654 / 0317-717

2292
Petrovič, Dušan: Mountain cartography in Slovenia. In: International Cartographic Association / Commission on Mountain Cartography special issue: ICA Commis-

sion on Mountain Cartography. Ed. by Lorenz Hurni. - North York: Univ. of Toronto Press 2003, p.25-30, 29 ill. (Cartographica ; 38. 2001, 1/2) ISSN 0340-0654 / 0317-717

2293
Rocchini, Claudio; Nuti, Alessandro: Il processo di produzione dei plastici dell' istituto geografico militare. In: Bollettino della Associazione Italiana di Cartografia. 40, 2003, 117-118-119, p.305-310, 7 ill. [The process of production of plastics at the Military Geographic Institute.] [Ital.] ISSN 0044-9733

2294
Salgaro, Silvino: La montagna : dall'immagine al segno. In: Bollettino della Associazione Italiana di Cartografia. 40, 2003, 117-118-119, p.9-64, 38 ill. [The mountains : from image to sign.] [Ital.] ISSN 0044-9733

2295
Varotto, Mauro: Montagne deserte : l'abbandono delle "terre alte" visto attraverso la cartografia. In: Bollettino della Associazione Italiana di Cartografia. 40, 2003, 117-118-119, p.165-177, 6 ill. [Desert mountains : the abandonment of high lands seen through cartography.] [Ital.] ISSN 0044-9733

2296
Wheate, Roger; Gamache, Martin; Patterson, Tom: Mountain cartography session at the 2003 AGM. In: Cartouche : the operational publication of the Canadian Cartographic Association. 50, 2003, p.5-7, 6 ill. ISSN 1183-2045

2297
Wheate, Roger and others: A brief history and progress of mountain cartography in Canada. In: International Cartographic Association /Commission on Mountain Cartography : special issue: ICA Commission on Mountain Cartography. Ed. by Lorenz Hurni. - North York: Univ. of Toronto Press 2003, p.31-39, 12 ill., 1 tab. (Cartographica ; 38. 2001, 1/2) ISSN 0340-0654 / 0317-717

2298
Wheate, Roger: Relief depiction on Canadian topographic map series in the twentieth century. In: Geomatica. 57, 2003, 2, p.165-175, 13 ill., 2 tab. ISSN 1195-1036

2299
Wodtke, Klaus-Peter: Produktion der DTK25 in Niedersachsen : Einbeziehung von Geobasisdaten der Nachbarländer. In: Arbeitsgruppe Automation in der Kartographie : Tagung 2002. - Frankfurt am Main: Verlag des Bundesamtes für Kartographie und Geodäsie 2003, p.135-143, 8 ill. (Mitteilungen des Bundesamtes für Kartographie und Geodäsie ; 24) ISBN 3-89888-867-3

2300
Wu, Fan: Scale-dependent representations of relief based on wavelet analysis. In: Geospatial information science. 6, 2003, 1, p.66-69, 6 ill. ISSN 1009-5020

I. Thematic Cartography
Thematische Kartographie
Cartographie thématique

1. General Features, Map Specifications
Allgemeines und Zeichenvorschriften
Généralités et feuilles types

2301
Asche, Hartmut; Herrmann, Christian: Thematic cartography. In: Basic cartography for students and technicians : english version. [International Cartographic Association] Ed.: Roger W. Anson and F.J. Ormeling. - Oxford [u.a.]: Butterworth-Heinemann 2002, p.123-150, 34 ill. [Vol. 2] [2nd edition] ISBN 0-075064996-8

2302
Beconytė, Giedre: Rozwój kartografii te matycznej na Litwie po odzyskaniu niepodligłości w 1990 roku. In: Polski przegląd kartograficzny. 35, 2003, 1, p.25-32, 6 ill. [Development of thematic cartography in independent Lithuania after 1990.] [Pol. with Engl. and Russ. rés.] ISSN 0324-8321

2303
Caquard, Sébastien: Internet, maps and public participation : contemporary limits and possibilities. In: Maps and the internet. Ed. by Michael Peterson. Publ. on behalf of the International Cartographic Association. - Amsterdam [u.a.]: Elsevier Science 2003, p.345-357, 1 ill., 2 tab. ISBN 0-08-044201-3

2304
Dutt, G.K.: Thematic cartography : challenges and response. In: Geography and applied cartography : proceedings of the National Seminar on Geography and Applied Cartography, organised to commemorate the birth centenary celebration of Padmabhushan Professor S.P. Chatterjee. Organised by National Atlas & Thematic Mapping Organisation, in collaboration with Prof. S.P. Chatterjee Memorial Foundation. [General ed.: Pritvish Nag]. - Kolkata: Govt. of India, Dept of Science & Technology, National Atlas & Thematic Mapping Organisation 2003, p.217-221.

2305
Geography and applied cartography : proceedings of the National Seminar on Geography and Applied Cartography, organised to commemorate the birth centenary celebration of Padmabhushan Professor S.P. Chatterjee. Organised by National Atlas & Thematic Mapping Organisation, in collaboration with Prof. S.P. Chatterjee Memorial Foundation. [General ed.: Pritvish Nag]. - Kolkata: Govt. of India, Dept of Science & Technology, National Atlas & Thematic Mapping Organisation 2003, 356, [8] p., ill., mp.

2306
Herzog, Adrian: Developing cartographic applets for the internet. In: Maps and the internet. Ed. by Michael Peterson. Publ. on behalf of the International Cartographic Association. - Amsterdam [u.a.]: Elsevier Science 2003, p.117-130, 7 ill. ISBN 0-08-044201-3

2307
Jaroszewicz, Joanna: Colour progression scales balanced to constant depth colours. In: Geodezja i kartografia. 52, 2003, 3, p.179-188, 12 ill. [Engl. with Pol., and Russ. rés.] ISSN 0016-7134

2308
Krzywicka-Blum, Ewa: Agregacja danych punktowych i pól odniesiena a informacyjne

własności map gęstości. In: Polski przegląd kartograficzny. 35, 2003, 3, p.175-184, 8 ill., 3 tab. [Aggragation of dot elements and reference space units and informational characteristics of density maps.] [Pol. with Engl. and Russ. rés.] ISSN 0324-8321

2309
Lydon, Maeve: Community mapping : the recovery (and discovery) of our common ground. In: Geomatica. 57, 2003, 2, p.131-143. ISSN 1195-1036

2310
Palsky, Gilles: Cartes topographiques et cartes thématiques au XIXe siècle. In: La cartografia europea tra primo Rinascimento e fine dell' illuminismo : atti del Convegno Internazionale The Making of European Cartography, (Firenze, BNF-EUI, 13 - 15 dicembre 2001). A cura di Diogo Ramada Curto ; Angelo Cattaneo ; André Ferrand Almeida. - Firenze: L.S. Olschki 2003, p.275-289. (Studi / Accademia Toscana d Scienze e Lettere La Colombaria ; 213) [French] ISBN 88-222-5240-3

2311
Rao, V.M.: Regional development planning and urban change monitoring through high resoution IKONOS data. In: Geography and applied cartography : proceedings of the National Seminar on Geography and Applied Cartography, organised to commemorate the birth centenary celebration of Padmabhushan Professor S.P. Chatterjee. Organised by National Atlas & Thematic Mapping Organisation, in collaboration with Prof. S.P. Chatterjee Memorial Foundation. [General ed.: Pritvish Nag]. - Kolkata: Govt. of India, Dept of Science & Technology, National Atlas & Thematic Mapping Organisation 2003, p.329-333.

2312
Schlichtmann, Hansgeorg: Visualization in thematic cartography : towards a framework. In: The selected problems of theoretical cartography 2000 : proceedings of a seminar of the Commission on Theoretical Cartography (Gdańsk, Poland, July 20-21, 2002). Alexander Wolodtschenko. - Dresden: International Cartographic Association 2003, p.49-61.

2313
Šumova, O.V.: Topologija na elektronnych tematičeskich kartach. In: Geodezija i kartografija : oficial'nyj organ Federal'noj Służby Geodezii i Kartografii Rossii i Geodeziceskich Sluzb Stran. 2003, 5, p.35-39. [Topology in electronic thematic maps.] [Russ.] ISSN 0016-7126

2314
Zanin, Christine; Trémélo, Marie-Laure: Savoir faire une carte : aide à la conception et à la réalisation d'une carte thématique univariée. - Paris: Belin 2003, 199 p., mp. (Belin Sup, Géographie)
ISBN 2-7011-3671-7

2. Maps Grouped According to scale
Maßstabsbestimmte Kartengruppen
Cartes groupées d'après les échelles

a. Map Scales larger than 1:10 000
Karten bis 1:10 000
Cartes jusqu'à l'èchelle 1:10 000

2315
Kozłowska, Anna: Mapa roślinności warszawy w skali 1:10 000 : założenia teoretyczne, metoda wykonania i zastosowanie. In: Badania środowiska fizycznogeograficznego aglomeracji Warszawskiej = Studies on physicogeographical environment for Warsaw agglomeration. - Warszawa: IGiPZ PAN 2001, p.107-119, 1 ill. (Prace Geograficzne ; 180) [Vegetation map of Warsaw at a scale of 1:10 000 :

assumptions methods and application.]
[Pol. with Engl. summary]
ISBN 83-87954-03-9

2316
Nimre, Saleem; Doytsher, Yerach: An alignment process for fusion of large-scale master plans. In: Geomatica. 57, 2003, 3, p.299-311, 13 ill., 2 tab. ISSN 1195-1036

2317
Thüringer Anweisung für die Anfertigung von amtlichen Lageplänen zu Bauanträgen (Thüringer Lageplananweisung) : Runderlass des Thüringer Innenministeriums vom 29.05.2000, [Az.]: 64-9352.10-001. - Erfurt: Thüringer Landesvermessungsamt 2000, Getr. Zählung. (Nr. ...der Vorschriftensammlung / Thüringer Innenministerium, Kataster- und Vermessungswesen ; 20)

b. Map Scales from 1:10 000 to 1:300 000
Karten von 1:10 000 bis 1:300 000
Cartes de l'échelle 1:10 000 à l'échelle 1:300 000

2318
Berlińska, Barbara: Mapy wielkoskalowe wydane po roku 1945. In: Biuletyn Informacyjny Biblioteki Narodowej. 157, 2001, 2, p.20-23, 6 ill. [Big-scale maps published after 1945.] [Pol.] ISSN 0006-3983

2319
Blauw, Maili: Waterstaat in kaart : geschiedenis van de waterstaatskaart van Nederland 1865-1992. - Utrecht: Matrijs 2003, 160 p., ill., mp. [water state in maps : history of the water state card of the Netherlands 1865-1992.] [Dutch]
ISBN 90-5345-223-0

2320
Frye, Charlie: The 1:24,000-scale topographic base map data model. In: Cartography and geographic information science. 30, 2003, 2, p.163-168, 4 ill. ISSN 1523-0406

2321
Medynska-Gulij, B.: The effect of cartographic content on tourist map users. In: Cartography : journal of the Mapping Sciences Institute, Australia. 32, 2003, 2, 7 ill. ISSN 0069-0805

2322
Opach, Tomasz; Pasławski, Jacek: Koncepcja Mapy dziedzictwa przyrodniczo-kulturowego Polski 1: 50 000. In: Polski przegląd kartograficzny. 35, 2003, 1, p.3-11, 5 ill. [Concept of a map of the natural-cultural heritage of Poland 1 : 50 000.]
[Pol. with Engl. and Russ. rés.]
ISSN 0324-8321

2323
Plit, Joanna: Atlas awifauny Warszawy. In: Badania środowiska fizycznogeograficznego aglomeracji Warszawskiej = Studies on physicogeographical environment for Warsaw agglomeration. - Warszawa: IGiPZ PAN 2001, p.121-129, 2 ill. (Prace Geograficzne ; 180) [Atlas of birds of Warsaw.] [Pol. with Engl. summary]
ISBN 83-87954-03-9

2324
Sandner, Eberhard; Kurze, Jutta: Kartenverfälschung bei der mittelmaßstäbigen landwirtschaftlichen Standortkartierung. In: Kartenverfälschung als Folge übergroßer Geheimhaltung? : eine Annäherung an das Thema Einflußnahme der Staatssicherheit auf das Kartenwesen der DDR ; Referate der Tagung der BStU vom 08.-09.2001 in Berlin. Hrsg. von Dagmar Unverhau. - Münster: Lit 2002, p.143-155, 8 tab.
ISBN 3-8258-5964-9

2325
Schneider, Friedrich: Qualitätsanalyse und Qualitätskontrolle von Autokarten im

Maßstab 1 : 200 000. - Wien: Universität 2003, 122 p., 126 ill. [Diplomarbeit]

2326
Thaler, Peter: Konzeption und Realisierung einer Sportstättenkarte am Beispiel Wien. - Wien: Universität 2003, 107 p., 19 ill., 13 tab., Anhang: Kartenausschnitt 1:12 500 mit Legende.

c. Map Scales smaller than 1:300 000
Karten kleiner als 1:300 000
Cartes à une échelle de moins de 1:300 000

2327
Gábor, Timár; József, Varga; Balázs, Székely: Ismeretlen paraméterezésú valódi kúpvetületern készült térkép térinformatikai rendszerbe integrálása. In: Geodézia és kartográfia. 55, 2003, 2, p.8-11, 1 ill., 1 tab. [GIS integration of a map drawn in real conic projection with unknown parameters.] [Hung. with Engl. rés.]
ISSN 0016-7118

3. Maps Grouped According to Content
Inhaltsbestimmte Kartengruppen
Cartes groupées d'après leur contenu

Administration / Verwaltung / Administration

2328
Bill, Ralf: Eine günstige Alternative : Open Source als Basis für Internet-GIS-Lösungen in Kommunen und Landkreisen. In: GeoBit : das Magazin für raumbezogene Informationstechnologie. 8, 2003, 10, p.28-30, 3 ill. ISSN 1430-3663

2329
Guria, M.; Mandal, U.K.: Civic amenities index mapping : an approach to the assessment of the distribution of social infrastructure. In: Geography and applied cartography : proceedings of the National Seminar on Geography and Applied Cartography, organised to commemorate the birth centenary celebration of Padmabhushan Professor S.P. Chatterjee. Organised by National Atlas & Thematic Mapping Organisation, in collaboration with Prof. S.P. Chatterjee Memorial Foundation. [General ed.: Pritvish Nag]. - Kolkata: Govt. of India, Dept of Science & Technology, National Atlas & Thematic Mapping Organisation 2003, p.163-172, 4 tab.

2330
Oltersdorf, Bettina: Gute Karten für die Verwaltung : das Planungs- und Informationssystem der Stadt Göppingen. In: GeoBit : das Magazin für raumbezogene Informationstechnologie. 8, 2003, 8, p.30-31, 2 ill. ISSN 1430-3663

2331
On "The Heisei Great Consolidation of Cities, Towns and Villages". In: Map : journal of the Japan Cartographers Association. 41, 2003, 4, p.48-50. [Jap.]
ISSN 0009-4897

2332
Pélissier, Jean-Pierre: Cartographie administrative historique de l'Yonne. - Auxerre: Soc. Généalogique de l'Yonne 2003, 21-[31] p., mp. ISBN 2-9510313-5-1

2333
Wulf, Joachim: Eine gute Verbindung : Kopplung voan SAP und GIS bei der Wasser- und Schifffahrtsverwaltung des Bundes. In: GeoBit : das Magazin für raumbezogene Informationstechnologie. 8, 2003, 11, p.28-29, 2 ill. ISSN 1430-3663

Agriculture / Landwirtschaft / Agriculture

2334
Hutár, Vladimír; Sviček, Michal; Scholz, Peter: Parcelné merania v Slovenskej republike podľa kritérií Európskerj únie (integrovaný administratívny a kontrolný systém, časø parcelné merania a tolerancie). In: Kartografické listy. 11, 2003, p.24-29, 2 ill., 1 tab. [Measurement of parcels in the Slovak Republic with regard to the European Union's criteria (the measurement of parcels and tolerances as a part of integrated administrative and control system).] [Slovak. with Engl. rés.] ISBN 80-89060-02-1

2335
Pearson, Alastair; Collier, Peter: Agricultural history with GIS. In: Past time, past place : GIS for history. Ed. by Anne Kelly Knowles. - Redlands, Calif.: ESRI Press 2002, p.105-116, 6 ill. ISBN 1-589-48032-5

2336
Sandner, Eberhard; Kurze, Jutta: Kartenverfälschung bei der mittelmaßstäbigen landwirtschaftlichen Standortkartierung. In: Kartenverfälschung als Folge übergroßer Geheimhaltung? : eine Annäherung an das Thema Einflußnahme der Staatssicherheit auf das Kartenwesen der DDR ; Referate der Tagung der BStU vom 08.-09.2001 in Berlin. Hrsg. von Dagmar Unverhau. - Münster: Lit 2002, p.143-155, 8 tab. ISBN 3-8258-5964-9

2337
Spickermann, Gregor: Gebührender Abstand : GIS-gestützt erstellte Abstandskarten zeigen das Drifteintragspotenzial von Pflanzenschutzmitteln in Fließgewässer. In: GeoBit : das Magazin für raumbezogene Informationstechnologie. 8, 2003, 7, p.10-12, 3 ill., 1 tab. ISSN 1430-3663

2338
Strand, Geir-Harald: Gårdskart på nett. In: Kart og plan. 96, 2003, 2, p.121-125-6 ill. [Farm maps on the Internet.] [Norw. with Engl. rés.] ISSN 0047-3278

Archaeology / Archäologie / Archéologie

2339
Geschichtsdeutung auf alten Karten : Archäologie und Geschichte ; (46. Wolfenbütteler Symposium, vom 26. bis 29. Oktober 1999]. [Hrsg. von Dagmar Unverhau]. - Wiesbaden: Harrassowitz 2003, 495 p., ill., mp. (Wolfenbütteler Forschungen ; 101) ISBN 3-447-04813-1

2340
Göldner, Reiner; Schöninger, Johannes: Blick in die Vergangenheit : Sächsisches Landesamt für Archäologie nutzt Open-GIS-Technologie. In: GeoBit : das Magazin für raumbezogene Informationstechnologie. 8, 2003, 10, p.38-39, 3 ill. ISSN 1430-3663

2341
Gourdain, Nicolas: Le stage d'application du DESS-Carto : La cartographie appliquée à l'archéologie (STAGE du 1er juin au 31 août 2002, au Service Régional d'Archéologie d'Auvergne). In: Le Monde des Cartes : revue du Comité Français de Cartographie. 177-178, 2003, p.28-37, 4 ill. ISSN 1634-3522

2342
Harris, Trevor M.: GIS in archaelology. In: Past time, past place : GIS for history. Ed. by Anne Kelly Knowles. - Redlands, Calif.: ESRI Press 2002, p.131-143, 8 ill. ISBN 1-589-48032-5

2343
Herzig, Heinz Ernst: Plan de la ville d'Avenghe en Suisse (1786) : die erste archäologische Karte von Avenches. In:

Geschichtsdeutung auf alten Karten : Archäologie und Geschichte ; (46. Wolfenbütteler Symposium, vom 26. bis 29. Oktober 1999]. [Hrsg. von Dagmar Unverhau]. - Wiesbaden: Harrassowitz 2003, p.299-310, 5 ill. (Wolfenbütteler Forschungen ; 101) ISBN 3-447-04813-1

2344
Hofmann, Cathérine: Le Voyage pittoresque de la Grèce du comte de Choiseul-Gouffier (1782-1822) : la carte au service de la découverte archéologique. In: Geschichtsdeutung auf alten Karten : Archäologie und Geschichte ; (46. Wolfenbütteler Symposium, vom 26. bis 29. Oktober 1999]. [Hrsg. von Dagmar Unverhau]. - Wiesbaden: Harrassowitz 2003, p.311-330, 11 ill. (Wolfenbütteler Forschungen ; 101) ISBN 3-447-04813-1

2345
Kowanda, Andreas: Archäologische Karten - Ergebnisse der Kooperation zwischen dem Studiengang Kartographie der Hochschule für Technik und Wirtschaft Dresden (FH) und dem Sächsischen Landesamt für Archäologie. In: 10 Jahre Fachhochschulausbildung in den Studiengängen Vermessungswesen und Kartographie an der HTW Dresden (FH) und 50 Jahre Ausbildung von Vermessungs- und Kartographieingenieuren in Dresden. Hrsg. von Uwe Jäschke u.a. Schriftleitung: Kristin Gehrt - Harald Köhler. - Dresden: Fachbereich Vermessungswesen, Kartographie der Hochsch. für Technik und Wirtschaft 2002, p.111-121, 4 ill., 1 tab. (Dresdner Kartographische Schriften ; 4) ISSN 1436-0004

Astronomy / Astronomie / Astronomie

2346
Leopold, John H.: Astronomen, Sterne, Geräte : Landgraf Wilhelm IV. und seine sich selbst bewegenden Globen. - Luzern: Edition Joseph Fremersdorf 1986, 239 p., ill. ISBN 3-85766-023-6 [u.a. mit den Kapiteln: VIII. Die vier großen Globen von Jost Bürgi, p.112-145 ; X. Die Mondmodelle von Jost Bürgi bis zur Mondanomalieuhr, p.158-173 ; XII. Die Planetarien von Jost Bürgi, p.186-203 ; XIII. Globus und Mond auf der Kristalluhr von Jost Bürgi, 1622-23, p.204-210] [Literaturverz. p. 234 - 237]

2347
Zakšek, Klemen; Oštir, Krištof; Podobnikar, Tomaž: Osončenost površja Slovenije. In: Geodetski vestnik. 47, 2003, 1&2, p.55-63, 2 ill. [Solar illumination radiation of Slovenia.] [Sloven. with Engl. rés.] ISSN 0351-0271

Biology / Biologie / Biologie

2348
Biotopkartierung in Bergregionen : [Beiträge der Tagung "Biotopkartierung in Bergregionen" 28.29.2.2000]. Hrsg.: Dietrich Fürnkranz. - Dorfbeuern [u.a.]: 2001 2001, 503 p., ill., mp. (Sauterian : Schriftenreihe für systemat. Botanik, Floristik u. Geobotanik ; 11) ISBN 3-901917-03-9

2349
Blaschka, Albin; Zunghammer, Diana: Der Garnisonsübungsplatz Saalachau : Diversität im Spiegel sich ändernder Nutzung ; eine Fallstudie. In: Biotopkartierung in Bergregionen : [Beiträge der Tagung "Biotopkartierung in Bergregionen" 28./29.2.2000]. Hrsg.: Dietrich Fürnkranz. - Dorfbeuern [u.a.]: 2001 2001, p.255-281, 1 ill., 1 tab. (Sauterian : Schriftenreihe für systemat. Botanik, Floristik u. Geobotanik ; 11) ISBN 3-901917-03-9

2350
Blaschka, Albin: Biotzopkaritierung und Biotopdiversität : Möglichkeiten zur Feststellung objektivierbarer Parameter zur

Biotopdiversität. In: Biotopkartierung in Bergregionen : [Beiträge der Tagung "Biotopkartierung in Bergregionen" 28./ 29.2.2000]. Hrsg.: Dietrich Fürnkranz. - Dorfbeuern [u.a.]: 2001 2001, p.51-60, 2 ill. (Sauterian : Schriftenreihe für systemat. Botanik, Floristik u. Geobotanik ; 11) ISBN 3-901917-03-9

2351
Devine, Pauline: Mapping coral reefs : data collection options. In: Cartouche : the operational publication of the Canadian Cartographic Association. 50, 2003, p.8-10. ISSN 1183-2045

2352
Hüttmeyer, Ulrich F.H.; Reiter, Guido; Jerabek, Maria: Fledermäuse in Salzburg : Kartierung - Monitoring - Schutz. In: Biotopkartierung in Bergregionen : [Beiträge der Tagung "Biotopkartierung in Bergregionen" 28.29.2.2000]. Hrsg.: Dietrich Fürnkranz. - Dorfbeuern [u.a.]: 2001 2001, p.179-185, 1 ill. (Sauterian : Schriftenreihe für systemat. Botanik, Floristik u. Geobotanik ; 11) ISBN 3-901917-03-9

2353
Klötzli, Frank: Zur Biotopkartierung der Bergregionen : eine vegetationskundliche Betrachtung. In: Biotopkartierung in Bergregionen : [Beiträge der Tagung "Biotopkartierung in Bergregionen" 28.29.2.2000]. Hrsg.: Dietrich Fürnkranz. - Dorfbeuern [u.a.]: 2001 2001, p.9-25, 1 ill., 5 tab. (Sauterian : Schriftenreihe für systemat. Botanik, Floristik u. Geobotanik ; 11) ISBN 3-901917-03-9

2354
Nowotny, Günther; Arming, Claudia; Eichberger, Christian: Die Salzburger Biotopkartierung als Grundlage für vegationskundliche Forschungen am Beispiel von Mager- und Halbtrockenrasen. In: Biotopkartierung in Bergregionen : [Beiträge der Tagung "Biotopkartierung in Bergregionen" 28./29.2.2000]. Hrsg.: Dietrich Fürnkranz. - Dorfbeuern [u.a.]: 2001 2001, p.189-223, 3 ill., 4 tab., 5 mp. (Sauterian : Schriftenreihe für systemat. Botanik, Floristik u. Geobotanik ; 11) ISBN 3-901917-03-9

2355
Patzner, Robert A.: Kartierung von Flusskrebsen im Bundesland Salzburg. In: Biotopkartierung in Bergregionen : [Beiträge der Tagung "Biotopkartierung in Bergregionen" 28.29.2.2000]. Hrsg.: Dietrich Fürnkranz. - Dorfbeuern [u.a.]: 2001 2001, p.223-229, 2 ill. (Sauterian : Schriftenreihe für systemat. Botanik, Floristik u. Geobotanik ; 11) ISBN 3-901917-03-9

2356
Pauler, Gottfried: Web-basierte kartographische Applikation gezeigt am Säugetieratlas von Österreich. - Wien: TU 2003, 149 p., 25 ill., 2 tab. [Dipl.-Arb.]

2357
Pedrotti, Franco: Biotopkartierung im Trentino : Methoden und Resultate. In: Biotopkartierung in Bergregionen : [Beiträge der Tagung "Biotopkartierung in Bergregionen" 28.29.2.2000]. Hrsg.: Dietrich Fürnkranz. - Dorfbeuern [u.a.]: 2001 2001, p.61-74, 7 ill. (Sauterian : Schriftenreihe für systemat. Botanik, Floristik u. Geobotanik ; 11) ISBN 3-901917-03-9

2358
Plit, Joanna: Atlas awifauny Warszawy. In: Badania środowiska fizycznogeograficznego aglomeracji Warszawskiej = Studies on physicogeographical environment for Warsaw agglomeration. - Warszawa: IGiPZ PAN 2001, p.121-129, 2 ill. (Prace Geograficzne ; 180) [Atlas of birds of Warsaw.] [Pol. with Engl. summary] ISBN 83-87954-03-9

2359
Ryžikov, A.I.: Kartografija genoma i proektirovanie zapovednikov. In: Geodezija i kartografija : oficial'nyj organ Federal'noj Sluzby Geodezii i Kartografii Rossii i Geodeziceskich Sluzb Stran. 2003, 3, p.37-40, 2 ill. [Cartography of genome and projecting national parcs.] [Russ.]
ISSN 0016-7126

2360
Vandegraft, Douglas L.: Report on cartographic and GIS activity in the U.S. Fish and Wildlife service. In: Cartography and geographic information science. 30, 2003, 2, p.169-173, 5 ill.

Climatology and Meteorology / Klimatologie und Meteorologie / Climatologie et météorologie

2361
Birsak, Lukas; Hitz, Harald: Klimawandel und Klimakarten im Schulatlas. In: GW-Unterricht. 89, 2003, p.40-48, 2 ill., 1 mp.

2362
Gleitsmann, Lars; Kappas, Martin: DGM-Erstellung und Reliefanalyse aus Schrägluftbildern in Alaska als Grundlage angewandter Klimaforschung. In: Auf dem Weg zu operationellen Prozessketten in Photogrammetrie, Fernerkundung und Geoinformation : 23. wissenschaftlich-technische Jahrestagung der DGPF 9. - 11. September 2003 in Bochum. Eckhardt Seyfert, Hrsg. - Münster: Geschäftsstelle der DGPF 2003, p.329-338, 4 ill. (Publikationen der Deutschen Gesellschaft für Photogrammetrie, Fernerkundung und Geoinformation e.V. ; Band 12) ISBN 0942-2870 [CD-ROM enth.: Farbabbildungen des Tagungsbandes]

2363
Grilc, Matjaž and others: Vzpsostavitev katastra stavb : registrski podatki. In: Geodetski vestnik. 47, 2003, 3, p.55-63, 2 ill. [The setup of building cadastre : registry data.] [Sloven. with Engl. rés.]
ISSN 0351-0271

2364
Höfner, Matthias; Schaab, Gertrud: Dynamische Visualisierung von Wetter und Klima. In: Visualisierung und Erschließung von Geodaten : Seminar GEOVIS 2003, 26. bis 27. Februar 2003, Universität Hannover. Hrsg. von der Deutschen Gesellschaft für Karthographie e.V., Kommission Geoinformation und Visualisierung. Schriftleitung: Jürgen Dodt; Wolf-Dieter Rase. - Bonn: Kirschbaum-Verl. 2003, p.35-45, 5 ill. (Kartographische Schriften ; 7)
ISBN 3-7812-1577-6

2365
Lloyd, Christopher D.: Increasing the accuracy of predictions of monthly precipitation in Great Britain using kriging with an external drift. In: Uncertainty in remote sensing and GIS. Edited by Giles M. Foody and Peter M. Atkinson. - Chichester: Wiley 2002, p.243-267, 21 ill., 4 tab.[Paper from a conference held at the University of Southampton in July 2001]
ISBN 0-470-84408-6

2366
Tiefenbach, Priska: 3D-Visualisierung Regio-Klima. In: Geomatik Schweiz : Geoinformation und Landmanagement. 101, 2003, 6, p.344, 1 ill. [Germ. with French, and Ital. rés.] ISSN 0252-9424

2367
Trofimova, I.Ye.: Classification and mapping of climates of the Baykal mountain-basin system. In: Mapping sciences and remote sensing. 40, 2003, 1, p.66-78, 1 ill., 1 tab. ISSN 0749-3878

2368
Voisard, François: Développement d'un système d'iformation pour piétons. In: Geomatik Schweiz : Geoinformation und Landmanagement. 101, 2003, 7, p.384-388, 4 ill., 1 tab. [French with Germ., and Ital. rés.] ISSN 0252-9424

2369
Zakšek, Klemen; Oštir, Krištof; Podobnikar, Tomaž: Osončenost površja Slovenije. In: Geodetski vestnik. 47, 2003, 1&2, p.55-63, 2 ill. [Solar illumination radiation of Slovenia.] [Sloven. with Engl. rés.] ISSN 0351-0271

Culture / Kultur / Culture

2370
González Rodríguez, Jaime: Cartografia de la política cultural en Nueva España. In: Grandes viajes descubridores. Seminario Iberoamericano de Descubrimientos y Cartografia, Instituto Interuniversitario de Estudios de Iberoamérica y Portugal. Coord.: Jesús Varela Marcos. - Tordesillas, Valladolid: Instituto Interuniversitario de Estudios de Iberoamérica y Portugal 2001, p.81-108, 11 ill. (Descubrimientos y cartografia ; 4) [Cartography of cultural politics in Nueva España.] [Span.] ISBN 8493062-96-0

2371
Opach, Tomasz; Pasławski, Jacek: Koncepcja Mapy dziedzictwa przyrodniczo-kulturowego Polski 1: 50 000. In: Polski przegląd kartograficzny. 35, 2003, 1, p.3-11, 5 ill. [Concept of a map of the natural-cultural heritage of Poland 1 : 50 000.] [Pol. with Engl. and Russ. rés.] ISSN 0324-8321

2372
Robert, Pascale de; Laques, Anne-Élisabeth: "La carte de notre terre" : enjeux cartographiques vus par les Indiens Kayapó (Amazonie Brésilienne). In: Mappemonde. 2003, 69, p.1-6, 4 ill. [French with Engl., and Span. rés.] ISSN 0764-3470

2373
Rottland, Thomas: Von Stämmen und Ländern und der Macht der Karte : eine Dekonstruktion der ethnographischen Kartierung Deutsch-Ostafrikas. - Berlin: Schwarz 2003, 118 p., mp. + 1 CD-ROM. (Arbeitshefte / Zentrum Moderner Orient, Geisteswissenschaftlich Zentren Berlin e.V. ; 21) ISBN 3-87997-609-0 [CD-ROM enth.: Kartenbeispiele]

2374
Thaler, Peter: Konzeption und Realisierung einer Sportstättenkarte am Beispiel Wien. - Wien: Universität 2003, 107 p., 19 ill., 13 tab., Anhang: Kartenausschnitt 1:12 500 mit Legende.

Demography / Demographie / Démographie

2375
Betal, Himanshu R.: Population mapping : a cartographic challenge. In: Geography and applied cartography : proceedings of the National Seminar on Geography and Applied Cartography, organised to commemorate the birth centenary celebration of Padmabhushan Professor S.P. Chatterjee. Organised by National Atlas & Thematic Mapping Organisation, in collaboration with Prof. S.P. Chatterjee Memorial Foundation. [General ed.: Pritvish Nag]. - Kolkata: Govt. of India, Dept of Science & Technology, National Atlas & Thematic Mapping Organisation 2003, p.222-224.

2376
Beveridge, Andrew A.: Immigration, ethnicity, and race in metropolitan New York, 1900-2000. In: Past time, past place : GIS for history. Ed. by Anne Kelly Know-

les. - Redlands, Calif.: ESRI Press 2002, p.65-77, 8 ill. ISBN 1-589-48032-5

2377
Burdack, Sven; Ueberschär, Nicole; Schweikart, Jürgen: Bevölkerungsstatistische Online-Informationssysteme für Berlin : Flash und SVG im Vergleich. In: Kartographische Nachrichten. 53, 2003, 4, p.160-167, 5 ill., 3 tab. ISSN 0022-9164

2378
Gregory, Ian N.; Southall, Humphrey R.: Mapping British population history. In: Past time, past place : GIS for history. Ed. by Anne Kelly Knowles. - Redlands, Calif.: ESRI Press 2002, p.117-130, 9 ill., 1 tab. ISBN 1-589-48032-5

2379
Harris, Richard: An introduction to mapping the 2001 Census of England and Wales. In: The Bulletin of the Society of Cartographers. 37, 2003, 2, p.39-42, 2 ill. ISSN 0036-1884

2380
Harris, Richard: Population mapping by geodemographical and digital imagery. In: Remotely sensed cities. Ed. by Victor Mesev. - London [u.a.]: Taylor & Francis 2003, p.223-241, 5 ill. ISBN 0-415-26045-0

2381
Koninck, Rodolphe de; Miller, Marc; Gendron, Bruno: La répartition de la population en Asie du Sud-Est : Cartographie de son évolution 1950-1995. In: Mappemonde. 2003, 71, p.1-6, 5 ill. [French with Engl., and Span. rés.] ISSN 0764-3470

2382
Langford, Mitchel: Refining methods for dasymetric mapping using satellite remote sensing. In: Remotely sensed cities. Ed. by Victor Mesev. - London [u.a.]: Taylor & Francis 2003, p.137-156, 5 ill. ISBN 0-415-26045-0

2383
Ortbauer, Hartwig: Nutzerbestimmte kartographische Animationen von Bevölkerungsentwicklungsdaten. - Wien: TU 2003, 72 p., 23 ill. [Dipl.-Arb.]

Ecology / Ökologie / Ecologie

2384
Blaschka, Albin: Biotzopkaritierung und Biotopdiversität : Möglichkeiten zur Feststellung objektivierbarer Parameter zur Biotopdiversität. In: Biotopkartierung in Bergregionen : [Beiträge der Tagung "Biotopkartierung in Bergregionen" 28.29.2. 2000]. Hrsg.: Dietrich Fürnkranz. - Dorfbeuern [u.a.]: 2001 2001, p.51-60, 2 ill. (Sauterian : Schriftenreihe für systemat. Botanik, Floristik u. Geobotanik ; 11) ISBN 3-901917-03-9

2385
Burghardt, Dirk; Edwardes, Alistair; Weibel, Robert: WebPark - Entwicklung eines mobilen Informationssystems für Erholungs- und Naturschutzgebiete. In: Kartographische Nachrichten. 53, 2003, 2, p.58-64, 6 ill., 3 tab. ISSN 0022-9164

2386
De kadastrale kaart van 1832 : digitale ontsluiting on landschapsecologische toepassingen. W.C.Knol ; M.W.M. Noordman. - Wageningen: Alterra, Research Inst. voor de Groene Ruimte 2003, 60 p., ill., mp. (Alterra-rapport ; 820)

2387
Diehl, Frank: Stand der forstlichen Standortskartierung in Salzburg : Methoden und Resultate. In: Biotopkartierung in Bergregionen : [Beiträge der Tagung "Biotopkartierung in Bergregionen" 28.29.2.2000]. Hrsg.: Dietrich Fürnkranz. - Dorfbeuern

[u.a.]: 2001 2001, p.87-108, 1 ill., 4 tab. (Sauterian : Schriftenreihe für systemat. Botanik, Floristik u. Geobotanik ; 11) ISBN 3-901917-03-9

2388
Vandegraft, Douglas L.: Report on cartographic and GIS activity in the U.S. Fish and Wildlife service. In: Cartography and geographic information science. 30, 2003, 2, p.169-173, 5 ill.

2389
Warren, Anthony J. and others: Managing uncertainty in a geospatial model of biodiversity. In: Uncertainty in remote sensing and GIS. Edited by Giles M. Foody and Peter M. Atkinson. - Chichester: Wiley 2002, p.167-185, 8 ill., 4 tab. [Paper from a conference held at the University of Southampton in July 2001] ISBN 0-470-84408-6

2390
Weidinger, Herbert; Mrkvicka, Alexander: Standortlkartierung der Quellenschutzwälder der Stadt Wien. In: Biotopkartierung in Bergregionen : [Beiträge der Tagung "Biotopkartierung in Bergregionen" 28.29.2. 2000]. Hrsg.: Dietrich Fürnkranz. - Dorfbeuern [u.a.]: 2001 2001, p.109-121, 1 ill. (Sauterian : Schriftenreihe für systemat. Botanik, Floristik u. Geobotanik ; 11) ISBN 3-901917-03-9

Economics / Wirtschaft / Economie

2391
Andrae, Christine: Jenseits von Web Mapping : Chancen von OpenGIS in der Wasserwirtschaft. In: GeoBit : das Magazin für raumbezogene Informationstechnologie. 8, 2003, 11, p.38-40, 3 ill.

2392
Forsthuber, Johannes: Mobiles GIS mit DGPS zur Datenerfassung. In: 12. Internationale Geodätische Woche, Obergurgl 2003. Günter Chesi; Thomas Weinold (Hrsg.). - Heidelberg: Wichmann 2003, p.225-230, 6 ill. ISBN 3-87907-401-1

2393
Lembo, Arthur J. and others: Computing distance to the nearest utility : as the crow flies vs. as the gas flows. In: Cartography and geographic information science. 30, 2003, 4, p.335-342, 10 ill. ISSN 1523-0406

2394
Müller, Detlev: Vor Ort statt im Büro : mobiles GIS im technischen Betrieb eines Gasversorgers. In: GeoBit : das Magazin für raumbezogene Informationstechnologie. 8, 2003, 8, p.10-12, 3 ill. ISSN 1430-3663

2395
Murad, AbdulKader A.: Creating a GIS application for retail centers in Jeddah city : problems in operational applications? In: International journal of applied earth observation and geoinformation. 4, 2003, 4, p.329-338, 6 ill. ISSN 0303-2434

2396
Ottoson, Lars: Ekonomiska kartan på tio-i-topp. In: Kart & bildteknik : mapping and image science. 18, 2003, 4, p.22-23, 1 ill. [Economic maps in the top ten.] [Swed.] ISSN 0283-0418

2397
Rücklinger, Georg: Darstellung von Wirtschaftsdaten in einem elektronischen Atlas. - Wien: Universität Wien 2003, 117 p., 33 ill., 2 tab., 1 CD.

2398
Scanu, Giuseppe; Madau, Caterina; Podda, Cinzia: Tra cartografia, sviluppo locale e risorse della montagna : l'esempio della carta del sughero della Sardegna. In: Bollettino della Associazione Italiana di Cartografia. 40, 2003, 117-118-119,

p.178-209, 6 ill., 5 tab. [Between cartography, local development and mountain resources : the example of the cork map of Sardinia.] [Ital.] ISSN 0044-9733

2399
Schans, R. van der: Koopgoot in kaart : kwartiermakers gezocht. In: Geodesia. 45, 2003, 3, p.124-126, 7 ill. [Shopping mall in maps : looking for pathfinders.] [Dutch] ISSN 1385-7517

2400
Wilting, Rolf; Borchert, Axel: Eine Frage des Standortes : Geoinformationen sorgen für Überblick in der Immobilienwirtschaft. In: GeoBit : das Magazin für raumbezogene Informationstechnologie. 8, 2003, 11, p.25-27, 3 ill. ISSN 1430-3663

2401
Yu, Jie; Bian, Fuling; Hu, Binqing: Dynamic simulation on the relationship between socio-economic development and eco-environment based on the integration of GIS and SD. In: Geomatics and information science of Wuhan University. 28, 2003, 1, p.18-24, 6 ill., 1 tab. [Chin. with Engl. rés.] ISSN 1000-050X

Environment / Umwelt / Entourage

2402
Andrzejewska, Maria; Baranowski, Marek; Rusztecka, Monika: Elektroniczny atlas środowiska Polski. In: Polski przegląd kartograficzny. 35, 2003, 1, p.33-37, 6 ill. [Electronic atlas of the environment of Poland.] [Pol.] ISSN 0324-8321

2403
Cunfer, Geoff: Causes of the dust bowl. In: Past time, past place : GIS for history. Ed. by Anne Kelly Knowles. - Redlands, Calif.: ESRI Press 2002, p.93-104, 8 ill. ISBN 1-589-48032-5

2404
Curran, Mary: Dialogues of difference : contested mappings of tourism and environmental protection in Butte, Montana. In: Mapping tourism. Ed. by Stephen P. Hanna and Vincent J. Del Casino Jr. - Minneapolis, Minn [u.a.]: University of Minnesota Press 2003, p.132-160, 5 ill. [Include bibliographical references (p.187-207) and index] ISBN 0-8166-3955-8/ 0-8166-3956-6

2405
Das, Nikilesh: Thematic mapping in disaster management. In: Geography and applied cartography : proceedings of the National Seminar on Geography and Applied Cartography, organised to commemorate the birth centenary celebration of Padmabhushan Professor S.P. Chatterjee. Organised by National Atlas & Thematic Mapping Organisation, in collaboration with Prof. S.P. Chatterjee Memorial Foundation. [General ed.: Pritvish Nag]. - Kolkata: Govt. of India, Dept of Science & Technology, National Atlas & Thematic Mapping Organisation 2003, p.34-40, 1 ill., 1 mp., 4 tab.

2406
Frick, Annett; Tervooren, Steffen: Erholungswert bewahren : Potsdams internetkompatibles Umweltinformationssystem. In: GeoBit : das Magazin für raumbezogene Informationstechnologie. 8, 2003, 7, p.22-24, 3 ill. ISSN 1430-3663

2407
Heywood, E.; Hall, J.R.; Wadsworth, R.A.: The effects of uncertainty in deposition data on predicting exceedances of acidity critical loads for sensitive UK ecosystems. In: Uncertainty in remote sensing and GIS. Edited by Giles M. Foody and Peter M. Atkinson. - Chichester: Wiley 2002, p.187-208, 7 ill., 3 tab. ISBN 0-470-84408-6 [Paper from

a conference held at the University of Southampton in July 2001]

2408
Kassebeer, Wolf; Ruff, Michael: Georisikokarte Vorarlberg : Analyse geogener Gefährdungen mit GIS im regionalen Maßstab. In: Angewandte geographische Informationsverarbeitung XIV : Beiträge zum AGIT-Symposium Salzburg 2003. Josef Strobl ... (Hrsg.). - Heidelberg: Wichmann 2003, p.186, 4 ill., 1 tab. ISBN 3-87907-392-9

2409
Kinberger, Michaela: Datenbankgenerierte Internet-Kartographie : ein Hilfsmittel für den Lawinenwarndienst. In: Kartographische Nachrichten. 53, 2003, 5, p.203-206, 4 ill. ISSN 0022-9164

2410
Kinberger, Michaela; Kriz, Karel; Nairz, Patrick: Automationsgestützte kartographische Visualisierung im Internet : ein Hilfsmittel für den Lawinenwarndienst. In: Angewandte geographische Informationsverarbeitung XIV : Beiträge zum AGIT-Symposium Salzburg 2003. Josef Strobl ... (Hrsg.). - Heidelberg: Wichmann 2003, p.218-223, 3 ill. ISBN 3-87907-392-9

2411
Kraus, Karl: LaserScanDTMs for modeling flood risk areas. In: GIS : Geoinformationssysteme. 16, 2003, 12, p.26-31, 10 ill.

2412
Mattson, Daniel and others: Brandriskmodell für samhällen i nordvästra USA : Pocatello och Lava Hot Springs, Idaho. In: Kart & bildteknik : mapping and image science. 18, 2003, 1, p.16-19, 9 ill. [Model for danger of fire for communities in Northwest USA.] [Swed.] ISSN 0283-0418

2413
Meer, Ad van der: Wetsvoorstel "Registratie gegevens externe veiligheid". In: Geodesia. 45, 2003, 4, p.176-178, 4 ill. [Bill "Registration data external security".] [Dutch] ISSN 1385-7517

2414
Möller, Matthias: Urbanes Umweltmonitoring mit digitalen Flugzeugscannerdaten. - Heidelberg: Wichmann [u.a.] 2003, IX, 126 p., ill., mp.+ 1 CD-ROM u. 1 3-D-Brille. ISBN 3-87907-402-X [1. Aufl.]

2415
Niederer, Sibylle: Kartographische und konzeptionelle Gestaltung für WebGIS : am Beispiel eines GIS-Portals für den Katastrophenschutz. - Wien: Universität 2003, 102 p., 33 ill., 2 tab. [Diplomarbeit]

2416
Niederer, Sibylle; Kriz, Karel: Kartographische und methodische Gestaltung für Online-GIS : am Beispiel eines GIS Portals für den Katastrophenschutz. In: Angewandte geographische Informationsverarbeitung XIV : Beiträge zum AGIT-Symposium Salzburg 2003. Josef Strobl ... (Hrsg.). - Heidelberg: Wichmann 2003, p.330-335, 1 tab. ISBN 3-87907-392-9

2417
Placer, Kerstin; Hadrbolec, Michael: Umwelt in Nachbars Garten : Österreichisches Umweltbundesamt bietet aktuelle Informationen für Fachleute und Öffentlichkeit. In: GeoBit : das Magazin für raumbezogene Informationstechnologie. 8, 2003, 10, p.14-16, 4 ill. ISSN 1430-3663

2418
Ponomarev, Ye.I.; Sukhinin, A.I.: Methods for mapping and medium-range forecasting of fire danger in forests on the basis of weather conditions. In: Mapping sciences

and remote sensing. 40, 2003, 4, p.304-310, 3 ill., 1 tab. ISSN 0749-3878

2419
Prechtel, Nikolas; Habermann, Klaus: Aufnahme und Kartierung der Weißeritzflut im Dresdner Stadtgebiet. In: Kartographische Nachrichten. 53, 2003, 1, p.23-27, 5 ill. ISSN 0022-9164

2420
Sande, C.J. van der; Jong, S.M. de; Roo, A.P.J. de: A segmentation and classification approach of IKONOS-2 imagery for land cover mapping to assist flood risk and flood damage assessment. In: International journal of applied earth observation and geoinformation. 4, 2003, 3, p.217-229, 6 ill., 8 tab. ISSN 0303-2434

2421
Scheider, Simon and others: Einfach kinderleicht : interaktive Verortung, Animation und Analyse von Naturbeobachtungen. In: GeoBit : das Magazin für raumbezogene Informationstechnologie. 8, 2003, 10, p.8-10, 5 ill. ISSN 1430-3663

2422
Schmidt, Ronald; Heller, Armin; Sailer, Rudolf: Die Eignung verschiedener digitaler Geländemodelle für die dynamische Lawinensimulation mit SAMOS. In: Angewandte geographische Informationsverarbeitung XIV : Beiträge zum AGIT-Symposium Salzburg 2003. Josef Strobl ...(Hrsg.). - Heidelberg: Wichmann 2003, p.455-464, 2 ill, 1 tab. ISBN 3-87907-392-9

2423
Schütz, Marion; Kühl, Robert: In die Tiefe gehen : das grafische Bohrdaten-Informationssystem der Landeshauptstadt Stuttgart. In: GeoBit : das Magazin für raumbezogene Informationstechnologie. 8, 2003, 10, p.23-25, 5 ill. ISSN 1430-3663

2424
Sikorska-Maykowska, Małgorzata and others: Rodzaje generalizacji treści map topograficznych na przykładzie mapy 1:50 000. In: Polski przegląd kartograficzny. 35, 2003, 4, p.259-264, 4 ill., 2 tab. [Methods of presentation of geoenvironmental issues on general thematic maps.] [Pol. with Engl. and Russ. rés.] ISSN 0324-8321

2425
Taddei, Ugo; Hochschild, Volker: A visualization system for environmental information systems and geohydrological modeling : proceedings at Anhalt University of Applied Sciences 2003 ; [proceedings to the 4th International Conference on New Technologies in Landscape Architecture (May 15 and 16, 2003) held by the master of landscape architecture program of Anhalt University of Applied Sciences]. In: Trends in landscape modeling : proceedings at Anhalt University of Applied Sciences 2003 ; [proceedings to the 4th International Conference on New Technologies in Landscape Architecture (May 15 and 16, 2003) held by the master of landscape architecture program of Anhalt University of Applied Sciences]. Erich Buhmann; Stephen M. Ervin (eds.). - Heidelberg: Wichmann 2003, p.10-19, 4 ill. ISBN 3-87907-403-8

2426
Talwar, Sonia and others: The Georgia Basin Digital Library (GBDL) : a framework for a place-based exploration of sustainability issues. In: Geomatica. 57, 2003, 2, p.155-164, 5 ill. ISSN 1195-1036

2427
Voženílek, Vít: Struktura databáze sesuvů pro modelování a tvorbu map svahových deformací. In: Kartografické listy. 11, 2003, p.114-121, 2 ill., 5 tab. [Structure of the landslide database for modelling and production of the slope deformation maps.]

[Slovak. with Engl. rés.]
ISBN 80-89060-02-1

2428
Yu, Jie; Bian, Fuling; Hu, Binqing: Dynamic simulation on the relationship between socio-economic development and eco-environment based on the integration of GIS and SD. In: Geomatics and information science of Wuhan University. 28, 2003, 1, p.18-24, 6 ill., 1 tab. [Chin. with Engl. rés.] ISSN 1000-050X

2429
Zhang, C. and others: GML-based interoptable geographical databases. In: Cartography : journal of the Mapping Sciences Institute, Australia. 32, 2003, 2, p.1-15, 9 ill. ISSN 0069-0805

Forestry / Forstwirtschaft / Sylviculture

2430
Barnes, Grenville and others: Developing a spatio-temporal cadastral database using county appraisal data from northern Florida. In: Surveying and land information science. 63, 2003, 4, p.243-251, 9 ill. ISSN 1538-1242

2431
Beck, Torsten and others: Gründlich durchforstet : Katasterdigitalisierung und Qualitätssicherung in der Thüringer Landesforstverwaltung. In: GeoBit : das Magazin für raumbezogene Informationstechnologie. 8, 2003, 7, p.16-18, 4 ill.

2432
Diehl, Frank: Stand der forstlichen Standortskartierung in Salzburg : Methoden und Resultate. In: Biotopkartierung in Bergregionen : [Beiträge der Tagung "Biotopkartierung in Bergregionen" 28.29.2.2000]. Hrsg.: Dietrich Fürnkranz. - Dorfbeuern [u.a.]: 2001 2001, p.87-108, 1 ill., 4 tab. (Sauterian : Schriftenreihe für systemat. Botanik, Floristik u. Geobotanik ; 11) ISBN 3-901917-03-9

2433
Gillieson, David and others: Dieback mapping and assessment in rainforests of tropical North Queensland. In: 2001, geography - a spatial odyssey : proceedings of the third Joint Conference of the New Zealand Geographical Society and the Institute of Australian Geographers. Ed. by Peter Holland. - Hamilton: New Zealand Geographical Soc. 2002, p.165-170, 3 ill., 2 tab. (Conference series / New Zealand Geographical Society ; 21)

2434
Graichen, Beate; Kranz, Katrin: Das Forstliche Geographische Informationssystem von Sachsen (FGIS). In: Arbeitsgruppe Automation in der Kartographie : Tagung 2002. - Frankfurt am Main: Verlag des Bundesamtes für Kartographie und Geodäsie 2003, p.27-38, 6 ill. (Mitteilungen des Bundesamtes für Kartographie und Geodäsie ; 24) ISBN 3-89888-867-3

2435
Kreutzmann, Bettina: Herstellung von Forstkarten : Luftbildinterpretation und GIS-Erfassung. - Karlsruhe: Fachhochschule Karlsruhe, Hochschule für Technik, Fachbereich Geoinformationswesen 2001, 29 p., 22 ill., 1 mp. (Karlsruher geowissenschaftliche Schriften, Reihe D, Topographische und thematische Einzelkarten ; 8) ISBN 3-89063-707-8 [Zugl.: Karlsruhe, Fachhochsch., Dipl.-Arbeit]

2436
Loef, Peter; Kühnel, Johannes; Naumann, Stefan: Auf der Pirsch nach Daten : satellitengestütze Vermessung im Wald mit GPS und GLONASS. In: GeoBit : das Magazin für raumbezogene Informationstechnologie. 8, 2003, 8, p.17-19, 3 ill. ISSN 1430-3663

2437
Ponomarev, Ye.I.; Sukhinin, A.I.: Methods for mapping and medium-range forecasting of fire danger in forests on the basis of weather conditions. In: Mapping sciences and remote sensing. 40, 2003, 4, p.304-310, 3 ill., 1 tab. ISSN 0749-3878

2438
Scanu, Giuseppe; Madau, Caterina; Podda, Cinzia: Tra cartografia, sviluppo locale e risorse della montagna : l'esempio della carta del sughero della Sardegna. In: Bollettino della Associazione Italiana di Cartografia. 40, 2003, 117-118-119, p.178-209, 6 ill., 5 tab. [Between cartography, local development and mountain resources : the example of the cork map of Sardinia.] [Ital.] ISSN 0044-9733

2439
Verfahrensentwicklung zur fernerkundungsbasierten Erstellung des Waldverzeichnisses Thüringens : Abschlussbericht. Hrsg.: Thüringer Landesanstalt für Wald, Jagd und Fischerei. Autoren: Herbert Sagischewski... Gefördert durch das: Deutsche Zentrum für Luft- und Raumfahrt. - Gotha 2003, 120 p., ill., mp.+ 1 CD-ROM. (Mitteilungen /Thüringer Landesanstalt für Wald, Jagd und Fischerei ; 22)

2440
Weidinger, Herbert; Mrkvicka, Alexander: Standortlkartierung der Quellenschutzwälder der Stadt Wien. In: Biotopkartierung in Bergregionen : [Beiträge der Tagung "Biotopkartierung in Bergregionen" 28.29.2. 2000]. Hrsg.: Dietrich Fürnkranz. - Dorfbeuern [u.a.]: 2001 2001, p.109-121, 1 ill. (Sauterian : Schriftenreihe für systemat. Botanik, Floristik u. Geobotanik ; 11) ISBN 3-901917-03-9

2441
Zihlavník, Stefan: Kartografické informačné zdroje pri lesníckom mapovaní. In: Geodetický a kartografický obzor. 49, 2003, 7-8, p.150-153. [Cartographic information sources during forest survey.] [Czech. with Engl. rés.] ISSN 0016-7096

Geology / Geologie / Géologie

2442
Asch, Christine: The 1:5 Million International Geological Map of Europe and adjacent areas : development and implementation of a GIS-enabled concept ; with 46 tables. - Stuttgart: Schweizerbart 2003, 172, 8 p. (Geologisches Jahrbuch, Sonderhefte, Reihe A ; SA 3) [Zugl.: Berlin, Freie Univ., Diss.] ISBN 3-510-95903-5

2443
Baur, J.: 3D-Scannen der Eberstadter Tropfsteinhöhle mit dem Lasermesssystem "IMAGER 5003". In: Mitteilungen und Veröffentlichungen zum Vermessungswesen aus den Themenbereichen Geodäsie, Geoinformation und Landmanagement / Deutscher Verein für Vermessungswesen, Landesverein Baden-Württemberg e.V. 50, 2003, 2, p.60-68, 11 ill. ISSN 0940-2942

2444
Bude, Silke; Prinz, Torsten: Das geostrukturelle Inventar zwischen Arunta Block und Amadeus Basin (Zentralaustralien) : digitale Fernerkennungsanalysen und Geländebefunde im Kontaktbereich intrakratoner Blöcke. In: Auf dem Weg zu operationellen Prozessketten in Photogrammetrie, Fernerkundung und Geoinformation : 23. wissenschaftlich-technische Jahrestagung der DGPF 9. - 11. September 2003 in Bochum. Eckhardt Seyfert, Hrsg. - Münster: Geschäftsstelle der DGPF 2003, p.375-386, 8 ill. (Publikationen der Deutschen Gesellschaft für Photogrammetrie, Fernerkundung und Geoinformation e.V. ; Band 12) [CD-ROM enth.: Farbabbildungen des Tagungsbandes] ISSN 0942-2870

2445
Cao, Yu and others: Synthesis of beneficial ore-forming information based on GIS. In: Geomatics and information science of Wuhan University. 28, 2003, 2, p.167-176, 6 ill., 7 tab. [Chin. with Engl. rés.] ISSN 1000-050X

2446
Carton, A.; Baroni, C.; Seppi, R.: La cartografia antica ed attuale negli studi di glaciologia e di geologia glaciale. In: Bollettino della Associazione Italiana di Cartografia. 40, 2003, 117-118-119, p.376-396, 21 ill. [Ancient and modern cartography in the studies of glaciology and glacial geology.] [Ital.] ISSN 0044-9733

2447
Castro, P.: Breve historia de la cartografia geologica en el departamento de Antioquia. In: Revista de la Academia Colombiana de Ciencias Exactas, Fisicas y Naturales. 27, 2003, 103, p.245-261. [Short history of geologic cartography in the district Antioquia.] [Span.] ISSN 0370-3908

2448
Cigrovski-Detelić, Brankica: Geodetic contribution to the determination of recent tectonic activities at the area of Croatia. In: Allgemeine Vermessungs-Nachrichten. 110, 2003, 8-9, p.288-298, 6 ill., 1 tab. ISSN 0002-5968

2449
Du, Zhixing; Liu, Jingnan: Jointly inversing the plate driving forces on the boundaries around Sichuan-Yunnan area using GPS measurements of the Crustal Movement Observation Network of China and the principal stress orientation data of China area. In: Geomatics and information science of Wuhan University. 28, 2003, 2, p.162-166 (+ p.176), 5 ill., 2 tab. [Chin. with Engl. rés.] ISSN 1000-050X

2450
Durand-Delga, Michel: Eugène Maury (1868-1940) pionnier de la cartographie géologique de la Corse. In: Bulletin de la Société des Sciences historiques & naturelles de la Corse: Hommage à Pierre Simi. Tome 1. - Bastia 2003, p.19-42, 4 ill.

2451
Eichner, Rudolf; Knoth, Wolfram: Ernst Beyrich und Julius Ewald : die Väter der geologischen Erstkartierung von Sachsen-Anhalt. In: Mitteilungen zur Geologie von Sachsen-Anhalt. 2001, 6, p.7-18, ill., mp. ISSN 0947-4269

2452
Joó, István: A Kárpátok-régió jelenkori függėleges irányú mozgásai vizsgálatának eredményei es problémái. In: Geodézia és kartográfia. 55, 2003, 2, p.12-15, 2 ill. [Results and problems in the investigation of the recent vertical movements in the Carpathian Region.] [Hung. with Engl. rés.] ISSN 0016-7118

2453
Kallenbach, Helga: Staatsbibliothek - Kartensammlung : geologische Karten. In: Geowissenschaftliche Sammlungen in Berlin und Brandenburg : Einladungen zum Schauen. Herausgegeben von H.-J. Schröder u. A. Heinke. - Berlin: Selbstverl. Geowissenschaftler in Berlin und Brandenburg e.V. 2002, p,148-149. (Führer zur Geologie von Berlin und Brandenburg ; 8) ISBN 3-928651-10-2

2454
Kassebeer, Wolf; Ruff, Michael: Georisikokarte Vorarlberg : Analyse geogener Gefährdungen mit GIS im regionalen Maßstab. In: Angewandte geographische Informationsverarbeitung XIV : Beiträge zum AGIT-Symposium Salzburg 2003. Josef

Strobl ... (Hrsg.). - Heidelberg: Wichmann 2003, p.186, 4 ill., 1 tab.
ISBN 3-87907-392-9

2455
Kozák, Jan T.; Dušek, Rudolf: Seismologische Karten : ein Beispiel thematischer Kartographie. In: Cartographica Helvetica : Fachzeitschrift für Kartengeschichte. 27, 2003, p.27-35, 9 ill. ISSN 1015-8480

2456
Li, Jianhua; Bian, Fuling: 3D spatial modeling technology and its application to engineering geology. In: Geomatics and information science of Wuhan University. 28, 2003, 1, p.25-30, 4 ill. [Chin. with Engl. rés.] ISSN 1000-050X

2457
List of published maps available for sale. Geological Survey of India, Central Headquarters Calcutta. - Calcutta: Geological Survey of India 2003

2458
Liu, Xuefeng and others: Research and implementation of spatio-temporal data model based on time-varying sequence of geographical events. In: Geomatics and information science of Wuhan University. 28, 2003, 2, p.197-201 (+ p.207), 2 ill., 2 tab. [Chin. with Engl. rés.]
ISSN 1000-050X

2459
Moreau, Richard; Durand-Delga, Michel: Jules Marcou (1824 - 1898) : précurseur français de la géologie nord-américaine. - Paris [u.a.]: L'Harmattan 2002, 199 p., ill., mp. + 1 mp. (Collection Les acteurs de la science) ISBN 2-7475-3096-5

2460
Saha, Asid; Ganguly, Dhruba: Geologische kartering in India. In: Kartografisch Tijdschrift. 29, 2003, 4, p.20-28, 8 ill., 1 tab. [Geological mapping in India.] [Dutch with Engl., and French rés.] ISSN 0167-5788

2461
Schütz, Marion; Kühl, Robert: In die Tiefe gehen : das grafische Bohrdaten-Informationssystem der Landeshauptstadt Stuttgart. In: GeoBit : das Magazin für raumbezogene Informationstechnologie. 8, 2003, 10, p.23-25, 5 ill. ISSN 1430-3663

2462
Sikorska-Maykowska, Małgorzata and others: Rodzaje generalizacji treści map topograficznych na przykładzie mapy 1:50 000. In: Polski przegląd kartograficzny. 35, 2003, 4, p.259-264, 4 ill., 2 tab. [Methods of presentation of geoenvironmental issues on general thematic maps.] [Pol. with Engl. and Russ. rés.] ISSN 0324-8321

2463
Stoter, Jantien: KvAG-themamiddag Ondergrondse Geo-informatie. In: Geodesia. 45, 2003, 11, p.438-441, 4 ill. [KvAG-Workshop Underground Geo-information.] [Dutch] ISSN 1385-7517

2464
Theilen-Willige, Barbara: Structural interpretation of LANDSAT ETM-and ERS-radar satellite data from Southwest Czech Republik and northern Austria as contribution to seismic microzonation studies. In: Auf dem Weg zu operationellen Prozessketten in Photogrammetrie, Fernerkundung und Geoinformation : 23. wissenschaftlich-technische Jahrestagung der DGPF 9. - 11. September 2003 in Bochum. Eckhardt Seyfert, Hrsg. - Münster: Geschäftsstelle der DGPF 2003, p.349-362, 16 ill. (Publikationen der Deutschen Gesellschaft für Photogrammetrie, Fernerkundung und Geoinformation e.V. ; Band 12) [CD-ROM enth.: Farbabbildungen des Tagungsbandes] ISSN 0942-2870

2465
Vettore, Antonio: Space-based surface change detection with differential synthetic-aperture radar (SAR) interferometry : Potentialities and preliminary investigations. In: Geomatica. 57, 2003, 3, p.326-334, 5 ill., 1 tab. ISSN 1195-1036

2466
Wetzel, Hans-Ulrich; Franzke, Hans Joachim: Lassen sich über die Fernerkundung erweiterte Kenntnisse zur seismogenen Zone Bodensee-Stuttgart (9' -Ost) gewinnen? In: Auf dem Weg zu operationellen Prozessketten in Photogrammetrie, Fernerkundung und Geoinformation : 23. wissenschaftlich-technische Jahrestagung der DGPF 9. - 11. September 2003 in Bochum. Eckhardt Seyfert, Hrsg. - Münster: Geschäftsstelle der DGPF 2003, p.339-347, 4 ill. (Publikationen der Deutschen Gesellschaft für Photogrammetrie, Fernerkundung und Geoinformation e.V. ; Band 12) ISBN 0942-2870 [CD-ROM enth.: Farbabbildungen des Tagungsbandes]

2467
Won-In, Krit; Charusiri, Punya: Enhancement of thematic mapper satellite images for geological mapping of the Cho Dien area, northern Vietnam. In: International journal of applied earth observation and geoinformation. 4, 2003, 3, p.183-193, 12 ill., 1 tab. ISSN 0303-2434

2468
Wycisk, Peter; Fabritius, Holger: Mehr als nur ein Bild : digitale 3-D-Raummodelle des geologischen Untergrundes. In: GeoBit : das Magazin für raumbezogene Informationstechnologie. 8, 2003, 11, p.8-10, 5 ill. ISSN 1430-3663

2469
Zumsprekel, Heiko; Bischoff, Lutz: Möglichkeiten der Fernerkundung zur Analyse terrestrischer Impaktstrukturen. In: Auf dem Weg zu operationellen Prozessketten in Photogrammetrie, Fernerkundung und Geoinformation : 23. wissenschaftlich-technische Jahrestagung der DGPF 9. - 11. September 2003 in Bochum. Eckhardt Seyfert, Hrsg. - Münster: Geschäftsstelle der DGPF 2003, p.363-374, 7 ill. (Publikationen der Deutschen Gesellschaft für Photogrammetrie, Fernerkundung und Geoinformation e.V. ; Band 12) [CD-ROM enth.: Farbabbildungen des Tagungsbandes] ISSN 0942-2870

Geomorphology / Geomorphologie / Géomorphologie

2470
Ali, Syed Ahmed; Rangzan, Kazem; Pirasteh, Saied: Use of digital elevation model for study of drainage morphometry and identification stability and saturation zones in relations to landslide assessments in parts of the Shahbazan area, SW Iran. In: Cartography : journal of the Mapping Sciences Institute, Australia. 32, 2003, 2, p.71-76, 5 ill., 3 tab. ISSN 0069-0805

2471
Bunje, Jürn; Ringot, Jean Loup: Lebensräume im Wandel : Flächenbilanz von Salzwiesen und Dünen im niedersächsischen Wattenmeer zwischen den Jahren und 1997 ; eine Luftbildauswertung ; Abschlussbericht. - Wilhelmshaven: Bezirksregierung Weser-Ems, Nationalparkverwaltung "Niedersächsisches Wattenmeer" 2003, 46 p., ill., mp., 1 suppl. + 1 CD-ROM. (Schriftenreihe Nationalpark Niedersächsisches Wattenmeer ; 7)

2472
Csida, Sascha: Kartographische Anforderungen an eine 4D-Animation zur Visualisierung postglazialer Ereignisse, gezeigt anhand des Beispiels GLOF - Glacial Lake Outburst Flood. - Wien: Univ. Wien 2003, 171 p., 64 ill., 1 CD. [Dipl.-Arb.]

2473
Dobešová, Zdena: Interaktivní papa regionálního členění georeliéfu ČR. In: Kartografické listy. 11, 2003, p.122-126, 4 ill., 1 tab. [Interactive map of the regional division of the Czech Republic's georelief.] [Slovak. with Engl. rés.] ISBN 80-89060-02-1

2474
Dorninger, Peter: Analyse und geomorphologische Verbesserung von Geländemodellen mittels Regensimulation. In: VGI : österreichische Zeitschrift für Vermessung & Geoinformation. 91, 2003, 4, p.253-261, 15 ill. ISSN 0029-9650

2475
Follger, Dirk-Michael; Richter, Andreas; Scharfe, Wolfgang: Automationsgestützte Generalisierung von flächenhaft dargestellten Reliefeinheiten - Geomorphographische Übersichtskarte der Bundesrepublik Deutschland 1:1 Million. In: Kartographische Nachrichten. 53, 2003, 3, p.126-133, 3 ill., 2 tab.

2476
Hesselink, Annika W.; Middelkoop, Hans: Application of old maps in reconstructing the morphological development of embanked floodplains of the lower river Rhine, The Netherlands. In: History makes a river : morphological changes and human interference in the river Rhine, The Netherlands. - Utrecht: Royal Dutch Geographical Soc. [u.a.] 2002, p.63-83, 10 ill., 3 tab. (Nederlands geographical studies ; 292) [Zugl.: Utrecht, Univ., Diss., 2002] ISBN 90-6809-327-4

2477
Heuvelink, Gerard B.M.: Analysing uncertainty propagation in GIS : why is it not that simple. In: Uncertainty in remote sensing and GIS. Edited by Giles M. Foody and Peter M. Atkinson. - Chichester: Wiley 2002, p.155-165, 10 ill. [Paper from a conference held at the University of Southampton in July 2001] ISBN 0-470-84408-6

2478
Kraus, Karl: LaserScanDTMs for modeling flood risk areas. In: GIS : Geoinformationssysteme. 16, 2003, 12, p.26-31, 10 ill.

2479
Krupochkin, Ye. P.: A geographic informational approach to the compilation of slope maps. In: Mapping sciences and remote sensing. 40, 2003, 1, p.60-65, 1 ill., 1 tab. ISSN 0749-3878

2480
Ławniczak, Radzym: Próba zastosowania kartograficznej metody badań do określania morfometrycznych cech rzeŹby terenu. In: Polski przegląd kartograficzny. 35, 2003, 3, p.191-198, 4 ill., 2 tab. [An attempt to apply cartographic research method to determine morphometric features of relief.] [Pol. with Engl. and Russ. rés.] ISSN 0324-8321

2481
Löwner, Marc-Oliver; Dörschlag, Dirk; Plümer, Lutz: Interaktive Geoobjekterkennung in digitalen Höhenmodellen mittels Parametervisualisierung. In: Visualisierung und Erschließung von Geodaten : Seminar GEOVIS 2003, 26. bis 27. Februar 2003, Universität Hannover. Hrsg. von der Deutschen Gesellschaft für Karthographie e.V., Kommission Geoinformation und Visualisierung. Schriftleitung: Jürgen Dodt; Wolf-Dieter Rase. - Bonn: Kirschbaum-Verl. 2003, p.59-66, 6 ill. (Kartographische Schriften ; 7) ISBN 3-7812-1577-6

2482
Pecci, Massimo: Cartografia geomorfologica delle aree di alta montagna applicata alla riduzione dei rischi naturali : integrazione di rilievi tradizionali e tecnologie GIS e GPS nel caso di studio del Cho Oyu -

Himalaya, Tibet. In: Bollettino della Associazione Italiana di Cartografia. 40, 2003, 117-118-119, p.499-506, 7 ill., 1 tab. [Geomorphological cartography of high mountain areas for the reduction of natural risks : integration of traditional reliefs and GIS technology and GPS in the case of the study of the Cho Oyu - Himalaya, Tibet.] [Ital.] ISSN 0044-9733

2483
Singh, D.S. and others: Physiography of upper Subarnarekha Watershed : a remote sensing approach for soil resource mapping. In: Geography and applied cartography : proceedings of the National Seminar on Geography and Applied Cartography, organised to commemorate the birth centenary celebration of Padmabhushan Professor S.P. Chatterjee. Organised by National Atlas & Thematic Mapping Organisation, in collaboration with Prof. S.P. Chatterjee Memorial Foundation. [General ed.: Pritvish Nag]. - Kolkata: Govt. of India, Dept of Science & Technology, National Atlas & Thematic Mapping Organisation 2003, p.334-342, 1 ill., 1 mp., 1 tab.

2484
Voženílek, Vít: Struktura databáze sesuv|pro modelování a tvorbu map svahových deformací. In: Kartografické listy. 11, 2003, p.114-121, 2 ill., 5 tab. [Structure of the landslide database for modelling and production of the slope deformation maps.] [Slovak. with Engl. rés.] ISBN 80-89060-02-1

2485
Yu, Nong; Wu, Changyong: Automatic target recognition technique based on morphological theory : adaptive BP learning algorithm. In: Geomatics and information science of Wuhan University. 28, 2003, 2, p.219-223, 3 ill. [Chin. with Engl. rés.] ISSN 1000-050X

Geophysics / Geophysik / Géophysique

2486
Kahlen, Peter: Kartographische Klassifikation von Radioaktivität : eine automatische GIS-Lösung. - Graz: Technische Universität 2003 [Diplomarbeit]

2487
Palomo Arroyo, Marcos; Ramírez Vizuete, Rafael: Realización de cartografía gravimétrica de la zona norte de la provincia de Toledo (anomalías Faye y Bouguer simple) : cálculo de la corrección topográfica en dos puntos del terreno. In: Topografía y cartografía : TOPCART. 19, 2002, 112, p.16-22, 14 ill. [Accomplishment of gravimetric cartography of the North zone of the province of Toledo (anomalies Faye and Bouguer simple) : calculation of the complementary angle of site of two points of the land.] [Span.] ISSN 0212-9280

2488
Takács, Bence: Lokális ionoszféramodellek Magyarország területére. In: Geodézia és kartográfia. 55, 2003, 6, p.19-25, 8 ill., 1 tab. [Local ionosphere models for the area of Hungary.] [Hung. with Engl. rés.] ISSN 0016-7118

Geoscience / Geowissenschaften / Science de la terre

2489
Berlin, Karsten; Merten, Stephan: Verbesserung der Nutzbarkeit geo-virtueller Anwendungen durch Multimodalität und Geoconstraints. In: Visualisierung und Erschließung von Geodaten : Seminar GEOVIS 2003, 26. bis 27. Februar 2003, Universität Hannover. Hrsg. von der Deutschen Gesellschaft für Karthographie e.V., Kommission Geoinformation und Visualisierung. Schriftleitung: Jürgen Dodt; Wolf-Dieter Rase. - Bonn: Kirschbaum-

Verl. 2003, p.85-93, 6 ill., 1 tab. (Kartographische Schriften ; 7)
ISBN 3-7812-1577-6

2490
Bobrich, Joachim: Augmented Reality für Geo-Anwendungen. In: Visualisierung und Erschließung von Geodaten : Seminar GEOVIS 2003, 26. bis 27. Februar 2003, Universität Hannover. Hrsg. von der Deutschen Gesellschaft für Karthographie e.V., Kommission Geoinformation und Visualisierung. Schriftleitung: Jürgen Dodt; Wolf-Dieter Rase. - Bonn: Kirschbaum-Verl. 2003, p.77-83, 9 ill. (Kartographische Schriften ; 7) ISBN 3-7812-1577-6

2491
Huber, Ulrich: Für Forschung und Praxis : das Referenz-GIS "Nationalpark Bayerischer Wald" - ein fachübergreifende Forschungsplattform für die Geoinformatik. In: GeoBit : das Magazin für raumbezogene Informationstechnologie. 8, 2003, 7, p.30-32, 4 ill. ISSN 1430-3663

2492
International Cartographic Association / Commission on Mountain Cartography : special issue: ICA Commission on Mountain Cartography. Ed. by Lorenz Hurni. - North York: Univ. of Toronto Press 2003, 156 p., ill., mp. (Cartographica ; 38. 2001, 1/2) ISSN 0340-0654 / 0317 7173

2493
Tungalagsaikhan, Padsuren and others: Operational processing of AVHRR data at DFD. In: Auf dem Weg zu operationellen Prozessketten in Photogrammetrie, Fernerkundung und Geoinformation : 23. wissenschaftlich-technische Jahrestagung der DGPF 9. - 11. September 2003 in Bochum. Eckhardt Seyfert, Hrsg. - Münster: Geschäftsstelle der DGPF 2003, p.435-449, 6 ill. (Publikationen der Deutschen Gesellschaft für Photogrammetrie, Fernerkundung und Geoinformation e.V. ; Band 12) [CD-ROM enth.: Farbabbildungen des Tagungsbandes] ISSN 0942-2870

2494
Vorsey, Louis de: Mapping the world below : Athanasius Kircher and his subterranean world. In: Mercator's World. 8, 2003, 1, p.28-31, 3 ill. ISSN 1086-6728

Glaciology / Glaziologie / Glaciologie

2495
Carton, A.; Baroni, C.; Seppi, R.: La cartografia antica ed attuale negli studi di glaciologia e di geologia glaciale. In: Bollettino della Associazione Italiana di Cartografia. 40, 2003, 117-118-119, p.376-396, 21 ill. [Ancient and modern cartography in the studies of glaciology and glacial geology.] [Ital.] ISSN 0044-9733

2496
Csida, Sascha; Riegler, Dieter; Riedl, Andreas: Kartographische Anforderungen an eine 4D-Animation zur Visualisierung postglazialer Ereignisse gezeigt anhand eines GLOF - Glacial Lake Outburst Flood. In: Angewandte geographische Informationsverarbeitung XIV : Beiträge zum AGIT-Symposium Salzburg 2003. Josef Strobl ... (Hrsg.). - Heidelberg: Wichmann 2003, p.53-58, 7 ill. ISBN 3-87907-392-9

2497
Häberling, Christian; Kääb, Andreas; Hurni, Lorenz: Cartographic representation of glacial phenomena : historical and recent developments. In: International Cartographic Association /Commission on Mountain Cartography : special issue: ICA Commission on Mountain Cartography. Ed. by Lorenz Hurni. - North York: Univ. of Toronto Press 2003, p.41-54, 12 ill. (Cartographica ; 38. 2001, 1/2) ISSN 0340-0654 / 0317-717

2498
Hornik, Helmut; Tremel, Herbert: Punktbestimmung im Rahmen der photogrammetrischen Neuaufnahme des Gletschergebietes Tujuksu, Tienschan. In: Allgemeine Vermessungs-Nachrichten. 110, 2003, 1, p.10-15, 4 ill. ISSN 0002-5968

2499
Kääb, Andreas and others: Glaziale und periglaziale Prozesse : von der statischen zur dynamischen Visualisierung. In: Kartographische Nachrichten. 53, 2003, 5, p.206-212, 7 ill. ISSN 0022-9164

2500
Kinberger, Michaela: Datenbankgenerierte Internet-Kartographie : ein Hilfsmittel für den Lawinenwarndienst. In: Kartographische Nachrichten. 53, 2003, 5, p.203-206, 4 ill. ISSN 0022-9164

2501
Kinberger, Michaela; Kriz, Karel; Nairz, Patrick: Automationsgestützte kartographische Visualisierung im Internet : ein Hilfsmittel für den Lawinenwarndienst. In: Angewandte geographische Informationsverarbeitung XIV : Beiträge zum AGIT-Symposium Salzburg 2003. Josef Strobl ... (Hrsg.). - Heidelberg: Wichmann 2003, p.218-223, 3 ill. ISBN 3-87907-392-9

2502
Kriz, Karel: Avalanche cartography : visualization of dynamic-temporal phenomena in a mountainous environment. In: International Cartographic Association / Commission on Mountain Cartography special issue: ICA Commission on Mountain Cartography. Ed. by Lorenz Hurni. - North York: Univ. of Toronto Press 2003, p.77-87, 14 ill., 4 tab. (Cartographica ; 38. 2001, 1/2) ISSN 0340-0654 / 0317-717

2503
Laureti, Lamberti: La rappresentazione delle aree glacializzate della montagna alpina nella cartografia postgeodetica e ottocentesca (secoli XVIII-XIX) : ricostruzione sulla base dei documenti cartografici storici. In: Bollettino della Associazione Italiana di Cartografia. 40, 2003, 117-118-119, p.335-352, 26 ill. [The representation of glacial areas of the Alps in the postgeodetic cartography of the 19th century (XVIII-XIX century).] [Ital.] ISSN 0044-9733

2504
Pappalardo, Marta; Rossi, Annarita: La modificazione areale dei ghiacciai delle alpi marittime dalla piccola età glaciale ad oggi : ricostruzione sulla base dei documenti cartografici storici. In: Bollettino della Associazione Italiana di Cartografia. 40, 2003, 117-118-119, p.311-324, 3 ill., 1 tab. [The areale modification of glaciers of the marine Alps from the small glacial age to today : reconstruction on the base of historical cartographic documents.] [Ital.] ISSN 0044-9733

2505
Paul, Frank and others: Das neue Schweizer Gletscherinventar 2000 : Anwendungen in der Gebirgskartographie. In: Kartographische Nachrichten. 53, 2003, 5, p.212-217, 9 ill. ISSN 0022-9164

2506
Schmidt, Ronald; Heller, Armin; Sailer, Rudolf: Die Eignung verschiedener digitaler Geländemodelle für die dynamische Lawinensimulation mit SAMOS. In: Angewandte geographische Informationsverarbeitung XIV : Beiträge zum AGIT-Symposium Salzburg 2003. Josef Strobl ... (Hrsg.). - Heidelberg: Wichmann 2003, p.455-464, 2 ill, 1 tab. ISSN 3-87907-392-9

History / Geschichte / Histoire

2507
Beveridge, Andrew A.: Immigration, ethnicity, and race in metropolitan New York, 1900-2000. In: Past time, past place : GIS for history. Ed. by Anne Kelly Knowles. - Redlands, Calif.: ESRI Press 2002, p.65-77, 8 ill. ISBN 1-589-48032-5

2508
Blaschke, Karlheinz: Die Kartographie an der Hochschule für Technik und Wirtschaft Dresden im Dienste der sächsischen Landesgeschichte. In: 10 Jahre Fachhochschulausbildung in den Studiengängen Vermessungswesen und Kartographie an der HTW Dresden (FH) und 50 Jahre Ausbildung von Vermessungs- und Kartographieingenieuren in Dresden. Hrsg. von Uwe Jäschke u.a. Schriftleitung: Kristin Gehrt - Harald Köhler. - Dresden: Fachbereich Vermessungswesen, Kartographie der Hochsch. für Technik und Wirtschaft 2002, p.27-29. (Dresdner Kartographische Schriften ; 4) ISSN 1436-0004

2509
Broecke, Marcel van den: Historische kaarten en hun teksten in de eerste moderne atlas van Abraham Ortelius. In: Caert-Thresoor. 22, 2003, 2, p.29-39, 8 ill. [Historical maps and their texts in the first modern atlas by Abraham Ortelius.] [Dutch with Engl. rés.] ISSN 0167-4994

2510
Cunfer, Geoff: Causes of the dust bowl. In: Past time, past place : GIS for history. Ed. by Anne Kelly Knowles. - Redlands, Calif.: ESRI Press 2002, p.93-104, 8 ill. ISBN 1-589-48032-5

2511
DeLyser, Dydia: "A walk through Old Bodie" : presenting a ghost town in a tourism map. In: Mapping tourism. Ed. by Stephen P. Hanna and Vincent J. Del Casino Jr. - Minneapolis, Minn [u.a.]: University of Minnesota Press 2003, p.79-107, 6 ill. [Includes bibliographical references (p.187-207) and index] ISBN 0-8166-3955-8 / 0-8166-3956-6

2512
Dörflinger, Johannes: Das geschichtskartographische Werk von Johann Matthias Hase (Hasius) : Paradigmenwechsel in der Historischen Kartographie (?). In: Geschichtsdeutung auf alten Karten : Archäologie und Geschichte ; (46. Wolfenbütteler Symposium, vom 26. bis 29. Oktober 1999]. [Hrsg. von Dagmar Unverhau]. - Wiesbaden: Harrassowitz 2003, p.221-253, 6 ill. (Wolfenbütteler Forschungen ; 101) ISBN 3-447-04813-1

2513
Elliott, Tom; Talbert, Richard: Mapping the ancient world. In: Past time, past place : GIS for history. Ed. by Anne Kelly Knowles. - Redlands, Calif.: ESRI Press 2002, p.145-162, 8 ill. ISBN 1-589-48032-5

2514
Geschichtsdeutung auf alten Karten : Archäologie und Geschichte ; (46. Wolfenbütteler Symposium, vom 26. bis 29. Oktober 1999]. [Hrsg. von Dagmar Unverhau]. - Wiesbaden: Harrassowitz 2003, 495 p., ill., mp. (Wolfenbütteler Forschungen ; 101) ISBN 3-447-04813-1

2515
Giordano, Alberto: Historical geoinformation on the web : lessons learned form the Chapter 91 pilot project. In: Maps and the internet. Ed. by Michael Peterson. Publ. on behalf of the International Cartographic Association. - Amsterdam [u.a.]: Elsevier Science 2003, p.321-334, 2 ill. ISBN 0-08-044201-3

2516
Goffart, Walter André: Historical atlases : the first three hundred years, 1570 - 1870. - Chicago [u.a.]: Univ. of Chicago Press 2003, XXIII, 603 p., mp. [Literaturverz. p. 577-587] ISBN 0-226-30071-4

2517
Goffart, Walter: The plot of Gatterer's "Charten zur Geschichte der Völkerwanderung". In: Geschichtsdeutung auf alten Karten : Archäologie und Geschichte ; (46. Wolfenbütteler Symposium, vom 26. bis 29. Oktober 1999]. [Hrsg. von Dagmar Unverhau]. - Wiesbaden: Harrassowitz 2003, p.213-220. (Wolfenbütteler Forschungen ; 101) ISBN 3-447-04813-1

2518
Gold, John R.; Gold, Margaret M.: Representing Culloden : social memory, battlefield heritage, and landscapes of regret. In: Mapping tourism. Ed. by Stephen P. Hanna and Vincent J. Del Casino Jr. - Minneapolis, Minn [u.a.]: University of Minnesota Press 2003, p.108-131, 6ill., 1 tab. [Include bibliographical references (p.187-207) and index] ISBN 0-8166-3955-8 / 0-8166-3956-6

2519
González Rodríguez, Jaime: Cartografía de la política cultural en Nueva España. In: Grandes viajes descubridores. Seminario Iberoamericano de Descubrimientos y Cartografía, Instituto Interuniversitario de Estudios de Iberoamérica y Portugal. Coord.: Jesús Varela Marcos. - Tordesillas, Valladolid: Instituto Interuniversitario de Estudios de Iberoamérica y Portugal 2001, p.81-108, 11 ill. (Descubrimientos y cartografía ; 4) [Cartography of cultural politics in Nueva España.] [Span.]
ISBN 8493062-96-0

2520
Gregory, Ian N.; Southall, Humphrey R.: Mapping British population history. In: Past time, past place : GIS for history. Ed. by Anne Kelly Knowles. - Redlands, Calif.: ESRI Press 2002, p.117-130, 9 ill., 1 tab. ISBN 1-589-48032-5

2521
Hillier, Amy: Redlining in Philadelphia. In: Past time, past place : GIS for history. Ed. by Anne Kelly Knowles. - Redlands, Calif.: ESRI Press 2002, p.79-92, 10 ill.
ISBN 1-589-48032-5

2522
Jiménez Espartero, David; Moya Honduvilla, Javier: Atlas de Historia Antigua : desarrollo de una herramienta docente multimedia adaptable tanto a soportes de ámbito local (CD/Intranet) como general (Internet). In: Topografía y cartografía : TOPCART. 20, 2003, 117, p.4-12, 14 ill. [Atlas of ancient history : development of an educational multimedia tool as much to supports of local scope (CD/Intranet) like general (Internet).] [Span.]
ISSN 0212-9280

2523
Knowles, Anne Kelly: Introducing historical GIS. In: Past time, past place : GIS for history. Ed. by Anne Kelly Knowles. - Redlands, Calif.: ESRI Press 2002, XI-XX. ISBN 1-589-48032-5

2524
Knowles, Anne Kelly: Past time, past place : GIS for history. Ed. by Anne Kelly Knowles. - Redlands, Calif.: ESRI Press 2002, XX, 202 p., ill., mp. [Includes bibliographical references] ISBN 1-589-48032-5

2525
Łuczyński, Jarosław: Zmiany granic między Wielkim Księstwem Litewskim a Koroną w

świetle mapy radziwiłłowskiej z 1613 roku. In: Polski przegląd kartograficzny. 35, 2003, 1, p.43-46, 1 ill. [Border changes between the Grand Duchy of Lithuania and Poland in the light of "Radziwiłł" map of 1613.] [Pol.] ISSN 0324-8321

2526
Mangei, Johannes: Die Freiburg-Ansichten des Gregorius Sickinger von 1589 : Quellen zur Geschichte der Stadt in Spätmittelalter und früher Neuzeit. - Freiburg im Breisgau: Stadtarchiv 2003, 224 p., [14 Bl.], ill. (Veröffentlichungen aus dem Archiv der Stadt Freiburg ; 35) [Zugl.: Freiburg im Breisgau, Univ., Diss., 1999 u.d. T.: Mangei, Johannes: Gregorius Sickingers Stadtansichten als Quelle für die Geschichte Freiburgs im Spätmittelalter und in der frühen Neuzeit] ISBN 3-923272-29-4

2527
Nieścioruk, Kamil: Projekt atlasu historycznego miasta na przykładzie Lublina. In: Polski przegląd kartograficzny. 35, 2003, 3, p.204-207, 3 ill., 1 tab. [Project of a historical atlas based on the example of Lublin.] [Pol.] ISSN 0324-8321

2528
Pápay, Gyula: Die Anfänge der Geschichtskartographie. In: Geschichtsdeutung auf alten Karten : Archäologie und Geschichte ; (46. Wolfenbütteler Symposium, vom 26. bis 29. Oktober 1999]. [Hrsg. von Dagmar Unverhau]. - Wiesbaden: Harrassowitz 2003, p.165-191, 13 ill. (Wolfenbütteler Forschungen ; 101) ISBN 3-447-04813-1

2529
Pearson, Alastair; Collier, Peter: Agricultural history with GIS. In: Past time, past place : GIS for history. Ed. by Anne Kelly Knowles. - Redlands, Calif.: ESRI Press 2002, p.105-116, 6 ill.
ISBN 1-589-48032-5

2530
Pélissier, Jean-Pierre: Cartographie administrative historique de l'Yonne. - Auxerre: Soc. Généalogique de l'Yonne 2003, 21-[31] p., mp. ISBN 2-9510313-5-1

2531
Ray, Benjamin C.: Teaching the Salem witch trials. In: Past time, past place : GIS for history. Ed. by Anne Kelly Knowles. - Redlands, Calif.: ESRI Press 2002, p.19-33, 8 ill. ISBN 1-589-48032-5

2532
Recker, Gabriele: Von Trier nach Köln 1550-1850 : kartographiehistorische Beiträge zur historisch-geographischen Verkehrswegeforschung ; Betrachtungen zum Problem der Altkarten als Quelle anhand eines Fallbeispieles aus den Rheinlanden. - Rahden/Westf.: VML Verlag Marie Leidorf 2003, 482 p., ill., mp. [Teilw. zugl.: Bonn, Univ., Diss., 1998 u.d.T.: Recker, Gabriele: Kartographiehistorische Beiträge zur historisch-geographischen Verkehrswegeforschung - Betrachtungen zum Problem der Altkarten als Quelle anhand eines Fallbeispieles aus den Rheinlanden]
ISBN 3-89646-025-0

2533
Roper, Christopher: Historical mapping is still under-valued and under-used. In: The Cartographic Journal. 40, 2003, 2, p.131-134, 3 ill. ISSN 0008-7041

2534
Rumsey, David; Williams, Meredith: Historical maps in GIS. In: Past time, past place : GIS for history. Ed. by Anne Kelly Know-les. - Redlands, Calif.: ESRI Press 2002, p.1-18, 11 ill. ISBN 1-589-48032-5

2535
Sheehan-Dean, Aaron C.: Similarity and difference in the antebellum North and

South. In: Past time, past place : GIS for history. Ed. by Anne Kelly Knowles. - Redlands, Calif.: ESRI Press 2002, p.35-49, 10 ill. ISBN 1-589-48032-5

2536
Tsotsos, G.P.; Savvaidis, P.D.: Identification of unidentified historical sites in Macedonia with the aid of a comparison of Ptolemy's and present-day coordinates. In: The Cartographic Journal. 40, 2003, 3, p.235-242, 9 ill., 7 tab. ISSN 0008-7041

2537
Wolf, Armin: Zum Deutschland-Bild in Geschichtsatlanten des 19. Jahrhunderts. In: Geschichtsdeutung auf alten Karten : Archäologie und Geschichte ; (46. Wolfenbütteler Symposium, vom 26. bis 29. Oktober 1999]. [Hrsg. von Dagmar Unverhau]. - Wiesbaden: Harrassowitz 2003, p.255-286, 24 ill. (Wolfenbütteler Forschungen ; 101) ISBN 3-447-04813-1

Hydrography / Hydrographie / Hydrographie

2538
Ali, Syed Ahmed; Rangzan, Kazem; Pirasteh, Saied: Use of digital elevation model for study of drainage morphometry and identification stability and saturation zones in relations to landslide assessments in parts of the Shahbazan area, SW Iran. In: Cartography : journal of the Mapping Sciences Institute, Australia. 32, 2003, 2, p.71-76, 5 ill., 3 tab. ISSN 0069-0805

2539
Blauw, Maili: Waterstaat in kaart : geschiedenis van de waterstaatskaart van Nederland 1865-1992. - Utrecht: Matrijs 2003, 160 p., ill., mp. [water state in maps : history of the water state card of the Netherlands 1865-1992.] [Dutch]
ISBN 90-5345-223-0

2540
Csida, Sascha; Riegler, Dieter; Riedl, Andreas: Kartographische Anforderungen an eine 4D-Animation zur Visualisierung postglazialer Ereignisse gezeigt anhand eines GLOF - Glacial Lake Outburst Flood. In: Angewandte geographische Informationsverarbeitung XIV : Beiträge zum AGIT-Symposium Salzburg 2003. Josef Strobl ... (Hrsg.). - Heidelberg: Wichmann 2003, p.53-58, 7 ill. ISBN 3-87907-392-9

2541
David, Andrew: Lieutenant Murdoch Mackenzie and his survey of the Bristol Channel and the south coast of England. In: The Cartographic Journal. 40, 2003, 1, p.69-78, 6 ill. ISSN 0008-7041

2542
Dumfarth, Erich: Vegetationskartierung mit Schall : submerse Makrophyten im "Visier" von Echosonden. In: Angewandte geographische Informationsverarbeitung XIV : Beiträge zum AGIT-Symposium Salzburg 2003. Josef Strobl ... (Hrsg.). - Heidelberg: Wichmann 2003, p.65-72, 4 ill.
ISBN 3-87907-392-9

2543
Ferwerda, J.G.: Het karteren van de wereldzeeën, mede door het GEBCO-programma. In: Kartografisch Tijdschrift. 29, 2003, 1, p.9-20, 10 ill. [Charting the world seas and the role of the GEBCO-programme.] [Dutch with Engl. rés.]
ISSN 0167-5788

2544
Fisher, Susanna: "More attractive and useful" : the popularity of privately published blueback charts in the nineteenth century. In: The Cartographic Journal. 40, 2003, 1, p.79-88, 5 ill.

2545
Hannson, Erik; Arnberg, Wolter: Satellitburen radar för översvämningskartering. In: Kart & bildteknik : mapping and image science. 18, 2003, 2, p.20-24, 10 ill. [Satellite radar for flood mapping.] [Swed.]
ISSN 0283-0418

2546
Hilbring, Désirée; Schneider, Burkhard; Wiesel, Joachim: 3D-GIS-Anwendungen im Umwelt-Informationssystem Baden Württemberg. In: Photogrammetrie, Fernerkundung, Geoinformation. 2003, 6, p.481-491, 11 ill. ISSN 1432-8364

2547
Hydrologischer Atlas Österreichs. In: Mitteilungsblatt des Hydrographischen Dienstes in Österreich. 82, 2003, p.115-117.

2548
Johnston, Douglas M.: The digital river basin : interactive real-time visualization of landscape processes. In: Trends in landscape modeling : proceedings at Anhalt University of Applied Sciences 2003 ; [proceedings to the 4th International Conference on New Technologies in Landscape Architecture (May 15 and 16, 2003) held by the master of landscape architecture program of Anhalt University of Applied Sciences]. Erich Buhmann; Stephen M. Ervin (eds.). - Heidelberg: Wichmann 2003, p.212-221, 11 ill. ISBN 3-87907-403-8

2549
Kete, Primož; Karničnik, Igor; Radowan, Dalibor: Elektronska navigacijska karta (ENC) Koprskega zaliva. In: Geodetski vestnik. 47, 2003, 3, p.231-239, 3 ill. [Electronic navigational chart (ENC) of the Bay of Koper.] [Sloven. with Engl. rés.] ISSN 0351-0271

2550
Kraus, Karl: LaserScanDTMs for modeling flood risk areas. In: GIS : Geoinformationssysteme. 16, 2003, 12, p.26-31, 10 ill.

2551
Marklund, Liselott; Arnberg, Wolter: GIS för vattendirektivet : analys av datakällor, bearbetningsbehov och databasstrukturer. In: Kart & bildteknik : mapping and image science. 18, 2003, 3, p.10-17, 5 ill. [GIS for water regulation : analysis of data sources, required work and database structures.] [Swed.] ISSN 0283-0418

2552
Prechtel, Nikolas; Habermann, Klaus: Aufnahme und Kartierung der Weißeritzflut im Dresdner Stadtgebiet. In: Kartographische Nachrichten. 53, 2003, 1, p.23-27, 5 ill.
ISSN 0022-9164

2553
Sande, C.J. van der; Jong, S.M. de; Roo, A.P.J. de: A segmentation and classification approach of IKONOS-2 imagery for land cover mapping to assist flood risk and flood damage assessment. In: International journal of applied earth observation and geoinformation. 4, 2003, 3, p.217-229, 6 ill., 8 tab. ISSN 0303-2434

2554
Sengoku, Arata: Amendmment of the hydrographic activities law and nautical charts based on WGS-84. In: Map : journal of the Japan Cartographers Association. 41, 2003, 3, p.25-31, 1 ill. [Jap.] ISSN 0009-4897

2555
Service Hydrographique et Océanographique de la Marine (SHOM). In: Le Monde des Cartes : revue du Comité Français de Cartographie. 176, 2003, p.40-43, 3 ill.
ISSN 1634-3522

2556
Slocum, Terry A. and others: Evaluating the usability of a tool for visualizing the uncertainty of the future global water balance. In: Cartography and geographic information science. 30, 2003, 4, p.299-317, 10 ill. ISSN 1523-0406

2557
Spickermann, Gregor: Gebührender Abstand : GIS-gestützt erstellte Abstandskarten zeigen das Drifteintragspotenzial von Pflanzenschutzmitteln in Fließgewässer. In: GeoBit : das Magazin für raumbezogene Informationstechnologie. 8, 2003, 7, p.10-12, 3 ill., 1 tab. ISSN 1430-3663

2558
Sun, Hua and others: Methods and applications of landscape ecological evaluation in the typical small watershed's land use. In: Geomatics and information science of Wuhan University. 28, 2003, 2, p.177-181, 2 ill., 1 tab. [Chin. with Engl. rés.] ISSN 1000-050X

2559
Taddei, Ugo; Hochschild, Volker: A visualization system for environmental information systems and geohydrological modeling : proceedings at Anhalt University of Applied Sciences 2003 ; [proceedings to the 4th International Conference on New Technologies in Landscape Architecture (May 15 and 16, 2003) held by the master of landscape architecture program of Anhalt University of Applied Sciences]. In: Trends in landscape modeling : proceedings at Anhalt University of Applied Sciences 2003 ; [proceedings to the 4th International Conference on New Technologies in Landscape Architecture (May 15 and 16, 2003) held by the master of landscape architecture program of Anhalt University of Applied Sciences]. Erich Buhmann; Stephen M. Ervin (eds.). - Heidelberg: Wichmann 2003, p.10-19, 4 ill. ISBN 3-87907-403-8

2560
Vanneuville, Wouter and others: Model of the effects of a flood in the Dender catchment, based on a risk methodology. In: The Bulletin of the Society of Cartographers. 37, 2003, 2, p.59-64, 5 ill., 1 tab. ISSN 0036-1884

Industry / Industrie / Industrie

2561
Gao, Yang; Lee, Suen: Mobile asset data aquisition and decision making over the internet. In: Geomatica. 57, 2003, 1, p.31-40, 15 ill. ISSN 1195-1036

Land use / Landnutzung / Utilisation

2562
Ai, Tinghua: Subdivision of polygon parcel in land-use data generalization. In: Geospatial information science. 6, 2003, 3, p.56-61, 5 ill. ISSN 1009-5020

2563
Cassettari, Seppe: A new generation of land use mapping in the UK. In: The Cartographic Journal. 40, 2003, 2, p.121-130, 7 ill., 2 tab. ISSN 0008-7041

2564
Cromley, Robert G.; Hanink, Dean M.: Scale-independent land-use allocation modeling in raster GIS. In: Cartography and geographic information science. 30, 2003, 4, p.343-350, 7 ill., 3 tab. ISSN 1523-0406

2565
Datta, Archana: Map of changing land use : a portrait of changing cultural landscape. In: Geography and applied cartography : proceedings of the National Seminar on Geography and Applied Cartography, organised to commemorate the birth centenary celebration of Padmabhushan Professor S.P. Chatterjee. Organised by National

Atlas & Thematic Mapping Organisation, in collaboration with Prof. S.P. Chatterjee Memorial Foundation. [General ed.: Pritvish Nag]. - Kolkata: Govt. of India, Dept of Science &Technology, National Atlas & Thematic Mapping Organisation 2003, p.231-238, 2 mp, 4 tab.

2566
Findley, John: Geographic analysis and monitoring at the United States Geological Survey. In: Cartography and geographic information science. 30, 2003, 2, p.203-210, 7 ill. ISSN 1523-0406

2567
Fuller, R.M.; Smith, G.M.; Devereux, B.J.: The characterisation and measurement of land cover change through remote sensing : problems in operational applications? In: International journal of applied earth observation and geoinformation. 4, 2003, 3, p.243-253, 2 ill., 2 tab. ISSN 0303-2434

2568
Harron, Bill; Parkinson, Bob: A National Land and Water Information Service : Potentialities and preliminary investigations. In: Geomatica. 57, 2003, 3, p.335-337, 3 ill. ISSN 1195-1036

2569
Jakomulska, Anna M.; Radomski, Jan P.: Uncertainty in land cover mapping from remotely sensed data using textural algorithm and artificial neural networks. In: Uncertainty in remote sensing and GIS. Edited by Giles M. Foody and Peter M. Atkinson. - Chichester: Wiley 2002, p.99-118, 8 ill., 4 tab. [Paper from a conference held at the University of Southampton in July 2001] ISBN 0-470-84408-6

2570
Lo, Chor Pang: Zone-based estimation of population and housing units from satellite-generated land use/land cover maps. In: Remotely sensed cities. Ed. by Victor Mesev. - London [u.a.]: Taylor & Francis 2003, p.157-180, 6 ill., 7 tab. ISBN 0-415-26045-0

2571
Lynn Usery, E. and others: Projecting global datasets to achieve equal areas. In: Cartography and geographic information science. 30, 2003, 1, p.69-79, 5 ill., 6 tab. ISSN 1523-0406

2572
Ogahel', Ján and others: Mapovanie zmien krajinnej pokrývky aplikáciou databázy Corine Land Cover (na príklade okresu Senica). In: Kartografické listy. 11, 2003, p.61-73, 8 ill., 2 tab. [Land cover change mapping by applying the CORINE Land Cover database (on example of the Skalica district).] [Slovak. with Engl. rés.] ISBN 80-89060-02-1

2573
Olszewski, Robert: Grid generalisation based on cellular automata theory. In: Geodezja i kartografia. 52, 2003, 2, p.57-69, 7 ill., 1 tab. [Pol. with Engl., and Russ. rés.] ISSN 0016-7134

2574
Pahl, Martin: Architektur eines wissensbasierten Systems zur Interpretation multisensorieller Fernerkundungsdaten. - Stuttgart: Ibidem-Verl. 2003, XVIII, 146 p., ill. (Wissensbasierte Bildauswertung ; 3) [Zugl.: Hannover, Univ., Diss., 2003] ISBN 3-89821-273-4

2575
Pearson, Alastair; Collier, Peter: Agricultural history with GIS. In: Past time, past place : GIS for history. Ed. by Anne Kelly Knowles. - Redlands, Calif.: ESRI Press 2002, p.105-116, 6 ill. ISBN 1-589-48032-5

2576
Remotely sensed cities. Ed. by Victor Mesev. - London [u,a.]: Taylor & Francis 2003, XXV, 378 p. ISBN 0-415-26045-0

2577
Rubio Campos, Tomás; Ruiz Lendínez, Juan J.: Algoritmo de segmentación de imágenes basado en texturas : aplicaciones cartográficas. In: Topografía y cartografía : TOPCART. 20, 2003, 115, p.40-43. 3 ill., 1 tab. [Algorithm of segmentation of images based on textures : cartographic applications.] [Span. with Engl. rés.] ISSN 0212-9280

2578
Ryžikov, A.I.: Kartografija genoma i proektirovanie zapovednikov. In: Geodezija i kartografija : oficial'nyj organ Federal'noj Sluzby Geodezii i Kartografii Rossii i Geodeziceskich Sluzb Stran. 2003, 3, p.37-40, 2 ill. [Cartography of genome and projecting national parcs.] [Russ.] ISSN 0016-7126

2579
Sande, C.J. van der; Jong, S.M. de; Roo, A.P.J. de: A segmentation and classification approach of IKONOS-2 imagery for land cover mapping to assist flood risk and flood damage assessment. In: International journal of applied earth observation and geoinformation. 4, 2003, 3, p.217-229, 6 ill., 8 tab. ISSN 0303-2434

2580
Smith, G.M.; Fuller, R.M.: Land cover map 2000 and meta-data at the land parcel level. In: Uncertainty in remote sensing and GIS. Edited by Giles M. Foody and Peter M. Atkinson. - Chichester: Wiley 2002, p.143-154, 4 ill., 1 tab. [Paper from a conference held at the University of Southampton in July 2001] ISBN 0-470-84408-6

2581
Sun, Hua and others: Methods and applications of landscape ecological evaluation in the typical small watershed's land use. In: Geomatics and information science of Wuhan University. 28, 2003, 2, p.177-181, 2 ill., 1 tab. [Chin. with Engl. rés.] ISSN 1000-050X

2582
Tatem, Andrew J. and others: Super-resolution land cover mapping from remotely sensed imagery using a Hopfield neural network. In: Uncertainty in remote sensing and GIS. Edited by Giles M. Foody and Peter M. Atkinson. - Chichester: Wiley 2002, p.77-98, 8 ill., 6 tab. [Paper from a conference held at the University of Southampton in July 2001] ISBN 0-470-84408-6

2583
Varotto, Mauro: Montagne deserte : l'abbandono delle "terre alte" visto attraverso la cartografia. In: Bollettino della Associazione Italiana di Cartografia. 40, 2003, 117-118-119, p.165-177, 6 ill. [Desert mountains : the abandonment of high lands seen through cartography.] [Ital.] ISSN 0044-9733

2584
Ven, T.J.M. van de; Beck, R.: Mutaties opsporen per satelliet. In: Geodesia. 45, 2003, 10, p.373-375, 8 ill. [Change detection using high-resolution satellite images.] [Dutch with Engl. rés.] ISSN 1385-7517

2585
Zouxarakis, Demetrio P.; Carson Lambert, Susan; Palmer, Mike: Towards developing Kentucky's landscape change maps. In: Cartography and geographic information science. 30, 2003, 2, p.175-178, 4 ill. ISSN 1523-0406

Landscape / Landschaft / Paysage

2586
Casey, Edward S.: Representing place : landscape painting and maps. - Minneapolis [u.a.]: Univ. of Minnesota Press 2002, XX, 366 p., [8] Bl., ill., mp. [Includes index] ISBN 0-8166-3714-8 / 0-8166-3715-6

2587
Cavens, Duncan; Lange, Eckart; Schmid, Willy: Virtual alpine landscapes and autonomous agents. In: Trends in landscape modeling : proceedings at Anhalt University of Applied Sciences 2003 ; [proceedings to the 4th International Conference on New Technologies in Landscape Architecture (May 15 and 16, 2003) held by the master of landscape architecture program of Anhalt University of Applied Sciences]. Erich Buhmann; Stephen M. Ervin (eds.). - Heidelberg: Wichmann 2003, p.184-191, 3 ill. ISBN 3-87907-403-8

2588
De kadastrale kaart van 1832 : digitale ontsluiting on landschapsecologische toepassingen. W.C.Knol ; M.W.M.Noordman. - Wageningen: Alterra, Research Inst. voor de Groene Ruimte 2003, 60 p., ill., mp. (Alterra-rapport ; 820)

2589
Döllner, Jürgen: Die Landschaft aus neuer Sicht : Visualisierung raumbezogener Informationen mittels 3 D-Karten. In: GeoBit : das Magazin für raumbezogene Informationstechnologie. 8, 2003, 5, p. 29-31, 6 ill. ISSN 1430-3663

2590
Ervin, Stephen M.: Trends in landscape modeling. In: Trends in landscape modeling : proceedings at Anhalt University of Applied Sciences 2003 ; [proceedings to the 4th International Conference on New Technologies in Landscape Architecture (May 15 and 16, 2003) held by the master of landscape architecture program of Anhalt University of Applied Sciences]. Erich Buhmann; Stephen M. Ervin (eds.). - Heidelberg: Wichmann 2003, p.2-8. ISBN 3-87907-403-8

2591
Hachmann, Roland: Beteiligung für alle : der interaktive Landschaftsplan Königslutter am Elm. In: GeoBit : das Magazin für raumbezogene Informationstechnologie. 8, 2003, 10, p.11-13, 3 ill. ISSN 1430-3663

2592
Johnston, Douglas M.: The digital river basin : interactive real-time visualization of landscape processes. In: Trends in landscape modeling : proceedings at Anhalt University of Applied Sciences 2003 ; [proceedings to the 4th International Conference on New Technologies in Landscape Architecture (May 15 and 16, 2003) held by the master of landscape architecture program of Anhalt University of Applied Sciences]. Erich Buhmann; Stephen M. Ervin (eds.). - Heidelberg: Wichmann 2003, p.212-221, 11 ill. ISBN 3-87907-403-8

2593
Jude, Simon and others: Developing techniques to visualise future coastal landscapes. In: Trends in landscape modeling : proceedings at Anhalt University of Applied Sciences 2003 ; [proceedings to the 4th International Conference on New Technologies in Landscape Architecture (May 15 and 16, 2003) held by the master of landscape architecture program of Anhalt University of Applied Sciences]. Erich Buhmann; Stephen M. Ervin (eds.). - Heidelberg: Wichmann 2003, p.228-238, 8 ill. ISBN 3-87907-403-8

2594
Lovett, Andrew and others: Landscape modelling and visualisation for environ-

mental planning in intensive agricultural areas. In: Trends in landscape modeling : proceedings at Anhalt University of Applied Sciences 2003 ; [proceedings to the 4th International Conference on New Technologies in Landscape Architecture (May 15 and 16, 2003) held by the master of landscape architecture program of Anhalt University of Applied Sciences]. Erich Buhmann; Stephen M. Ervin (eds.). - Heidelberg: Wichmann 2003, p.114-122, 8 ill.
ISBN 3-87907-403-8

2595
Manegold, Jochen: Using the ModelBuilder of ArcGIS 9 for landscape modeling. In: Trends in landscape modeling : proceedings at Anhalt University of Applied Sciences 2003 ; [proceedings to the 4th International Conference on New Technologies in Landscape Architecture (May 15 and 16, 2003) held by the master of landscape architecture program of Anhalt University of Applied Sciences]. Erich Buhmann; Stephen M. Ervin (eds.). - Heidelberg: Wichmann 2003, p.240-245, 5 ill.
ISBN 3-87907-403-8

2596
Mosser, Monique: Hortésie cartographe : de l'écriture classique des parcs français à la calligraphie poétique des jardins anglo-chinois. In: Le paysage des cartes : genèse d'une codification ; actes de la 3e journée d'études du Musée des Plans-Reliefs, Paris, 19 novembre 1998. Sous la dir. de Cathérine Bousquet-Bressolier. - Paris: Musée des Plans-Reliefs 1999, p.99-119, 9 ill.
ISBN 2-902559-31-3

2597
Myers, David: Integrative technologies for landscape visualization of greenway and green infrastructure: always on the move. In: Trends in landscape modeling : proceedings at Anhalt University of Applied Sciences 2003 ; [proceedings to the 4th International Conference on New Technologies in Landscape Architecture (May 15 and 16, 2003) held by the master of landscape architecture program of Anhalt University of Applied Sciences]. Erich Buhmann; Stephen M. Ervin (eds.). - Heidelberg: Wichmann 2003, p.140-145, 4 ill.
ISBN 3-87907-403-8

2598
Opach, Tomasz; Pasławski, Jacek: Koncepcja Mapy dziedzictwa przyrodniczo-kulturowego Polski 1: 50 000. In: Polski przegląd kartograficzny. 35, 2003, 1, p.3-11, 5 ill. [Concept of a map of the natural-cultural heritage of Poland 1 : 50 000.] [Pol. with Engl. and Russ. rés.]
ISSN 0324-8321

2599
Petschek, Peter: Planning of public space - the application of new media and 3D visualizations : the Zürich-Leutschenbach case study. In: Trends in landscape modeling : proceedings at Anhalt University of Applied Sciences 2003 ; [proceedings to the 4th International Conference on New Technologies in Landscape Architecture (May 15 and 16, 2003) held by the master of landscape architecture program of Anhalt University of Applied Sciences]. Erich Buhmann; Stephen M. Ervin (eds.). - Heidelberg: Wichmann 2003, p.158-162, 4 ill.
ISBN 3-87907-403-8

2600
Pravda, Ján: Koncepčné a kartografické aspekty Atlasu krajiny Slovenskej republiky. In: Kartografické listy. 11, 2003, p.85-94. [Conceptual and cartographic aspects of the Landscape Atlas of the Slovak Republic.] [Slovak. with Engl. rés.]
ISBN 80-89060-02-1

2601
Renes, Hans: Oude kaarten als bron voor onderzoek naar de geschiedenis van het

landschap. In: Caert-Thresoor. 22, 2003, 3, p.87-94, 9 ill. [Old maps as a source for the study of landscape history.] [Dutch with Engl. rés.] ISSN 0167-4994

2602
Semotanová, Eva: Cultural landscape, landscape maemory ant its digital modelling. In: Historica : historical sciences in the Czech Republic. 9 (38), 2002, p.155-183. ISSN 1210-8499

2603
Semotanová, Eva: Identifikace historické sítě prvků ékologické stability krajiny na mapách vojenských mapování. In: Acta Universitae Purkyneae, Studia Geoinformatica II. - Ustí nad Labem 2002, p.26-31. [Identification of the historical subject's net of the ecology landscape stability on the first military mapping.] [Czech]

2604
Semotanová, Eva: Krajina Chomutovska na starých mapách. In: Comotovia : sborník příspěvků z konference věnované výročí 750 let první písemné zmínky o existenci Chomutova (1252-2002). 2002, p.115-124. [Landscape changes of the town Chomutov and its surrounding in the antique maps.] [Czech]

2605
Trends in landscape modeling : proceedings at Anhalt University of Applied Sciences 2003 ; [proceedings to the 4th International Conference on New Technologies in Landscape Architecture (May 15 and 16, 2003) held by the master of landscape architecture program of Anhalt University of Applied Sciences]. Erich Buhmann; Stephen M. Ervin (eds.). - Heidelberg: Wichmann 2003, XII, 274 p., ill. ISBN 3-87907-403-8

2606
Zhang, C. and others: GML-based interoptable geographical databases. In: Cartography : journal of the Mapping Sciences Institute, Australia. 32, 2003, 2, p.1-15, 9 ill. ISSN 0069-0805

Medicine / Medizin / Medicine

2607
Boscoe, Francis P.; Pickle, Linda W.: Choosing geographic units for choropleth rate maps, with an emphasis on public health applications. In: Cartography and geographic information science. 30, 2003, 3, p.237-248, 4 ill., 2 tab. ISSN 1523-0406

2608
Schweikart, Jürgen; Kistemann, Thomas: Ein weites Feld : Einsatzmöglichkeiten für GIS im Gesundheitswesen. In: GeoBit : das Magazin für raumbezogene Informationstechnologie. 8, 2003, 10, p.40-42, 5 ill. ISSN 1430-3663

2609
Veen, André van der; Giesbers, Henriette: Nationaler Gesundheitsatlas der Niederlande - eine raumbezogene Darstellung des Pflege- und Gesundheitswesens für Entscheider. In: Web.Mapping 2 : Telekartographie, Geovisualisierung und mobile Geodienste. Hartmut Asche; Christian Herrmann (Hrsg.). - Heidelberg: Wichmann 2003, p.118-128, 6 ill. ISBN 3-87907-388-0

Military Cartography / Militärkartographie / Cartographie militaire

2610
Bacchus, Michel: L'établissement des plans directeurs pendant la guerre de 1914-1918. In: Du paysage à la carte : trois siècles de cartographie militaire de la France ; [exposition tenue au château de Vincennes du 18 septembre au 10 novembre 2002]. Ministère de la Défense, services historiques des armées. Sous la dir. de Marie-Anne Villèle,

Agnès Beylot et Alain Morgat. - Vincennes: Service Historique de l'Armée de Terre 2002, p.128-133. (Publications du Service de l'Armée de Terre) ISBN 2-86323-143-X

2611
Blumenfeld, Hervé: L'Ile-de-France aux XVIIIe et XIXe siècles, paysages et transformation de l'espace vus à travers la cartographie militaire. In: Du paysage à la carte : trois siècles de cartographie militaire de la France ; [exposition tenue au château de Vincennes du 18 septembre au 10 novembre 2002]. Ministère de la Défense, services historiques des armées. Sous la dir. de Marie-Anne Villèle, Agnès Beylot et Alain Morgat. - Vincennes: Service Historique de l'Armée de Terre 2002, 164, [4] p., ill., mp. (Publications du Service Historique de l'Armée de Terre)
ISBN 2-86323-143-X

2612
Bousquet-Bressolier, Catherine: Du paysage naturel à l'utopie : le corps des ingénieurs-géographes et la diffusion d'un savoir théorique sur les cartes. In: Le paysage des cartes : genèse d'une codification ; actes de la 3e journée d'études du Musée des Plans-Reliefs, Paris, 19 novembre 1998. Sous la dir. de Cathérine Bousquet-Bressolier. - Paris: Musée des Plans-Reliefs 1999, p.81-97, 7 ill. ISBN 2-902559-31-3

2613
Breda in kaart : [ter gelegenheid van de Tentoonstelling "Breda in Kaart"]. Breda's Museum [Samenst.: Pierre van der Pol ... Tekst: Cees Eimermann ...]. - Breda: Breda's Museum 2002, 112 p., ill., mp. [Breda in maps.] [Dutch] ISBN 90-806108-2-8

2614
Brunner, Kurt: Geheimhaltung und Verfälschung von Karten aus militärischen und politischen Gründen. In: Kartenverfälschung als Folge übergroßer Geheimhaltung? : eine Annäherung an das Thema Einflußnahme der Staatssicherheit auf das Kartenwesen der DDR ; Referate der Tagung der BStU vom 08.-09.2001 in Berlin. Hrsg. von Dagmar Unverhau. - Münster: Lit 2002, p.161-175, 12 ill.
ISBN 3-8258-5964-9

2615
Büttner, Nils: Chorographie : zwischen Kriegskunst und Propaganda. In: Geschichtsdeutung auf alten Karten : Archäologie und Geschichte ; (46. Wolfenbütteler Symposium, vom 26. bis 29. Oktober 1999]. [Hrsg. von Dagmar Unverhau]. - Wiesbaden: Harrassowitz 2003, p.467-486, 6 ill. (Wolfenbütteler Forschungen ; 101) ISBN 3-447-04813-1

2616
Čechurová, Monika: Souřadnicové výpočty v kladu listů rakouských topografických map ze III. vojenského mapováni. In: Geodetický a kartografický obzor. 49, 2003, 6, p.103-108, 4 ill. [Coordinate calculation in the map layout of Austrian topographic maps from the third military survey.] [Czech. with Engl. rés.] ISSN 0016-7096

2617
Chapuis, Olivier: L'hydrographie des côtes de France (XVIIe siècle - XIXe siècle). In: Du paysage à la carte : trois siècles de cartographie militaire de la France ; [exposition tenue au château de Vincennes du 18 septembre au 10 novembre 2002]. Ministère de la Défense, services historiques des armées. Sous la dir. de Marie-Anne Villèle, Agnès Beylot et Alain Morgat. - Vincennes: Service Historique de l'Armée de Terre 2002, p.56-64. (Publications du Service de l'Armée de Terre) ISBN 2-86323-143-X

2618
Diessen, J.R. van: Geallieerde militaire kaartproductie 1942-1946. In: Grote atlas van Nederlands Oost-Indië = Comprehen-

sive atlas of the Netherlands East Indies. J.R. van Diessen. - Utrecht: KNAG 2003, p.14-15. [Allied military cartography 1942-1946.] [Dutch and Engl.]
ISBN 90-74861-20-2

2619
Du paysage à la carte : trois siècles de cartographie militaire de la France [exposition tenue au château de Vincennes du 18 septembre au 10 novembre 2002 ; l'Exposition "Du Paysage à la Carte: Trois Siècles de Cartographie Militaire de la France"]. Ministère de la Défense, Services historiques des armées. Sous la dir. de Marie-Anne Villèle, Agnès Beylot et Alain Morgat. - Vincennes: Service Historique de l`Armée de Terre 2002, 164, [4] p., ill., mp. (Publications du Service de l'Armée de Terre)
ISBN 2-86323-143-X

2620
Ekroth, Johan; Edmark, Pelle: Geografisk information i framtidens nätverksvbaserade försvar. In: Kart & bildteknik : mapping and image science. 18, 2003, 1, p.10-13, 4 ill. [Geographic information in futur network-based defence.] [Swed.]
ISSN 0283-0418

2621
Fischer, Hanspeter: Die "Carte de la Souabe" 1:100 000 (1818-1821) : [u.a. Region Hochrhein]. In: Cartographica Helvetica : Fachzeitschrift für Kartengeschichte. 27, 2003, p.3-12, ill., mp. ISSN 1015-8480

2622
Gäfvert, Björn: The Seven Years War. In: Accurata descriptio : studier i kartografi, numismatik, orientalistik och biblioteksväsen tillägnade Ulla Ehrensvärd. [Redaktionskommitté: Göran Bäärnhielm ...]. - Stockholm: Kungl. Biblioteket 2003, p.131-136, [4 ill. im Anhang]. (Acta Bibliothecae regiae Stockholmiensis ; 69)
ISBN 91-7000-222-3

2623
Gold, John R.; Gold, Margaret M.: Representing Culloden : social memory, battlefield heritage, and landscapes of regret. In: Mapping tourism. Ed. by Stephen P. Hanna and Vincent J. Del Casino Jr. - Minneapolis, Minn [u.a.]: University of Minnesota Press 2003, p.108-131, 6ill., 1 tab. [Include bibliographical references (p.187-207) and index] ISBN 0-8166-3955-8 / 0-8166-3956-6

2624
Grisel, Denis: Le Jura au XVIIIe siècle à travers la cartographie militaire. In: Du paysage à la carte : trois siècles de cartographie militaire de la France ; [exposition tenue au château de Vincennes du 18 septembre au 10 novembre 2002]. Ministère de la Défense, services historiques des armées. Sous la dir. de Marie-Anne Villèle, Agnès Beylot et Alain Morgat. - Vincennes: Service Historique de l'Armée de Terre 2002, p.96-105. (Publications du Service de l'Armée de Terre) ISBN 2-86323-143-X

2625
Horvat, Slavko; Železnjak, Željko; Lapaine, Miljenko: Military topographic and cartographic system of the Republic of Croatia. In: Kartografija i geoinformacije. 2003, 2, p.74-85, 6 ill. [Croat. and Engl.]
ISSN 1333-896X

2626
Kraak, Menno-Jan: Minard's map "Napoleon's march on Moscow" - a geovisualisation re-design attempt. In: Web.Mapping 2 : Telekartographie, Geovisualisierung und mobile Geodienste. Hartmut Asche; Christian Herrmann (Hrsg.). - Heidelberg: Wichmann 2003, p.109-117, 7 ill.
ISBN 3-87907-388-0

2627
Lindner, Klaus: Landesaufnahmen deutscher Territorien : Beispiele der Militär-

kartographie und ihr historischer Quellenwert. In: Geschichtsdeutung auf alten Karten : Archäologie und Geschichte ; (46. Wolfenbütteler Symposium, vom 26. bis 29. Oktober 1999]. [Hrsg. von Dagmar Unverhau]. - Wiesbaden: Harrassowitz 2003, p.411-441, 2 ill. (Wolfenbütteler Forschungen ; 101) ISBN 3-447-04813-1

2628
Lowe, David W.: Telling civil war battlefield stories with GIS. In: Past time, past place : GIS for history. Ed. by Anne Kelly Knowles. - Redlands, Calif.: ESRI Press 2002, p.51-63, 7 ill. ISBN 1-589-48032-5

2629
Mandell, Mel: The mapmaker who swallowed his maps. In: Mercator's World. 8, 2003, 1, p.42-45, 4 ill., 1 portr.
ISSN 1086-6728

2630
Oeder, Werner: Zwischen Manier und Manie : militärische Dispositionen des Reliefeffekts. In: Vermessene Landschaften : Kulturgeschichte und technische Praxis im 19. und 20. Jahrhundert. Hrsg. von David Gugerli. - Zürich: Chronos 1999, p.149-164. (Interferenzen ; 1)
ISBN 3-905313-12-X

2631
Orgeix, Émilie d': Aperçu d'un genre iconographique peu connu : les atlas militaires manuscrits de la première moitié du XVIIe siècle. In: Le paysage des cartes : genèse d'une codification ; actes de la 3e journée d'études du Musée des Plans-Reliefs, Paris, 19 novembre 1998. Sous la dir. de Cathérine Bousquet-Bressolier. - Paris: Musée des Plans-Reliefs 1999, p.29-48, 8 ill.
ISBN 2-902559-31-3

2632
Owen, J.Victor: Streets paved with gold : fortress of Louisbourg on early maps. In: Mercator's World. 8, 2003, 1, p.40-45, 6 ill.
ISSN 1086-6728

2633
Palaschewski, Thomas: Die Übernahme von Karten des militärtopographischen Dienstes der ehemaligen nationalen Volksarmee : ein Statement. In: Kartenverfälschung als Folge übergroßer Geheimhaltung? : eine Annäherung an das Thema Einflußnahme der Staatssicherheit auf das Kartenwesen der DDR ; Referate der Tagung der BStU vom 08.-09.2001 in Berlin. Hrsg. von Dagmar Unverhau. - Münster: Lit 2002, p.157-159. ISBN 3-8258-5964-9

2634
Sanger, Victoria: Vauban et la topographie des places fortes : Brest et Longwy. In: Le paysage des cartes : genèse d'une codification ; actes de la 3e journée d'études du Musée des Plans-Reliefs, Paris, 19 novembre 1998. Sous la dir. de Cathérine Bousquet-Bressolier. - Paris: Musée des Plans-Reliefs 1999, p.49-63, 6 ill.
ISBN 2-902559-31-3

2635
Scheele, Theo: Een dagje... : op herhaling bij de Koninklijke Landmacht. In: Geodesia. 45, 2003, 9, p.350-355, 10 ill. [A day... : retraining exerdise in the Dutch Army.] [Dutch with Engl. rés.] ISSN 1385-7517

2636
Semotanová, Eva: Identifikace historické sítě prvků ékologické stability krajiny na mapách vojenských mapování. In: Acta Universitae Purkyneae, Studia Geoinformatica II. - Ustí nad Labem 2002, p.26-31. [Identification of the historical subject's net of the ecology landscape stability on the first military mapping.] [Czech]

2637
Sereno, Paola: "Li Ingegneri Topograffici di Sua Maestà" : la formazione del carto-

grafo militare negli Stati Sabaudi e l'istituzione dell'Ufficio di Topografia Reale. In: Carte e cartografi degli Stati Sabaudi : rappresentare uno stato dal XVI al XVIII secolo. A cura di Rinaldo Comba e Paola Sereno. - Torino [u.a.]: U.Allemandi 2002, p.61-102. (Archivi di arte e cultura piemontesi) ["The topographical engineers of His Majesty" : the training of a military cartographer in the States of Savoy and the institution "Ufficio di Topografia reale".] [Ital.] [Vol. 1 +2] ISBN 88-422-0717-9

2638
Timár, Gábor; Kubány, Csongor; Molnár, Gábor: A magyarországi Gauss-Krüger-vetületű katonai topográfiai térképek dátumparaméterei. In: Geodézia és kartográfia. 55, 2003, 7, p.18-22, 3 tab. [Datum parameters of the Hungarian Gauss-Krüger military topographic maps.] [Hung. with Engl. rés.] ISSN 0016-7118

2639
Traeger, Burkhard: Portrayal of the longest siege in world history on maps of the 17th century. In: Journal of the International Map Collectors' Society. 92, 2003, p.39-50, 10 ill.

2640
Vagács, Géza: Az 1808. évi háromszögelési láncolat és a második katonai felmérés. In: Geodézia és kartográfia. 55, 2003, 5, p.33-38, 4 ill. [The triangulation chain of 1808 and the second military survey.] [Hung. with Engl. rés.] ISSN 0016-7118

2641
Valerio, Vladimiro: L'occhio mutevole : militari e mappe tra rivoluzione e restaurazione. In: La cartografia europea tra primo Rinascimento e fine dell' illuminismo : atti del Convegno Internazionale The Making of European Cartography, (Firenze, BNF-EUI, 13 - 15 dicembre 2001). A cura di Diogo Ramada Curto ; Angelo Cattaneo ; André Ferrand Almeida. - Firenze: L.S. Olschki 2003, p.229-244. (Studi / Accademia Toscana di Scienze e Lettere L Colombaria ; 213) [Changing eye : soldiers and maps between revolution and restoration.] [Ital.] ISBN 88-222-5240-3

2642
Veverka, Bohuslav; Čechurová, Monika: Georeferencování map II. a III. vojenského mapování. In: Kartografické listy. 11, 2003, p.103-113, 7 ill. [Georeferencing of the maps from the 2nd and 3rd military mapping.] [Slovak. with Engl. rés.]
ISBN 80-89060-02-1

Mining / Bergbau / Mines

2643
Curran, Mary: Dialogues of difference : contested mappings of tourism and environmental protection in Butte, Montana. In: Mapping tourism. Ed. by Stephen P. Hanna and Vincent J. Del Casino Jr. - Minneapolis, Minn [u.a.]: University of Minnesota Press 2003, p.132-160, 5 ill. [Include bibliographical references (p.187-207) and index] ISBN 0-8166-3955-8 / 0-8166-3956-6

2644
Spreckels, Volker: Einführung fester Transformationsparameter vom ETRS'89 zum Gauß-Krüger-Koordinatensystem über NWREF-Punkte zur einheitlichen Führung der Koordinaten und GIS-Datenbestände der Deutschen Steinkohle AG (DSK AG). In: Auf dem Weg zu operationellen Prozessketten in Photogrammetrie, Fernerkundung und Geoinformation : 23. wissenschaftlich-technische Jahrestagung der DGPF 9. - 11. September 2003 in Bochum. Eckhardt Seyfert, Hrsg. - Münster: Geschäftsstelle der DGPF 2003, p.145-156, 8 ill. (Publikationen der Deutschen Gesellschaft für Photogrammetrie, Fernerkundung

und Geoinformation e.V. ; Band 12) [CD-ROM enth.: Farbabbildungen des Tagungsbandes] ISSN 0942-2870

Natural Resources / Bodenschätze / Ressources minières

2645
Stiebel, L.; Goldsworthy, C.: A suitable match : marrying technology to the past in the Thomas Baines and the "Great Map" CD-ROM project. In: Cartography : journal of the Mapping Sciences Institute, Australia. 32, 2003, 2, p.55-63, 4 ill. ISSN 0069-0805

Oceanography / Ozeanographie / Océanographie

2646
Barton, Cathy: Marie Tharp, oceanographic cartographer, and her contributions to the revolution in the earth sciences. In: The earth inside and out : some major contributions to geology in the twentieth century ; [presented at a symposium ; held at Rio de Janeiro in August 2000]. [organized by the International Commission on the History of Geological Sciences (INHIGEO) for the International Geological Congress]. Ed. by David R. Oldroyd. - London: Geological Society 2002, 369 p., ill., mp. (Geological Society special publication ; 192) ISBN 1-86239-096-7

2647
Devine, Pauline: Mapping coral reefs : data collection options. In: Cartouche : the operational publication of the Canadian Cartographic Association. 50, 2003, p.8-10. ISSN 1183-2045

2648
Dhabai, R.K.; Malik, A.K.: Structure of the Indian Ocean Realm Atlas. In: Geography and applied cartography : proceedings of the National Seminar on Geography and Applied Cartography, organised to commemorate the birth centenary celebration of Padmabhushan Professor S.P. Chatterjee. Organised by National Atlas & Thematic Mapping Organisation, in collaboration with Prof. S.P. Chatterjee Memorial Foundation. [General ed.: Pritvish Nag]. - Kolkata: Govt. of India, Dept of Science & Technology, National Atlas & Thematic Mapping Organisation 2003, p.256-268.

2649
Feinberg, Richard and others: 'Drawing the coral heads' : mental mapping and its physical representation in a Polynesian community. In: The Cartographic Journal. 40, 2003, 3, p243-253, 4 ill. ISSN 0008-7041

2650
Saux, Eric: B-spline functions and wavelets for cartographic line generalization. In: Cartography and geographic information science. 30, 2003, 1, p.33-50, 25 ill., 2 tab. ISSN 1523-0406

2651
Valavanis, Vasilis D.: Geographic information in oceanography and fisheries. - London [u.a.]: Taylor & Francis 2002, XVIII, 209 p., ill., mp. ISBN 0-415-28463-5

Pedology / Pedologie / Pédologie

2652
Hennig, Sabine: Ergänzung zur Karte : Modellierung von Bodentypen an einem Beispiel aus dem Nationalpark Berchtesgaden. In: GeoBit : das Magazin für raumbezogene Informationstechnologie. 8, 2003, 8, p.23-25, 4 ill. ISSN 1430-3663

2653
Hou, Wenguang and others: Evaluation of soil quality based on GIS. In: Geomatics and information science of Wuhan University. 28, 2003, 1, p.60-64, 1 ill., 5 tab. [Chin. with Engl. rés.] ISSN 1000-050X

2654
Petrisková, Barbora; Čižmár, Jozef: Experimentálny model veternej erózie. In: Geodetický a kartografický obzor. 49, 2003, 7-8, p.176-182, 6 ill., 2 tab. [Experimental model of soil wind erosion in the GIS environment.] [Czech. with Engl. rés.] ISSN 0016-7096

2655
Robinson, T.P.: A comparison of inverse distance weighting and ordinary kriging for characterising within-paddock spatial variability of soil : properties in western Australia. In: Cartography : journal of the Mapping Sciences Institute, Australia. 32, 2003, 1, p.11-24, 5 ill., 3 tab. ISSN 0069-0805

2656
Schneider, Sheri: Soil maps and soil survey. In: Information bulletin / Western Association of Map Libraries. 33, 2002, 2, p.86-90, 4 ill. ISSN 0049-7282

2657
Singh, D.S. and others: Physiography of upper Subarnarekha Watershed : a remote sensing approach for soil resource mapping. In: Geography and applied cartography : proceedings of the National Seminar on Geography and Applied Cartography, organised to commemorate the birth centenary celebration of Padmabhushan Professor S.P. Chatterjee. Organised by National Atlas & Thematic Mapping Organisation, in collaboration with Prof. S.P. Chatterjee Memorial Foundation. [General ed.: Pritvish Nag]. - Kolkata: Govt. of India, Dept of Science & Technology, National Atlas & Thematic Mapping Organisation 2003, p.334-342, 1 ill., 1 mp., 1 tab.

Planning / Planung / Planification

2658
Duhovnik, Marjana and others: Geodetske podlage in topografska baza. In: Geodetski vestnik. 47, 2003, 3, p.224-230, 3 ill., 2 tab. [Maps for spatial plans and topographic database.] [Sloven. with Engl. rés.] ISSN 0351-0271

2659
Fauth, Christian Egloff; Nadolski, Knut: Auf allen Plätzen gut informiert : Geoinformation-online für die ländliche Entwicklung in Bayern. In: GeoBit : das Magazin für raumbezogene Informationstechnologie. 8, 2003, 8, p.20-22, 3 ill.

2660
Gruber, Hartmut: Von den Anfängen der lokalen Vermessung bis zum Liegenschaftskataster und Stadtbauplan von Geislingen. In: Karten als Zeugen der Geschichte : 500 Jahre Kartographie am Beispiel von Geislingen und Umgebung ; Begleitheft zur Weihnachtsausstellung 2003 in der Galerie im Alten Bau, Geislingen an der Steige. von Wilhelm Rall mit Beitr. von Jürgen Hagel und Hartmut Gruber. - Geislingen an der Steige: Stadtarchiv 2003, p.85-98, 8 ill. (Veröffentlichung des Stadtarchivs / Stadtarchiv Geislingen an der Steige ; 21)

2661
Hachmann, Roland: Beteiligung für alle : der interaktive Landschaftsplan Königslutter am Elm. In: GeoBit : das Magazin für raumbezogene Informationstechnologie. 8, 2003, 10, p.11-13, 3 ill. ISSN 1430-3663

2662
Keijsers, Wim; Witberg, Marten: De legenda van Nederland : de nationale kaart bestaat niet in kartografie voor beleid. In: Kartografisch Tijdschrift. 29, 2003, 4, p.29-35, 9 ill. [The legend of the Netherlands ; the national map does not exist in cartography for policy making.] [Dutch with Engl., and French rés.] ISSN 0167-5788

2663
Kieferle, Joachim; Wössner, Uwe: Mixed realities : improving the planning process by using augmented and virtual reality. In: Trends in landscape modeling : proceedings at Anhalt University of Applied Sciences 2003 ; [proceedings to the 4th International Conference on New Technologies in Landscape Architecture (May 15 and 16, 2003) held by the master of landscape architecture program of Anhalt University of Applied Sciences]. Erich Buhmann; Stephen M. Ervin (eds.). - Heidelberg: Wichmann 2003, p.192-201, 10 ill.
ISBN 3-87907-403-8

2664
Murad, AbdulKader A.: Creating a GIS application for retail centers in Jeddah city : problems in operational applications? In: International journal of applied earth observation and geoinformation. 4, 2003, 4, p.329-338, 6 ill. ISSN 0303-2434

2665
Myers, David: Integrative technologies for landscape visualization of greenway and green infrastructure: always on the move. In: Trends in landscape modeling : proceedings at Anhalt University of Applied Sciences 2003 ; [proceedings to the 4th International Conference on New Technologies in Landscape Architecture (May 15 and 16, 2003) held by the master of landscape architecture program of Anhalt University of Applied Sciences]. Erich Buhmann; Stephen M. Ervin (eds.). - Heidelberg: Wichmann 2003, p.140-145, 4 ill.
ISBN 3-87907-403-8

2666
Petschek, Peter: Planning of public space - the application of new media and 3D visualizations : the Zürich-Leutschenbach case study. In: Trends in landscape modeling : proceedings at Anhalt University of Applied Sciences 2003 ; [proceedings to the 4th International Conference on New Technologies in Landscape Architecture (May 15 and 16, 2003) held by the master of landscape architecture program of Anhalt University of Applied Sciences]. Erich Buhmann; Stephen M. Ervin (eds.). - Heidelberg: Wichmann 2003, p.158-162, 4 ill.
ISBN 3-87907-403-8

2667
Rao, V.M.: Regional development planning and urban change monitoring through high resoution IKONOS data. In: Geography and applied cartography : proceedings of the National Seminar on Geography and Applied Cartography, organised to commemorate the birth centenary celebration of Padmabhushan Professor S.P. Chatterjee. Organised by National Atlas & Thematic Mapping Organisation, in collaboration with Prof. S.P. Chatterjee Memorial Foundation. [General ed.: Pritvish Nag]. - Kolkata: Govt. of India, Dept of Science & Technology, National Atlas & Thematic Mapping Organisation 2003, p.329-333.

2668
Riedl, Manfred: Visualisierungen in der Raumordnung. In: Raum : österreichische Zeitschrift für Raumplanung und Regionalpolitik. 50, 2003, p.24-26, 2 ill.

2669
Schaal, Peter: Digitale Planveröffentlichung : Interaktive Präsentation des Landschaftsrahmenplans und des regionalen Raumordnungsprogramms im Landkreis Emsland. In: GeoBit : das Magazin für raumbezogene Informationstechnologie. 8, 2003, 4, p.27-29, 3 ill. ISSN 1430-3663

2670
Schans, R. van der: Koopgoot in kaart : kwartiermakers gezocht. In: Geodesia. 45, 2003, 3, p.124-126, 7 ill. [Shopping mall in maps : looking for pathfinders.] [Dutch]
ISSN 1385-7517

2671
Schnayder, Edward: A hand drafted German spatial planning atlas of the occupied "General-Government" (1940). In: Accurata descriptio : studier i kartografi, numismatik, orientalistik och biblioteksväsen tillägnade Ulla Ehrensvärd. [Redaktionskommitté: Göran Bäärnhielm ...]. - Stockholm: Kungl. Biblioteket 2003, p.419-443, 2 ill., 1 mp., [13 ill im Anhang]. (Acta Bibliothecae regiae Stockholmiensis ; 69) ISBN 91-7000-222-3

2672
Stadsplan Amsterdam : toekomstvisies op de ruimtelijke ontwikkeling van de stad, 1928-2003. [Red.: Allard Jolles...Tekstred.: Marianne Lahr]. - Rotterdam: NAi Uitgevers 2003, 208 p., ill., mp. [Town map Amsterdam : future visions of the spatial development of the town, 1928-2003.] [Dutch] ISBN 90-5662-332-X

2673
Trends in landscape modeling : proceedings at Anhalt University of Applied Sciences 2003 ; [proceedings to the 4th International Conference on New Technologies in Landscape Architecture (May 15 and 16, 2003) held by the master of landscape architecture program of Anhalt University of Applied Sciences]. Erich Buhmann; Stephen M. Ervin (eds.). - Heidelberg: Wichmann 2003, XII, 274 p., ill. ISBN 3-87907-403-8

2674
Wille, Volker: Dr. Herbert Reiners +. In: Kartographische Nachrichten. 53, 2003, 1, p.31-32, 1 portr. ISSN 0022-9164

2675
Wimmer, Heinrich; Zoller, Jochen: Kommunale GIS in der Anwendung : Bericht zum Pilotprojekt "Interaktiver Flächennutzungsplan". In: Mitteilungen des DVW-Bayern e.V. 55, 2003, 2, p.133-156, 17 ill. ISSN 0723-6336

Politics / Politik / Politique

2676
Brunner, Kurt: Geheimhaltung und Verfälschung von Karten aus militärischen und politischen Gründen. In: Kartenverfälschung als Folge übergroßer Geheimhaltung? : eine Annäherung an das Thema Einflußnahme der Staatssicherheit auf das Kartenwesen der DDR ; Referate der Tagung der BStU vom 08.-09.2001 in Berlin. Hrsg. von Dagmar Unverhau. - Münster: Lit 2002, p.161-175, 12 ill. ISBN 3-8258-5964-9

2677
Brunner, Kurt: Zur Aufarbeitung des Themas "Kartenverfälschungen in der DDR". In: Kartographische Nachrichten. 53, 2003, 6, p.282-283. ISSN 0022-9164

2678
Crampton, Jeremy W.: Cartographic rationality and the politics of geosurveillance and security. In: Cartography and geographic information science. 30, 2003, 2, p.135-148, 1 ill.

2679
González Rodríguez, Jaime: Cartografía de la política cultural en Nueva España. In: Grandes viajes descubridores. Seminario Iberoamericano de Descubrimientos y Cartografía, Instituto Interuniversitario de Estudios de Iberoamérica y Portugal. Coord.: Jesús Varela Marcos. - Tordesillas, Valladolid: Instituto Interuniversitario de Estudios de Iberoamérica y Portugal 2001, p.81-108, 11 ill. (Descubrimientos y cartografía ; 4) [Cartography of cultural politics in Nueva España.] [Span.] ISBN 8493062-96-0

2680
Kartenverfälschung als Folge übergroßer Geheimhaltung? : eine Annäherung an das Thema Einflußnahme der Staatssicherheit

auf das Kartenwesen der DDR ; Referate der Tagung der BStU vom 08.- 09.03.2001 in Berlin. Hrsg. von Dagmar Unverhau. - Münster: Lit 2003, 300 p.,ill., mp. (Archiv zur DDR-Staatssicherheit ; 5) [2., durchges. Aufl.] ISBN 3-8258-5964-9

2681
Łuczyński, Jarosław: Zmiany granic między Wielkim Księstwem Litewskim a Koroną w świetle mapy radziwiłłowskiej z 1613 roku. In: Polski przegląd kartograficzny. 35, 2003, 1, p.43-46, 1 ill. [Border changes between the Grand Duchy of Lithuania and Poland in the light of "Radziwiłł" map of 1613.] [Pol.] ISSN 0324-8321

2682
Mongiano, Elisa: Delimitare e governare le frontiere : le istituzioni per i confini nello stato sabaudo del secolo XVIII. In: Carte e cartografi degli Stati Sabaudi : rappresentare uno stato dal XVI al XVIII secolo. A cura di Rinaldo Comba e Paola Sereno. - Torino [u.a.]: U.Allemandi 2002, p.165-178. (Archivi di arte e cultura piemontesi) [Delimiting and governing the frontiers : institutions for boundaries in the Sayoy State of the XVIII century.] [Ital.] [Vol. 1 + 2] ISBN 88-422-0717-9

2683
Monmonier, Mark: Hook, line, and gerry-ander : weird shapes, pejorative words, and the rhetorical cartography of the 1990 U.S. Congressional Redistricting. In: Mercator's World. 5, 2000, 4, p.36-40, ill. ISSN 1086-6728

2684
Pápay, Gyula: Politik und Kartographie. In: Kartenverfälschung als Folge übergroßer Geheimhaltung? : eine Annäherung an das Thema Einflußnahme der Staatssicherheit auf das Kartenwesen der DDR ; Referate der Tagung der BStU vom 08.-09.2001 in Berlin. Hrsg. von Dagmar Unverhau. - Münster: Lit 2002, p.13-25. (Archiv zur DDR-Staatssicherheit ; Bd. 5) ISBN 3-8258-5964-9

2685
Rekacewicz, Philippe: Der Kartograf und seine Welten. In: Die Sehnsucht des Kartografen : Franz Ackermann ... ; Kunstverein Hannover, 13. Dezember 2003 bis 1. Februar 2004 ; [anlässlich der Ausstellung Die Sehnsucht des Kartografen im Kunstverein Hannover] = The longing of the cartographer. Hrsg.: Stephan Berg ; Martin Engler. [Übers.: George Frederick Takis ; Marie Luise Knott]. - Hannover 2003, p.154-159 (Germ.), p.202-207 (Engl.). [Text Germ. and Engl.] ISBN 3-00-012475-6

2686
Shields, Rob: Political tourism : mapping memory and the future at Quebec City. In: Mapping tourism. Ed. by Stephen P. Hanna and Vincent J. Del Casino Jr. - Minneapolis, Minn [u.a.]: University of Minnesota Press 2003, p.1-27, 3 ill. 3956-6 [Includes bibliographical references (p.187-207) and index] ISBN 0-8166-3955-8 / 0-8166-3956-6

Religion / Religion / Religion

2687
Lancaster, Lewis R.; Bodenhamer, David J.: The Electronic Cultural Atlas Initiative and the North American Religion Atlas. In: Past time, past place : GIS for history. Ed. by Anne Kelly Knowles. - Redlands, Calif.: ESRI Press 2002, p.163-177, 9 ill., 1 tab. ISBN 1-589-48032-5

2688
Long, Burke O.: Imagining the Holy Land : maps, models, and fantasy travels. - Bloomington [u.a.]: Indiana Univ. Press 2003, XI, 258 p., ill.,mp. [Literaturverz. S. 241-251] ISBN 0-253-34136-1

Settlement / Siedlung / Habitat

2689
Augusteijn, Joost: De 52 stadsprofielen van Noord-Nederlandse steden in de oblong-uitgaven van Guicciardini. In: Caert-Thresoor. 22, 2003, 2, p.41-46, 7 ill., 1 tab. [Fifty-two profiles of towns in the northern Netherlands.] [Dutch with Engl. rés.]
ISSN 0167-4994

2690
Becker, Dieter; Jha, Satish: Für Planung und Marketing : Erstellung eines 3D-Stadtmodells unter Nutzung vorhandener Daten. In: GeoBit : das Magazin für raumbezogene Informationstechnologie. 8, 2003, 11, p.19-21, 5 ill. ISSN 1430-3663

2691
Berné Valero, José Luis and others: Sistema de información geográfica para la poda del arbolado en la ciudad de Valencia. In: Topografía y cartografía : TOPCART. 20, 2003, 117, p.15-20, 9 ill., 1 tab. [GIS for the pruning of the trees in the city of Valencia.] [Span.] ISSN 0212-9280

2692
Blalock, Joseph: Real world/virtual presentations : comparing different web-based 4D presentation techniques of the built environment. In: Trends in landscape modeling : proceedings at Anhalt University of Applied Sciences 2003 ; [proceedings to the 4th International Conference on New Technologies in Landscape Architecture (May 15 and 16, 2003) held by the master of landscape architecture program of Anhalt University of Applied Sciences]. Erich Buhmann; Stephen M. Ervin (eds.). - Heidelberg: Wichmann 2003, p.222-227, 3 ill.
ISBN 3-87907-403-8

2693
Bodenstein, Wulf: Pictures at an exhibition II : Street mapping : an A to Z of urban cartography. In: BIMCC newsletter / Brussel International Map Collectors' Circle. 16, 2003, p.6, 1 ill.

2694
Bottmeyer, Manfred: Der virtuelle Feldvergleich : Einführung eines Visualisierungssystems in der amtlichen Gebäudevermessung. In: GeoBit : das Magazin für raumbezogene Informationstechnologie. 8, 2003, 4, p.35-37, 4 ill. ISSN 1430-3663

2695
Breda in kaart : [ter gelegenheid van de Tentoonstelling "Breda in Kaart"]. Breda's Museum [Samenst.: Pierre van der Pol ... Tekst: Cees Eimermann ...]. - Breda: Breda's Museum 2002, 112 p., ill., mp. [Breda in maps.] [Dutch] ISBN 90-806108-2-8

2696
Chapel, Enrico: Cartes et figures de l'urbanisme scientifique en France (1910-1943) : recherche sur le rôle et les fonctions de la statistique et de l'unification graphiques dans la production des doctrines urbaines. - Paris: Univ. 2000, 2 MF, 567 Bl., ill. [Mikrofiche-Ausg.] [Hochschulschrift]

2697
Cieslik, Bernhard: Hamburg in der dritten Dimension. In: ZfV : Zeitschrift für Geodäsie, Geoinformation und Landmanagement. 128, 2003, 4, p.254-260, 11 ill.
ISSN 1618-8950

2698
DeLyser, Dydia: "A walk through Old Bodie" : presenting a ghost town in a tourism map. In: Mapping tourism. Ed. by Stephen P. Hanna and Vincent J. Del Casino Jr. - Minneapolis, Minn [u.a.]: University of Minnesota Press 2003, p.79- 107, 6 ill. [Includes bibliographical references (p.187-207) and index] ISBN 0-8166-3955-8 / 0-8166 3956-6

2699
Ehlers, Manfred; Schiewe, Jochen; Möller, Matthias: 3D city modelling using ultra high resolution and multisensoral remote sensing. In: GIS : Geoinformationssysteme. 16, 2003, 6, p.30-37, 7 ill., 3 tab.
ISSN 1430-3663

2700
Ehrensvärd, Ulla: Handgezeichnete Stadtpläne und Veduten von Ost-und Westpreußen in öffentlichen Sammlungen zu Stockholm und Uppsala. In: Lüneburger Beiträge zur Vedutenforschung II : Beiträge zum II. Veduten-Colloquium in Lüneburg 7. - 9.X.-1983, III. Veduten-Colloquium in Regensburg 3. - 6.X.1985 ; mit 238 Abb., 18 Falttaf. und 2 Tab. Hrsg. von Angelika Marsch und Eckhard Jäger. - Lüneburg: Verl. Nordostdt. Kulturwerk 2001, p.27-33. (Lüneburger Beiträge zur Vedutenforschung ; 2)
ISBN 3-922296-37-8

2701
Finceur, Michel-Benoit; Silvestre, Marguerite: Bruxelles. sous la dir. de Hossam Elkhadem. - Bruxelles: Bibliothèque Royale de Belgique 2000, XXX, 546 p., ill., mp. (Inventaire raisonné des collections cartographiques Vandermaelen conservées à la Bibliothèque Royale de Belgique ; 4)
ISBN 2-87093-124-7

2702
Fritsch, Dieter: 3D building visualization : outdoors and indoors applications. In: GIS : Geoinformationssysteme. 16, 2003, 9, p.26-32, 6 ill. ISSN 1430-3663

2703
Fromm, Heinz-Joachim: Siedlungs- und Flurentwicklung im Umland der industriellen Agglomeration BASF-Ludwigshafen, dargestellt und erläutert unter besonderer Berücksichtigung historischer und topographischer Karten. - Koblenz: H.-J. Fromm 2002, 368 p., ill., mp. [Zugl.: Koblenz, Landau, Univ., Abt. Landau, Diss., 2002]

2704
Fuchs, Frank and others: Trois approches pour la construction automatique de modèles 3-D de bâtiments en imagerie aérienne haute résolution. In: Bulletin d'information de l'IGN. 73, 2002, p.17-26, 12 ill.
ISSN 0427-2218

2705
Ganado, Albert: Valletta città nuova : a map history (1566-1600). - Malta: Publishers Enterprises Group (PEG) 2003, XXIV, 623 p., ill., mp. ISBN 99-909-0346-8

2706
Gram, Michael; Grøngaard, Claus: Digitale bykort. In: GIS i Danmark. - København: Teknisk Forl. 1997, p.123-133, 3 ill. [Digital city-maps.] [Dan.]
ISBN 87-571-1775-6

2707
Gruber, Hartmut: Von den Anfängen der lokalen Vermessung bis zum Liegenschaftskataster und Stadtbauplan von Geislingen. In: Karten als Zeugen der Geschichte : 500 Jahre Kartographie am Beispiel von Geislingen und Umgebung ; Begleitheft zur Weihnachtsausstellung 2003 in der Galerie im Alten Bau, Geislingen an der Steige. von Wilhelm Rall mit Beitr. von Jürgen Hagel und Hartmut Gruber. - Geislingen and der Steige: Stadtarchiv 2003, p.85-98, 8 ill. (Veröffentlichung des Stadtarchivs / Stadtarchiv Geislingen an der Steige ; 21)

2708
Hameleers, Marc: Karten in het werk van de grote Amsterdamse stadshistorici. In: Caert-Thresoor. 22, 2003, 3, p.77-86, 14 ill., 2 tab. [Maps in the publications of the great Amsterdam city historians.] [Dutch with Engl. rés.] ISSN 0167-4994

2709
Hancock, Claire: Paris et Londres au XIXe siècle : représentations dans les guides et récits de voyage. - Paris: CNRS Editions 2003, 357 p., ill., mp. (Espace et milieux) ISBN 2-271-06132-6 [Zugl.: Paris, Univ., Diss., 1997]

2710
Jansa, Josef; Stanek, Heinz: Ableitung von Stadtmodellen aus Laser-Scanner-Daten, Grundrissplänen und photographischen Aufnahmen. In: VGI : österreichische Zeitschrift für Vermessung & Geoinformation. 91, 2003, 4, p.262-270, 11 ill.
ISSN 0029-9650

2711
Kleinn, Hans: Die Vedute der Stadt Osnabrück auf Landkarten des Stiftes im 17. und 18. Jahrhundert : ein Beitrag zur Tradierung und Veränderung von Veduten. In: Lüneburger Beiträge zur Vedutenforschung II : Beiträge zum II. Veduten-Colloquium in Lüneburg 7. - 9.X.1983, III. Veduten- Colloquium in Regensburg 3. - 6.X.1985 ; mit 238 Abb., 18 Falttaf. und 2 Tab. Hrsg. von Angelika Marsch und Eckhard Jäger. - Lüneburg: Verl. Nordostdt. Kulturwerk 2001, p.353-360, 4 ill. (Lüneburger Beiträge zur Vedutenforschung ; 2)
ISBN 3-922296-37-8

2712
Knowles, Leo: She mapped London with her feet. In: Mercator's World. 8, 2003, 1, p.16-19, 4 ill., 1 portr. ISSN 1086-6728

2713
Koehl, Mathieu: Modèles et méthodologies de saisie pour maquettes numériques 3D. In: XYZ : revue de l'Association Française de Topographie. 25, 2003, 97, p.37-43, 8 ill. ISSN 0290-9057

2714
Kohlhaas, Andreas; Bertram, Olaf: Nah an der Realität : 3-D-Stadtmodelle in Architektur-CAAD-Software. In: GeoBit : das Magazin für raumbezogene Informationstechnologie. 8, 2003, 11, p.16-18, 5 ill.
ISSN 1430-3663

2715
Kolbe, Thomas H.: Interoperable Modelle : die dritte Dimension in der Geodateninfrastruktur Nordrhein-Westfalen. In: GeoBit : das Magazin für raumbezogene Informationstechnologie. 8, 2003, 5, p.26-28, 2 ill.
ISSN 1430-3663

2716
Li, Bijun; Zhang, Zhixian; Ren, Juan: Extraction of building's feature from laser scanning data. In: Geomatics and information science of Wuhan University. 28, 2003, 1, p.65-70, 6 ill., 1 tab. [Chin. with Engl. rés.] ISSN 1000-050X

2717
Lingenberg, Heinz: Das Stadtbild Danzigs vom Anfang des 17. bis zum Anfang des 18. Jahrhunderts. In: Lüneburger Beiträge zur Vedutenforschung II : Beiträge zum II. Veduten-Colloquium in Lüneburg 7. - 9.X. 1983, III. Veduten-Colloquium in Regensburg 3. - 6.X.1985 ; mit 238 Abb., 18 Falttaf. und 2 Tab. Hrsg. von Angelika Marsch und Eckhard Jäger. - Lüneburg: Verl. Nordostdt. Kulturwerk 2001, p.75-94, 8 ill. (Lüneburger Beiträge zur Vedutenforschung ; 2) ISBN 3-922296-37-8

2718
Magill, John T.: New Orleans through three centuries. In: Charting Louisiana : five hundred years of maps. Ed. by Alfred Emmette Lemmon, John T. Magill and Jason R. Wiese. - New Orleans, La: Historic New Orleans Collection 2003, p.293-346, 13 ill., 26 mp.[Includes bibliographical references and index] ISBN 0-917860-47-0

2719
Mammuçari, Renato: Campagna romana : carte geografiche, piante prospettiche, vedute panoramiche, costumi pittoreschi. - Città di Castello (Perugia): Edimond 2002, 357 p., ill. [Roman landscape : geographic maps, perspective plans, panorama views, colorful costumes.] [Ital.] [Contains bibliography] ISBN 88-500-0170-3

2720
Mangei, Johannes: Die Freiburg-Ansichten des Gregorius Sickinger von 1589 : Quellen zur Geschichte der Stadt in Spätmittelalter und früher Neuzeit. - Freiburg im Breisgau: Stadtarchiv 2003, 224 p., [14 Bl.], ill. (Veröffentlichungen aus dem Archiv der Stadt Freiburg ; 35) ISBN 3-923272-29-4 [Zugl.: Freiburg im Breisgau, Univ., Diss., 1999 u.d.T.: Mangei, Johannes: Gregorius Sickingers Stadtansichten als Quelle für die Geschichte Freiburgs im Spätmittelalter und in der frühen Neuzeit]

2721
Matter, Irene: Possibilities of individualization of selection of settlements in cartographic communication processes. - Wien: TU 2003, 116 p., 47 ill, 10 tab. [Dipl.-Arb.]

2722
Miller, Naomi: Mapping the city : the language and culture of cartography in the Renaissance. - London [u.a.]: Continuum 2003, XVIII, 270 p., ill., mp. [Includes bibliographical references and index] ISBN 0-8264-5636-7

2723
Miller, Toni: Gedanken zur dritten Dimension im Städtebau : Zusammenspiel von Topographie und Gebäuden. - Wuppertal: Müller +Busmann 2003, 208 p., ill., mp. ISBN 3-928766-56-2

2724
Möller, Matthias: Urbanes Umweltmonitoring mit digitalen Flugzeugscannerdaten. - Heidelberg: Wichmann [u.a.] 2003, IX, 126 p., ill., mp.+ 1 CD-ROM u. 1 3-D-Brille. [1. Aufl.] ISBN 3-87907-402-X

2725
Mokre, Jan: Grundriß contra Aufriß : die Stadt in der Kartographie. In: Kartographische Zimelien : die 50 schönsten Karten und Globen der Österreichischen Nationalbibliothek. Hrsg.: Österreichische Nationalbibliothek Wien. Franz Wawrik... - Wien: Holzhausen 1995, p.19-27, 2 ill. ISBN 3-900518-36-X

2726
Montgomery, Roy; McCarthy, Kerry: 'CMU 11' : an early, locally produced, and virtually unknown lithograph of the Canterbury settlement. In: New Zealand Map Society journal. 16, 2003, p.7-15, 1 ill. ISSN 0113-2458

2727
Moretto, Gino: Piante e vedute prospettiche della città dal 1479 al 1797. - Piazzola /sBrenta (PD): Ed. Papergraf 2001, 439 p., ill., mp. (Venetia : le immagini della Repubblica ; [incisioni] ; vol. 1) [Plants and perspective views of the city from 1479 to 1797.] [Ital.] ISBN 88-87264-42-2

2728
Noack, Gerald: Die Wiedergeburt der DDR-Stadtpläne? In: Kartographische Nachrichten. 53, 2003, 5, p.232-233, 1 ill. ISSN 0022-9164

2729
Nuti, Lucia: Cultures, manières de voir et de représenter l'espace urbain : la notion de temps dans les codes de représentation des villes. In: Le paysage des cartes : genèse d'une codification ; actes de la 3e journée d'études du Musée des Plans-Reliefs, Paris,

19 novembre 1998. Sous la dir. de Cathérine Bousquet-Bressolier. - Paris: Musée des Plans-Reliefs 1999, p.65-80, 7 ill. ISBN 2-902559-31-3

2730
Ortofotocarta digitale del centro storico di Palermo : Palermo 3-20 maggio 2001, Palazzo dei Normanni, Sala Gialla, Cortile Maqueda. [a cura di Adriana Fresina]. - Palermo: Centro regionale per l'inventario, la catalogazione e la documentazione grafica, fotografica, aerofotografica, fotogrammetrica e audiovisiva dei beni culturali, ambientali dell'Assessorato regionale dei beni culturali, ambientali e della pubblica istruzione della Regione siciliana 2001, 71 p., ill. [Digital orthophoto-maps of the historical centre of Palermo.] [Ital.] [Exhibition catalogue, not for sale]

2731
Oswald, Franz; Baccini, Peter: Netzstadt : Einführung in das Stadtenwerfen. In Zsarb. mit Mark Michaeli. - Basel [u.a.]: Birkhäuser 2003, 303 p., ill., mp. [Literaturverz. p.300-301] ISBN 3-7643-6962-0

2732
Pauls, Sebastian: Eine Stadt wird dreidimensional : übergreifender Einsatz von Geoinformationen in Helsinki. In: GeoBit : das Magazin für raumbezogene Informationstechnologie. 8, 2003, 11, p.14-15, 3 ill. ISSN 1430-3663

2733
Prescia, Salvatore: Il centro storico di Palermo e la sua rappresentazione. In: Ortofotocarta del centro storico di Palermo : Palermo 3-20 maggio 2001, Palazzo dei Normanni, Sala Gialla, Cortile Maqueda. [a cura di Adriana Fresina]. - Palermo: Centro regionale per l'inventario, la catalogazione e la documentazione grafica, fotografica, aerofotografica, fotogrammetrica e audiovisiva dei beni culturali, ambientali dell' Assessorato regionale dei bein culturali, ambientali e della pubblica istruzione della Regione siciliana 2001, p.25-36, 5 ill. [The historical centre of Palermo and its representation.] [Ital.] [Exhibition catalogue, not for sale]

2734
Raubal, Martin; Worboys, Michael: A formal model of the process of wayfinding in built environments. In: Spatial information theory : cognitive and computational foundations of geographic information science. Christian Freksa; David M. Mark (eds.). - Berlin ; Heidelberg: Springer 2002, p.381-399, 7 ill., 5 tab. ISBN 3-540-66365-7 / 0302-974

2735
Remotely sensed cities. Ed. by Victor Mesev. - London [u,a.]: Taylor & Francis 2003, XXV, 378 p. ISBN 0-415-26045-0

2736
Roper, Christopher: Historical mapping is still under-valued and under-used. In: The Cartographic Journal. 40, 2003, 2, p.131-134, 3 ill. ISSN 0008-7041

2737
Sabeur, Moh; Reichelt, Nicholas: Using AutoRead for landscape virtual reality visualization. In: Trends in landscape modeling : proceedings at Anhalt University of Applied Sciences 2003 ; [proceedings to the 4th International Conference on New Technologies in Landscape Architecture (May 15 and 16, 2003) held by the master of landscape architecture program of Anhalt University of Applied Sciences]. Erich Buhmann; Stephen M. Ervin (eds.). - Heidelberg: Wichmann 2003, p.258-263, 3 ill. ISBN 3-87907-403-8

2738
Samuelsson, Göran: The towns, the country-side and the Land Survey. In: Accurata

descriptio : studier i kartografi, numismatik, orientalistik och biblioteksväsen tillägnade Ulla Ehrensvärd. [Redaktionskommitté: Göran Bäärnhielm ...]. - Stockholm: Kungl. Biblioteket 2003, p.395-402, [5 ill. im Anhang]. (Acta Bibliothecae regiae Stockholmiensis ; 69) ISBN 91-7000-222-3

2739
Shellito, Bradley A.; Pijanowski, Bryan C.: Using neural nets to model the spatial distribution of seasonal homes. In: Cartography and geographic information science. 30, 2003, 3, p.281-290, 3 tab., 2 ill. ISSN 1523-0406

2740
Sörgel, Uwe: Event-driven SAR data acquisition in urban areas using GIS. In: GIS : Geoinformationssysteme. 16, 2003, 12, p.32-37, 5 ill. ISSN 1430-3663

2741
Stadsplan Amsterdam : toekomstvisies op de ruimtelijke ontwikkeling van de stad, 1928-2003. [Red.: Allard Jolles... Tekst-red.: Marianne Lahr]. - Rotterdam: NAi Uitgevers 2003, 208 p., ill., mp. [Town map Amsterdam : future visions of the spatial development of the town, 1928-2003.] [Dutch] ISBN 90-5662-332-X

2742
Steidler, Franz; Beck, Michael: 3D-Stadtmodelle mit dem CyberCity-Modeler : Generierung und Echtzeitbegehung. In: Angewandte geographische Informationsverarbeitung XIV : Beiträge zum AGIT-Symposium Salzburg 2003. Josef Strobl ... (Hrsg.). - Heidelberg: Wichmann 2003, p.501-507, 4 ill. ISBN 3-87907-392-9

2743
Street mapping : an A to Z of urban cartography : an exhibition in the Bodleian Library, February - April 2003. Nick Millea: Bodleian Library, Univ. of Oxford 2003, 79 p., mp. ISBN 1-85124-041-1

2744
Süveg, Ildikó: Reconstruction of 3D building from aerial images and maps. - Delft: Nederlandse Commissie voor Geodesie 2003, X, 143 p. (Publications on geodesy ; 53) ISBN 90-6132-280-4 [Literaturverz. p. 125-132]

2745
Swift, Michael: Historische Landkarten Europa. Deutsche Erstausgabe. - Augsburg: Bechtermünz 2000, 144 p., mp. [Orig.: Historical maps of Europe (dt.)] ISBN 3-8289-0383-5

2746
Thiemann, Frank: 3D-Gebäude-Generalisierung. In: Visualisierung und Erschließung von Geodaten : Seminar GEOVIS 2003, 26. bis 27. Februar 2003, Universität Hannover. Hrsg. von der Deutschen Gesellschaft für Kartographie e.V., Kommission Geoinformation und Visualisierung. Schriftleitung: Jürgen Dodt; Wolf-Dieter Rase. - Bonn: Kirschbaum-Verl. 2003, p.185-192, 5 ill., 1 tab. (Kartographische Schriften ; 7) ISBN 3-7812-1577-6

2747
Thüringer Anweisung für die Anfertigung von amtlichen Lageplänen zu Bauanträgen (Thüringer Lageplananweisung) : Runderlass des Thüringer Innenministeriums vom 29.05.2000, [Az.]: 64-9352.10-001. - Erfurt: Thüringer Landesvermessungsamt 2000, Getr. Zählung. (Nr. ... der Vorschriftensammlung / Thüringer Innenministerium, Kataster- und Vermessungswesen ; 20)

2748
Till, Karen E.: Construction sites and showcases : mapping "The New Berlin" through tourism practices. In: Mapping tourism. Ed.

by Stephen P. Hanna and Vincent J. Del Casino Jr. - Minneapolis, Minn. [u.a.]: University of Minnesota Press 2003, p.51- 78, 6 ill. [Includes bibliographical reference (p.187-207) and index]
ISBN 0-8166-3955-8 / 0-8166-3956-6

2749
Tom, Ariane; Denis, Michel: Referring to landmark of street information in route directions : what difference does it make? In: Spatial information theory : foundations of geographic information science ; international conference, COSIT 2003, Kartause Ittingen, Switzerland, September 24 - 28, 2003 ; proceedings. Werner Kuhn and others (eds.). - Berlin [u.a.]: Springer 2003, p.362-374, 4 ill., 7 tab. (Lecture notes in computer science ; 2825) ISSN 0302-9743

2750
Villa, Benedetto: L'ortofotocarta digitale a colori : uno strumento innovativo per la rappresentazione dei centri storici. In: Ortofotocarta del centro storico di Palermo : Palermo 3-20 maggio 2001, Palazzo dei Normanni, Sala Gialla, Cortile Maqueda. [a cura di Adriana Fresina]. - Palermo: Centro regionale per l'inventario, la catalogazione e la documentazione grafica, fotografica, aerofotografica, fotogrammetrica e audiovisiva dei beni culturali, ambientali dell'Assessorato regionale dei bein culturali, ambientali e della pubblica istruzione della Regione siciliana 2001, p.37-54, 15 ill. [Orthophoto-mapping in colors : an innovative tool for the representation of historical centres.] [Ital.] [Exhibition catalogue, not for sale]

2751
Wack, Roland and others: Erzeugung von 3D-Stadtmodellen. In: 12. Internationale Geodätische Woche, Obergurgl 2003. Günter Chesi; Thomas Weinold (Hrsg.). - Heidelberg: Wichmann 2003, p.163-171, 6 ill. ISBN 3-87907-401-1

2752
Watelet, Marcel: Pratiques administratives et codification du paysage urbain en Wallonie (1804-1830) : Étude des corpus cartographiques des Ponts et Chaussées et du Waterstat. In: Le paysage des cartes : genèse d'une codification ; actes de la 3e journée d'études du Musée des Plans-Reliefs, Paris, 19 novembre 1998. Sous la dir. de Cathérine Bousquet-Bressolier. - Paris: Musée des Plans-Reliefs 1999, p.121-142, 5 ill. ISBN 2-902559-31-3

2753
Wen, Gongjian; Li, Deren; Ye, Fen: Automatic extraction of urban area from satellite panchromatic remote sensing images. In: Geomatics and information science of Wuhan University. 28, 2003, 2, p.212-218, 7 ill., 1 tab. [Chin. with Engl. rés.]
ISSN 1000-050X

2754
Wimmer, Heinrich; Zoller, Jochen: Kommunale GIS in der Anwendung : Bericht zum Pilotprojekt "Interaktiver Flächennutzungsplan". In: Mitteilungen des DVW-Bayern e.V. 55, 2003, 2, p.133-156, 17 ill.
ISSN 0723-6336

2755
Wulffius, Wolf-Paul: Veduten auf Landkarten im Atlas von Livland des Grafen Mellin (1798). In: Lüneburger Beiträge zur Vedutenforschung II : Beiträge zum II. Veduten-Colloquium in Lüneburg 7. - 9.X. 1983, III. Veduten-Colloquium in Regensburg 3. - 6.X.1985 ; mit 238 Abb., 18 Falttaf. und 2 Tab. Hrsg. von Angelika Marsch und Eckhard Jäger. - Lüneburg: Verl. Nordostdt. Kulturwerk 2001, p.361-371, 7 ill. (Lüneburger Beiträge zur Vedutenforschung ; 2) ISBN 3-922296-37-8

2756
You, Hongijan; Li, Shukai: Building extraction from DSM acquired by airborne

3 D image. In: Geo-spatial information science. 6, 2003, 3, p.25-31, 8 ill. ISSN 1009-5020

2757
Ytsma, B.: Zwolle en de kaart van 1832. In: Geodesia. 45, 2003, 11, p.434-437, 6 ill. [Zwolle in maps from 1832.] [Dutch]

2758
Zhan, Qingming; Molenaar, Martien; Lucieer, Arko: Pixel unmixing at the sub-pixel scale based on land cover clas probabilities : application to urban areas. In: Uncertainty in remote sensing and GIS. Edited by Giles M. Foody and Peter M. Atkinson. - Chichester: Wiley 2002, p.59-76, 14 ill., 6 tab. [Paper from a conference held at the University of Southampton in July 2001] ISBN 0-470-84408-6

Sociology / Soziologie / Sociologie

2759
Geiling, Heiko: Pierre Bourdieus soziale Kartografie und die Deutung feiner Unterschiede. In: Die Sehnsucht des Kartografen : Franz Ackermann ... ; Kunstverein Hannover, 13. Dezember 2003 bis 1. Februar 2004 ; [anlässlich der Ausstellung Die Sehnsucht des Kartografen im Kunstverein Hannover] = The longing of the cartographer. Hrsg.: Stephan Berg ; Martin Engler. [Übers.: George Frederick Takis ; Marie Luise Knott]. - Hannover 2003, p.128-135 (Germ.), p.174-180 (Engl.). [Text Germ. and Engl.] ISBN 3-00-012475-6

2760
Guria, M.; Mandal, U.K.: Civic amenities index mapping : an approach to the assessment of the distribution of social infrastructure. In: Geography and applied cartography : proceedings of the National Seminar on Geography and Applied Cartography, organised to commemorate the birth centenary celebration of Padmabhushan Professor S.P. Chatterjee. Organised by National Atlas & Thematic Mapping Organisation, in collaboration with Prof. S.P. Chatterjee Memorial Foundation. [General ed.: Pritvish Nag]. - Kolkata: Govt. of India, Dept of Science & Technology, National Atlas & Thematic Mapping Organisation 2003, p.163-172, 4 tab.

2761
Ljungblom, Maria; Gullstrand, Karin: Integrering av ett statistiskt verktyg i ArcMap : samt introduktion av verktyget i samhällsvetenskaplig forskning i Uganda. In: Kart & bildteknik : mapping and image science. 18, 2003, 1, p.6-8, 2 ill. [Integration of a statistic tool in ArcMap : with introduction of tools in sociological research in Uganda.] [Swed.] ISSN 0283-0418

2762
Prochorova, E.A.: Karty social'noj infrastruktury. In: Geodezija i kartografija : oficial'nyj organ Federal'noj Sluzby Geodezii i Kartografii Rossii i Geodeziceskich Sluzb Stran. 2003, 9, p.32-38. [Maps of social infrastructure.] [Russ.] ISSN 0016-7126

Statistics / Statistik / Statistique

2763
Elzakker, Corné P.J.M. van and others: Dissemination of census and other statistical data through web maps. In: Maps and the internet. Ed. by Michael Peterson. Publ. on behalf of the International Cartographic Association. - Amsterdam [u.a.]: Elsevier Science 2003, p.57-75, 8 ill., 1 tab. ISBN 0-08-044201-3

2764
Ljungblom, Maria; Gullstrand, Karin: Integrering av ett statistiskt verktyg i ArcMap : samt introduktion av verktyget i samhällsvetenskaplig forskning i Uganda. In:

Kart & bildteknik : mapping and image science. 18, 2003, 1, p.6-8, 2 ill. [Integration of a statistic tool in ArcMap : with introduction of tools in sociological research in Uganda.] [Swed.] ISSN 0283-0418

2765
Rout, Jayaprakash: Role of thematic mapping in census. In: Geography and applied cartography : proceedings of the National Seminar on Geography and Applied Cartography, organised to commemorate the birth centenary celebration of Padmabhushan Professor S.P. Chatterjee. Organised by National Atlas & Thematic Mapping Organisation, in collaboration with Prof. S.P. Chatterjee Memorial Foundation. [General ed.: Pritvish Nag]. - Kolkata: Govt. of India, Dept of Science & Technology, National Atlas & Thematic Mapping Organisation 2003, p.250-251.

2766
Roy, B.K.: The Indian census info : applications in the advancement of geography & cartography. In: Geography and applied cartography : proceedings of the National Seminar on Geography and Applied Cartography, organised to commemorate the birth centenary celebration of Padmabhushan Professor S.P. Chatterjee. Organised by National Atlas & Thematic Mapping Organisation, in collaboration with Prof. S.P. Chatterjee Memorial Foundation. [General ed.: Pritvish Nag]. - Kolkata: Govt. of India, Dept of Science & Technology, National Atlas & Thematic Mapping Organisation 2003, p.62-76, 3 tab.

Tourism / Tourismus / Tourisme

2767
Aerts, Jeroen; Donker, Adri: Duurzaam skien. In: Geografie. 12, 2003, 2, p.20-22, 6 ill. [Sustainable skiing.] [Dutch.] ISSN 0926-3837

2768
Bluhm, Rosita: Konzipierung eines nutzerfreundlichen kartographischen Tourismusinformationssystems für den Spreewald am Beispiel des Wasserwanderns. - Wien: TU 2003, 121 p., 30 ill., 1 tab. [Dipl.-Arb.]

2769
Borruso, Giuseppe: Cartografia escursionistica tradizionale versus nuove tecnologie geografiche : problemi e prospective. In: Bollettino della Associazione Italiana di Cartografia. 40, 2003, 117-118-119, p.432-443, 4 ill. [Traditional excursionistic cartography versus new geographical technology : problems and perspectives.] [Ital.] ISSN 0044-9733

2770
Cavazzani, Augusto; Garofalo, Alessandro: La cartografia della F.I.S.O : Federazione Italiana Sport Orientamento. In: Bollettino della Associazione Italiana di Cartografia. 40, 2003, 117-118-119, p.427-431. [The cartography of the F.I.S.O : Italian Federation of Sport Orientation.] [Ital.] ISSN 0044-9733

2771
Fuster Puig, Pau: Elaboración de un mapa topográfico, temático y excursionista de Morella. In: Topografia y cartografia : TOPCART. 20, 2003, 116, p.43-56, 11 ill., 3 tab. [Elaboration of a topographic and thematic tourist map of Morella,.] [Span.] ISSN 0212-9280

2772
Hancock, Claire: Paris et Londres au XIXe siècle : représentations dans les guides et récits de voyage. - Paris: CNRS Editions 2003, 357 p., ill., mp. (Espace et milieux) ISBN 2-271-06132-6 [Zugl.: Paris, Univ., Diss., 1997]

2773
Huber, Alfred: Über unsere Wanderkarten : [v.a. Kanton Schaffhausen]. In: Schaffhauser Magazin. 26, 2003, 2, p.25-29, mp.

2774
Kudrnovský, Emil: Kartografické hodnocení cykloturistických map na současném trhu v České republice. In: Geodetický a kartografický obzor. 49, 2003, 5, p.90-98, 2 tab., 3 ill. [Cartographic evaluation of cycle-tourist maps at the contemporary market in the Czech Republic.] [Czech. with Engl. rés.] ISSN 0016-7096

2775
Limpach, Philippe; Skaloud, Jan: Trajectographie de courses de ski alpin avec GPS. In: Geomatik Schweiz : Geoinformation und Landmanagement. 101, 2003, 7, p.389-392, 4 ill. [French with Germ., and Ital. rés.] ISSN 0252-9424

2776
Ein Name wird zur Weltmarke : Baedeker-Allianz-Reiseführer ; [die Geschichte des Verlages]. - [Ostfildern]: Baedeker 2003, 24 p., ill., mp.

2777
Rao, Sebastiano: L'esperienza del progetto INTERREG II Alpi senza frontiere. In: Bollettino della Associazione Italiana di Cartografia. 40, 2003, 117-118-119, p.444- 451, 1 ill., 1 tab. [Experiences with the project INTERREG II Alps without borders.] [Ital.]

2778
Raubal, Martin; Worboys, Michael: A formal model of the process of wayfinding in built environments. In: Spatial information theory : cognitive and computational foundations of geographic information science. Christian Freksa; David M. Mark (eds.). - Berlin ; Heidelberg: Springer 2002, p.381-399, 7 ill., 5 tab. ISBN 3-540-66365-7 / 0302-974

2779
Richmond, Erin R.; Keller, C. Peter: Internet cartography and official tourism destination web sites. In: Maps and the internet. Ed. by Michael Peterson. Publ. on behalf of the International Cartographic Association. - Amsterdam [u.a.]: Elsevier Science 2003, p.77-96, 9 ill., 3 tab. ISBN 0-08-044201-3

2780
Shields, Rob: Political tourism : mapping memory and the future at Quebec City. In: Mapping tourism. Ed. by Stephen P. Hanna and Vincent J. Del Casino Jr. - Minneapolis, Minn [u.a.]: University of Minnesota Press 2003, p.1-27, 3 ill. [Includes bibliographical references (p.187-207) and index] ISBN 0-8166-3955-8 / 0-8166-3956-6

Traffic / Verkehr / Transports

2781
Akerman, James: Gousha and National Survey Gifts enlarge the Newberry's Holdings of American Road Maps. In: Mapline : a quarterly newsletter published by the Hermon Dunlap Smith Center for the History of Cartography at the Newberry Library : 96, 2003, p.1-4, 4 ill. ISSN 0196-881

2782
Avelar, Silvania: Schematic maps on demand : design, modeling and visualization. - Zürich: Swiss Federal Inst. of Technology, X, 130 p., ill. (Diss. ETH ; 14700)

2783
Brodersen, Kai: Die Tabula Peutingeriana Gehalt und Gestalt einer "alten Karte" und ihrer antiken Vorlagen. In: Geschichtsdeutung auf alten Karten : Archäologie und

Geschichte ; (46. Wolfenbütteler Symposium, vom 26. bis 29. Oktober 1999]. [Hrsg. von Dagmar Unverhau]. - Wiesbaden: Harrassowitz 2003, p.289-297. (Wolfenbütteler Forschungen ; 101)
ISBN 3-447-04813-1

2784
Bürgi, Martin; Hitz, Patrick; Stahl, Martin: Straßeninformationssystem der Stadt Zürich : GIS-Anwendung für die Werterhaltung. In: Geomatik Schweiz : Geoinformation und Landmanagement. 101, 2003, 5, p.216-220, 7 ill. [Germ. with French, and Ital. rés.] ISSN 0252-9424

2785
Calzolari, Mauro: L'Italia nella Tabula Peutingeriana. In: Tabula Peutingeriana : le antiche vie del mondo. A cura di Francesco Prontera. - Firenze: Olschki 2003, p.53-62, 1 ill. (Biblioteca di Geographia antiqua ; 3) [Tabula Peutingeriana : the ancient routes of the world.] [Ital.] ISBN 88-222-5269-1 [Important work containing enlarged reproduction of the 1916 facs. repr. of the medieval copy of a unique 4th-cent. A.D. Roman road atlas] [Includes in-depth essays, bibl., bibl. refs. and notes]

2786
Dalché, Patrick Gautier: La trasmissione medievale e rinascimentale della Tabula Peutingeriana. In: Tabula Peutingeriana : le antiche vie del mondo. A cura di Francesco Prontera. - Firenze: Olschki 2003, p.43- 52, 2 ill. (Biblioteca di Geographia antiqua ; 3) [Tabula Peutingeriana : the ancient routes of the world.] [Ital.] [Important work containing enlarged reproduction of 1916 facs. repr. of the medieval copy of a unique 4th-cent. A.D. Roman road atlas] [Includes in-depth essays, bibl., bibl. refs. and notes]
ISBN 88-222-5269-1

2787
Dummer, Trevor: Modelling accessibility to hospital using geographical information systems. In: The Bulletin of the Society of Cartographers. 37, 2003, 1, p.13-16, 6 ill.
ISSN 0036-1884

2788
Greve, Catharina; Cowell, Peter J.; Thomi, Bruce G.: A GIS approach to coastal risk assessment and mapping. In: 2001, geography - a spatial odyssey : proceedings of the third Joint Conference of the New Zealand Geographical Society and the Institute of Australian Geographers. Ed. by Peter Holland. - Hamilton: New Zealand Geographical Soc. 2002, p.171-176, 6 ill. (Conference series / New Zealand Geographical Society ; 21)

2789
Krenn, Bettina: Verkehrsgeschichte im Kartenbild : Verkehr und Kartographie in Österreich von der Römerzeit bis zum Beginn des Eisenbahnzeitalters. - Wien: Univ. 2003, 587 p., 16 ill. [Diss.]

2790
Kudrnovský, Emil: Návrh znakového klíče cykloturistického obsahu map pro volný čas. In: Kartografické listy. 11, 2003, p.37-45, 21 ill. [Design of symbol code for the biking content in maps for leisure time.] [Slovak. with Engl. rés.]
ISBN 80-89060-02-1

2791
Leitner, Martin: Ableitung von radfahrerrelevanten Informationen für verschiedene Ausgabemedien am Beispiel einer ausgewählten Radroute in Steyr. - Wien: TU 2003, 94 p., 24 ill., 7 tab. [Dipl.- Arb.]

2792
Lin, Zongjian; Liu, Zhengrong: Methods and prospects of road and linear structure

extraction from remote sensing image. In: Geomatics and information science of Wuhan University. 28, 2003, 1, p.90-93. [Chin. with Engl. rés.] ISSN 1000-050X

2793
Matzinger, Karl: Mobile Topogramme : Erstellung von Topogrammen für kleinformatige Displays auf Mobiltelefonen. - Wien: Universität 2003, 127 p., 43 ill., 7 tab. [Diplomarbeit]

2794
May, Ilka: Forführung und Erweiterung von GDF (Geographic Data File) als Datengrundlage für Autonavigationssysteme. - Berlin: Inst. für Geographie der Techn. Univ. 2002, XXIII, 209 p., ill. [Zugl.: Berlin, Techn. Univ., Diss., 2002] ISBN 3-7983-1897-2

2795
Mooney, Peter; Winstanley, Adam C.: Mapping and internet based public transportation journey planning and information systems. In: Maps and the internet. Ed. by Michael Peterson. Publ. on behalf of the International Cartographic Association. - Amsterdam [u.a.]: Elsevier Science 2003, p.291-310, 5 ill. ISBN 0-08-044201-3

2796
Myers, David: Integrative technologies for landscape visualization of greenway and green infrastructure: always on the move. In: Trends in landscape modeling : proceedings at Anhalt University of Applied Sciences 2003 ; [proceedings to the 4th International Conference on New Technologies in Landscape Architecture (May 15 and 16, 2003) held by the master of landscape architecture program of Anhalt University of Applied Sciences]. Erich Buhmann; Stephen M. Ervin (eds.). - Heidelberg: Wichmann 2003, p.140-145, 4 ill. ISBN 3-87907-403-8

2797
Odic, Marc Anton: Kühlschrank auf Reisen : Anwendung von GIS zur Abschätzung von Abfalltransporten am Beispiel von Altkühlgeräten. In: GeoBit : das Magazin für raumbezogene Informationstechnologie. 8, 2003, 4, p.21-23, 3 ill., 1 tab. ISSN 1430-3663

2798
Pannetier, Pascal: La naissance des Cartes routières vélocipédiques et automobiles. In: Le Monde des Cartes : revue du Comité Français de Cartographie. 175, 2003, p.36-41, 12 ill. ISSN 1634-3522

2799
Pannetier, Pascal: The birth of automobile and cycling maps 1880-1900. In: BIMCC newsletter / Brussels International Map Collectors' Circle 16, 2003, p.11-12, 1 ill.

2800
Prontera, Francesco: La Tabula Peutingeriana nella storia della cartografia antica. In: Tabula Peutingeriana : le antiche vie del mondo. A cura di Francesco Prontera. - Fi renze: Olschki 2003, p.17-41, 20 ill. (Biblioteca di Geographia antiqua ; 3) [Tabula Peutingeriana : the ancient routes of the world.] [Ital.] [Important work containing enlarged reproduction of 1916 facs. repr. of the medieval copy of a unique 4th-cent. A.D. Roman road atlas] [Includes in-depth essays, bibl., bibl. refs. and notes] ISBN 88-222-5269-1

2801
Quinter, Marco; Ruben, Armon; Moser, Dominic: NETinfo - GIS-Integration bei cablecom. In: Geomatik Schweiz : Geoinormation und Landmanagement. 101, 2003, 5, p.221-223, 5 ill. [Germ. with French, and Ital. rés.] ISSN 0252-9424

2802
Recker, Gabriele: Von Trier nach Köln 1550-1850 : kartographiehistorische Beiräge zur historisch-geographischen Verehrswegeforschung ; Betrachtungen zum Problem der Altkarten als Quelle anhand eines Fallbeispieles aus den Rheinlanden. - Rahden/ Westf.: VML Verlag Marie Leiorf 2003, 482 p., ill., mp. [Teilw. zugl.: Bonn, Univ., Diss., 1998 u.d.T.: Recker, Gabriele: Kartographiehistorische Beiträge zur historisch-geographischen Verkehrsegeforschung - Betrachtungen zum Problem der Altkarten als Quelle anhand eines Falleispieles aus den Rheinlanden]
ISBN 3-89646-025-0

2803
Scherpenzeel-Capel, B.J.: Wegenlegger en GIS. In: Geodesia. 45, 2003, 2, p.60-65, 5 ill. [Registration of rural roads: the road legger.] [Dutch with Engl. rés.]
ISSN 1385-7517

2804
Schneider, Friedrich: Qualitätsanalyse und Qualitätskontrolle von Autokarten im Maßtab 1 : 200 000. - Wien: Universität 2003, 122 p., 126 ill. [Diplomarbeit]

2805
Souchon, Cécile: Les cartes du chevalier Louis-Pierre Daudet aux archives nationales : un itinéraire royal Reims-Soissons-Paris, 1722-1728 (?). In: Le Monde des Cartes : revue du Comité Français de Cartographie. 175, 2003, p.30-35, 3 ill. ISSN 1634-3522

2806
Świderski, Grzegorz Dominik: Samochodowa Mapa Polski "Navigo". In: Polski przegląd kartograficzny. 35, 2003, 2, p.126-130, 4 ill. [Road map of Poland "Navigo".] [Pol.] ISSN 0324-8321

2807
Tabula Peutingeriana : le antiche vie del mondo. A cura di Francesco Prontera. - Firenze: Olschki 2003, p.66 p., [14] Bl. (Biblioteca di Geographia antiqua ; 3) [Tabula Peutingeriana : the ancient routes of the world.] [Ital.] ISBN 88-222-5269-1 [Important work containing enlarged reprouction of the 1916 facs. repr. of the medieal copy of a unique 4th-cent. A.D. Roman road atlas] [Includes in-depth essays, bibl., bibl. refs. and notes]

2808
Tvedt, Pål: Ny nasjonal vegdatabank (NVDB) understøter effektiviseringen i Statens vegvesen. In: Kart og plan. 96, 2003, 2, p.77-81, 2 ill. [New national road data base (NVDB) supports a more efficient National Public Raods Administration.] [Norw. with Engl. rés.]
ISSN 0047-3278

2809
Tversky, Barbara; Lee, Paul U.: Pictorial and verbal tools for conveying routes. In: Spatial information theory : cognitive and computational foundations of geographic information science. Christian Freksa; David M. Mark (eds.). - Berlin ; Heidelberg: Springer 2002, p.51-64, 4 ill. (Lecture notes in computer science ; 1661)
ISBN 3-540-66365-7 / 0302-974

2810
Will, Norbert; Kühl, Robert: Kurze Wege für die Post : raumbezogene Planungsinstrumente für die Zustellung von Briefen, Paketen und mehr. In: GeoBit : das Magazin für raumbezogene Informationstechnologie. 8, 2003, 10, p.17-19, 3 ill.
ISSN 1430-3663

Vegetation / Vegetation / Végétation

2811
Berné Valero, José Luis and others: Sistema de información geográfica para la poda del arbolado en la ciudad de Valencia. In: Topografia y cartografia : TOPCART. 20, 2003, 117, p.15-20, 9 ill., 1 tab. [GIS for the pruning of the trees in the city of Valencia.] [Span.] ISSN 0212-9280

2812
Blaschka, Albin; Zunghammer, Diana: Der Garnisonsübungsplatz Saalachau : Diversität im Spiegel sich ändernder Nutzung ; eine Fallstudie. In: Biotopkartierung in Bergregionen : [Beiträge der Tagung "Biotopkartierung in Bergregionen" 28.29.2.2000]. Hrsg.: Dietrich Fürnkranz. - Dorfbeuern [u.a.]: 2001 2001, p.255-281, 1 ill., 1 tab. (Sauterian : Schriftenreihe für systemat. Botanik, Floristik u. Geobotanik ; 11) ISBN 3-901917-03-9

2813
Blaschka, Albin: Biotzopkaritierung und Biotopdiversität : Möglichkeiten zur Feststellung objektivierbarer Parameter zur Biotopdiversität. In: Biotopkartierung in Bergregionen : [Beiträge der Tagung "Biotopkartierung in Bergregionen" 28.29.2. 2000]. Hrsg.: Dietrich Fürnkranz. - Dorfbeuern [u.a.]: 2001 2001, p.51-60, 2 ill. (Sauterian : Schriftenreihe für systemat. Botanik, Floristik u. Geobotanik ; 11) ISBN 3-901917-03-9

2814
Bunje, Jürn; Ringot, Jean Loup: Lebensräume im Wandel : Flächenbilanz von Salzwiesen und Dünen im niedersächsischen Wattenmeer zwischen den Jahren und 1997 ; eine Luftbildauswertung ; Abschlussbericht. - Wilhelmshaven: Bezirksregierung Weser-Ems, Nationalparkverwaltung "Niedersächsisches Wattenmeer" 2003, 46 p., ill., mp., 1 suppl. + 1 CD-ROM. (Schriftenreihe Nationalpark Niedersächsisches Wattenmeer ; 7)

2815
Dumfarth, Erich: Vegetationskartierung mit Schall : submerse Makrophyten im "Visier" von Echosonden. In: Angewandte geographische Informationsverarbeitung XIV : Beiträge zum AGIT-Symposium Salzburg 2003. Josef Strobl ... (Hrsg.). - Heidelberg: Wichmann 2003, p.65-72, 4 ill. ISBN 3-87907-392-9

2816
Gillieson, David and others: Dieback mapping and assessment in rainforests of tropical North Queensland. In: 2001, geography - a spatial odyssey : proceedings of the third Joint Conference of the New Zealand Geographical Society and the Institute of Australian Geographers. Ed. by Peter Holland. - Hamilton: New Zealand Geographical Soc. 2002, p.165-170, 3 ill., 2 tab. (Conference series / New Zealand Geographical Society ; 21)

2817
Hu, Shunfu: Web-based multimedia GIS : exploring interactive maps and associated multimedia information on the internet. In: Maps and the internet. Ed. by Michael Peterson. Publ. on behalf of the International Cartographic Association. - Amsterdam [u.a.]: Elsevier Science 2003, p.335-344, 5 ill. ISBN 0-08-044201-3

2818
Klötzli, Frank: Zur Biotopkartierung der Bergregionen : eine vegetationskundliche Betrachtung. In: Biotopkartierung in Bergregionen : [Beiträge der Tagung "Biotopkartierung in Bergregionen" 28.29.2.2000]. Hrsg.: Dietrich Fürnkranz. - Dorfbeuern [u.a.]: 2001 2001, p.9-25, 1 ill., 5 tab. (Sauterian : Schriftenreihe für systemat. Botanik, Floristik u. Geobotanik ; 11) ISBN 3-901917-03-9

2819
Kozłowska, Anna: Mapa roślinności warszawy w skali 1:10 000 : założenia teoretyczne, metoda wykonania i zastosowanie. In: Badania środowiska fizycznogeograficznego aglomeracji Warszawskiej = Studies on physicogeographical environment for Warsaw agglomeration. - Warszawa: IGiPZ PAN 2001, p.107-119, 1 ill. (Prace Geograficzne ; 180) [Vegetation map of Warsaw at a scale of 1:10 000 : assumptions methods and application.] [Pol. with Engl. summary] ISBN 83-87954-03-9

2820
Mosser, Monique: Hortésie cartographe : de l'écriture classique des parcs français à la calligraphie poétique des jardins anglochinois. In: Le paysage des cartes : genèse d'une codification ; actes de la 3e journée d'études du Musée des Plans-Reliefs, Paris, 19 novembre 1998. Sous la dir. de Cathérine Bousquet-Bressolier. - Paris: Musée des Plans-Reliefs 1999, p.99-119, 9 ill. ISBN 2-902559-31-3

2821
Nowotny, Günther; Arming, Claudia; Eichberger, Christian: Die Salzburger Biotopkartierung als Grundlage für vegationskundliche Forschungen am Beispiel von Mager- und Halbtrockenrasen. In: Biotopkartierung in Bergregionen : [Beiträge der Tagung "Biotopkartierung in Bergregionen" 28.29.2.2000]. Hrsg.: Dietrich Fürnkranz. - Dorfbeuern [u.a.]: 2001 2001, p.189-223, 3 ill., 4 tab., 5 mp. (Sauterian : Schriftenreihe für systemat. Botanik, Floristik u. Geobotanik ; 11) ISBN 3-901917-03-9

2822
Pedrotti, Franco: Biotopkartierung im Trentino : Methoden und Resultate. In: Biotopkartierung in Bergregionen : [Beiträge der Tagung "Biotopkartierung in Bergregionen" 28.29.2.2000]. Hrsg.: Dietrich Fürnkranz. - Dorfbeuern [u.a.]: 2001 2001, p.61-74, 7 ill. (Sauterian : Schriftenreihe für systemat. Botanik, Floristik u. Geobotanik ; 11) ISBN 3-901917-03-9

2823
Pun-Cheng, L.S.C.; Li, Z.; Gao, W.: Integration of generalisation operators for vegetation maps based on bio-geographical principles. In: Cartography : journal of the Mapping Sciences Institute, Australia. 32, 2003, 2, p.17-30, 11 ill. ISSN 0069-0805

2824
Sande, C.J. van der; Jong, S.M. de; Roo, A.P.J. de: A segmentation and classification approach of IKONOS-2 imagery for land cover mapping to assist flood risk and flood damage assessment. In: International journal of applied earth observation and geoinformation. 4, 2003, 3, p.217-229, 6 ill., 8 tab. ISSN 0303-2434

2825
Schiffer, Roswitha; Burgstaller, Brigitte: Karte der aktuellen Vegetation des Speichers Kartell (1:2.000) Gemeinde St.Anton am Arlberg (Tirol). In: Biotopkartierung in Bergregionen : [Beiträge der Tagung "Biotopkartierung in Bergregionen" 28.29.2. 2000]. Hrsg.: Dietrich Fürnkranz. - Dorfbeuern [u.a.]: 2001 2001, p.243-254, 1 ill. (Sauterian : Schriftenreihe für systemat. Botanik, Floristik u. Geobotanik ; 11) ISBN 3-901917-03-9

2826
Weidinger, Herbert; Mrkvicka, Alexander: Standortlkartierung der Quellenschutzwälder der Stadt Wien. In: Biotopkartierung in Bergregionen : [Beiträge der Tagung "Biotopkartierung in Bergregionen" 28.29.2.2000]. Hrsg.: Dietrich Fürnkranz. - Dorfbeuern [u.a.]: 2001 2001, p.109-121, 1 ill. (Sauterian : Schriftenreihe für systemat. Botanik, Floristik u. Geobotanik ; 11) ISBN 3-901917-03-9

J. Atlas Cartography
Atlas-Kartographie
Cartographie relative à la réalisation des atlas

1. General Features
Allgemeines
Généralités

2827
Asche, Hartmut: Internet- und Papieratlanten - welchen Mehrwert bieten die Neuen Medien. In: Web.Mapping 2 : Telekartographie, Geovisualisierung und mobile Geodienste. Hartmut Asche; Christian Herrmann (Hrsg.). - Heidelberg: Wichmann 2003, p.27-35. ISBN 3-87907-388-0

2828
Buckley, Aileen: Atlas mapping in the 21st century. In: Cartography and geographic information science. 30, 2003, 2, p.149-158, 8 ill., 2 tab. ISSN 1523-0406

2829
Dasgupta, S.P.: Atlas cartography : some old thoughts and new vistas. In: Geography and applied cartography : proceedings of the National Seminar on Geography and Applied Cartography, organised to commemorate the birth centenary celebration of Padmabhushan Professor S.P. Chatterjee. Organised by National Atlas & Thematic Mapping Organisation, in collaboration with Prof. S.P. Chatterjee Memorial Foundation. [General ed.: Pritvish Nag]. - Kolkata: Govt. of India, Dept of Science & Technology, National Atlas & Thematic Mapping Organisation 2003, p.19-33.

2830
Krogt, Peter van der: The map image of Africa in Dutch atlases of the sixteenth and seventeenth centuries. In: Dutch geography and Africa : [IGU regional conference in Durban South Africa, August 4 - 8,2002]. International Geographical Union, Section The Netherlands. - Utrecht: Univ., Fac. Ruimtelijke Wetenschappen [u.a.] 2002, p.118-158, 37 ill. (Nederlandse geografische studies ; 300) ISBN 90-6809-336-3

2831
Mattelaer, Pierre: La Pierre levée in Poitiers (France). In: BIMCC newsletter / Brussels International Map Collectors' Circle. 15, 2003 p.13-14, 1 ill.

2. World Atlases, Reference Atlases
Weltatlanten
Atlas mondiaux, atlas de référence

2832
Binding, Paul: Imagined corners : exploring the world's first atlas. - [London]: Review 2003, 314 p., ill., mp. ISBN 0-7472-3040-4

2833
Broecke, Marcel van den: Historische kaarten en hun teksten in de eerste moderne atlas van Abraham Ortelius. In: Caert-Thresoor. 22, 2003, 2, p.29-39, 8 ill. [Historical maps and their texts in the first modern atlas by Abraham Ortelius.] [Dutch with Engl. rés.] ISSN 0167-4994

2834
Donkers, Henk: Mysterie rond Bosatlas (deels) opgelost. In: Geografie. 12, 2003, 3, p.40-41, 1 ill. [Mystery about Bosatlas (partly) solved.] [Dutch] ISSN 0926-3837

2835
Espenhorst, Jürgen: The great handatlases. Ed. and transl. from the German text by George R. Crossman. - Schwerte: Pangaea-Verl. 2003, XX, 684 p., ill., mp. (Petermann's planet : a guide to German hand-

atlases and their siblings throughout the world 1800-1950 ; Vol. 1)
ISBN 3-930401-35-5

2836
Koeman, Cornelis: Ortelius's Theatrum orbis terrarum, De Jode's Speculum orbis terrarum, the Epitome, Caert-thresoor and Atlas minor, the atlases of the XVII provinces, and other atlases published in the Low Countries up to c. 1650. - t'Goy-Houten: HES &de Graaf 2003, p.463-970, ill, mp. (Koeman's atlantes Neerlandici / comp. by Peter van der Krogt ; Vol. 3, Pt. B) ISBN 90-6194-448-1 [New ed.]

2837
Koeman, Cornelis: Ortelius's Theatrum orbis terrarum, De Jode's Speculum orbis terrarum, the Epitome, Caert-thresoor and Atlas minor, the atlases of the XVII provinces, and other atlases published in the Low Countries up to c. 1650. - t'Goy-Houten: HES & de Graaf 2003, 462 p., ill. (Koeman's atlantes Neerlandici / comp. by Peter van der Krogt ; Vol. 3, Pt. A) [New ed.] ISBN 90-6194-448-1

2838
Kozlov, V.V.: Atlas "Priroda i resursy Zemli" : fundamental'noe kartografičeskoe proizvedenie. In: Geodezija i kartografija : oficial'nyj organ Federal'noj Sluzby Geodezii i Kartografii Rossii i Geodeziceskich Sluzb Stran. 2003, 8, p.50-61. [Atlas "Nature and resources of the earth" : fundamental cartographic product.] [Russ.] ISSN 0016-7126

2839
McCorkle, Barbara: Piece by piece : a most unusual atlas. In: Mercator's World. 5, 2000, 4, p.34-35, 1 ill. ISSN 1086-6728

2840
Przyłuska, Barbara: Atlasy geograficzne Eugeniusza Romera. In: Biuletyn Informacyjny Biblioteki Narodowej. 157, 2001, 2, p.14-19, 3 ill., 1 portr. [Eugenius Romers geographic atlases.] [Pol.] ISSN 0006-3983

2841
Schult, Thomas J.: Erdfladen : Weltatlanten al CD-ROM, DVD und Website. In: C't : Magazin für Computer-Technik. 2000, 1, p.94-101, 8 ill., 1 tab. ISSN 0724-8679

4. Thematic Atlases, Planning Atlases
Thematische Atlanten, Planungsatlanten
Atlas thématiques, atlas de planification

2842
Andrzejewska, Maria; Baranowski, Marek; Rusztecka, Monika: Elektroniczny atlas środowiska Polski. In: Polski przegląd kartograficzny. 35, 2003, 1, p.33-37, 6 ill. [Electronic atlas of the environment of Poland.] [Pol.] ISSN 0324-8321

2843
Berk, V.I.: Nacional'ny atlas Rossii : položenie del i perspektivy. In: Geodezija i kartografija : oficial'nyj organ Federal'noj Sluzby Geodezii i Kartografii Rossii i Geodeziceskich Sluzb Stran. 2003, 5, p.1-4, 1 ill. [The National Atlas of Russia ; situation and perspectives.] [Russ.] ISSN 0016-7126

2844
Blaschke, Karlheinz: Die Kartographie an der Hochschule für Technik und Wirtschaft Dresden im Dienste der sächsischen Landesgeschichte. In: 10 Jahre Fachhochschulausbildung in den Studiengängen Vermessungswesen und Kartographie an der HTW Dresden (FH) und 50 Jahre Ausbildung von Vermessungs- und Kartographieingenieuren in Dresden. Hrsg. von Uwe Jäschke u.a. Schriftleitung: Kristin Gehrt - Harald Köh-

ler. - Dresden: Fachbereich Vermessungswesen, Kartographie der Hochsch. für Technik und Wirtschaft 2002, p.27-29. (Dresdner Kartographische Schriften ; 4) ISSN 1436-0004

2845
Chakraborty, Utpal; Kumar, Mitra: Symbolization in thematic cartography : with reference to tourist atlas of West Bengal. In: Geography and applied cartography : proceedings of the National Seminar on Geography and Applied Cartography, organised to commemorate the birth centenary celebration of Padmabhushan Professor S.P. Chatterjee. Organised by National Atlas & Thematic Mapping Organisation, in collaboration with Prof. S.P. Chatterjee Memorial Foundation. [General ed.: Pritvish Nag]. - Kolkata: Govt. of India, Dept of Science & Technology, National Atlas & Thematic Mapping Organisation 2003, p.252-255, 1 mp.

2846
Dhabai, R.K.; Malik, A.K.: Structure of the Indian Ocean Realm Atlas. In: Geography and applied cartography : proceedings of the National Seminar on Geography and Applied Cartography, organised to commemorate the birth centenary celebration of Padmabhushan Professor S.P. Chatterjee. Organised by National Atlas & Thematic Mapping Organisation, in collaboration with Prof. S.P. Chatterjee Memorial Foundation. [General ed.: Pritvish Nag]. - Kolkata: Govt. of India, Dept of Science & Technology, National Atlas & Thematic Mapping Organisation 2003, p.256-268.

2847
Goffart, Walter André: Historical atlases : the first three hundred years, 1570 - 1870. - Chicago [u.a.]: Univ. of Chicago Press 2003, XXIII, 603 p., mp. [Literaturverz. p. 577-587] ISBN 0-226-30071-4

2848
Hydrologischer Atlas Österreichs. In: Mitteilungsblatt des Hydrographischen Dienstes in Österreich. 82, 2003, p.115-117.

2849
Jiménez Espartero, David; Moya Honduvilla, Javier: Atlas de Historia Antigua : desarrollo de una herramienta docente multimedia adaptable tanto a soportes de ámbito local (CD/Intranet) como general (Internet). In: Topografía y cartografía : TOPCART. 20, 2003, 117, p.4-12, 14 ill. [Atlas of ancient history : development of an educational multimedia tool as much to supports of local scope (CD/Intranet) like general (Internet).] [Span.]
ISSN 0212-9280

2850
Lancaster, Lewis R.; Bodenhamer, David J.: The Electronic Cultural Atlas Initiative and the North American Religion Atlas. In: Past time, past place : GIS for history. Ed. by Anne Kelly Knowles. - Redlands, Calif.: ESRI Press 2002, p.163-177, 9 ill., 1 tab.
ISBN 1-589-48032-5

2851
Miklós, László and others: Atlas krajiny Slovenskej republiky : nové možnaosti kartografickej prezentácie. In: Geodetický a kartografický obzor. 49, 2003, 7-8, p.137-141, 2 ill., 1 tab. [Country atlas of the Slovak Republic.] [Czech. with Engl. rés.]
ISSN 0016-7096

2852
Nieścioruk, Kamil: Projekt atlasu historycznego miasta na przykładzie Lublina. In: Polski przegląd kartograficzny. 35, 2003, 3, p.204-207, 3 ill., 1 tab. [Project of a historical atlas based on the example of Lublin.] [Pol.] ISSN 0324-8321

2853
Orgeix, Émilie d': Aperçu d'un genre iconographique peu connu : les atlas militaires manuscrits de la première moitié du XVIIe siècle. In: Le paysage des cartes : genèse d'une codification ; actes de la 3e journée d'études du Musée des Plans-Reliefs, Paris, 19 novembre 1998. Sous la dir. de Cathérine Bousquet-Bressolier. - Paris: Musée des Plans-Reliefs 1999, p.29-48, 8 ill. ISBN 2-902559-31-3

2854
Pauler, Gottfried: Web-basierte kartographische Applikation gezeigt am Säugetieratlas von Österreich. - Wien: TU 2003, 149 p., 25 ill., 2 tab. [Dipl.-Arb.]

2855
Plit, Joanna: Atlas awifauny Warszawy. In: Badania środowiska fizycznogeograficznego aglomeracji Warszawskiej = Studies on physicogeographical environment for Warsaw agglomeration. - Warszawa: IGiPZ PAN 2001, p.121-129, 2 ill. (Prace Geograficzne ; 180) [Atlas of birds of Warsaw.] [Pol. with Engl. summary] ISBN 83-87954-03-9

2856
Pravda, Ján: Koncepčné a kartografické aspekty Atlasu krajiny Slovenskej republiky. In: Kartografické listy. 11, 2003, p.85-94. [Conceptual and cartographic aspects of the Landscape Atlas of the Slovak Republic.] [Slovak. with Engl. rés.] ISBN 80-89060-02-1

2857
Rücklinger, Georg: Darstellung von Wirtschaftsdaten in einem elektronischen Atlas. - Wien: Universität Wien 2003, 117 p., 33 ill., 2 tab., 1 CD.

2858
Rüdisser, Johannes and others: Tirol Atlas : ein datenbankgestütztes und vektorbasiertes Atlas-Informationssystem im Internet. In: Angewandte geographische Informationsverarbeitung XIV : Beiträge zum AGIT-Symposium Salzburg 2003. Josef Strobl ... (Hrsg.). - Heidelberg: Wichmann 2003, p.441-419, 3 ill. ISBN 3-87907-392-9

2859
Schär, Peter: Datenbankgestützte Vektorkartenherstellung mit Scalable Vector Graphics : am Beispiel des Strukturatlas der Region Bern. - Bern: Universität, Geographisches Institut 2003, 123 p., ill. [Diplomarbeit phil.-nat. Fakultät Univ. Bern]

2860
Schnayder, Edward: A hand drafted German spatial planning atlas of the occupied "General-Government" (1940). In: Accurata descriptio : studier i kartografi, numismatik, orientalistik och biblioteksväsen tillägnade Ulla Ehrensvärd. [Redaktionskommitté: Göran Bäärnhielm ...]. - Stockholm: Kungl. Biblioteket 2003, p.419-443, 2 ill., 1 mp., [13 ill im Anhang]. (Acta Bibliothecae regiae Stockholmiensis ; 69) ISBN 91-7000-222-3

2861
Svešnikov, V.V.: Otobraženie territorii Rossii v pervom tome NAR. In: Geodezija i kartografija : oficial'nyj organ Federal'noj Sluzby Geodezii i Kartografii Rossii i Geodeziceskich Sluzb Stran. 2003, 5, p.5-7. [Mapping the territory of Russia in the first volume of NAR.] [Russ.] ISSN 0016-7126

2862
Torguson, Jeffrey S.; Blinnikov, Mikhail: From maps to student interaction : creating a web-based student atlas of Russia. In: Maps and the internet. Ed. by Michael Peterson. Publ. on behalf of the International Cartographic Association. - Amsterdam [u.a.]: Elsevier Science 2003, p.311-319, 1 ill. ISBN 0-08-044201-3

2863
Veen, André van der; Giesbers, Henriette: Nationaler Gesundheitsatlas der Niederlande - eine raumbezogene Darstellung des Pflege- und Gesundheitswesens für Entscheider. In: Web.Mapping 2 : Telekartographie, Geovisualisierung und mobile Geodienste. Hartmut Asche; Christian Herrmann (Hrsg.). - Heidelberg: Wichmann 2003, p.118-128, 6 ill.
ISBN 3-87907-388-0

2864
Wolf, Armin: Zum Deutschland-Bild in Geschichtsatlanten des 19. Jahrhunderts. In: Geschichtsdeutung auf alten Karten : Archäologie und Geschichte ; (46. Wolfenbütteler Symposium, vom 26. bis 29. Oktober 1999]. [Hrsg. von Dagmar Unverhau]. - Wiesbaden: Harrassowitz 2003, p.255-286, 24 ill. (Wolfenbütteler Forschungen ; 101) ISBN 3-447-04813-1

5. School Atlases Schulatlanten Atlas scolaires

2865
Birsak, Lukas; Hitz, Harald: Klimawandel und Klimakarten im Schulatlas. In: GW-Unterricht. 89, 2003, p.40-48, 2 ill., 1 mp.

2866
Donkers, Henk: Mysterie rond Bosatlas (deels) opgelost. In: Geografie. 12, 2003, 3, p.40-41, 1 ill. [Mystery about Bosatlas (partly) solved.] [Dutch] ISSN 0926-3837

2867
Loza, Jurij: Systema škil'nych atlasiv z istorii Ukraïny. In: Kartohrafija ta istorija Ukraïny : zbirnyk naukovych pracÿ = Cartography and history of Ukraine : a collection of scholarly papers. Instytut Ukraïns'koï Archeohrafiï ta Dÿézereloznavstva im. M. Hruÿésevs'koho <Kyïv>. - L'viv: Koc' 2000, p.173-195. [System of school Ukraine history atlases.] [Ukrain.] [In kyrill. Schrift] ISBN 996-02-1663-7

2868
Novák, Svatopluk; Kramáreková, Hilda: česká a slovenská kartografická tvorba v školských zemepisných atlasoch. In: Geodetický a kartografický obzor. 49, 2003, 7-8, p.142-149. [Czech and Slovak cartographic production in geographical atlases for schools.] [Czech. with Engl. rés.] ISSN 0016-7096

2869
Pobanz, Wolfram: Anfänge der deutschen geographischen Schulatlanten im 18. Jahrhundert. In: Aspekte zur Gestaltung und Nutzung von Karten für den Schulunterricht. Hrsg. von der Deutschen Gesellschaft für Kartographie e.V., Kommission Schulkartographie. - Bonn: Kirschbaum 2003, p.127-132, 4 ill., 1 portr. (Kartographische Schriften ; 8) [Parallel als CD-ROM erschienen] ISBN 3-7812-1579-2

2870
Sitte, Wolfgang: Gestaltungsmerkmale geographischer Schulatlanten am Beispiel neuer österreichischer Atlanten. In: Aspekte zur Gestaltung und Nutzung von Karten für den Schulunterricht. Hrsg. von der Deutschen Gesellschaft für Kartographie e.V., Kommission Schulkartographie. - Bonn: Kirschbaum 2003, p.147-160, 3 ill. (Kartographische Schriften ; 8) [Parallel als CD-ROM erschienen] ISBN 3-7812-1579-2

2871
Spiess, Ernst: Die neuen Schweizer Schulatlanten. In: Aspekte zur Gestaltung und Nutzung von Karten für den Schulunterricht. Hrsg. von der Deutschen Gesellschaft für Kartographie e.V., Kommission Schulkartographie. - Bonn: Kirschbaum 2003, p.133-146, 2 ill. (Kartographische Schriften ; 8) [Parallel als CD-ROM erschienen] ISBN 3-7812-1579-2

2872
Torguson, Jeffrey S.; Blinnikov, Mikhail: From maps to student interaction : creating a web-based student atlas of Russia. In: Maps and the internet. Ed. by Michael Peterson. Publ. on behalf of the International Cartographic Association. - Amsterdam [u.a.]: Elsevier Science 2003, p.311-319, 1 ill. ISBN 0-08-044201-3

6. Regional Atlases Regionalatlanten Atlas régionaux

2873
Amman, Gerhard: 200 Jahre "Atlas suisse" : ein Werk von Johann Rudolf Meyer, Johann Heinrich Weiss, Joachim Eugen Müller und Samuel Johann Jakob Scheurmann. - Küttigen: Edition Castel 2003, 24 p., ill.

2874
Andrzejewska, Maria; Baranowski, Marek; Rusztecka, Monika: Elektroniczny atlas środowiska Polski. In: Polski przegląd kartograficzny. 35, 2003, 1, p.33-37, 6 ill. [Electronic atlas of the environment of Poland.] [Pol.] ISSN 0324-8321

2875
Blaschke, Karlheinz: Die Kartographie an der Hochschule für Technik und Wirtschaft Dresden im Dienste der sächsischen Landesgeschichte. In: 10 Jahre Fachhochschulausbildung in den Studiengängen Vermessungswesen und Kartographie an der HTW Dresden (FH) und 50 Jahre Ausbildung von Vermessungs- und Kartographieingenieuren in Dresden. Hrsg. von Uwe Jäschke u.a. Schriftleitung: Kristin Gehrt - Harald Köhler. - Dresden: Fachbereich Vermessungswesen, Kartographie der Hochsch. für Technik und Wirtschaft 2002, p.27-29. (Dresdner Kartographische Schriften ; 4) ISBN 1436-0004

2876
Bogoyavlenskiy, B.A.: Cartographic support for planning, construction, and use of the Baykal-Amur railroad route. In: Mapping sciences and remote sensing. 40, 2003, 3, p.225-230.

2877
Carrière, Jean; Klein, Juan-Luis: L'Atlas du Québec et de ses régions : un inventaire du patrimoine territorial québecois sur l'autoroute de l'information. In: Geomatica. 57, 2003, 2, p.177-181, 1 ill. ISSN 1195-1036

2878
Cramér, Mathias: Behövs det en skattkarta till Sveriges Nationalatlas? In: Kart & bildteknik : mapping and image science. 18, 2003, 3, p.8-9, 4 ill. [Does a treasure map belong into the Swedish National Atlas?] [Swed.] ISSN 0283-0418

2879
Dhabai, R.K.; Malik, A.K.: Structure of the Indian Ocean Realm Atlas. In: Geography and applied cartography : proceedings of the National Seminar on Geography and Applied Cartography, organised to commemorate the birth centenary celebration of Padmabhushan Professor S.P. Chatterjee. Organised by National Atlas & Thematic Mapping Organisation, in collaboration with Prof. S.P. Chatterjee Memorial Foundation. [General ed.: Pritvish Nag]. - Kolkata: Govt. of India, Dept of Science & Technology, National Atlas & Thematic Mapping Organisation 2003, p.256-268.

2880
Fung, Ka-iu: Making of an analog and digital regional atlas : Atlas of Saskatchewan. In: Geomatica. 57, 2003, 2, p.182-184. ISSN 1195-1036

2881
Hameleers, Marc: Vervaardiging en gebruik van een tussen 1892 en 1903 geactualiseerde "Gemeenteatlas van Amsterdam", oorspronkelijk uitgegeven door J.C. Loman jr. in 1876. In: Caert-Thresoor. 22, 2003, 4, p.105-111, 7 ill. [The making and use of a Gemeenteatlas van Amsterdam revised to between 1892 and 1903, that was originally published by J.C. Loman jr. in 1876.] [Dutch with Engl. rés.] ISSN 0167-4994

2882
Hurni, Lorenz: The new "Atlas of Switzerland - interactive" : applications in mountain cartography. In: High mountain cartography 2000 : proceedings of the Second Symposium of the Commission on Mountain Cartography of the International Cartographic Association held at the Alpine Centre Rudolfshütte (2315 m), Austria from 29 March to 2 April 2000. edited by Manfred F. Buchroithner et al. - Dresden: Technische Universität Dresden, Institut für Kartographie 2000, 7 p. (Kartographische Bausteine ; 18)

2883
Hydrologischer Atlas Österreichs. In: Mitteilungsblatt des Hydrographischen Dienstes in Österreich. 82, 2003, p.115-117.

2884
Lancaster, Lewis R.; Bodenhamer, David J.: The Electronic Cultural Atlas Initiative and the North American Religion Atlas. In: Past time, past place : GIS for history. Ed. by Anne Kelly Knowles. - Redlands, Calif.: ESRI Press 2002, p.163-177, 9 ill., 1 tab. ISBN 1-589-48032-5

2885
Loza, Jurij: Pro koncepcija ta strukturu Velikogo Istryčnogo Atlasu Ukraïny. In: Kartohrafija ta istorija Ukraïny : zbirnyk naukovych pracÿ = Cartography and history of Ukraine : a collection of scholarly papers. Instytut Ukraïns'koï Archeohrafiï ta Dÿézereloznavstva im. M. Hruÿésevs'koho <Kyïv>. - L'viv: Koc' 2000, p.173-195. [About the conception and structure of the Great Historical Atlas of Ukraine.] [Ukrain.] [In kyrill. Schrift] ISBN 996-02-1663-7

2886
Majewska, Barbara: Atlás Królestwa Polskiego Juliusza Kolberga. In: Biuletyn Informacyjny Biblioteki Narodowej. 157, 2001, 2, p.10-13, 2 ill., 1 portr. [Julius Kolbergs "Atlas of Polish Kingdom".] [Pol.] ISSN 0006-3983

2887
Marklund, Liselott; Arnberg, Wolter: GIS för vattendirektivet : analys av datakällor, bearbetningsbehov och databasstrukturer. In: Kart & bildteknik : mapping and image science. 18, 2003, 3, p.10-17, 5 ill. [GIS for water regulation : analysis of data sources, required work and database structures.] [Swed.] ISSN 0283-0418

2888
Miklós, László and others: Atlas krajiny Slovenskej republiky : nové možnaosti kartografickej prezentácie. In: Geodetický a kartografický obzor. 49, 2003, 7-8, p.137-141, 2 ill., 1 tab. [Country atlas of the Slovak Republic.] [Czech. with Engl. rés.] ISSN 0016-7096

2889
Nieścioruk, Kamil: Projekt atlasu historycznego miasta na przykładzie Lublina. In: Polski przegląd kartograficzny. 35, 2003, 3, p.204-207, 3 ill., 1 tab. [Project of a historical atlas based on the example of Lublin.] [Pol.] ISSN 0324-8321

2890
Pobedinskij, G.G.; Kornilova, L.V.: Atlas "Privolžskij federalnyj okrug". In: Geodezija i kartografija : oficial'nyj organ

Federal'noj Sluzby Geodezii i Kartografii Rossii i Geodeziceskich Sluzb Stran. 2003, 2, p.39-43. [Atlas of "Privolzhsky Federal District".] [Russ.] ISSN 0016-7126

2891
Pravda, Ján: Koncepčné a kartografické aspekty Atlasu krajiny Slovenskej republiky. In: Kartografické listy. 11, 2003, p.85-94. [Conceptual and cartographic aspects of the Landscape Atlas of the Slovak Republic.] [Slovak. with Engl. rés.]
ISBN 80-89060-02-1

2892
Przyłuska, Barbara: Atlasy geograficzne Eugeniusza Romera. In: Biuletyn Informacyjny Biblioteki Narodowej. 157, 2001, 2, p.14-19, 3 ill., 1 portr. [Eugenius Romers geographic atlases.] [Pol.] ISSN 0006-3983

2893
Rabl, Marion; Strasser, Rudolf: Tirol-Atlas - ein interaktiver, multimedialer Atlas. In: GW-Unterricht. 89, 2003, p.12-13.

2894
Rüdisser, Johannes and others: Tirol Atlas : ein datenbankgestütztes und vektorbasiertes Atlas-Informationssystem im Internet. In: Angewandte geographische Informationsverarbeitung XIV : Beiträge zum AGIT-Symposium Salzburg 2003. Josef Strobl ... (Hrsg.). - Heidelberg: Wichmann 2003, p.441-419, 3 ill. ISBN 3-87907-392-9

2895
Ruitinga, Lida: Kadastrale atlasen revisited : stand van zaken op papier. In: Caert-Thresoor. 22, 2003, 1, p.17-19, 2 ill. [Cadastral atlases revisitid : state of affairs on paper.] [Dutch with Engl. rés.] ISSN 0167-4994

2896
Schär, Peter: Datenbankgestützte Vektorkartenherstellung mit Scalable Vector Graphics : am Beispiel des Strukturatlas der Region Bern. - Bern: Universität, Geographisches Institut 2003, 123 p., ill. [Diplomarbeit phil.-nat. Fakultät Univ. Bern]

2897
Schnayder, Edward: A hand drafted German spatial planning atlas of the occupied "General-Government" (1940). In: Accurata descriptio : studier i kartografi, numismatik, orientalistik och biblioteksväsen tillägnade Ulla Ehrensvärd. [Redaktionskommitté: Göran Bäärnhielm ...]. - Stockholm: Kungl. Biblioteket 2003, p.419-443, 2 ill., 1 mp., [13 ill im Anhang]. (Acta Bibliothecae regiae Stockholmiensis ; 69)
ISBN 91-7000-222-3

2898
Selva, Orietta: Giovanni antonio Magini's Italia. In: Imago Italiae : the making of Italy in the history of cartography from the Middle Ages to the Modern era ; reality, image and imagination from the Codices of Claudius Ptolemy ... Contributions by Laura Cassi ... - Trieste: Goliardica E.U.T. 2002, p.669-772, 91 ill. [Engl. ed.]
ISBN 88-88745-00-9

2899
Svensson, Björn: National Atlas of Sweden - the electronic editions. In: Web.Mapping 2 : Telekartographie, Geovisualisierung und mobile Geodienste. Hartmut Asche; Christian Herrmann (Hrsg.). - Heidelberg: Wichmann 2003, p.129-132, 2 ill.
ISBN 3-87907-388-0

2900
Svešnikov, V.V. and others: Technologija podgotovki k izdaniju stranic NAR s kosmičeskimi izobraženijami. In: Geodezija i kartografija : oficial'nyj organ Federal'noj Sluzby Geodezii i Kartografii Rossii i Geodeziceskich Sluzb Stran. 2003, 12, p.27-31. [Technology of preparation for publication of NAR pages with space images.] [Russ.]
ISSN 0016-7126

2901
Svešnikov, V.V.; Tikunov, V.S.: Nacional'nye atlasy : istorija i sovremennoe sostojanie. In: Geodezija i kartografija : oficial'nyj organ Federal'noj Sluzby Geodezii i Kartografii Rossii i Geodeziceskich Sluzb Stran. 2003, 12, p.35-45. [National atlases : history and modern state.] [Russ.] ISSN 0016-7126

2902
Torguson, Jeffrey S.; Blinnikov, Mikhail: From maps to student interaction : creating a web-based student atlas of Russia. In: Maps and the internet. Ed. by Michael Peterson. Publ. on behalf of the International Cartographic Association. - Amsterdam [u.a.]: Elsevier Science 2003, p.311-319, 1 ill. ISBN 0-08-044201-3

2903
Umek, Dragan: The anonymous and undated manuscript atlas of Italy in the Bishops's Seminary Library in Padua. In: Imago Italiae : the making of Italy in the history of cartography from the Middle Ages to the Modern era ; reality, image and imagination from the Codices of Claudius Ptolemy ... Contributions by Laura Cassi ... - Trieste: Goliardica E.U.T. 2002, p.509-535, 20 ill. [Engl. ed.] ISBN 88-88745-00-9

2904
Veen, André van der; Giesbers, Henriette: Nationaler Gesundheitsatlas der Niederlande - eine raumbezogene Darstellung des Pflege- und Gesundheitswesens für Entscheider. In: Web.Mapping 2 : Telekartographie, Geovisualisierung und mobile Geodienste. Hartmut Asche; Christian Herrmann (Hrsg.). - Heidelberg: Wichmann 2003, p.118-128, 6 ill.
ISBN 3-87907-388-0

K. Tactile Maps, Maps for the Blind
Taktile Karten, Blindenkarten
Cartes tactiles, cartes pour areugles

2905
Aldrich, Frances; Sheppard, Linda; Hindle, Yvonne: First steps towards a model of tactile graphicacy. In: The Cartographic Journal. 40, 2003, 3, p.283-287.
ISSN 0008-7041

2906
Gardiner, Ann; Perkins, Chris: 'Here is the Beech tree!' : understanding tactile maps in the field. In: The Cartographic Journal. 40, 2003, 3, p.277-282, 5 ill., 4 tab.
ISSN 0008-7041

2907
Jansson, Gunnar; Monaci, Linda: Exploring tactile maps with one or two fingers. In: The Cartographic Journal. 40, 2003, 3, p.269-271, 2 ill. ISSN 0008-7041

2908
McCallum, Don; Rowell, Jonathan; Ungar, Simon: Producing tactile maps using new inkjet technology : an introduction. In: The Cartographic Journal. 40, 2003, 3, p.288-291, 4 ill.

2909
Pardy, D.: Topographic maps to support courses for visually impaired students. In: The Cartographic Journal. 40, 2003, 3, p.288-291, 4 ill. ISSN 0008-7041

2910
Perez, Francis: De l'importance de la formation en cartographie à destination des publics déficients visuels. In: Le Monde des Cartes : revue du Comité Français de Cartographie. 177-178, 2003, p.16-23, 2 ill.
ISSN 1634-3522

2911
Perkins, Chris; Gardiner, Ann: Real world map reading strategies. In: The Cartographic Journal. 40, 2003, 3, p.265-268, 1 ill., 4 tab. ISSN 0008-7041

2912
Rowell, Jonathan; Ungar, Simon: The world of touch : results of an international survey of tactile maps and symbols. In: The Cartographic Journal. 40, 2003, 3, p.259-263, 7 ill., 1 tab. ISSN 0008-7041

2913
Rowell, Jonathan; Ungar, Simon: a taxonomy for tactile symbols : creating a useable database for tactile map designers. In: The Cartographic Journal. 40, 2003, 3, p.273-276, 1 ill.

2914
Siekierska, Eva; Müller, Anita: Tactile and audio-tactile maps within the Canadian 'Government On-Line' program. In: The Cartographic Journal. 40, 2003, 3, p.299-304, 8 ill.

2915
Tatham, Andrew F.: Tactile mapping : yesterday, today and tomorrow. In: The Cartographic Journal. 40, 2003, 3, p.255- 258.

2916
Zögner, Lothar: August Zeune (1778-1853) : Geographie für Sehende und Blinde. In: Verhandlungen der Gesellschaft für Erdkunde zu Berlin 2003 (Sonderheft von: Die Erde : Zeitschrift der Gesellschaft für Erdkunde, Berlin ; Forum für Erdsystem-

und Erdraumforschung). 134, p.26-30, 2 ill., 1 portr.[(Sonderheft von: Die Erde : Zeitschrift der Gesellschaft für Erdkunde, Berlin ; Forum für Erdsystem- und Erdraumforschung)] ISSN 0013-9998

L. Film and Computer Screen Maps Film- und Bildschirm-Karten Cartes cinématographiques et cartes écran

2917
Aerts, Jeroen; Clarke, Keith C.; Keuper, Alex D.: Testing popular visualization techniques for representing model uncertainty. In: Cartography and geographic information science. 30, 2003, 3, p.249-261, 8 ill., 1 tab. ISSN 1523-0406

2918
Aerts, Jeroen; Donker, Adri: Duurzaam skien. In: Geografie. 12, 2003, 2, p.20-22, 6 ill. [Sustainable skiing.] [Dutch.] ISSN 0926-3837

2919
Andrae, Christine: Jenseits von Web Mapping : Chancen von OpenGIS in der Wasserwirtschaft. In: GeoBit : das Magazin für raumbezogene Informationstechnologie. 8, 2003, 11, p.38-40, 3 ill.

2920
Andrienko, Gennady; Andrienko, Natalia; Voss, Hans: GIS for everyone : the CommonGIS project and beyond. In: Maps and the internet. Ed. by Michael Peterson. Publ. on behalf of the International Cartographic Association. - Amsterdam [u.a.]: Elsevier Science 2003, p.131-146, 3 ill., 1 tab. ISBN 0-08-044201-3

2921
Andrienko, Natalia; Andrienko, Gennady: Visuele exploratie van gegevens met interactieve kaarten en cumulatieve grafieken. In: Kartografisch Tijdschrift. 29, 2003, 2, p.10-13, 2 tab., 6 ill. [Visual exploration of data of data with interactive maps and cumulative curves.] [Dutch with Engl., and French rés.] ISSN 0167-5788

2922
Andrzejewska, Maria; Baranowski, Marek; Rusztecka, Monika: Elektroniczny atlas środowiska Polski. In: Polski przegląd kartograficzny. 35, 2003, 1, p.33-37, 6 ill. [Electronic atlas of the environment of Poland.] [Pol.] ISSN 0324-8321

2923
Arrighi, Antonio; Rienzo, Lino di; Rita, Alessandro di: Rocce digitali e C.A.R.S. per cartografia a media scala. In: Bollettino della Associazione Italiana di Cartografia. 40, 2003, 117-118-119, p.286-304, 29 ill. [Digital cliffs and C.A.R.S. for medium scale cartography.] [Ital.] ISSN 0044-9733

2924
Ashworth, Mick: Paper or pixels : where to next for maps? In: Geographical : the Royal Geographical Society magazine. 75, 2003, 12, p.56-59, 2 ill. ISSN 0016-741X

2925
Aumann, Gabriele and others: OGC Web Services zur interoperablen Nutzung verteilter Geodatenbanken für mobile Anwendungen. In: GIS : Geoinformationssysteme. 16, 2003, 6, p.17-23, 7 ill.

2926
Bakker, N.J.: Standaarden in TOPIONL. In: Kartografisch Tijdschrift. 29, 2003, 3, p.29-33, 5 ill., 1 tab. [Standards in TOPIONL.] [Dutch] ISSN 0167-5788

2927
Baldegger, Joachim; Giger, Christine: Datengrundlage für Location Based Services (LBS). In: 12. Internationale Geodätische Woche, Obergurgl 2003. Günter Chesi;

Thomas Weinold (Hrsg.). - Heidelberg: Wichmann 2003, p.1-9, 3 ill.
ISBN 3-87907-401-1

2928
Beck, Michael: Virtuelle Geoinformationssysteme - Grundlagen und Anwendungsszenarien mit TerraView. In: Web.Mapping 2 : Telekartographie, Geovisualisierung und mobile Geodienste. Hartmut Asche; Christian Herrmann (Hrsg.). - Heidelberg: Wichmann 2003, p.133-143, 7 ill.
ISBN 3-87907-388-0

2929
Becker, Dieter; Jha, Satish: Für Planung und Marketing : Erstellung eines 3D-Stadtmodells unter Nutzung vorhandener Daten. In: GeoBit : das Magazin für raumbezogene Informationstechnologie. 8, 2003, 11, p.19-21, 5 ill. ISSN 1430-3663

2930
Berlin, Karsten; Merten, Stephan: Verbesserung der Nutzbarkeit geo-virtueller Anwendungen durch Multimodalität und Geoconstraints. In: Visualisierung und Erschließung von Geodaten : Seminar GEOVIS 2003, 26. bis 27. Februar 2003, Universität Hannover. Hrsg. von der Deutschen Gesellschaft für Karthographie e.V., Kommission Geoinformation und Visualisierung. Schriftleitung: Jürgen Dodt; Wolf-Dieter Rase. - Bonn: Kirschbaum-Verl. 2003, p.85-93, 6 ill., 1 tab. (Kartographische Schriften ; 7)
ISBN 3-7812-1577-6

2931
Berné Valero, José Luis and others: Sistema de información geográfica para la poda del arbolado en la ciudad de Valencia. In: Topografia y cartografia : TOPCART. 20, 2003, 117, p.15-20, 9 ill., 1 tab. [GIS for the pruning of the trees in the city of Valencia.] [Span.] ISSN 0212-9280

2932
Bill, Ralf: Eine günstige Alternative : Open Source als Basis für Internet-GIS-Lösungen in Kommunen und Landkreisen. In: GeoBit : das Magazin für raumbezogene Informationstechnologie. 8, 2003, 10, p.28-30, 3 ill.
ISSN 1430-3663

2933
Blalock, Joseph: Real world/virtual presentations : comparing different web-based 4D presentation techniques of the built environment. In: Trends in landscape modeling : proceedings at Anhalt University of Applied Sciences 2003 ; [proceedings to the 4th International Conference on New Technologies in Landscape Architecture (May 15 and 16, 2003) held by the master of landscape architecture program of Anhalt University of Applied Sciences]. Erich Buhmann; Stephen M. Ervin (eds.). - Heidelberg: Wichmann 2003, p.222-227, 3 ill.
ISBN 3-87907-403-8

2934
Bobrich, Joachim: Augmented Reality für Geo-Anwendungen. In: Visualisierung und Erschließung von Geodaten : Seminar GEOVIS 2003, 26. bis 27. Februar 2003, Universität Hannover. Hrsg. von der Deutschen Gesellschaft für Karthographie e.V., Kommission Geoinformation und Visualisierung. Schriftleitung: Jürgen Dodt; Wolf-Dieter Rase. - Bonn: Kirschbaum-Verl. 2003, p.77-83, 9 ill. (Kartographische Schriften ; 7) ISBN 3-7812-1577-6

2935
Bollmann, Jürgen; Müller, Andreas: Empirisch-methodische Forschungsansätze zur kartographischen Modellierung virtueller Landschaften. In: Kartographische Nachrichten. 53, 2003, 6, p.270-276, 4 ill., 4 tab.
ISSN 0022-9164

2936
Borruso, Giuseppe: Cartografia escursionistica tradizionale versus nuove tecnologie geografiche : problemi e prospective. In: Bollettino della Associazione Italiana di Cartografia. 40, 2003, 117-118-119, p.432-443, 4 ill. [Traditional excursionistic cartography versus new geographical technology : problems and perspectives.] [Ital.]
ISSN 0044-9733

2937
Bottmeyer, Manfred: Der virtuelle Feldvergleich : Einführung eines Visualisierungssystems in der amtlichen Gebäudevermessung. In: GeoBit : das Magazin für raumbezogene Informationstechnologie. 8, 2003, 4, p.35-37, 4 ill. ISSN 1430-3663

2938
Brande-Lavridsen, Hanne: GIS og kartografisk repraesentation. In: GIS i Danmark. - København: Teknisk Forl. 1997, p.9-21, 4 ill. [GIS and cartographic representation.] [Dan.] ISBN 87-571-1775-6

2939
Brande-Lavridsen, O.: Digitale tekniske kort. In: GIS i Danmark. - København: Teknisk Forl. 1997, p.113-122, 1 ill., 5 tab. [Digital techical maps.] [Dan.]
ISBN 87-571-1775-6

2940
Braune, Stephan; Bertelmann, Roland: Online-Visualisierung des Kartenbestandes der Bibliothek des Wissenschaftsparks Albert Einstein. In: Angewandte geographische Informationsverarbeitung XIV : Beiträge zum AGIT-Symposium Salzburg 2003. Josef Strobl ... (Hrsg.). - Heidelberg: Wichmann 2003, p.47-52, 3 ill.
ISBN 3-87907-392-9

2941
Breunig, Martin and others: XML-basierte Techniken für Location Based Services. In: Geoinformation mobil. Alexander Zipf; Josef Strobl (Hrsg.). - Heidelberg: Wichmann 2002, p.26-35, 5 ill.
ISBN 3-87907-373-2

2942
Brodersen, Lars: Modellierung der Beziehungen zwischen Geoinformation, Graphik und Benutzer. In: Visualisierung und Erschließung von Geodaten : Seminar GEOVIS 2003, 26. bis 27. Februar 2003, Universität Hannover. Hrsg. von der Deutschen Gesellschaft für Karthographie e.V., Kommission Geoinformation und Visualisierung. Schriftleitung: Jürgen Dodt; Wolf-Dieter Rase. - Bonn: Kirschbaum-Verl. 2003, p.95-99, 2 ill. (Kartographische Schriften ; 7) ISBN 3-7812-1577-6

2943
Brodersen, Lars: Modelling the visualization of internet maps. In: Maps and the internet. Ed. by Michael Peterson. Publ. on behalf of the International Cartographic Association. - Amsterdam [u.a.]: Elsevier Science 2003, p.421-436, 10 ill.
ISBN 0-08-044201-3

2944
Brown, Allan; Feringa, Wim: Colour basics for GIS users. - Harlow: Prentice Hall 2003 ISBN 0-13-033343-3 [Literaturverz. S. 149 - 150]

2945
Buckley, Aileen: Atlas mapping in the 21st century. In: Cartography and geographic information science. 30, 2003, 2, p.149-158, 8 ill., 2 tab. ISSN 1523-0406

2946
Burghardt, Dirk; Edwardes, Alistair; Weibel, Robert: WebPark - Entwicklung eines mobilen Informationssystems für Erholungs- und Naturschutzgebiete. In: Kartographische Nachrichten. 53, 2003, 2, p.58-64, 6 ill., 3 tab. ISSN 0022-9164

2947
Cammack, Rex G.: Cartography, virtual reality, and the internet : integrating abstract models of the environment via the internet. In: Maps and the internet. Ed. by Michael Peterson. Publ. on behalf of the International Cartographic Association. - Amsterdam [u.a.]: Elsevier Science 2003, p.359-370, 6 ill. ISBN 0-08-044201-3

2948
Caquard, Sébastien: Internet, maps and public participation : contemporary limits and possibilities. In: Maps and the internet. Ed. by Michael Peterson. Publ. on behalf of the International Cartographic Association. - Amsterdam [u.a.]: Elsevier Science 2003, p.345-357, 1 ill., 2 tab. ISBN 0-08-044201-3

2949
Carrière, Jean; Klein, Juan-Luis: L'Atlas du Québec et de ses régions : un inventaire du patrimoine territorial québecois sur l'autoroute de l'information. In: Geomatica. 57, 2003, 2, p.177-181, 1 ill. ISSN 1195-1036

2950
Cartwright, William: Maps on the web. In: Maps and the internet. Ed. by Michael Peterson. Publ. on behalf of the International Cartographic Association. - Amsterdam [u.a.]: Elsevier Science 2003, p.35-56, 7 ill. ISBN 0-08-044201-3

2951
Cartwright, William: New media visualization and visualising geography. In: Maps and the Internet. Georg Gartner (Ed.). - Wien: Institut für Kartographie und Geo-Medientechnik der TU Wien 2002, p.21-34, 17 ill. (Geowissenschaftliche Mitteilungen ; 60)

2952
Cauvin, Colette: La cartographie à Strasbourg à l'ère des SIG et du multimédia. In: Le Monde des Cartes : revue du Comité Français de Cartographie. 176, 2003, p.24-27, 1 ill. ISSN 1634-3522

2953
Cavens, Duncan; Lange, Eckart; Schmid, Willy: Virtual alpine landscapes and autonomous agents. In: Trends in landscape modeling : proceedings at Anhalt University of Applied Sciences 2003 ; [proceedings to the 4th International Conference on New Technologies in Landscape Architecture (May 15 and 16, 2003) held by the master of landscape architecture program of Anhalt University of Applied Sciences]. Erich Buhmann; Stephen M. Ervin (eds.). - Heidelberg: Wichmann 2003, p.184-191, 3 ill. ISBN 3-87907-403-8

2954
Cecconi, Alessandro: Integration of cartographic generalization and multi-scale databases for enhanced web mapping. - Zürich: Univ. 2003, 1 CD-ROM + 1 Beil. [Elektronische Ressource] [Hochschulschrift (Diss.)]

2955
Cecconi, Alessandro: Integration of cartographic generalization and multi-scale databases for enhanced web mapping : [Testdaten aus der Schweiz]. - [S.l.]: [s.n.] 2003, 1 CD-ROM. [Diss. phil. II Zürich]

2956
Cieslik, Bernhard: Hamburg in der dritten Dimension. In: ZfV : Zeitschrift für Geodäsie, Geoinformation und Landmanagement. 128, 2003, 4, p.254-260, 11 ill. ISSN 1618-8950

2957
Clarke, Keith C.: Getting started with geographic information system Upper Saddle River, NJ [u.a.]: Pearson Education 2003,

XII, 340 p., ill., mp. + 1 CD-ROM. [Includes bibliograpical references]
ISBN 0-13-046027-3

2958
Coors, Volker: Dreidimensionale Karten für Location Based Services. In: Geoinformation mobil. Alexander Zipf; Josef Strobl (Hrsg.). - Heidelberg: Wichmann 2002, p.14-25, 6 ill. ISBN 3-87907-373-2

2959
Cramér, Mathias: Behövs det en skattkarta till Sveriges Nationalatlas? In: Kart & bildteknik : mapping and image science. 18, 2003, 3, p.8-9, 4 ill. [Does a treasure map belong into the Swedish National Atlas?] [Swed.] ISSN 0283-0418

2960
Csida, Sascha; Riegler, Dieter; Riedl, Andreas: Kartographische Anforderungen an eine 4D-Animation zur Visualisierung postglazialer Ereignisse gezeigt anhand eines GLOF - Glacial Lake Outburst Flood. In: Angewandte geographische Informationsverarbeitung XIV : Beiträge zum AGIT-Symposium Salzburg 2003. Josef Strobl ... (Hrsg.). - Heidelberg: Wichmann 2003, p.53-58, 7 ill. ISBN 3-87907-392-9

2961
Dačev, Ju.; Belev, B.: Sistema za elektronno izobrazjavane na karti i informacija (ECDIS). In: Geodezija, kartografija, zemeustrojstvo. 43, 2003, 1-2, p.15-17, 4 ill., 1 tab. [An electronic chart and document imaging system (ECDIS).] [Bulg. with Engl. rés.] ISSN 0324-1610

2962
Dahinden, Tobias; Neumann, Andreas; Winter, Andréas M.: Internet-Kartengraphik mit SVG-Werkzeugen - Techniken und Anwendungen. In: Web.Mapping 2 : Telekartographie, Geovisualisierung und mobile Geodienste. Hartmut Asche; Christian Herrmann (Hrsg.). - Heidelberg: Wichmann 2003, p.190-206, 4 ill.
ISBN 3-87907-388-0

2963
Diewald, Günter: Verborgene Datenschätze heben : der Weg der Verbandsgemeinde Bruchmühlbach-Miesau zum GIS. In: GeoBit : das Magazin für raumbezogene Informationstechnologie. 8, 2003, 8, p.32-33, 3 ill. ISSN 1430-3663

2964
Dobešová, Zdena: Interaktivní papa regionálního členění georeliéfu ČR. In: Kartografické listy. 11, 2003, p.122-126, 4 ill., 1 tab. [Interactive map of the regional division of the Czech Republic's georelief.] [Slovak. with Engl. rés.]
ISBN 80-89060-02-1

2965
Döllner, Jürgen; Baumann, Konstantin; Kersting, Oliver Patrick: LandExplorer - ein System für interaktive 3D-Karten. In: Visualisierung und Erschließung von Geodaten : Seminar GEOVIS 2003, 26. bis 27. Februar 2003, Universität Hannover. Hrsg. von der Deutschen Gesellschaft für Kartographie e.V., Kommission Geoinformation und Visualisierung. Schriftleitung: Jürgen Dodt; Wolf- Dieter Rase. - Bonn: Kirschbaum-Verl. 2003, p.67-76, 11 ill. (Kartographische Schriften ; 7)
ISBN 3-7812-1577-6

2966
Döllner, Jürgen: Die Landschaft aus neuer Sicht : Visualisierung raumbezogener Informationen mittels 3 D-Karten. In: GeoBit : das Magazin für raumbezogene Informationstechnologie. 8, 2003, 5, p. 29-31, 6 ill.
ISSN 1430-3663

2967
Döllner, Jürgen: Virtuelle 3D-Kartenmodelle. In: Web.Mapping 2 : Telekartographie,

Geovisualisierung und mobile Geodienste. Hartmut Asche; Christian Herrmann (Hrsg.). - Heidelberg: Wichmann 2003, p.77-88, 7 ill. ISBN 3-87907-388-0

2968
Dransch, Doris: Konzepte zur Modellierung der Nutzer von Geovisualisierungs-Systemen. In: Visualisierung und Erschließung von Geodaten : Seminar GEOVIS 2003, 26. bis 27. Februar 2003, Universität Hannover. Hrsg. von der Deutschen Gesellschaft für Karthographie e.V., Kommission Geoinformation und Visualisierung. Schriftleitung: Jürgen Dodt; Wolf-Dieter Rase. - Bonn: Kirschbaum-Verl. 2003, p.103-110, 3 ill. (Kartographische Schriften ; 7) ISBN 3-7812-1577-6

2969
Elias, Birgit; Sester, Monika: Landmarken für Wegbeschreibungen - Identifikation, Extraktion und Visualisierung. In: Kartographische Nachrichten. 53, 2003, 2, p. 51-57, 10 ill., 2 tab.

2970
Elzakker, Corné P.J.M. van and others: Dissemination of census and other statistical data through web maps. In: Maps and the internet. Ed. by Michael Peterson. Publ. on behalf of the International Cartographic Association. - Amsterdam [u.a.]: Elsevier Science 2003, p.57-75, 8 ill., 1 tab. ISBN 0-08-044201-3

2971
Ervin, Stephen M.: Trends in landscape modeling. In: Trends in landscape modeling : proceedings at Anhalt University of Applied Sciences 2003 ; [proceedings to the 4th International Conference on New Technologies in Landscape Architecture (May 15 and 16, 2003) held by the master of landscape architecture program of Anhalt University of Applied Sciences]. Erich Buhmann; Stephen M. Ervin (eds.). - Heidelberg: Wichmann 2003, p.2-8. ISBN 3-87907-403-8

2972
Fabrikant, Sara Irina: Distanz als Raummetapher für die Informationsvisualisierung. In: Kartographische Nachrichten. 53, 2003, 6, p.276-281, 1 ill. ISSN 0022-9164

2973
Faby, Holger: Stellenwert von Internetkarten bei der Reisevorbereitung : Erkenntnisbildung durch kartographische Mediaforschung. In: Visualisierung und Erschließung von Geodaten : Seminar GEOVIS 2003, 26. bis 27. Februar 2003, Universität Hannover. Hrsg. von der Deutschen Gesellschaft für Karthographie e.V., Kommission Geoinformation und Visualisierung. Schriftleitung: Jürgen Dodt; Wolf-Dieter Rase. - Bonn: Kirschbaum-Verl. 2003, p.141-150, 1 ill. (Kartographische Schriften ; 7) ISBN 3-7812-1577-6

2974
Fairbairn, David and others: Using the internet to deliver customisable map-based educational experiences. In: Maps and the Internet. Georg Gartner (Ed.). - Wien: Institut für Kartographie und Geo-Medientechnik der TU Wien 2002, p.15-20, 5 ill. (Geowissenschaftliche Mitteilungen ; 60)

2975
Fauth, Christian Egloff; Nadolski, Knut: Auf allen Plätzen gut informiert : Geoinformation-online für die ländliche Entwicklung in Bayern. In: GeoBit : das Magazin für raumbezogene Informationstechnologie. 8, 2003, 8, p.20-22, 3 ill.

2976
Findley, John: Geographic analysis and monitoring at the United States Geological Survey. In: Cartography and geographic information science. 30, 2003, 2, p.203-210, 7 ill. ISSN 1523-0406

2977
Fitzke, Jens and others: Deegree : ein Open-Source-Projekt zum Aufbau von Geodateninfrastrukturen auf der Basis aktueller OGC- und ISO-Standards. In: GIS : Geoinformationssysteme. 16, 2003, 9, p.10-16, 4 ill., 1 tab. ISSN 1430-3663

2978
Florea, Daniela: Location Based Services. In: The Bulletin of the Society of Cartographers. 37, 2003, 2, p.47-48. ISSN 0036-1884

2979
Förster, Theodor; Senkler, Kristian: Nutzung mehrsprachiger OGC Web Map Services in einer grenzübergreifenden GDI. In: GIS : Geoinformationssysteme. 16, 2003, 12, p.11-14, 4 ill.

2980
Forssell, Anders: GIS som räddar liv. In: Kart & bildteknik : mapping and image science. 18, 2003, 2, p.25-27, 3 ill. [GIS for life rescuing.] [Swed.] ISSN 0283-0418

2981
Freckmann, Peter: Geo-marketing and internet mapping : requirements and map solutions. In: Maps and the Internet. Georg Gartner (Ed.). - Wien: Institut für Kartographie und Geo-Medientechnik der TU Wien 2002, p.43-51, 9 ill. (Geowissenschaftliche Mitteilungen ; 60)

2982
Frick, Annett; Tervooren, Steffen: Erholungswert bewahren : Potsdams internetkompatibles Umweltinformationssystem. In: GeoBit : das Magazin für raumbezogene Informationstechnologie. 8, 2003, 7, p.22-24, 3 ill. ISSN 1430-3663

2983
Fritsch, Dieter; Klinec, Darco; Volz, Steffen: NEXUS : Integrating data and services for mobile users of location based applications. In: GIS : Geoinformationssysteme. 16, 2003, 3, p.21-25, 4 ill., 1tab. ISSN 1430-3663

2984
Fritsch, Dieter: 3D building visualization : outdoors and indoors applications. In: GIS : Geoinformationssysteme. 16, 2003, 9, p.26-32, 6 ill. ISSN 1430-3663

2985
Fuhrmann, Sven: Supporting wayfinding in desktop geovirtual environments. In: Maps and the internet. Ed. by Michael Peterson. Publ. on behalf of the International Cartographic Association. - Amsterdam [u.a.]: Elsevier Science 2003, p.271-287, 4 ill. ISBN 0-08-044201-3

2986
GEOVIS 2003 : aktuelle Entwicklungen in Geoinformation und Visualisierung ; Seminar am 27./28. Februar 2003. Kommission Geoinformation und Visualisierung der Deutschen Gesellschaft für Kartographie (DGfK) ... - Bonn 2003, 1 CD-ROM. [CD-ROM enth.: schriftlichen Fassungen der Vorträge des Seminars GEOVIS] [Elektronische Ressource]

2987
Galanda, Martin; Cecconi, Alessandro: Adaptives Zoomen in der Internetkartographie. In: Kartographische Nachrichten. 53, 2003, 1, p.11-16, 5 ill., 1 tab. ISSN 0022-9164

2988
Gao, Yang; Lee, Suen: Mobile asset data aquisition and decision making over the internet. In: Geomatica. 57, 2003, 1, p.31-40, 15 ill. ISBN 1195-1036

2989
Gartner, Georg and others: Kartographische Beiträge zur Entwicklung von LBS.

In: Kartographische Nachrichten. 53, 2003, 1, p.16-22, 5 ill. ISSN 0022-9164

2990
Gartner, Georg: Geovisualisierung und Kartenpräsentation im Internet Stand und Entwicklung. In: Web.Mapping 2 : Telekartographie, Geovisualisierung und mobile Geodienste. Hartmut Asche; Christian Herrmann (Hrsg.). - Heidelberg: Wichmann 2003, p.45-56, 3 ill. ISBN 3-87907-388-0

2991
Gartner, Georg: Telecartography : maps, multimedia and the mobile internet. In: Maps and the internet. Ed. by Michael Peterson. Publ. on behalf of the International Cartographic Association. - Amsterdam [u.a.]: Elsevier Science 2003, p.385-396, 8 ill. ISBN 0-08-044201-3

2992
Gartner, Georg: Telekartografie : de ontwikkeling van op kaarten gebaseerde Location Based Services. In: Kartografisch Tijdschrift. 29, 2003, 2, p.34-41 + p.18, 7 ill. [Telecartography : developing map-centric Location Based Services.] [Dutch with Engl., and French rés.] ISSN 0167-5788

2993
Geoinformation mobil. Alexander Zipf; Josef Strobl (Hrsg.). - Heidelberg: Wichmann 2002, VIII, 230 p., ill., mp. [Literaturangaben] ISBN 3-87907-373-2

2994
Gietler, Lydia and others: Web Mapping à la Cuisine : submerse Makrophyten im "Visier" von Echosonden. In: Angewandte geographische Informationsverarbeitung XIV : Beiträge zum AGIT-Symposium Salzburg 2003. Josef Strobl ... (Hrsg.). - Heidelberg: Wichmann 2003, p.91-97, 3 ill. ISBN 3-87907-392-9

2995
Giordano, Alberto: Historical geoinformation on the web : lessons learned form the Chapter 91 pilot project. In: Maps and the internet. Ed. by Michael Peterson. Publ. on behalf of the International Cartographic Association. - Amsterdam [u.a.]: Elsevier Science 2003, p.321-334, 2 ill. ISBN 0-08-044201-3

2996
Glatthard, Thomas: GIS-Lösung der Kantone St. Gallen und Appenzell A.Rh. In: Geomatik Schweiz : Geoinformation und Landmanagement. 101, 2003, 5, p.201-205, 6 ill. [Germ. with French, and Ital. rés.] ISSN 0252-9424

2997
Göldner, Reiner; Schöninger, Johannes: Blick in die Vergangenheit : Sächsisches Landesamt für Archäologie nutzt Open-GIS-Technologie. In: GeoBit : das Magazin für raumbezogene Informationstechnologie. 8, 2003, 10, p.38-39, 3 ill. ISBN 1430-3663

2998
Gram, Michael; Grøngaard, Claus: Digitale bykort. In: GIS i Danmark. - København: Teknisk Forl. 1997, p.123-133, 3 ill. [Digital city-maps.] [Dan.] ISBN 87-571-1775-6

2999
Grünwied, Gertrud: Applikationen für kleine Displays - neue Herausforderungen an das Interaktionsdesign. In: 12. Internationale Geodätische Woche, Obergurgl 2003. Günter Chesi; Thomas Weinold (Hrsg.). - Heidelberg: Wichmann 2003, p.39-44, 3 ill. ISBN 3-87907-401-1

3000
Guan, Jihong and others: Querying distributed geographic information based on mobile agent. In: Geomatics and informa-

tion science of Wuhan University. 28, 2003, 1, p.39-44, 5 ill., 1 tab. [Chin. with Engl. rés.] ISSN 1000-050X

3001
Guszlev, Antal; Zentai, László: A web-térképezés környezete : lehetëségek és korlátok. In: Geodézia és kartográfia. 55, 2003, 10, p.28-31, 4 ill. [Webmapping surroundings possibilities and limits.] [Hung. with Engl. rés.] ISSN 0016-7118

3002
Hachmann, Roland: Beteiligung für alle : der interaktive Landschaftsplan Königslutter am Elm. In: GeoBit : das Magazin für raumbezogene Informationstechnologie. 8, 2003, 10, p.11-13, 3 ill. ISSN 1430-3663

3003
Häberling, Christian: Topographische 3D-Karten : Thesen für kartographische Gestaltungsgrundsätze. - [S.l.]: [s.n.] 2003, 216 p., ill. [Diss. Nr. 15379 techn. Wiss. ETH Zürich]

3004
Hächler, Thomas: Online visualization of spatial data a prototype of an open source internet map server with backend spatial database for the Swiss National Park. - Zürich: Universität, Geographisches Institut 2003, 105 p., ill. [Diplomarbeit Univ. Zürich]

3005
Häussler, Jochen; Zipf, Alexander: Multimodale Karteninteraktion zur Navigationsunterstützung für Fußgänger und Autofahrer : submerse Makrophyten im "Visier" von Echosonden. In: Angewandte geographische Informationsverarbeitung XIV : Beiträge zum AGIT-Symposium Salzburg 2003. Josef Strobl ... (Hrsg.). - Heidelberg: Wichmann 2003, p.110-119, 3 ill. ISBN 3-87907-392-9

3006
Handbook on geographic information systems and digital mapping. Department of Economic and Social Affairs, Statistics Division. - New York: United Nations 2000, VIII, 197 p., ill. (Studies in methods ; 79) ISBN 92-1-161426-0 [United Nations publication]

3007
Harron, Bill; Parkinson, Bob: A National Land and Water Information Service : Potentialities and preliminary investigations. In: Geomatica. 57, 2003, 3, p.335-337, 3 ill. ISSN 1195-1036

3008
Heidmann, Frank; Hermann, Fabian: Benutzerorientierte Visualisierung raumbezogener Informationen für ultraportable mobile Systeme. In: Visualisierung und Erschließung von Geodaten : Seminar GEOVIS 2003, 26. bis 27. Februar 2003, Universität Hannover. Hrsg. von der Deutschen Gesellschaft für Karthographie e.V., Kommission Geoinformation und Visualisierung. Schriftleitung: Jürgen Dodt; Wolf-Dieter Rase. - Bonn: Kirschbaum-Verl. 2003, p.121-131, 3 ill., 1 tab. (Kartographische Schriften ; 7) ISBN 3-7812-1577-6

3009
Henzler, J.: GIS über Internet als Dienstleistung für Kommunen : (Kurzfassung des Vortrags vom 7. Mai 2003 im Rahmen der DVW- Fachtagung in Schwäbisch Hall). In: Mitteilungen und Veröffentlichungen zum Vermessungswesen aus den Themenbereichen Geodäsie, Geoinformation und Landmanagement / Deutscher Verein für Vermessungswesen, Landesverein Baden-Württemberg e.V. 50, 2003, 2, p.69-78, 4 ill. ISSN 0940-2942

3010
Hermann, Fabian; Peissner, Matthias: Usability Engineering für kartographische Visualisierungen - Methoden und Verfahren. In: Kartographische Nachrichten. 53, 2003, 6, p.260-265, 1 ill., 1 tab. ISSN 0022-9164

3011
Herzig, Reinhard: Kartographische Lernsoftware - Konkurrent für Printmedium Karte? In: Aspekte zur Gestaltung und Nutzung von Karten für den Schulunterricht. Hrsg. von der Deutschen Gesellschaft für Kartographie e.V., Kommission Schulkartographie. - Bonn: Kirschbaum 2003, p.76-100. (Kartographische Schriften ; 8) ISBN 3-7812-1579-2 [Parallel als CD-ROM erschienen - Sign.: 1 D 12122]

3012
Herzog, Adrian: Developing cartographic applets for the internet. In: Maps and the internet. Ed. by Michael Peterson. Publ. on behalf of the International Cartographic Association. - Amsterdam [u.a.]: Elsevier Science 2003, p.117-130, 7 ill. ISBN 0-08-044201-3

3013
Herzog, David: Mapping the news : case studies in GIS and journalism. - Redlands, Calif.: ESRI Press 2003, 147 p., ill., mp. ISBN 1-589-48072-4

3014
Herzog, Werner: Kartographie als Baustein moderner Kommunikation. In: Kartographische Nachrichten. 53, 2003, 1, p.27-30, 2 ill. ISSN 0022-9164

3015
Hilbring, Désirée; Schneider, Burkhard; Wiesel, Joachim: 3D-GIS-Anwendungen im Umwelt-Informationssystem Baden Württemberg. In: Photogrammetrie, Fernerkundung, Geoinformation. 2003, 6, p.481-491, 11 ill. ISSN 1432-8364

3016
Höfner, Matthias; Schaab, Gertrud: Dynamische Visualisierung von Wetter und Klima. In: Visualisierung und Erschließung von Geodaten : Seminar GEOVIS 2003, 26. bis 27. Februar 2003, Universität Hannover. Hrsg. von der Deutschen Gesellschaft für Karthographie e.V., Kommission Geoinformation und Visualisierung. Schriftleitung: Jürgen Dodt; Wolf-Dieter Rase. - Bonn: Kirschbaum-Verl. 2003, p.35-45, 5 ill. (Kartographische Schriften ; 7) ISBN 3-7812-1577-6

3017
Hu, Shunfu: Web-based multimedia GIS : exploring interactive maps and associated multimedia information on the internet. In: Maps and the internet. Ed. by Michael Peterson. Publ. on behalf of the International Cartographic Association. - Amsterdam [u.a.]: Elsevier Science 2003, p.335-344, 5 ill. ISBN 0-08-044201-3

3018
Huber, Stefan; Sieber, René; Wipf, Andreas: Multimedia in der Gebirgskartographie : 3D-Anwendungen aus dem "Atlas der Schweiz -interaktiv 2". In: Kartographische Nachrichten. 53, 2003, 5, p.217-224, 5 ill. ISSN 0022-9164

3019
Huber, Ulrich: Für Forschung und Praxis : das Referenz-GIS "Nationalpark Bayerischer Wald" - ein fachübergreifende Forschungsplattform für die Geoinformatik. In: GeoBit : das Magazin für raumbezogene Informationstechnologie. 8, 2003, 7, p.30-32, 4 ill. ISSN 1430-3663

3020
Hurni, Lorenz: Digitalisierung und Virtualisierung der Landschaft : ein Überblick über die amtliche Kartographie der Schweiz im 19. Jahrhundert. In: Vermessene Landschaften : Kulturgeschichte und technische

Praxis im 19. und 20. Jahrhundert. Hrsg. von David Gugerli. - Zürich: Chronos 1999, p.65-78. (Interferenzen ; 1)
ISBN 3-905313-12-X

3021
Israelson, Michael; Gadd, Jacob: Digitale topografiske kort. In: GIS i Danmark. - København: Teknisk Forl. 1997, p.103-112, 3 ill., 1 tab. [Digital topographic maps.] [Dan.] ISBN 87-571-1775-6

3022
Jaroszewicz, Joanna: Colour progression scales balanced to constant depth colours. In: Geodezja i kartografia. 52, 2003, 3, p.179-188, 12 ill. [Engl. with Pol., and Russ. rés.] ISSN 0016-7134

3023
Jiang, Bin: Beyond serving maps : serving GIS functionality over the Internet. In: Maps and the internet. Ed. by Michael Peterson. Publ. on behalf of the International Cartographic Association. - Amsterdam [u.a.]: Elsevier Science 2003, p.147-158, 7 ill. ISBN 0-08-044201-3

3024
Jiménez Espartero, David; Moya Honduvilla, Javier: Atlas de Historia Antigua : desarrollo de una herramienta docente multimedia adaptable tanto a soportes de ámbito local (CD/Intranet) como general (Internet). In: Topografia y cartografia : TOPCART. 20, 2003, 117, p.4-12, 14 ill. [Atlas of ancient history : development of an educational multimedia tool as much to supports of local scope (CD/Intranet) like general (Internet).] [Span.]
ISSN 0212-9280

3025
Jobst, Markus: Der Einsatz multimedialer Technologien in kartenverwandten Darstellungen am Beispiel Carnuntum. - Wien: TU 2003, 113 p., 36 ill. [Dipl.-Arb.]

3026
Johnston, Douglas M.: The digital river basin : interactive real-time visualization of landscape processes. In: Trends in landscape modeling : proceedings at Anhalt University of Applied Sciences 2003 ; [proceedings to the 4th International Conference on New Technologies in Landscape Architecture (May 15 and 16, 2003) held by the master of landscape architecture program of Anhalt University of Applied Sciences]. Erich Buhmann; Stephen M. Ervin (eds.). - Heidelberg: Wichmann 2003, p.212-221, 11 ill. ISBN 3-87907-403-8

3027
Joos, Gerhard: Das Web-Mapping-Testbed des Open-GIS-Konsortiums. In: Web.Mapping 2 : Telekartographie, Geovisualisierung und mobile Geodienste. Hartmut Asche; Christian Herrmann (Hrsg.). - Heidelberg: Wichmann 2003, p.181-189, 1 ill. ISBN 3-87907-388-0

3028
Jude, Simon and others: Developing techniques to visualise future coastal landscapes. In: Trends in landscape modeling : proceedings at Anhalt University of Applied Sciences 2003 ; [proceedings to the 4th International Conference on New Technologies in Landscape Architecture (May 15 and 16, 2003) held by the master of landscape architecture program of Anhalt University of Applied Sciences]. Erich Buhmann; Stephen M. Ervin (eds.). - Heidelberg: Wichmann 2003, p.228-238, 8 ill. ISBN 3-87907-403-8

3029
Kääb, Andreas and others: Glaziale und periglaziale Prozesse : von der statischen zur dynamischen Visualisierung. In: Kartographische Nachrichten. 53, 2003, 5, p.206-212, 7 ill. ISSN 0022-9164

3030
Kassebeer, Wolf; Ruff, Michael: Georisikokarte Vorarlberg : Analyse geogener Gefährdungen mit GIS im regionalen Maßstab. In: Angewandte geographische Informationsverarbeitung XIV : Beiträge zum AGIT-Symposium Salzburg 2003. Josef Strobl ... (Hrsg.). - Heidelberg: Wichmann 2003, p.186, 4 ill., 1 tab.
ISBN 3-87907-392-9

3031
Kastelliz, Barbara: Potential von SVG für die kartographische Informationsvermittlung im Kontext Tele-Kartographie. - Wien: TU 2003, 104 p., 23 ill., 14 tab., 7 Programmlistings. [Dipl.-Arb.]

3032
Katona, Zoltán; Zentai, László: Számítógépes játékok térképei. In: Geodézia és kartográfia. 55, 2003, 8, p.21-26, 5 ill. [Maps of computer games.] [Hung. with Engl. rés.] ISSN 0016-7118

3033
Katzlberger, Gernot: Interoperable Webmapserver zur Visualisierung von Geodaten - am Beispiel der Datenbestände des Instituts für Geographie und Regionalforschung der Universität Wien. - Wien: Universität Wien 2003, 115 p., 31 ill. [Dipl.-Arb.]

3034
Kelmelis, John: To "The National Map" and beyond. In: Cartography and geographic information science. 30, 2003, 2, p.185-198, 4 ill. ISSN 1523-0406

3035
Kersting, Oliver Patrick: Interaktive, dynamische 3D-Karten zur Kommunikation raumbezogener Informationen. - Potsdam: Univ. 2002, IV, 105 p., ill. [Diss.]

3036
Kete, Primož; Karničnik, Igor; Radowan, Dalibor: Elektronska navigacijska karta (ENC) Koprskega zaliva. In: Geodetski vestnik. 47, 2003, 3, p.231-239, 3 ill. [Electronic navigational chart (ENC) of the Bay of Koper.] [Sloven. with Engl. rés.] ISSN 0351-0271

3037
Kettani, Driss; Moulin, Bernard: A spatial model based on the notions of spatial conceptual map and of object's influence areas. In: Spatial information theory : cognitive and computational foundations of geographic information science. Christian Freksa; David M. Mark (eds.). - Berlin ; Heidelberg: Springer 2002, p.401-416, 5 ill., 2 tab. ISBN 3-540-66365-7 / 0302-974

3038
Kieferle, Joachim; Wössner, Uwe: Mixed realities : improving the planning process by using augmented and virtual reality. In: Trends in landscape modeling : proceedings at Anhalt University of Applied Sciences 2003 ; [proceedings to the 4th International Conference on New Technologies in Landscape Architecture (May 15 and 16, 2003) held by the master of landscape architecture program of Anhalt University of Applied Sciences]. Erich Buhmann; Stephen M. Ervin (eds.). - Heidelberg: Wichmann 2003, p.192-201, 10 ill. ISBN 3-87907-403-8

3039
Kinberger, Michaela: Automationsgestützte kartographische Visualisierung im Internet : ein Hilfsmittel für den Lawinenwarndienst. - Wien: Univ. Wien 2003, 88 p., 31 ill. [Dipl.-Arb.]

3040
Kinberger, Michaela: Datenbankgenerierte Internet-Kartographie : ein Hilfsmittel für den Lawinenwarndienst. In: Kartographi-

sche Nachrichten. 53, 2003, 5, p.203-206, 4 ill. ISSN 0022-9164

3041
Kinberger, Michaela; Kriz, Karel; Nairz, Patrick: Automationsgestützte kartographische Visualisierung im Internet : ein Hilfsmittel für den Lawinenwarndienst. In: Angewandte geographische Informationsverarbeitung XIV : Beiträge zum AGIT-Symposium Salzburg 2003. Josef Strobl ... (Hrsg.). - Heidelberg: Wichmann 2003, p.218-223, 3 ill. ISBN 3-87907-392-9

3042
Köbben, Barend J.: Scalable vector graphics : het (karto)grafische broertje van de XML-familie. In: Kartografisch Tijdschrift. 29, 2003, 1, p.21-24 + p.41, 4 ill. [Scalable vector graphics: the (carto-) graphic sibling of the XML-family.] [Dutch with Engl., and French rés.] ISSN 0167-5788

3043
Koehl, Mathieu: Modèles et méthodologies de saisie pour maquettes numériques 3D. In: XYZ : revue de l'Association Française de Topographie. 25, 2003, 97, p.37-43, 8 ill. ISSN 0290-9057

3044
Kohlhaas, Andreas; Bertram, Olaf: Nah an der Realität : 3-D-Stadtmodelle in Architektur-CAAD-Software. In: GeoBit : das Magazin für raumbezogene Informationstechnologie. 8, 2003, 11, p.16-18, 5 ill. ISSN 1430-3663

3045
Kolbe, Thomas H.: Interoperable Modelle : die dritte Dimension in der Geodateninfrastruktur Nordrhein-Westfalen. In: GeoBit : das Magazin für raumbezogene Informationstechnologie. 8, 2003, 5, p.26-28, 2 ill. ISSN 1430-3663

3046
Kolbe, Thomas H.; Steinrücken, Jörg; Plümer, Lutz: Cooperative web maps. In: GIS : Geoinformationssysteme. 16, 2003, 6, p.10-16, 5 ill. ISSN 1430-3663

3047
Kolbe, Thomas H.; Steinrücken, Jörg; Plümer, Lutz: Diskutieren wir es an der Karte - Cooperative Web Maps. In: Arbeitsgruppe Automation in der Kartographie : Tagung 2002. - Frankfurt am Main: Verlag des Bundesamtes für Kartographie und Geodäsie 2003, p.47-58, 5 ill. (Mitteilungen des Bundesamtes für Kartographie und Geodäsie ; 24) ISBN 3-89888-867-3

3048
Koop, Olev R.: Desktop cartography. In: Basic cartography for students and technicians : english version. [International Cartographic Association] Ed.: Roger W. Anson and F.J. Ormeling. - Oxford [u.a.]: Butterworth-Heinemann 1996, p.93-107, 21 ill. ISBN 0-7506-2702-6 [Vol. 3]

3049
Koua, Etien L.: 'Self-organizing maps' voor de representatie en visualisatie van coplexe ruimtelike gegevens. In: Kartografisch Tijdschrift. 29, 2003, 2, p.5-9, 4 ill. [Exploring self-organising maps for representation and visualisation of complex geospatial data sets.] [Dutch with Engl., and French rés.] ISSN 0167-5788

3050
Kraak, Menno-Jan; Ormeling, Ferjan: Cartography : visualization of geospatial data. - Harlow [u.a.]: Prentice Hall 2003, IX, 205 p., ill., mp. [Includes index] [2. ed.] ISBN 0-13-088890-7

3051
Kraak, Menno-Jan: Minard's map "Napoleon's march on Moscow" - a geovisualisation re-design attempt. In: Web.Mapping 2 : Telekartographie, Geovisualisierung und mobile Geodienste. Hartmut Asche; Christian Herrmann (Hrsg.). - Heidelberg: Wichmann 2003, p.109-117, 7 ill.
ISBN 3-87907-388-0

3052
Kraak, Menno-Jan: Web cartography - design, use and products. In: Web.Mapping 2 : Telekartographie, Geovisualisierung und mobile Geodienste. Hartmut Asche; Christian Herrmann (Hrsg.). - Heidelberg: Wichmann 2003, p.18-26. ISBN 3-87907-388-0

3053
Krieg, Bettina; Matusczyk, Jörg: Die Daten vor Ort : Kombination von Satellitenmesstechnik und mobilem grafischem Informationssystem in der Energieversorgung. In: GeoBit : das Magazin für raumbezogene Informationstechnologie. 8, 2003, 10, p.36-37, 2 ill.

3054
Kriz, Karel: Avalanche cartography : visualization of dynamic-temporal phenomena in a mountainous environment. In: International Cartographic Association / Commission on Mountain Cartography special issue: ICA Commission on Mountain Cartography. Ed. by Lorenz Hurni. - North York: Univ. of Toronto Press 2003, p.77-87, 14 ill., 4 tab. (Cartographica ; 38. 2001, 1/2) ISSN 0340-0654 / 0317-717

3055
Krupochkin, Ye. P.: A geographic informational approach to the compilation of slope maps. In: Mapping sciences and remote sensing. 40, 2003, 1, p.60-65, 1 ill., 1 tab.
ISSN 0749-3878

3056
Krygier, John: Geographic information literacy and the World Wide Web. In: Maps and the internet. Ed. by Michael Peterson. Publ. on behalf of the International Cartographic Association. - Amsterdam [u.a.]: Elsevier Science 2003, p.17-33, 3 ill.
ISBN 0-08-044201-3

3057
Kusendová, Dagmar: Vedecká vizualizácia geoúdajov. In: Geodetický a kartografický obzor. 49, 2003, 7-8, p.121-124. [Scientific visualisation of geodata.] [Czech. with Engl. rés.]

3058
Lancaster, Lewis R.; Bodenhamer, David J.: The Electronic Cultural Atlas Initiative and the North American Religion Atlas. In: Past time, past place : GIS for history. Ed. by Anne Kelly Knowles. - Redlands, Calif.: ESRI Press 2002, p.163-177, 9 ill., 1 tab.
ISBN 1-589-48032-5

3059
Lechthaler, Mirjanka: Kartenbasiertes mobiles GIS : Informationserschließung durch Location Based Services. In: 12. Internationale Geodätische Woche, Obergurgl 2003. Günter Chesi; Thomas Weinold (Hrsg.). - Heidelberg: Wichmann 2003, p.71-81, 8 ill. ISBN 3-87907-401-1

3060
Leitner, Dieter: Kartographie im Internet. In: 12. Internationale Geodätische Woche, Obergurgl 2003. Günter Chesi; Thomas Weinold (Hrsg.). - Heidelberg: Wichmann 2003, p.82-89, 2 ill. ISBN 3-87907-401-1

3061
Li, Bin: Peer to peer sharing of cartographic data and software. In: Maps and the internet. Ed. by Michael Peterson. Publ. on behalf of the International Cartographic

Association. - Amsterdam [u.a.]: Elsevier Science 2003, p.159-170, 6 ill. ISBN 0-08-044201-3

3062
Li, Jianhua; Bian, Fuling: 3D spatial modeling technology and its application to engineering geology. In: Geomatics and information science of Wuhan University. 28, 2003, 1, p.25-30, 4 ill. [Chin. with Engl. rés.] ISSN 1000-050X

3063
Limpach, Philippe; Skaloud, Jan: Trajectographie de courses de ski alpin avec GPS. In: Geomatik Schweiz : Geoinformation und Landmanagement. 101, 2003, 7, p.389-392, 4 ill. [French with Germ., and Ital. rés.] ISSN 0252-9424

3064
Liu, Shoujun; Huang, Hui; Zhang, Yanjiang: A method for solving GIS interlinked graphic editing under the non-topology relation. In: Geomatics and information science of Wuhan University. 28, 2003, 1, p.111-114, 2 ill., 1 tab. [Chin. with Engl. rés.] ISSN 1000-050X

3065
Lopau, Wilhelm: Die räumliche Orientierung von mobilen Displaygeräten. In: Kartographische Nachrichten. 53, 2003, 2, p.64-67, 3 ill. ISSN 0022-9164

3066
Lovett, Andrew and others: Landscape modelling and visualisation for environmental planning in intensive agricultural areas. In: Trends in landscape modeling : proceedings at Anhalt University of Applied Sciences 2003 ; [proceedings to the 4th International Conference on New Technologies in Landscape Architecture (May 15 and 16, 2003) held by the master of landscape architecture program of Anhalt University of Applied Sciences]. Erich Buhmann; Stephen M. Ervin (eds.). - Heidelberg: Wichmann 2003, p.114-122, 8 ill. ISBN 3-87907-403-8

3067
Ma, Jinwi: From professional to people's software : tracing the development of 3D GIS software at ESRI. In: Trends in landscape modeling : proceedings at Anhalt University of Applied Sciences 2003 ; [proceedings to the 4th International Conference on New Technologies in Landscape Architecture (May 15 and 16, 2003) held by the master of landscape architecture program of Anhalt University of Applied Sciences]. Erich Buhmann; Stephen M. Ervin (eds.). - Heidelberg: Wichmann 2003, p.246-252. ISBN 3-87907-403-8

3068
Mac Gillavry, Edward: Collaborative mapping : by the people, for the people. In: The Bulletin of the Society of Cartographers. 37, 2003, 2, p.43-46. ISSN 0036-1884

3069
Mac Gillavry, Edward: Locatiezoekers : webkaarten wijzen de weg. In: Kartografisch Tijdschrift. 29, 2003, 4, p.13-19, 10 ill., 1 tab. [Store locators : web maps lead the way.] [Dutch with Engl., and French rés.] ISSN 0167-5788

3070
Mac Gillavry, Edward: WebGIS: naar een gefundeerde keuze. In: Kartografisch Tijdschrift. 29, 2003, 1, Kernkatern 19, p.73-76, 2 ill., 3 tab. [WebGIS: to a founded choice.] [Dutch]

3071
Malaka, Rainer: Deep Map - ein Projekt zur movilen Nutzung komplexer Geoinformationen. In: Web.Mapping 2 : Telekartographie, Geovisualisierung und mobile Geodienste. Hartmut Asche; Christian

Herrmann (Hrsg.). - Heidelberg: Wichmann 2003, p.159-166, 2 ill. ISBN 3-87907-388-0

3072
Manegold, Jochen: Using the ModelBuilder of ArcGIS 9 for landscape modeling. In: Trends in landscape modeling : proceedings at Anhalt University of Applied Sciences 2003 ; [proceedings to the 4th International Conference on New Technologies in Landscape Architecture (May 15 and 16, 2003) held by the master of landscape architecture program of Anhalt University of Applied Sciences]. Erich Buhmann; Stephen M. Ervin (eds.). - Heidelberg: Wichmann 2003, p.240-245, 5 ill. ISBN 3-87907-403-8

3073
Maps and the internet. Ed. by Michael Peterson. Publ. on behalf of the International Cartographic Association. - Amsterdam [u.a.]: Elsevier Science 2003, XVI, 451 p., ill. + 1 CD-ROM. ISBN 0-08-044201-3

3074
Matzinger, Karl: Mobile Topogramme : Erstellung von Topogrammen für kleinformatige Displays auf Mobiltelefonen. - Wien: Universität 2003, 127 p., 43 ill., 7 tab. [Diplomarbeit]

3075
Meng, Liqiu: Rahmenbedingungen beim Einsatz von Methoden und Techniken der Geovisualisierung. In: Visualisierung und Erschließung von Geodaten : Seminar GEOVIS 2003, 26. bis 27. Februar 2003, Universität Hannover. Hrsg. von der Deutschen Gesellschaft für Karthographie e.V., Kommission Geoinformation und Visualisierung. Schriftleitung: Jürgen Dodt; Wolf-Dieter Rase. - Bonn: Kirschbaum-Verl. 2003, p.3-11, 5 ill. (Kartographische Schriften ; 7) ISBN 3-7812-1577-6

3076
Monmonier, Mark: The internet, cartographic survellance, and locational privacy. In: Maps and the internet. Ed. by Michael Peterson. Publ. on behalf of the International Cartographic Association. - Amsterdam [u.a.]: Elsevier Science 2003, p.97-113, 8 ill. ISBN 0-08-044201-3

3077
Mooney, Peter; Winstanley, Adam C.: Mapping and internet based public transportation journey planning and information systems. In: Maps and the internet. Ed. by Michael Peterson. Publ. on behalf of the International Cartographic Association. - Amsterdam [u.a.]: Elsevier Science 2003, p.291-310, 5 ill. ISBN 0-08-044201-3

3078
Moser, Bernhard: Strategien zur Erstellung serverseitig generierter, online erweiterbarer Karten unter Verwendung des UMN Map Server. - Wien: TU 2003, 81 p., 35 ill. [Dipl.-Arb.]

3079
Myers, David: Integrative technologies for landscape visualization of greenway an green infrastructure: always on the move. In: Trends in landscape modeling : proceedings at Anhalt University of Applied Sciences 2003 ; [proceedings to the 4th International Conference on New Technologies in Landscape Architecture (May 15 and 16, 2003) held by the master of landscape architecture program of Anhalt University of Applied Sciences]. Erich Buhmann; Stephen M. Ervin (eds.). - Heidelberg: Wichmann 2003, p.140-145, 4 ill. ISBN 3-87907-403-8

3080
Nebiker, Stephan: Mobile 3D-Geoinformationsdienste : Geomatik im Zentrum der Informationsgesellschaft. In: 10 Jahre

Fachhochschulausbildung in den Studiengängen Vermessungswesen und Kartographie an der HTW Dresden (FH) und 50 Jahre Ausbildung von Vermessungs- und Kartographieingenieuren in Dresden. Hrsg. von Uwe Jäschke u.a. Schriftleitung: Kristin Gehrt - Harald Köhler. - Dresden: Fachbereich Vermessungswesen, Kartographie der Hochsch. für Technik und Wirtschaft 2002, p.21-26, 6 ill. (Dresdner Kartographische Schriften ; 4) ISSN 1436-0004

3081
Neudeck, Stefan: Eigenschaften digitaler Geodatenbanken im Hinblick auf die kartografische Darstellung ortsbezogener Dienste. In: Geoinformation mobil. Alexander Zipf; Josef Strobl (Hrsg.). - Heidelberg: Wichmann 2002, p.109-116, 6 ill., 1 tab. ISBN 3-87907-373-2

3082
Neumann, Andreas; Winter, Andréas M.: Webkartographie mit Vektorgraphik - Formate, Standards und Beispiele mit SVG. In: Web.Mapping 2 : Telekartographie, Geovisualisierung und mobile Geodienste. Hartmut Asche; Christian Herrmann (Hrsg.). - Heidelberg: Wichmann 2003, p.89-106, 4 ill. ISBN 3-87907-388-0

3083
Neumann, Andreas; Winter, André M.: Webmapping with scalable vector graphics (SVG) : delivering the promise of high quality and interactive web maps. In: Maps and the internet. Ed. by Michael Peterson. Publ. on behalf of the International Cartographic Association. - Amsterdam [u.a.]: Elsevier Science 2003, p.197-220, 5 ill. ISBN 0-08-044201-3

3084
Neumann, Karl; Eckstein, Silke: Geography Markup Language (GML) : eine Einführung aus Informatiksicht. In: Arbeitsgruppe Automation in der Kartographie : Tagung 2002. - Frankfurt am Main: Verlag des Bundesamtes für Kartographie und Geodäsie 2003, p.103-110, 4 ill. (Mitteilungen des Bundesamtes für Kartographie und Geodäsie ; 24) ISBN 3-89888-867-3

3085
Niederer, Sibylle: Kartographische und kon-eptionelle Gestaltung für WebGIS : am Beispiel eines GIS-Portals für den Katastrophenschutz. - Wien: Universität 2003, 102 p., 33 ill., 2 tab. [Diplomarbeit]

3086
Niederer, Sibylle; Kriz, Karel: Kartographische und methodische Gestaltung für Online-GIS : am Beispiel eines GIS Portals für den Katastrophenschutz. In: Angewandte geographische Informationsverarbeitung XIV : Beiträge zum AGIT-Symposium Salzburg 2003. Josef Strobl ... (Hrsg.). - Heidelberg: Wichmann 2003, p.330-335, 1 tab. ISBN 3-87907-392-9

3087
Ogao, Patrick J.: Gebruik van animaties om ruimtelijke structuren te exploreren : zijn ze effectief? In: Kartografisch Tijdschrift. 29, 2003, 1, p.25-31, 7 ill. [Using animation to explore geospatial structures : are they effective?] [Dutch with Engl. rés.] ISBN 0167-5788

3088
Ormeling, Ferjan; Anson, Roger W.: Communication, design and visualisation. In: Basic cartography for students and technicians : english version. [International Cartographic Association] Ed.: Roger W. Anson and F.J. Ormeling. - Oxford [u.a.]: Butterworth-Heinemann 1996, p.71- 92, 31 ill. ISBN 0-7506-2702-6 [Vol. 3]

3089
Ortbauer, Hartwig: Nutzerbestimmte kartographische Animationen von Bevölke-

rungsentwicklungsdaten. - Wien: TU 2003, 72 p., 23 ill. [Dipl.-Arb.]

3090
Ottoson, Patrick: Three-dimensional visualisation on the internet. In: Maps and the internet. Ed. by Michael Peterson. Publ. on behalf of the International Cartographic Association. - Amsterdam [u.a.]: Elsevier Science 2003, p.247-270, 17 ill. ISBN 0-08-044201-3

3091
Paar, Helmut: Exemplarische Einsatzmöglichkeiten spatio-temporaler Animation in der Kartographie unter Berücksichtigung wahrnehmungsmäßiger Parameter. - Wien: TU 2003, 86 p., 43 ill., 4 tab. [Dipl.-Arb.]

3092
Pammer, Andreas; Radoczky, Verena: Multimediale Konzepte für mobile kartenbasierte Fußgängernavigationssysteme. In: Geoinformation mobil. Alexander Zipf; Josef Strobl (Hrsg.). - Heidelberg: Wichmann 2002, p.117-126, 5 ill., 1 tab. ISBN 3-87907-373-2

3093
Patterson, Tom: DEM manipulation and 3-D terrain visualization : techniques used by the U.S.National Park Service. In: International Cartographic Association / Commission on Mountain Cartography special issue: ICA Commission on Mountain Cartography. Ed. by Lorenz Hurni. - North York: Univ. of Toronto Press 2003, p.89-101, 16 ill. (Cartographica ; 38. 2001, 1/2) ISSN 0340-0654 / 0317-717

3094
Pauler, Gottfried: Web-basierte kartographische Applikation gezeigt am Säugetieratlas von Österreich. - Wien: TU 2003, 149 p., 25 ill., 2 tab. [Dipl.-Arb.]

3095
Pauls, Sebastian: Eine Stadt wird dreidimensional : übergreifender Einsatz von Geoinformationen in Helsinki. In: GeoBit : das Magazin für raumbezogene Informationstechnologie. 8, 2003, 11, p.14-15, 3 ill. ISSN 1430-3663

3096
Peterson, M.P.: Webmapping at the start of the new Millenium - state of the art. In: Web.Mapping 2 : Telekartographie, Geovisualisierung und mobile Geodienste. Hartmut Asche; Christian Herrmann (Hrsg.). - Heidelberg: Wichmann 2003, p.3-17, 3 ill., 3 tab. ISBN 3-87907-388-0

3097
Peterson, Michael: Foundations of research in internet cartography. In: Maps and the internet. Ed. by Michael Peterson. Publ. on behalf of the International Cartographic Association. - Amsterdam [u.a.]: Elsevier Science 2003, p.437-445, 2 ill. ISBN 0-08-044201-3

3098
Peterson, Michael: Maps and the internet : an introduction. In: Maps and the internet. Ed. by Michael Peterson. Publ. on behalf of the International Cartographic Association. - Amsterdam [u.a.]: Elsevier Science 2003, p.1-16, 6 ill., 4 tab. ISBN 0-08-044201-3

3099
Petschek, Peter: Planning of public space - the application of new media and 3D visualizations : the Zürich-Leutschenbach case study. In: Trends in landscape modeling : proceedings at Anhalt University of Applied Sciences 2003 ; [proceedings to the 4th International Conference on New Technologies in Landscape Architecture (May 15 and 16, 2003) held by the master of landscape architecture program of Anhalt University of Applied Sciences]. Erich

Buhmann; Stephen M. Ervin (eds.). - Heidelberg: Wichmann 2003, p.158-162, 4 ill.
ISBN 3-87907-403-8

3100
Petzold, Ingo: Beschriftung von Bildschirmkarten in Echtzeit : Konzept und Struktur. - Bonn: Univ. 2003, III, 167 p., ill., mp. [Diss.]

3101
Pinnell, Richard: Triuniversity group of libraries metadata project : developing a GIS metadata application. In: Bulletin / Association o Canadian Map Libraries and Archives. 2003, 116, p.25-31, 6 ill.
ISSN 0840-9331

3102
Placer, Kerstin; Hadrbolec, Michael: Umwelt in Nachbars Garten : Österreichisches Umweltbundesamt bietet aktuelle Informationen für Fachleute und Öffentlichkeit. In: GeoBit : das Magazin für raumbezogene Informationstechnologie. 8, 2003, 10, p.14-16, 4 ill. ISSN 1430-3663

3103
Płatek, Ryszard: Informacja kartograficzna na temat starych map w Internecie. In: Polski przegląd kartograficzny. 35, 2003, 2, p.133-138, 2 ill., 2 tab. [Online cartographic information on old maps.] [Pol.]
ISSN 0324-8321

3104
Podrenek, Martin: Automationsgestützte Ableitung des ATKIS-DLM50 und der DTK50 aus dem ATKIS-Basis-DLM. In: Visualisierung und Erschließung von Geodaten : Seminar GEOVIS 2003, 26. bis 27. Februar 2003, Universität Hannover. Hrsg. von der Deutschen Gesellschaft für Kartographie e.V., Kommission Geoinformation und Visualisierung. Schriftleitung: Jürgen Dodt; Wolf-Dieter Rase. - Bonn: Kirschbaum-Verl. 2003, p.171-176, 4 ill., 3 tab. (Kartographische Schriften ; 7)
ISBN 3-7812-1577-6

3105
Rabl, Marion; Strasser, Rudolf: Tirol-Atlas - ein interaktiver, multimedialer Atlas. In: GW-Unterricht. 89, 2003, p.12-13.

3106
Radoczky, Verena: Kartographische Unterstützungsmöglichkeiten zur Routenbeschreibung von Fußgängernavigationssystemen im In- und Outdooorbereich. - Wien: TU 2003, 104 p., 63 ill., 5 tab. [Dipl.-Arb.]

3107
Räber, Stefan; Jenny, Bernhard: Karten im Netz - ein Plädoyer für mediengerechte Kartengrafik. In: Web.Mapping 2 : Telekartographie, Geovisualisierung und mobile Geodienste. Hartmut Asche; Christian Herrmann (Hrsg.). - Heidelberg: Wichmann 2003, p.57-76, 17 ill. ISBN 3-87907-388-0

3108
Ralston, Bruce A.: Developing GIS Solutions with MapObjects and Visual Basic. - Albany, NY: Onword Press 2002, XII, 315 p., ill., 1 CD-ROM.
ISBN 0-7668-5438-8

3109
Rao, Sebastiano: L'esperienza del progetto INTERREG II Alpi senza frontiere. In: Bollettino della Associazione Italiana di Cartografia. 40, 2003, 117-118-119, p.444-451, 1 ill., 1 tab. [Experiences with the project INTERREG II Alps without borders.] [Ital.]

3110
Rase, Wolf-Dieter: Von 2D nach 3D - perspektivische Zeichnungen, Stereogramme, reale Modelle. In: Visualisierung und Erschließung von Geodaten : Seminar GEOVIS 2003, 26. bis 27. Februar 2003, Uni-

versität Hannover. Hrsg. von der Deutschen Gesellschaft für Karthographie e.V., Kommission Geoinformation und Visualisierung. Schriftleitung: Jürgen Dodt; Wolf-Dieter Rase. - Bonn: Kirschbaum-Verl. 2003, p.13-24, 5 ill. (Kartographische Schriften ; 7) ISBN 3-7812-1577-6

3111
Ray, Benjamin C.: Teaching the Salem witch trials. In: Past time, past place : GIS for history. Ed. by Anne Kelly Knowles. - Redlands, Calif.: ESRI Press 2002, p.19-33, 8 ill. ISBN 1-589-48032-5

3112
Reichardt, Mark: Canada's role in advancing interoperability through the open GIS consortium (OGC). In: Geomatica. 57, 2003, 1, p.68-71. ISSN 1195-1036

3113
Reichenbacher, Tumasch: Mobile Kartographie und ihre Nutzer : Szenarien adaptiver Visualisierungsmöglichkeiten für mobile Benutzeraktivitäten. In: Visualisierung und Erschließung von Geodaten : Seminar GEOVIS 2003, 26. bis 27. Februar 2003, Universität Hannover. Hrsg. von der Deutschen Gesellschaft für Karthographie e.V., Kommission Geoinformation und Visualisierung. Schriftleitung: Jürgen Dodt; Wolf-Dieter Rase. - Bonn: Kirschbaum-Verl. 2003, p.111-120, 5 ill. (Kartographische Schriften ; 7) ISBN 3-7812-1577-6

3114
Reichenbacher, Tumasch; Meng, Liqiu: Forschungsfragen der mobilen Kartographie. In: Kartographische Nachrichten. 53, 2003, 2, p.67-70. ISSN 0022-9164

3115
Reichenbacher, Tumasch; Meng, Liqiu: Mobile Kartographie - ein Annäherungsversuch an ein neues Forschungsthema. In: Kartographische Nachrichten. 53, 2003, 1, p.4-6, 1 ill. : Fachinformationsblatt / Deutscher Verein für Vermessungswesen (DVW), Landesverein Thüringen e.V. - Gotha 2000- [Schriftenreihe] ISSN 0022-9164

3116
Reichl, Bernhard: Potential verschiedener Präsentationsformen für die Vermittlung von Routeninformationen in Fußgängernavigationssystemen. - Wien: TU 2003, 100 p., 24 ill., 5 tab. [Dipl.-Arb.]

3117
Reinhardt, Wolfgang and others: Geoinformation and Location Based Services : principles and some experiences with applications for mountaineers. In: GIS : Geoinformationssysteme. 16, 2003, 6, p.24-29, 5 ill. ISSN 1430-3663

3118
Reinhardt, Wolfgang and others: Geoinformation und mobile Dienste - Anforderungen und Anwendungen für Bergsteiger und Wanderer. In: Photogrammetrie, Fernerkundung, Geoinformation. 2003, 6, p.463-469, 6 ill. ISSN 1432-8364

3119
Richmond, Erin R.; Keller, C. Peter: Internet cartography and official tourism destination web sites. In: Maps and the internet. Ed. by Michael Peterson. Publ. on behalf of the International Cartographic Association. - Amsterdam [u.a.]: Elsevier Science 2003, p.77-96, 9 ill., 3 tab. ISBN 0-08-044201-3

3120
Riedl, Manfred: Visualisierungen in der Raumordnung. In: Raum : österreichische Zeitschrift für Raumplanung und Regionalpolitik. 50, 2003, p.24-26, 2 ill.

3121
Roth, Keven: Initial implementation of "The National Map". In: Cartography and geographic information science. 30, 2003, 2, p.199-202, 3 ill. ISSN 1523-0406

3122
Rücklinger, Georg: Darstellung von Wirtschaftsdaten in einem elektronischen Atlas. - Wien: Universität Wien 2003, 117 p., 33 ill., 2 tab., 1 CD.

3123
Rüdisser, Johannes and others: Tirol Atlas : ein datenbankgestütztes und vektorbasiertes Atlas-Informationssystem im Internet. In: Angewandte geographische Informationsverarbeitung XIV : Beiträge zum AGIT-Symposium Salzburg 2003. Josef Strobl ... (Hrsg.). - Heidelberg: Wichmann 2003, p.441-419, 3 ill. ISBN 3-87907-392-9

3124
Rumsey, David; Williams, Meredith: Historical maps in GIS. In: Past time, past place : GIS for history. Ed. by Anne Kelly Knowles. - Redlands, Calif.: ESRI Press 2002, p.1-18, 11 ill. ISBN 1-589-48032-5

3125
Sabeur, Moh; Reichelt, Nicholas: Using AutoRead for landscape virtual reality visualization. In: Trends in landscape modeling : proceedings at Anhalt University of Applied Sciences 2003 ; [proceedings to the 4th International Conference on New Technologies in Landscape Architecture (May 15 and 16, 2003) held by the master of landscape architecture program of Anhalt University of Applied Sciences]. Erich Buhmann; Stephen M. Ervin (eds.). - Heidelberg: Wichmann 2003, p.258-263, 3 ill. ISBN 3-87907-403-8

3126
Sayda, Florian; Geisler, Bernd; Reinhardt, Wolfgang: Aktualisierung von Datenbeständen aum Beispiel eines positionsbezogenen GI-Dienstes für Bergsteiger und Wanderer. In: 12. Internationale Geodätische Woche, Obergurgl 2003. Günter Chesi; Thomas Weinold (Hrsg.). - Heidelberg: Wichmann 2003, p.134-141, 7 ill. ISBN 3-87907-401-1

3127
Scheider, Simon and others: Einfach kinderleicht : interaktive Verortung, Animation und Analyse von Naturbeobachtungen. In: GeoBit : das Magazin für raumbezogene Informationstechnologie. 8, 2003, 10, p.8-10, 5 ill. ISSN 1430-3663

3128
Schlichtmann, Hansgeorg: Visualization in thematic cartography : towards a framework. In: The selected problems of theoretical cartography 2000 : proceedings of a seminar of the Commission on Theoretical Cartography (Gdańsk, Poland, July 20-21, 2002). Alexander Wolodtschenko. - Dresden: International Cartographic Association 2003, p.49-61.

3129
Schratt, Alexander; Riedl, Andreas: Rahmenbedingungen rasterbasierter Web3D-Systeme zur kartografiegerechten Geovisualisierung. In: Angewandte geographische Informationsverarbeitung XIV : Beiträge zum AGIT-Symposium Salzburg 2003. Josef Strobl ... (Hrsg.). - Heidelberg: Wichmann 2003, p.474-480, 2 ill. ISBN 3-87907-392-9

3130
Schult, Thomas J.: Erdfladen : Weltatlanten al CD-ROM, DVD und Website. In: C't : Magazin für Computer-Technik. 2000, 1, p.94-101, 8 ill., 1 tab. ISSN 0724-8679

3131
Schumann, Heidrun; Kreuseler, Matthias: Fokus- und Kontext-Darstellung im geo-

grapischen Kontext. In: Visualisierung und Erschließung von Geodaten : Seminar GEOVIS 2003, 26. bis 27. Februar 2003, Universität Hannover. Hrsg. von der Deutschen Gesellschaft für Kartographie e.V., Kommission Geoinformation und Visualisierung. Schriftleitung: Jürgen Dodt; Wolf-Dieter Rase. - Bonn: Kirschbaum-Verl. 2003, p.25-34, 12 ill. (Kartographische Schriften ; 7) ISBN 3-7812-1577-6

3132
Schwarzbach, Ines: Web Map Server - Entwicklungsstand am Beispiel des SICAD IMS. In: 10 Jahre Fachhochschulausbildung in den Studiengängen Vermessungswesen und Kartographie an der HTW Dresden (FH) und 50 Jahre Ausbildung von Vermessungs- und Kartographieingenieuren in Dresden. Hrsg. von Uwe Jäschke u.a. Schriftleitung: Kristin Gehrt - Harald Köhler. - Dresden: Fachbereich Vermessungswesen, Kartographie der Hochsch. für Technik und Wirtschaft 2002, p.145-153, 7 ill. (Dresdner Kartographische Schriften ; 4) ISSN 1436-0004

3133
Schwertley, William: QuickTime Virtual Reality maps for the web. In: Maps and the internet. Ed. by Michael Peterson. Publ. on behalf of the International Cartographic Association. - Amsterdam [u.a.]: Elsevier Science 2003, p.371-383, 10 ill. ISBN 0-08-044201-3

3134
Sels, Claudia: Elektronische Visualisierung von Altkarten : ausgewählte Regionalkarten des 16. und 17. Jahrhunderts. - Berlin: Technische Fachhochschule 2002, 61 Bl., ill., mp. [Dipl.-arb.]

3135
Siekierska, Eva; Müller, Anita: Tactile and audio-tactile maps within the Canadian 'Government On-Line' program. In: The Cartographic Journal. 40, 2003, 3, p.299-304, 8 ill.

3136
Skupin, André; Fabrikant, Sara Irina: Spatialization methods : a cartographic research agenda for non-geographic information visualization. In: Cartography and geographic information science. 30, 2003, 2, p.99-119, 16 ill. ISSN 1523-0406

3137
Slocum, Terry A. and others: Evaluating the usability of a tool for visualizing the uncertainty of the future global water balance. In: Cartography and geographic information science. 30, 2003, 4, p.299-317, 10 ill. ISSN 1523-0406

3138
Spence, Mary: Changes in commercial cartography in the UK and prospects for the future. In: The Cartographic Journal. 40, 2003, 2, p.117-119. ISSN 0008-7041

3139
Steenbruggen, J.G.M.; Grothe, M.: Location Based Services : hoe om te gaan met een innovatie? In: Geodesia. 45, 2003, 10, p.390-395, 3 ill, 1 tab. [Location Based Services, how to handle an innovation.] [Dutch with Engl. rés.] ISSN 1385-7517

3140
Steidler, Franz; Beck, Michael: 3D-Stadtmodelle mit dem CyberCity-Modeler : Generierung und Echtzeitbegehung. In: Angewandte geographische Informationsverarbeitung XIV : Beiträge zum AGIT-Symposium Salzburg 2003. Josef Strobl ... (Hrsg.). - Heidelberg: Wichmann 2003, p.501-507, 4 ill. ISBN 3-87907-392-9

3141
Stiebel, L.; Goldsworthy, C.: A suitable match : marrying technology to the past in the Thomas Baines and the "Great Map"

CD-ROM project. In: Cartography : journal of the Mapping Sciences Institute, Australia. 32, 2003, 2, p.55-63, 4 ill. ISSN 0069-0805

3142
Stoter, Jantien: KvAG-themamiddag Ondergrondse Geo-informatie. In: Geodesia. 45, 2003, 11, p.438-441, 4 ill. [KvAG-Workshop Underground Geo-information.] [Dutch] ISSN 1385-7517

3143
Strand, Geir-Harald: Gårdskart på nett. In: Kart og plan. 96, 2003, 2, p.121-125-6 ill. [Farm maps on the Internet.] [Norw. with Engl. rés.] ISSN 0047-3278

3144
Šumova, O.V.: Topologija na elektronnych tematičeskich kartach. In: Geodezija i kartografija : oficial'nyj organ Federal'noj Sluzby Geodezii i Kartografii Rossii i Geodeziceskich Sluzb Stran. 2003, 5, p.35-39. [Topology in electronic thematic maps.] [Russ.] ISSN 0016-7126

3145
Svensson, Björn: National Atlas of Sweden - the electronic editions. In: Web.Mapping 2 : Telekartographie, Geovisualisierung und mobile Geodienste. Hartmut Asche; Christian Herrmann (Hrsg.). - Heidelberg: Wichmann 2003, p.129-132, 2 ill. ISBN 3-87907-388-0

3146
Świderski, Grzegorz Dominik: Samochodowa Mapa Polski "Navigo". In: Polski przegląd kartograficzny. 35, 2003, 2, p.126-130, 4 ill. [Road map of Poland "Navigo".] [Pol.] ISSN 0324-8321

3147
Taddei, Ugo; Hochschild, Volker: A visualization system for environmental information systems and geohydrological modeling : proceedings at Anhalt University of Applied Sciences 2003 ; [proceedings to the 4th International Conference on New Technologies in Landscape Architecture (May 15 and 16, 2003) held by the master of landscape architecture program of Anhalt University of Applied Sciences]. In: Trends in landscape modeling : proceedings at Anhalt University of Applied Sciences 2003 ; [proceedings to the 4th International Conference on New Technologies in Landscape Architecture (May 15 and 16, 2003) held by the master of landscape architecture program of Anhalt University of Applied Sciences]. Erich Buhmann; Stephen M. Ervin (eds.). - Heidelberg: Wichmann 2003, p.10-19, 4 ill. ISBN 3-87907-403-8

3148
Talwar, Sonia and others: The Georgia Basin Digital Library (GBDL) : a framework for a place-based exploration of sustainability issues. In: Geomatica. 57, 2003, 2, p.155-164, 5 ill. ISSN 1195-1036

3149
Tao, C.Vincent; Yuan, Shuxin: Speech recognition and its implications for mobile GIS. In: Geomatica. 57, 2003, 1, p.41-48, 2 ill. ISSN 1195-1036

3150
Taylor, David Ruxton Fraser: Geodata communication on personal digital assistants (PDA). In: Maps and the internet. Ed. by Michael Peterson. Publ. on behalf of the International Cartographic Association. - Amsterdam [u.a.]: Elsevier Science 2003, p.405-420, 2 ill. ISBN 0-08-044201-3

3151
Tiefenbach, Priska: 3D-Visualisierung Regio-Klima. In: Geomatik Schweiz : Geoinformation und Landmanagement. 101, 2003, 6, p.344, 1 ill. [Germ. with French, and Ital. rés.] ISSN 0252-9424

3152
Tominski, Christian; Schulze-Wollgast, Petra; Schumann, Heidrun: Visualisierung zeitlicher Verläufe auf geographischen Karten. In: Visualisierung und Erschließung von Geodaten : Seminar GEOVIS 2003, 26. bis 27. Februar 2003, Universität Hannover. Hrsg. von der Deutschen Gesellschaft für Karthographie e.V., Kommission Geoinformation und Visualisierung. Schriftleitung: Jürgen Dodt; Wolf-Dieter Rase. - Bonn: Kirschbaum-Verl. 2003, p.47-57, 13 ill. (Kartographische Schriften ; 7) ISBN 3-7812-1577-6

3153
Torguson, Jeffrey S.; Blinnikov, Mikhail: From maps to student interaction : creating a web-based student atlas of Russia. In: Maps and the internet. Ed. by Michael Peterson. Publ. on behalf of the International Cartographic Association. - Amsterdam [u.a.]: Elsevier Science 2003, p.311-319, 1 ill. ISBN 0-08-044201-3

3154
Trends in landscape modeling : proceedings at Anhalt University of Applied Sciences 2003 ; [proceedings to the 4th International Conference on New Technologies in Landscape Architecture (May 15 and 16, 2003) held by the master of landscape architecture program of Anhalt University of Applied Sciences]. Erich Buhmann; Stephen M. Ervin (eds.). - Heidelberg: Wichmann 2003, XII, 274 p., ill. ISBN 3-87907-403-8

3155
Tronde, Patrick: GIS-stöd i skötsel av mark. In: Kart & bildteknik : mapping and image science. 18, 2003, 2, p.28-31, 6 ill. [GIS-support for soil management.] [Swed.] ISBN 0283-0418

3156
Tsou, Ming-Hsiang: An intelligent software agent architecture for distributed cartographic knowledge bases and internet mapping services. In: Maps and the internet. Ed. by Michael Peterson. Publ. on behalf of the International Cartographic Association. - Amsterdam [u.a.]: Elsevier Science 2003, p.231-245, 7 ill. ISBN 0-08-044201-3

3157
Tveite, Håvard: Erfaringer med UMN Mapserver; en "Open Source" karttjener. In: Kart og plan. 96, 2003, 2, p.112-120, 7 ill. [Experiences with UMN Mapserver, an "Open Source" map server.] [Norw. with Engl. rés.] ISSN 0047-3278

3158
Tversky, Barbara; Lee, Paul U.: Pictorial and verbal tools for conveying routes. In: Spatial information theory : cognitive and computational foundations of geographic information science. Christian Freksa; David M. Mark (eds.). - Berlin ; Heidelberg: Springer 2002, p.51-64, 4 ill. (Lecture notes in computer science ; 1661) ISBN 3-540-66365-7 / 0302-974

3159
Vassilopoulos, A.; Evelpidou, N.: Internet GIS development for educational purposes. In: Cartography : journal of the Mapping Sciences Institute, Australia. 32, 2003, 1, p.53-58, 7 ill. ISSN 0069-0805

3160
Veen, André van der; Giesbers, Henriette: Nationaler Gesundheitsatlas der Niederlande - eine raumbezogene Darstellung des Pflege- und Gesundheitswesens für Entscheider. In: Web.Mapping 2 : Telekartographie, Geovisualisierung und mobile Geodienste. Hartmut Asche; Christian Herrmann (Hrsg.). - Heidelberg: Wichmann 2003, p.118-128, 6 ill. ISBN 3-87907-388-0

3161
Visualisierung und Erschließung von Geodaten : Seminar GEOVIS 2003, 26. bis 27. Februar 2003, Universität Hannover. Hrsg. von der Deutschen Gesellschaft für Kartographie e.V., Kommission Geoinformation und Visualisierung. Schriftleitung: Jürgen Dodt; Wolf-Dieter Rase. - Bonn: Kirschbaum-Verl. 2003, II, 194 p., ill., mp. + 1 CD-ROM. (Kartographische Schriften ; 7) ISBN 3-7812-1577-6

3162
Voisard, François: Développement d'un système d'iformation pour piétons. In: Geomatik Schweiz : Geoinformation und Landmanagement. 101, 2003, 7, p.384-388, 4 ill., 1 tab. [French with Germ., and Ital. rés.] ISSN 0252-9424

3163
Wallimann, Hans: LIS/GIS Kanton Obwalden und Geoinformation Zentralschweiz. In: Geomatik Schweiz : Geoinformation und Landmanagement. 101, 2003, 5, p.210-211, 3 ill. [Germ. with French, and Ital. rés.] ISSN 0252-9424

3164
Walter, Johann-Hinrich; Kramer, Holger: CAD II - eine neue Lehrveranstaltung zur Messung, Modellierung und Präsentation von 3D-Gebäudemodellen. In: 10 Jahre Fachhochschulausbildung in den Studiengängen Vermessungswesen und Kartographie an der HTW Dresden (FH) und 50 Jahre Ausbildung von Vermessungs- und Kartographieingenieuren in Dresden. Hrsg. von Uwe Jäschke u.a. Schriftleitung: Kristin Gehrt - Harald Köhler. - Dresden: Fachbereich Vermessungswesen, Kartographie der Hochsch. für Technik und Wirtschaft 2002, p.123-130, 9 ill. (Dresdner Kartographische Schriften ; 4) ISSN 1436-0004

3165
Wang, Yongjun; Gong, Jianya: A COM-based framework for management, analysis ansd visualization of large scope digital elevation models. In: Geo-spatial information science. 6, 2003, 3, p.32-36, 4 ill. ISSN 1009-5020

3166
Weaving a national map : review of the U.S.Geological Survey concept of the National Map. Committee to Review the U.S. Geological Survey Concept of the National Map. - Washington, D.C.: National Academies Press 2003, XII, 128 p. ISBN 0-309-08747-3 [Includes bibliographical references (p.81-85)]

3167
Web.Mapping 2 : Telekartographie, Geovisualisierung und mobile Geodienste. Hartmut Asche; Christian Herrmann (Hrsg.). - Heidelberg: Wichmann 2003, VIII, 208 p., ill., mp. ISBN 3-87907-388-0

3168
Wieland, Jos: Kadaster 1832 (1841) revisited : archiefbrede samenwerking op moderne leest onder de koepel van DIVA. In: Caert-Thresoor. 22, 2003, 1, p.14-16, 1 ill. [A modern way to present cadastral maps.] [Dutch with Engl. rés.] ISSN 0167-4994

3169
Wijnbergen, J.J.E.R.: Mobiele applicatie-architecturen. In: Geodesia. 45, 2003, 10, p.380-385, 6 ill. [Architectures for mobile GIS applications.] [Dutch with Engl. rés.] ISSN 1385-7517

3170
Will, Norbert; Kühl, Robert: Kurze Wege für die Post : raumbezogene Planungsinstrumente für die Zustellung von Briefen, Paketen und mehr. In: GeoBit : das Magazin für raumbezogene Informationstech-

nologie. 8, 2003, 10, p.17-19, 3 ill.
ISSN 1430-3663

3171
Wilting, Rolf; Borchert, Axel: Eine Frage des Standortes : Geoinformationen sorgen für Überblick in der Immobilienwirtschaft. In: GeoBit : das Magazin für raumbezogene Informationstechnologie. 8, 2003, 11, p.25-27, 3 ill. ISSN 1430-3663

3172
Wimmer, Heinrich; Zoller, Jochen: Kommunale GIS in der Anwendung : Bericht zum Pilotprojekt "Interaktiver Flächennutzungsplan". In: Mitteilungen des DVW--Bayern e.V. 55, 2003, 2, p.133-156, 17 ill. ISSN 0723-6336

3173
Wintges, Theodor: Geodata communication on personal digital assistants (PDA). In: Maps and the internet. Ed. by Michael Peterson. Publ. on behalf of the International Cartographic Association. - Amsterdam [u.a.]: Elsevier Science 2003, p.397-402, 3 ill. ISBN 0-08-044201-3

3174
Wu, Fan: Scale-dependent representations of relief based on wavelet analysis. In: Geospatial information science. 6, 2003, 1, p.66-69, 6 ill. ISSN 1009-5020

3175
Xie, Zhiying and others: Design and implementation of an open location service system based on SVG. In: Geomatics and information science of Wuhan University. 28, 2003, 1, p.74-79, 4 ill., 1 tab. [Chin. with Engl. rés.] ISSN 1000-050X

3176
Yu, Jie; Bian, Fuling; Hu, Binqing: Dynamic simulation on the relationship between socio-economic development and eco-environment based on the integration of GIS and SD. In: Geomatics and information science of Wuhan University. 28, 2003, 1, p.18-24, 6 ill., 1 tab. [Chin. with Engl. rés.] ISSN 1000-050X

3177
Yu, Taoping and others: Client-side implementation of mobile spatial information service. In: Geomatics and information science of Wuhan University. 28, 2003, 1, p.80-85, 6 ill. [Chin. with Engl. rés.] ISSN 1000-050X

3178
Zaslavsky, Ilya: Online cartography with XML. In: Maps and the internet. Ed. by Michael Peterson. Publ. on behalf of the International Cartographic Association. - Amsterdam [u.a.]: Elsevier Science 2003, p.171-196, 16 ill. ISBN 0-08-044201-3

3179
Zhang, C. and others: GML-based interoptable geographical databases. In: Cartography : journal of the Mapping Sciences Institute, Australia. 32, 2003, 2, p.1-15, 9 ill. ISSN 0069-0805

3180
Zipf, Alexander: Forschungsfragen zur benutzer- und kontextangepassten Kartengenerierung für mobile Systeme. In: Kartographische Nachrichten. 53, 2003, 1, p.6-11, 1 ill., 1 tab. ISSN 0022-9164

M. Map-like Representations Kartenverwandte Darstellungen Représentation paracartographiques

1. General Features Allgemeines Généralités

3181
Casey, Edward S.: Representing place : landscape painting and maps. - Minneapolis [u.a.]: Univ. of Minnesota Press 2002, XX, 366 p., [8] Bl., ill., mp. [Includes index]
ISBN 0-8166-3714-8 / 0-8166-3715-6

3182
Jobst, Markus: Der Einsatz multimedialer Technologien in kartenverwandten Darstellungen am Beispiel Carnuntum. - Wien: TU 2003, 113 p., 36 ill. [Dipl.-Arb.]

3183
Kraak, Menno-Jan: Minard's map "Napoleon's march on Moscow" - a geovisualisation re-design attempt. In: Web.Mapping 2 : Telekartographie, Geovisualisierung und mobile Geodienste. Hartmut Asche; Christian Herrmann (Hrsg.). - Heidelberg: Wichmann 2003, p.109-117, 7 ill.
ISBN 3-87907-388-0

2. Three-Dimensional Representations Dreidimensionale Darstellungen Représentations tridimentionelles

3184
Bürgi, Andreas: Die vielen Facetten von Franz Ludwig Pfyffers "Relief der Urschweiz". In: Bulletin / Association culturelle pou le voyage en Suisse, Lausanne. 2001, 4.

3185
Bürgi, Andreas: Relief als Vorlage, Relief als Ziel : Vermessung und Landschaftsdarstellung in der Aufklärung. In: Vermessene Landschaften : Kulturgeschichte und technische Praxis im 19. und 20. Jahrhundert. Hrsg. von David Gugerli. - Zürich: Chronos 1999, p.125-136. (Interferenzen ; 1)
ISBN 3-905313-12-X

3186
Dannehl, Jens; Dörpinghaus, Hermann Josef: Der Heidelberger Karl-Theodor-Globus in den Sammlungen der UB Heidelberg : ein Zeugnis für die Pflege der Wissenschaft in der Kurpfalz im 18. Jahrhundert. In: Theke. 1998, p.55-61.
ISSN 0175-5781

3187
Dannehl, Jens: "Die Welt in Händen...". In: Vernissage : die Zeitschrift der Ausstellung. 8, 2000, 5, p.38.

3188
Dannehl, Jens: Ein Globus für den Kurfürsten Karl-Theodor. In: Ordnung und System : Festschrift zum 60. Geburtstag von Hermann Josef Dörpinghaus. - Weinheim: Wiley 1997, p.307-335.
ISBN 3-527-29490-2

3189
Dekker, Elly; Egmond, Marco van: Het 'ongewone' globepaar van Cornelis Covens : uit de hand gelopen hobby of baanbrekende innovation. In: Caert-Thresoor. 22, 2003, 1, p.1-13, 9 ill. [The unusual pair of globes of Cornelis Covens : hobby gotten out of hand or epochal innovation?]
[Dutch] ISSN 0167-4994

3190
Dolz, Wolfram: 10. Symposium der Internationalen Coronelli-Gesellschaft für

Globenkunde in Nürnberg : 23. bis 25. September 2002. In: Cartographica Helvetica : Fachzeitschrift für Kartengeschichte. 28, 2003, p.43-44, 1 ill. ISSN 1015-8480

3191
Egidy, Bernd von: Der Globus, der auf der Kippe stand. In: Theke. 2000, p.37. ISSN 0175-5781

3192
Freitag, Ulrich: Ein neuer Globus der wirklichen Erdoberfläche. In: Kartographische Nachrichten. 53, 2003, 4, p.173-174, 1 ill. ISSN 0022-9164

3193
Fuchs, Frank and others: Trois approches pour la construction automatique de modèles 3-D de bâtiments en imagerie aérienne haute résolution. In: Bulletin d'information de l'IGN. 73, 2002, p.17-26, 12 ill. ISSN 0427-2218

3194
Grim, Ronald: Die Globensammlung der Geographie- und Kartenabteiung der Kongressbibliothek in Washington. In: News / International Coronelli-Gesellschaft für Globenkunde. 2003, p.8-15, 2 ill., 2 tab. [Germ. and Engl.] ISSN 1680-5356

3195
Haczewska, Zofia: Zbiór globusów Biblioteki Narodowej. In: Biuletyn Informacyjny Biblioteki Narodowej. 157, 2001, 2, p.3. [Collection of Globes in the National Library.] [Pol.] ISSN 0006-3983

3196
Hilbring, Désirée; Schneider, Burkhard; Wiesel, Joachim: 3D-GIS-Anwendungen im Umwelt-Informationssystem Baden Württemberg. In: Photogrammetrie, Fernerkundung, Geoinformation. 2003, 6, p.481-491, 11 ill. ISSN 1432-8364

3197
Jaffee, David: James Wilson and the early American globe makers. In: The Portolan. 2003, 56, p.24-33, 4 ill. ISSN 1096-1925

3198
Knefelkamp, Ulrich: Der Behaim-Globus : Geschichtsbild und Geschichtsdeutung. In: Geschichtsdeutung auf alten Karten : Archäologie und Geschichte ; (46. Wolfenbütteler Symposium, vom 26. bis 29. Oktober 1999]. [Hrsg. von Dagmar Unverhau]. - Wiesbaden: Harrassowitz 2003, p.111-128, 6 ill. (Wolfenbütteler Forschungen ; 101) ISBN 3-447-04813-1

3199
Krömker, Susanne; Dannehl, Jens: Wissenschaftliches Rechnen und Restaurierung einer Globuskugel : Bericht über eine geglückte Zusammenarbeit zwischen dem Interdisziplinären Zentrum für Wissenschaftliches Rechnen und der Universitätsbibliothek Heidelberg. In: Theke. 2000, p.27-36. ISSN 0175-5781

3200
Leopold, John H.: Astronomen, Sterne, Geräte : Landgraf Wilhelm IV. und seine sich selbst bewegenden Globen. - Luzern: Edition Joseph Fremersdorf 1986, 239 p., ill. [u.a. mit den Kapiteln: VIII. Die vier großen Globen von Jost Bürgi, p.112-145 ; X. Die Mondmodelle von Jost Bürgi bis zur Mondanomalieuhr, p.158-173 ; XII. Die Planetarien von Jost Bürgi, p.186-203 ; XIII. Globus und Mond auf der Kristalluhr von Jost Bürgi, 1622-23, p.204-210] [Literaturverz. p. 234 - 237] ISBN 3-85766-023-6

3201
Mair-Lang, Toni: Das Landschaftsrelief : Faszination für Erbauer und Betrachter. In: Bremgarter Neujahrsblätter. 2003, p.85-113, ill.

3202
McClintock, Thomas: Was mich an Globenrestaurierung interessiert. In: News / Internationale Coronelli-Gesellschaft für Globenkunde 2003, p.16-17, 1 ill. [Germ. and Engl.] ISSN 1680-5356

3203
Millburn, John R.: Adams of Fleet Street : instrument makers to King George III. - Aldershot [u.a.]: Ashgate XIX, 420 p., XIX, 420 p., ill. [Includes bibliographical references and index]

3204
Nebiker, Stephan: Mobile 3D-Geoinformationsdienste : Geomatik im Zentrum der Informationsgesellschaft. In: 10 Jahre Fachhochschulausbildung in den Studiengängen Vermessungswesen und Kartographie an der HTW Dresden (FH) und 50 Jahre Ausbildung von Vermessungs- und Kartographieingenieuren in Dresden. Hrsg. von Uwe Jäschke u.a. Schriftleitung: Kristin Gehrt - Harald Köhler. - Dresden: Fachbereich Vermessungswesen, Kartographie der Hochsch. für Technik und Wirtschaft 2002, p.21-26, 6 ill. (Dresdner Kartographische Schriften ; 4) ISSN 1436-0004

3205
Pardy, D.: Topographic maps to support courses for visually impaired students. In: The Cartographic Journal. 40, 2003, 3, p.288-291, 4 ill. ISSN 0008-7041

3206
Riedl, Andreas: Globenjagd im Internet. In: News / Internationale Coronelli-Gesellschaft für Globenkunde. 2003, p.4-8, 1 portr. [Germ. and Engl.] ISSN 1680-5356

3207
Rocchini, Claudio; Nuti, Alessandro: Il processo di produzione dei plastici dell' istituto geografico militare. In: Bollettino della Associazione Italiana di Cartografia. 40, 2003, 117-118-119, p.305-310, 7 ill. [The process of production of plastics at the Military Geographic Institute.] [Ital.] ISSN 0044-9733

3208
Sagues, Liz: Greaves & Thomas, facsimile globemakers. In: Mercator's World. 5, 2000, 4, p.18-23, 6 ill. ISSN 1086-6728

3209
Schlechter, Armin: Restaurierung : Probleme bei einem Globus des 18. Jahrhunderts in der UB Heidelberg. In: Bibliotheksdienst. 32, 1998, p.1808. ISSN 0006-1972

3210
Schmidt, Rudolf: L'uomo e i globi. In: La cartografia europea tra primo Rinascimento e fine dell' illuminismo : atti del Convegno Internazionale The Making of European Cartography, (Firenze, BNF-EUI, 13 - 15 dicembre 2001). A cura di Diogo Ramada Curto ; Angelo Cattaneo ; André Ferrand Almeida. - Firenze: L.S. Olschki 2003, p.75-92. (Studi / Accademia Toscana di Scienze e Lettere La Colombaria 213) [Man and globes.] [Ital.] ISBN 88-222-5240-3

3211
Schratt, Alexander; Riedl, Andreas: Rahmenbedingungen rasterbasierter Web3D-Systeme zur kartografiegerechten Geovisualisierung. In: Angewandte geographische Informationsverarbeitung XIV : Beiträge zum AGIT-Symposium Salzburg 2003. Josef Strobl ... (Hrsg.). - Heidelberg: Wichmann 2003, p.474-480, 2 ill. ISBN 3-87907-392-9

3212
Toll, Christopher: An Andalusian astrolabe from A.H. 729 / A.D.1328-29 by Ahmad ibn Alî ash-Sharafî. In: Accurata descriptio : studier i kartografi, numismatik, orien-

talistik och biblioteksväsen tillägnade Ulla Ehrensvärd. [Redaktionskommitté: Göran Bäärnhielm ...]. - Stockholm: Kungl. Biblioteket 2003, p.445-458, 9 ill. (Acta Bibliothecae regiae Stockholmiensis ; 69)
ISBN 91-7000-222-3

3. Two-Dimensional Representations Zweidimensionale Darstellungen Représentations bidimensionnelles

3213
Augusteijn, Joost: De 52 stadsprofielen van Noord-Nederlandse steden in de oblong-uitgaven van Guicciardini. In: Caert-Thresoor. 22, 2003, 2, p.41-46, 7 ill., 1 tab. [Fifty-two profiles of towns in the northern Netherlands.] [Dutch with Engl. rés.]
ISSN 0167-4994

3214
Baur, J.: 3D-Scannen der Eberstadter Tropfsteinhöhle mit dem Lasermesssystem "IMAGER 5003". In: Mitteilungen und Veröffentlichungen zum Vermessungswesen aus den Themenbereichen Geodäsie, Geoinformation und Landmanagement / Deutscher Verein für Vermessungswesen, Landesverein Baden-Württemberg e.V. 50, 2003, 2, p.60-68, 11 ill. ISSN 0940-2942

3215
Becker, Dieter; Jha, Satish: Für Planung und Marketing : Erstellung eines 3D-Stadtmodells unter Nutzung vorhandener Daten. In: GeoBit : das Magazin für raumbezogene Informationstechnologie. 8, 2003, 11, p.19-21, 5 ill. ISSN 1430-3663

3216
Blalock, Joseph: Real world/virtual presentations : comparing different web-based 4D presentation techniques of the built environment. In: Trends in landscape modeling : proceedings at Anhalt University of Applied Sciences 2003 ; [proceedings to the 4th International Conference on New Technologies in Landscape Architecture (May 15 and 16, 2003) held by the master of landscape architecture program of Anhalt University of Applied Sciences]. Erich Buhmann; Stephen M. Ervin (eds.). - Heidelberg: Wichmann 2003, p.222-227, 3 ill.
ISBN 3-87907-403-8

3217
Buchroithner, Manfred; Wälder, Olga: 3D-Visualisierung von Geodaten : Gegenwart und Zukunft. In: 12. Internationale Geodätische Woche, Obergurgl 2003. Günter Chesi; Thomas Weinold (Hrsg.). - Heidelberg: Wichmann 2003, p.197-200, 1 ill.
ISBN 3-87907-401-1

3218
Chapel, Enrico: Cartes et figures de l'urbanisme scientifique en France (1910-1943) : recherche sur le rôle et les fonctions de la statistique et de l'unification graphiques dans la production des doctrines urbaines. - Paris: Univ. 2000, 2 MF, 567 Bl., ill. [Mikrofiche-Ausg.] [Hochschulschrift]

3219
Cieslik, Bernhard: Hamburg in der dritten Dimension. In: ZfV : Zeitschrift für Geodäsie, Geoinformation und Landmanagement. 128, 2003, 4, p.254-260, 11 ill.
ISSN 1618-8950

3220
Coors, Volker: Dreidimensionale Karten für Location Based Services. In: Geoinformation mobil. Alexander Zipf; Josef Strobl (Hrsg.). - Heidelberg: Wichmann 2002, p.14-25, 6 ill. ISBN 3-87907-373-2

3221
Csida, Sascha: Kartographische Anforderungen an eine 4D-Animation zur Visualisierung postglazialer Ereignisse, gezeigt anhand des Beispiels GLOF - Glacial Lake

Outburst Flood. - Wien: Univ. Wien 2003, 171 p., 64 ill., 1 CD. [Dipl.-Arb.]

3222
Döllner, Jürgen; Baumann, Konstantin; Kersting, Oliver Patrick: LandExplorer - ein System für interaktive 3D-Karten. In: Visualisierung und Erschließung von Geodaten : Seminar GEOVIS 2003, 26. bis 27. Februar 2003, Universität Hannover. Hrsg. von der Deutschen Gesellschaft für Kartographie e.V., Kommission Geoinformation und Visualisierung. Schriftleitung: Jürgen Dodt; Wolf-Dieter Rase. - Bonn: Kirschbaum-Verl. 2003, p.67-76, 11 ill. (Kartographische Schriften ; 7)
ISBN 3-7812-1577-6

3223
Döllner, Jürgen: Die Landschaft aus neuer Sicht : Visualisierung raumbezogener Informationen mittels 3 D-Karten. In: GeoBit : das Magazin für raumbezogene Informationstechnologie. 8, 2003, 5, p. 29-31, 6 ill. ISSN 1430-3663

3224
Döllner, Jürgen: Virtuelle 3D-Kartenmodelle. In: Web.Mapping 2 : Telekartographie, Geovisualisierung und mobile Geodienste. Hartmut Asche; Christian Herrmann (Hrsg.) - Heidelberg: Wichmann 2003, p.77-88, 7 ill. ISBN 3-87907-388-0

3225
Dorninger, Peter and others: Modellierung der Marsoberfläche aus Laserscannerdaten. In: 12. Internationale Geodätische Woche, Obergurgl 2003. Günter Chesi; Thomas Weinold (Hrsg.). - Heidelberg: Wichmann 2003, p.21-30, 10 ill., 1 tab.
ISBN 3-87907-401-1

3226
Dorninger, Peter: Analyse und geomorphologische Verbesserung von Geländemodellen mittels Regensimulation. In: VGI : österreichische Zeitschrift für Vermessung & Geoinformation. 91, 2003, 4, p.253-261, 15 ill. ISSN 0029-9650

3227
Ehlers, Manfred; Schiewe, Jochen; Möller, Matthias: 3D city modelling using ultra high resolution and multisensoral remote sensing. In: GIS : Geoinformationssysteme. 16, 2003, 6, p.30-37, 7 ill., 3 tab.
ISBN 1430-3663

3228
Ehrensvärd, Ulla: Handgezeichnete Stadtpläne und Veduten von Ost-und Westpreußen in öffentlichen Sammlungen zu Stockholm und Uppsala. In: Lüneburger Beiträge zur Vedutenforschung II : Beiträge zum II. Veduten-Colloquium in Lüneburg 7. - 9.X.1983, III. Veduten-Colloquium in Regensburg 3. - 6.X.1985 ; mit 238 Abb., 18 Falttaf. und 2 Tab. Hrsg. von Angelika Marsch und Eckhard Jäger. - Lüneburg: Verl. Nordostdt. Kulturwerk 2001, p.27-33. (Lüneburger Beiträge zur Vedutenforschung ; 2) ISBN 3-922296-37-8

3229
Eidenbenz, Christoph; Flotron, André: 75 Jahre Schweizerische Gesellschaft für Photogrammetrie, Bildanalyse und Fernerkundung : ein Rückblick. In: Geomatik Schweiz : Geoinformation und Landmanage-ment. 101, 2003, 9, p.492-500, 4 ill., 4 tab. [Germ. with French, and Ital. rés.] ISSN 0252-9424

3230
Fritsch, Dieter: 3D building visualization : outdoors and indoors applications. In: GIS : Geoinformationssysteme. 16, 2003, 9, p.26-32, 6 ill. ISSN 1430-3663

3231
Gajdamowicz, Krzystzof: "Optical 3-D Measurement Techniques V" : i framkanten av tillämpad mätteknologi. In: Kart &

bildteknik : mapping and image science. 18, 2003, 1, p.20-22, 9 ill. ["Optical 3-D Measurement Techniques V" : in the front edge of applied measure technology.] [Swed.] ISSN 0283-0418

3232
Grilc, Matjaž and others: Vzpsostavitev katastra stavb : registrski podatki. In: Geodetski vestnik. 47, 2003, 3, p.55-63, 2 ill. [The setup of building cadastre : registry data.] [Sloven. with Engl. rés.] ISSN 0351-0271

3233
Häberling, Christian: Topographische 3D-Karten : Thesen für kartographische Gestaltungsgrundsätze. - [S.l.]: [s.n.] 2003, 216 p., ill. [Diss. Nr. 15379 techn. Wiss. ETH Zürich]

3234
Heine, Erwin; Mansberger, Reinfried; Ernst, Julius: Landadministration und Dateninfrastruktur : nationale Problemstellungen und europäische Entwicklungen. In: 12. Internationale Geodätische Woche, Obergurgl 2003. Günter Chesi; Thomas Weinold (Hrsg.). - Heidelberg: Wichmann 2003, p.51-66, 7 ill. ISBN 3-87907-401-1

3235
Huber, Stefan; Sieber, René; Wipf, Andreas: Multimedia in der Gebirgskartographie : 3D-Anwendungen aus dem "Atlas der Schweiz - interaktiv 2". In: Kartographische Nachrichten. 53, 2003, 5, p.217-224, 5 ill. ISSN 0022-9164

3236
Huber, Ulrich: Für Forschung und Praxis : das Referenz-GIS "Nationalpark Bayerischer Wald" - ein fachübergreifende Forschungsplattform für die Geoinformatik. In: GeoBit : das Magazin für raumbezogene Informationstechnologie. 8, 2003, 7, p.30-32, 4 ill. ISSN 1430-3663

3237
Hühnel, Helga: Drei österreichische Kartographenschicksale. In: Kartographische Zimelien : die 50 schönsten Karten und Globen der Österreichischen Nationalbibliothek. Hrsg.: Österreichische Nationalbibliothek Wien. Franz Wawrik... - Wien: Holzhausen 1995, p.11-18, 3 ill. ISBN 3-900518-36-X

3238
Jansa, Josef; Stanek, Heinz: Ableitung von Stadtmodellen aus Laser-Scanner-Daten, Grundrissplänen und photographischen Aufnahmen. In: VGI : österreichische Zeitschrift für Vermessung & Geoinformation. 91, 2003, 4, p.262-270, 11 ill. ISSN 0029-9650

3239
Johnston, Douglas M.: The digital river basin : interactive real-time visualization of landscape processes. In: Trends in landscape modeling : proceedings at Anhalt University of Applied Sciences 2003 ; [proceedings to the 4th International Conference on New Technologies in Landscape Architecture (May 15 and 16, 2003) held by the master of landscape architecture program of Anhalt University of Applied Sciences]. Erich Buhmann; Stephen M. Ervin (eds.). - Heidelberg: Wichmann 2003, p.212-221, 11 ill. ISBN 3-87907-403-8

3240
Jude, Simon and others: Developing techniques to visualise future coastal landscapes. In: Trends in landscape modeling : proceedings at Anhalt University of Applied Sciences 2003 ; [proceedings to the 4th International Conference on New Technologies in Landscape Architecture (May 15 and 16, 2003) held by the master of landscape architecture program of Anhalt University of Applied Sciences]. Erich

Buhmann; Stephen M. Ervin (eds.). - Heidelberg: Wichmann 2003, p.228-238, 8 ill. ISBN 3-87907-403-8

3241
Kersting, Oliver Patrick: Interaktive, dynamische 3D-Karten zur Kommunikation raumbezogener Informationen. - Potsdam: Univ. 2002, IV, 105 p., ill. [Diss.]

3242
Kieferle, Joachim; Wössner, Uwe: Mixed realities : improving the planning process by using augmented and virtual reality. In: Trends in landscape modeling : proceedings at Anhalt University of Applied Sciences 2003 ; [proceedings to the 4th International Conference on New Technologies in Landscape Architecture (May 15 and 16, 2003) held by the master of landscape architecture program of Anhalt University of Applied Sciences]. Erich Buhmann; Stephen M. Ervin (eds.). - Heidelberg: Wichmann 2003, p.192-201, 10 ill. ISBN 3-87907-403-8

3243
Kleinn, Hans: Die Vedute der Stadt Osnabrück auf Landkarten des Stiftes im 17. und 18. Jahrhundert : ein Beitrag zur Tradierung und Veränderung von Veduten. In: Lüneburger Beiträge zur Vedutenforschung II : Beiträge zum II. Veduten-Colloquium in Lüneburg 7. - 9.X.1983, III. Veduten-Colloquium in Regensburg 3. - 6.X.1985 ; mit 238 Abb., 18 Falttaf. und 2 Tab. Hrsg. von Angelika Marsch und Eckhard Jäger. - Lüneburg: Verl. Nordostdt. Kulturwerk 2001, p.353-360, 4 ill. (Lüneburger Beiträge zur Vedutenforschung ; 2)
ISBN 3-922296-37-8

3244
Koets, Guus: Het blad met de stadsgezichten van Groningen, Gorinchem en Brouwershaven uit de Civitates Orbis Terrarum. In: Caert-Thresoor. 22, 2003, 4, p.112-116, 4 ill. [The sheet with the town views of Groningen, Brouwershaven and Gorinchem in the Civitates Orbis Terrarum.] [Dutch with Engl. rés.] ISSN 0167-4994

3245
Kohlhaas, Andreas; Bertram, Olaf: Nah an der Realität : 3-D-Stadtmodelle in Architektur-CAAD-Software. In: GeoBit : das Magazin für raumbezogene Informationstechnologie. 8, 2003, 11, p.16-18, 5 ill. ISSN 1430-3663

3246
Kolbe, Thomas H.: Interoperable Modelle : die dritte Dimension in der Geodateninfrastruktur Nordrhein-Westfalen. In: GeoBit : das Magazin für raumbezogene Informationstechnologie. 8, 2003, 5, p.26-28, 2 ill. ISSN 1430-3663

3247
Koning, Joep M.J. de: From Van der Donck to Visscher : a 1648 view of New Amsterdam. In: Mercator's World. 5, 2000, 4, p.28-33, 3 ill. ISSN 1086-6728

3248
Kraak, Menno-Jan: De ruimte-tijd-kubus : bekeken vanuit het perspectief van de geovisualisatie. In: Kartografisch Tijdschrift. 29, 2003, 4, p.46-52, 5 ill. [The space-time-cube seen in the perspective of geovisualization.] [Dutch with Engl., and French rés.] ISSN 0167-5788

3249
Lenk, Ulrich: Effiziente (adaptive) Triangulation von Vermessungsdaten in der Geländemodellierung. In: Arbeitsgruppe Automation in der Kartographie : Tagung 2002. - Frankfurt am Main: Verlag des Bundesamtes für Kartographie und Geodäsie 2003, p.59-83, 20 ill., 1 tab. (Mitteilungen des Bundesamtes für Kartographie und Geodäsie ; 24) ISBN 3-89888-867-3

3250
Li, Bijun; Zhang, Zhixian; Ren, Juan: Extraction of building's feature from laser scanning data. In: Geomatics and information science of Wuhan University. 28, 2003, 1, p.65-70, 6 ill., 1 tab. [Chin. with Engl. rés.] ISSN 1000-050X

3251
Li, Jianhua; Bian, Fuling: 3D spatial modeling technology and its application to engineering geology. In: Geomatics and information science of Wuhan University. 28, 2003, 1, p.25-30, 4 ill. [Chin. with Engl. rés.] ISSN 1000-050X

3252
Limpach, Philippe; Skaloud, Jan: Trajectographie de courses de ski alpin avec GPS. In: Geomatik Schweiz : Geoinformation und Landmanagement. 101, 2003, 7, p.389-92, 4 ill. [French with Germ., and Ital. rés.] ISSN 0252-9424

3253
Linder, Wilfried: Digital photogrammetry : theory and applications. - Berlin [u.a.]: Springer 2003, XI, 189 p., ill.+ 1 CD-ROM + 1 3D-Brille. [Literaturverz. S. 181-183] ISBN 3-540-00810-1

3254
Lingenberg, Heinz: Das Stadtbild Danzigs vom Anfang des 17. bis zum Anfang des 18. Jahrhunderts. In: Lüneburger Beiträge zur Vedutenforschung II : Beiträge zum II. Veduten-Colloquium in Lüneburg 7.- 9.X. 1983, III. Veduten-Colloquium in Regensburg 3. - 6.X.1985 ; mit 238 Abb., 18 Falttaf. und 2 Tab. Hrsg. von Angelika Marsch und Eckhard Jäger. - Lüneburg: Verl. Nordostdt. Kulturwerk 2001, p.75-94, 8 ill. (Lüne-burger Beiträge zur Vedutenforschung ; 2) ISBN 3-922296-37-8

3255
Lovett, Andrew and others: Landscape modelling and visualisation for environmental planning in intensive agricultural areas. In: Trends in landscape modeling : proceedings at Anhalt University of Applied Sciences 2003 ; [proceedings to the 4th International Conference on New Technologies in Landscape Architecture (May 15 and 16, 2003) held by the master of landscape architecture program of Anhalt University of Applied Sciences]. Erich Buhmann; Stephen M. Ervin (eds.). - Heidelberg: Wichmann 2003, p.114-122, 8 ill. ISBN 3-87907-403-8

3256
Lüneburger Beiträge zur Vedutenforschung II : Beiträge zum II. Veduten-Colloquium in Lüneburg 7. - 9.X.1983, III. Veduten-Colloquium in Regensburg 3. - 6.X.1985. Hrsg. von Angelika Marsch und Eckhard Jäger. - Lüneburg: Verl. Nordostdt. Kulturwerk 2001, 496 p., 238 ill. + mp., 2 tab., 18 Falttaf. (Lüneburger Beiträge zur Vedutenforschung ; 2) ISBN 3-922296-37-8

3257
Ma, Jinwi: From professional to people's software : tracing the development of 3D GIS software at ESRI. In: Trends in landscape modeling : proceedings at Anhalt University of Applied Sciences 2003 ; [proceedings to the 4th International Conference on New Technologies in Landscape Architecture (May 15 and 16, 2003) held by the master of landscape architecture program of Anhalt University of Applied Sciences]. Erich Buhmann; Stephen M. Ervin (eds.). - Heidelberg: Wichmann 2003, p.246-252. ISBN 3-87907-403-8

3258
Mammucari, Renato: Campagna romana : carte geografiche, piante prospettiche, vedute panoramiche, costumi pittoreschi.

- Città di Castello (Perugia): Edimond 2002, 357 p., ill. [Roman landscape : geographic maps, perspective plans, panorama views, colorful costumes.] [Ital.] [Contains bibliography] ISBN 88-500-0170-3

3259
Marthaler, Michel: La mémoire de la Terre cachée derrières les panoramas. In: Géomorphologie et tourisme : actes de la Réunion annuelle de la Societé suisse de géomorphologie (SSGm), Finhaut, 21-23 septembre 2001. Ed.: Emmanuel Reynard et al. - Lausanne: Université de Lausanne, Institut de géographie 2003, p.105-114, ill. (Travaux et recherches / Institut de géographie, Université de Lausanne ; 24)

3260
Miller, Toni: Gedanken zur dritten Dimension im Städtebau : Zusammenspiel von Topographie und Gebäuden. - Wuppertal: Müller +Busmann 2003, 208 p., ill., mp. ISBN 3-928766-56-2

3261
Mitašová, Helena; Hofierka, Jaroslav: Vpyv nových technológií mapovania na komunikáciu geopriestorových informácií. In: Kartografické listy. 11, 2003, p.53-60, 5 ill. [Impact of new mapping technologies on the communication of geospatial information.] [Slovak. with Engl. rés.] ISBN 80-89060-02-1

3262
Mokre, Jan: Grundriß contra Aufriß : die Stadt in der Kartographie. In: Kartographische Zimelien : die 50 schönsten Karten und Globen der Österreichischen Nationalbibliothek. Hrsg.: Österreichische Nationalbibliothek Wien. Franz Wawrik... - Wien: Holzhausen 1995, p.19-27, 2 ill. ISBN 3-900518-36-X

3263
Moretto, Gino: Piante e vedute prospettiche della città dal 1479 al 1797. - Piazzola /sBrenta (PD): Ed. Papergraf 2001, 439 p., ill., mp. (Venetia : le immagini della Repubblica ; [incisioni] ; vol. 1) [Plants and perspective views of the city from 1479 to 1797.] [Ital.] ISBN 88-87264-42-2

3264
Müller, Rupert and others: From airborne digital raw data to image maps. In: Photogrammetrie, Fernerkundung, Geoinformation. 2003, 4, p.317-326, 6 ill., 3 tab. ISSN 1432-8364

3265
Myers, David: Integrative technologies for landscape visualization of greenway an green infrastructure: always on the move. In: Trends in landscape modeling : proceedings at Anhalt University of Applied Sciences 2003 ; [proceedings to the 4th International Conference on New Technologies in Landscape Architecture (May 15 and 16, 2003) held by the master of landscape architecture program of Anhalt University of Applied Sciences]. Erich Buhmann; Stephen M. Ervin (eds.). - Heidelberg: Wichmann 2003, p.140-145, 4 ill. ISBN 3-87907-403-8

3266
Niehues, James: James Niehues map artist. In: Information bulletin /Western Association of Map Libraries. 33, 2002, 2, p.82-85, 3 ill. ISSN 0049-7282

3267
Ottoson, Patrick: Three-dimensional visualisation on the internet. In: Maps and the internet. Ed. by Michael Peterson. Publ. on behalf of the International Cartographic Association. - Amsterdam [u.a.]: Elsevier Science 2003, p.247-270, 17 ill. ISBN 0-08-044201-3

3268
Petschek, Peter: Planning of public space - the application of new media and 3D visualizations : the Zürich-Leutschenbach case study. In: Trends in landscape modeling : proceedings at Anhalt University of Applied Sciences 2003 ; [proceedings to the 4th International Conference on New Technologies in Landscape Architecture (May 15 and 16, 2003) held by the master of landscape architecture program of Anhalt University of Applied Sciences]. Erich Buhmann; Stephen M. Ervin (eds.). - Heidelberg: Wichmann 2003, p.158-162, 4 ill.
ISBN 3-87907-403-8

3269
Podobnikar, Tomaž: Kronologija izdelave digitalnega modela reliefa Slovenije. In: Geodetski vestnik. 47, 2003, 1&2, p.47-54, 3 ill.[Chronology of digital terrain model production of Slovenia.] [Sloven. with Engl. rés.] ISSN 0351-0271

3270
Portalés, Cristina; Lerma, José Luis: Georeferenciación GPS/INS de imágenes aéreas adquiridas con escáneres rotacionales : ejemplo prático y resultados. In: Topografia y cartografia : TOPCART. 20, 2003, 116, p.4-9, 9 ill. [Georeferenciation GPS/INS of aerophotos aquired with rotational scanners.] [Span.] ISSN 0212-9280

3271
Rase, Wolf-Dieter: Von 2D nach 3D - perspektivische Zeichnungen, Stereogramme, reale Modelle. In: Visualisierung und Erschließung von Geodaten : Seminar GEOVIS 2003, 26. bis 27. Februar 2003, Universität Hannover. Hrsg. von der Deutschen Gesellschaft für Karthographie e.V., Kommission Geoinformation und Visualisierung. Schriftleitung: Jürgen Dodt; Wolf-Dieter Rase. - Bonn: Kirschbaum-Verl. 2003, p.13-24, 5 ill. (Kartographische Schriften ; 7) ISBN 3-7812-1577-6

3272
Sabeur, Moh; Reichelt, Nicholas: Using AutoRead for landscape virtual reality visualization. In: Trends in landscape modeling : proceedings at Anhalt University of Applied Sciences 2003 ; [proceedings to the 4th International Conference on New Technologies in Landscape Architecture (May 15 and 16, 2003) held by the master of landscape architecture program of Anhalt University of Applied Sciences]. Erich Buhmann; Stephen M. Ervin (eds.). - Heidelberg: Wichmann 2003, p.258-263, 3 ill.
ISBN 3-87907-403-8

3273
Salgaro, Silvino: La montagna : dall'immagine al segno. In: Bollettino della Associazione Italiana di Cartografia. 40, 2003, 117-118-119, p.9-64, 38 ill. [The mountains : from image to sign.] [Ital.]
ISSN 0044-9733

3274
Slocum, Terry A. and others: Evaluating the usability of a tool for visualizing the uncertainty of the future global water balance. In: Cartography and geographic information science. 30, 2003, 4, p.299-317, 10 ill. ISSN 1523-0406

3275
Steidler, Franz; Beck, Michael: 3D-Stadtmodelle mit dem CyberCity-Modeler : Generierung und Echtzeitbegehung. In: Angewandte geographische Informationsverarbeitung XIV : Beiträge zum AGIT-Symposium Salzburg 2003. Josef Strobl ... (Hrsg.). - Heidelberg: Wichmann 2003, p.501-507, 4 ill. ISBN 3-87907-392-9

3276
Stoter, Jantien: KvAG-themamiddag Ondergrondse Geo-informatie. In: Geodesia. 45, 2003, 11, p.438-441, 4 ill. [KvAG-Workshop Underground Geo-information.] [Dutch] ISSN 1385-7517

3277
Süveg, Ildikó: Reconstruction of 3D building from aerial images and maps. - Delft: Nederlandse Commissie voor Geodesie 2003, X, 143 p. (Publications on geodesy ; 53) [Literaturverz. p. 125-132]
ISBN 90-6132-280-4

3278
Taddei, Ugo; Hochschild, Volker: A visualization system for environmental information systems and geohydrological modeling : proceedings at Anhalt University of Applied Sciences 2003 ; [proceedings to the 4th International Conference on New Technologies in Landscape Architecture (May 15 and 16, 2003) held by the master of landscape architecture program of Anhalt University of Applied Sciences]. In: Trends in landscape modeling : proceedings at Anhalt University of Applied Sciences 2003 ; [proceedings to the 4th International Conference on New Technologies in Landscape Architecture (May 15 and 16, 2003) held by the master of landscape architecture program of Anhalt University of Applied Sciences]. Erich Buhmann; Stephen M. Ervin (eds.). - Heidelberg: Wichmann 2003, p.10-19, 4 ill. ISBN 3-87907-403-8

3279
Tiefenbach, Priska: 3D-Visualisierung Regio-Klima. In: Geomatik Schweiz : Geoinformation und Landmanagement. 101, 2003, 6, p.344, 1 ill. [Germ. with French, and Ital. rés.] ISSN 0252-9424

3280
Voisard, François: Développement d'un système d'iformation pour piétons. In: Geomatik Schweiz : Geoinformation und Landmanagement. 101, 2003, 7, p.384-388, 4 ill., 1 tab. [French with Germ., and Ital. rés.] ISSN 0252-9424

3281
Wack, Roland and others: Erzeugung von 3D-Stadtmodellen. In: 12. Internationale Geodätische Woche, Obergurgl 2003. Günter Chesi; Thomas Weinold (Hrsg.). - Heidelberg: Wichmann 2003, p.163-171, 6 ill. ISBN 3-87907-401-1

3282
Walter, Johann-Hinrich; Kramer, Holger: CAD II - eine neue Lehrveranstaltung zur Messung, Modellierung und Präsentation von 3D-Gebäudemodellen. In: 10 Jahre Fachhochschulausbildung in den Studiengängen Vermessungswesen und Kartographie an der HTW Dresden (FH) und 50 Jahre Ausbildung von Vermessungs- und Kartographieingenieuren in Dresden. Hrsg. von Uwe Jäschke u.a. Schriftleitung: Kristin Gehrt - Harald Köhler. - Dresden: Fachbereich Vermessungswesen, Kartographie der Hochsch. für Technik und Wirtschaft 2002, p.123-130, 9 ill. (Dresdner Kartographische Schriften ; 4)
ISSN 1436-0004

3283
Wawrik, Franz: Schlesische Veduten in der österreichischen Nationalbibliothek. In: Lüneburger Beiträge zur Vedutenforschung II : Beiträge zum II. Veduten-Colloquium in Lüneburg 7. - 9.X.1983, III. Veduten-Colloquium in Regensburg 3. - 6.X.1985 ; mit 238 Abb., 18 Falttaf. und 2 Tab. Hrsg. von Angelika Marsch und Eckhard Jäger. - Lüneburg: Verl. Nordostdt. Kulturwerk 2001, p.43-53, 3 ill. (Lüneburger Beiträge zur Vedutenforschung ; 2)
ISBN 3-922296-37-8

3284
Wood, Michael: The mountain panorama and its significance in the Scottish context. In: International Cartographic Association / Commission on Mountain Cartography : special issue: ICA Commission on Mountain Cartography. Ed. by Lorenz Hurni.

- North York: Univ. of Toronto Press 2003, p.103-118, 19 ill. (Cartographica ; 38. 2001, 1/2) ISBN 0340-0654 / 0317-717

3285
Wulffius, Wolf-Paul: Veduten auf Landkarten im Atlas von Livland des Grafen Mellin (1798). In: Lüneburger Beiträge zur Vedutenforschung II : Beiträge zum II. Veduten-Colloquium in Lüneburg 7. - 9.X. 1983, III. Veduten-Colloquium in Regensburg 3. - 6.X.1985 ; mit 238 Abb., 18 Falttaf. und 2 Tab. Hrsg. von Angelika Marsch und Eckhard Jäger. - Lüneburg: Verl. Nordostdt. Kulturwerk 2001, p.361-371, 7 ill. (Lüneburger Beiträge zur Vedutenforschung ; 2) ISBN 3-922296-37-8

3286
Wycisk, Peter; Fabritius, Holger: Mehr als nur ein Bild : digitale 3-D-Raummodelle des geologischen Untergrundes. In: GeoBit : das Magazin für raumbezogene Informationstechnologie. 8, 2003, 11, p.8-10, 5 ill. ISSN 1430-3663

3287
You, Hongijan; Li, Shukai: Building extraction from DSM acquired by airborne 3 D image. In: Geo-spatial information science. 6, 2003, 3, p.25-31, 8 ill. ISSN 1009-5020

3288
Zakšek, Klemen; Oštir, Krištof; Podobnikar, Tomaž: Osončenost površja Slovenije. In: Geodetski vestnik. 47, 2003, 1&2, p.55-63, 2 ill. [Solar illumination radiation of Slovenia.] [Sloven. with Engl. rés.] ISSN 0351-0271

N. Use of Maps
Kartennutzung
Utilisation des cartes

1. General Features, Accessories for Map Use
Allgemeines, Hilfsmittel des Kartengebrauchs
Généralités, accessoires pour l'utilisation des cartes

3289
Asche, Hartmut: Internet- und Papieratlanten - welchen Mehrwert bieten die Neuen Medien. In: Web.Mapping 2 : Telekartographie, Geovisualisierung und mobile Geodienste. Hartmut Asche; Christian Herrmann (Hrsg.). - Heidelberg: Wichmann 2003, p.27-35. ISBN 3-87907-388-0

3290
Barnes, Grenville and others: Developing a spatio-temporal cadastral database using county appraisal data from northern Florida. In: Surveying and land information science. 63, 2003, 4, p.243-251, 9 ill.
ISBN 1538-1242

3291
Beard, Colleen: Reference service levels for spatial data delivery and GIS activity in libraries : a local assessment. In: Bulletin / Association of Canadian Map Libraries and Archives. 2003, 118, p.4-8, 1 ill.
ISSN 0840-9331

3292
Blumenfeld, Hervé: L'Ile-de-France aux XVIIIe et XIXe siècles, paysages et transformation de l'espace vus à travers la cartographie militaire. In: Du paysage à la carte : trois siècles de cartographie militaire de la France ; [exposition tenue au château de Vincennes du 18 septembre au 10 novembre 2002]. Ministère de la Défense, services historiques des armées. Sous la dir. de Marie-Anne Villèle, Agnès Beylot et Alain Morgat. - Vincennes: Service Historique de l'Armée de Terre 2002, 164, [4] p., ill., mp. (Publications du Service Historique de l'Armée de Terre) ISBN 2-86323-143-X

3293
Brodersen, Lars: Modellierung der Beziehungen zwischen Geoinformation, Graphik und Benutzer. In: Visualisierung und Erschließung von Geodaten : Seminar GEOVIS 2003, 26. bis 27. Februar 2003, Universität Hannover. Hrsg. von der Deutschen Gesellschaft für Karthographie e.V., Kommission Geoinformation und Visualisierung. Schriftleitung: Jürgen Dodt; Wolf-Dieter Rase. - Bonn: Kirschbaum-Verl. 2003, p.95-99, 2 ill. (Kartographische Schriften ; 7) ISBN 3-7812-1577-6

3294
Brunner, Kurt: Geheimhaltung topographischer Karten und Manipulation ihres Inhalts. In: Allgemeine Vermessungs-Nachrichten. 110, 2003, 5, p.183-188, 5 ill.
ISSN 0002-5968

3295
Brunner, Kurt: Zur Aufarbeitung des Themas "Kartenverfälschungen in der DDR". In: Kartographische Nachrichten. 53, 2003, 6, p.282-283. ISSN 0022-9164

3296
Bürgi, Andreas: Relief als Vorlage, Relief als Ziel : Vermessung und Landschaftsdarstellung in der Aufklärung. In: Vermessene Landschaften : Kulturgeschichte und technische Praxis im 19. und 20. Jahrhundert. Hrsg. von David Gugerli. - Zürich: Chronos 1999, p.125-136. (Interferenzen ; 1)
ISBN 3-905313-12-X

3297
Chester, Lucy: Imperial cartography in the end of Empire : map use during the 1947 partition of South Asia. In: La cartografia europea tra primo Rinascimento e fine dell'

illuminismo : atti del Convegno Internazionale The Making of European Cartography, (Firenze, BNF-EUI, 13 - 15 dicembre 2001). A cura di Diogo Ramada Curto ; Angelo Cattaneo ; André Ferrand Almeida. - Firenze: L.S. Olschki 2003, p.177-194. (Studi / Accademia Toscana di Scienze e Lettere La Colombaria ; 213) [Engl.] ISBN 88-222-5240-3

3298
Crampton, Jeremy W.: Cartographic rationality and the politics of geosurveillance and security. In: Cartography and geographic information science. 30, 2003, 2, p.135-148, 1 ill.

3299
Dodge, Martin: Mapping secret places and sensitive sites : examining the cryptome 'eyeballing' map series. In: The Bulletin of the Society of Cartographers. 37, 2003, 1, p.5-11, 2 ill.

3300
Dransch, Doris: Handeln mit Karten : Grundzüge einer handlungsorientierten Kartographie. In: Kartographische Nachrichten. 53, 2003, 6, p.266-270, 3 ill. ISSN 0022-9164

3301
Dransch, Doris: Konzepte zur Modellierung der Nutzer von Geovisualisierungs-Systemen. In: Visualisierung und Erschließung von Geodaten : Seminar GEOVIS 2003, 26. bis 27. Februar 2003, Universität Hannover. Hrsg. von der Deutschen Gesellschaft für Karthographie e.V., Kommission Geoinformation und Visualisierung. Schriftleitung: Jürgen Dodt; Wolf-Dieter Rase. - Bonn: Kirschbaum-Verl. 2003, p.103-110, 3 ill. (Kartographische Schriften ; 7) ISBN 3-7812-1577-6

3302
Eekelen, N.J.M. van: GBKN bestellen via internet. In: Geodesia. 45, 2003, 5, p.214-217, 4 ill. [Ordering GBKN through the internet.] [Dutch with Engl. rés.] ISSN 1385-7517

3303
Elias, Birgit; Sester, Monika: Landmarken für Wegbeschreibungen - Identifikation, Extraktion und Visualisierung. In: Kartographische Nachrichten. 53, 2003, 2, p. 51-57, 10 ill., 2 tab.

3304
Fabrikant, Sara Irina: Distanz als Raummetapher für die Informationsvisualisierung. In: Kartographische Nachrichten. 53, 2003, 6, p.276-281, 1 ill. ISSN 0022-9164

3305
Fuhrmann, Sven: Supporting wayfinding in desktop geovirtual environments. In: Maps and the internet. Ed. by Michael Peterson. Publ. on behalf of the International Cartographic Association. - Amsterdam [u.a.]: Elsevier Science 2003, p.271-287, 4 ill. ISBN 0-08-044201-3

3306
Furlough, Mike: Cartographic users advisory council 2003 annual agencies meeting. In: Information bulletin / Western Association of Map Libraries. 34, 2003, 1, p.6-22. ISSN 0049-7282

3307
Gill, Eunice; Holmes, Jonathan: Location Based Services. In: The Bulletin of the Society of Cartographers. 37, 2003, 2, p.49-51. ISSN 0036-1884

3308
Graeff, Bastian: Abfragesprachen für rasterbasierte Geo-Informationssysteme. In: Geomatik Schweiz : Geoinformation und Landmanagement. 101, 2003, 5, p.224-228,

7 ill. [Germ. with French, and Ital. rés.] ISSN 0252-9424

3309
Graf, Franz: Orientierungshilfe für den Alltag : Wege - Wetter - Weltgeschehen. In: Raum : österreichische Zeitschrift für Raumplanung und Regionalpolitik. 50, 2003, p.32-33.

3310
Grünwied, Gertrud: Applikationen für kleine Displays - neue Herausforderungen an das Interaktionsdesign. In: 12. Internationale Geodätische Woche, Obergurgl 2003. Günter Chesi; Thomas Weinold (Hrsg.). - Heidelberg: Wichmann 2003, p.39-44, 3 ill. ISBN 3-87907-401-1

3311
Heidmann, Frank; Hermann, Fabian: Benutzerorientierte Visualisierung raumbezogener Informationen für ultraportable mobile Systeme. In: Visualisierung und Erschließung von Geodaten : Seminar GEOVIS 2003, 26. bis 27. Februar 2003, Universität Hannover. Hrsg. von der Deutschen Gesellschaft für Karthographie e.V., Kommission Geoinformation und Visualisierung. Schriftleitung: Jürgen Dodt; Wolf-Dieter Rase. - Bonn: Kirschbaum-Verl. 2003, p.121-131, 3 ill., 1 tab. (Kartographische Schriften ; 7) ISBN 3-7812-1577-6

3312
Hermann, Fabian; Peissner, Matthias: Usability Engineering für kartographische Visualisierungen - Methoden und Verfahren. In: Kartographische Nachrichten. 53, 2003, 6, p.260-265, 1 ill., 1 tab. ISSN 0022-9164

3313
Kartenverfälschung als Folge übergroßer Geheimhaltung? : eine Annäherung an das Thema Einflußnahme der Staatssicherheit auf das Kartenwesen der DDR ; Referate der Tagung der BStU vom 08.- 09.03.2001 in Berlin. Hrsg. von Dagmar Unverhau. - Münster: Lit 2003, 300 p.,ill., mp. (Archiv zur DDR-Staatssicherheit ; 5) [2., durchges. Aufl.] ISBN 3-8258-5964-9

3314
Katona, Zoltán; Zentai, László: Számítógépes játékok térképei. In: Geodézia és kartográfia. 55, 2003, 8, p.21-26, 5 ill. [Maps of computer games.] [Hung. with Engl. rés.] ISSN 0016-7118

3315
Kolbe, Thomas H.; Steinrücken, Jörg; Plümer, Lutz: Cooperative web maps. In: GIS : Geoinformationssysteme. 16, 2003, 6, p.10-16, 5 ill. ISSN 1430-3663

3316
Kolbe, Thomas H.; Steinrücken, Jörg; Plümer, Lutz: Diskutieren wir es an der Karte - Cooperative Web Maps. In: Arbeitsgruppe Automation in der Kartographie : Tagung 2002. - Frankfurt am Main: Verlag des Bundesamtes für Kartographie und Geodäsie 2003, p.47-58, 5 ill. (Mitteilungen des Bundesamtes für Kartographie und Geodäsie ; 24) ISBN 3-89888-867-3

3317
Kraak, Menno-Jan: Web cartography - design, use and products. In: Web.Mapping 2 : Telekartographie, Geovisualisierung und mobile Geodienste. Hartmut Asche; Christian Herrmann (Hrsg.). - Heidelberg: Wichmann 2003, p.18-26. ISBN 3-87907-388-0

3318
Liming, Song: An evaluation of the Chinese maps in the possession of the Società Geografica Italiana. In: Carte di riso : far eastern cartography with a complete catalogue of the collection of Chinese and Japanese maps owned by the Società Geografica Italiana. A cura di Claudio Cerreti. - Roma:

Soc. Geografica Italiana 2003, p.99-110. (Memorie della Società Geografica Italiana ; 69) ISSN 0391-5190

3319
Linke, Wolfgang: Orientierung mit Karte, Kompaß, GPS. - Herford: Busse Seewald 2003, 240 p., ill., mp., 1 suppl.[11., durchgehend überarb. Aufl.]
ISBN 3-512-03259-1

3320
Linke, Wolfgang: Zur Arbeit mit modernen Orientierungshilfen. In: Mitteilungen des DVW-Bayern e.V. 55, 2003, 2, p.169-197, 17 ill. ISSN 0723-6336

3321
Lopau, Wilhelm: Die räumliche Orientierung von mobilen Displaygeräten. In: Kartographische Nachrichten. 53, 2003, 2, p.64-67, 3 ill. ISSN 0022-9164

3322
Lucht, Roland; Henkel, Horst; Scholz, Wolfgang: Analyse der "Ausgabe für die Volkswirtschaft" in Umsetzung des Beschlusses des nationalen Verteidigungsrates der DDR vom 13. Oktober 1965 im Vergleich mit der topographischen Karte der DDR. In: Kartenverfälschung als Folge übergroßer Geheimhaltung? : eine Annäherung an das Thema Einflußnahme der Staatssicherheit auf das Kartenwesen der DDR ; Referate der Tagung der BStU vom 08.-09.2001 in Berlin. Hrsg. von Dagmar Unverhau. - Münster: Lit 2002, p.99-142, 12 ill., 3 tab. ISBN 3-8258-5964-9

3323
Mac Gillavry, Edward: Collaborative mapping : by the people, for the people. In: The Bulletin of the Society of Cartographers. 37, 2003, 2, p.43-46. ISSN 0036-1884

3324
Mangan, Elisabeth Unger: Cartographic materials : a manual of interpretation for AACR2, 2002 revision. prepared by the Anglo-American Cataloguing Committee for Cartographic Materials. Elizabeth Unger Mangan, ed. - Chicago: American Library Association [u.a.] 2003, Losebl.-Ausg. ISBN 0-8389-3539-7 [Includes bibliographical references and index]

3325
Millward, Andrew: Mapping a message : (mis)leading the masses. In: Cartouche : the operational publication of the Canadian Cartographic Association. 49, 2003, p.3-4, 2 ill. ISSN 1183-2045

3326
Monmonier, Mark: Hook, line, and gerrymander : weird shapes, pejorative words, and the rhetorical cartography of the 1990 U.S.Congressional Redistricting. In: Mercator's World. 5, 2000, 4, p.36-40, ill. ISSN 1086-6728

3327
Monmonier, Mark: Preservation anxiety : how well do microfilm and scanning preserve maps? In: Mercator's World. 8, 2003, 1, p.52-54, 2 ill. ISSN 1086-6728

3328
Moser, Bernhard: Strategien zur Erstellung serverseitig generierter, online erweiterbarer Karten unter Verwendung des UMN Map Server. - Wien: TU 2003, 81 p., 35 ill. [Dipl.-Arb.]

3329
Ormeling, Ferjan; Anson, Roger W.: Communication, design and visualisation. In: Basic cartography for students and technicians : english version. [International Cartographic Association] Ed.: Roger W. Anson and F.J. Ormeling. - Oxford [u.a.]:

Butterworth-Heinemann 1996, p.71-92, 31 ill. [Vol. 3] ISBN 0-7506-2702-6

3330
Ortbauer, Hartwig: Nutzerbestimmte kartographische Animationen von Bevölkerungsentwicklungsdaten. - Wien: TU 2003, 72 p., 23 ill. [Dipl.-Arb.]

3331
Pápay, Gyula: Politik und Kartographie. In: Kartenverfälschung als Folge übergroßer Geheimhaltung? : eine Annäherung an das Thema Einflußnahme der Staatssicherheit auf das Kartenwesen der DDR ; Referate der Tagung der BStU vom 08.-09.2001 in Berlin. Hrsg. von Dagmar Unverhau. - Münster: Lit 2002, p.13-25. (Archiv zur DDR-Staatssicherheit ; Bd. 5) ISBN 3-8258-5964-9

3332
Peterson, Michael: Maps and the internet : an introduction. In: Maps and the internet. Ed. by Michael Peterson. Publ. on behalf of the International Cartographic Association. - Amsterdam [u.a.]: Elsevier Science 2003, p.1-16, 6 ill., 4 tab. ISBN 0-08-044201-3

3333
Recker, Gabriele: Von Trier nach Köln 1550-1850 : kartographiehistorische Beiträge zur historisch-geographischen Verkehrswegeforschung ; Betrachtungen zum Problem der Altkarten als Quelle anhand eines Fallbeispieles aus den Rheinlanden. - Rahden/Westf.: VML Verlag Marie Leidorf 2003, 482 p., ill., mp. [Teilw. zugl.: Bonn, Univ., Diss., 1998 u.d.T.: Recker, Gabriele: Kartographiehistorische Beiträge zur historisch-geographischen Verkehrswegeforschung - Betrachtungen zum Problem der Altkarten als Quelle anhand eines Fallbeispieles aus den Rheinlanden] ISBN 3-89646-025-0

3334
Reichenbacher, Tumasch: Mobile Kartographie und ihre Nutzer : Szenarien adaptiver Visualisierungsmöglichkeiten für mobile Benutzeraktivitäten. In: Visualisierung und Erschließung von Geodaten : Seminar GEOVIS 2003, 26. bis 27. Februar 2003, Universität Hannover. Hrsg. von der Deutschen Gesellschaft für Karthographie e.V., Kommission Geoinformation und Visualisierung. Schriftleitung: Jürgen Dodt; Wolf-Dieter Rase. - Bonn: Kirschbaum-Verl. 2003, p.111-120, 5 ill. (Kartographische Schriften ; 7) ISBN 3-7812-1577-6

3335
Richmond, Erin R.; Keller, C. Peter: Internet cartography and official tourism destination web sites. In: Maps and the internet. Ed. by Michael Peterson. Publ. on behalf of the International Cartographic Association. - Amsterdam [u.a.]: Elsevier Science 2003, p.77-96, 9 ill., 3 tab. ISBN 0-08-044201-3

3336
Riegler, Franz: Möglichkeiten der Orientierungsschulung und des Plan- und Kartenlesens an außerschulischen Lernorten. In: GW-Unterricht. 91, 2003, p.77-81, 3 ill.

3337
Robert, Pascale de; Laques, Anne-Élisabeth: "La carte de notre terre" : enjeux cartographiques vus par les Indiens Kayapó (Amazonie Brésilienne). In: Mappemonde. 2003, 69, p.1-6, 4 ill. [French with Engl., and Span. rés.] ISSN 0764-3470

3338
Sandner, Eberhard; Kurze, Jutta: Kartenverfälschung bei der mittelmaßstäbigen landwirtschaftlichen Standortkartierung. In: Kartenverfälschung als Folge übergroßer Geheimhaltung? : eine Annäherung an das Thema Einflußnahme der Staatssicherheit auf das Kartenwesen der DDR ; Referate

der Tagung der BStU vom 08.-09.2001 in Berlin. Hrsg. von Dagmar Unverhau. - Münster: Lit 2002, p.143-155, 8 tab. ISBN 3-8258-5964-9

3339
Smith, Dale; Sauer, Serge A.: Air Photo indexes - online. In: Bulletin / Association of Canadian Map Libraries and Archives. 2003 117, p.10-11, 1 ill. ISSN 0840-9331

3340
Spence, Mary: Changes in commercial cartography in the UK and prospects for the future. In: The Cartographic Journal. 40, 2003, 2, p.117-119. ISSN 0008-7041

3341
Tebel, René: Das Schiff im Kartenbild als Quelle für den Historiker : vom Anbeginn der Überlieferung kartographischer Zeugnisse im abendländischen Mittelalter bis zum Zeitalter W.J.Blaeus (1602). - Wien: Univ. 2003, 3 Bände, V+IX, 723 p., 160 ill., 10 Bildtafeln im Anhang. [Diss.]

3342
Tetsuya, Hisatake: An evaluation of the Japanese maps in the possession of the Società Geografica Italiana. In: Carte di riso : far eastern cartography with a complete catalogue of the collection of Chinese and Japanese maps owned by the Società Geografica Italiana. A cura di Claudio Cerreti. - Roma: Soc. Geografica Italiana 2003, p.111-123. (Memorie della Società Geografica Italiana ; 69) ISSN 0391-5190

3343
Unverhau, Dagmar: Die "Linie Vermessungswesen" im Ministerium für Staatssicherheit. In: Kartenverfälschung als Folge übergroßer Geheimhaltung? : eine Annäherung an das Thema Einflußnahme der Staatssicherheit auf das Kartenwesen der DDR ; Referate der Tagung der BStU vom 08.-09.2001 in Berlin. Hrsg. von Dagmar Unverhau. - Münster: Lit 2002, p.51-80. (Archiv zur DDR-Staatssicherheit ; Bd. 5) ISBN 3-8258-5964-9

3344
Varela Marcos, Jesús: Los reflejos políticos en la carta de Juan de la Cosa. In: Grandes viajes descubridores. Seminario Iberoamericano de Descubrimientos y Cartografía, Instituto Interuniversitario de Estudios de Iberoamérica y Portugal. Coord.: Jesús Varela Marcos. - Tordesillas, Valladolid: Instituto Interuniversitario de Estudios de Iberoamérica y Portugal 2001, p.61-79, 1 tab. (Descubrimientos y cartografía ; 4) [Political reflections in the map of Juan de la Cosa.] [Span.] ISBN 8493062-96-0

3345
Verwaltungsvorschrift des Wirtschaftsministeriums für die Einräumung von Nutzungsrechten an topographischen und kartographischen Basisinformationen : (Nutzungsrechtsvorschrift - VwVNutzrecht) ; vom 02.01.2003, Az.: 6V-2851/5. Wirtschaftsministerium Baden-Württemberg. - Stuttgart: Landesvermessungsamt Baden-Württemberg 2003, 16 p. [Stand: 02.01.2003]

3346
Wheeler, Tony: Maps of misadventure. In: Meanjin on travel. - Carlton, Victoria 2003, p.56-60. (Meanjin ; 62.2003,4)

3347
Wilkes, Sue: Exploring Africa through maps : the travels of Caroline Batchelor. In: Mercator's World. 5, 2000, 4, p.12-17, 6 ill. ISSN 1086-6728

3348
Wintges, Theodor: Geodata communication on personal digital assistants (PDA). In: Maps and the internet. Ed. by Michael Peterson. Publ. on behalf of the International Cartographic Association. - Amsterdam

[u.a.]: Elsevier Science 2003, p.397-402, 3 ill. ISBN 0-08-044201-3

3349
Zipf, Alexander: Forschungsfragen zur benutzer- und kontextangepassten Kartengenerierung für mobile Systéme. In: Kartographische Nachrichten. 53, 2003, 1, p.6-11, 1 ill., 1 tab. ISSN 0022-9164

3350
Znamirowski, Barbara: Reference service levels for spatial data delivery and GIS activity in libraries : Trent University - a case study of a small academic library. In: Bulletin / Association of Canadian Map Libraries and Archives. 2003, 118, p.9-12, 2 ill. ISSN 0840-9331

2. Perception, Cognitive Maps Wahrnehmung, kognitive Karten Perception, cartes cognitives

3351
Aldrich, Frances; Sheppard, Linda; Hindle, Yvonne: First steps towards a model of tactile graphicacy. In: The Cartographic Journal. 40, 2003, 3, p.283-287. ISSN 0008-7041

3352
Bobrich, Joachim; Otto, Steffen: Digitale Anreicherung analoger Karten. In: Arbeitsgruppe Automation in der Kartographie : Tagung 2002. - Frankfurt am Main: Verlag des Bundesamtes für Kartographie und Geodäsie 2003, p.7-14, 9 ill. (Mitteilungen des Bundesamtes für Kartographie und Geodäsie ; 24) ISBN 3-89888-867-3

3353
Bollmann, Jürgen; Müller, Andreas: Empirisch-methodische Forschungsansätze zur kartographischen Modellierung virtueller Landschaften. In: Kartographische Nachrichten. 53, 2003, 6, p.270-276, 4 ill., 4 tab. ISSN 0022-9164

3354
Brodersen, Lars; Andersen, Hans H.K.; Weber, Steen: Applying eye-movement tracking for the study of map perception and map design. - København: National Survey and Cadastre - Denmark 2002, 98 p., ill., mp. + 1 CD-ROM. (Publications / The National Survey and Cadastre - Series 4 ; 9) ISBN 87-7866-340-7

3355
Cosinschi-Meunier, Micheline: Entre transparence et miroitement, la transfiguration cartographique : pour une épistémologie ternaire de la cartographie. - Lausanne: Université, Institut de géographie (IGUL) 2003, 425 p., ill. (Travaux et recherches / Institut de géographie, Université de Lausanne ; 25) [Zugl.: Lausanne, Univ., Diss., 2003]

3356
Feinberg, Richard and others: 'Drawing the coral heads' : mental mapping and its physical representation in a Polynesian community. In: The Cartographic Journal. 40, 2003, 3, p243-253, 4 ill. ISSN 0008-7041

3357
Heimann, Heinz Dieter: Dorfbild, Ereignisbild, Weltbild : die neue Sicht der "kleinen" Welt. In: Kommunikation in der ländlichen Gesellschaft vom Mittelalter bis zur Moderne. Hrsg. von Werner Rösener. - Göttingen: Vandenhoeck & Ruprecht 2000, p.189-208. (Veröffentlichungen des Max-Planck-Instituts für Geschichte ; 156) ISBN 3-525-35472-X

3358
Klippel, Alexander: Wayfinding choremes. In: Spatial information theory : foundations of geographic information science ; international conference, COSIT 2003, Kartause Ittingen, Switzerland, September 24 - 28, 2003 ; proceedings. Werner Kuhn and

others (eds.). - Berlin [u.a.]: Springer 2003, p.301-315, 6 ill., 1 tab. (Lecture notes in computer science ; 2825) ISSN 0302-9743

3359
Mallot, Hanspeter and others: Recognition-triggered response and the view-graph approach to spatial cognition. In: Spatial information theory : cognitive and computational foundations of geographic information science. Christian Freksa; David M. Mark (eds.). - Berlin ; Heidelberg: Springer 2002, p.367-380, 7 ill. (Lecture notes in computer science ; 1661)
ISBN 3-540-66365-7 / 0302-974

3360
Medynska-Gulij, B.: The effect of cartographic content on tourist map users. In: Cartography : journal of the Mapping Sciences Institute, Australia. 32, 2003, 2, , 7 ill.
ISSN 0069-0805

3361
Murakoshi, Shin; Kobayashi, Taketo: Cognitive processes of solving a topograpic map reading task. In: Map : journal of the Japan Cartographers Association. 41, 2003, 4, p.17-26, 2 ill., 4 tab. [Jap. with Engl. rés.] ISSN 0009-4897

3362
Paar, Helmut: Exemplarische Einsatzmöglichkeiten spatio-temporaler Animation in der Kartographie unter Berücksichtigung wahrnehmungsmäßiger Parameter. - Wien: TU 2003, 86 p., 43 ill., 4 tab. [Dipl.-Arb.]

3363
Pike, William; Gahegan, Mark: Constructing semantically scalable cognitive spaces. In: Spatial information theory : foundations of geographic information science ; international conference, COSIT 2003, Kartause Ittingen, Switzerland, September 24 - 28, 2003 ; proceedings. Werner Kuhn and others (eds.). - Berlin [u.a.]: Springer 2003, p.332-348, 6 ill. (Lecture notes in computer science ; 2825) ISSN 0302-9743

3364
Portugali, Juval; Omer, Itzhak: Systematic distortions in cognitive maps : the North American West Coast vs the (West) coast of Israel. In: Spatial information theory : foundations of geographic information science ; international conference, COSIT 2003, Kartause Ittingen, Switzerland, September 24 - 28, 2003 ; proceedings. Werner Kuhn and others (eds.). - Berlin [u.a.]: Springer 2003, p.93-100, 5 ill. (Lecture notes in computer science ; 2825)
ISSN 0302-9743

3365
Skupin, André; Fabrikant, Sara Irina: Spatialization methods : a cartographic research agenda for non-geographic information visualization. In: Cartography and geographic information science. 30, 2003, 2, p.99-119, 16 ill. ISSN 1523-0406

3366
Takai, Toshibumi; Okunuki, Kei-ichi; Okamoto, Kohei: A method for analyzing sketch maps using GIS. In: Map : journal of the Japan Cartographers Association. 41, 2003, 4, p.27-36, 7 ill., 1 tab. [Jap. with Engl. rés.] ISSN 0009-4897

3367
Timpf, Sabine: Abstraction, levels of detail and hierarchies in map series. In: Spatial information theory : cognitive and computational foundations of geographic information science. Christian Freksa; David M. Mark (eds.). - Berlin ; Heidelberg: Springer 2002, p.125-139, 7 ill. (Lecture notes in computer science ; 1661)
ISBN 3-540-66365-7 / 0302-974

3368
Tom, Ariane; Denis, Michel: Referring to landmark of street information in route

directions : what difference does it make? In: Spatial information theory : foundations of geographic information science ; international conference, COSIT 2003, Kartause Ittingen, Switzerland, September 24 - 28, 2003 ; proceedings. Werner Kuhn and others (eds.). - Berlin [u.a.]: Springer 2003, p.362-374, 4 ill., 7 tab. (Lecture notes in computer science ; 2825) ISSN 0302-9743

3369
Wakabayashi, Yoshiki; Suzuki, Koshiro: Theoretical and practical issues of the relationship between spatial cognition and maps. In: Map : journal of the Japan Cartographers Association. 41, 2003, 4, p.3-16, 3 tab. [Jap. with Engl. rés.] ISSN 0009-4897

3370
Winter, Stephan: Route adaptive selection of salient features. In: Spatial information theory : foundations of geographic information science ; international conference, COSIT 2003, Kartause Ittingen, Switzerland, September 24 - 28, 2003 ; proceedings. Werner Kuhn and others (eds.). - Berlin [u.a.]: Springer 2003, p.349-361, 6 ill. (Lecture notes in computer science ; 2825) ISSN 0302-9743

3. Map Reading and Map Interpretation, Cartometry Kartenlesen, Karteninterpretation, Kartometrie Lecture des cartes et interprétation des cartes, cartométrie

3371
Andrienko, Natalia; Andrienko, Gennady: Visuele exploratie van gegevens met interactieve kaarten en cumulatieve grafieken. In: Kartografisch Tijdschrift. 29, 2003, 2, p.10-13, 2 tab., 6 ill. [Visual exploration of data of data with interactive maps and cumulative curves.] [Dutch with Engl., and French rés.] ISSN 0167-5788

3372
Calder, Nigel: How to read a nautical chart : a complete guide to the symbols, abbreviations, and data displayed on nautical charts. - Camden, Me. [u.a.]: International Marine /McGraw-Hill 2003, 237 p., ill., mp. ISBN 0-07-137615-1

3373
Casti, Emanuel: Elementi per una teoria dell' interpretazione cartografica. In: La cartografia europea tra primo Rinascimento e fine dell' illuminismo : atti del Convegno Internazionale The Making of European Cartography, (Firenze, BNF-EUI, 13 - 15 dicembre 2001). A cura di Diogo Ramada Curto ; Angelo Cattaneo ; André Ferrand Almeida. - Firenze: L.S. Olschki 2003, p.293-324. (Studi / Accademi Toscana di Scienze e Lettere La Colombaria ; 213) [Elements for a theory of cartographic interpretation.] [Ital.] ISBN 88-222-5240-3

3374
Chiabrando, R. and others: Manutenzione ordinaria del territorio nella Provincia di Torino : ruolo del SIT nelle metodologie di studio. In: Bollettino della Associazione Italiana di Cartografia. 40, 2003, 117-118-119, p.489-498, 3 ill., 1 tab. [Ordinary maintenance of territory in the province of Turin : role of the SIT in study methodologies.] [Ital.] ISSN 0044-9733

3375
Chiabrando, R.; Godone, D.: Il modello digitale del terreno come supporto decisionale per interventi di valorizzazione del territorio montano. In: Bollettino della Associazione Italiana di Cartografia. 40, 2003, 117-118-119, p.480-488, 6 ill. [The digital terrain model as decisional support for participation at the valorization of mountain territory.] [Ital.] ISSN 0044-9733

3376
Cobet, Justus: Die Troas als historische Landschaft. In: Geschichtsdeutung auf alten Karten : Archäologie und Geschichte ; (46. Wolfenbütteler Symposium, vom 26. bis 29. Oktober 1999]. [Hrsg. von Dagmar Unverhau]. - Wiesbaden: Harrassowitz 2003, p.331-377, mp. (Wolfenbütteler Forschungen ; 101) ISBN 3-447-04813-1

3377
Del Casino, Vincent J.; Hanna, Stephen P.: Mapping identities, reading maps : the politics of representation in Bangkok's sex tourism industry. In: Mapping tourism. Ed. by Stephen P. Hanna and Vincent J. Del Casino Jr. - Minneapolis, Minn [u.a.]: University of Minnesota Press 2003, p.161-185, 8 ill.[Includes bibliographical references (p.187-207) and index]
ISBN 0-8166-3955-8 / 0-8166 3956-6

3378
Fromm, Heinz-Joachim: Siedlungs- und Flurentwicklung im Umland der industriellen Agglomeration BASF-Ludwigshafen, dargestellt und erläutert unter besonderer Berücksichtigung historischer und topographischer Karten. - Koblenz: H.-J. Fromm 2002, 368 p., ill., mp. [Zugl.: Koblenz, Landau, Univ., Abt. Landau, Diss., 2002]

3379
Gardiner, Ann; Perkins, Chris: 'Here is the Beech tree!' : understanding tactile maps in the field. In: The Cartographic Journal. 40, 2003, 3, p.277-282, 5 ill., 4 tab.
ISSN 0008-7041

3380
Geschichtsdeutung auf alten Karten : Archäologie und Geschichte ; (46. Wolfenbütteler Symposium, vom 26. bis 29. Oktober 1999]. [Hrsg. von Dagmar Unverhau].
- Wiesbaden: Harrassowitz 2003, 495 p., ill., mp. (Wolfenbütteler Forschungen ; 101)
ISBN 3-447-04813-1

3381
Gregori, Lucilia: La "letteratura" dei processi morfogenetici nella cartografia della montagna. In: Bollettino della Associazione Italiana di Cartografia. 40, 2003, 117-118-119, p.144-164, 30 ill. [The "literature" on morphogenetic processes in the cartography of mountains.]
[Ital.] ISSN 0044-9733

3382
Harkányine Székely, Zsuzsanna: A térképismérvek jelentësége a paradigmaváltás idején. In: Geodézia és kartográfia. 55, 2003, 11, p.29-32, 5 ill. [Significance of the map criterions in the time of paradigm change.] [Hung. with Engl. rés.]
ISSN 0016-7118

3383
Harris, Richard: Population mapping by geodemographical and digital imagery. In: Remotely sensed cities. Ed. by Victor Mesev. - London [u.a.]: Taylor & Francis 2003, p.223-241, 5 ill.
ISBN 0-415-26045-0

3384
Harvey, Paul D.A.: The biblical content of medieval maps of the Holy Land. In: Geschichtsdeutung auf alten Karten : Archäologie und Geschichte ; (46. Wolfenbütteler Symposium, vom 26. bis 29. Oktober 1999]. [Hrsg. von Dagmar Unverhau].
- Wiesbaden: Harrassowitz 2003, p.55-63. (Wolfenbütteler Forschungen ; 101)
ISBN 3-447-04813-1

3385
Hawkins, Pete: Map and compass : the art of navigation. - Milnthorpe: Cicerone 2003, 157 p., ill., mp. ISBN 1-85284-394-2 [A Cicerone guide]

3386
Hesselink, Annika W.; Middelkoop, Hans: Application of old maps in reconstructing

the morphological development of embanked floodplains of the lower river Rhine, The Netherlands. In: History makes a river : morphological changes and human interference in the river Rhine, The Netherlands. - Utrecht: Royal Dutch Geographical Soc. [u.a.] 2002, p.63-83, 10 ill., 3 tab. (Nederlands geographical studies ; 292)
ISBN 90-6809-327-4

3387
Jansa, Josef; Stanek, Heinz: Ableitung von Stadtmodellen aus Laser-Scanner-Daten, Grundrissplänen und photographischen Aufnahmen. In: VGI : österreichische Zeitschrift für Vermessung & Geoinformation. 91, 2003, 4, p.262-270, 11 ill.
ISSN 0029-9650

3388
Jansson, Gunnar; Monaci, Linda: Exploring tactile maps with one or two fingers. In: The Cartographic Journal. 40, 2003, 3, p.269-271, 2 ill. ISSN 0008-7041

3389
Kalke, Ralf: Verfahren zum digitalen Vergleich von analogen topographischen Karten. In: Kartenverfälschung als Folge übergroßer Geheimhaltung? : eine Annäherung an das Thema Einflußnahme der Staatssicherheit auf das Kartenwesen der DDR ; Referate der Tagung der BStU vom 08.-09. 2001 in Berlin. Hrsg. von Dagmar Unverhau. - Münster: Lit 2002, p.177-192, 15 ill.
ISBN 3-8258-5964-9

3390
Karten als Zeugen der Geschichte : 500 Jahre Kartographie am Beispiel von Geislingen und Umgebung ; Begleitheft zur Weihnachtsausstellung 2003 in der Galerie im Alten Bau, Geislingen an der Steige. von Wilhelm Rall mit Beitr. von Jürgen Hagel und Hartmut Gruber. - Geislingen and der Steige: Stadtarchiv 2003, 116 p. (Veröffentlichung des Stadtarchivs / Stadtarchiv Geislingen an der Steige ; 21)

3391
Knefelkamp, Ulrich: Der Behaim-Globus : Geschichtsbild und Geschichtsdeutung. In: Geschichtsdeutung auf alten Karten : Archäologie und Geschichte ; (46. Wolfenbütteler Symposium, vom 26. bis 29. Oktober 1999]. [Hrsg. von Dagmar Unverhau]. - Wiesbaden: Harrassowitz 2003, p.111-128, 6 ill. (Wolfenbütteler Forschungen ; 101) ISBN 3-447-04813-1

3392
Krygier, John: Geographic information literacy and the World Wide Web. In: Maps and the internet. Ed. by Michael Peterson. Publ. on behalf of the International Cartographic Association. - Amsterdam [u.a.]: Elsevier Science 2003, p.17-33, 3 ill.
ISBN 0-08-044201-3

3393
Kummer, Reinhard: Karte, Kompass, GPS. - Welver: Stein 2003, 99 p., ill., mp. (Outdoor-Handbuch : Basiswissen für draußen ; Bd. 4) ISBN 3-89392-604-6

3394
Lindner, Klaus: Landesaufnahmen deutscher Territorien : Beispiele der Militärkartographie und ihr historischer Quellenwert. In: Geschichtsdeutung auf alten Karten : Archäologie und Geschichte ; (46. Wolfenbütteler Symposium, vom 26. bis 29. Oktober 1999]. [Hrsg. von Dagmar Unverhau]. - Wiesbaden: Harrassowitz 2003, p.411-441, 2 ill. (Wolfenbütteler Forschungen ; 101) ISBN 3-447-04813-1

3395
Lo, Chor Pang: Zone-based estimation of population and housing units from satellite-generated land use/land cover maps. In: Remotely sensed cities. Ed. by Victor Mesev. - London [u.a.]: Taylor & Francis 2003, p. 157-180, 6 ill., 7 tab. ISBN 0-415-26045-0

3396
Mac Gillavry, Edward: Locatiezoekers : webkaarten wijzen de weg. In: Kartografisch Tijdschrift. 29, 2003, 4, p.13-19, 10 ill., 1 tab. [Store locators : web maps lead the way.] [Dutch with Engl., and French rés.] ISSN 0167-5788

3397
Monga, Luigi: Translating the journey : a literary perspective on thruth in cartography. In: Cross-cultural travel : papers from the Royal Irish Academy Symposium on Literature and Travel, National University of Ireland, Galway, November 2002. Ed. by Jane Conroy. - New York [u.a.]: Lang 2003, p.11-30, 14 ill. (Travel writing across the disciplines ; 7) ISBN 0-8204-6930-0

3398
Mooney, Peter; Winstanley, Adam C.: Mapping and internet based public transportation journey planning and information systems. In: Maps and the internet. Ed. by Michael Peterson. Publ. on behalf of the International Cartographic Association. - Amsterdam [u.a.]: Elsevier Science 2003, p.291-310, 5 ill. ISBN 0-08-044201-3

3399
Murakoshi, Shin; Kobayashi, Taketo: Cognitive processes of solving a topograpic map reading task. In: Map : journal of the Japan Cartographers Association. 41, 2003, 4, p.17-26, 2 ill., 4 tab. [Jap. with Engl. rés.] ISSN 0009-4897

3400
Musall, Heinz: Spuren der barockzeitlichen Kulturlandschaft Südwestdeutschlands in J.V.Moreaus "Carte topographique de l'ancienne Souabe...". In: Geschichtsdeutung auf alten Karten : Archäologie und Geschichte ; (46. Wolfenbütteler Symposium, vom 26. bis 29. Oktober 1999]. [Hrsg. von Dagmar Unverhau]. - Wiesbaden: Harrassowitz 2003, p.443-466, 10 ill. (Wolfenbütteler Forschungen ; 101) ISBN 3-447-04813-1

3401
Neumann, Joachim: Deutschlandkarten bis zum Ende des Heiligen Römischen Reiches Deutscher Nationen : Geschichtsdeutung aus Karten und humanistischen Landesbeschreibungen sowie aus reichsweiten Synthesen früher Landesaufnahmen. In: Geschichtsdeutung auf alten Karten : Archäologie und Geschichte ; (46. Wolfenbütteler Symposium, vom 26. bis 29. Oktober 1999]. [Hrsg. von Dagmar Unverhau]. - Wiesbaden: Harrassowitz 2003, p.397-410. (Wolfenbütteler Forschungen ; 101) ISBN 3-447-04813-1

3402
Ogao, Patrick J.: Gebruik van animaties om ruimtelijke structuren te exploreren : zijn ze effectief? In: Kartografisch Tijdschrift. 29, 2003, 1, p.25-31, 7 ill. [Using animation to explore geospatial structures : are they effective?] [Dutch with Engl. rés.] ISSN 0167-5788

3403
Pecci, Massimo: Cartografia geomorfologica delle aree di alta montagna applicata alla riduzione dei rischi naturali : integrazione di rilievi tradizionali e tecnologie GIS e GPS nel caso di studio del Cho Oyu - Himalaya, Tibet. In: Bollettino della Associazione Italiana di Cartografia. 40, 2003, 117-118-119, p.499-506, 7 ill., 1 tab. [Geomorphological cartography of high mountain areas for the reduction of natural risks : integration of traditional reliefs and GIS technology and GPS in the case of the study of the Cho Oyu - Himalaya, Tibet.] [Ital.] ISSN 0044-9733

3404
Perkins, Chris; Gardiner, Ann: Real world map reading strategies. In: The Cartogra-

phic Journal. 40, 2003, 3, p.265-268, 1 ill., 4 tab. ISSN 0008-7041

3405
Peters, N.H.: Eredia Map 1602 : Ouro and Luca ; Antara Islands. In: Cartography : journal of the Mapping Sciences Institute, Australia. 32, 2003, 2, p.31-47, 1 ill., 6 mp. ISSN 0069-0805

3406
Riegler, Franz: Möglichkeiten der Orientierungsschulung und des Plan-und Kartenlesens an außerschulischen Lernorten. In: GW-Unterricht. 91, 2003, p.77-81, 3 ill.

3407
Sauro, Ugo and others: La carta topografica : utile strumento per la scoperta dei territori montani. In: Bollettino della Associazione Italiana di Cartografia. 40, 2003, 117-118-119, p.117-120. [The cartographic map : useful instrument for the discovery of mountain territories.] [Ital.] ISSN 0044-9733

3408
Seidman, David: The essential wilderness navigator. - Camden, Me [u.a.]: Ragged Mountain Press 2001, 173 p., ill., mp. [Includes bibliographical references (p.162) and index] ISBN 0-07-136110-3

3409
Stams, Werner: Inhalt und Aussage der sächsischen Meilenblätter. In: Burgenforschung aus Sachsen. 10, 1997, p.153-164, ill.

3410
Takai, Toshibumi; Okunuki, Kei-ichi; Okamoto, Kohei: A method for analyzing sketch maps using GIS. In: Map : journal of the Japan Cartographers Association. 41, 2003, 4, p.27-36, 7 ill., 1 tab. [Jap. with Engl. rés.] ISSN 0009-4897

3411
Varotto, Mauro: Montagne deserte : l'abbandono delle "terre alte" visto attraverso la cartografia. In: Bollettino della Associazione Italiana di Cartografia. 40, 2003, 117-118-119, p.165-177, 6 ill. [Desert mountains : the abandonment of high lands seen through cartography.] [Ital.] ISSN 0044-9733

3412
Vavryčyn, Marija; Gol'ko, Oleg: Pokažčik nazv ob'jektiv, vidobraženych na Special'nij karti Ukraïny G. Boplana 1650 r. In: Kartografija ta istorija Ukraïny : zbirnyk naukovych pracÿ = Cartography and history of Ukraine : a collection of scholarly papers. Instytut Ukraïns'koï Archeohrafiï ta Dÿézereloznavstva im. M. Hruÿésevs'koho <Kyïv>. - L'viv: Koc' 2000, p.258-330, 1 mp. [The indexes of the names of the objects pictured on the Special map of Ukraine by G. Beauplan, 1650.] [Ukrain.] [In kyrill. Schrift] ISBN 996-02-1663-7

3413
Vollmar, Rainer: Die Vielschichtigkeit von Karten als kulturhistorische Produkte. In: Geschichtsdeutung auf alten Karten : Archäologie und Geschichte ; (46. Wolfenbütteler Symposium, vom 26. bis 29. Oktober 1999]. [Hrsg. von Dagmar Unverhau]. - Wiesbaden: Harrassowitz 2003, p.381-395, 7 ill. (Wolfenbütteler Forschungen ; 101) ISBN 3-447-04813-1

3414
Watelet, Marcel: Les deux éditions de la carte murale de l'Europe (1554, 1572) de Gérard Mercator : sources pour l'histoire socio-économique et politique du XVIe siècle européen. In: Geschichtsdeutung auf alten Karten : Archäologie und Geschichte ; (46. Wolfenbütteler Symposium, vom 26. bis 29. Oktober 1999]. [Hrsg. von Dagmar Unverhau]. - Wiesbaden: Harrassowitz

2003, p.147-161. (Wolfenbütteler Forschungen ; 101) ISBN 3-447-04813-1

3415
Wawrik, Franz: Historische und kulturhistorische Informationen in den Werken österreichischer Kartographen des 16. Jahrhunderts, mit besonderer Berücksichtigung des Wolfgang Lazius. In: Geschichtsdeutung auf alten Karten : Archäologie und Geschichte ; (46. Wolfenbütteler Symposium, vom 26. bis 29. Oktober 1999]. [Hrsg. von Dagmar Unverhau]. - Wiesbaden: Harrassowitz 2003, p.193-212, 2 ill. (Wolfenbütteler Forschungen ; 101) ISBN 3-447-04813-1

3416
Weindorf, Manuel: Regelbasierte Interpretation unstrukturierter Vektorkarten. - München: Beck 2002, 73 p., ill., mp. (Deutsche Geodätische Kommission bei der Bayerischen Adademie der Wissenschaften Reihe C, Dissertationen ; 555) [Zugl.: Karlsruhe, Univ., Diss., 2001] ISBN 3-7696-9594-1

3417
Zedda Macciò, Isabella: Historical evolution of Chinese cartography : documents, sources and problems of interpretation. In: Carte di riso : far eastern cartography with a complete catalogue of the collection of Chinese and Japanese maps owned by the Società Geografica Italiana. A cura di Claudio Cerreti. - Roma: Soc. Geografica Italiana 2003, p.9-61, 14 ill. (Memorie della Società Geografica Italiana ; 69) ISSN 0391-5190

4. Functions of Maps Funktionsbereiche der Kartographie Domaines de fonction des cartes

3418
Cvetkov, Stojan; Bojadžiev, Belčo; Dekov, Zlatko: 55 godini "Geoplanproekt". In: Geodezija, kartografija, zemeustrojstvo. 43, 2003, 5-6, p.31-34. [Geoplanproject 55 years anniversary.] [Bulg. with Engl. rés.] ISSN 0324-1610

3419
Sester, Monika: Verfahren der automatischen Dateninterpretation. In: Visualisierung und Erschließung von Geodaten : Seminar GEOVIS 2003, 26. bis 27. Februar 2003, Universität Hannover. Hrsg. von der Deutschen Gesellschaft für Karthographie e.V., Kommission Geoinformation und Visualisierung. Schriftleitung: Jürgen Dodt; Wolf-Dieter Rase. - Bonn: Kirschbaum-Verl. 2003, p.153-161, 3 ill. (Kartographische Schriften ; 7) ISBN 3-7812-1577-6

Cadastral Mapping / Katasterkartographie / Cartographie cadastrale

3420
Ai, Tinghua: Subdivision of polygon parcel in land-use data generalization. In: Geospatial information science. 6, 2003, 3, p.56-61, 5 ill. ISSN 1009-5020

3421
Alcázar Molina, Manuel G.; Sánchez de la Orden, Manuel: Documentación gráfica del catastro rústico Español : del croquis a la ortofotogafia digital (II). In: Topografia y cartografia : TOPCART. 19, 2002, 112, p.30-38, 2 ill., 2 tab. [Graphic documentation of the Spanish land catastre : from sketch to digital orthophotography.] [Span.] ISSN 0212-9280

3422
Aumann, Gabriele and others: OGC Web Services zur interoperablen Nutzung verteilter Geodatenbanken für mobile Anwendungen. In: GIS : Geoinformationssysteme. 16, 2003, 6, p.17-23, 7 ill.

3423
Barnes, Grenville and others: Developing a spatio-temporal cadastral database using county appraisal data from northern Florida. In: Surveying and land information science. 63, 2003, 4, p.243-251, 9 ill. ISSN 1538-1242

3424
Barry, Michael; Elema, Ina; Molen, Paul van der: Ocean governance and the marine cadastre : The Netherlands, North Sea. In: Geomatica. 57, 2003, 3, p.313-324, 4 ill., 1 tab. ISSN 1195-1036

3425
Beck, Torsten and others: Gründlich durchforstet : Katasterdigitalisierung und Qualitätssicherung in der Thüringer Landesforstverwaltung. In: GeoBit : das Magazin für raumbezogene Informationstechnologie. 8, 2003, 7, p.16-18, 4 ill.

3426
Beinat, Alberto; Crosilla, Fabio: Generalised Procrustes algorithms for the conformal updating of a cadastral map. In: ZfV : Zeitschrift für Geodäsie, Geoinformation und Landmanagement. 128, 2003, 5, p.341-349, 7 ill, 2 tab. ISSN 1618-8950

3427
Bottmeyer, Manfred: Der virtuelle Feldvergleich : Einführung eines Visualisierungssystems in der amtlichen Gebäudevermessung. In: GeoBit : das Magazin für raumbezogene Informationstechnologie. 8, 2003, 4, p.35-37, 4 ill. ISSN 1430-3663

3428
Čada, Václav; Marzín, Václav: Vedení a údržba D-SGI v lokalitách sáhových map. In: Geodetický a kartografický obzor. 49, 2003, 12, p.243-253, 5 ill. [Administration and maintenance of the digital file of geodetic information at loacations with maps at fathom scales.] [Czech with Engl. rés.]

3429
Clergeot, Pierre: Aux origines du cadastre général parcellaire français. In: XYZ : revue de l'Association Française de Topographie. 25, 2003, 95, p.57-61. ISSN 0290-9057

3430
Craig, Belle A.; Wahl, Jerry L.: Cadastral survey accuracy standards. In: Surveying and land information science. 63, 2003, 2, p.87-106, 4 ill., 1 tab. ISSN 1538-1242

3431
Cui, Xu; Fu, Zhongliang: Development of cadastral information system based on UML. In: Geomatics and information science of Wuhan University. 28, 2003, 1, p.105-110 (+ p.119), 9 ill. [Chin. with Engl. rés.] ISSN 1000-050X

3432
De kadastrale kaart van 1832 : digitale ontsluiting on landschapsecologische toepassingen. W.C.Knol ; M.W.M.Noordman. - Wageningen: Alterra, Research Inst. voor de Groene Ruimte 2003, 60 p., ill., mp. (Alterra-rapport ; 820)

3433
Diewald, Günter: Verborgene Datenschätze heben : der Weg der Verbandsgemeinde Bruchmühlbach-Miesau zum GIS. In: GeoBit : das Magazin für raumbezogene Informationstechnologie. 8, 2003, 8, p.32-33, 3 ill. ISSN 1430-3663

3434
Fábián, József: DAT szabályzatok a gyakorlatban. In: Geodézia és kartográfia. 55, 2003, 2, p.27-31. [Digital mapping for regulations in practice.] [Hung. with Engl. rés.] ISSN 0016-7118

3435
Fičor, Dušan: Aktuálne problémy štandardizácie geografického názvoslovia. In: Geodetický a kartografický obzor. 49,

2003, 7-8, p.166-170. [Actual problems of standardization of geographic names.] [Czech. with Engl. rés.] ISSN 0016-7096

3436
Geoinformation mobil. Alexander Zipf; Josef Strobl (Hrsg.). - Heidelberg: Wichmann 2002, VIII, 230 p., ill., mp. [Literaturangaben] ISBN 3-87907-373-2

3437
Geoinformationssysteme : Leifaden für kommunale GIS-Einsteiger. Bayerisches Staatsministerium der Finanzen. - München: Bayer. Staatsministerium der Finanzen 2003, 74 p., ill., mp. [1.Aufl.] ISBN 3-935612-39-7

3438
Gjurkovski, M.: S'stojanie na dejnostite po s'zdavane na kadast'ra v B'lgarija. In: Geodezija, kartografija, zemeustrojstvo. 43, 2003, 1-2, p.22-25. [Current status of the cadastral works in Bulgaria.] [Bulg. with Engl. rés.] ISSN 0324-1610

3439
Greve, Dieter: Geschichte des Liegenschaftskatasters in Mecklenburg. In: 150 Jahre Mecklenburgische Landesvermessung : 1853-2003. [Hrsg.: Landesvermessungsamt Mecklenburg-Vorpommern. Red.: Kansy, Annelie ...]. - Schwerin: Landesvermessungsamt Mecklenburg-Vorpommern 2003, p.61-71, 3 ill., 1 tab.

3440
Grilc, Matjaž and others: Vzpsostavitev katastra stavb : registrski podatki. In: Geodetski vestnik. 47, 2003, 3, p.55-63, 2 ill. [The setup of building cadastre : registry data.] [Sloven. with Engl. rés.] ISSN 0351-0271

3441
Groot, M. de: DataLand : het centrale loket voor gebouwinformatie. In: Geodesia. 45, 2003, 7/8, p.280-284, 5 ill. [DataLand, a distribution point for building information.] [Dutch with Engl. rés.] ISSN 1385-7517

3442
Gruber, Hartmut: Von den Anfängen der lokalen Vermessung bis zum Liegenschaftskataster und Stadtbauplan von Geislingen. In: Karten als Zeugen der Geschichte : 500 Jahre Kartographie am Beispiel von Geislingen und Umgebung ; Begleitheft zur Weihnachtsausstellung 2003 in der Galerie im Alten Bau, Geislingen an der Steige. von Wilhelm Rall mit Beitr. von Jürgen Hagel und Hartmut Gruber. - Geislingen an der Steige: Stadtarchiv 2003, p.85-98, 8 ill. (Veröffentlichung des Stadtarchivs / Stadtarchiv Geislingen an der Steige ; 21)

3443
Grudzinski, Lucjan: Untersuchungen zu historischen, privaten und öffentlichen baurechtlichen Bestimmungen als Hilfsmittel für Grenzfeststellungen im Stadtkreis Gera (vor 1920 Kern des Fürstentums Reuß j.L.). Hrsg.: Deutscher Verein für Vermessungswesen, Landesverein Thüringen - Red. überarb. und teilw. gekürzt durch den Hrsg. - Gotha 2002, 74 p., ill., mp. (Fachinformationsblatt / Deutscher Verein für Vermessungswesen, Landesverein Thüringen ; 3) [Vollst. zugl.: Dresden, Hochschule für Technik und Wirtschaft, Dipl.-Arb.,]

3444
Gusche, Meinhard: Die Basisinformationssysteme ALB und ALK im Liegenschaftskataster in Mecklenburg-Vorpommern : ein Überblick und der weitere Weg nach ALKIS. In: 150 Jahre Mecklenburgische Landesvermessung : 1853-2003. [Hrsg.: Landesvermessungsamt Mecklenburg-Vorpommern. Red.: Kansy, Annelie ...]. - Schwerin: Landesvermessungsamt Mecklenburg-Vorpommern 2003, p.72-83, 2 ill., 3 tab.

3445
Happ, Elmar: Das Forstliche Geographische Informationssystem von Sachsen (FGIS). In: Arbeitsgruppe Automation in der Kartographie : Tagung 2002. - Frankfurt am Main: Verlag des Bundesamtes für Kartographie und Geodäsie 2003, p.39-46, 3 ill. (Mitteilungen des Bundesamtes für Kartographie und Geodäsie ; 24) ISBN 3-89888-867-3

3446
Heere, Elger: Het gebruik van GIS bij het onderzoek naar prekadastrale kaarten. In: Kartografisch Tijdschrift. 29, 2003, 3, p.25-28, 5 ill. [The application of GIS in pre-cadastral map research.] [Dutch with Engl., and French rés.] ISSN 0167-5788

3447
Heine, Erwin; Mansberger, Reinfried; Ernst, Julius: Landadministration und Dateninfrastruktur : nationale Problemstellungen und europäische Entwicklungen. In: 12. Internationale Geodätische Woche, Obergurgl 2003. Günter Chesi; Thomas Weinold (Hrsg.). - Heidelberg: Wichmann 2003, p.51-66, 7 ill. ISBN 3-87907-401-1

3448
Hornanský, Imrich: Vývojový trend alebo náhoda? In: Geodetický a kartografický obzor. 49, 2003, 6, p.109-112. [A trend of evolution or an accident?] [Czech. with Engl. rés.] ISSN 0016-7096

3449
Hudra, György: Interpretation of Hungarian cadastral maps : Luftbildinterpretation und GIS-Erfassung. - Karlsruhe: Fachhochschule Karlsruhe, Hochschule für Technik, Fachbereich Geoinformationswesen 2001, p.37-57, 26 ill., 7 tab. (Karlsruher geowissenschaftliche Schriften, Reihe D, Topographische und thematische Einzelkarten ; 8) [Zugl.: Karlsruhe, Fachhochsch., Dipl.-Arbeit] ISBN 3-89063-707-8

3450
Joó, István; Joó, István jun.: "Az információs társadalom és a Nemzeti Kataszteri Program" címå. In: Geodézia és kartográfia. 55, 2003, 4, p.3-10, 22 ill. [About the Conference on "Information society and the Hungarian National Cadaster Programme" (NCP).] [Hung. with Engl. rés.] ISSN 0016-7118

3451
Kaufmann, Jürg: Kataster- und Landregistrierungssystem in Georgien. In: Geomatik Schweiz : Geoinformation und Landmanagement. 101, 2003, 12, p.665-668, 7 ill. [Germ. with French, and Ital. rés.] ISSN 0252-9424

3452
Kosmatin Fras, Mojca: Quality model based on total quality management in photogrammetry. In: Geodetski list. 57, 2003, 3, p.167-181, 5 ill. [Engl. with Croat. rés.] ISSN 0016-710X

3453
Die Liegenschaftsvermessungen im Land Brandenburg. Land Brandenburg, Ministerium des Innern. - [Potsdam]: Ministerium des Innern des Landes Brandenburg 2003, 1 CD-ROM. [Elektronische Ressource]

3454
Lipej, Božena: Novi izzivi in nove priložnosti Slovenske geodezije. In: Geodetski vestnik. 47, 2003, 4, p.375-386, 5 ill. [New challenges and new opportunities for Slovene geodesy.] [Sloven. with Engl. rés.] ISSN 0351-0271

3455
Lisov'ska, Jevgenija: Kadastrovi karty jak džerelo do istoriï Gayčyny XIX st. In: Kartohrafija ta istorija Ukraïny : zbirnyk naukovych pracÿ = Cartography and history of Ukraine : a collection of scholarly papers. Instytut Ukraïns'koï Archeohrafiï ta

Dÿézereloznavstva im. M. Hruÿésevs'koho <Kyïv>. - L'viv: Koc' 2000, p.245-251, 1 ill. [Cadastral maps as a source for the history of Halychyna in the XIX century.] [Ukrain.] [In kyrill. Schrift] ISBN 996-02-1663-7

3456
Lolonis, Panos: Método basado en la estadística x2 para comprobar que el ajuste de bordes de mapas y diegramas de zonas adyacentes sea satisfactorio. In: Topografia y cartografia : TOPCART. 20, 2003, 118-119, p.35-43, 4 ill., 2 tab. [A statistical method to determine whether two or more maps produced by independent surveys and cover adjacent areas match each other satisfactorily.] [Span. with Engl. rés] ISSN 0212-9280

3457
Möller, Günter: Umsetzung des ALKIS-Konzepts in Rheinland-Pfalz. In: 12. Internationale Geodätische Woche, Obergurgl 2003. Günter Chesi; Thomas Weinold (Hrsg.). - Heidelberg: Wichmann 2003, p.103-112, 6 ill. ISBN 3-87907-401-1

3458
Müller, Gerd: Zur Entwicklung des Liegenschaftskatasters in Sachsen : vom Grundsteuer- zum Eigentumskataster. Hrsg.: Deutscher Verein für Vermessungswesen, Landesverein Thüringen. - Gotha 2000, 35 p. (Fachinformationsblatt / Deutscher Verein für Vermessungswesen, Landesverein Thüringen ; 2)

3459
Nacionalna NTK "S'stojanie na dejnostite po s'zdavaneto na kadast'ra v B'lgarija. In: Geodezija, kartografija, zemeustrojstvo. 43, 2003, 1-2, p.36-37. [National scientific and technical conference on the status of the cadastral work in Bulgaria.] [Bulg. with Engl. rés.] ISSN 0324-1610

3460
Niklasz, László: Merre magyar kataszter? In: Geodézia és kartográfia. 55, 2003, 6, p.7-12. [Quo vadis Hungarian Cadastre?] [Hung. with Engl. rés.] ISSN 0016-7118

3461
Pahulje, Darko; čeh, Marjan: Anketa o uvajanju novih tehnologij v geodetzske merske postopke. In: Geodetski vestnik. 47, 2003, 1&2, p.27-36, 3 ill. [Questionnair introduction of new technologies into geodetic measurements.] [Sloven. with Engl. rés.] ISSN 0351-0271

3462
Richtlinien für die Einrichtung der Automatisierten Liegenschaftskarte in Brandenburg (ALK-Richtlinien) : eingeführt durch Runderlass III Nr. 25/1995 des Ministeriums des Innern vom 13.12.1995 zuletzt geändert durch Runderlass Nr. 8/2000 des Ministeriums des Innern vom 04. Mai 2000. Ministerium des Innern des Landes Brandenburg. - [Potsdam]: Ministerium des Innern des Landes Brandenburg 2000 [Stand: 31.03.2000]

3463
Roić, Miodrag; Racetin, Ivana: Evidencije pomorskih područja. In: Geodetski list. 57, 2003, 4, p.279-290,2 ill. [Registration of maritime areas.] [Croat. with Engl. rés.] ISSN 0016-710X

3464
Ruitinga, Lida: Kadastrale atlasen revisited : stand van zaken op papier. In: Caert-Thresoor. 22, 2003, 1, p.17-19, 2 ill. [Cadastral atlases revisitid : state of affairs on paper.] [Dutch with Engl. rés.] ISSN 0167-4994

3465
Sastre Domingo, Jesús: Hojas kilométricas: catastro inacabado de Madrid : imágenes

del pasado con todo el futuro por delante. In: Topografia y cartografia : TOPCART. 20, 2003, 114, p.14-26, 9 ill. [Kilometric plans: unfinished catastre of Madrid : pictures of the past with the futur aheas.] [Span. with Engl. rés.]

3466
Scherpenzeel-Capel, B.J.: Wegenlegger en GIS. In: Geodesia. 45, 2003, 2, p.60-65, 5 ill. [Registration of rural roads: the road legger.] [Dutch with Engl. rés.] ISSN 1385-7517

3467
Schüttel, Marcel: ALB und ALK : fit für ALKIS? In: ZfV : Zeitschrift für Geodäsie, Geoinformation und Landmanagement. 128, 2003, 3, p.185-192, 4 tab. ISSN 1618-8950

3468
Schultz, Wolfgang: Untersuchungen zur Anwendung von SAPOS -HEPS im Liegenschaftskataster. In: Vermessung Brandenburg. 8, 2003, p.19-26, 8 ill. ISSN 1430-7650

3469
Seifert, Markus: Der Standard ALKIS : Chancen und Konsequenzen für das amtliche Vermessungswesen. In: Mitteilungen des DVW-Bayern e.V. 55, 2003, 2, p.157-167, 4 ill. ISSN 0723-6336

3470
Sereno, Paola: Rappresentazioni della proprietà fondiaria : i cabrei e la cartografia cabreistica. In: Carte e cartografi degli Stati Sabaudi : rappresentare uno stato dal XVI al XVIII secolo. A cura di Rinaldo Comba e Paola Sereno. - Torino [u.a.]: U.Allemandi 2002, p.143-161. (Archivi di arte e cultura piemontesi) [Representations of real estate : Cabrei (cadastral maps) and cadastral cartography.] [Ital.] [Vol. 1 + 2] ISBN 88-422-0717-9

3471
Speich, Daniel: Das Grundbuch als Grund aller Pläne : Präzision und die Fiktion der Überschaubarkeit im Entstchungsprozess eines modernen Rechtsstaats. In: Vermessene Landschaften : Kulturgeschichte und technische Praxis im 19. und 20. Jahrhundert. Hrsg. von David Gugerli. - Zürich: Chronos 1999, p.137-148. (Interferenzen ; 1) ISBN 3-905313-12-X

3472
Stevens, Robert; Kirkpatrick, Stewart: Cost-benefit analysis of Montana's Cadastral Mapping Project website. In: Surveying and land information science. 63, 2003, 4, p.259-263, 1 ill., 4 tab. ISBN 1538-1242

3473
Tong, Xiaohua; Liu, Dajie; Gong, Jianya: Adjustment models and methods of parcel area processing in GIS. In: Geomatics and information science of Wuhan University. 28, 2003, 2, p.182-187, 3 ill., 5 tab. [Chin. with Engl. rés.] ISSN 1000-050X

3474
Wieland, Jos: Kadaster 1832 (1841) revisited : archiefbrede samenwerking op moderne leest onder de koepel van DIVA. In: Caert-Thresoor. 22, 2003, 1, p.14-16, 1 ill. [A modern way to present cadastral maps.] [Dutch with Engl. rés.] ISSN 0167-4994

3475
Wulf, Joachim: Eine gute Verbindung : Kopplung voan SAP und GIS bei der Wasser- und Schifffahrtsverwaltung des Bundes. In: GeoBit : das Magazin für raumbezogene Informationstechnologie. 8, 2003, 11, p.28-29, 2 ill. ISSN 1430-3663

Journalistic Cartography / Medienkartographie / Cartographie journalistique

3476
Herzog, David: Mapping the news : case studies in GIS and journalism. - Redlands, Calif.: ESRI Press 2003, 147 p., ill., mp. ISBN 1-589-48072-4

3477
Kowalski, Paweł: Kartografia prasowa w Polsce przed uzyskaniem niepodległości w 1918 roku. In: Polski przegląd kartograficzny. 35, 2003, 1, p.12-24, 9 ill. [Press cartography in Poland before the regaining of independence in 1918.] [Pol. with Engl. and Russ. rés.] ISSN 0324-8321

3478
Kowalski, Paweł: Kartografia prasowa w Polsce Ludowej (1945-1989). In: Polski przegląd kartograficzny. 35, 2003, 2, p.114-125, 13 ill. [Press cartography in the Polish People's Republic (1945-1989).] [Pol. with Engl. and Russ. rés.] ISSN 0324-8321

Military Cartography / Militärkartographie /Cartographie militaire

3479
Palsky, Gilles: Pictures at an exhibition : military mapping in Vincennes. In: BIMCC newsletter / Brussels International Map Collectors' Circle. 15, 2003, p.3, 1 ill.

3480
Postnikov, Alexei V.; Litvin, Alexei A.: Swedish Maps and Plans in Russian Archives. In: Accurata descriptio : studier i kartografi, numismatik, orientalistik och biblioteksväsen tillägnade Ulla Ehrensvärd. [Redaktionskommitté: Göran Bäärnhielm ...]. - Stockholm: Kungl. Biblioteket 2003, p.387-394. (Acta Bibliothecae regiae Stockholmiensis ; 69) ISBN 91-7000-222-3

Navigational Mapping / Navigationskartographie / Cartographie de navigation

3481
Ahlund, Bertil: Historia kring vara sjökort. - Stockholm: Sjöhistoriska samfundet 2002, 126 p., ill., mp. (Forum navales skriftserie ; 5) [History around sea maps.] ISBN 91-974015-2-8

3482
Aktines anemon ste thalassa = raggi di venti sul mare. Epimeleia Euangelos Libieratos. - Thessalonike: Ethnike Chartotheke 2000, 111 p., ill., mp. [Beams of wind on the sea.] [Greek and Ital.] ISBN 960-799904-5 [Catalogo della mostra di carte nautiche manoscritte 16. sec. provenienti dal museo Correr di Venezia, tenutasi presso il Centro nazionale ellenico per le carte e il patrimonio cartografico, cartoteca nazionale, di Tessalonica, dal 24 gennaio al 13 febbraio 2000. 7 conferenze su portolani e carte nautiche, istituto italiano di cultura di Salonicco, Thessaloniki, 25-26 gennaio 2000]

3483
Astengo, Corradino: La cartografia nautica mediterranea dei secoli XVI e XVII. - Genova: Erga 2000, 221 p., ill. [The Mediterranean nautical cartography of the XVIth and the XVIIth century.] [Ital.] [Includes bibliographical references (p.193-221)] ISBN 88-8163-204-7

3484
Baldegger, Joachim; Giger, Christine: Datengrundlage für Location Based Services (LBS). In: 12. Internationale Geodätische Woche, Obergurgl 2003. Günter Chesi; Thomas Weinold (Hrsg.). - Heidelberg: Wichmann 2003, p.1-9, 3 ill. ISBN 3-87907-401-1

3485
Barsi, Arpád and others: Digitális ortofotók készítése és alkalmazási lehetëségei. In: Geodézia és kartográfia. 55, 2003, 2, p.3-7, 4 ill. [Producing digital orthoimages and their application possibilities.] [Hung. with Engl. rés.] ISSN 0016-7118

3486
Blais, Hélène: Qui dresse la carte? La controverse entre savants et voyageurs au XIXe siècle : le cas des circumnavigateurs français dans la première moitié du siècle. In: Le Monde des Cartes : revue du Comité Français de Cartographie. 175, 2003, p.25-29. ISSN 1634-3522

3487
Borza, Tibor; Frey, Sándor: Az európai múholdas hesymeghatározás és várható hatása a geodéziára. In: Geodézia és kartográfia. 55, 2003, 12, p.3-10, 1 ill., 7 tab. [European satellite navigation systems and their future impact on geodesy.] [Hung. with Engl. rés.] ISSN 0016-7118

3488
Breunig, Martin and others: XML-basierte Techniken für Location Based Services. In: Geoinformation mobil. Alexander Zipf; Josef Strobl (Hrsg.). - Heidelberg: Wichmann 2002, p.26-35, 5 ill. ISBN 3-87907-373-2

3489
Calder, Nigel: How to read a nautical chart : a complete guide to the symbols, abbreviations, and data displayed on nautical charts. - Camden, Me. [u.a.]: International Marine /McGraw-Hill 2003, 237 p., ill., mp. ISBN 0-07-137615-1

3490
Campodonico, Pierangelo: Da una parte all'altra del Mediterraneo. In: L'oceano della convivenza. Expo Lisboa 98. - [Milano]: Skira 1998, p.34-61, 21 ill. [From one part to the other of the Meditarranean.] [Ital.] ISBN 88-8118-397-8

3491
Cavazzani, Augusto; Garofalo, Alessandro: La cartografia della F.I.S.O : Federazione Italiana Sport Orientamento. In: Bollettino della Associazione Italiana di Cartografia. 40, 2003, 117-118-119, p.427-431. [The cartography of the F.I.S.O : Italian Federation of Sport Orientation.] [Ital.] ISSN 0044-9733

3492
Chapuis, Olivier: L'hydrographie des côtes de France (XVIIe siècle -XIXe siècle). In: Du paysage à la carte : trois siècles de cartographie militaire de la France ; [exposition tenue au château de Vincennes du 18 septembre au 10 novembre 2002]. Ministère de la Défense, services historiques des armées. Sous la dir. de Marie-Anne Villèle, Agnès Beylot et Alain Morgat. - Vincennes: Service Historique de l'Armée de Terre 2002, p.56-64. (Publications du Service de l'Armée de Terre) ISBN 2-86323-143-X

3493
Coors, Volker: Dreidimensionale Karten für Location Based Services. In: Geoinformation mobil. Alexander Zipf; Josef Strobl (Hrsg.). - Heidelberg: Wichmann 2002, p.14-25, 6 ill. ISBN 3-87907-373-2

3494
Csekë, Arpád: Arvíz- és belvízfelmérés radar felvételekkel. In: Geodézia és kartográfia. 55, 2003, 2, p.16-22, 3 ill., 2 tab. [Flood and waterlog monitoring in Hungary with radar images.] [Hung. with Engl. rés.] ISSN 0016-7118

3495
Eissfeller, Bernd: Das Europäische Satellitennavigationssystem GALILEO. In: GPS 2002 : Antennen Höhenbestimmungen und RTK-Anwendungen : Beiträge zu 57.

DVW-Seminar am 16. und 17. September 2002 in Karlsruhe ; [Beiträge 57. DVW-Seminars zu den Aktuellen Fragestellungen GPS 2002]. Redaktion Bernhard Heck und Michael Illner. - Stuttgart: Verlag Konrad Wittwer 2002, p.28-45, 11 ill., 3 tab. (Schriftenreihe des DVW ; 44)
ISBN 3-87919-281-2

3496
Filliozat, Manomani: J.B. D'Après de Mannevillette et la cartographie de la nouvelle route des Indes. In: Le Monde des Cartes : revue du Comité Français de Cartographie. 175, 2003, p.6-16, 5 ill.
ISSN 1634-3522

3497
Florea, Daniela: Location Based Services. In: The Bulletin of the Society of Cartographers. 37, 2003, 2, p.47-48.
ISSN 0036-1884

3498
Fritsch, Dieter; Klinec, Darco; Volz, Steffen: NEXUS : Integrating data and services for mobile users of location based applications. In: GIS : Geoinformationssysteme. 16, 2003, 3, p.21-25, 4 ill., 1 tab.
ISSN 1430-3663

3499
Galliano, Graziella: Le carte nautiche spagnole dei secoli XVI-XVII conservate a Genova. In: Grandes viajes descubridores. Seminario Iberoamericano de Descubrimientos y Cartografia, Instituto Interuniversitario de Estudios de Iberoamérica y Portugal. Coord.: Jesús Varela Marcos. - Tordesillas, Valladolid: Instituto Interuniversitario de Estudios de Iberoamérica y Portugal 2001, p.139-161, 8 ill. (Descubrimientos y cartografia ; 4) [The spanish nautical maps conserved at Genoa.] [Ital.]
ISBN 8493062-96-0

3500
Häussler, Jochen; Zipf, Alexander: Multimodale Karteninteraktion zurNavigationsunterstützung für Fußgänger und Autofahrer : submerse Makrophyten im "Visier" von Echosonden. In: Angewandte geographische Informationsverarbeitung XIV : Beiträge zum AGIT-Symposium Salzburg 2003. Josef Strobl ... (Hrsg.). - Heidelberg: Wichmann 2003, p.110-119, 3 ill.
ISBN 3-87907-392-9

3501
Hage, Rushika February: Honorable mention 2002 Ristow Prize for Cartographic History and Librarianship : The Island Book of Henricus Martellus. In: The Portolan. 2003, 56, p.7-23, 2 ill.

3502
Kete, Primož; Karničnik, Igor; Radowan, Dalibor: Elektronska navigacijska karta (ENC) Koprskega zaliva. In: Geodetski vestnik. 47, 2003, 3, p.231-239, 3 ill. [Electronic navigational chart (ENC) of the Bay of Koper.] [Sloven. with Engl. rés.]
ISSN 0351-0271

3503
Kettani, Driss; Moulin, Bernard: A spatial model based on the notions of spatial conceptual map and of object's influence areas. In: Spatial information theory : cognitive and computational foundations of geographic information science. Christian Freksa; David M. Mark (eds.). - Berlin ; Heidelberg: Springer 2002, p.401-416, 5 ill., 2 tab. ISBN 3-540-66365-7 / 0302-974

3504
Kok, Hans: Mare Nostrum, Our Sea, Their Sea, Your Sea, Our Sea, as we saw it!. In: Journal of the International Map Collectors' Society. 95, 2003, p.9-22, 12 ill.

3505
Lago, Luciano: Italy in mappae mundi and medieval sea-charts. In: Imago Italiae : the making of Italy in the history of cartography from the Middle Ages to the Modern era ; reality, image and imagination from the Codices of Claudius Ptolemy ... Contributions by Laura Cassi ... - Trieste: Goliardica E.U.T. 2002, p.167-205, 43 ill. [Engl. ed.] ISBN 88-88745-00-9

3506
Lechthaler, Mirjanka: Kartenbasiertes mobiles GIS : Informationserschließung durch Location Based Services. In: 12. Internationale Geodätische Woche, Ober-gurgl 2003. Günter Chesi; Thomas Weinold (Hrsg.). - Heidelberg: Wichmann 2003, p.71-81, 8 ill. ISBN 3-87907-401-1

3507
Loeck, Gottfried: Ausgewählte Darstellungen des Neuen Tiefs in gedruckten See- und Landkarten des 16. bis 19. Jahrhunderts. In: Deutsches Schiffahrtsarchiv. 22, 1999, p.169-188, ill., mp. ISSN 0343-3625

3508
Malaka, Rainer: Deep Map - ein Projekt zur movilen Nutzung komplexer Geoinformationen. In: Web.Mapping 2 : Telekartographie, Geovisualisierung und mobile Geodienste. Hartmut Asche; Christian Herrmann (Hrsg.). - Heidelberg: Wichmann 2003, p.159-166, 2 ill.
ISBN 3-87907-388-0

3509
Mascaró Passarius, Josep: La toponímia i cartografia antigues de les Illes Balears : cartes ne navegar i texts des del segle VI abans de Crist fins a l'any 1599. - Palma (Mallorca): Muntaner 2000, 182 p., ill., mp. (Refaubetx ; 4) [Toponymics and ancient cartography of the Balear Islands : navigation maps and texts from the VIth century before Chr. to the year 1599.] [Mallorquí]
ISBN 84-95360-05-5

3510
May, Ilka: Forführung und Erweiterung von GDF (Geographic Data File) als Datengrundlage für Autonavigations-systeme. - Berlin: Inst. für Geographie der Techn. Univ. 2002, XXIII, 209 p., ill. [Zugl.: Berlin, Techn. Univ., Diss., 2002]
ISBN 3-7983-1897-2

3511
Müller, Detlev: Vor Ort statt im Büro : mobiles GIS im technischen Betrieb eines Gasversorgers. In: GeoBit : das Magazin für raumbezogene Informationstechnologie. 8, 2003, 8, p.10-12, 3 ill. ISSN 1430-3663

3512
Neudeck, Stefan: Eigenschaften digitaler Geodatenbanken im Hnblick auf die kartografische Darstellung ortsbezogener Dienste. In: Geoinformation mobil. Alexander Zipf; Josef Strobl (Hrsg.). - Heidelberg: Wichmann 2002, p.109-116, 6 ill., 1 tab.
ISBN 3-87907-373-2

3513
Novak, Drago: The coast of Spain and western Mediterranean on the portolan charts of Vincentius Demetrius Volcius Raguseus (1563-1607) a portolan maker from Dubrovnik. In: Journal of the International Map Collectors' Society. 94, 2003, p.31-45, 9 ill., 1 tab.

3514
Odic, Marc Anton: Kühlschrank auf Reisen : Anwendung von GIS zur Abschätzung von Abfalltransporten am Beispiel von Altkühlgeräten. In: GeoBit : das Magazin für raumbezogene Informationstechnologie. 8, 2003, 4, p.21-23, 3 ill., 1 tab.
ISSN 1430-3663

3515
Pammer, Andreas; Radoczky, Verena: Multimediale Konzepte für mobile kartenbasierte Fußgängernavigationssysteme. In: Geoinformation mobil. Alexander Zipf; Josef Strobl (Hrsg.). - Heidelberg: Wichmann 2002, p.117-126, 5 ill., 1 tab.
ISBN 3-87907-373-2

3516
Radoczky, Verena: Kartographische Unterstützungsmöglichkeiten zur Routenbeschreibung von Fußgängernavigationssystemen im In- und Outdooorbereich. - Wien: TU 2003, 104 p., 63 ill., 5 tab. [Dipl.-Arb.]

3517
Radulet, Carmen M.: Italiani e Portoghesi. In: L'oceano della convivenza. Expo Lisboa 98. - [Milano]: Skira 1998, p.74-86, 5 ill., 9 mp. [Italians and Portoguese.] [Ital.]
ISBN 88-8118-397-8

3518
Raubal, Martin; Worboys, Michael: A formal model of the process of wayfinding in built environments. In: Spatial information theory : cognitive and computational foundations of geographic information science. Christian Freksa; David M. Mark (eds.). - Berlin ; Heidelberg: Springer 2002, p.381-399, 7 ill., 5 tab. ISBN 3-540-66365-7 / 0302-974

3519
Reichl, Bernhard: Potential verschiedener Präsentationsformen für die Vermittlung von Routeninformationen in Fußgängernavigationssystemen. - Wien: TU 2003, 100 p., 24 ill., 5 tab. [Dipl.-Arb.]

3520
Richard, Hélène: La préparation cartographique des voyages français de la fin du XVIIIe siècle. In: Le Monde des Cartes : revue du Comité Français de Cartographie. 175, 2003, p.17-24, 6 ill. ISSN 1634-3522

3521
Schilder, Günter: Unknown steps in the Arctic Sea : The voyage by Mouris Willemsz (1608 or earlier). In: Accurata descriptio : studier i kartografi, numismatik, orientalistik och biblioteksväsen tillägnade Ulla Ehrensvärd. [Redaktionskommitté: Göran Bäärnhielm ...]. - Stockholm: Kungl. Biblioteket 2003, p.403-418, 7 ill. (Acta Bibliothecae regiae Stockholmiensis ; 69)
ISBN 91-7000-222-3

3522
Sengoku, Arata: Amendmment of the hydrographic activities law and nautical charts based on WGS-84. In: Map : journal of the Japan Cartographers Association. 41, 2003, 3, p.25-31, 1 ill. [Jap.] ISSN 0009-4897

3523
Su, Kang; Liu. Jingnan; Yan, Li: GIS-based unmanned air vehicle route planning. In: Geomatics and information science of Wuhan University. 28, 2003, 2, p.188-190 (+ p.196). [Chin. with Engl. rés.]
ISSN 1000-050X

3524
Szaniawska, Lucyna: Reprint portolanu Kolumba. In: Biuletyn Informacyjny Biblioteki Narodowej. 157, 2001, 2, p.6-9, 3 ill. [The reprint of Columbus' sea map.] [Pol.]
ISSN 0006-3983

3525
Tom, Ariane; Denis, Michel: Referring to landmark of street information in route directions : what difference does it make? In: Spatial information theory : foundations of geographic information science ; international conference, COSIT 2003, Kartause Ittingen, Switzerland, September 24 - 28, 2003 ; proceedings. Werner Kuhn and others (eds.). - Berlin [u.a.]: Springer 2003, p.362-374, 4 ill., 7 tab. (Lecture notes in computer science ; 2825) ISSN 0302-9743

3526
Tversky, Barbara; Lee, Paul U.: Pictorial and verbal tools for conveying routes. In: Spatial information theory : cognitive and computational foundations of geographic information science. Christian Freksa; David M. Mark (eds.). - Berlin ; Heidelberg: Springer 2002, p.51-64, 4 ill. (Lecture notes in computer science ; 1661) ISBN 3-540-66365-7 / 0302-974

3527
Web.Mapping 2 : Telekartographie, Geovisualisierung und mobile Geodienste. Hartmut Asche; Christian Herrmann (Hrsg.). - Heidelberg: Wichmann 2003, VIII, 208 p., ill., mp. ISBN 3-87907-388-0

3528
Werner, Jan: Stokjes en schelpen wijzen de (zee)weg. In: Geografie / uitg. van het Koninklijk Nederlands Aardrijkskundig Genootschap, KNAG. 12, 2003, 1, p.23. [Sticks and shells show the (sea)way.] [Dutch] ISSN 0926-3837

3529
Winter, Stephan: Route adaptive selection of salient features. In: Spatial information theory : foundations of geographic information science ; international conference, COSIT 2003, Kartause Ittingen, Switzerland, September 24 - 28, 2003 ; proceedings. Werner Kuhn and others (eds.). - Berlin [u.a.]: Springer 2003, p.349-361, 6 ill. (Lecture notes in computer science ; 2825) ISSN 0302-9743

3530
Yu, Nong; Wu, Changyong: Automatic target recognition technique based on morphological theory : adaptive BP learning algorithm. In: Geomatics and information science of Wuhan University. 28, 2003, 2, p.219-223, 3 ill. [Chin. with Engl. rés.] ISSN 1000-050X

3531
Yu, Taoping and others: Client-side implementation of mobile spatial information service. In: Geomatics and information science of Wuhan University. 28, 2003, 1, p.80-85, 6 ill. [Chin. with Engl. rés.] ISSN 1000-050X

Planning Cartography / Planungskartographie / Cartographie en aménagement

3532
Aerts, Jeroen; Clarke, Keith C.; Keuper, Alex D.: Testing popular visualization techniques for representing model uncertainty. In: Cartography and geographic information science. 30, 2003, 3, p.249-261, 8 ill., 1 tab. ISSN 1523-0406

3533
Akkermans, M.; Amoureus, L.: DTB-revisie met FLI-MAP. In: Geodesia. 45, 2003, 4, p.152-158, 9 ill., 1 tab. [Revision of large-scale topography with airborne lasermapping.] [Dutch with Engl. rés.] ISSN 1385-7517

3534
Berné Valero, José Luis and others: Sistema de información geográfica para la poda del arbolado en la ciudad de Valencia. In: Topografia y cartografia : TOPCART. 20, 2003, 117, p.15-20, 9 ill., 1 tab. [GIS for the pruning of the trees in the city of Valencia.] [Span.] ISSN 0212-9280

3535
Bogoyavlenskiy, B.A.: Cartographic support for planning, construction, and use of the Baykal-Amur railroad route. In: Mapping sciences and remote sensing. 40, 2003, 3, p.225-230.

3536
Ciceli, Tomislav; Prosen, Anton: Fotogrametrija, dljinska istraživanja i GIS kao

nove technologije u prostornom planiranju i urbanizmu. In: Geodetski list. 57, 2003, 3, p.195-205, 7 ill., 1 tab. [Photogrammetry, remote sensing and GIS like new technologies in urban and regional planning.] [Croat. with Engl. rés.]

3537
Duhovnik, Marjana and others: Geodetske podlage in topografska baza. In: Geodetski vestnik. 47, 2003, 3, p.224-230, 3 ill., 2 tab. [Maps for spatial plans and topographic database.] [Sloven. with Engl. rés.] ISSN 0351-0271

3538
Geoinformationssysteme : Leifaden für kommunale GIS-Einsteiger. Bayerisches Staatsministerium der Finanzen. - München: Bayer. Staatsministerium der Finanzen 2003, 74 p., ill., mp. ISBN 3-935612-39-7 [1.Aufl.]

3539
Keijsers, Wim; Witberg, Marten: De legenda van Nederland : de nationale kaart bestaat niet in kartografie voor beleid. In: Kartografisch Tijdschrift. 29, 2003, 4, p.29-35, 9 ill. [The legend of the Netherlands ; the national map does not exist in cartography for policy making.] [Dutch with Engl., and French rés.] ISSN 0167-5788

3540
Kinberger, Michaela: Automationsgestützte kartographische Visualisierung im Internet : ein Hilfsmittel für den Lawinenwarndienst. - Wien: Univ. Wien 2003, 88 p., 31 ill. [Dipl.-Arb.]

3541
Nimre, Saleem; Doytsher, Yerach: An alignment process for fusion of large-scale master plans. In: Geomatica. 57, 2003, 3, p.299-311, 13 ill., 2 tab. ISSN 1195-1036

3542
Rao, V.M.: Regional development planning and urban change monitoring through high resoution IKONOS data. In: Geography and applied cartography : proceedings of the National Seminar on Geography and Applied Cartography, organised to commemorate the birth centenary celebration of Padmabhushan Professor S.P. Chatterjee. Organised by National Atlas & Thematic Mapping Organisation, in collaboration with Prof. S.P. Chatterjee Memorial Foundation. [General ed.: Pritvish Nag]. - Kolkata: Govt. of India, Dept of Science & Technology, National Atlas & Thematic Mapping Organisation 2003, p.329-333.

3543
Schaal, Peter: Digitale Planveröffentlichung : Interaktive Präsentation des Landschaftsrahmenplans und des regionalen Raumordnungsprogramms im Landkreis Emsland. In: GeoBit : das Magazin für raumbezogene Informationstechnologie. 8, 2003, 4, p.27-29, 3 ill. ISSN 1430-3663

3544
Scherpenzeel-Capel, B.J.: Wegenlegger en GIS. In: Geodesia. 45, 2003, 2, p.60-65, 5 ill. [Registration of rural roads: the road legger.] [Dutch with Engl. rés.] ISSN 1385-7517

3545
Watelet, Marcel: La cartothèque du Ministère wallon de l'Équipement et des Transports : structure des fonds et des collections. In: Accurata descriptio : studier i kartografi, numismatik, orientalistik och biblioteksväsen tillägnade Ulla Ehrensvärd. [Redaktionskommitté: Göran Bäärnhielm ...]. - Stockholm: Kungl. Biblioteket 2003, p.459-465, 2 ill., [2 ill. im Anhang]. (Acta Bibliothecae regiae Stockholmiensis ; 69) ISBN 91-7000-222-3

3546
Will, Norbert; Kühl, Robert: Kurze Wege für die Post : raumbezogene Planungsinstrumente für die Zustellung von Briefen, Paketen und mehr. In: GeoBit : das Magazin für raumbezogene Informationstechnologie. 8, 2003, 10, p.17-19, 3 ill. ISSN 1430-3663

School Cartography / Schulkartographie / Cartographie scolaire

3547
Ashmore, Bernie: Arno Peters changed the world! : evelopment education and the Peters' projection. In: The Cartographic Journal. 40, 2003, 1, p.57-59. ISSN 0008-7041

3548
Aspekte zur Gestaltung und Nutzung von Karten für den Schulunterricht. Hrsg. von der Deutschen Gesellschaft für Kartographie e.V., Kommission Schulkartographie. - Bonn: Kirschbaum 2003, 171 p., ill. (Kartographische Schriften ; 8) [Parallel als CD-ROM erschienen] ISBN 3-7812-1579-2

3549
Bachler, Martina: Kartographie in der Volksschule /Grundschule? Wozu? : Ergebnisse empirisch-kartographischer Untersuchungen. In: Aspekte zur Gestaltung und Nutzung von Karten für den Schulunterricht. Hrsg. von der Deutschen Gesellschaft für Kartographie e.V., Kommission Schulkartographie. - Bonn: Kirschbaum 2003, p.33-40, 1 tab. (Kartographische Schriften ; 8) [Parallel als CD-ROM erschienen] ISBN 3-7812-1579-2

3550
Bekkering, Geert: "Landkaarten in stukjes om kinderen al speelende de aardrijkskunde te leeren". In: Caert-Thresoor. 22, 2003, 2, p.47-51, 5 ill. [Dissected maps to faciliate the teaching of geography.] [Dutch with Engl. rés.] ISSN 0167-4994

3551
Böttcher, Christina: Theoretische und praktische Aspekte zur Schulgeschichtskartographie. In: Aspekte zur Gestaltung und Nutzung von Karten für den Schulunterricht. Hrsg. von der Deutschen Gesellschaft für Kartographie e.V., Kommission Schulkartographie. - Bonn: Kirschbaum 2003, p.41-68, 20 ill., 2 tab. (Kartographische Schriften ; 8) [Parallel als CD-ROM erschienen - Sign.: 1 D 12122] ISBN 3-7812-1579-2

3552
Breetz, Egon: Fächerübergreifende Ausbildung der Schüler/innen in Kartenverständnis und Kartennutzung (Sachkunde - Geographie - Geschichte). In: Aspekte zur Gestaltung und Nutzung von Karten für den Schulunterricht. Hrsg. von der Deutschen Gesellschaft für Kartographie e.V., Kommission Schulkartographie. - Bonn: Kirschbaum 2003, p.9-15. (Kartographische Schriften ; 8) [Parallel als CD-ROM erschienen - Sign.: 1 D 12122] ISBN 3-7812-1579-2

3553
Breetz, Egon: Koordination und Kooperation in der geographischen Schulkartographie der DDR. In: Aspekte zur Gestaltung und Nutzung von Karten für den Schulunterricht. Hrsg. von der Deutschen Gesellschaft für Kartographie e.V., Kommission Schulkartographie. - Bonn: Kirschbaum 2003, p.69-75, 3 ill. (Kartographische Schriften ; 8) [Parallel als CD-ROM erschienen - Sign.: 1 D 12122] ISBN 3-7812-1579-2

3554
Brink, Lowie E.S.: 'Herzien door K. Zeeman' : het verhaal van de gedreven schoolkartograaf. In: Kartografisch Tijdschrift. 29, 2003, 2, p.19-25, 5 ill. ['Revised by K. Zeeman' : the story of the zealous school

cartographer.] [Dutch with Engl., and French rés.] ISSN 0167-5788

3555
Clavel, Christophe: L'enseignement de la cartographie dans le secondaire. In: Le Monde des Cartes : revue du Comité Français de Cartographie. 177-178, 2003, p.9-15, 11 ill. ISSN 1634-3522

3556
Conradi, Peter: De nieuwe kaart van Suriname : privé-project van een bevlogen geograaf. In: Geografie / uitg. van het Koninklij Nederlands Aardrijkskundig Genootschap, KNAG. 12, 2003, 1, p.12-15, 3 ill., 1 portr. [The new map of Surinam.] [Dutch] ISSN 0926-3837

3557
Fairbairn, David and others: Using the internet to deliver customisable map-based educational experiences. In: Maps and the Internet. Georg Gartner (Ed.). - Wien: Institut für Kartographie und Geo-Medientechnik der TU Wien 2002, p.15-20, 5 ill. (Geowissenschaftliche Mitteilungen ; 60)

3558
Görtler, Wilfried: Kartographische Unterrichtsmittel aus Gotha für den Heimatkundeunterricht. In: Aspekte zur Gestaltung und Nutzung von Karten für den Schulunterricht. Hrsg. von der Deutschen Gesellschaft für Kartographie e.V., Kommission Schulkartographie. - Bonn: Kirschbaum 2003, p.118-126, 3 ill. (Kartographische Schriften ; 8) [Parallel als CD-ROM erschienen] ISBN 3-7812-1579-2

3559
Heersink, Paul: Adequate maps : reflections on GIS Day 2003 held at Cornell University. In: Cartouche : the operational publication of the Canadian Cartographic Association. 52, 2003, p.7.

3560
Herzig, Reinhard: Kartographische Lernsoftware - Konkurrent für Printmedium Karte? In: Aspekte zur Gestaltung und Nutzung von Karten für den Schulunterricht. Hrsg. von der Deutschen Gesellschaft für Kartographie e.V., Kommission Schulkartographie. - Bonn: Kirschbaum 2003, p.76-100. (Kartographische Schriften ; 8) [Parallel als CD-ROM erschienen - Sign.:] ISBN 3-7812-1579-2

3561
Jarausch, Helga: Meine Welt - Gedanken und erste Ergebnisse zu "Weltkarten von Kinderhand". In: Aspekte zur Gestaltung und Nutzung von Karten für den Schulunterricht. Hrsg. von der Deutschen Gesellschaft für Kartographie e.V., Kommission Schulkartographie. - Bonn: Kirschbaum 2003, p.161-171, 13 ill., 1 tab. (Kartographische Schriften ; 8) [Parallel als CD-ROM erschienen] ISBN 3-7812-1579-2

3562
Jarausch, Helga: Zur Spezifik der Kartenarbeit bei der Erkundung des heimatlichen Lebensraumes durch Grundschulkinder im Sachunterricht. In: Aspekte zur Gestaltung und Nutzung von Karten für den Schulunterricht. Hrsg. von der Deutschen Gesellschaft für Kartographie e.V., Kommission Schulkartographie. - Bonn: Kirschbaum 2003, p.16-32, 4 ill., 1 tab. (Kartographische Schriften ; 8) [Parallel als CD-ROM erschienen] ISBN 3-7812-1579-2

3563
Laufmann, Manuela; Raum, Bernd: Auffassungen zur Gestaltung von geographischen Arbeitsheften für jüngere Schüler (Klassen 5 und 6). In: Aspekte zur Gestaltung und Nutzung von Karten für den Schulunterricht. Hrsg. von der Deutschen Gesellschaft für Kartographie e.V., Kommission Schulkartographie. - Bonn: Kirsch-

baum 2003, p.101-117, 10 ill. (Kartograhische Schriften ; 8) [Parallel als CD-ROM erschienen] ISBN 3-7812-1579-2

3564
Ormeling, Ferdinand Jan: Fantasiekaarten als gereedschap om begrippen te ordenen. In: Kartografisch Tijdschrift. 29, 2003, 2, p.26-33, 6 ill. [Fantasy maps as sources for cartographic concepts.] [Dutch with Engl., and French rés.] ISSN0167-5788

3565
Ray, Benjamin C.: Teaching the Salem witch trials. In: Past time, past place : GIS for history. Ed. by Anne Kelly Knowles. - Redlands, Calif.: ESRI Press 2002, p.19-33, 8 ill. ISBN 1-589-48032-5

3566
Riegler, Franz: Möglichkeiten der Orientieungsschulung und des Plan- und Kartenesens an außerschulischen Lernorten. In: GW-Unterricht. 91, 2003, p.77-81, 3 ill.

3567
Sauvain, Bernard: Charles Perron: cartoraphe privilégié de la Nouvelle géographie universelle d'Elisée Reclus, ou les premières représentations carto-didactiques. - Genève: Université, Département de géographie 2003, 49 p., ill. [Mémoire de licence en géographie, Université de Genève]

3568
Schlegl, Herbert: Anwendung der objektrientierten Programmierung bei der Herstellung und dem Einsatz kartographischer Lehrmittel. - Wien: Universität 2003, 109 p., 22 ill. [Diplomarbeit]

3569
Vassilopoulos, A.; Evelpidou, N.: Internet GIS development for educational purposes. In: Cartography : journal of the Mapping Sciences Institute, Australia. 32, 2003, 1, p.53-58, 7 ill. ISSN 0069-0805

3570
Wandkaarten Kaartenverzameling : overzicht van de wandkayarten en transparantenatlassen ten dienste van het onderwijs aan de Vrije Universiteit. - Amsterdam: Biblio-theek Vrije Universiteit 2002, 64 p., 4 ill. [Dutch]

Tourismuskartographie / Tourismuskartographie / Cartographie touristique

3571
Gold, John R.; Gold, Margaret M.: Representing Culloden : social memory, battlefield heritage, and landscapes of regret. In: Mapping tourism. Ed. by Stephen P. Hanna and Vincent J. Del Casino Jr. - Minneapolis, Minn [u.a.]: University of Minnesota Press 2003, p.108-131, 6ill., 1 tab. [Include bibliographical references (p.187-207) and index] ISBN 0-8166-3955-8 / 0-8166-3956-6

Tourist Mapping / Tourismuskartographie /Cartographie touristique

3572
Bluhm, Rosita: Konzipierung eines nutzerfreundlichen kartographischen Tourismusinformationssystems für den Spreewald am Beispiel des Wasserwanderns. - Wien: TU 2003, 121 p., 30 ill., 1 tab. [Dipl.-Arb.]

3573
Borruso, Giuseppe: Cartografia escursionistica tradizionale versus nuove tecnologie geografiche : problemi e prospective. In: Bollettino della Associazione Italiana di Cartografia. 40, 2003, 117-118-119, p.432-443, 4 ill. [Traditional excursionistic cartography versus new geographical technology : problems and perspectives.] [Ital.] ISSN 0044-9733

3574
Burghardt, Dirk; Edwardes, Alistair; Weibel, Robert: WebPark - Entwicklung eines mobilen Informationssystems für Erholungs- und Naturschutzgebiete. In: Kartographische Nachrichten. 53, 2003, 2, p.58-64, 6 ill., 3 tab. ISSN 0022-9164

3575
Chakraborty, Utpal; Kumar, Mitra: Symbolization in thematic cartography : with reference to tourist atlas of West Bengal. In: Geography and applied cartography : proceedings of the National Seminar on Geography and Applied Cartography, organised to commemorate the birth centenary celebration of Padmabhushan Professor S.P. Chatterjee. Organised by National Atlas & Thematic Mapping Organisation, in collaboration with Prof. S.P. Chatterjee Memorial Foundation. [General ed.: Pritvish Nag]. - Kolkata: Govt. of India, Dept of Science & Technology, National Atlas & Thematic Mapping Organisation 2003, p.252-255, 1 mp.

3576
Curran, Mary: Dialogues of difference : contested mappings of tourism and environmental protection in Butte, Montana. In: Mapping tourism. Ed. by Stephen P. Hanna and Vincent J. Del Casino Jr. - Minneapolis, Minn [u.a.]: University of Minnesota Press 2003, p.132-160, 5 ill. [Include bibliographical references (p.187-207) and index] ISBN 0-8166-3955-8 / 0-8166-3956-6

3577
DeLyser, Dydia: "A walk through Old Bodie" : presenting a ghost town in a tourism map. In: Mapping tourism. Ed. by Stephen P. Hanna and Vincent J. Del Casino Jr. - Minneapolis, Minn [u.a.]: University of Minnesota Press 2003, p.79-107, 6 ill. [Includes bibliographical references (p.187-207) and index] ISBN 0-8166-3955-8 / 0-8166 3956-6

3578
Del Casino, Vincent J.; Hanna, Stephen P.: Mapping identities, reading maps : the politics of representation in Bangkok's sex tourism industry. In: Mapping tourism. Ed. by Stephen P. Hanna and Vincent J. Del Casino Jr. - Minneapolis, Minn [u.a.]: University of Minnesota Press 2003, p.161-185, 8 ill. 3956-6 [Includes bibliographical references (p.187-207) and index] ISBN 0-8166-3955-8 / 0-8166

3579
Faby, Holger: Stellenwert von Internetkarten bei der Reisevorbereitung : Erkenntnisbildung durch kartographische Mediaforschung. In: Visualisierung und Erschließung von Geodaten : Seminar GEOVIS 2003, 26. bis 27. Februar 2003, Universität Hannover. Hrsg. von der Deutschen Gesellschaft für Karthographie e.V., Kommission Geoinformation und Visualisierung. Schriftleitung: Jürgen Dodt; Wolf-Dieter Rase. - Bonn: Kirschbaum-Verl. 2003, p.141-150, 1ill. (Kartographische Schriften ; 7) ISBN 3-7812-1577-6

3580
Fritsch, Dieter: 3D building visualization : outdoors and indoors applications. In: GIS : Geoinformationssysteme. 16, 2003, 9, p.26-32, 6 ill. ISSN 1430-3663

3581
Fuster Puig, Pau: Elaboración de un mapa topográfico, temático y excursionista de Morella. In: Topografia y cartografia : TOPCART. 20, 2003, 116, p.43-56, 11 ill., 3 tab. [Elaboration of a topographic and thematic tourist map of Morella,.] [Span.] ISSN 0212-9280

3582
Hancock, Claire: Paris et Londres au XIXe siècle : représentations dans les guides et récits de voyage. - Paris: CNRS Editions 2003, 357 p., ill., mp. (Espace et milieux)

ISBN 2-271-06132-6 [Zugl.: Paris, Univ., Diss., 1997]

3583
Hanna, Stephen P.; Del Casino, Vincent J.: Introduction : tourism spaces, mapped representations, and the practices of identity. In: Mapping tourism. Ed. by Stephen P. Hanna and Vincent J. Del Casino Jr. - Minneapolis, Minn [u.a.]: University of Minnesota Press 2003, p.IX-XXVII, 1 ill. [Include bibliographical references (p.187-207) and index] ISBN 0-8166-3955-8 / 0-8166-3956-6

3584
Huber, Alfred: Über unsere Wanderkarten : [v.a. Kanton Schaffhausen]. In: Schaffhauser Magazin. 26, 2003, 2, p.25-29, mp.

3585
Kaufmann, Edwin: GPS : Karte und Kompass. - Thun: Ott-Verlag 2003, 96 p., ill. [5. überarbeitete Auflage] [Ed. française: GPS : carte et boussole pour la randonnée, le sport, la course d'orientation. - Chavannes/ Renens: Editions MPA, 2003]

3586
Klöti, Thomas: Der Katalog zur Sammlung Ryhiner : die Welt auf 16 000 Karten, Plänen und Ansichten. In: Cartographica Helvetica : Fachzeitschrift für Kartengeschichte. 28, 2003, p.47-49, ill. ISSN 1015-8480

3587
Knowles, Leo: She mapped London with her feet. In: Mercator's World. 8, 2003, 1, p.16-19, 4 ill., 1 portr. ISSN 1086-6728

3588
Kudrnovský, Emil: Kartografické hodnocení cykloturistických map na současném trhu v české republice. In: Geodetický a kartografický obzor. 49, 2003, 5, p.90-98, 2 tab., 3 ill. [Cartographic evaluation of cycle-tourist maps at the contemporary market in the Czech Republic.] [Czech. with Engl. rés.] ISSN 0016-7096

3589
Kudrnovský, Emil: Návrh znakového klíče cykloturistického obsahu map pro volný čas. In: Kartografické listy. 11, 2003, p.37-45, 21 ill. [Design of symbol code for the biking content in maps for leisure time.] [Slovak. with Engl. rés.]
ISBN 80-89060-02-1

3590
Kummer, Reinhard: Karte, Kompass, GPS. - Welver: Stein 2003, 99 p., ill., mp. (Outdoor-Handbuch : Basiswissen für draußen ; Bd. 4) [4., überarb. Aufl.]
ISBN 3-89392-604-6

3591
Leitner, Martin: Ableitung von Radfahrer-relevanten Informationen für verschiedene Ausgabemedien am Beispiel einer ausgewählten Radroute in Steyr. - Wien: TU 2003, 94 p., 24 ill., 7 tab. [Dipl.-Arb.]

3592
Malaka, Rainer: Deep Map - ein Projekt zur movilen Nutzung komplexer Geoinformationen. In: Web.Mapping 2 : Telekartographie, Geovisualisierung und mobile Geodienste. Hartmut Asche; Christian Herrmann (Hrsg.). - Heidelberg: Wichmann 2003, p.159-166, 2 ill.
ISBN 3-87907-388-0

3593
Mapping tourism. Ed. by Stephen P. Hanna and Vincent J. Del Casino Jr. - Minneapolis, Minn. [u.a.]: University of Minnesota Press 2003, XXVII, 219 p., ill., mp. [Includes bibliographical references (p.187-207) and index] ISBN 0-8166-3955-8 / 0-8166-3956-

3594
Medynska-Gulij, B.: The effect of cartographic content on tourist map users. In: Cartography : journal of the Mapping Sciences Institute, Australia. 32, 2003, 2, , 7 ill. ISSN 0069-0805

3595
Noack, Gerald: Die Wiedergeburt der DDR-Stadtpläne? In: Kartographische Nachrichten. 53, 2003, 5, p.232-233, 1 ill. ISSN 0022-9164

3596
Opach, Tomasz; Pasławski, Jacek: Koncepcja Mapy dziedzictwa przyrodniczo-kulturowego Polski 1: 50 000. In: Polski przegląd kartograficzny. 35, 2003, 1, p.3-11, 5 ill. [Concept of a map of the natural-cultural heritage of Poland 1 : 50 000.] [Pol. with Engl. and Russ. rés.] ISSN 0324-8321

3597
Pannetier, Pascal: La naissance des Cartes routières vélocipédiques et automobiles. In: Le Monde des Cartes : revue du Comité Français de Cartographie. 175, 2003, p.36-41, 12 ill. ISSN 1634-3522

3598
Pannetier, Pascal: The birth of automobile and cycling maps 1880-1900. In: BIMCC newsletter / Brussels International Map Collectors' Circle 16, 2003, p.11-12, 1 ill.

3599
Rao, Sebastiano: L'esperienza del progetto INTERREG II Alpi senza frontiere. In: Bollettino della Associazione Italiana di Cartografia. 40, 2003, 117-118-119, p.444-451, 1 ill., 1 tab. [Experiences with the project INTERREG II Alps without borders.] [Ital.]

3600
Reinhardt, Wolfgang and others: Geoinformation und mobile Dienste - Anforderungen und Anwendungen für Bergsteiger und Wanderer. In: Photogrammetrie, Fernerkundung, Geoinformation. 2003, 6, p.463-469, 6 ill. ISSN 1432-8364

3601
Reinhardt, Wolfgang and others: Geoinformation and Location Based Services : principles and some experiences with applications for mountaineers. In: GIS : Geoinformationssysteme. 16, 2003, 6, p.24-29, 5 ill. ISSN 1430-3663

3602
Sayda, Florian; Geisler, Bernd; Reinhardt, Wolfgang: Aktualisierung von Datenbeständen aum Beispiel eines positionsbezogenen GI-Dienstes für Bergsteiger und Wanderer. In: 12. Internationale Geodätische Woche, Obergurgl 2003. Günter Chesi; Thomas Weinold (Hrsg.). - Heidelberg: Wichmann 2003, p.134-141, 7 ill.
ISBN 3-87907-401-1

3603
Selley, Léa: Souvenir maps : maps as souvenirs. In: Cartouche : the operational publication of the Canadian Cartographic Association. 49, 2003, p.5 and 8.
ISSN 1183-2045

3604
Thaler, Peter: Konzeption und Realisierung einer Sportstättenkarte am Beispiel Wien. - Wien: Universität 2003, 107 p., 19 ill., 13 tab., Anhang: Kartenausschnitt 1:12 500 mit Legende.

3605
Till, Karen E.: Construction sites and showcases : mapping "The New Berlin" through tourism practices. In: Mapping tourism. Ed. by Stephen P. Hanna and Vincent J. Del Casino Jr. - Minneapolis, Minn [u.a.]: University of Minnesota Press 2003, p.51-78,

6 ill. [Includes bibliographical reference (p.187- 207) and index]
ISBN 0-8166-3955-8 / 0-8166-3956-6

3606
Vantini, Sandra: Le prealpi vicentine presentate agli escursionisti di fine ottocento : dall'itinerario alla carta topografica. In: Bollettino della Associazione Italiana di Cartografia. 40, 2003, 117-118-119, p.264-278, 9 ill. [The preAlps of Vicenzo introduced to the excursionists of the late nineteenth century : from the route planner to the topographical map.] [Ital.]
ISSN 0044-9733

5. Maps in Other Media Verwendung von Karten in anderen Medien Utilisation des cartes dans d'autres médias

3607
Engler, Martin: This Way! : die Welt als Karte und Vorstellung. In: Die Sehnsucht des Kartografen : Franz Ackermann ... ; Kunstverein Hannover, 13. Dezember 2003 bis 1. Februar 2004 ; [anlässlich der Ausstellung Die Sehnsucht des Kartografen im Kunstverein Hannover] =The longing of the cartographer. Hrsg.: Stephan Berg ; Martin Engler. [Übers.: George Frederick Takis ; Marie Luise Knott]. - Hannover 2003, p.10-17 (Germ.), p.24-31 (Engl.). [Text Germ. and Engl.] ISBN 3-00-012475-6

3608
Glasmeier, Michael: Die Teppiche des Johannes Vermeer. In: Die Sehnsucht des Kartografen : Franz Ackermann ... ; Kunstverein Hannover, 13. Dezember 2003 bis 1. Februar 2004 ; [anlässlich der Ausstellung Die Sehnsucht des Kartografen im Kunstverein Hannover] = The longing of the cartographer. Hrsg.: Stephan Berg ; Martin Engler. [Übers.: George Frederick Takis ; Marie Luise Knott]. - Hannover 2003, p.136-142,6 ill. (Germ.), p.182-188, 5 ill. (Engl.). [Text Germ. and Engl.]
ISBN 3-00-012475-6

3609
Kaprowski, Wiesław: Polskie kartograficzne znaczki pocztowe z lat 1961-1975. In: Polski przegląd kartograficzny. 35, 2003, 4, p.283-285, 6 ill. [Polish cartographic post stamps from 1961-1975.] [Pol.]
ISSN 0324-8321

3610
Lago, Luciano: The mural atlas of Italy by Ignazio Danti. In: Imago Italiae : the making of Italy in the history of cartography from the Middle Ages to the Modern era ; reality, image and imagination from the Codices of Claudius Ptolemy ... Contributions by Laura Cassi ... - Trieste: Goliardica E.U.T. 2002, p.583-637, 37 ill. [Engl. ed.]
ISBN 88-88745-00-9

3611
Ludmer-Gliebe, Susan: Serious fun : the map painters of Redstone Studios. In: Mercator's World. 5, 2000, 4, p.46-51, 7 ill.
ISSN 1086-6728

3612
McCorkle, Barbara: Piece by piece : a most unusual atlas. In: Mercator's World. 5, 2000, 4, p.34-35, 1 ill. ISSN 1086-6728

3613
Reinhartz, Dennis: Texas map postcards revisited : much more than ephemera. In: The Portolan. 2003, 57, p.43-50, 8 ill.

3614
Die Sehnsucht des Kartografen : Franz Ackermann ... ; Kunstverein Hannover, 13. Dezember 2003 bis 1. Februar 2004 ; [anlässlich der Ausstellung Die Sehnsucht des Kartografen im Kunstverein Hannover] = The longing of the cartographer. Hrsg.: Stephan Berg ; Martin Engler. [Übers.:

George Frederick Takis ; Marie Luise Knott]. - Hannover 2003, 220 p., ill. [Text Germ. and Engl.] ISBN 3-00-012475-6

3615
Trachtenberg, Dan: Map powder horns or powder horn maps. In: The Portolan. 2003, 57, p.17-20, 3 ill. ISSN 1096-1925

O. Regional Cartography Regionale Kartographie Cartographie régionale

1. General Features Allgemeines Généralités

3616
Black, Jeremy: Regards sur le monde : une histoire des cartes. [trad. par Christine Chareyre]. - [Paris]: Octopus-Hachette livre 2004, 175 p., ill. [Originaltitel: Visions of the world : a history of maps]
ISBN 2-01-260262-2

3617
Black, Jeremy: Visions of the world : a history of maps. - London: Mitchell Beazley 2003, 176 p., ill. ISBN 1-8400-0834-2

2. Regions Regionen Régions

a. The World Welt Le monde

3618
Freitag, Ulrich: Ein neuer Globus der wirklichen Erdoberfläche. In: Kartographische Nachrichten. 53, 2003, 4, p.173-174, 1 ill.
ISSN 0022-9164

3619
Jarausch, Helga: Meine Welt - Gedanken und erste Ergebnisse zu "Weltkarten von Kinderhand". In: Aspekte zur Gestaltung und Nutzung von Karten für den Schulunterricht. Hrsg. von der Deutschen Gesellschaft für Kartographie e.V., Kommission Schulkartographie. - Bonn: Kirschbaum 2003, p.161-171, 13 ill., 1 tab. (Kartographische Schriften ; 8) [Parallel als CD-ROM erschienen] ISBN 3-7812-1579-2

3620
Kozlov, V.V.: Atlas "Priroda i resursy Zemli" : fundamental'noe kartografičeskoe proizvedenie. In: Geodezija i kartografija : oficial'nyj organ Federal'noj Sluzby Geodezii i Kartografii Rossii i Geodeziceskich Sluzb Stran. 2003, 8, p.50-61. [Atlas "Nature and resources of the earth" : fundamental cartographic product.] [Russ.]
ISSN 0016-7126

3621
Leopold, John H.: Astronomen, Sterne, Geräte : Landgraf Wilhelm IV. und seine sich selbst bewegenden Globen. - Luzern: Edition Joseph Fremersdorf 1986, 239 p., ill. [u.a. mit den Ka-piteln: VIII. Die vier großen Globen von Jost Bürgi, p.112-145 ; X. Die Mondmo-delle von Jost Bürgi bis zur Mondanomalie-uhr, p.158-173 ; XII. Die Planetarien von Jost Bürgi, p.186-203 ; XIII. Globus und Mond auf der Kristalluhr von Jost Bürgi, 1622-23, p.204-210] [Literaturverz. p. 234 - 237]
ISBN 3-85766-023-6

3622
Lynn Usery, E. and others: Projecting global datasets to achieve equal areas. In: Cartography and geographic information science. 30, 2003, 1, p.69-79, 5 ill., 6 tab.
ISSN 1523-0406

b. Oceans and Seas Ozeane und Meere Les océans et les mers

3623
Åsheim, Stein; By, Leif Morten: GPS som vertikaldatum til havs. In: Kart og plan. 96, 2003, 1, p.6-10, 3 ill. [GPS as Offshore Vertical Datum.] [Norw. with Engl. rés.]
ISSN 0047-3278

3624
Barry, Michael; Elema, Ina; Molen, Paul van der: Ocean governance and the marine cadastre : The Netherlands, North Sea. In: Geomatica. 57, 2003, 3, p.313-324, 4 ill., 1 tab. ISSN 1195-1036

3625
Barton, Cathy: Marie Tharp, oceanographic cartographer, and her contributions to the revolution in the earth sciences. In: The earth inside and out : some major contributions to geology in the twentieth century ; [presented at a symposium ; held at Rio de Janeiro in August 2000]. [organized by the International Commission on the History of Geological Sciences (INHIGEO) for the International Geological Congress]. Ed. by David R. Oldroyd. - London: Geological Society 2002, 369 p., ill., mp. (Geological Society special publication ; 192) ISBN 1-86239-096-7

3626
Bunje, Jürn; Ringot, Jean Loup: Lebensräume im Wandel : Flächenbilanz von Salzwiesen und Dünen im niedersächsischen Wattenmeer zwischen den Jahren und 1997 ; eine Luftbildauswertung ; Abschlussbericht. - Wilhelmshaven: Bezirksregierung Weser-Ems, Nationalparkverwaltung "Niedersächsisches Wattenmeer" 2003, 46 p., ill., mp., 1 suppl. + 1 CD-ROM. (Schriftenreihe Nationalpark Niedersächsisches Wattenmeer ; 7)

3627
Calder, Nigel: How to read a nautical chart : a complete guide to the symbols, abbreviations, and data displayed on nautical charts. - Camden, Me. [u.a.]: International Marine /McGraw-Hill 2003, 237 p., ill., mp. ISBN 0-07-137615-1

3628
Dhabai, R.K.; Malik, A.K.: Structure of the Indian Ocean Realm Atlas. In: Geography and applied cartography : proceedings of the National Seminar on Geography and Applied Cartography, organised to commemorate the birth centenary celebration of Padmabhushan Professor S.P. Chatterjee. Organised by National Atlas & Thematic Mapping Organisation, in collaboration with Prof. S.P. Chatterjee Memorial Foundation. [General ed.: Pritvish Nag]. - Kolkata: Govt. of India, Dept of Science & Technology, National Atlas & Thematic Mapping Organisation 2003, p.256-268.

3629
Feinberg, Richard and others: 'Drawing the coral heads' : mental mapping and its physical representation in a Polynesian community. In: The Cartographic Journal. 40, 2003, 3, p243-253, 4 ill. ISSN 0008-7041

3630
Ferwerda, J.G.: Het karteren van de wereldzeeën, mede door het GEBCO-programma. In: Kartografisch Tijdschrift. 29, 2003, 1, p.9-20, 10 ill. [Charting the world seas and the role of the GEBCO-programme.] [Dutch with Engl. rés.] ISSN 0167-5788

3631
Jude, Simon and others: Developing techniques to visualise future coastal landscapes. In: Trends in landscape modeling : proceedings at Anhalt University of Applied Sciences 2003 ; [proceedings to the 4th International Conference on New Technologies in Landscape Architecture (May 15 and 16, 2003) held by the master of landscape architecture program of Anhalt University of Applied Sciences]. Erich Buhmann; Stephen M. Ervin (eds.). - Heidelberg: Wichmann 2003, p.228-238, 8 ill. ISBN 3-87907-403-8

3632
Kete, Primož; Karničnik, Igor; Radowan, Dalibor: Elektronska navigacijska karta

(ENC) Koprskega zaliva. In: Geodetski vestnik. 47, 2003, 3, p.231-239, 3 ill. [Electronic navigational chart (ENC) of the Bay of Koper.] [Sloven. with Engl. rés.] ISSN 0351-0271

3633
Kupčík, Ivan: Das Janusgesicht der Portolankarten : die ungelösten Fragen zur Ikonographie der Portolankarten. In: Geschichtsdeutung auf alten Karten : Archäologie und Geschichte ; (46. Wolfenbütteler Symposium, vom 26. bis 29. Oktober 1999]. [Hrsg. von Dagmar Unverhau]. - Wiesbaden: Harrassowitz 2003, p.65-92, 12 ill., 1 tab. (Wolfenbütteler Forschungen ; 101) ISBN 3-447-04813-1

3634
Roić, Miodrag; Racetin, Ivana: Evidencije pomorskih područja. In: Geodetski list. 57, 2003, 4, p.279-290,2 ill. [Registration of maritime areas.] [Croat. with Engl. rés.] ISSN 0016-710X

3635
Schenke, Hans-Werner: Die Bathymetrie der Antarktis : Stand und Perspektiven aus geodätischer Sicht. In: Festschrift Univ.-Prof. Dr. Ing. Günter Seeber zum 60. Geburtstag : 30 Jahre satellitengestützte Positionsbestimmung in Wissenschaft und Praxis ; von der Meter- zur Subzentimetergenauigkeit. [Hrsg.: Institutz für Erdmessung, AG Geodätische Raumverfahren. Red.: Stefan Willgalis]. - Hannover: Inst. für Erdmessung, AG Geodätische Raumverfahren 2001, p.85-996, ill. (Wissenschaftliche Arbeiten der Fachrichtung Vermessungswesen der Universität Hannover ; 239) ISSN 0174-1454

3636
Service Hydrographique et Océanographique de la Marine (SHOM). In: Le Monde des Cartes : revue du Comité Français de Cartographie. 176, 2003, p.40-43, 3 ill. ISSN 1634-3522

3637
Valavanis, Vasilis D.: Geographic information in oceanography and fisheries. - London [u.a.]: Taylor & Francis 2002, XVIII, 209 p., ill., mp. ISBN 0-415-28463-5

c. Africa
Afrika
L'Afrique

3638
Stiebel, L.; Goldsworthy, C.: A suitable match : marrying technology to the past in the Thomas Baines and the "Great Map" CD-ROM project. In: Cartography : journal of the Mapping Sciences Institute, Australia. 32, 2003, 2, p.55-63, 4 ill. ISSN 0069-0805

Kongo / Kongo / Congo

3639
Vansteenvoort, Liesbeth; Maeyer, Philippe de; Lavreau, J.: Kartografie van moeilijk toegankelijke gebieden : Proefblad Kalima. In: Kartografisch Tijdschrift. 29, 2003, 2, p.42-44, 2 ill. [Cartography of difficultly accessible areas : test sheet Kalima.] [Dutch] ISSN 0167-5788

Morocco / Marokko / Maroc

3640
Helmfrid, Staffan: Profet i främmande land : Jacob Gråberg och Marockokartan. In: Accurata descriptio : studier i kartografi, numismatik, orientalistik och biblioteksväsen tillägnade Ulla Ehrensvärd. [Redaktionskommitté: Göran Bäärnhielm ...]. - Stockholm: Kungl. Biblioteket 2003, p.253-267, 1 portr., 1 ill., 3 mp,. (Acta Bibliothecae regiae Stockholmiensis ; 69) [Swed.] ISBN 91-7000-222-3

Namibia / Namibia / Namibia

3641
Moser, Jana: Die ersten bekannten Karten des Innern des heutigen Namibia zwischen 1761 und 1795. In: 10 Jahre Fachhochschulausbildung in den Studiengängen Vermessungswesen und Kartographie an der HTW Dresden (FH) und 50 Jahre Ausbildung von Vermessungs- und Kartographieingenieuren in Dresden. Hrsg. von Uwe Jäschke u.a. Schriftleitung: Kristin Gehrt - Harald Köhler. - Dresden: Fachbereich Vermessungswesen, Kartographie der Hochsch. für Technik und Wirtschaft 2002, p.155-162, 6 ill. (Dresdner Kartographische Schriften ; 4) ISSN 1436-0004

Nigeria / Nigeria / Nigeria

3642
Olomo, R.O.: The current trend of mapping in Nigeria. In: Cartography : journal of the Mapping Sciences Institute, Australia. 32, 2003, 1, p.39-51, 9 tab. ISSN 0069-0805

Tanzania / Tansania / Tanzanie

3643
Rottland, Thomas: Von Stämmen und Ländern und der Macht der Karte : eine Dekonstruktion der ethnographischen Kartierung Deutsch-Ostafrikas. - Berlin: Schwarz 2003, 118 p., mp. + 1 CD-ROM. (Arbeitshefte / Zentrum Moderner Orient, Geisteswissenschaftlich Zentren Berlin e.V. ; 21) [CD-ROM enth.: Kartenbeispiele]
ISBN 3-87997-609-0

Uganda / Uganda / Ouganda

3644
Ljungblom, Maria; Gullstrand, Karin: Integrering av ett statistiskt verktyg i ArcMap : samt introduktion av verktyget i samhällsvetenskaplig forskning i Uganda. In: Kart & bildteknik : mapping and image science. 18, 2003, 1, p.6-8, 2 ill. [Integration of a statistic tool in ArcMap : with introduction of tools in sociological research in Uganda.] [Swed.] ISSN 0283-0418

d. The Americas
Amerika
L'Amérique

3645
Bedini, Silvio A.: The Jefferson Stone : demarcation of the first meridian of the United States. - Frederick, MD: Professional Surveyors Publ. 1999, XV, 184 p., ill.
ISBN 0-9665120-1-4

3646
Buisseret, David: Early European cartography of the New World. In: La cartografia europea tra primo Rinascimento e fine dell' illuminismo : atti del Convegno Internazionale The Making of European Cartography, (Firenze, BNF-EUI, 13 - 15 dicembre 2001). A cura di Diogo Ramada Curto ; Angelo Cattaneo ; André Ferrand Almeida. - Firenze: L.S. Olschki 2003, p.95-107. (Studi / Accademia Toscana di Scienze e Lettere La Colombaria ; 213) [Engl.]
ISBN 88-222-5240-3

3647
Snay, Richard: Introducing two spatial reference frames for regions of the Pacific Ocean. In: Surveying and land information science. 63, 2003, 1, p.5-12, 1 ill., 4 tab.
ISSN 1538-1242

Bolivia / Bolivien / Bolivie

3648
Bolch, Tobias; Kamp, Ulrich: Qualitätsanalyse digitaler ASTER-Geländemodelle von Hochgebirgsregionen (Cerro Sillajhuay, Chile/Bolivien). In: Kartographische Nachrichten. 53, 2003, 5, p.224-230, 8 ill., 1 tab. ISSN 0022-9164

Brazil / Brasilien / Bresil

3649
Ferrand Almeida, André: Samuel Fritz revisited : the maps of the Amazon and their circulation in Europe. In: La cartografia europea tra primo Rinascimento e fine dell' illuminismo : atti del Convegno Internazionale The Making of European Cartography, (Firenze, BNF-EUI, 13 - 15 dicembre 2001). A cura di Diogo Ramada Curto ; Angelo Cattaneo ; André Ferrand Almeida. - Firenze: L.S. Olschki 2003, p.133-153. (Studi / Accademia Toscana di Scienze e Lettere La Colombaria ; 213) [Engl.] ISBN 88-222-5240-3

3650
O tesouro dos mapas = The treasure of the maps : a cartografia na formaçao do Brasil ; exposiçao da coleçao cartográfica do Instituto Cultural Banco Santos. Texto e curadoria Paulo Miceli. - Sao Paulo, Brasil: Instituto Cultural Banco Santos 2002, 339 p., ill., mp. [Port.] [Includes bibliographical references (p.338)] ISBN 85-89025-01-2

3651
Robert, Pascale de; Laques, Anne-Élisabeth: "La carte de notre terre" : enjeux cartographiques vus par les Indiens Kayapó (Amazonie Brésilienne). In: Mappemonde. 2003, 69, p.1-6, 4 ill. [French with Engl., and Span. rés.] ISSN 0764-3470

Canada / Kanada / Canada

3652
Brown, Wesley A.: The place-name "Vinland" on the world map in the "Rudimentum Novitiorum". In: Journal of the International Map Collectors' Society. 93, 2003, p.9-20, 4 ill.

3653
Carrière, Jean; Klein, Juan-Luis: L'Atlas du Québec et de ses régions : un inventaire du patrimoine territorial québecois sur l'autoroute de l'information. In: Geomatica. 57, 2003, 2, p.177-181, 1 ill. ISSN 1195-1036

3654
Fortin, Marcel: Whither Canadian Map Libraries? : 1967-2003. In: Bulletin / Associa-tion of Canadian Map Libraries and Archives. 2003 117, p.3-9. ISSN 0840-9331

3655
Fung, Ka-iu: Making of an analog and digital regional atlas : Atlas of Saskatchewan. In: Geomatica. 57, 2003, 2, p.182-184. ISSN 1195-1036

3656
Geomatica : Cartography in Canada 1999-2003 = La cartographie au Canada de 1999 á 2003. publ. by Canadian Institute of Geomatics. - Ottawa: Canadian Institute of Geomatics 2003, 288 p., ill., mp. (Geomatica ; 57.2003,2) ISSN 1195-1036

3657
Gosson, Claire; Lacasse, Diane: The Canadian cartographic exhibit 2001 and 2003 / L'exposition cartographique Canadienne 2001 et 2003 In: Geomatica. 57, 2003, 2, p.254-258. ISSN 1195-1036

3658
Harron, Bill; Parkinson, Bob: A National Land and Water Information Service : Potentialities and preliminary investigations. In: Geomatica. 57, 2003, 3, p.335-337, 3 ill. ISSN 1195-1036

3659
Jenish, D'Arcy: Epic wanderer : David Thompson and the mapping of the Canadian West. - Lincoln, Nebr.: Univ. of Nebraska Press 2003, 309 p., ill., mp. [Includes bibliographical references and index] ISBN 0-8032-2600-4

3660
MacIntosh, Barbara: Federal government cartographic activities 1999-2003. In: Geomatica. 57, 2003, 2, p.197-224.
ISSN 1195-1036

3661
Owen, J.Victor: Margins for errors : manuscript notations in The Atlantic Neptune. In: Mercator's World. 5, 2000, 4, p.42-45, 3 ill.
ISSN 1086-6728

3662
Owen, J.Victor: Streets paved with gold : fortress of Louisbourg on early maps. In: Mercator's World. 8, 2003, 1, p.40-45, 6 ill.
ISSN 1086-6728

3663
Provincial and territorial government cartographic activities. In: Geomatica. 57, 2003, 2, p.225-253, 1 ill. ISSN 1195-1036

3664
Reichardt, Mark: Canada's role in advancing interoperability through the open GIS consortium (OGC). In: Geomatica. 57, 2003, 1, p.68-71. ISSN 1195-1036

3665
Rockwell, Ken: New mapping of western North America. In: Information bulletin / Western Association of Map Libraries. 34, 2003, 1, p. 50 59. ISSN 0049-7282

3666
Rockwell, Ken: New mapping of western North America. In: Information bulletin / Western Association of Map Libraries. 34, 2003, 2, p.85-90 ISSN 0049-7282

3667
Rockwell, Ken; Moeller, John: New mapping of western North America. In: Information bulletin / Western Association of Map Libraries. 33 2002, 2, p.100-107.
ISSN 0049-7282

3668
Shields, Rob: Political tourism : mapping memory and the future at Quebec City. In: Mapping tourism. Ed. by Stephen P. Hanna and Vincent J. Del Casino Jr. - Minneapolis, Minn [u.a.]: University of Minnesota Press 2003, p.1-27, 3 ill. [Includes bibliographical references (p.187-207) and index]
ISBN 0-8166-3955-8 / 0-8166-3956-6

3669
Siekierska, Eva; Müller, Anita: Tactile and audio-tactile maps within the Canadian 'Government On-Line' program. In: The Cartographic Journal. 40, 2003, 3, p.299-304, 8 ill.

3670
Sweeny, Robert C.H.; Olson, Sherry: Map: Montréal l'avenir du passé : sharing geodatabases yesterday, today and tomorrow. In: Geomatica. 57, 2003, 2, p.145-154.
ISSN 1195-1036

3671
Swift, Michael: Historical maps of North America. - London: PRC 2001, 144 p., mp.
ISBN 1-85648-592-7 [Includes index]

3672
Talwar, Sonia and others: The Georgia Basin Digital Library (GBDL) : a framework for a place-based exploration of sustainability issues. In: Geomatica. 57, 2003, 2, p.155-164, 5 ill. ISSN 1195-1036

3673
Wheate, Roger and others: A brief history and progress of mountain cartography in Canada. In: International Cartographic Association /Commission on Mountain Cartography : special issue: ICA Commission on Mountain Cartography. Ed. by Lorenz Hurni. - North York: Univ. of Toronto Press 2003, p.31-39, 12 ill., 1 tab. (Cartographica ; 38. 2001, 1/2)
ISSN 0340-0654 / 0317-717

3674
Wheate, Roger: Relief depiction on Canadian topographic map series in the twentieth century. In: Geomatica. 57, 2003, 2, p.165-175, 13 ill., 2 tab. ISSN 1195-1036

Chile / Chile / Chili

3675
Bolch, Tobias; Kamp, Ulrich: Qualitätsanalyse digitaler ASTER-Geländemodelle von Hochgebirgsregionen (Cerro Sillajhuay, Chile/Bolivien). In: Kartographische Nachrichten. 53, 2003, 5, p.224-230, 8 ill., 1 tab. ISSN 0022-9164

Columbia / Kolumbien / Colombie

3676
Castro, P.: Breve historia de la cartografia geologica en el departamento de Antioquia. In: Revista de la Academia Colombiana de Ciencias Exactas, Fisicas y Naturales. 27, 2003, 103, p.245-261. [Short history of geologic cartography in the district Antioquia.] [Span.] ISSN 0370-3908

Mexico / Mexiko / Mexique

3677
González Rodríguez, Jaime: Cartografia de la política cultural en Nueva España. In: Grandes viajes descubridores. Seminario Iberoamericano de Descubrimientos y Cartografia, Instituto Interuniversitario de Estudios de Iberoamérica y Portugal. Coord.: Jesús Varela Marcos. - Tordesillas, Valladolid: Instituto Interuniversitario de Estudios de Iberoamérica y Portugal 2001, p.81-108, 11 ill. (Descubrimientos y cartografia ; 4) [Cartography of cultural politics in Nueva España.] [Span.]
ISBN 8493062-96-0

3678
Minnick, Roy: La influencia española en la cartografia y la topografia de América : aplicaciones cartográficas. In: Topografia y cartografia : TOPCART. 20, 2003, 115, p.54-59, 4 ill. [The Spanish influence on cartography and topography of the Americas.] [Span. with Engl. rés.]
ISSN 0212-9280

3679
Nickel, Herbert J.: Kaiser Maximilians Kartographen in Mexiko. - Frankfurt/Main: Vervuert 2003, 93, XX p., ill., mp. (Biblioteca Ibero-Americana ; 96) [Literaturverz. p. 90-93] ISBN 3-89354-596-4

3680
Reinhartz, Dennis: An exploration of the "silences" on various late eighteenth-century maps of northern New Spain. In: Terrae incognitae : the journal for the history of discoveries. 35, 2003, p.43-53, 6 ill.
ISSN 0082-2884

Peru / Peru / Pérou

3681
Kretschmer, Ingrid: Österreichische Expeditionskartographie in Südamerika. In: Cartographica Helvetica : Fachzeitschrift für Kartengeschichte. 28, 2003, p.13-23, 1 ill., 6 mp. ISSN 1015-8480

3682
Spiess, Ernst: Die Panta-Karte der SAC-Expedition in die Cordillera Vilcabamba (Peru). In: Cartographica Helvetica : Fachzeitschrift für Kartengeschichte. 28, 2003, p.25-32, 12 ill. ISSN 1015-8480

Saint Kitts and Nevis / Saint Kitts und Nevis / Saint Kitts et Nevis

3683
Connett, Christina: Fantasy and fact : decorative cartouches on Captain James Cook's chart of New Zealand. In: New Zealand Map Society journal. 16, 2003, p.23-32,.
ISSN 0113-2458

3684
Jennings, William: An early map of St Kitts. In: New Zealand Map Society journal. 16, 2003, p.17-22, 1 mp. ISSN 0113-2458

Suriname / Surinam / Surinam

3685
Conradi, Peter: De nieuwe kaart van Suriname : privé-project van een bevlogen geograaf. In: Geografie / uitg. van het Koninklij Nederlands Aardrijkskundig Genootschap, KNAG. 12, 2003, 1, p.12-15, 3 ill., 1 portr. [The new map of Surinam.] [Dutch] ISSN 0926-3837

United States of America / USA / Etats-Unis d'Amerique

3686
Akerman, James: Gousha and National Survey Gifts enlarge the Newberry's Holdings of American Road Maps. In: Mapline : a quarterly newsletter published by the Hermon Dunlap Smith Center for the History of Cartography at the Newberry Library :. 96, 2003, p.1-4, 4 ill. ISSN 0196-881

3687
Barnes, Grenville and others: Developing a spatio-temporal cadastral database using county appraisal data from northern Florida. In: Surveying and land information science. 63, 2003, 4, p.243-251, 9 ill. ISSN 1538-1242

3688
Beckham, Stephen Dow: The expedition's traveling library. In: The literature of the Lewis and Clark expedition : a bibliography and essays. Essays by Stephen Dow Beckham, bibliography by Doug Erickson and others. - Portland, Or.: Lewis & Clark College 2003, p.25-42. ISBN 0-9630866-1-8

3689
Beveridge, Andrew A.: Immigration, ethnicity, and race in metropolitan New York, 1900-2000. In: Past time, past place : GIS for history. Ed. by Anne Kelly Knowles. - Redlands, Calif.: ESRI Press 2002, p.65-77, 8 ill. ISBN 1-589-48032-5

3690
Boscoe, Francis P.; Pickle, Linda W.: Choosing geographic units for choropleth rate maps, with an emphasis on public health applications. In: Cartography and geographic information science. 30, 2003, 3, p.237-248, 4 ill., 2 tab. ISSN 1523-0406

3691
Brown, Wesley A.: The place-name "Vinland" on the world map in the "Rudimentum Novitiorum". In: Journal of the International Map Collectors' Society. 93, 2003, p.9-20, 4 ill.

3692
Cammack, Rex G.: Cartography, virtual reality, and the internet : integrating abstract models of the environment via the internet. In: Maps and the internet. Ed. by Michael Peterson. Publ. on behalf of the International Cartographic Association. - Amsterdam [u.a.]: Elsevier Science 2003, p.359-370, 6 ill. ISBN 0-08-044201-3

3693
Charting Louisiana : five hundred years of maps. Ed. by Alfred Emmette Lemmon, John T. Magill and Jason R. Wiese. - New Orleans, La: Historic New Orleans Collection 2003, XXII, 383 p., ill., mp. [Includes bibliographical references and index] ISBN 0-917860-47-0

3694
Cone, Leslie: The National Integrated Land System. In: Surveying and land information science. 63, 2003, 4, p.227-233, 6 ill. ISSN 1538-1242

3695
Cowen, David J.; Craig, William: A retrospective look at the need for a multipurpose cadastre. In: Surveying and land information science. 63, 2003, 4, p.205-214. ISBN 1538-1242

3696
Cunfer, Geoff: Causes of the dust bowl. In: Past time, past place : GIS for history. Ed. by Anne Kelly Knowles. - Redlands, Calif.: ESRI Press 2002, p.93-104, 8 ill. ISBN 1-589-48032-5

3697
Curran, Mary: Dialogues of difference : contested mappings of tourism and environmental protection in Butte, Montana. In: Mapping tourism. Ed. by Stephen P. Hanna and Vincent J. Del Casino Jr. - Minneapolis, Minn [u.a.]: University of Minnesota Press 2003, p.132-160, 5 ill. [Include bibliographical references (p.187-207) and index] ISBN 0-8166-3955-8 / 0-8166-3956-6

3698
DeLyser, Dydia: "A walk through Old Bodie" : presenting a ghost town in a tourism map. In: Mapping tourism. Ed. by Stephen P. Hanna and Vincent J. Del Casino Jr. - Minneapolis, Minn [u.a.]: University of Minnesota Press 2003, p.79- 107, 6 ill. [Includes bibliographical references (p.187-207) and index] ISBN 0-8166-3955-8 / 0-8166 3956-6

3699
Edney, Matthew H.: New England mapped : the creation of a colonial territory. In: La cartografia europea tra primo Rinascimento e fine dell' illuminismo : atti del Convegno Internazionale The Making of European Cartography, (Firenze, BNF-EUI, 13 - 15 dicembre 2001). A cura di Diogo Ramada Curto ; Angelo Cattaneo ; André Ferrand Almeida. - Firenze: L.S. Olschki 2003, p.155-176. (Studi / Accademia Toscana di Scienze e Lettere La Colombaria ; 213) [Engl.] ISBN 88-222-5240-3

3700
Ehrenberg, Ralph E.: "Forming a general geographical idea of a country" : mapping Louisiana from 1803 to 1820. In: Charting Louisiana : five hundred years of maps. Ed. by Alfred Emmette Lemmon, John T. Magill and Jason R. Wiese. - New Orleans, La: Historic New Orleans Collection 2003, p.123-162, 6 ill., 5 portr., 19 mp. [Includes bibliographical references and index] ISBN 0-917860-47-0

3701
Erickson, Doug; Skinner, Jeremy; Merchant, Paul: The expedition's traveling library : bibliography. In: The literature of the Lewis and Clark expedition : a bibliography and essays. Essays by Stephen Dow Beckham, bibliography by Doug Erickson and others. - Portland, Or.: Lewis & Clark College 2003, p.43-63, 10 ill. ISBN 0-9630866-1-8

3702
Fernandez, Mark F.: Mapping Lousiana in the nineteenth century. In: Charting Louisiana : five hundred years of maps. Ed. by Alfred Emmette Lemmon, John T. Magill and Jason R. Wiese. - New Orleans, La: Historic New Orleans Collection 2003, p.163-244, 7 ill., 1 portr, 50 mp. [Includes bibliographical references and index] ISBN 0-917860-47-0

3703
Findley, John: Geographic analysis and monitoring at the United States Geological Survey. In: Cartography and geographic information science. 30, 2003, 2, p.203-210, 7 ill. ISSN 1523-0406

3704
Furlough, Mike: Cartographic users advisory council 2003 annual agencies

meeting. In: Information bulletin / Western Association of Map Libraries. 34, 2003, 1, p.6-22. ISSN 0049-7282

3705
Giordano, Alberto: Historical geoinformation on the web : lessons learned form the Chapter 91 pilot project. In: Maps and the internet. Ed. by Michael Peterson. Publ. on behalf of the International Cartographic Association. - Amsterdam [u.a.]: Elsevier Science 2003, p.321-334, 2 ill.
ISBN 0-08-044201-3

3706
Gleitsmann, Lars; Kappas, Martin: DGM-Erstellung und Reliefanalyse aus Schrägluftbildern in Alaska als Grundlage angewandter Klimaforschung. In: Auf dem Weg zu operationellen Prozessketten in Photogrammetrie, Fernerkundung und Geoinformation : 23. wissenschaftlich-technische Jahrestagung der DGPF 9. - 11. September 2003 in Bochum. Eckhardt Seyfert, Hrsg. - Münster: Geschäftsstelle der DGPF 2003, p.329-338, 4 ill. (Publikationen der Deutschen Gesellschaft für Photogrammetrie, Fernerkundung und Geoinformation e.V. ; Band 12) [CD-ROM enth.: Farbabbildungen desTagungsbandes] ISSN 0942-2870

3707
Hillier, Amy: Redlining in Philadelphia. In: Past time, past place : GIS for history. Ed. by Anne Kelly Knowles. - Redlands, Calif.: ESRI Press 2002, p.79-92, 10 ill.
ISBN 1-589-48032-5

3708
Hoffman, Paul E.: Discovery and early cartography of the northern Gulf Coast. In: Charting Louisiana : five hundred years of maps. Ed. by Alfred Emmette Lemmon, John T. Magill and Jason R. Wiese. - New Orleans, La: Historic New Orleans Collection 2003, p.7-40, 16 mp. [Includes bibliographical references and index]
ISBN 0-917860-47-0

3709
Hu, Shunfu: Web-based multimedia GIS : exploring interactive maps and associated multimedia information on the internet. In: Maps and the internet. Ed. by Michael Peterson. Publ. on behalf of the International Cartographic Association. - Amsterdam [u.a.]: Elsevier Science 2003, p.335-344, 5 ill. ISBN 0-08-044201-3

3710
Jeffress, Gary A.: The value of cadastral surveying to efficient land administration. In: Surveying and land information science. 63, 2003, 4, p.253-258, 3 ill.
ISSN 1538-1242

3711
Kelmelis, John: To "The National Map" and beyond. In: Cartography and geographic information science. 30, 2003, 2, p.185-198, 4 ill. ISSN 1523-0406

3712
Kirsch, Scott: John Wesley Powell and the mapping of the Colorado Plateau, 1869-1879 : survey science, geographical solutions, and the economy of environmental values. In: Annals of the Association of American Geographers. 92, 2002, 3, p.548-572, ill., mp. ISSN 0004-5608

3713
Koning, Joep M.J. de: From Van der Donck to Visscher : a 1648 view of New Amsterdam. In: Mercator's World. 5, 2000, 4, p.28-33, 3 ill. ISSN 1086-6728

3714
Kovarsky, Joel: Maps at Mr. Jefferson's University : The Albert and Shirley Small Special Collections Library. In: The Portolan. 2003, 56, p.45-50, 4 mp.
ISSN 1096-1925

3715
Lowe, David W.: Telling civil war battlefield stories with GIS. In: Past time, past place : GIS for history. Ed. by Anne Kelly Knowles. - Redlands, Calif.: ESRI Press 2002, p.51-63, 7 ill. ISBN 1-589-48032-5

3716
Magill, John T.: New Orleans through three centuries. In: Charting Louisiana : five hundred years of maps. Ed. by Alfred Emmette Lemmon, John T. Magill and Jason R. Wiese. - New Orleans, La: Historic New Orleans Collection 2003, p.293-346, 13 ill., 26 mp. ISBN 0-917860-47-0 [Includes bibliographical references and index]

3717
Mandell, Mel: The mapmaker who swallowed his maps. In: Mercator's World. 8, 2003, 1, p.42-45, 4 ill., 1 portr. ISSN 1086-6728

3718
Mattson, Daniel and others: Brandriskmodell für samhällen i nordvästra USA : Pocatello och Lava Hot Springs, Idaho. In: Kart & bildteknik : mapping and image science. 18, 2003, 1, p.16-19, 9 ill. [Model for danger of fire for communities in Northwest USA.] [Swed.] ISSN 0283-0418

3719
Matzner, Ronald F.; Moeller, John: Integrating geospatial information activities : enabling the National Spatial Data Infrastructure. In: Information bulletin / Western Association of Map Libraries. 33, 2002, 2, p.91-93. ISSN 0049-7282

3720
Meyer, Nancy von: Implementing the FGDC cadastral standard in ArcGIS. In: Surveying and land information science. 63, 2003, 4, p.215-226, 8 ill. ISSN 1538-1242

3721
Minnick, Roy: La influencia española en la cartografia y la topografia de América : aplicaciones cartográficas. In: Topografia y cartografia : TOPCART. 20, 2003, 115, p.54-59, 4 ill. [The Spanish influence on cartography and topography of the Americas.] [Span. with Engl. rés.] ISSN 0212-9280

3722
Monmonier, Mark: Hook, line, and gerrymander : weird shapes, pejorative words, and the rhetorical cartography of the 1990 U.S.Congressional Redistricting. In: Mercator's World. 5, 2000, 4, p.36-40, ill. ISSN 1086-6728

3723
Moreau, Richard; Durand-Delga, Michel: Jules Marcou (1824 - 1898) : précurseur français de la géologie nord-américaine. - Paris [u.a.]: L'Harmattan 2002, 199 p., ill., mp. + 1 mp. (Collection Les acteurs de la science) ISBN 2-7475-3096-5

3724
Patterson, Tom: DEM manipulation and 3-D terrain visualization : techniques used by the U.S.National Park Service. In: International Cartographic Association / Commission on Mountain Cartography special issue: ICA Commission on Mountain Cartography. Ed. by Lorenz Hurni. - North York: Univ. of Toronto Press 2003, p.89-101, 16 ill. (Cartographica ; 38. 2001, 1/2) ISBN 0340-0654 / 0317-717

3725
Portugali, Juval; Omer, Itzhak: Systematic distortions in cognitive maps : the North American West Coast vs the (West) coast of Israel. In: Spatial information theory : foundations of geographic information science ; international conference, COSIT 2003, Kartause Ittingen, Switzerland,

September 24 - 28, 2003 ; proceedings. Werner Kuhn and others (eds.). - Berlin [u.a.]: Springer 2003, p.93-100, 5 ill. (Lecture notes in computer science ; 2825) ISSN 0302-9743

3726
Pritchard, Margaret Beck: Maps from the Colonial Williamsburg Collection. In: The Portolan. 2003, 57, p.p.10-16, 2 ill., 3 mp. ISSN 1096-1925

3727
Reinhartz, Dennis: Texas map postcards revisited : much more than ephemera. In: The Portolan. 2003, 57, p.43-50, 8 ill.

3728
Rockwell, Ken: New mapping of western North America. In: Information bulletin / Western Association of Map Libraries. 34, 2003, 1, p. 50 59. ISSN 0049-7282

3729
Rockwell, Ken: New mapping of western North America. In: Information bulletin / Western Association of Map Libraries. 34, 2003, 2, p.85-90 ISSN 0049-7282

3730
Rockwell, Ken; Moeller, John: New mapping of western North America. In: Information bulletin / Western Association of Map Libraries. 33 2002, 2, p.100-107. ISSN 0049-7282

3731
Roth, Keven: Initial implementation of "The National Map". In: Cartography and geographic information science. 30, 2003, 2, p.199-202, 3 ill. ISSN 1523-0406

3732
Saunders, Theodore; Feuquay, Jay; Kelmelis, John A.: The U.S. Geological Survey land remote sensing program. In: Cartography and geographic information science. 30, 2003, 2, p.211-215, 4 ill. ISSN 1523-0406

3733
Schneider, Sheri: Soil maps and soil survey. In: Information bulletin / Western Association of Map Libraries. 33, 2002, 2, p.86-90, 4 ill. ISSN 0049-7282

3734
Schöler, Horst; Hoffmeister, Helmut: Heinrich Wild und sein Wirken für den geodätischen Instrumentenbau in Jena. In: Mitteilungen des DVW-Bayern e.V. 55, 2003, 1, p.53-61, 6 ill. ISSN 0723-6336

3735
Schulten, Susan: The geographical imagination in America, 1880-1950. - Chicago; London: University of Chicago 2001 (X, 319 p., il., mp.) ISSN 0226-74056-0

3736
Schwertley, William: QuickTime Virtual Reality maps for the web. In: Maps and the internet. Ed. by Michael Peterson. Publ. on behalf of the International Cartographic Association. - Amsterdam [u.a.]: Elsevier Science 2003, p.371-383, 10 ill. ISBN 0-08-044201-3

3737
Sheehan-Dean, Aaron C.: Similarity and difference in the antebellum North and South. In: Past time, past place : GIS for history. Ed. by Anne Kelly Knowles. - Redlands, Calif.: ESRI Press 2002, p.35-49, 10 ill. ISBN 1-589-48032-5

3738
Shellito, Bradley A.; Pijanowski, Bryan C.: Using neural nets to model the spatial distribution of seasonal homes. In: Cartography and geographic information science. 30, 2003, 3, p.281-290, 3 tab., 2 ill. ISSN 1523-0406

3739
Stage, David: An assessment of parcel data in the United States. In: Surveying and land information science. 63, 2003, 4, p.235-241, 5 ill. ISSN 1538-1242

3740
Stevens, Robert; Kirkpatrick, Stewart: Cost-benefit analysis of Montana's Cadasral Mapping Project website. In: Surveying and land information science. 63, 2003, 4, p.259-263, 1 ill., 4 tab. ISSN 1538-1242

3741
Swift, Michael: Historical maps of North America. - London: PRC 2001, 144 p., mp. ISBN 1-85648-592-7 [Includes index]

3742
Trachtenberg, Dan: Map powder horns or powder horn maps. In: The Portolan. 2003, 57, p.17-20, 3 ill. ISSN 1096-1925

3743
Trainor, Timothy: U.S.Census Bureau georaphic support : a response to changing technology and improved data. In: Cartography and geographic information science. 30, 2003, 2, p.217-223. ISSN1523-0406

3744
Vandegraft, Douglas L.: Report on cartographic and GIS activity in the U.S. Fish and Wildlife service. In: Cartography and geographic information science. 30, 2003, 2, p.169-173, 5 ill.

3745
Virginia in maps : four centuries of settlement, growth, and development. Ed. by Richard W. Stephenson. - Richmond, Va.: Library of Virginia 2000, XXI, 335 p., ill., mp.[Includes bibliographical references (p.320-322) and index] [Atlas]
ISBN 0-88490-191-2

3746
Weaving a national map : review of the U.S.Geological Survey concept of the National Map. Committee to Review the U.S. Geological Survey Concept of the National Map. - Washington, D.C.: National Academies Press 2003, XII, 128 p. [Includes bibliographical references (p.81-85)] - ISBN 0-309-08747-3

3747
Zouraràkis, Demetrio P.; Carson Lambert, Susan; Palmer, Mike: Towards developing Kentucky's landscape change maps. In: Cartography and geographic information science. 30, 2003, 2, p.175-178, 4 ill. ISSN 1523-0406

e. Asia
Asien
L'Asie

3748
Craig, Belle A.; Wahl, Jerry L.: Cadastral survey accuracy standards. In: Surveying and land information science. 63, 2003, 2, p.87-106, 4 ill., 1 tab. ISSN 1538-1242

3749
Dhabai, R.K.; Malik, A.K.: Structure of the Indian Ocean Realm Atlas. In: Geography and applied cartography : proceedings of the National Seminar on Geography and Applied Cartography, organised to commemorate the birth centenary celebration of Padmabhushan Professor S.P. Chatterjee. Organised by National Atlas & Thematic Mapping Organisation, in collaboration with Prof. S.P. Chatterjee Memorial Foundation. [General ed.: Pritvish Nag]. - Kolkata: Govt. of India, Dept of Science & Technology, National Atlas & Thematic Mapping Organisation 2003, p.256-268.

3750
Jiménez Espartero, David; Moya Honduvilla, Javier: Atlas de Historia Antigua :

desarrollo de una herramienta docente multimedia adaptable tanto a soportes de ámbito local (CD/Intranet) como general (Internet). In: Topografía y cartografía : TOPCART. 20, 2003, 117, p.4-12, 14 ill. [Atlas of ancient history : development of an educational multimedia tool as much to supports of local scope (CD/Intranet) like general (Internet).] [Span.]
ISSN 0212-9280

3751
Koninck, Rodolphe de; Miller, Marc; Gendron, Bruno: La répartition de la population en Asie du Sud-Est : Cartographie de son évolution 1950-1995. In: Mappemonde. 2003, 71, p.1-6, 5 ill. [French with Engl., and Span. rés.] ISSN 0764-3470

3752
Snay, Richard: Introducing two spatial reference frames for regions of the Pacific Ocean. In: Surveying and land information science. 63, 2003, 1, p.5-12, 1 ill., 4 tab.
ISSN 1538-1242

Bhutan / Bhutan / Bhoutan

3753
Csida, Sascha; Riegler, Dieter; Riedl, Andreas: Kartographische Anforderungen an eine 4D-Animation zur Visualisierung postglazialer Ereignisse gezeigt anhand eines GLOF - Glacial Lake Outburst Flood. In: Angewandte geographische Informationsverarbeitung XIV : Beiträge zum AGIT-Symposium Salzburg 2003. Josef Strobl ... (Hrsg.). - Heidelberg: Wichmann 2003, p.53-58, 7 ill. ISBN 3-87907-392-9

China / China / Chine

3754
Cao, Yu and others: Synthesis of beneficial ore-forming information based on GIS. In: Geomatics and information science of Wuhan University. 28, 2003, 2, p.167-176, 6 ill., 7 tab. [Chin. with Engl. rés.]
ISSN 1000-050X

3755
Carte di riso : far eastern cartography with a complete catalogue of the collection of Chinese and Japanese maps owned by the Società Geografica Italiana. A cura di Claudio Cerreti. - Roma: Soc. Geografica Italiana 2003, 345 p., ill. (Memorie della Società Geografica Italiana ; 69)
ISSN 0391-5190

3756
Du, Zhixing; Liu, Jingnan: Jointly inversing the plate driving forces on the boundaries around Sichuan-Yunnan area using GPS measurements of the Crustal Movement Observation Network of China and the principal stress orientation data of China area. In: Geomatics and information science of Wuhan University. 28, 2003, 2, p.162-166 (+ p.176), 5 ill., 2 tab. [Chin. with Engl. rés.] ISSN 1000-050X

3757
Giorgi, Maria Luisa: The Chinese map collection of the Società Geografica Italiana. In: Carte di riso : far eastern cartography with a complete catalogue of the collection of Chinese and Japanese maps owned by the Società Geografica Italiana. A cura di Claudio Cerreti. - Roma: Soc. Geografica Italiana 2003, p.125-156. (Memorie della Società Geografica Italiana ; 69)
ISSN 0391-5190

3758
Hébert, John: Chinese cartography : the Library's Geography and Map Division includes hundreds of Chinese maps spanning eight centuries. In: Information bulletin / The Library of Congress. 62, 2003, 12 p.312-314, 5 ill. ISSN 0041-7904

3759
Liming, Song; Giorgi, Maria Luisa: Catalogue of the Chinese maps owned by the Società Geografica Italiana. In: Carte di riso : far eastern cartography with a complete catalogue of the collection of Chinese and Japanese maps owned by the Società Geografica Italiana. A cura di Claudio Cerreti. - Roma: Soc. Geografica Italiana 2003, p.191-280. (Memorie della Società Geografica Italiana ; 69) ISSN 0391-5190

3760
Liming, Song: An evaluation of the Chinese maps in the possession of the Società Geografica Italiana. In: Carte di riso : far eastern cartography with a complete catalogue of the collection of Chinese and Japanese maps owned by the Società Geografica Italiana. A cura di Claudio Cerreti. - Roma: Soc. Geografica Italiana 2003, p.99-110. (Memorie della Società Geografica Italiana ; 69) ISSN 0391-5190

3761
Liu, Xuefeng and others: Research and implementation of spatio-temporal data model based on time-varying sequence of geographical events. In: Geomatics and information science of Wuhan University. 28, 2003, 2, p.197-201 (+ p.207), 2 ill., 2 tab. [Chin. with Engl. rés.] ISSN 1000-050X

3762
Pecci, Massimo: Cartografia geomorfologica delle aree di alta montagna applicata alla riduzione dei rischi naturali : integrazione di rilievi tradizionali e tecnologie GIS e GPS nel caso di studio del Cho Oyu - Himalaya, Tibet. In: Bollettino della Associazione Italiana di Cartografia. 40, 2003, 117-118-119, p.499-506, 7 ill., 1 tab. [Geomorphological cartography of high mountain areas for the reduction of natural risks : integration of traditional reliefs and GIS technology and GPS in the case of the study of the Cho Oyu - Himalaya, Tibet.] [Ital.] ISSN 0044-9733

3763
Pun-Cheng, L.S.C.; Li, Z.; Gao, W.: Integration of generalisation operators for vegetation maps based on bio-geographical principles. In: Cartography : journal of the Mapping Sciences Institute, Australia. 32, 2003, 2, p.17-30, 11 ill. ISSN 0069-0805

3764
Sun, Hua and others: Methods and applications of landscape ecological evaluation in the typical small watershed's land use. In: Geomatics and information science of Wuhan University. 28, 2003, 2, p.177-181, 2 ill., 1 tab. [Chin. with Engl. rés.] ISSN 1000-050X

3765
Wei, Ziqing: National geodetic coordinate system : to next generation. In: Geomatics and information science of Wuhan University. 28, 2003, 2, p.138.143(+ p.148), 5 tab. [Chin. with Engl. rés.] ISSN 1000-050X

3766
Zedda Macciò, Isabella: Historical evolution of Chinese cartography : documents, sources and problems of interpretation. In: Carte di riso : far eastern cartography with a complete catalogue of the collection of Chinese and Japanese maps owned by the Società Geografica Italiana. A cura di Claudio Cerreti. - Roma: Soc. Geografica Italiana 2003, p.9-61, 14 ill. (Memorie della Società Geografica Italiana ; 69) ISSN 0391-5190

Federation of Russia / Russische Föderation / Fédération de Russie

3767
Bogoyavlenskiy, B.A.: Cartographic support for planning, construction, and use of

the Baykal-Amur railroad route. In: Mapping sciences and remote sensing. 40, 2003, 3, p.225-230.

3768
Krupochkin, Ye. P.: A geographic informational approach to the compilation of slope maps. In: Mapping sciences and remote sensing. 40, 2003, 1, p.60-65, 1 ill., 1 tab. ISSN 0749-3878

3769
Ponomarev, Ye.I.; Sukhinin, A.I.: Methods for mapping and medium-range forecasting of fire danger in forests on the basis of weather conditions. In: Mapping sciences and remote sensing. 40, 2003, 4, p.304-310, 3 ill., 1 tab. ISSN 0749-3878

3770
Trofimova, I.Ye.: Classification and mapping of climates of the Baykal mountain-basin system. In: Mapping sciences and remote sensing. 40, 2003, 1, p.66-78, 1 ill., 1 tab. ISSN 0749-3878

Georgia / Georgien / Georgie

3771
Kaufmann, Jürg: Kataster- und Landregistrierungssystem in Georgien. In: Geomatik Schweiz : Geoinformation und Landmanage-ment. 101, 2003, 12, p.665-668, 7 ill. [Germ. with French, and Ital. rés.] ISSN 0252-9424

India / Indien / Inde

3772
Chakraborty, Utpal; Kumar, Mitra: Symbolization in thematic cartography : with reference to tourist atlas of West Bengal. In: Geography and applied cartography : proceedings of the National Seminar on Geography and Applied Cartography, organised to commemorate the birth centenary celebration of Padmabhushan Professor S.P. Chatterjee. Organised by National Atlas & Thematic Mapping Organisation, in collaboration with Prof. S.P. Chatterjee Memorial Foundation. [General ed.: Pritvish Nag]. - Kolkata: Govt. of India, Dept of Science & Technology, National Atlas & Thematic Mapping Organisation 2003, p.252-255, 1 mp.

3773
Chester, Lucy: Imperial cartography in the end of Empire : map use during the 1947 partition of South Asia. In: La cartografia europea tra primo Rinascimento e fine dell' illuminismo : atti del Convegno Internazionale The Making of European Cartography, (Firenze, BNF-EUI, 13 - 15 dicembre 2001). A cura di Diogo Ramada Curto ; Angelo Cattaneo ; André Ferrand Almeida. - Firenze: L.S. Olschki 2003, p.177-194. (Studi / Accademia Toscana di Scienze e Lettere La Colombaria ; 213) [Engl.] ISBN 88-222-5240-3

3774
Das, Nikilesh: Thematic mapping in disaster management. In: Geography and applied cartography : proceedings of the National Seminar on Geography and Applied Cartography, organised to commemorate the birth centenary celebration of Padmabhushan Professor S.P. Chatterjee. Organised by National Atlas & Thematic Mapping Organisation, in collaboration with Prof. S.P. Chatterjee Memorial Foundation. [General ed.: Pritvish Nag]. - Kolkata: Govt. of India, Dept of Science & Technology, National Atlas & Thematic Mapping Organisation 2003, p.34-40, 1 ill., 1 mp., 4 tab.

3775
Datta, Archana: Map of changing land use : a portrait of changing cultural landscape. In: Geography and applied cartography : proceedings of the National Seminar on Geography and Applied Cartography, orga-

nised to commemorate the birth centenary celebration of Padmabhushan Professor S.P. Chatterjee. Organised by National Atlas & Thematic Mapping Organisation, in collaboration with Prof. S.P. Chatterjee Memorial Foundation. [General ed.: Pritvish Nag]. - Kolkata: Govt. of India, Dept of Science & Technology, National Atlas & Thematic Mapping Organisation 2003, p.231-238, 2 mp, 4 tab.

3776
Dutt, G.K.: Thematic cartography : challenges and response. In: Geography and applied cartography : proceedings of the National Seminar on Geography and Applied Cartography, organised to commemorate the birth centenary celebration of Padmabhushan Professor S.P. Chatterjee. Organised by National Atlas & Thematic Mapping Organisation, in collaboration with Prof. S.P. Chatterjee Memorial Foundation. [General ed.: Pritvish Nag]. - Kolkata: Govt. of India, Dept of Science & Technology, National Atlas & Thematic Mapping Organisation 2003, p.217-221.

3777
Geography and applied cartography : proceedings of the National Seminar on Geography and Applied Cartography, organised to commemorate the birth centenary celebration of Padmabhushan Professor S.P. Chatterjee. Organised by National Atlas & Thematic Mapping Organisation, in collaboration with Prof. S.P. Chatterjee Memorial Foundation. [General ed.: Pritvish Nag]. - Kolkata: Govt. of India, Dept of Science & Technology, National Atlas & Thematic Mapping Organisation 2003, 356, [8] p., ill., mp.

3778
Gill, Brinda: The Big Man : surveying Sir George Everest. In: Mercator's World. 5, 2000, 4, p.24-27, 1 ill. 1 portr.

3779
Guria, M.; Mandal, U.K.: Civic amenities index mapping : an approach to the assessment of the distribution of social infrastructure. In: Geography and applied cartography : proceedings of the National Seminar on Geography and Applied Cartography, organised to commemorate the birth centenary celebration of Padmabhushan Professor S.P. Chatterjee. Organised by National Atlas & Thematic Mapping Organisation, in collaboration with Prof. S.P. Chatterjee Memorial Foundation. [General ed.: Pritvish Nag]. - Kolkata: Govt. of India, Dept of Science & Technology, National Atlas & Thematic Mapping Organisation 2003, p.163-172, 4 tab.

3780
List of published maps available for sale. Geological Survey of India, Central Headquarters Calcutta. - Calcutta: Geological Survey of India 2003

3781
Mukhopadhyay, Tapati: Cartographic education in India : past, present and future. In: Geography and applied cartography : proceedings of the National Seminar on Geography and Applied Cartography, organised to commemorate the birth centenary celebration of Padmabhushan Professor S.P. Chatterjee. Organised by National Atlas & Thematic Mapping Organisation, in collaboration with Prof. S.P. Chatterjee Memorial Foundation. [General ed.: Pritvish Nag]. - Kolkata: Govt. of India, Dept of Science & Technology, National Atlas & Thematic Mapping Organisation 2003, p.106-112.

3782
Rout, Jayaprakash: Role of thematic mapping in census. In: Geography and applied cartography : proceedings of the National Seminar on Geography and Applied Cartography, organised to commemorate the

birth centenary celebration of Padmabhushan Professor S.P. Chatterjee. Organised by National Atlas & Thematic Mapping Organisation, in collaboration with Prof. S.P. Chatterjee Memorial Foundation.[General ed.: Pritvish Nag]. - Kolkata: Govt. of India, Dept of Science & Technology, National Atlas & Thematic Mapping Organisation 2003, p.250-251.

3783
Roy, B.K.: The Indian census info : applications in the advancement of geography & cartography. In: Geography and applied cartography : proceedings of the National Seminar on Geography and Applied Cartography, organised to commemorate the birth centenary celebration of Padmabhushan Professor S.P. Chatterjee. Organised by National Atlas & Thematic Mapping Organisation, in collaboration with Prof. S.P. Chatterjee Memorial Foundation. [General ed.: Pritvish Nag]. - Kolkata: Govt. of India, Dept of Science & Technology, National Atlas & Thematic Mapping Organisation 2003, p.62-76, 3 tab.

3784
Saha, Asid; Ganguly, Dhruba: Geologische kartering in India. In: Kartografisch Tijdschrift. 29, 2003, 4, p.20-28, 8 ill., 1 tab. [Geological mapping in India.] [Dutch with Engl., and French rés.] ISSN 0167-5788

3785
Singh, B.P.: Importance of correct place names in cartography. In: Geography and applied cartography : proceedings of the National Seminar on Geography and Applied Cartography, organised to commemorate the birth centenary celebration of Padmabhushan Professor S.P. Chatterjee. Organised by National Atlas & Thematic Mapping Organisation, in collaboration with Prof. S.P. Chatterjee Memorial Foundation. [General ed.: Pritvish Nag]. - Kolkata: Govt. of India, Dept of Science & Technology, National Atlas & Thematic Mapping Organisation 2003, p.239-249.

3786
Singh, D.S. and others: Physiography of upper Subarnarekha Watershed : a remote sensing approach for soil resource mapping. In: Geography and applied cartography : proceedings of the National Seminar on Geography and Applied Cartography, organised to commemorate the birth centenary celebration of Padmabhushan Professor S.P. Chatterjee. Organised by National Atlas & Thematic Mapping Organisation, in collaboration with Prof. S.P. Chatterjee Memorial Foundation. [General ed.: Pritvish Nag]. - Kolkata: Govt. of India, Dept of Science & Technology, National Atlas & Thematic Mapping Organisation 2003, p.334-342, 1 ill., 1 mp., 1 tab.

Indonesia / Indonesien / Indonésie

3787
Diessen, J.R. van: Geallieerde militaire kaartproductie 1942-1946. In: Grote atlas van Nederlands Oost-Indië = Comprehensive atlas of the Netherlands East Indies. J.R. van Diessen. - Utrecht: KNAG 2003, p.14-15. [Allied military cartography 1942-1946.] [Dutch and Engl.]
ISBN 90-74861-20-2

3788
Ormeling, Ferdinand Jan: Een korte geschiedenis en evaluatie van de cartografie van Nederlands-Indië 1816-1942. In: Grote atlas van Nederlands Oost-Indië = Comprehensive atlas of the Netherlands East Indies. J.R. van Diessen. - Utrecht: KNAG 2003, p.6-13, 21 ill. [A brief history and evaluation of the cartography of the Netherlands East Indies 1816-1942.] [Dutch and Engl.]
ISBN 90-74861-20-2

Iran / Iran / Iran

3789
Ala'i, Cyrus: Mapping Persia : a brief introduction. In: Journal of the International Map Collectors' Society. 94, 2003, p.5-22, 7 ill.

3790
Ali, Syed Ahmed; Rangzan, Kazem; Pirasteh, Saied: Use of digital elevation model for study of drainage morphometry and identification stability and saturation zones in relations to landslide assessments in parts of the Shahbazan area, SW Iran. In: Cartography : journal of the Mapping Sciences Institute, Australia. 32, 2003, 2, p.71-76, 5 ill., 3 tab. ISSN 0069-0805

Israel / Israel / Israël

3791
Goren, Haim: "Zieht hin und erforscht das Land" : die deutsche Palästinaforschung im 19. Jahrhundert. Aus dem Hebr. übers. von Antje Clara Naujoks, Mit einem Vorwort von Moshe Zuckermann. - Göttingen: Wallstein 2003, 432 p., ill., mp. (Schriftenreihe des Instituts für Deutsche Geschichte der Universität Tel-Aviv ; 23) [Teilw. zugl.: Jerusalem, Hebräische Univ., Diss. 1999] ISBN 3-89244-673-3

3792
Harvey, Paul D.A.: The biblical content of medieval maps of the Holy Land. In: Geschichtsdeutung auf alten Karten : Archäologie und Geschichte ; (46. Wolfenbütteler Symposium, vom 26. bis 29. Oktober 1999]. [Hrsg. von Dagmar Unverhau]. - Wiesbaden: Harrassowitz 2003, p.55-63. (Wolfenbütteler Forschungen ; 101) ISBN 3-447-04813-1

3793
Long, Burke O.: Imagining the Holy Land : maps, models, and fantasy travels. - Bloomington [u.a.]: Indiana Univ. Press 2003, XI, 258 p., ill.,mp. [Literaturverz. S. 241-251] ISBN 0-415-30726

3794
Portugali, Juval; Omer, Itzhak: Systematic distortions in cognitive maps : the North American West Coast vs the (West) coast of Israel. In: Spatial information theory : foundations of geographic information science ; international conference, COSIT 2003, Kartause Ittingen, Switzerland, September 24 - 28, 2003 ; proceedings. Werner Kuhn and others (eds.). - Berlin [u.a.]: Springer 2003, p.93-100, 5 ill. (Lecture notes in computer science ; 2825) ISSN 0302-9743

Japan / Japan / Japon

3795
De Palma, Daniela: Catalogue of the Japanese maps owned by the Società Geografica Italiana. In: Carte di riso : far eastern cartography with a complete catalogue of the collection of Chinese and Japanese maps owned by the Società Geografica Italiana. A cura di Claudio Cerreti. - Roma: Soc. Geografica Italiana 2003, p.281-345. (Memorie della Società Geografica Italiana ; 69) ISSN 0391-5190

3796
De Palma, Daniela: The Japanese cartographic collection of the Società Geografica Italiana. In: Carte di riso : far eastern cartography with a complete catalogue of the collection of Chinese and Japanese maps owned by the Società Geografica Italiana. A cura di Claudio Cerreti. - Roma: Soc. Geografica Italiana 2003, p.157-190. (Memorie della Società Geografica Italiana ; 69) ISSN 0391-5190

3797
Ken'ichi, Takeuchi: A short history of cartography in Japan. In: Carte di riso : far

eastern cartography with a complete catalogue of the collection of Chinese and Japanese maps owned by the Società Geografica Italiana. A cura di Claudio Cerreti. - Roma: Soc. Geografica Italiana 2003, p.63-98, 4 ill. (Memorie della Società Geografica Italiana ; 69) ISSN 0391-5190

3798
On "The Heisei Great Consolidation of Cities, Towns and Villages". In: Map : journal of the Japan Cartographers Association. 41, 2003, 4, p.48-50. [Jap.] ISSN 0009-4897

3799
Tetsuya, Hisatake: An evaluation of the Japanese maps in the possession of the Società Geografica Italiana. In: Carte di riso : far eastern cartography with a complete catalogue of the collection of Chinese and Japanese maps owned by the Società Geografica Italiana. A cura di Claudio Cerreti. - Roma: Soc. Geografica Italiana 2003, p.111-123. (Memorie della Società Geografica Italiana ; 69) ISSN 0391-5190

3800
Yonemoto, Marcia: Mapping early modern Japan : space, place, and culture in the Tokugawa period (1603-1868). - Berkeley [u.a.]: University of California Press 2003, XV, 234 p., ill., mp. ISBN 0-520-23269-0 [Includes bibliographical references (p.211-226)]

Jordan / Jordanien / Jordanie

3801
Goren, Haim: "Zieht hin und erforscht das Land" : die deutsche Palästinaforschung im 19. Jahrhundert. Aus dem Hebr. übers. von Antje Clara Naujoks, Mit einem Vorwort von Moshe Zuckermann. - Göttingen: Wallstein 2003, 432 p., ill., mp. (Schriftenreihe des Instituts für Deutsche Geschichte der Universität Tel-Aviv ; 23) [Teilw. zugl.: Jerusalem, Hebräische Univ., Diss. 1999] ISBN 3-89244-673-3

Kasachstan / Kasachstan / Kazakhstan

3802
Hornik, Helmut; Tremel, Herbert: Punktbestimmung im Rahmen der photogrammetrischen Neuaufnahme des Gletschergebietes Tujuksu, Tienschan. In: Allgemeine Vermessungs-Nachrichten. 110, 2003, 1, p.10-15, 4 ill. ISSN 0002-5968

Korea / Korea / Corèe

3803
Kane, Daniel: The inscrutable father of Korean cartography : Kim Chong-ho and his maps. In: Mercator's World. 8, 2003, 1, p.30-37, 8 ill. ISSN 1086-6728

Pakistan / Pakistan / Pakistan

3804
Chester, Lucy: Imperial cartography in the end of Empire : map use during the 1947 partition of South Asia. In: La cartografia europea tra primo Rinascimento e fine dell' illuminismo : atti del Convegno Internazionale The Making of European Cartography, (Firenze, BNF-EUI, 13 - 15 dicembre 2001). A cura di Diogo Ramada Curto ; Angelo Cattaneo ; André Ferrand Almeida. - Firenze: L.S. Olschki 2003, p.177-194. (Studi / Accademia Toscana di Scienze e Lettere La Colombaria ; 213) [Engl.] ISBN 88-222-5240-3

Saudi-Arabia / Saudi-Arabien / Arabie Saoudite

3805
Murad, AbdulKader A.: Creating a GIS application for retail centers in Jeddah city : problems in operational applications? In: International journal of applied earth obser-

vation and geoinformation. 4, 2003, 4, p.329- 338, 6 ill. ISSN 0303-2434

Thailand / Thailand / Thailande

3806
Del Casino, Vincent J.; Hanna, Stephen P.: Mapping identities, reading maps : the politics of representation in Bangkok's sex tourism industry. In: Mapping tourism. Ed. by Stephen P. Hanna and Vincent J. Del Casino Jr. - Minneapolis, Minn [u.a.]: University of Minnesota Press 2003, p.161-185, 8 ill. 3956-6 [Includes bibliographical references (p.187-207) and index] ISBN 0-8166-3955-8 / 0-8166

Uzbekistan / Usbekistan / Ouzbékistan

3807
Romanova, Ju.P.: Problemy napisanija geografičeskich nazvanij Uzbekistana pri sozdanii kartografičeskoj produkcii. In: Geodezija i kartografija : oficial'nyj organ Federal'noj Sluzby Geodezii i Kartografii Rossii i Geodeziceskich Sluzb Stran. 2003, 5, p.49-50. [Problems of transcriptions of geographical names of Uzbekistan in map production.] [Russ.] ISSN 0016-7126

Vietnam / Vietnam / Vietnam

3808
Won-In, Krit; Charusiri, Punya: Enhancement of thematic mapper satellite images for geological mapping of the Cho Dien area, northern Vietnam. In: International journal of applied earth observation and geoinformation. 4, 2003, 3, p.183-193, 12 ill., 1 tab. ISSN 0303-2434

f. Australia and the Pacific Islands
Australien und Ozeanien
L'Australie et l'Océanie

Australia / Australien / Australie

3809
Australian contributions to the 12th general assembly of the International Cartographic Association & 21st International Cartographic Conference, 10 - 16 August 2003, Durban, South Africa : ICC 2003 Durban South Africa. - [Brisbane]: Mapping Sciences Inst. Australia [u.a.] 2003, 1 CD-ROM. [Elektronische Ressource]

3810
Bude, Silke; Prinz, Torsten: Das geostrukturelle Inventar zwischen Arunta Block und Amadeus Basin (Zentralaustralien) : digitale Fernerkennungsanalysen und Geländebefunde im Kontaktbereich intrakratoner Blöcke. In: Auf dem Weg zu operationellen Prozessketten in Photogrammetrie, Fernerkundung und Geoinformation : 23. wissenschaftlich-technische Jahrestagung der DGPF 9. - 11.September 2003 in Bochum. Eckhardt Seyfert, Hrsg. - Münster: Geschäftsstelle der DGPF 2003, p.375-386, 8 ill. (Publikationen der Deutschen Gesellschaft für Photogrammetrie, Fernerkundung und Geoinformation e.V. ; Band 12) [CD-ROM enth.: Farbabbildungen des Tagungsbandes]

3811
Gillieson, David and others: Dieback mapping and assessment in rainforests of tropical North Queensland. In: 2001, geography - a spatial odyssey : proceedings of the third Joint Conference of the New Zealand Geographical Society and the Institute of Australian Geographers. Ed. by Peter Holland. - Hamilton: New Zealand Geographical Soc. 2002, p.165-170, 3 ill., 2 tab.

3812
Peters, N.H.: Eredia Map 1602 : Ouro and Luca ; Antara Islands. In: Cartography : journal of the Mapping Sciences Institute, Australia. 32, 2003, 2, p.31-47, 1 ill., 6 mp. ISSN 0069-0805

3813
Robinson, T.P.: A comparison of inverse distance weighting and ordinary kriging for characterising within-paddock spatial variability of soil : properties in western Australia. In: Cartography : journal of the Mapping Sciences Institute, Australia. 32, 2003, 1, p.11-24, 5 ill., 3 tab. ISSN 0069-0805

3814
Ross, Michael: Polus antarcticus : a catalogue of four states. In: The Globe. 2003, 54, p.1-12, 1 ill., 4 mp., 4 tab. ISSN 0311-3930

Marshall Islands / Marshallinseln / Îles Marshall

3815
Werner, Jan: Stokjes en schelpen wijzen de (zee)weg. In: Geografie / uitg. van het Koninklijk Nederlands Aardrijkskundig Genootschap, KNAG. 12, 2003, 1, p.23. [Sticks and shells show the (sea)way.] [Dutch] ISSN 0926-3837

New Zealand / Neuseeland / Nouvelle Zélande

3816
Byrnes, Giselle: Boundary markers : land surveying and the colonisation of New Zealand. - Wellington: Bridget Williams Books 2001, IX, 158 p., ill., mp. [Includes bibliographical refernces (p.144-154) and index] ISBN 1-87724-290-X

3817
Greve, Catharina; Cowell, Peter J.; Thomi, Bruce G.: A GIS approach to coastal risk assessment and mapping. In: 2001, geography - a spatial odyssey : proceedings of the third Joint Conference of the New Zealand Geographical Society and the Institute of Australian Geographers. Ed. by Peter Holland. - Hamilton: New Zealand Geographical Soc. 2002, p.171-176, 6 ill. (Conference series / New Zealand Geographical Society ; 21)

3818
Hooker, Brian: Was John Rodolphus Kent responsible for an 1826 survey-plan of Port Nicholson attributed to James Herd? In: New Zealand Map Society journal. 16, 2003, p.1-6, 3 ill.

3819
Montgomery, Roy; McCarthy, Kerry: 'CMU 11' : an early, locally produced, and virtually unknown lithograph of the Canterbury settlement. In: New Zealand Map Society journal. 16, 2003, p.7-15, 1 ill. ISSN 0113-2458

Papua New Guinea / Papua Neuguinea / Papouasie Nouvelle-Guinée

3820
Carlo Vidua. A cura di Marisa Viaggi Bonisoli. - Torino: Manzoni 2003 [Engl. u. Ital.] [Enth. Werke von und über Carlo Vidua] ISBN 88-86142-90-0

g. Europe Europa L'Europe

3821
Alvarez-Claro Irisarri, Manuel and others: Una propuesta para la nueva docencia de la fotogrametría en la Ingeniería Cartográfica. In: Topografia y cartografia : TOPCART. 20, 2003, 114, p.35-42, 2 ill., 1 tab. [A proposal for new teaching of photogrammetry in Cartographic Engineering.] [Span. with Engl. rés.] ISSN 0212-9280

3822
Asch, Christine: The 1:5 Million International Geological Map of Europe and adjacent areas : development and implementation of a GIS-enabled concept ; with 46 tables. - Stuttgart: Schweizerbart 2003, 172, 8 p. (Geologisches Jahrbuch, Sonderhefte, Reihe A ; SA 3) [Zugl.: Berlin, Freie Univ., Diss.] ISBN 3-510-95903-5

3823
Augath, Wolfgang; Ihde, Johannes: Definición y ejecucíon de sistemas de referencia altimétricos : la solución europea EVRS/ EVRF 2000. In: Topografia y cartografia : TOPCART. 20, 2003, 114, p.27-34, 6 ill., 2 tab. [Definition and realization of horizontal reference systems : the european solution EVRS/EVRF 2000.] [Span. with Engl. rés.] ISSN 0212-9280

3824
Brunner, Kurt: Geheimhaltung topographischer Karten und Manipulation ihres Inhalts. In: Allgemeine Vermessungs-Nachrichten. 110, 2003, 5, p.183-188, 5 ill.
ISSN 0002-5968

3825
Brunner, Kurt: Topographisch-geodätische Aufnahmemethoden der Alpenvereinskarten. In: Untersuchungen zur Georeferenzierung von Alpenvereinskarten. Zsgest. von Burt Brunner und Walter Welsch. - München: Haus des Alpinismus 2001, p.9-18. (Wissenschaftliche Alpenvereinshefte ; 34) ISBN 3-928777-89-0

3826
Carte e cartografi degli Stati Sabaudi : rappresentare uno stato dal XVI al XVIII secolo. A cura di Rinaldo Comba e Paola Sereno. - Torino [u.a.]: U.Allemandi 2002, 180 p. [vol. 1], 307 p [vol. 2]. (Archivi di arte e cultura piemontesi) [Maps and cartographers of the States of Savoy : representing a state from the XVI to the XVIII century.] [Ital.] [Vol. 1 + 2]
ISBN 88-422-0717-9

3827
Eissfeller, Bernd: Das Europäische Satellitennavigationssystem GALILEO. In: GPS 2002 : Antennen Höhenbestimmungen und RTK-Anwendungen : Beiträge zu 57. DVW-Seminar am 16. und 17. September 2002 in Karlsruhe ; [Beiträge 57. DVW-Seminars zu den Aktuellen Fragestellungen GPS 2002]. Redaktion Bernhard Heck und Michael Illner. - Stuttgart: Verlag Konrad Wittwer 2002, p.28-45, 11 ill., 3 tab. (Schriftenreihe des DVW ; 44)
ISBN 3-87919-281-2

3828
European Vertical Reference Network (EUVN) : final documentation. International Association of Geodesy, Section I - Positioning, Commission X - Global and Regional Geodetic Networks. Ed. by Johannes Ihde ... - Frankfurt a.M.: Verl. des Bundesamtes für Kartographie und Geodäsie 2002 (Mitteilungen des Bundesamtes für Kartographie und Geodäsie ; ...)

3829
Germundson, Nils: Münster's three maps of Scandinavia : how to identify different states and editions. In: Accurata descriptio : studier i kartografi, numismatik, orientalistik och biblioteksväsen tillägnade Ulla Ehrensvärd. [Redaktionskommitté: Göran Bäärnhielm ...]. - Stockholm: Kungl. Biblioteket 2003, p.137-143, 6 ill. (Acta Bibliothecae regiae Stockholmiensis ; 69)
ISBN 91-7000-222-3

3830
Haft, Adele J.: The terraqueous world of Ludo Slagmolen. In: Mercator's World. 8, 2003, 1, p.38-41, 3 ill. ISSN 1086-6728

3831
Hancock, Claire: Paris et Londres au XIXe siècle : représentations dans les guides et récits de voyage. - Paris: CNRS Editions 2003, 357 p., ill., mp. (Espace et milieux) ISBN 2-271-06132-6 [Zugl.: Paris, Univ., Diss., 1997]

3832
Heller, Armin: Die Alpenvereinskarte als Grundlage für geographische Informationssysteme. In: Untersuchungen zur Georeferenzierung von Alpenvereinskarten. Zsgest. von Burt Brunner und Walter Welsch. - München: Haus des Alpinismus 2001, p.61-81, 17 ill., 3 tab. (Wissenschaftliche Alpenvereinshefte ; 34)
ISBN 3-928777-89-0

3833
Illert, Andreas; Afflerbach, Sabine: Die Entwicklung eines gemeinsamen Modells für europäische topographosche Geobasisdaten im GiMoDig-Projekt. In: Visualisierung und Erschließung von Geodaten : Seminar GEOVIS 2003, 26. bis 27. Februar 2003, Universität Hannover. Hrsg. von der Deutschen Gesellschaft für Karthographie e.V., Kommission Geoinformation und Visualisierung. Schriftleitung: Jürgen Dodt; Wolf-Dieter Rase. - Bonn: Kirschbaum-Verl. 2003, p.163-170, 2 ill., 1 tab. (Kartographische Schriften ; 7)
ISBN 3-7812-1577-6

3834
Jiménez Espartero, David; Moya Honduvilla, Javier: Atlas de Historia Antigua : desarrollo de una herramienta docente multimedia adaptable tanto a soportes de ámbito local (CD/Intranet) como general (Internet). In: Topografia y cartografia : TOPCART. 20, 2003, 117, p.4-12, 14 ill. [Atlas of ancient history : development of an educational multimedia tool as much to supports of local scope (CD/Intranet) like general (Internet).] [Span.]
ISSN 0212-9280

3835
Klötzli, Frank: Zur Biotopkartierung der Bergregionen : eine vegetationskundliche Betrachtung. In: Biotopkartierung in Bergregionen : [Beiträge der Tagung "Biotopkartierung in Bergregionen" 28.29.2.2000]. Hrsg.: Dietrich Fürnkranz. - Dorfbeuern [u.a.]: 2001 2001, p.9-25, 1 ill., 5 tab. (Sauterian : Schriftenreihe für systemat. Botanik, Floristik u. Geobotanik ; 11)
ISBN 3-901917-03-9

3836
Palsky, Gilles: Cartes topographiques et cartes thématiques au XIXe siècle. In: La cartografia europea tra primo Rinascimento e fine dell' illuminismo : atti del Convegno Internazionale The Making of European Cartography, (Firenze, BNF-EUI, 13 - 15 dicembre 2001). A cura di Diogo Ramada Curto ; Angelo Cattaneo ; André Ferrand Almeida. - Firenze: L.S. Olschki 2003, p.275-289. (Studi / Accademia Toscana d Scienze e Lettere La Colombaria ; 213) [French] ISBN 88-222-5240-3

3837
Penzkofer, Markus: Entzerrung und Georeferenzierung von Alpenvereinskarten. In: Untersuchungen zur Georeferenzierung von Alpenvereinskarten. Zsgest. von Burt Brunner und Walter Welsch. - München: Haus des Alpinismus 2001, p.19-59, 10 ill., 13 tab. (Wissenschaftliche Alpenvereinshefte ; 34) ISBN 3-928777-89-0

3838
Pobedinskij, G.G.; Kornilova, L.V.: Atlas "Privolžskij federalnyj okrug". In: Geodezija i kartografija : oficial'nyj organ Federal'noj Sluzby Geodezii i Kartografii Rossii i Geodeziceskich Sluzb Stran.

2003, 2, p.39-43. [Atlas of "Privolzhsky Federal District".] [Russ.] ISSN 0016-7126

3839
Postnikov, Alexei V.; Litvin, Alexei A.: Swedish Maps and Plans in Russian Archives. In: Accurata descriptio : studier i kartografi, numismatik, orientalistik och biblioteksväsen tillägnade Ulla Ehrensvärd. [Redaktionskommitté: Göran Bäärnhielm ...]. - Stockholm: Kungl. Biblioteket 2003, p.387-394. (Acta Bibliothecae regiae Stockholmiensis ; 69) ISBN 91-7000-222-3

3840
Schmidt-Seiwert, Volker: Europa in Karten : zwischen Region und Raum. In: Raum : österreichische Zeitschrift für Raumplanung und Regionalpolitik. 50, 2003, p.27-29, 5 ill.

3841
Šíma, Jiří: Analýza úrovně zeměměřických služeb evropských zemí na základě národních zpráv prezentovaných na CERCO a EuroGeographics : (1. část). In: Geodetický a kartografický obzor. 49, 2003, 11, p.239-[243]. [An analysis of level regarding mapping agencies of European coutries as presented at CERCO and EuroGeographics.] [Czech with Engl. rés.]

3842
Šíma, Jiří: Analýza úrovně zeměměřických služeb evropských zemí na základě národních zpráv prezentovaných na CERCO a EuroGeographics : (2. část). In: Geodetický a kartografický obzor. 49, 2003, 12, p.253-259. [An analysis of level regarding mapping agencies of European coutries as presented at CERCO and EuroGeographics.] [Czech with Engl. rés.]

3843
Traeger, Burkhard: Portrayal of the longest siege in world history on maps of the 17th century. In: Journal of the International Map Collectors' Society. 92, 2003, p.39-50, 10 ill.

3844
Tungalagsaikhan, Padsuren and others: Operational processing of AVHRR data at DFD. In: Auf dem Weg zu operationellen Prozessketten in Photogrammetrie, Fernerkundung und Geoinformation : 23. wissenschaftlich-technische Jahrestagung der DGPF 9. - 11. September 2003 in Bochum. Eckhardt Seyfert, Hrsg. - Münster: Geschäftsstelle der DGPF 2003, p.435-449, 6 ill. (Publikationen der Deutschen Gesellschaft für Photogrammetrie, Fernerkundung und Geoinformation e.V. ; Band 12) [CD-ROM enth.: Farbabbildungen des Tagungsbandes]

3845
Wisløff, Sverre: Stedsavhengig transformasjon. In: Kart og plan. 96, 2003, 1, p.11-18, 6 ill. [Local plane transformation based on triangles.] [Norw. with Engl. rés.] ISSN 0047-3278

Austria / Österreich / Autriche

3846
Biotopkartierung in Bergregionen : [Beiträge der Tagung "Biotopkartierung in Bergregionen" 28.29.2.2000]. Hrsg.: Dietrich Fürnkranz. - Dorfbeuern [u.a.]: 2001 2001, 503 p., ill., mp. (Sauterian : Schriftenreihe für systemat. Botanik, Floristik u. Geobotanik ; 11) ISBN 3-901917-03-9

3847
Blaschka, Albin; Zunghammer, Diana: Der Garnisonsübungsplatz Saalachau : Diversität im Spiegel sich ändernder Nutzung ; eine Fallstudie. In: Biotopkartierung in Bergregionen : [Beiträge der Tagung "Biotopkartierung in Bergregionen" 28.29.2.2000]. Hrsg.: Dietrich Fürnkranz. - Dorfbeuern [u.a.]: 2001 2001, p.255-281, 1 ill., 1 tab. (Sauterian : Schriftenreihe für systemat.

Botanik, Floristik u. Geobotanik ; 11)
ISBN 3-901917-03-9

3848
čechurová, Monika: Souřadnicové výpočty v kladu list|- rakouských topografických map ze III. vojenského mapováni. In: Geodetický a kartografický obzor. 49, 2003, 6, p.103-108, 4 ill. [Coordinate calculation in the map layout of Austrian topographic maps from the third military survey.] [Czech. with Engl. rés.] ISSN 0016-7096

3849
Diehl, Frank: Stand der forstlichen Standortskartierung in Salzburg : Methoden und Resultate. In: Biotopkartierung in Bergregionen : [Beiträge der Tagung "Biotopkartierung in Bergregionen" 28.29.2.2000]. Hrsg.: Dietrich Fürnkranz. - Dorfbeuern [u.a.]: 2001 2001, p.87-108, 1 ill., 4 tab. (Sauterian : Schriftenreihe für systemat. Botanik, Floristik u. Geobotanik ; 11) ISBN 3-901917-03-9

3850
Eder, K. and others: Orthophotokarte Vernagtferner 1999 aus Luftbildern einer Teilmesskamera. In: Zeitschrift für Gletscherkunde und Glazialgeologie. 38, 2002, 2, p.155-163, 5 ill., 1 mp.-suppl.

3851
Forsthuber, Johannes: Mobiles GIS mit DGPS zur Datenerfassung. In: 12. Internationale Geodätische Woche, Obergurgl 2003. Günter Chesi; Thomas Weinold (Hrsg.). - Heidelberg: Wichmann 2003, p.225-230, 6 ill. ISBN 3-87907-401-1

3852
Franzen, Michael; Mandlburger, Gottfried: Die neue Generation des digitalen Geländemodells von Österreich. In: VGI : österreichische Zeitschrift für Vermessung & Geoinformation. 91, 2003, 3, p.154-162, 8 ill., 1 tab. ISSN 0029-9650

3853
Geissl, Gerhard: Joseph Liesganig - die Wiener Meridianmessung und seine Arbeiten im Gebiet von Wiener Neustadt. - Wiener Neustadt: Verein Museum und Archiv für Arbeit und Industrie im Viertel unter dem Wienerwald 2001, 23 p., ill. (Dokumentation des Industrieviertel-Museums Wiener Neustadt ; 100)

3854
Heine, Erwin; Mansberger, Reinfried; Ernst, Julius: Landadministration und Datenifrastruktur : nationale Problemstellungen und europäische Entwicklungen. In: 12. Internationale Geodätische Woche, Obergurgl 2003. Günter Chesi; Thomas Weinold (Hrsg.). - Heidelberg: Wichmann 2003, p.51-66, 7 ill. ISBN 3-87907-401-1

3855
Hüttmeyer, Ulrich F.H.; Reiter, Guido; Jerabek, Maria: Fledermäuse in Salzburg : Kartierung - Monitoring - Schutz. In: Biotopkartierung in Bergregionen : [Beiträge der Tagung "Biotopkartierung in Bergregionen" 28.29.2.2000]. Hrsg.: Dietrich Fürnkranz. - Dorfbeuern [u.a.]: 2001, p.179-185, 1 ill. (Sauterian : Schriftenreihe für systemat. Botanik, Floristik u. Geobotanik ; 11) ISBN 3-901917-03-9

3856
Hydrologischer Atlas Österreichs. In: Mitteilungsblatt des Hydrographischen Dienstes in Österreich. 82, 2003, p.115-117.

3857
Jobst, Markus: Der Einsatz multimedialer Technologien in kartenverwandten Darstellungen am Beispiel Carnuntum. - Wien: TU 2003, 113 p., 36 ill. [Dipl.-Arb.]

3858
Kassebeer, Wolf; Ruff, Michael: Georisikokarte Vorarlberg : Analyse geogener Gefährdungen mit GIS im regionalen Maßstab.

In: Angewandte geographische Informationsverarbeitung XIV : Beiträge zum AGIT- Symposium Salzburg 2003. Josef Strobl ... (Hrsg.). - Heidelberg: Wichmann 2003, p.186, 4 ill., 1 tab.
ISBN 3-87907-392-9

3859
Krenn, Bettina: Verkehrsgeschichte im Kartenbild : Verkehr und Kartographie in Österreich von der Römerzeit bis zum Beginn des Eisenbahnzeitalters. - Wien: Univ. 2003, 587 p., 16 ill. [Diss.]

3860
Leitner, Martin: Ableitung von Radfahrer-relevanten Informationen für verschiedene Ausgabemedien am Beispiel einer ausgewählten Radroute in Steyr. - Wien: TU 2003, 94 p., 24 ill., 7 tab. [Dipl.- Arb.]

3861
Nickel, Herbert J.: Kaiser Maximilians Kartographen in Mexiko. - Frankfurt/Main: Vervuert 2003, 93, XX p., ill., mp. (Biblioteca Ibero-Americana ; 96) [Literaturverz. p. 90-93] ISBN 3-89354-596-4

3862
Nowotny, Günther; Arming, Claudia; Eichberger, Christian: Die Salzburger Biotopkartierung als Grundlage für vegetationskundliche Forschungen am Beispiel von Mager- und Halbtrockenrasen. In: Biotopkartierung in Bergregionen : [Beiträge der Tagung "Biotopkartierung in Bergregionen" 28.29.2.2000]. Hrsg.: Dietrich Fürnkranz. - Dorfbeuern [u.a.]: 2001 2001, p.189-223, 3 ill., 4 tab., 5 mp. (Sauterian : Schriftenreihe für systemat. Botanik, Floristik u. Geobotanik ; 11) ISBN 3-901917-03-9

3863
Odic, Marc Anton: Kühlschrank auf Reisen : Anwendung von GIS zur Abschätzung von Abfalltransporten am Beispiel von Altkühlgeräten. In: GeoBit : das Magazin für raumbezogene Informationstechnologie. 8, 2003, 4, p.21-23, 3 ill., 1 tab.
ISSN 1430-3663

3864
Patzner, Robert A.: Kartierung von Flusskrebsen im Bundesland Salzburg. In: Biotopkartierung in Bergregionen : [Beiträge der Tagung "Biotopkartierung in Bergregionen" 28.29.2.2000]. Hrsg.: Dietrich Fürnkranz. - Dorfbeuern [u.a.]: 2001 2001, p.223-229, 2 ill. (Sauterian : Schriftenreihe für systemat. Botanik, Floristik u. Geobotanik ; 11) ISBN 3-901917-03-9

3865
Pauler, Gottfried: Web-basierte kartographische Applikation gezeigt am Säugetieratlas von Österreich. - Wien: TU 2003, 149 p., 25 ill., 2 tab. [Dipl.-Arb.]

3866
Placer, Kerstin; Hadrbolec, Michael: Umwelt in Nachbars Garten : Österreichisches Umweltbundesamt bietet aktuelle Informationen für Fachleute und Öffentlichkeit. In: GeoBit : das Magazin für raumbezogene Informationstechnologie. 8, 2003, 10, p.14-16, 4 ill. ISSN 1430-3663

3867
Portalés, Cristina; Lerma, José Luis: Georeferenciación GPS/INS de imágenes aéreas adquiridas con escáneres rotacionales : ejemplo prático y resultados. In: Topografía y cartografía : TOPCART. 20, 2003, 116, p.4-9, 9 ill. [Georeferenciation GPS/INS of aerophotos aquired with rotational scanners.] [Span.] ISSN 0212-9280

3868
Rabl, Marion; Strasser, Rudolf: Tirol-Atlas - ein interaktiver, multimedialer Atlas. In: GW-Unterricht. 89, 2003, p.12-13.

3869
Rüdisser, Johannes and others: Tirol Atlas : ein datenbankgestütztes und vektorbasiertes Atlas-Informationssystem im Internet. In: Angewandte geographische Informations-verarbeitung XIV : Beiträge zum AGIT-Symposium Salzburg 2003. Josef Strobl ... (Hrsg.). - Heidelberg: Wichmann 2003, p.441-419, 3 ill. ISBN 3-87907-392-9

3870
Schiffer, Roswitha; Burgstaller, Brigitte: Karte der aktuellen Vegetation des Speichers Kartell (1:2.000) Gemeinde St.Anton am Arlberg (Tirol). In: Biotopkartierung in Bergregionen : [Beiträge der Tagung "Biotopkartierung in Bergregionen" 28.29.2. 2000]. Hrsg.: Dietrich Fürnkranz. - Dorfbeuern [u.a.]: 2001 2001, p.243-254, 1 ill. (Sauterian : Schriftenreihe für systemat. Botanik, Floristik u. Geobotanik ; 11) ISBN 3-901917-03-9

3871
Sitte, Wolfgang: Gestaltungsmerkmale geographischer Schulatlanten am Beispiel neuer österreichischer Atlanten. In: Aspekte zur Gestaltung und Nutzung von Karten für den Schulunterricht. Hrsg. von der Deutschen Gesellschaft für Kartographie e.V., Kommission Schulkartographie. - Bonn: Kirschbaum 2003, p.147-160, 3 ill. (Kartographische Schriften ; 8) [Parallel als CD-ROM erschienen] ISBN 3-7812-1579-2

3872
Thaler, Peter: Konzeption und Realisierung einer Sportstättenkarte am Beispiel Wien. - Wien: Universität 2003, 107 p., 19 ill., 13 tab., Anhang: Kartenausschnitt 1:12 500 mit Legende.

3873
Theilen-Willige, Barbara: Structural interpretation of LANDSAT ETM-and ERS-radar satellite data from Southwest Czech Republik and northern Austria as contribution to seismic microzonation studies. In: Auf dem Weg zu operationellen Prozessketten in Photogrammetrie, Fernerkundung und Geoinformation : 23. wissenschaft-lich-technische Jahrestagung der DGPF 9. - 11. September 2003 in Bochum. Eckhardt Seyfert, Hrsg. - Münster: Geschäftsstelle der DGPF 2003, p.349-362, 16 ill. (Publikationen der Deutschen Gesellschaft für Photogrammetrie, Fernerkundung und Geoinformation e.V. ; Band 12) [CD-ROM enth.: Farbabbildungen des Tagungsbandes] ISSN 0942-2870

3874
Weidinger, Herbert; Mrkvicka, Alexander: Standortlkartierung der Quellenschutzwälder der Stadt Wien. In: Biotopkartierung in Bergregionen : [Beiträge der Tagung "Biotopkartierung in Bergregionen" 28.29.2. 2000]. Hrsg.: Dietrich Fürnkranz. - Dorfbeuern [u.a.]: 2001 2001, p.109-121, 1 ill. (Sauterian : Schriftenreihe für systemat. Botanik, Floristik u. Geobotanik ; 11) ISBN 3-901917-03-9

Belgium / Belgien / Belgique

3875
Finceur, Michel-Benoit; Silvestre, Marguerite: Bruxelles. sous la dir. de Hossam Elkhadem. - Bruxelles: Bibliothèque Royale de Belgique 2000, XXX, 546 p., ill., mp. (Inventaire raisonné des collections cartographiques Vandermaelen conservées à la Bibliothèque Royale de Belgique ; 4) ISBN 2-87093-124-7

3876
Renteux, Jean-Louis: Pictures at an exhibition I : how Brussels emerged from its fortifications. In: BIMCC newsletter / Brussel International Map Collectors' Circle. 16, 2003, p.3.

3877
Vanneuville, Wouter and others: Model of the effects of a flood in the Dender catchment, based on a risk methodology. In: The Bulletin of the Society of Cartographers. 37, 2003, 2, p.59-64, 5 ill., 1 tab. ISSN 0036-1884

3878
Watelet, Marcel: Pratiques administratives et codification du paysage urbain en Wallonie (1804-1830) : Étude des corpus cartographiques des Ponts et Chaussées et du Waterstat. In: Le paysage des cartes : genèse d'une codification ; actes de la 3e journée d'études du Musée des Plans-Reliefs, Paris, 19 novembre 1998. Sous la dir. de Cathérine Bousquet-Bressolier. - Paris: Musée des Plans-Reliefs 1999, p.121-142, 5 ill. ISBN 2-902559-31-3

Bulgaria / Bulgarien / Bulgarie

3879
Al-Kamu, Adib M.: Analiz na razlikata v položenieto na geodezičeski točki, opredeleni po tradicionni metodi i čres GPS. In: Geodezija, kartografija, zemeustrojstvo. 43, 2003, 3-4, p.12-15, 2 ill. [Analysis of differences between survey point positions determined by conventional methods and GPS.] [Bulg. with Engl. rés.] ISSN 0324-1610

3880
Cvetkov, Stojan; Bojadžiev, Belčo; Dekov, Zlatko: 55 godini "Geoplanproekt". In: Geodezija, kartografija, zemeustrojstvo. 43, 2003, 5-6, p.31-34. [Geoplanproject 55 years anniversary.] [Bulg. with Engl. rés.] ISSN 0324-1610

3881
Gjurkovski, M.: S'stojanie na dejnostite po s'zdavane na kadast'ra v B'lgarija. In: Geodezija, kartografija, zemeustrojstvo. 43, 2003, 1-2, p.22-25. [Current status of the cadastral works in Bulgaria.] [Bulg. with Engl. rés.] ISSN 0324-1610

Croatia / Kroatien / Croatie

3882
Ciceli, Tomislav; Prosen, Anton: Fotogrametrija, dljinska istraživanja i GIS kao nove technologije u prostornom planiranju i urbanizmu. In: Geodetski list. 57, 2003, 3, p.195-205, 7 ill., 1 tab. [Photogrammetry, remote sensing and GIS like new technologies in urban and regional planning.] [Croat. with Engl. rés.]

3883
Cigrovski-Detelić, Brankica: Geodetic contribution to the determination of recent tectonic activities at the area of Croatia. In: Allgemeine Vermessungs-Nachrichten. 110, 2003, 8-9, p.288-298, 6 ill., 1 tab. ISSN 0002-5968

3884
Horvat, Slavko; Železnjak, Željko; Lapaine, Miljenko: Military topographic and cartographic system of the Republic of Croatia. In: Kartografija i geoinformacije. 2003, 2, p.74-85, 6 ill. [Croat. and Engl.] ISSN 1333-896X

3885
Lapaine, Miljenko and others: Vinko Paletin of Korčula. In: Kartografija i geoinformacije. 2003, 2, p.86-98, 6 ill. [Croat. and Engl.] ISSN 1333-896X

3886
Lapaine, Miljenko; Frančula, Nedjeljko: Cartography in Croatia 1999-2003. In: Kartografija i geoinformacije. 2003, 2, p.6-72, 21 ill. [Croat. and Engl.] ISSN 1333-896X

3887
Roić, Miodrag; Racetin, Ivana: Evidencije pomorskih područja. In: Geodetski list. 57, 2003, 4, p.279-290,2 ill. [Registration of

maritime areas.] [Croat. with Engl. rés.]
ISSN 0016-710X

3888
Sander, Tom: Returning to Croatia - this time for the maps. In: Journal of the International Map Collectors' Society. 94, 2003, p.48-51, 1 ill.

Cyprus / Zypern / Chypre

3889
Fisher, Susanna: The world are looking to us...for Cyprus' : the first British Admiralty survey of the island by Thomas Graves in 1849. In: Journal of the International Map Collectors' Society. 95, 2003, p.35-47, 11 ill.

3890
Gole, Susan: Wine roads, robbers and land claims. In: Journal of the International Map Collectors' Society. 95, 2003, p.23-34, 7 ill.

Czech Republic / Tschechische Republik / Tchéquie

3891
Dobešová, Zdena: Interaktivní papa regionálního členění georeliéfu ČR. In: Kartografické listy. 11, 2003, p.122-126, 4 ill., 1 tab. [Interactive map of the regional division of the Czech Republic's georelief.] [Slovak. with Engl. rés.] ISSN 80-89060-02-1

3892
Kudrnovský, Emil: Kartografické hodnocení cykloturistických map na současném trhu v České republice. In: Geodetický a kartografický obzor. 49, 2003, 5, p.90-98, 2 tab., 3 ill. [Cartographic evaluation of cycle-tourist maps at the contemporary market in the Czech Republic.] [Czech. with Engl. rés.]
ISSN 0016-7096

3893
Novák, Svatopluk; Kramáreková, Hilda: Česká a slovenská kartografická tvorba v školských zemepisných atlasoch. In: Geodetický a kartografický obzor. 49, 2003, 7-8, p.142-149. [Czech and Slovak cartographic production in geographical atlases for schools.] [Czech. with Engl. rés.]
ISSN 0016-7096

3894
Semotanová, Eva: Krajina Chomutovska na starých mapách. In: Comotovia : sborník příspěvk|- z konference věnované výročí 750 let první písemné zmínky o existenci Chomutova (1252-2002). 2002, p.115-124. [Landscape changes of the town Chomutov and its surrounding in the antique maps.] [Czech]

3895
Theilen-Willige, Barbara: Structural interpretation of LANDSAT ETM-and ERS-radar satellite data from Southwest Czech Republik and northern Austria as contribution to seismic microzonation studies. In: Auf dem Weg zu operationellen Prozessketten in Photogrammetrie, Fernerkundung und Geoinformation : 23. wissenschaftlich-technische Jahrestagung der DGPF 9. - 11. September 2003 in Bochum. Eckhardt Seyfert, Hrsg. - Münster: Geschäftsstelle der DGPF 2003, p.349-362, 16 ill. (Publikationen der Deutschen Gesellschaft für Photogrammetrie, Fernerkundung und Geoinformation e.V. ; Band 12) ISSN 0942-2870 [CD-ROM enth.: Farbabbildungen des Tagungsbandes]

3896
Veverka, Bohuslav; Čechurová, Monika: Georeferencování map II. a III. vojenského mapování. In: Kartografické listy. 11, 2003, p.103-113, 7 ill. [Georeferencing of the maps from the 2nd and 3rd military mapping.] [Slovak. with Engl. rés.]
ISBN 80-89060-02-1

3897
Voženílek, Vít: Struktura databáze sesuvů pro modelování a tvorbu map svahových deformací. In: Kartografické listy. 11, 2003, p.114-121, 2 ill., 5 tab. [Structure of the landslide database for modelling and production of the slope deformation maps.] [Slovak. with Engl. rés.]
ISBN 80-89060-02-1

Denmark / Dänemark / Danemark

3898
Brande-Lavridsen, O.: Digitale tekniske kort. In: GIS i Danmark. - København: Teknisk Forl. 1997, p.113-122, 1 ill., 5 tab. [Digital techical maps.] [Dan.]
ISBN 87-571-1775-6

3899
GIS i Danmark. - København: Teknisk Forl. 1997, XVI, 463 p., ill., mp. [GIS in Denmark.] [Dan.] ISBN 87-571-1775-6

3900
Gram, Michael; Grøngaard, Claus: Digitale bykort. In: GIS i Danmark. - København: Teknisk Forl. 1997, p.123-133, 3 ill. [Digital city-maps.] [Dan.] ISBN 87-571-1775-6

3901
Herreborg Thomsen, Brigitte: Kort og prospekter i Arkivet ved Dansk Centralbibliotek for Sydslesvig : en fortegnelse. - Flensborg: Dansk Centralbibliotek for Sydslesvig 2003, 54 p., ill. (Arkivserien /Studieafdelingen ved Dansk Centralbibliotek for Sydslesvig ; 10) [Danish] ISBN 87-89178-42-4

3902
Israelson, Michael; Gadd, Jacob: Digitale topografiske kort. In: GIS i Danmark. - København: Teknisk Forl. 1997, p.103-112, 3 ill., 1 tab. [Digital topographic maps.] [Dan.] ISBN 87-571-1775-6

Estonia / Estland / Estonie

3903
Ehrensvärd, Ulla: Svensk kartläggning i Baltikum. In: Öster om Östersjön. [Redakteur: Göran Hoppe]. - Stockholm: Svenska sällsk. för antropologi och geografi 2000, p.225-239, 2 mp. (Ymer ; 120) [Swed.]
ISSN 0044-0477

3904
Wulffius, Wolf-Paul: Veduten auf Landkarten im Atlas von Livland des Grafen Mellin (1798). In: Lüneburger Beiträge zur Vedutenforschung II : Beiträge zum II. Veduten-Colloquium in Lüneburg 7. - 9.X. 1983, III. Veduten-Colloquium in Regensburg 3. - 6.X.1985 ; mit 238 Abb., 18 Falttaf. und 2 Tab. Hrsg. von Angelika Marsch und Eckhard Jäger. - Lüneburg: Verl. Nordostdt. Kulturwerk 2001, p.361-371, 7 ill. (Lüneburger Beiträge zur Vedutenforschung ; 2) ISBN 3-922296-37-8

Federation of Russia / Russische Föderation /Fédération de Russie

3905
Antipov, A.V.; Gavrilov, S.G.: Soveršenstvovanie geodezičeskoj seti Moskvy. In: Geodezija i kartografija : oficial'nyj organ Federal'noj Sluzby Geodezii i Kartografii Rossii i Geodeziceskich Sluzb Stran. 2003, 9, p.4-13, 1 ill., 5 tab. [Complex on activities on perfecting the reference geodetic network of Moscow.] [Russ.] ISSN 0016-7126

3906
Borodko, A.V.; Makarenko, N.L.: O sozdanii regional'noj informacionno-kartografičeskoj sistemy. In: Geodezija i kartografija : oficial'nyj organ Federal'noj Sluzby Geodezii i Kartografii Rossii i Geodeziceskich Sluzb Stran. 2003, 9, p.1-4. [About the creation of a regional

informational-cartographical system.] [Russ.] ISSN 0016-7126

3907
Burban, P.Ju.; Litvinov, V.F.: Technologija sozdanija cifrovych kart Novgorodskoj oblasti. In: Geodezija i kartografija : oficial'nyj organ Federal'noj Sluzby Geodezii i Kartografii Rossii i Geodeziceskich Sluzb Stran. 2003, 11, p.51-57, 3 ill. [Modern technology of creation of digital maps of the Novgeord area.] [Russ.] ISSN 0016-7126

3908
Makarenko, N.L.: ZNIIGAiK - 75 let. In: Geodezija i kartografija : oficial'nyj organ Federal'noj Sluzby Geodezii i Kartografii Rossii i Geodeziceskich Sluzb Stran. 2003, 10, p.1-7. [Central Research Institute (TSNIIGAiK) celebrates 75th anniversary.] [Russ.] ISSN 0016-7126

3909
Neverov, L.B.: Razrabotka elektronnoj versij edinoj sistemy uslovnych znakov dlja topografičeskich planov i kart. In: Geodezija i kartografija : oficial'nyj organ Federal'noj Sluzby Geodezii i Kartografii Rossii i Geodeziceskich Sluzb Stran. 2003, 10, p.26-32, 7 ill. [Elaboration of computerised version of symbols for topographic maps.] [Russ.] ISSN 0016-7126

3910
Seibold, Eugen: Early maps of the Arctic coast of Russia. In: Polarforschung / hrsg. vom Alfred-Wegener-Institut für Polar- un Meeresforschung und der Deutschen Gesellschaft für Polarforschung. 71, 2002, 3, p.121-148.

3911
Svešnikov, V.V. and others: Technologija podgotovki k izdaniju stranic NAR s kosmičeskimi izobraženijami. In: Geodezija i kartografija : oficial'nyj organ Federal'noj Sluzby Geodezii i Kartografii Rossii i Geodeziceskich Sluzb Stran. 2003, 12, p.27-31. [Technology of preparation for publication of NAR pages with space images.] [Russ.] ISSN 0016-7126

3912
Torguson, Jeffrey S.; Blinnikov, Mikhail: From maps to student interaction : creating a web-based student atlas of Russia. In: Maps and the internet. Ed. by Michael Peterson. Publ. on behalf of the International Cartographic Association. - Amsterdam [u.a.]: Elsevier Science 2003, p.311-319, 1 ill. ISBN 0-08-044201-3

Finland / Finnland / Finlande

3913
Pauls, Sebastian: Eine Stadt wird dreidimensional : übergreifender Einsatz von Geoinformationen in Helsinki. In: GeoBit : das Magazin für raumbezogene Informationstechnologie. 8, 2003, 11, p.14-15, 3 ill. ISSN 1430-3663

France / Frankreich / France

3914
Andres, Ludovic: Transformation dans le système R.G.F. 93 de la base de données géographiques de la Ville de Nice. In: XYZ : revue de l'Association Française de Topographie. 25, 2003, 97, p.56-64, 6 ill., 3 tab. ISSN 0290-9057

3915
Bacchus, Michel: L'établissement des plans directeurs pendant la guerre de 1914-1918. In: Du paysage à la carte : trois siècles de cartographie militaire de la France ; [exposition tenue au château de Vincennes du 18 septembre au 10 novembre 2002]. Ministère de la Défense, services historiques des armées. Sous la dir. de Marie-Anne Villèle, Agnès Beylot et Alain Morgat. - Vincennes: Service Historique de l'Armée de Terre

2002, p.128-133. (Publications du Service de l'Armée de Terre) ISBN 2-86323-143-X

3916
Blumenfeld, Hervé: L'Ile-de-France aux XVIIIe et XIXe siècles, paysages et transformation de l'espace vus à travers la cartographie militaire. In: Du paysage à la carte : trois siècles de cartographie militaire de la France ; [exposition tenue au château de Vincennes du 18 septembre au 10 novembre 2002]. Ministère de la Défense, services historiques des armées. Sous la dir. de Marie-Anne Villèle, Agnès Beylot et Alain Morgat. - Vincennes: Service Historique de l'Armée de Terre 2002, 164, [4] p., ill., mp. (Publications du Service Historique de l'Armée de Terre) ISBN 2-86323-143-X

3917
Bodenstein, Wulf: Pictures at an exhibition II : Rèves de capitale - Paris et ses plans d'embellissement (1675-1815). In: BIMCC newsletter / Brussels International Map Collectors' Circle. 16, 2003, p.4, 1 ill.

3918
Bousquet-Bressolier, Catherine: Du paysage naturel à l'utopie : le corps des ingénieurs-géographes et la diffusion d'un savoir théorique sur les cartes. In: Le paysage des cartes : genèse d'une codification ; actes de la 3e journée d'études du Musée des Plans-Reliefs, Paris, 19 novembre 1998. Sous la dir. de Cathérine Bousquet-Bressolier. - Paris: Musée des Plans-Reliefs 1999, p.81-97, 7 ill. ISBN 2-902559-31-3

3919
Bousquet-Bressolier, Catherine: Les Ingénieurs géographes militaires au XVIIIe siècle et la naissance de la cartographie moderne. In: Du paysage à la carte : trois siècles de cartographie militaire de la France ; [exposition tenue au château de Vincennes du 18 septembre au 10 novembre 2002]. Ministère de la Défense, services historiques des armées. Sous la dir. de Marie-Anne Villèle, Agnès Beylot et Alain Morgat. - Vincennes: Service Historique de l'Armée de Terre 2002, p.48-55. (Publications du Service Historique de l'Armée de Terre) ISBN 2-86323-143-X

3920
Chapel, Enrico: Cartes et figures de l'urbanisme scientifique en France (1910-1943) : recherche sur le rôle et les fonctions de la statistique et de l'unification graphiques dans la production des doctrines urbaines. - Paris: Univ. 2000, 2 MF, 567 Bl., ill. [Mikrofiche-Ausg.] [Hochschulschrift]

3921
Chapuis, Olivier: L'hydrographie des côtes de France (XVIIe siècle - XIXe siècle). In: Du paysage à la carte : trois siècles de cartographie militaire de la France ; [exposition tenue au château de Vincennes du 18 septembre au 10 novembre 2002]. Ministère de la Défense, services historiques des armées. Sous la dir. de Marie-Anne Villèle, Agnès Beylot et Alain Morgat. - Vincennes: Service Historique de l'Armée de Terre 2002, p.56-64. (Publications du Service de l'Armée de Terre) ISBN 2-86323-143-X

3922
Damiano, Richard; Bordas, Thierry; Lacombe, Sylvain: L'imagerie géographique 3D par laser héliporté, le système FLI-MAP : application à un levé topographique de voies ferrées pour RFF-SNCF. In: XYZ : revue de l'Association Française de Topographie. 25, 2003, 94, p.49-54, 11 ill. ISSN 0290-9057

3923
Du paysage à la carte : trois siècles de cartographie militaire de la France [exposition tenue au château de Vincennes du 18 septembre au 10 novembre 2002 ; l'Exposition "Du Paysage à la Carte: Trois Siècles de Cartographie Militaire de la France"].

Ministère de la Défense, Services historiques des armées. Sous la dir. de Marie-Anne Villèle, Agnès Beylot et Alain Morgat. - Vincennes: Service Historique de l'Armée de Terre 2002, 164, [4] p., ill., mp. (Publications du Service de l'Armée de Terre) ISBN 2-86323-143-X

3924
Durand-Delga, Michel: Eugène Maury (1868-1940) pionnier de la cartographie géologique de la Corse. In: Bulletin de la Société des Sciences historiques & naturelles de la Corse: Hommage à Pierre Simi. Tome 1. - Bastia 2003, p.19-42, 4 ill.

3925
Et le Léman trouva le Nord ... : la cartographie lémanique du XVIe au XVIII siècle ; [à l'occasion de l'Exposition "Et le Léman trouva le Nord ... La Cartographie Lémanique du XVIe au XVIII Siècle", Musée d'Histoire des Sciences de Genève, du 19 septembre au 23 novembre 2003]. Bernard Favier. - Genève 2003, 49 p., mp. (The most beautiful Swiss books)

3926
Gourdain, Nicolas: Le stage d'application du DESS-Carto : La cartographie appliquée à l'archéologie (STAGE du 1er juin au 31 août 2002, au Service Régional d'Archéologie d'Auvergne). In: Le Monde des Cartes : revue du Comité Français de Cartographie. 177-178, 2003, p.28-37, 4 ill. ISSN 1634-3522

3927
Grisel, Denis: Le Jura au XVIIIe siècle à travers la cartographie militaire. In: Du paysage à la carte : trois siècles de cartographie militaire de la France ; [exposition tenue au château de Vincennes du 18 septembre au 10 novembre 2002]. Ministère de la Défense, services historiques des armées. Sous la dir. de Marie-Anne Villèle, Agnès Beylot et Alain Morgat. - Vincennes: Service Historique de l'Armée de Terre 2002, p.96-105. (Publications du Service de l'Armée de Terre) ISBN 2-86323-143-X

3928
Häberlein, Mark; Meurer, Peter H.: Die älteste gedruckte Karte der Champagne und Stefan Keltenhofer. In: Cartographica Helvetica : Fachzeitschrift für Kartengeschichte. 27, 2003, p.47-54, 6 ill., 2 tab. ISSN 1015-8480

3929
Kasser, Michel: Les nouveaux textes réglementaires français en matière de précision des levers. In: XYZ : revue de l'Association Française de Topographie. 25, 2003, 96, p.31-34, 1 tab. ISSN 0290-9057

3930
Laurore, Lionel: Cartographie à grande échelle en zone interdite : l'alternative des satellites à résolution métrique. In: XYZ : revue de l'Association Française de Topographie. 25, 2003, 95, p.49-54, 11 ill. ISSN 0290-9057

3931
Pappalardo, Marta; Rossi, Annarita: La modificazione areale dei ghiacciai delle alpi marittime dalla piccola età glaciale ad oggi : ricostruzione sulla base dei documenti cartografici storici. In: Bollettino della Associazione Italiana di Cartografia. 40, 2003, 117-118-119, p.311-324, 3 ill., 1 tab. [The areale modification of glaciers of the marine Alps from the small glacial age to today : reconstruction on the base of historical cartographic documents.] [Ital.] ISSN 0044-9733

3932
Pélissier, Jean-Pierre: Cartographie administrative historique de l'Yonne. - Auxerre: Soc. Généalogique de l'Yonne 2003, 21-[31] p., mp. ISBN 2-9510313-5-1

3933
Sanger, Victoria: Vauban et la topographie des places fortes : Brest et Longwy. In: Le paysage des cartes : genèse d'une codification ; actes de la 3e journée d'études du Musée des Plans-Reliefs, Paris, 19 novembre 1998. Sous la dir. de Cathérine Bousquet-Bressolier. - Paris: Musée des Plans-Reliefs 1999, p.49-63, 6 ill. ISBN 2-902559-31-3

3934
Sillard, Patrick: Arrźté sur les classes de précision applicables aux catégories de travaux topographiques : quelques aspects statistiques. In: XYZ : revue de l'Association Française de Topographie. 25, 2003, 96, p.35-39, 1 ill. ISSN 0290-9057

3935
Souchon, Cécile: Les cartes du chevalier Louis-Pierre Daudet aux archives nationales : un itinéraire royal Reims-Soissons-Paris, 1722-1728 (?). In: Le Monde des Cartes : revue du Comité Français de Cartographie. 175, 2003, p.30-35, 3 ill. ISSN 1634-3522

Germany / Deutschland / Allemagne

3936
150 Jahre Mecklenburgische Landesvermessung : 1853-2003. [Hrsg.: Landesvermessungsamt Mecklenburg-Vorpommern. Red.: Kansy, Annelie ...]. - Schwerin: Landesvermessungsamt Mecklenburg-Vorpommern 2003, 85 p., ill., mp.

3937
Aumann, Gabriele and others: OGC Web Services zur interoperablen Nutzung verteilter Geodatenbanken für mobile Anwendungen. In: GIS : Geoinformationssysteme. 16, 2003, 6, p.17-23, 7 ill.

3938
Baur, J.: 3D-Scannen der Eberstadter Tropfsteinhöhle mit dem Lasermesssystem "IMAGER 5003". In: Mitteilungen und Veröffentlichungen zum Vermessungswesen aus den Themenbereichen Geodäsie, Geoinformation und Landmanagement / Deutscher Verein für Vermessungswesen, Landesverein Baden-Württemberg e.V. 50, 2003, 2, p.60-68, 11 ill. ISSN 0940-2942

3939
Beck, Torsten and others: Gründlich durchforstet : Katasterdigitalisierung und Qualitätssicherung in der Thüringer Landesforstverwaltung. In: GeoBit : das Magazin für raumbezogene Informationstechnologie. 8, 2003, 7, p.16-18, 4 ill.

3940
Bill, Ralf: Eine günstige Alternative : Open Source als Basis für Internet-GIS-Lösungen in Kommunen und Landkreisen. In: GeoBit : das Magazin für raumbezogene Informationstechnologie. 8, 2003, 10, p.28-30, 3 ill. ISSN 1430-3663

3941
Birth, Konrad: ATKIS-Projekt Modell- und kartographische Generalisierung, und die Entwicklung geht weiter. In: Kartographische Nachrichten. 53, 2003, 3, p.119-126, 6 ill. ISSN 0022-9164

3942
Blaschke, Karlheinz: Die Kartographie an der Hochschule für Technik und Wirtschaft Dresden im Dienste der sächsischen Landesgeschichte. In: 10 Jahre Fachhochschulausbildung in den Studiengängen Vermessungswesen und Kartographie an der HTW Dresden (FH) und 50 Jahre Ausbildung von Vermessungs- und Kartographieingenieuren in Dresden. Hrsg. von Uwe Jäschke u.a. Schriftleitung: Kristin Gehrt - Harald Köhler. - Dresden: Fachbereich Vermessungswesen, Kartographie der Hochsch. für Technik und Wirtschaft 2002, p.27-29. (Dresdner Kartographische Schriften ; 4) ISSN 1436-0004

3943
Bluhm, Rosita: Konzipierung eines nutzerfreundlichen kartographischen Tourismusinformationssystems für den Spreewald am Beispiel des Wasserwanderns. - Wien: TU 2003, 121 p., 30 ill., 1 tab. [Dipl.-Arb.]

3944
Boljen, Joachim: Bezugssystemumstellung DHDN90 -> ETRS89 in Schleswig-Holstein. In: ZfV : Zeitschrift für Geodäsie, Geoinformation und Landmanagement. 128, 2003, 4, p.244-250, 4 ill., 1 tab. ISSN 1618-8950

3945
Breetz, Egon: Koordination und Kooperation in der geographischen Schulkartographie der DDR. In: Aspekte zur Gestaltung und Nutzung von Karten für den Schulunterricht. Hrsg. von der Deutschen Gesellschaft für Kartographie e.V., Kommission Schulkartographie. - Bonn: Kirschbaum 2003, p.69-75, 3 ill. (Kartographische Schriften ; 8) [Parallel als CD-ROM erschienen] ISBN 3-7812-1579-2

3946
Brunner, Kurt: Zur Aufarbeitung des Themas "Kartenverfälschungen in der DDR". In: Kartographische Nachrichten. 53, 2003, 6, p.282-283. ISSN 0022-9164

3947
Bunje, Jürn; Ringot, Jean Loup: Lebensräume im Wandel : Flächenbilanz von Salzwiesen und Dünen im niedersächsischen Wattenmeer zwischen den Jahren und 1997 ; eine Luftbildauswertung ; Abschlussbericht. - Wilhelmshaven: Bezirksregierung Weser-Ems, Nationalparkverwaltung "Niedersächsisches Wattenmeer" 2003, 46 p., ill., mp., 1 suppl. + 1 CD-ROM. (Schriftenreihe Nationalpark Niedersächsisches Wattenmeer ; 7)

3948
Burdack, Sven; Ueberschär, Nicole; Schweikart, Jürgen: Bevölkerungsstatistische Online-Informationssysteme für Berlin : Flash und SVG im Vergleich. In: Kartographische Nachrichten. 53, 2003, 4, p.160-167, 5 ill., 3 tab. ISSN 0022-9164

3949
Cieslik, Bernhard: Hamburg in der dritten Dimension. In: ZfV : Zeitschrift für Geodäsie, Geoinformation und Landmanagement. 128, 2003, 4, p.254-260, 11 ill. ISSN 1618-8950

3950
Csaplovics, Elmar: Beiträge zur Extraktion von Felskanten aus Airborne Laser Scanner Daten am Beispiel der Elbsandsteinformationen im Nationalpark Sächsische Schweiz. In: Photogrammetrie, Fernerkundung, Geoinformation. 2003, 2, p.105-114, 9 ill. ISSN 1432-8364

3951
Derenbach, Heinrich: SAPOS aktuell. In: GPS 2002 : Antennen Höhenbestimmungen und RTK-Anwendungen : Beiträge zu 57. DVW-Seminar am 16. und 17. September 2002 in Karlsruhe ; [Beiträge 57. DVW-Seminars zu den Aktuellen Fragestellungen GPS 2002]. Redaktion Bernhard Heck und Michael Illner. - Stuttgart: Verlag Konrad Wittwer 2002, p.19-27, 3 ill., 2 tab. (Schriftenreihe des DVW ; 44) ISBN 3-87919-281-2

3952
Dick, H.-G.; Derenbach, H.: Ein Festpunktfeld wird aktiv - Aufbau und Betrieb von SAPOS in Baden-Württemberg. In: Mitteilungen und Veröffentlichungen zum Vermessungswesen aus den Themenbereichen Geodäsie, Geoinformation und Landmanagement / Deutscher Verein für Vermessungswesen, Landesverein Baden-

Württemberg e.V. 50, 2003, 2, p.21- 47, 8 ill., 3 tab. ISSN 0940-2942

3953
Dokumentierte Landschaft : öffentliches Vermessungswesen in Baden-Württemberg. [Hrsg.: Wirtschaftsministerium Baden-Württemberg]. - Stuttgart: Wirtschaftsministerium Baden-Württemberg 2002, 16 p., ill., mp.

3954
Eichner, Rudolf; Knoth, Wolfram: Ernst Beyrich und Julius Ewald : die Väter der geologischen Erstkartierung von Sachsen-Anhalt. In: Mitteilungen zur Geologie von Sachsen-Anhalt. 2001, 6, p.7-18, ill., mp. ISSN 0947-4269

3955
Espenhorst, Jürgen: The great handatlases. Ed. and transl. from the German text by George R. Crossman. - Schwerte: Pangaea-Verl. 2003, XX, 684 p., ill., mp. (Petermann's planet : a guide to German handatlases and their siblings throughout the world 1800-1950 ; Vol. 1)
ISBN 3-930401-35-5

3956
Fauth, Christian Egloff; Nadolski, Knut: Auf allen Plätzen gut informiert : Geoinformation-online für die ländliche Entwicklung in Bayern. In: GeoBit : das Magazin für raumbezogene Informationstechnologie. 8, 2003, 8, p.20-22, 3 ill.

3957
Fischer, Hanspeter: Die "Carte de la Souabe" 1:100 000 (1818-1821) : [u.a. Region Hochrhein]. In: Cartographica Helvetica : Fachzeitschrift für Kartengeschichte. 27, 2003, p.3-12, ill., mp. ISSN 1015-8480

3958
Fleischmann, Peter: Politik - Propaganda - Kommerz? : die umstrittene Karte des Nürnberger Gebiets von Matthäus Ferdinand Cnopf (1764/66). In: Jahrbuch für fränkische Landesforschung /hrsg. vom Zentralinstitut für Regionalforschung an der Universität Erlangen-Nürnberg, Sektion Franken. 60, 2000, p.361-380.
ISSN 0446-3943

3959
Föckeler, Albert: Rolf Harbeck im Ruhestand. In: Kartographische Nachrichten. 53, 2003, 3, p.138-140, 1 portr.
ISSN 0022-9164

3960
Förster, Theodor; Senkler, Kristian: Nutzung mehrsprachiger OGC Web Map Services in einer grenzübergreifenden GDI. In: GIS : Geoinformationssysteme. 16, 2003, 12, p.11-14, 4 ill.

3961
Follger, Dirk-Michael; Richter, Andreas; Scharfe, Wolfgang: Automationsgestützte Generalisierung von flächenhaft dargestellten Reliefeinheiten - Geomorphographische Übersichtskarte der Bundesrepublik Deutschland 1:1 Million. In: Kartographische Nachrichten. 53, 2003, 3, p.126-133, 3 ill., 2 tab.

3962
Frick, Annett; Tervooren, Steffen: Erholungswert bewahren : Potsdams internetkompatibles Umweltinformationssystem. In: GeoBit : das Magazin für raumbezogene Informationstechnologie. 8, 2003, 7, p.22-24, 3 ill. ISSN 1430-3663

3963
Fromm, Heinz-Joachim: Siedlungs- und Flurentwicklung im Umland der industriellen Agglomeration BASF-Ludwigshafen, dargestellt und erläutert unter besonderer Berücksichtigung historischer und topographischer Karten. - Koblenz: H.-J. Fromm 2002, 368 p., ill., mp. [Zugl.:

Koblenz, Landau, Univ., Abt. Landau, Diss., 2002]

3964
Gäfvert, Björn: The Seven Years War. In: Accurata descriptio : studier i kartografi, numismatik, orientalistik och biblioteksväsen tillägnade Ulla Ehrensvärd. [Redaktionskommitté: Göran Bäärnhielm ...]. - Stockholm: Kungl. Biblioteket 2003, p.131-136, [4 ill. im Anhang]. (Acta Bibliothecae regiae Stockholmiensis ; 69) ISBN 91-7000-222-3

3965
Geoinformationssysteme : Leifaden für kommunale GIS-Einsteiger. Bayerisches Staatsministerium der Finanzen. - München: Bayer. Staatsministerium der Finanzen 2003, 74 p., ill., mp. [1.Aufl.] ISBN 3-935612-39-7

3966
Gerschwitz, Andreas: Überprüfung der Genauigkeit des Digitalen Geländemodell ATKIS -DGM50. In: ZfV : Zeitschrift für Geodäsie, Geoinformation und Landmanagement. 128, 2003, 4, p.250-253, 2 ill. ISSN 1618-8950

3967
Göldner, Reiner; Schöninger, Johannes: Blick in die Vergangenheit : Sächsisches Landesamt für Archäologie nutzt Open-GIS-Technologie. In: GeoBit : das Magazin für raumbezogene Informationstechnologie. 8, 2003, 10, p.38-39, 3 ill. ISSN 1430-3663

3968
Graichen, Beate; Kranz, Katrin: Das Forstliche Geographische Informationssystem von Sachsen (FGIS). In: Arbeitsgruppe Automation in der Kartographie : Tagung 2002. - Frankfurt am Main: Verlag des Bundesamtes für Kartographie und Geodäsie 2003, p.27-38, 6 ill. (Mitteilungen des Bundesamtes für Kartographie und Geodäsie ; 24) ISBN 3-89888-867-3

3969
Greve, Dieter: Geschichte des Liegenschaftskatasters in Mecklenburg. In: 150 Jahre Mecklenburgische Landesvermessung : 1853-2003. [Hrsg.: Landesvermessungsamt Mecklenburg-Vorpommern. Red.: Kansy, Annelie ...]. - Schwerin: Landesvermessungsamt Mecklenburg-Vorpommern 2003, p.61-71, 3 ill., 1 tab.

3970
Grudzinski, Lucjan: Untersuchungen zu historischen, privaten und öffentlichen baurechtlichen Bestimmungen als Hilfsmittel für Grenzfeststellungen im Stadtkreis Gera (vor 1920 Kern des Fürstentums Reuß j.L.). Hrsg.: Deutscher Verein für Vermessungswesen, Landesverein Thüringen - Red. überarb. und teilw. gekürzt durch den Hrsg. - Gotha 2002, 74 p., ill., mp. (Fachinformationsblatt / Deutscher Verein für Vermessungswesen, Landesverein Thüringen ; 3) [Vollst. zugl.: Dresden, Hochschule für Technik und Wirtschaft, Dipl.-Arb.,]

3971
Gusche, Meinhard: Die Basisinformationssysteme ALB und ALK im Liegenschaftskataster in Mecklenburg-Vorpommern : ein Überblick und der weitere Weg nach ALKIS. In: 150 Jahre Mecklenburgische Landesvermessung : 1853-2003. [Hrsg.: Landesvermessungsamt Mecklenburg-Vorpommern. Red.: Kansy, Annelie ...]. - Schwerin: Landesvermessungsamt Mecklenburg-Vorpommern 2003, p.72-83, 2 ill., 3 tab.

3972
Hachmann, Roland: Beteiligung für alle : der interaktive Landschaftsplan Königslutter am Elm. In: GeoBit : das Magazin für raumbezogene Informationstechnologie. 8, 2003, 10, p.11-13, 3 ill. ISSN 1430-3663

3973
Happ, Elmar: Das Forstliche Geographische Informationssystem von Sachsen (FGIS). In: Arbeitsgruppe Automation in der Kartographie : Tagung 2002. - Frankfurt am Main: Verlag des Bundesamtes für Kartographie und Geodäsie 2003, p.39-46, 3 ill. (Mitteilungen des Bundesamtes für Kartographie und Geodäsie ; 24) ISBN 3-89888-867-3

3974
Harneid, Kirsten; Oswald, Manfred: Liegenschaftsvermessung im Land Brandenburg : Erläuterungen der Verwaltungsvorschrift zur Durchführung von Liegenschaftsvermessungen (Liegenschaftsvermessungsvorschrift - VVLiegVerm) und der Verwaltungsvorschrift zur Qualitätskontrolle bei der Fortführungsentscheidung (Fortführungsentscheidungsvorschrift - VVFortEnt). - Potsdam 2003, 87 p., ill. [in der Fassung vom September 2003]

3975
Henzler, J.: GIS über Internet als Dienstleistung für Kommunen : (Kurzfassung des Vortrags vom 7. Mai 2003 im Rahmen der DVW-Fachtagung in Schwäbisch Hall). In: Mitteilungen und Veröffentlichungen zum Vermessungswesen aus den Themenbereichen Geodäsie, Geoinformation und Landmanagement / Deutscher Verein für Vermessungswesen, Landesverein Baden-Württemberg e.V. 50, 2003, 2, p.69-78, 4 ill. ISSN 0940-2942

3976
Herreborg Thomsen, Brigitte: Kort og prospekter i Arkivet ved Dansk Centralbibliotek for Sydslesvig : en fortegnelse. - Flensborg: Dansk Centralbibliotek for Sydslesvig 2003, 54 p., ill. (Arkivserien / Studieafdelingen ved Dansk Centralbibliotek for Sydslesvig ; 10) [Danish] ISBN 87-89178-42-4

3977
Hilbring, Désirée; Schneider, Burkhard; Wiesel, Joachim: 3D-GIS-Anwendungen im Umwelt-Informationssystem Baden Württemberg. In: Photogrammetrie, Fernerkundung, Geoinformation. 2003, 6, p.481-491, 11 ill. ISSN 1432-8364

3978
Huber, Ulrich: Für Forschung und Praxis : das Referenz-GIS "Nationalpark Bayerischer Wald" - ein fachübergreifende Forschungsplattform für die Geoinformatik. In: GeoBit : das Magazin für raumbezogene Informationstechnologie. 8, 2003, 7, p.30-32, 4 ill. ISSN 1430-3663

3979
Jäger, Ernst: ATKIS als Gemeinschaftsaufgabe der Länder und des Bundes. In: Kartographische Nachrichten. 53, 2003, 3, p.113-119, 1 ill., 2 tab. ISSN 0022-9164

3980
Jahn, Cord-Hinrich: Ein neues aktives dreidimensionales Bezugssystem für Niedersachsen. In: Festschrift Univ.-Prof. Dr. Ing. Günter Seeber zum 60. Geburtstag : 30 Jahre satellitengestützte Positionsbestimmung in Wissenschaft und Praxis ; von der Meter- zur Subzentimetergenauigkeit. [Hrsg.: Institut für Erdmessung, AG Geodätische Raumverfahren. Red.: Stefan Willgalis]. - Hannover: Inst. für Erdmessung, AG Geodätische Raumverfahren 2001, p.63-75, 11 ill., 1 tab. (Wissenschaftliche Arbeiten der Fachrichtung Vermessungswesen der Universität Hannover ; 239) ISSN 0174-1454

3981
Kalke, Ralf: Verfahren zum digitalen Vergleich von analogen topographischen Karten. In: Kartenverfälschung als Folge übergroßer Geheimhaltung? : eine Annäherung an das Thema Einflußnahme der Staatssicherheit auf das Kartenwesen der DDR ;

Referate der Tagung der BStU vom 08.-09. 2001 in Berlin. Hrsg. von Dagmar Unverhau. - Münster: Lit 2002, p.177-192, 15 ill. ISBN 3-8258-5964-9

3982
Karten als Zeugen der Geschichte : 500 Jahre Kartographie am Beispiel von Geislingen und Umgebung ; Begleitheft zur Weihnachtsausstellung 2003 in der Galerie im Alten Bau, Geislingen an der Steige. von Wilhelm Rall mit Beitr. von Jürgen Hagel und Hartmut Gruber. - Geislingen and der Steige: Stadtarchiv 2003, 116 p. (Veröffentlichung des Stadtarchivs / Stadtarchiv Geislingen an der Steige ; 21)

3983
Kleinn, Hans: Die Vedute der Stadt Osnabrück auf Landkarten des Stiftes im 17. und 18. Jahrhundert : ein Beitrag zur Tradierung und Veränderung von Veduten. In: Lüneburger Beiträge zur Vedutenforschung II : Beiträge zum II. Veduten-Colloquium in Lüneburg 7. - 9.X.1983, III. Veduten- Colloquium in Regensburg 3. - 6.X.1985 ; mit 238 Abb., 18 Falttaf. und 2 Tab. Hrsg. von Angelika Marsch und Eckhard Jäger. - Lüneburg: Verl. Nordostdt. Kulturwerk 2001, p.353-360, 4 ill. (Lüneburger Beiträge zur Vedutenforschung ; 2)
ISBN 3-922296-37-8

3984
Kobel, Siegfried: Ende des "kartenlosen Gebiets" für die Stadt Fürstenberg (Havel). In: Vermessung Brandenburg. 8, 2003, p.30-39, 3 ill. ISSN 1430-7650

3985
Koch, Wolf Günther: Zur Problematik der topographischen Karten (Ausgabe für die Volkswirtschaft) der DDR. In: Kartenverfälschung als Folge übergroßer Geheimhaltung? : eine Annäherung an das Thema Einflußnahme der Staatssicherheit auf das Kartenwesen der DDR ; Referate der Tagung der BStU vom 08.-09.2001 in Berlin. Hrsg. von Dagmar Unverhau. - Münster: Lit 2002, p.81-96, 6 ill.
ISBN 3-8258-5964-9

3986
Kolbe, Thomas H.: Interoperable Modelle : die dritte Dimension in der Geodateninfrastruktur Nordrhein-Westfalen. In: GeoBit : das Magazin für raumbezogene Informationstechnologie. 8, 2003, 5, p.26-28, 2 ill. ISSN 1430-3663

3987
Kowanda, Andreas: Archäologische Karten - Ergebnisse der Kooperation zwischen dem Studiengang Kartographie der Hochschule für Technik und Wirtschaft Dresden (FH) und dem Sächsischen Landesamt für Archäologie. In: 10 Jahre Fachhochschulausbildung in den Studiengängen Vermessungswesen und Kartographie an der HTW Dresden (FH) und 50 Jahre Ausbildung von Vermessungs- und Kartographieingenieuren in Dresden. Hrsg. von Uwe Jäschke u.a. Schriftleitung: Kristin Gehrt - Harald Köhler. - Dresden: Fachbereich Vermessungswesen, Kartographie der Hochsch. für Technik und Wirtschaft 2002, p.111-121, 4 ill., 1 tab. (Dresdner Kartographische Schriften ; 4) ISSN 1436-0004

3988
Lelgemann, Dieter; Noak, Martin: Transformation des Deutschen Hauptdreiecknetzes DHDN in das Europäische Terrestrische Referenzsystem ETRS 89. In: ZfV : Zeitschrift für Geodäsie, Geoinformation und Landmanagement. 128, 2003, 6, p.411-414, 3 tab. ISSN 1618-8950

3989
Die Liegenschaftsvermessungen im Land Brandenburg. Land Brandenburg, Ministerium des Innern. - [Potsdam]: Ministerium des Innern des Landes Brandenburg 2003, 1 CD-ROM. [Elektronische Ressource]

3990
Lindner, Klaus: Landesaufnahmen deutscher Territorien : Beispiele der Militärkartographie und ihr historischer Quellenwert. In: Geschichtsdeutung auf alten Karten : Archäologie und Geschichte ; (46. Wolfenbütteler Symposium, vom 26. bis 29. Oktober 1999]. [Hrsg. von Dagmar Unverhau]. - Wiesbaden: Harrassowitz 2003, p.411-441, 2 ill. (Wolfenbütteler Forschungen ; 101) ISBN 3-447-04813-1

3991
Lovett, Andrew and others: Landscape modelling and visualisation for environmental planning in intensive agricultural areas. In: Trends in landscape modeling : proceedings at Anhalt University of Applied Sciences 2003 ; [proceedings to the 4th International Conference on New Technologies in Landscape Architecture (May 15 and 16, 2003) held by the master of landscape architecture program of Anhalt University of Applied Sciences]. Erich Buhmann; Stephen M. Ervin (eds.). - Heidelberg: Wichmann 2003, p.114-122, 8 ill. ISBN 3-87907-403-8

3992
Lucht, Roland; Henkel, Horst; Scholz, Wolfgang: Analyse der "Ausgabe für die Volkswirtschaft" in Umsetzung des Beschlusses des nationalen Verteidigungsrates der DDR vom 13. Oktober 1965 im Vergleich mit der topographischen Karte der DDR. In: Kartenverfälschung als Folge übergroßer Geheimhaltung? : eine Annäherung an das Thema Einflußnahme der Staatssicherheit auf das Kartenwesen der DDR ; Referate der Tagung der BStU vom 08.-09.2001 in Berlin. Hrsg. von Dagmar Unverhau. - Münster: Lit 2002, p.99-142, 12 ill., 3 tab. ISBN 3-8258-5964-9

3993
Mangei, Johannes: Die Freiburg-Ansichten des Gregorius Sickinger von 1589 : Quellen zur Geschichte der Stadt in Spätmittelalter und früher Neuzeit. - Freiburg im Breisgau: Stadtarchiv 2003, 224 p., [14 Bl.], ill. (Veröffentlichungen aus dem Archiv der Stadt Freiburg ; 35) [Zugl.: Freiburg im Breisgau, Univ., Diss., 1999 u.d.T.: Mangei, Johannes: Gregorius Sickingers Stadtansichten als Quelle für die Geschichte Freiburgs im Spätmittelalter und in der frühen Neuzeit] ISBN 3-923272-29-4

3994
Meichle, H.: Passpunktfreie direkte Höhenbestimmung mittels DFHBF in Baden-Württemberg. In: GPS 2002 : Antennen Höhenbestimmungen und RTK-Anwendungen : Beiträge zu 57. DVW-Seminar am 16. und 17. September 2002 in Karlsruhe ; [Beiträge 57. DVW-Seminars zu den Aktuellen Fragestellungen GPS 2002]. Redaktion Bernhard Heck und Michael Illner. - Stuttgart: Verlag Konrad Wittwer 2002, p.197-223, 18 ill. (Schriftenreihe des DVW ; 44) ISBN 3-87919-281-2

3995
Möller, Günter: Umsetzung des ALKIS-Konzepts in Rheinland-Pfalz. In: 12. Internationale Geodätische Woche, Obergurgl 2003. Günter Chesi; Thomas Weinold (Hrsg.). - Heidelberg: Wichmann 2003, p.103-112, 6 ill. ISBN 3-87907-401-1

3996
Müller, Gerd: Zur Entwicklung des Liegenschaftskatasters in Sachsen : vom Grundsteuer- zum Eigentumskataster. Hrsg.: Deutscher Verein für Vermessungswesen, Landesverein Thüringen. - Gotha 2000, 35 p. (Fachinformationsblatt / Deutscher Verein für Vermessungswesen, Landesverein Thüringen ; 2)

3997
Müllers großes deutsches Ortsverzeichnis. - [München]: Saur 2003, CD-ROMs. [Druckausg.: Müllers großes deutsches Ortsbuch]

3998
Musall, Heinz: Spuren der barockzeitlichen Kulturlandschaft Sudwestdeutschlands in J.V.Moreaus "Carte topographique de l'ancienne Souabe...". In: Geschichtsdeutung auf alten Karten : Archäologie und Geschichte ; (46. Wolfenbütteler Symposium, vom 26. bis 29. Oktober 1999]. [Hrsg. von Dagmar Unverhau]. - Wiesbaden: Harrassowitz 2003, p.443-466, 10 ill. (Wolfenbütteler Forschungen ; 101)
ISBN 3-447-04813-1

3999
Nagel, Günter: "Public Private Partnership" in der deutschen Satellitenpositionierung SAPOS : Zusammenarbeit der Bayerischen Landesvermessung mit der Ruhrgas AG ; Teil 1. In: Mitteilungen des DVW-Bayern e.V. 55, 2003, 2, p.117-131, 8 ill.
ISSN 0723-6336

4000
Neumann, Joachim: Deutschlandkarten bis zum Ende des Heiligen Römischen Reiches Deutscher Nationen : Geschichtsdeutung aus Karten und humanistischen Landesbeschreibungen sowie aus reichsweiten Synthesen früher Landesaufnahmen. In: Geschichtsdeutung auf alten Karten : Archäologie und Geschichte ; (46. Wolfenbütteler Symposium, vom 26. bis 29. Oktober 1999]. [Hrsg. von Dagmar Unverhau]. - Wiesbaden: Harrassowitz 2003, p.397-410. (Wolfenbütteler Forschungen ; 101)
ISBN 3-447-04813-1

4001
Neupert, Anita; Theile, Erik: Karten und Kartenproduktion in der DDR. In: Kartenverfälschung als Folge übergroßer Geheimhaltung? : eine Annäherung an das Thema Einflußnahme der Staatssicherheit auf das Kartenwesen der DDR ; Referate der Tagung der BStU vom 08.-09.2001 in Berlin. Hrsg. von Dagmar Unverhau. - Münster: Lit 2002, p.27-49, 6 ill. (Archiv zur DDR-Staatssicherheit ; Bd. 5)
ISBN 3-8258-5964-9

4002
Niewodniczánski, Thomas: Der Kreis Bitburg-Prüm auf alten Landkarten. In: Heimatkalender : Landkreis Bitburg-Prüm. 2003, p.30-43, 14 ill.

4003
Noack, Gerald: Die Wiedergeburt der DDR-Stadtpläne? In: Kartographische Nachrichten. 53, 2003, 5, p.232-233, 1 ill.
ISBN 0022-9164

4004
Oltersdorf, Bettina: Gute Karten für die Verwaltung : das Planungs-und Informationssystem der Stadt Göppingen. In: GeoBit : das Magazin für raumbezogene Informationstechnologie. 8, 2003, 8, p.30-31, 2 ill. ISSN 1430-3663

4005
Oster, Manfred: Entwicklungen in den kartographischen Techniken. In: Kartographische Nachrichten. 53, 2003, 3, p.107-113, 7 ill. ISSN 0022-9164

4006
Palaschewski, Thomas: Die Übernahme von Karten des militärtopographischen Dienstes der ehemaligen nationalen Volksarmee : ein Statement. In: Kartenverfälschung als Folge übergroßer Geheimhaltung? : eine Annäherung an das Thema Einflußnahme der Staatssicherheit auf das Kartenwesen der DDR ; Referate der Tagung der BStU vom 08.-09.2001 in Berlin. Hrsg. von Dagmar Unverhau. - Münster: Lit 2002, p.157-159. ISBN 3-8258-5964-9

4007
Pobanz, Wolfram: Anfänge der deutschen geographischen Schulatlanten im 18. Jahrhundert. In: Aspekte zur Gestaltung und Nutzung von Karten für den Schulunter-

richt. Hrsg. von der Deutschen Gesellschaft für Kartographie e.V., Kommission Schulkartographie. - Bonn: Kirschbaum 2003, p.127-132, 4 ill., 1 portr. (Kartographische Schriften ; 8) [Parallel als CD-ROM erschienen] ISBN 3-7812-1579-2

4008
Pobanz, Wolfram: Topographische Veränderung in Karten der Verlagskartographie der DDR. In: Kartenverfälschung als Folge übergroßer Geheimhaltung? : eine Annäherung an das Thema Einflußnahme der Staatssicherheit auf das Kartenwesen der DDR ; Referate der Tagung der BStU vom 08.-09.2001 in Berlin. Hrsg. von Dagmar Unverhau. - Münster: Lit 2002, p.193-214, 15 ill. ISBN 3-8258-5964-9

4009
Podrenek, Martin: Automationsgestützte Ableitung des ATKIS-DLM50 und der DTK50 aus dem ATKIS-Basis-DLM. In: Visualisierung und Erschließung von Geodaten : Seminar GEOVIS 2003, 26. bis 27. Februar 2003, Universität Hannover. Hrsg. von der Deutschen Gesellschaft für Kartographie e.V., Kommission Geoinformation und Visualisierung. Schriftleitung: Jürgen Dodt; Wolf-Dieter Rase. - Bonn: Kirschbaum-Verl. 2003, p.171-176, 4 ill., 3 tab. (Kartographische Schriften ; 7)
ISBN 3-7812-1577-6

4010
Prechtel, Nikolas; Habermann, Klaus: Aufnahme und Kartierung der Weißeritzflut im Dresdner Stadtgebiet. In: Kartographische Nachrichten. 53, 2003, 1, p.23-27, 5 ill.
ISSN 0022-9164

4011
Rall, Wilhelm: Karten als Zeugen der Geschichte : 500 Jahre Kartographie am Beispiel von Geislingen und Umgebung. In: Karten als Zeugen der Geschichte : 500 Jahre Kartographie am Beispiel von Geislingen und Umgebung ; Begleitheft zur Weihnachtsausstellung 2003 in der Galerie im Alten Bau, Geislingen an der Steige. von Wilhelm Rall mit Beitr. von Jürgen Hagel und Hartmut Gruber. - Geislingen an der Steige: Stadtarchiv 2003, p.8-84, 60 ill. + mp. (Veröffentlichung des Stadtarchivs / Stadtarchiv Geislingen an der Steige ; 21)

4012
Recker, Gabriele: Von Trier nach Köln 1550-1850 : kartographiehistorische Beiträge zur historisch-geographischen Verkehrswegeforschung ; Betrachtungen zum Problem der Altkarten als Quelle anhand eines Fallbeispieles aus den Rheinlanden. - Rahden/Westf.: VML Verlag Marie Leidorf 2003, 482 p., ill., mp. [Teilw. zugl.: Bonn, Univ., Diss., 1998 u.d.T.: Recker, Gabriele: Kartographiehistorische Beiträge zur historisch-geographischen Verkehrswegeforschung - Betrachtungen zum Problem der Altkarten als Quelle anhand eines Fallbeispieles aus den Rheinlanden]
ISBN 3-89646-025-0

4013
Reinhardt, Wolfgang and others: Geoinformation and Location Based Services : principles and some experiences with applications for mountaineers. In: GIS : Geoinformationssysteme. 16, 2003, 6, p.24-29, 5 ill.
ISSN 1430-3663

4014
Report on the cartographic activities of the Federal Republic of Germany in the period 1999-2003. German Cartographic Society. Comp. by Wolfgang Scharfe. - Berlin 2003, 41 p.

4015
Richtlinien für die Einrichtung der Automatisierten Liegenschaftskarte in Brandenburg (ALK-Richtlinien) : eingeführt durch Runderlass III Nr. 25/1995 des Ministeriums des Innern vom 13.12.1995 zuletzt

geändert durch Runderlass Nr. 8/2000 des Ministeriums des Innern vom 04. Mai 2000. Ministerium des Innern des Landes Brandenburg. - [Potsdam]: Ministerium des Innern des Landes Brandenburg 2000 [Stand: 31.03.2000]

4016
Rickenbacher, Martin; Oehrli, Markus: Sie hatten die besseren Karten! : die Nachführung der geheimen "Deutschen Heereskarte Schweiz 1:25 000 im zweiten Weltkrieg. In: Geomatik Schweiz : Geoinformation und Landmanagement. 101, 2003, 11, p.622-629, 10 ill. [Germ. with French, and Ital. rés.] ISSN 0252-9424

4017
Rodemerk, Gunter: Die Nutzung von SAPOS bei Liegenschaftsvermessungen in Brandenburg. In: Vermessung Brandenburg. 8, 2003, p.26-30, 3 ill. ISSN 1430-7650

4018
Sandner, Eberhard; Kurze, Jutta: Kartenverfälschung bei der mittelmaßstäbigen landwirtschaftlichen Standortkartierung. In: Kartenverfälschung als Folge übergroßer Geheimhaltung? : eine Annäherung an das Thema Einflußnahme der Staatssicherheit auf das Kartenwesen der DDR ; Referate der Tagung der BStU vom 08.-09.2001 in Berlin. Hrsg. von Dagmar Unverhau. - Münster: Lit 2002, p.143-155, 8 tab. ISBN 3-8258-5964-9

4019
Schaal, Peter: Digitale Planveröffentlichung : Interaktive Präsentation des Landschaftsrahmenplans und des regionalen Raumordnungsprogramms im Landkreis Emsland. In: GeoBit : das Magazin für raumbezogene Informationstechnologie. 8, 2003, 4, p.27-29, 3 ill. ISSN 1430-3663

4020
Schaffer, Jörg: Von der Mecklenburg-Karte Tilemann Stellas zum Geo-Informationssystem ATKIS : die Entwicklung der topographischen Landesaufnahme in Mecklenburg. In: 150 Jahre Mecklenburgische Landesvermessung : 1853-2003. [Hrsg.: Landesvermessungsamt Mecklenburg-Vorpommern. Red.: Kansy, Annelie ...]. - Schwerin: Landesvermessungsamt Mecklenburg-Vorpommern 2003, p.40-53, 15 ill., 2 tab.

4021
Schüttel, Marcel: ALB und ALK : fit für ALKIS? In: ZfV : Zeitschrift für Geodäsie, Geoinformation und Landmanagement. 128, 2003, 3, p.185-192, 4 tab. ISSN 1618-8950

4022
Schütz, Marion; Kühl, Robert: In die Tiefe gehen : das grafische Bohrdaten-Informationssystem der Landeshauptstadt Stuttgart. In: GeoBit : das Magazin für raumbezogene Informationstechnologie. 8, 2003, 10, p.23-25, 5 ill. ISSN 1430-3663

4023
Schultz, Wolfgang: Untersuchungen zur Anwendung von SAPOS -HEPS im Liegenschaftskataster. In: Vermessung Brandenburg. 8, 2003, p.19-26, 8 ill. ISSN 1430-7650

4024
Seifert, Markus: Der Standard ALKIS : Chancen und Konsequenzen für das amtliche Vermessungswesen. In: Mitteilungen des DVW-Bayern e.V. 55, 2003, 2, p.157-167, 4 ill. ISSN 0723-6336

4025
Solchenbach, Karl: Wie genau sind alte Landkarten der Eifel? In: Heimatkalender : Landkreis Bitburg-Prüm. 2003, p.56-62, 8 ill.

4026
Spata, Manfred: Müfflings Kartenaufnahme der Rheinlande 1814-1828. In: Fachinformationsblatt / Deutscher Verein für Vermessungswesen (DVW), Landesverein Thüringen e.V. - Gotha 2002, p.19-31, 1 ill., 6 mp. (Fachinformationsblatt / Deutscher Verein für Vermessungswesen, Landesverein Thüringen ; 4)

4027
Sperling, Walter: Joseph Johann Graf Ferraris' Beiträge zur historischen Kartographie des Bitburger Raumes. In: Heimatkalender : Landkreis Bitburg-Prüm. 2003, p.17-29, 10 ill.

4028
Spreckels, Volker: Einführung fester Transformationsparameter vom ETRS'89 zum Gauß-Krüger-Koordinatensystem über NWREF-Punkte zur einheitlichen Führung der Koordinaten und GIS-Datenbestände der Deutschen Steinkohle AG (DSK AG). In: Auf dem Weg zu operationellen Prozessketten in Photogrammetrie, Fernerkundung und Geoinformation : 23. wissenschaftlich-technische Jahrestagung der DGPF 9. - 11. September 2003 in Bochum. Eckhardt Seyfert, Hrsg. - Münster: Geschäfts-stelle der DGPF 2003, p.145-156, 8 ill. (Publikationen der Deutschen Gesellschaft für Photogrammetrie, Fernerkundung und Geoinformation e.V. ; Band 12) [CD-ROM enth.: Farbabbildungen des Tagungsbandes]

4029
Stams, Werner: Inhalt und Aussage der sächsischen Meilenblätter. In: Burgenforschung aus Sachsen. 10, 1997, p.153-164, ill.

4030
Steinbrück, Hans-Jürgen: Müffling in der thüringischen Kartographie. In: Fachinformationsblatt / Deutscher Verein für Vermessungswesen (DVW), Landesverein Thüringen e.V. - Gotha 2002, p.53-58, 2 ill., 1 tab., 6 mp. (Fachinformationsblatt / Deutscher Verein für Vermessungswesen, Landesverein Thüringen ; 4)

4031
Steinhilber, U.: Entwicklung und Einsatz von SAPOS in Baden-Württemberg. In: Mitteilungen und Veröffentlichungen zum Vermessungswesen aus den Themenbereichen Geodäsie, Geoinformation und Landmanagement / Deutscher Verein für Vermessungswesen Landesverein Baden-Württemberg e.V. 50, 2003, 2, p.13-20. ISSN 0940-2942

4032
Till, Karen E.: Construction sites and showcases : mapping "The New Berlin" through tourism practices. In: Mapping tourism. Ed. by Stephen P. Hanna and Vincent J. Del Casino Jr. - Minneapolis, Minn [u.a.]: University of Minnesota Press 2003, p.51-78, 6 ill. [Includes bibliographical reference (p.187-207) and index] ISBN 0-8166-3955-8 / 0-8166-3956-6

4033
Unverhau, Dagmar: Die "Linie Vermessungswesen" im Ministerium für Staatssicherheit. In: Kartenverfälschung als Folge übergroßer Geheimhaltung? : eine Annäherung an das Thema Einflußnahme der Staatssicherheit auf das Kartenwesen der DDR ; Referate der Tagung der BStU vom 08.-09.2001 in Berlin. Hrsg. von Dagmar Unverhau. - Münster: Lit 2002, p.51-80. (Archiv zur DDR-Staatssicherheit ; Bd. 5) ISBN 3-8258-5964-9

4034
Vorschriftensammlung für das Vermessungswesen. Hrsg.: Senatsverwaltung für Stadtentwicklung, Abteilung Geoinformation und Vermessung, Wertermittlung. - Berlin: Senatsverwaltung für

Stadtentwicklung, Abteilung Geoinformation und Vermessung, Wertermittlung 2003, CD-ROM + Beil. ([8] p.). [[Stand]: Januar 2003] [Elektronische Ressource]

4035
Wartenberg, Heiko; Porada, Haik Thomas: Schwedische Vermessungen in Pommern und Mecklenburg. In: Schwedenzeit. [anläßlich der Ausstellung "Die Alten Schweden - Legende, Wirklichkeit und Reflexion" im Stadtgeschichtlichen Museum Wismar "Schabbelhaus" und der Nikolaikirche Wismar vom 20. Juni bis 30. August 1998. Idee und Endfassung: Klaus-Dieter Hoppe]. - Wismar: Stadtgeschichtliches Museum 1998, 143 p., ill., mp. ISBN 3-00-003165-0

4036
Wehmann, Wolffried: Diplom- oder Bachelor- und Masterstudiengänge : wie weiter in der Ingenieurausbildung im Vermessungswesen und in der Kartographie in Deutschland? In: 10 Jahre Fachhochschulausbildung in den Studiengängen Vermessungswesen und Kartographie an der HTW Dresden (FH) und 50 Jahre Ausbildung von Vermessungs- und Kartographieingenieuren in Dresden. Hrsg. von Uwe Jäschke u.a. Schriftleitung: Kristin Gehrt - Harald Köhler. - Dresden: Fachbereich Vermessungswesen, Kartographie der Hochsch. für Technik und Wirtschaft 2002, p.71-76, 2 ill. (Dresdner Kartographische Schriften ; 4) ISSN 1436-0004

4037
Wetzel, Hans-Ulrich; Franzke, Hans Joachim: Lassen sich über die Fernerkundung erweiterte Kenntnisse zur seismogenen Zone Bodensee-Stuttgart (9' -Ost) gewinnen? In: Auf dem Weg zu operationellen Prozessketten in Photogrammetrie, Fernerkundung und Geoinformation : 23. wissenschaftlich-technische Jahrestagung der DGPF 9. - 11. September 2003 in Bochum. Eckhardt Seyfert, Hrsg. - Münster: Geschäftsstelle der DGPF 2003, p.339-347, 4 ill. (Publikationen der Deutschen Gesellschaft für Photogrammetrie, Fernerkundung und Geoinformation e.V. ; Band 12) [CD-ROM enth.: Farbabbildungen des Tagungsbandes] ISSN 0942-2870

4038
Wille, Volker: Dr. Herbert Reiners +. In: Kartographische Nachrichten. 53, 2003, 1, p.31-32, 1 portr. ISSN 0022-9164

4039
Windheim, Rolf: Auf den Spuren des französischen Ingenieur-Geographen Tranchot : mit GPS-Satelliten-Technik werden alte Karten neu erschlossen. In: Eifel-Jahrbuch. 2003, p.122-128, ill., mp.
ISSN 0424-687X

4040
Wolf, Armin: Zum Deutschland-Bild in Geschichtsatlanten des 19. Jahrhunderts. In: Geschichtsdeutung auf alten Karten : Archäologie und Geschichte ; (46. Wolfenbütteler Symposium, vom 26. bis 29. Oktober 1999]. [Hrsg. von Dagmar Unverhau]. - Wiesbaden: Harrassowitz 2003, p.255-286, 24 ill. (Wolfenbütteler Forschungen ; 101) ISBN 3-447-04813-1

4041
Wytyczak, Roman: Publikowane mapy Śląska do połowy XVIII na tle innych regionów oraz ich adaptacje przez kartografów europejskich. In: Polski przegląd kartograficzny. 35, 2003, 4, p.265-275, 3 ill., 1 tab. [Maps of Silesia published until the half of the 18th century compared to other regions and their adaptations by European cartographers.] [Pol. with Engl. and Russ. rés.] ISSN 0324-8321

4042
Zögner, Lothar: Preußische Karten von der Ostseeküste. In: Accurata descriptio : studier i kartografi, numismatik, orientalistik

och biblioteksväsen tillägnade Ulla Ehrensvärd. [Redaktionskommitté: Göran Bäärnhielm ...]. - Stockholm: Kungl. Biblioteket 2003, p.521- 527, 1 ill., [3 mp. im Anhang]. (Acta Bibliothecae regiae Stockholmiensis ; 69) ISBN 91-7000-222-3

Great Britain / Großbritannien / Grande-Bretagne

4043
Burke, Michael: Transfer of admiralty charts of the British Isles to a WGS 84. In: The Cartographic Journal. 40, 2003, 1, p.89-93, 4 ill. ISSN 0008-7041

4044
Cassettari, Seppe: A new generation of land use mapping in the UK. In: The Cartographic Journal. 40, 2003, 2, p.121-130, 7 ill., 2 tab. ISSN 0008-7041

4045
Cassettari, Seppe: Post war Ordnance Survey photo maps. In: The Bulletin of the Society of Cartographers. 37, 2003, 2, p.57-58, 2 ill. ISSN 0036-1884

4046
David, Andrew: Lieutenant Murdoch Mackenzie and his survey of the Bristol Channel and the south coast of England. In: The Cartographic Journal. 40, 2003, 1, p.69-78, 6 ill. ISSN 0008-7041

4047
Devon maps and map-makers : manuscript maps before 1840. Ed. with an introduction by Mary R. Ravenhill and Margery M. Rowe. - Exeter: Devon and Cornwall Record Society 2002, Erschienen: 1-2.

4048
Early Devon maps : maps of lands and estates in Devon before 1700. Ed. with an introd. by Mary R. Ravenhill and Margery M. Rowe. - Exeter: Friends of Devon's Archives 2000, VI, 58 p., ill., mp. (Friends of Devon's Archives occasional publications ; 1) ISBN 1-85522-728-2 [Includes bibliographical references]

4049
Ferrar, Michael; Richardson, Alan: The Roman survey of Britain. - Oxford: Hedges [u.a.] 2003, II, 83 p., ill, mp. (British Archaeological Reports : BAR - British series ; 359) ISBN 1-8417-1348-1

4050
Fisher, Susanna: The world are looking to us...for Cyprus' : the first British Admiralty survey of the island by Thomas Graves in 1849. In: Journal of the International Map Collectors' Society. 95, 2003, p.35-47, 11 ill.

4051
Forrest, David: Cartographic education and research in the UK. In: The Cartographic Journal. 40, 2003, 2, p.147-156. ISSN 0008-7041

4052
Fowkes, Dudley: Pre 1650 manuscript maps held by county record offices in England and Wales : a catalogue. edited by Dudley Fowkes. - East Ardsley: Microform Acad. Publ. 1992, 8 MF, Manuskript 725 p. [Mikroform]

4053
Gill, Eunice; Holmes, Jonathan: Location Based Services. In: The Bulletin of the Society of Cartographers. 37, 2003, 2, p.49-51. ISSN 0036-1884

4054
Gold, John R.; Gold, Margaret M.: Representing Culloden : social memory, battlefield heritage, and landscapes of regret. In: Mapping tourism. Ed. by Stephen P. Hanna and Vincent J. Del Casino Jr. - Minneapolis, Minn [u.a.]: University of Minnesota

Press 2003, p.108-131, 6ill., 1 tab. [Include bibliographical references (p.187-207) and index] ISBN 0-8166-3955-8 / 0-8166-3956-6

4055
Gole, Susan: Wine roads, robbers and land claims. In: Journal of the International Map Collectors' Society. 95, 2003, p.23-34, 7 ill.

4056
Gregory, Ian N.; Southall, Humphrey R.: Mapping British population history. In: Past time, past place : GIS for history. Ed. by Anne Kelly Knowles. - Redlands, Calif.: ESRI Press 2002, p.117-130, 9 ill., 1 tab. ISBN 1-589-48032-5

4057
Harris, Richard: An introduction to mapping the 2001 Census of England and Wales. In: The Bulletin of the Society of Cartographers. 37, 2003, 2, p.39-42, 2 ill. ISSN 0036-1884

4058
Harvey, Paul D.A.; Harvey, Yvonne: The coins on Herman Moll's maps of the counties of England and Wales, 1724. In: Accurata descriptio : studier i kartografi, numismatik, orientalistik och biblioteksväsen tillägnade Ulla Ehrensvärd. [Redaktionskommitté: Göran Bäärnhielm ...]. - Stockholm: Kungl. Biblioteket 2003, p.169-200, 2 ill. (Acta Bibliothecae regiae Stockholmiensis ; 69) ISBN 91-7000-222-3

4059
Hellyer, Roger: A guide to the Ordnance Survey 1:25,000 first series. With an introductory essay by Richard Oliver. - London: Charles Close Society 2003, VII, 34 p., mp. ISBN 1-87059-820-2

4060
Heywood, E.; Hall, J.R.; Wadsworth, R.A.: The effects of uncertainty in deposition data on predicting exceedances of acidity critical loads for sensitive UK ecosystems. In: Uncertainty in remote sensing and GIS. Edited by Giles M. Foody and Peter M. Atkinson. - Chichester: Wiley 2002, p.187-208, 7 ill., 3 tab. ISBN 0-470-84408-6 [Paper from a conference held at the University of Southampton in July 2001]

4061
Jones, Alun: Aerial photography for mapping the UK. In: The Cartographic Journal. 40, 2003, 2, p.135-140, 3 ill.

4062
Lloyd, Christopher D.: Increasing the accuracy of predictions of monthly precipitation in Great Britain using kriging with an external drift. In: Uncertainty in remote sensing and GIS. Edited by Giles M. Foody and Peter M. Atkinson. - Chichester: Wiley 2002, p.243-267, 21 ill., 4 tab. [Paper from a conference held at the University of Southampton in July 2001]
ISBN 0-470-84408-6

4063
Mapping directory profiles. In: The Cartographic Journal. 40, 2003, 2, p.157-198, ill. ISSN 0008-7041

4064
Mills, Anthony David: A dictionary of British place names. - Oxford [u.a.]: Oxford University Press 2003, XXXI, 533 p., mp. ISBN 0-19-852758-6 [Includes bibliographical references] [Rev. and expanded edition]

4065
Nicholson, Tim: G.F. Cruchley and and "Maps for the Million". In: Journal of the International Map Collectors' Society. 93, 2003, p.21-38, 11 ill.

4066
Orr-Ewing, Hamish: Parish maps of Purton, Wiltshire of 1744 and 2000. In: Journal of the International Map Collectors' Society. 92, 2003, p.59-62, 2 ill.

4067
Reports from UK mapping organizations. In: The Cartographic Journal. 40, 2003, 2, p.147-156. ISSN 0008-7041

4068
Roper, Christopher: Historical mapping is still under-valued and under-used. In: The Cartographic Journal. 40, 2003, 2, p.131-134, 3 ill. ISSN 0008-7041

4069
Turner, Hilary L.: The Sheldon tapestry maps : their content and context. In: The Cartographic Journal. 40, 2003, 1, p.39-49, 4 ill. ISSN 0008-7041

4070
Views from the societies. In: The Cartographic Journal. 40, 2003, 2, p.199-208, 1 ill. ISSN 0008-7041

4071
Wood, Michael: The mountain panorama and its significance in the Scottish context. In: International Cartographic Association / Commission on Mountain Cartography : special issue: ICA Commission on Mountain Cartography. Ed. by Lorenz Hurni. - North York: Univ. of Toronto Press 2003, p.103-118, 19 ill. (Cartographica ; 38. 2001, 1/2) ISSN 0340-0654 / 0317-717

Greece / Griechenland / Grece

4072
Dreyer-Eimbcke, Oswald: A new view of the Ebstorf world map. In: Journal of the International Map Collectors' Society. 92, 2003, p.51-55.

4073
E Eptanesos se chartes : apo ton Ptolemaio stus doryphorus. Epimeleia Euangelos Libieratos. - Thessalonike: Ethniko Kentro Charton kai Chartographikes Kleronomias 2001, 182 p. [Eptanesos on maps : from Ptolemy to satellites.] [Greek] [Paralleltitel: L'Eptaneso nelle carte : da Tolomeo ai satelliti (Ital.)]

4074
E Kypros sta azimuthia tu anemu : prosanatolismoi chartographikon apeikoniseon Europaion chartographon tes Kypru 14.-19. ai. Epimelaia Euangelos Libieratos. - Thessalonike: Ethnike Chartotheke 2003, 178 p., ill. [Cyprus on maps of the 14.-19. century.] [Greek] ISBN 960-799910-X

4075
Hofmann, Cathérine: Le Voyage pittoresque de la Grèce du comte de Choiseul-Gouffier (1782-1822) : la carte au service de la découverte archéologique. In: Geschichtsdeutung auf alten Karten : Archäologie und Geschichte ; (46. Wolfenbütteler Symposium, vom 26. bis 29. Oktober 1999]. [Hrsg. von Dagmar Unverhau]. - Wiesbaden: Harrassowitz 2003, p.311-330, 11 ill. (Wolfenbütteler Forschungen ; 101) ISBN 3-447-04813-1

4076
Lolonis, Panos: Método basado en la estadística x2 para comprobar que el ajuste de bordes de mapas y diegramas de zonas adyacentes sea satisfactorio. In: Topografia y cartografia : TOPCART. 20, 2003, 118-119, p.35-43, 4 ill., 2 tab. [A statistical method to determine whether two or more maps produced by independent surveys and cover adjacent areas match each other satisfactorily.] [Span. with Engl. rés] ISSN 0212-9280

4077
Orus Athoges thalasses perimetron charton metamorphoseis. Epimeleia Euangelos Libieratos. - Thessalonike: Ethnike Chartotheke 2002, 414 p., ill., mp. + 1 suppl. (1 mp.). [Mount Athos, land and sea represented on maps.] [Greek] ISBN 960-799907-X

4078
Traeger, Burkhard: Portrayal of the longest siege in world history on maps of the 17th century. In: Journal of the International Map Collectors' Society. 92, 2003, p.39-50, 10 ill.

4079
Tsotsos, G.P.; Savvaidis, P.D.: Identification of unidentified hostorical sites in Macedonia with the aid of a comparison of Ptolemy's and present-day coordinates. In: The Cartographic Journal. 40, 2003, 3, p.235-242, 9 ill., 7 tab. ISSN 0008-7041

Hungary / Ungarn / Hongrie

4080
Fábián, József: DAT szabályzatok a gyakorlatban. In: Geodézia és kartográfia. 55, 2003, 2, p.27-31. [Digital mapping for regulations in practice.] [Hung. with Engl. rés.] ISSN 0016-7118

4081
Fejes, István: GNSS földi infrastruktúra : az EUPOS kezdeményezés. In: Geodézia és kartográfia. 55, 2003, 2, p.22-27, 3 ill., 2 tab. [The EUPOS initiative.] [Hung. with Engl. rés.] ISSN 0016-7118

4082
Hudra, György: Interpretation of Hungarian cadastral maps : Luftbildinterpretation und GIS-Erfassung. - Karlsruhe: Fachhochschule Karlsruhe, Hochschule für Technik, Fachbereich Geoinformationswesen 2001, p.37-57, 26 ill., 7 tab. (Karlsruher geowissenschaftliche Schriften, Reihe D, Topographische und thematische Einzelkarten ; 8) [Zugl.: Karlsruhe, Fachhochsch., Dipl.-Arbeit] ISBN 3-89063-707-8

4083
Joó, István; Joó, István jun.: "Az információs társadalom és a Nemzeti Kataszteri Program" címå. In: Geodézia és kartográfia. 55, 2003, 4, p.3-10, 22 ill. [About the Conference on "Information society and the Hungarian National Cadaster Programme" (NCP).] [Hung. with Engl. rés.] ISSN 0016-7118

4084
Joó, István: A Kárpátok-régió jelenkori függëleges irányú mozgásai vizsgálatának eredményei es problémái. In: Geodézia és kartográfia. 55, 2003, 2, p.12-15, 2 ill. [Results and problems in the investigation of the recent vertical movements in the Carpathian Region.] [Hung. with Engl. rés.] ISSN 0016-7118

4085
Joó, István: A magyar nagyméretarányú földmérési alaptérképekrël (kifejilëdes, jelenliegi helyzet). In: Geodézia és kartográfia. 55, 2003, 5, p.12-18, 2 tab. [About the large scale map system in Hungary (development and nowadays condition).] [Hung. with Engl. rés.] ISSN 0016-7118

4086
Mihály, Szabolcs: A földügyi és térképészeti szakigazgatás feladatairól az információs társadalomban. In: Geodézia és kartográfia. 55, 2003, 11, p.6-11. [Mission of the Hungarian Land and Mapping Administration in information society.] [Hung. with Engl. rés.] ISSN 0016-7118

4087
Niklasz, László: Merre magyar kataszter? In: Geodézia és kartográfia. 55, 2003, 6, p.7-12. [Quo vadis Hungarian Cadastre?] [Hung. with Engl. rés.] ISSN 0016-7118

4088
Takács, Bence: Lokális ionoszféra-modellek Magyarország területére. In: Geodézia és kartográfia. 55, 2003, 6, p.19-25, 8 ill., 1 tab. [Local ionosphere models for the area of Hungary.] [Hung. with Engl. rés.] ISSN 0016-7118

4089
Timár, Gábor; Kubány, Csongor; Molnár, Gábor: A magyarországi Gauss-Krüger-vetületú katonai topográfiai térképek dátumparaméterei. In: Geodézia és kartográfia. 55, 2003, 7, p.18-22, 3 tab. [Datum parameters of the Hungarian Gauss-Krüger military topographic maps.] [Hung. with Engl. rés.] ISSN 0016-7118

4090
Timár, Gábor; Molnár, Gábor: A második katonai felmérés : térképeinek közelítë vetületi és alapfelületi leírása a térinformatikai alkalmazások számára. In: Geodézia és kartográfia. 55, 2003, 5, p.27-31. [Approximation projection and datum description of the second military survey of the Hungarian part of the Habsburg Empire, for the GIS applications.] [Hung. with Engl. rés.] ISSN 0016-7118

4091
Timár, Gábor: Az Alföld nagyfelbontású digitális domborzati modellje. In: Geodézia és kartográfia. 55, 2003, 4, p.19-23, 2 ill. [High resolution digital elevation model of the Great Hungarian Plain.] [Hung. with Engl. rés.] ISSN 0016-7118

4092
Winkler, Péter: Magyarország digitális ortofotó programja (MADOP) és nagyfelbontású digitális domborzat modell (DDM) az ország teljes területére. In: Geodézia és kartográfia. 55, 2003, 12, p.3-10, 1 ill., 7 tab. [The national orthophoto programme (MADOP) and high resolution digital elevation model completed for the whole territory of Hungary.] [Hung. with Engl. rés.] ISSN 0016-7118

Ireland / Irland / Irlande

4093
The Irish grid : a description of the co-ordinate reference system used in Ireland. - [Dublin] 1996, 43 p., ill., mp. [Includes bibliographical references]

4094
Making maps compatible with GPS : transformations between the Irish grid and the GPS co-ordinate reference frame WGS84/ ETRF89. - Dublin: O.S.I. 1999, 31 p., ill., mp. [Zugl.: [Belfast.]: Ordnance Survey of Northern Ireland]

Italy / Italien / Italie

4095
Barbieri, Giuseppe: L'immagine di Vicenza : la città e il territorio in piante, mappe e vedute dal 15. al 20. secolo. - Treviso: Canova 2003, 238 p., ill. (Imago urbis ; 1) [The image of Vicenza : city and territory in drawings, maps and vedutas from the 15. to the 20th century.] [Ital.] [Contains bibliographical references] ISBN 88-8409-066-0

4096
Beinat, Alberto; Crosilla, Fabio: Generalised Procrustes algorithms for the conformal updating of a cadastral map. In: ZfV : Zeitschrift für Geodäsie, Geoinformation und Landmanagement. 128, 2003, 5, p.341-349, 7 ill, 2 tab. ISSN 1618-8950

4097
Bonardi, Claudia: Gabriele Bertazzolo e la pratica agrimensoria nel Monferrato tra Cingue e Seicento. In: Carte e cartografi degli Stati Sabaudi : rappresentare uno stato dal XVI al XVIII secolo. A cura di Rinaldo Comba e Paola Sereno. - Torino [u.a.]: U.Allemandi 2002, p.125-141. (Ar-

chivi di arte e cultura piemontesi) [Gabriele Bertazzolo and the practice of surveying at Monferrato between 1600 and 1700.] [Ital.] [Vol. 1 + 2] ISBN 88-422-0717-9

4098
Calzolari, Mauro: L'Italia nella Tabula Peutingeriana. In: Tabula Peutingeriana : le antiche vie del mondo. A cura di Francesco Prontera. - Firenze: Olschki 2003, p.53-62, 1 ill. (Biblioteca di Geographia antiqua ; 3) [Tabula Peutingeriana : the ancient routes of the world.] [Ital.] [Important work containing enlarged reproduction of the 1916 facs. repr. of the medieval copy of a unique 4th-cent. A.D. Roman road atlas] [Includes in-depth essays, bibl., bibl. refs. and notes] ISBN 88-222-5269-1

4099
Cavazzani, Augusto; Garofalo, Alessandro: La cartografia della F.I.S.O : Federazione Italiana Sport Orientamento. In: Bollettino della Associazione Italiana di Cartografia. 40, 2003, 117-118-119, p.427-431. [The cartography of the F.I.S.O : Italian Federation of Sport Orientation.] [Ital.] ISSN 0044-9733

4100
Chiabrando, R. and others: Manutenzione ordinaria del territorio nella Provincia di Torino : ruolo del SIT nelle metodologie di studio. In: Bollettino della Associazione Italiana di Cartografia. 40, 2003, 117-118-119, p.489-498, 3 ill., 1 tab. [Ordinary maintenance of territory in the province of Turin : role of the SIT in study methodologies.] [Ital.] ISSN 0044-9733

4101
Chiabrando, R.; Godone, D.: Il modello digitale del terreno come supporto decisionale per interventi di valorizzazione del territorio montano. In: Bollettino della Associazione Italiana di Cartografia. 40, 2003, 117-118-119, p.480-488, 6 ill. [The digital terrain model as decisional support for participation at the valorization of mountain territory.] [Ital.] ISSN 0044-9733

4102
Ciampi, Gabriele: Il confine politico italiano sulle alpi : sua rappresentazione nella cartografia speciale confinaria dell'IGM. In: Bollettino della Associazione Italiana di Cartografia. 40, 2003, 117-118-119, p.121-143, 15 ill. [The political border of Italy on the Alps : its representation in the special cartography of borders of the IGM.] [Ital.] ISSN 0044-9733

4103
Comba, Rinaldo: Le carte nelle contestazioni territoriali intercomunali dei secoli XV e XVI. In: Carte e cartografi degli Stati Sabaudi : rappresentare uno stato dal XVI al XVIII secolo. A cura di Rinaldo Comba e Paola Sereno. - Torino [u.a.]: U.Allemandi 2002, p.117-123. (Archivi di arte e cultura piemontesi) [Maps in the territorial conflicts between local communities of the XV and XVI century.] [Ital.] [Vol. 1 + 2] ISBN 88-422-0717-9

4104
Gentile, Sebastiano: La rinascità della geografia di Tolomeo nel Quattrocento fiorentino. In: Leonardo genio e cartografo : la rappresentazione del territorio tra scienza e arte ; [Arezzo, Palazzo Comunale, 21 giugno 2003 - 30 settembre 2003]. A cura di Andrea Cantile. - Firenze: Istituto Geografico Militare 2003, p.171-193, 7 ill. [The re-birth of Ptolemy's Geographia in 15th century Florence.] [Ital. and Engl.] ISBN 88-523-0001-5

4105
Giuffrida, Romualdo: Il De'Medici e il progetto del Piazzi per una carta geografica della Sicilia. - Palermo: Accademia Nazionale di Scienze Lettere e Arti già Accademia del Buon Gusto 2002, 34 p. [De'Medici

and the project of Piazzi of a geographic map of Sicily.] [Ital.] [Contains bibliographical references and notes]

4106
Lago, Luciano: Imago Italiae : the making of Italy in the history of cartography from the Middle Ages to the Modern era ; reality, image and imagination from the Codices of Claudius Ptolemy ... Contributions by Laura Cassi ... - Trieste: Goliardica E.U.T. 2002, 833 p., ill., mp. [Engl. ed.]
ISBN 88-88745-00-9

4107
Lago, Luciano: Italy in the Tabula Peutingeriana. In: Imago Italiae : the making of Italy in the history of cartography from the Middle Ages to the Modern era ; reality, image and imagination from the Codices of Claudius Ptolemy ... Contributions by Laura Cassi ... - Trieste: Goliardica E.U.T. 2002, p.131-141, 7 ill. [Engl. ed.]
ISBN 88-88745-00-9

4108
Lago, Luciano: Italy in the earliest codices of Ptolemaic cartography. In: Imago Italiae : the making of Italy in the history of cartography from the Middle Ages to the Modern era ; reality, image and imagination from the Codices of Claudius Ptolemy ... Contributions by Laura Cassi ... - Trieste: Goliardica E.U.T. 2002, p.143-165, 29 ill. [Engl. ed.] ISBN 88-88745-00-9

4109
Lago, Luciano: Italy in the northern atlases of Ortelius and De Jode. In: Imago Italiae : the making of Italy in the history of cartography from the Middle Ages to the Modern era ; reality, image and imagination from the Codices of Claudius Ptolemy ... Contributions by Laura Cassi ... - Trieste: Goliardica E.U.T. 2002, p.537-582, 41 ill. [Engl. ed.]
ISBN 88-88745-00-9

4110
Lago, Luciano: Maps of modern Italy. In: Imago Italiae : the making of Italy in the history of cartography from the Middle Ages to the Modern era ; reality, image and imagination from the Codices of Claudius Ptolemy ... Contributions by Laura Cassi ... - Trieste: Goliardica E.U.T. 2002, p.239-295, 51 ill. [Engl. ed.]
ISBN 88-88745-00-9

4111
Lago, Luciano: Mercator's construction of Italy. In: Imago Italiae : the making of Italy in the history of cartography from the Middle Ages to the Modern era ; reality, image and imagination from the Codices of Claudius Ptolemy ... Contributions by Laura Cassi ... - Trieste: Goliardica E.U.T. 2002, p.639-666, 20 ill., 1 portr. [Engl. ed.]
ISBN 88-88745-00-9

4112
Lago, Luciano: Pietro Coppo e le rappresentazioni del Piemonte nelle sue carte d'Italia. In: Carte e cartografi degli Stati Sabaudi : rappresentare uno stato dal XVI al XVIII secolo. A cura di Rinaldo Comba e Paola Sereno. - Torino [u.a.]: U.Allemandi 2002, p.19-26. (Archivi di arte e cultura piemontesi) [Pietro Coppo and the representations of the Piedmont on his maps of Italy.] [Ital.] [Vol. 1 + 2]
ISBN 88-422-0717-9

4113
Lago, Luciano: The iconico-graphic knowledge of Italy in the chorological tradition. In: Imago Italiae : the making of Italy in the history of cartography from the Middle Ages to the Modern era ; reality, image and imagination from the Codices of Claudius Ptolemy ... Contributions by Laura Cassi ... - Trieste: Goliardica E.U.T. 2002, p.128, 10 ill. [Engl. ed.] ISBN 88-88745-00-9

4114
Lago, Luciano: The mural atlas of Italy by Ignazio Danti. In: Imago Italiae : the making of Italy in the history of cartography from the Middle Ages to the Modern era ; reality, image and imagination from the Codices of Claudius Ptolemy ... Contributions by Laura Cassi ... - Trieste: Goliardica E.U.T. 2002, p.583-637, 37 ill. [Engl. ed.] ISBN 88-88745-00-9

4115
Lago, Luciano: The oldest regional examples of maunscript cartography. In: Imago Italiae : the making of Italy in the history of cartography from the Middle Ages to the Modern era ; reality, image and imagination from the Codices of Claudius Ptolemy ... Contributions by Laura Cassi ... - Trieste: Goliardica E.U.T. 2002, p.299-310, 9 ill. [Engl. ed.] ISBN 88-88745-00-9

4116
Mammucari, Renato: Campagna romana : carte geografiche, piante prospettiche, vedute panoramiche, costumi pittoreschi. - Città di Castello (Perugia): Edimond 2002, 357 p., ill. [Roman landscape : geographic maps, perspective plans, panorama views, colorful costumes.] [Ital.] [Contains bibliography] ISBN 88-500-0170-3

4117
Milanesi, Marica: Il Piemonte sud-occidentale nelle carte del rinascimento. In: Carte e cartografi degli Stati Sabaudi : rappresentare uno stato dal XVI al XVIII secolo. A cura di Rinaldo Comba e Paola Sereno. - Torino [u.a.]: U.Allemandi 2002, p.11-17. (Archivi di arte e cultura piemontesi) [The south-western Piedmont on Renaissance-maps.] [Ital.] [Vol. 1 + 2] ISBN 88-422-0717-9

4118
Milanesi, Marica: The geography of Claudius Ptolemy during the Renaissance. In: Imago Italiae : the making of Italy in the history of cartography from the Middle Ages to the Modern era ; reality, image and imagination from the Codices of Claudius Ptolemy ... Contributions by Laura Cassi ... - Trieste: Goliardica E.U.T. 2002, p.209-238, 36 ill. [Engl. ed.] ISBN 88-88745-00-9

4119
Mongiano, Elisa: Delimitare e governare le frontiere : le istituzioni per i confini nello stato sabaudo del secolo XVIII. In: Carte e cartografi degli Stati Sabaudi : rappresentare uno stato dal XVI al XVIII secolo. A cura di Rinaldo Comba e Paola Sereno. - Torino [u.a.]: U.Allemandi 2002, p.165-178. (Archivi di arte e cultura piemontesi) [Delimiting and governing the frontiers : institutions for boundaries in the Sayoy State of the XVIII century.] [Ital.] [Vol. 1 + 2] ISBN 88-422-0717-9

4120
Moretto, Gino: Piante e vedute prospettiche della città dal 1479 al 1797. - Piazzola /sBrenta (PD): Ed. Papergraf 2001, 439 p., ill., mp. (Venetia : le immagini della Repubblica ; [incisioni] ; vol. 1) [Plants and perspective views of the city from 1479 to 1797.] [Ital.] ISBN 88-87264-42-2

4121
Le opere cartografiche di Leonardo. In: Leonardo genio e cartografo : la rappresentazione del territorio tra scienza e arte ; [Arezzo, Palazzo Comunale, 21 giugno 2003 - 30 settembre 2003]. A cura di Andrea Cantile. - Firenze: Istituto Geografico Militare 2003, p.350-371, 5 mp. [Leonardo's cartographic works.] [Ital. and Engl.] ISBN 88-523-0001-5

4122
Ortofotocarta digitale del centro storico di Palermo : Palermo 3-20 maggio 2001, Palazzo dei Normanni, Sala Gialla, Cortile

Maqueda. [a cura di Adriana Fresina]. - Palermo: Centro regionale per l'inventario, la catalogazione e la documentazione grafica, fotografica, aerofotografica, fotogrammetrica e audiovisiva dei beni culturali, ambientali dell'Assessorato regionale dei bein culturali, ambientali e della pubblica istruzione della Regione siciliana 2001, 71 p., ill. [Digital orthophoto-maps of the historical centre of Palermo.] [Ital.] [Exhibition catalogue, not for sale]

4123
Palmucci, Laura: La formazione del cartografo nello stato assoluto : i cartografi-agrimensori. In: Carte e cartografi degli Stati Sabaudi : rappresentare uno stato dal XVI al XVIII secolo. A cura di Rinaldo Comba e Paola Sereno. - Torino [u.a.]: U.Allemandi 2002, p.49-60. (Archivi di arte e cultura piemontesi) [The training of the cartographer in an absolute state: cartographers-land-surveyors.] [Ital.] [Vol. 1 + 2] ISBN 88-422-0717-9

4124
Pappalardo, Marta; Rossi, Annarita: La modificazione areale dei ghiacciai delle alpi marittime dalla piccola età glaciale ad oggi : ricostruzione sulla base dei documenti cartografici storici. In: Bollettino della Associazione Italiana di Cartografia. 40, 2003, 117-118-119, p.311-324, 3 ill., 1 tab. [The areale modification of glaciers of the marine Alps from the small glacial age to today : reconstruction on the base of historical cartographic documents.] [Ital.] ISSN 0044-9733

4125
Pedrotti, Franco: Biotopkartierung im Trentino : Methoden und Resultate. In: Biotopkartierung in Bergregionen : [Beiträge der Tagung "Biotopkartierung in Bergregionen" 28.29.2.2000]. Hrsg.: Dietrich Fürnkranz. - Dorfbeuern [u.a.]: 2001 2001, p.61-74, 7 ill. (Sauterian : Schriftenreihe für systemat. Botanik, Floristik u.Geobotanik ; 11) ISBN 3-901917-03-9

4126
Pellegrini, Ettore: Il territorio senese nella cartografia antica : le carte geografiche della Toscana meridionale dalle prime rappresentazioni misurate del Rinascimento alle elaborazioni della geodesia post illuminista. Con un saggio di Renato Lugarini su Girolamo Bellarmati e con il Repertorio delle carte a stampa pubblicate tra il 1558 e il 1844. - Siena: Protagon editori toscani 2002, 173 p., ill. [The territory of Siena in ancient cartography : the geographic maps of the southern Tuscany from the first measured representations of the Renaissance to the elaborations of post-enlightened geodesy.] [Ital.] ISBN 88-8024-101-X

4127
Polli, Mariano; Sala, Bruno: La cartografia oggi in provincia di Trento e suoi sviluppi futuri. In: Bollettino della Associazione Italiana di Cartografia. 40, 2003, 117-118-19, p.104-110, 8 ill. [Cartography today in the province of Trento and its future development.] [Ital.] ISS 0044-9733

4128
Prescia, Salvatore: Il centro storico di Paermo e la sua rappresentazione. In: Ortootocarta del centro storico di Palermo : Palermo 3-20 maggio 2001, Palazzo dei Normanni, Sala Gialla, Cortile Maqueda. [a cura di Adriana Fresina]. - Palermo: Centro regionale per l'inventario, la catalogazione e la documentazione grafica, fotografica, aerofotografica, fotogrammetrica e audioisiva dei beni culturali, ambientali ell'Assesorato regionale dei bein culturali, ambientali e della pubblica istruzione della Regione siciliana 2001, p.25-36, 5 ill. [The historical centre of Palermo and its representation.] [Ital.] [Exhibition catalogue, not for sale]

4129
Rombai, Leonardo: Cartografia, corografia e paesaggio nella Toscana dei secoli XV-VII. In: La cartografia europea tra primo Rinascimento e fine dell' illuminismo : atti del Convegno Internazionale The Making of European Cartography, (Firenze, BNF-EUI, 13 - 15 dicembre 2001). A cura di Diogo Ramada Curto ; Angelo Cattaneo ; André Ferrand Almeida. - Firenze: L.S. Olschki 2003, p.197-227. (Studi / Accademia Toscana di Scienze e Lettere La Colombaria ; 213) [Cartography, chorography and landscape in Tuscany between XV-XVII century.] [Ital.] ISBN 88-222-5240-3

4130
Rombai, Leonardo: Geografia e cartografia nel rinascimento Italiano : la figura del cartografo e le rappresentazioni spaziali nel '400 e nel primo '500. In: Leonardo genio e cartografo : la rappresentazione del territorio tra scienza e arte ; [Arezzo, Palazzo Communale, 21 giugno 2003 - 30 settembre 2003]. A cura di Andrea Cantile. - Firenze: Istituto Geografico Militare 2003, p.195-241, 7 ill. [Geography and cartography in the Italian renaissance : the role of the cartographer and spatial representation in the 15th and early 16th centuries.] [Ital. and Engl.] ISBN 88-523-0001-5

4131
Scanu, Giuseppe; Madau, Caterina; Podda, Cinzia: Tra cartografia, sviluppo locale e risorse della montagna : l'esempio della carta del sughero della Sardegna. In: Bollettino della Associazione Italiana di Cartografia. 40, 2003, 117-118-119, p.178-209, 6 ill., 5 tab. [Between cartography, local development and mountain resources : the example of the cork map of Sardinia.] [Ital.] ISSN 0044-9733

4132
Selva, Orietta: Giovanni antonio Magini's Italia. In: Imago Italiae : the making of Italy in the history of cartography from the Middle Ages to the Modern era ; reality, image and imagination from the Codices of Claudius Ptolemy ... Contributions by Laura Cassi ... - Trieste: Goliardica E.U.T. 2002, p.669-772, 91 ill. [Engl. ed.]
ISBN 88-88745-00-9

4133
Sereno, Paola: "Se volesti descrivere il Piemonte" : Giovan Francesco Peverone e la cartografia come arte liberale. In: Carte e cartografi degli Stati Sabaudi : rappresentare uno stato dal XVI al XVIII secolo. A cura di Rinaldo Comba e Paola Sereno. - Torino [u.a.]: U.Allemandi 2002, p.33-46. (Archivi di arte e cultura piemontesi) ["If you want to describe the Piedmont" : Giovan Francesco Peverone and cartography as a liberal art.] [Ital.] [Vol. 1 + 2]
ISBN 88-422-0717-9

4134
Sereno, Paola: Rappresentazioni della proprietà fondiaria : i cabrei e la cartografia cabreistica. In: Carte e cartografi degli Stati Sabaudi : rappresentare uno stato dal XVI al XVIII secolo. A cura di Rinaldo Comba e Paola Sereno. - Torino [u.a.]: U.Allemandi 2002, p.143-161. (Archivi di arte e cultura piemontesi) [Representations of real estate : Cabrei (cadastral maps) and cadastral cartography.] [Vol. 1 + 2] [Ital.]
ISBN 88-422-0717-9

4135
Sturani, Maria Luisa: Strumenti e tecniche di rilevamento cartografico negli stati sabaudi tra XVI e XVIII secolo. In: Carte e cartografi degli Stati Sabaudi : rappresentare uno stato dal XVI al XVIII secolo. A cura di Rinaldo Comba e Paola Sereno. - Torino [u.a.]: U.Allemandi 2002, p.103-114. (Archivi di arte e cultura piemontesi) [Instruments and techiques of cartographi-

cal survey in the States of Savoy between XVI and XVIII century.] [Ital.] [Vol. 1 + 2] ISBN 88-422-0717-9

4136
Umek, Dragan: The anonymous and undated manuscript atlas of Italy in the Bishops's Seminary Library in Padua. In: Imago Italiae : the making of Italy in the history of cartography from the Middle Ages to the Modern era ; reality, image and imagination from the Codices of Claudius Ptolemy ... Contributions by Laura Cassi ... - Trieste: Goliardica E.U.T. 2002, p.509-535, 20 ill. [Engl. ed.] ISBN 88-88745-00-9

Latvia / Lettland / Lettonie

4137
Ehrensvärd, Ulla: Svensk kartläggning i Baltikum. In: Öster om Östersjön. [Redakteur: Göran Hoppe]. - Stockholm: Svenska sällsk. för antropologi och geografi 2000, p.225-239, 2 mp. (Ymer ; 120) [Swed.] ISSN 0044-0477

4138
Wulffius, Wolf-Paul: Veduten auf Landkarten im Atlas von Livland des Grafen Mellin (1798). In: Lüneburger Beiträge zur Vedutenforschung II : Beiträge zum II. Ve-duten-Colloquium in Lüneburg 7.-9. X. 1983, III. Veduten-Colloquium in Regensburg 3. - 6.X.1985 ; mit 238 Abb., 18 Falttaf. und 2 Tab. Hrsg. von Angelika Marsch und Eckhard Jäger. - Lüneburg: Verl. Nordostdt. Kulturwerk 2001, p.361-371, 7 ill. (Lüneburger Beiträge zur Vedutenforschung ; 2) ISBN 3-922296-37-8

Lithuania / Litauen / Lithuanie

4139
Beconytė, Giedre: Rozwój kartografii tematycznej na Litwie po odzyskaniu niepodligłości w 1990 roku. In: Polski przegląd kartograficzny. 35, 2003, 1, p.25-32, 6 ill. [Development of thematic cartography in independent Lithuania after 1990.] [Pol. with Engl. and Russ. rés.] ISSN 0324-8321

4140
Česnulevičius, Algimantas: Rozwój kartografii Litwy od czasów starożytnych do pierwszej połowy XX wieku. In: Polski przegląd kartograficzny. 35, 2003, 3, p.185-190, 11 ill. [Development of Lithuanian cartography (since earliest times until the middle of the 20th century).] [Pol. with Engl. and Russ. rés.] ISSN 0324-8321

4141
Ehrensvärd, Ulla: Svensk kartläggning i Baltikum. In: Öster om Östersjön. [Redakteur: Göran Hoppe]. - Stockholm: Svenska sällsk. för antropologi och geografi 2000, p.225-239, 2 mp. (Ymer ; 120) [Swed.] ISSN 0044-0477

4142
Łuczyński, Jarosław: Zmiany granic między Wielkim Księstwem Litewskim a Koroną w świetle mapy radziwiłłowskiej z 1613 roku. In: Polski przegląd kartograficzny. 35, 2003, 1, p.43-46, 1 ill. [Border changes between the Grand Duchy of Lithuania and Poland in the light of "Radziwiłł" map of 1613.] [Pol.] ISSN 0324-8321

Malta / Malta / Malte

4143
Ganado, Albert: Valletta città nuova : a map history (1566-1600). - Malta: Publishers Enterprises Group (PEG) 2003, XXIV, 623 p., ill., mp. ISBN 99909-0346-8

Moldova / Moldau / Moldavie

4144
Bõiçan, Vasile V.: Geografia moldovei reflectatõ în documentele cartografice din secolul al XVIII-lea. - Bucureşti: Ed. Acad. Române 1996, 169, XXX p., ill., mp. [Moldavia's geography reflected in cartographic documents of the 18th century.] [Moldovan with Engl., and French rés.]
ISBN 973-270561-2

Netherlands / Niederlande / Pays-Bas

4145
Akkermans, M.; Amoureus, L.: DTB-revisie met FLI-MAP. In: Geodesia. 45, 2003, 4, p.152-158, 9 ill., 1 tab. [Revision of large-scale topography with airborne lasermapping.] [Dutch with Engl. rés.]
ISSN 1385-7517

4146
Augusteijn, Joost: De 52 stadsprofielen van Noord-Nederlandse steden in de oblong-uitgaven van Guicciardini. In: Caert-Thresoor. 22, 2003, 2, p.41-46, 7 ill., 1 tab. [Fifty-two profiles of towns in the northern Netherlands.] [Dutch with Engl. rés.]
ISSN 0167-4994

4147
Bakker, N.J.: Standaarden in TOPIONL. In: Kartografisch Tijdschrift. 29, 2003, 3, p.29-33, 5 ill., 1 tab. [Standards in TOPIONL.] [Dutch] ISSN 0167-5788

4148
Barry, Michael; Elema, Ina; Molen, Paul van der: Ocean governance and the marine cadastre : The Netherlands, North Sea. In: Geomatica. 57, 2003, 3, p.313-324, 4 ill., 1 tab. ISSN 1195-1036

4149
Blauw, Maili: Waterstaat in kaart : geschiedenis van de waterstaatskaart van Nederland 1865-1992. - Utrecht: Matrijs 2003, 160 p., ill., mp. [water state in maps : history of the water state card of the Netherlands 1865-1992.] [Dutch]
ISBN 90-5345-223-0

4150
Breda in kaart : [ter gelegenheid van de Tentoonstelling "Breda in Kaart"]. Breda's Museum [Samenst.: Pierre van der Pol ... Tekst: Cees Eimermann ...]. - Breda: Breda's Museum 2002, 112 p., ill., mp. [Breda in maps.] [Dutch] ISBN 90-806108-2-8

4151
Dool, Aart van den: Pictures at an exhibition II : De zeven provincien / The seven provinces, maps of The Netherlands from the seventeenth and eighteenth centuries. In: BIMCC newsletter / Brussels International Map Collectors' Circle. 17, 2003, p.3, 1 ill.

4152
Eekelen, N.J.M. van: GBKN bestellen via internet. In: Geodesia. 45, 2003, 5, p.214-217, 4 ill. [Ordering GBKN through the internet.] [Dutch with Engl. rés.]
ISSN 1385-7517

4153
Förster, Theodor; Senkler, Kristian: Nutzung mehrsprachiger OGC Web Map Services in einer grenzübergreifenden GDI. In: GIS : Geoinformationssysteme. 16, 2003, 12, p.11-14, 4 ill.

4154
Geudeke, P.W.: Over tijdschrift en tijdbeeld. In: Kartografisch Tijdschrift. 29, 2003, 3, p.17-23, 13 ill. [On periodicals and periods.] [Dutch with Engl., and French rés.] ISSN 0167-5788

4155
Gorte, B.: Themamiddag Laseraltimetrie. In: Geodesia. 45, 2003, 7/8, p.286-288, 3 ill. [Workshop laseraltimetry.] [Dutch]

4156
Groot, M. de: DataLand : het centrale loket voor gebouwinformatie. In: Geodesia. 45, 2003, 7/8, p.280-284, 5 ill. [DataLand, a distribution point for building information.] [Dutch with Engl. rés.] ISSN 1385-7517

4157
Hameleers, Marc: Karten in het werk van de grote Amsterdamse stadshistorici. In: Caert-Thresoor. 22, 2003, 3, p.77-86, 14 ill., 2 tab. [Maps in the publications of the great Amsterdam city historians.] [Dutch with Engl. rés.] ISSN 0167-4994

4158
Hameleers, Marc: Vervaardiging en gebruik van een tussen 1892 en 1903 geactualiseerde "Gemeenteatlas van Amsterdam", oorspronkelijk uitgegeven door J.C. Loman jr. in 1876. In: Caert-Thresoor. 22, 2003, 4, p.105-111, 7 ill. [The making and use of a Gemeenteatlas van Amsterdam revised to between 1892 and 1903, that was originally published by J.C. Loman jr. in 1876.] [Dutch with Engl. rés.] ISSN 0167-4994

4159
Heere, Elger: Het gebruik van GIS bij het onderzoek naar prekadastrale kaarten. In: Kartografisch Tijdschrift. 29, 2003, 3, p.25-28, 5 ill. [The application of GIS in pre-cadastral map research.] [Dutch with Engl., and French rés.] ISSN 0167-5788

4160
Hesselink, Annika W.; Middelkoop, Hans: Application of old maps in reconstructing the morphological development of embanked floodplains of the lower river Rhine, The Netherlands. In: History makes a river : morphological changes and human interference in the river Rhine, The Netherlands. - Utrecht: Royal Dutch Geographical Soc. [u.a.] 2002, p.63-83, 10 ill., 3 tab. (Nederlands geographical studies ; 292) ISBN 90-6809-327-4 [Zugl.: Utrecht, Univ., Diss., 2002]

4161
Keijsers, Wim; Witberg, Marten: De legenda van Nederland : de nationale kaart bestaat niet in kartografie voor beleid. In: Kartografisch Tijdschrift. 29, 2003, 4, p.29-35, 9 ill. [The legend of the Netherlands ; the national map does not exist in cartography for policy making.] [Dutch with Engl., and French rés.] ISSN 0167-5788

4162
Koeman, Cornelis: Ortelius's Theatrum orbis terrarum, De Jode's Speculum orbis terrarum, the Epitome, Caert-thresoor and Atlas minor, the atlases of the XVII provinces, and other atlases published in the Low Countries up to c. 1650. - t'Goy-Houten: HES & de Graaf 2003, p.463-970, ill, mp. (Koeman's atlantes Neerlandici / comp. by Peter van der Krogt ; Vol. 3, Pt. B) [New ed.] ISBN 90-6194-448-1

4163
Koeman, Cornelis: Ortelius's Theatrum orbis terrarum, De Jode's Speculum orbis terrarum, the Epitome, Caert-thresoor and Atlas minor, the atlases of the XVII provinces, and other atlases published in the Low Countries up to c. 1650. - t'Goy-Houten: HES & de Graaf 2003, 462 p., ill. (Koeman's atlantes Neerlandici / comp. by Peter van der Krogt ; Vol. 3, Pt. A) [New ed.] ISBN 90-6194-448-1

4164
Koets, Guus: Het blad met de stadsgezichten van Groningen, Gorinchem en Brouwershaven uit de Civitates Orbis Terrarum. In: Caert-Thresoor. 22, 2003, 4, p.112-116,

4 ill. [The sheet with the town views of Groningen, Brouwershaven and Gorinchem in the Civitates Orbis Terrarum.] [Dutch with Engl. rés.] ISSN 0167-4994

4165
Kok, Hans: Mare Nostrum, Our Sea, Their Sea, Your Sea, Our Sea, as we saw it!. In: Journal of the International Map Collectors' Society. 95, 2003, p.9-22, 12 ill.

4166
Kraak, Menno-Jan: Kartografie, GIN en de kaart. In: Kartografisch Tijdschrift. 29, 2003, 4, p.11-13. [Cartography, GIN and maps.] [Dutch] ISSN 0167-5788

4167
Krogt, Peter van der: The map image of Africa in Dutch atlases of the sixteenth and seventeenth centuries. In: Dutch geography and Africa : [IGU regional conference in Durban South Africa, August 4 - 8,2002]. International Geographical Union, Section The Netherlands. - Utrecht: Univ., Fac. Ruimtelijke Wetenschappen [u.a.] 2002, p.118-158, 37 ill. (Nederlandse geografische studies ; 300) ISBN 90-6809-336-3

4168
Kruif, Jan de: Overzicht organisaties in Geo-land. In: Geodesia. 45, 2003, 4, p.152-158, 1 ill., 2 tab. [Organisations in the field of geo-information.] [Dutch with Engl. rés.] ISSN 1385-7517

4169
Kruif, Jan de: Waar leer ik geo-informatie? In: Geodesia. 45, 2003, 6, p.247-260, 9 ill., 2 tab. [Where can I learn geo-information?] [Dutch with Engl. rés.] ISSN 1385-7517

4170
Meer, Ad van der; Kruif, Jan de: "Gemeenten verantwoordelijk voor topografie". In: Geodesia. 45, 2003, 2, p.83-85, 3 ill. ["Municipalities responsible for topography".] [Dutch with Engl. rés.] ISSN 1385-7517

4171
Meer, Ad van der: Wetsvoorstel "Registratie gegevens externe veiligheid". In: Geodesia. 45, 2003, 4, p.176-178, 4 ill. [Bill "Registration data external security".] [Dutch] ISSN 1385-7517

4172
Murre, L.M.: Nieuwe Stichting LSV GBKN van start. In: Geodesia. 45, 2003, 9, p.342-345, 4 ill. [A new national GBKN-organisation has started.] [Dutch] ISSN 1385-7517

4173
Ormeling, Ferdinand Jan: De NVK en de kartografie-opleiding in Nederland. In: Kartografisch Tijdschrift. 29, 2003, 3, p.9-16, 11 ill., 2 tab. [The Netherlands Cartographic Society and cartographic education.] [Dutch] ISSN 0167-5788

4174
Piket, J.J.C.: Kartografische Sectie / Nederlandse Vereniging voor Kartografie 1958-1975-2003 : Kartografie in beweging. In: Kartografisch Tijdschrift. 29, 2003, 3, p.5-8, 4 ill. [Cartographic section /Netherlands Cartographic Society 1958-1975-2003 : cartography in movement.] [Dutch] ISSN 0167-5788

4175
Renes, Hans: Oude kaarten als bron voor onderzoek naar de geschiedenis van het landschap. In: Caert-Thresoor. 22, 2003, 3, p.87-94, 9 ill. [Old maps as a source for the study of landscape history.] [Dutch with Engl. rés.] ISSN 0167-4994

4176
Ruitinga, Lida: Kadastrale atlasen revisited : stand van zaken op papier. In: Caert-

Thresoor. 22, 2003, 1, p.17-19, 2 ill. [Cadastral atlases revisitid : state of affairs on paper.] [Dutch with Engl. rés.]
ISSN 0167-4994

4177
Schallenberg, Henk: De grootschalige basiskaart een gemeentelijke zorg. In: Geodesia. 45, 2003, 1, p.4-9, 8 ill. [Large scale base maps in Rotterdam.] [Dutch with Engl. rés.]
ISSN 1385-7517

4178
Schans, R. van der: Koopgoot in kaart : kwartiermakers gezocht. In: Geodesia. 45, 2003, 3, p.124-126, 7 ill. [Shopping mall in maps : looking for pathfinders.] [Dutch]
ISSN 1385-7517

4179
Scheele, Theo: Langste kaart van Nederland onthuld. In: Geodesia. 45, 2003, 12, p.478-479, 4 ill. [Longest map of The Netherlands revealed.] [Dutch] ISSN 1385-7517

4180
Scherpenzeel-Capel, B.J.: Wegenlegger en GIS. In: Geodesia. 45, 2003, 2, p.60-65, 5 ill. [Registration of rural roads: the road legger.] [Dutch with Engl. rés.]
ISSN 1385-7517

4181
Stadsplan Amsterdam : toekomstvisies op de ruimtelijke ontwikkeling van de stad, 1928-2003. [Red.: Allard Jolles... Tekstred.: Marianne Lahr]. - Rotterdam: NAi Uitgevers 2003, 208 p., ill., mp. [Town map Amsterdam : future visions of the spatial development of the town, 1928-2003.] [Dutch] ISBN 90-5662-332-X

4182
Stoter, Jantien: KvAG-themamiddag Ondergrondse Geo-informatie. In: Geodesia. 45, 2003, 11, p.438-441, 4 ill. [KvAG-Workshop Underground Geo-information.] [Dutch] ISSN 1385-7517

4183
Veen, André van der; Giesbers, Henriette: Nationaler Gesundheitsatlas der Niederlande - eine raumbezogene Darstellung des Pflege- und Gesundheitswesens für Entscheider. In: Web.Mapping 2 : Telekartographie, Geovisualisierung und mobile Geodienste. Hartmut Asche; Christian Herrmann (Hrsg.). - Heidelberg: Wichmann 2003, p.118-128, 6 ill.
ISBN 3-87907-388-0

4184
Wieland, Jos: Kadaster 1832 (1841) revisited : archiefbrede samenwerking op moderne leest onder de koepel van DIVA. In: Caert-Thresoor. 22, 2003, 1, p.14-16, 1 ill. [A modern way to present cadastral maps.] [Dutch with Engl. rés.]
ISSN 0167-4994

4185
Wilt, Carla G.D. de: Delflands kaarten belicht. - [Delft]: Hoogheemraadschap [u.a.] 2000, 179 p., ill., mp. [Maps of Delfland examined.] [Dutch]
ISBN 90-6550-094-4

4186
Ytsma, B.: Zwolle en de kaart van 1832. In: Geodesia. 45, 2003, 11, p.434-437, 6 ill. [Zwolle in maps from 1832.] [Dutch]

Norway / Norwegen / Norvège

4187
Heksem, Geir: Kvalitetssikring av eiendomsmålinger. In: Kart og plan. 96, 2003, 4, p.221-226, 3 tab. [Quality assurance of cadastral survey.] [Norw. with Engl. rés.]
ISSN 0047-3278

4188
Hornanský, Imrich: Vývojový trend alebo náhoda? In: Geodetický a kartografický obzor. 49, 2003, 6, p.109-112. [A trend of evolution or an accident?] [Czech. with Engl. rés.] ISSN 0016-7096

4189
Strand, Geir-Harald: Fjerde generasjon geodata på nett - utvikling av en nasjonal geografisk infrastruktur. In: Kart og plan. 96, 2003, 2, p.70-76, 4 ill. [Fourth generation geospatial data on the Internet - the development of a national geospatial infrastructure.] [Norw. with Engl. rés.] ISSN 0047-3278

4190
Strand, Geir-Harald: Gårdskart på nett. In: Kart og plan. 96, 2003, 2, p.121-125-6 ill. [Farm maps on the Internet.] [Norw. with Engl. rés.] ISSN 0047-3278

4191
Tvedt, Pål: Ny nasjonal vegdatabank (NVDB) understøtter effektiviseringen i Statens vegvesen. In: Kart og plan. 96, 2003, 2, p.77-81, 2 ill. [New national road data base (NVDB) supports a more efficient National Public Raods Administration.] [Norw. with Engl. rés.] ISSN 0047-3278

4192
Tveite, Håvard: Erfaringer med UMN Mapserver; en "Open Source" karttjener. In: Kart og plan. 96, 2003, 2, p.112-120, 7 ill. [Experiences with UMN Mapserver, an "Open Source" map server.] [Norw. with Engl. rés.] ISSN 0047-3278

Poland / Polen / Pologne

4193
Albin, Jerzy: Hauptrichtungen des polnischen geodätisch-kartographischen Dienstes. In: Vermessung Brandenburg. 8, 2003, p.12-18, 3 ill. [Übersetzung aus dem Polnischen durch Eva Maria Steiger] ISSN 1430-7650

4194
Andrzejewska, Maria; Baranowski, Marek; Rusztecka, Monika: Elektroniczny atlas środowiska Polski. In: Polski przegląd kartograficzny. 35, 2003, 1, p.33-37, 6 ill. [Electronic atlas of the environment of Poland.] [Pol.] ISSN 0324-8321

4195
Berlińska, Barbara: Mapy wielkoskalowe wydane po roku 1945. In: Biuletyn Informacyjny Biblioteki Narodowej. 157, 2001, 2, p.20-23, 6 ill. [Big-scale maps published after 1945.] [Pol.] ISSN 0006-3983

4196
Ehrensvärd, Ulla: Handgezeichnete Stadtpläne und Veduten von Ost-und Westpreußen in öffentlichen Sammlungen zu Stockholm und Uppsala. In: Lüneburger Beiträge zur Vedutenforschung II : Beiträge zum II. Veduten-Colloquium in Lüneburg 7. - 9.X.1983, III. Veduten-Colloquium in Regensburg 3. - 6.X.1985 ; mit 238 Abb., 18 Falttaf. und 2 Tab. Hrsg. von Angelika Marsch und Eckhard Jäger. - Lüneburg: Verl. Nordostdt. Kulturwerk 2001, p.27-33. (Lüneburger Beiträge zur Vedutenforschung ; 2) ISBN 3-922296-37-8

4197
Kaprowski, Wiesław: Polskie kartograficzne znaczki pocztowe z lat 1961-1975. In: Polski przegląd kartograficzny. 35, 2003, 4, p.283-285, 6 ill. [Polish cartographic post stamps from 1961-1975.] [Pol.] ISSN 0324-8321

4198
Kowalski, Paweł: Kartografia prasowa w Polsce Ludowej (1945-1989). In: Polski przegląd kartograficzny. 35, 2003, 2, p.114-125, 13 ill. [Press cartography in the

Polish People's Republic (1945-1989).] [Pol. with Engl. and Russ. rés.] ISSN 0324-8321

4199
Kowalski, Paweł: Kartografia prasowa w Polsce przed uzyskaniem niepodległości w 1918 roku. In: Polski przegląd kartograficzny. 35, 2003, 1, p.12-24, 9 ill. [Press cartography in Poland before the regaining of independence in 1918.] [Pol. with Engl. and Russ. rés.] ISSN 0324-8321

4200
Kozłowska, Anna: Mapa roślinności warszawy w skali 1:10 000 : założenia teoretyczne, metoda wykonania i zastosowanie. In: Badania środowiska fizycznogeograficznego aglomeracji Warszawskiej = Studies on physicogeographical environment for Warsaw agglomeration. - Warszawa: IGiPZ PAN 2001, p.107-119, 1 ill. (Prace Geograficzne ; 180) [Vegetation map of Warsaw at a scale of 1:10 000 : assumptions methods and application.] [Pol. with Engl. summary] ISBN 83-87954-03-9

4201
Ławniczak, Radzym: Próba zastosowania kartograficznej metody badań do określania morfometrycznych cech rzeŹby terenu. In: Polski przegląd kartograficzny. 35, 2003, 3, p.191-198, 4 ill., 2 tab. [An attempt to apply cartographic research method to determine morphometric features of relief.] [Pol. with Engl. and Russ. rés.] ISSN 0324-8321

4202
Lingenberg, Heinz: Das Stadtbild Danzigs vom Anfang des 17. bis zum Anfang des 18. Jahrhunderts. In: Lüneburger Beiträge zur Vedutenforschung II : Beiträge zum II. Veduten-Colloquium in Lüneburg 7.- 9.X. 1983, III. Veduten-Colloquium in Regensburg 3. - 6.X.1985 ; mit 238 Abb., 18 Falttaf. und 2 Tab. Hrsg. von Angelika Marsch und Eckhard Jäger. - Lüneburg: Verl. Nordostdt. Kulturwerk 2001, p.75-94, 8 ill. (Lüneburger Beiträge zur Vedutenforschung ; 2) ISBN 3-922296-37-8

4203
Łuczyński, Jarosław: Zmiany granic między Wielkim Księstwem Litewskim a Koroną w świetle mapy radziwiłłowskiej z 1613 roku. In: Polski przegląd kartograficzny. 35, 2003, 1, p.43-46, 1 ill. [Border changes between the Grand Duchy of Lithuania and Poland in the light of "Radziwiłł" map of 1613.] [Pol.] ISSN 0324-8321

4204
Majewska, Barbara: Atlás Królestwa Polskiego Juliusza Kolberga. In: Biuletyn Informacyjny Biblioteki Narodowej. 157, 2001, 2, p.10-13, 2 ill., 1 portr. [Julius Kolbergs "Atlas of Polish Kingdom".] [Pol.] ISSN 0006-3983

4205
Nieścioruk, Kamil: Projekt atlasu historycznego miasta na przykładzie Lublina. In: Polski przegląd kartograficzny. 35, 2003, 3, p.204-207, 3 ill., 1 tab. [Project of a historical atlas based on the example of Lublin.] [Pol.] ISSN 0324-8321

4206
Opach, Tomasz; Pasławski, Jacek: Koncepcja Mapy dziedzictwa przyrodniczo-kulturowego Polski 1: 50 000. In: Polski przegląd kartograficzny. 35, 2003, 1, p.3-11, 5 ill. [Concept of a map of the natural-cultural heritage of Poland 1 : 50 000.] [Pol. with Engl. and Russ. rés.] ISSN 0324-8321

4207
Ostrowski, Jerzy: Mało znana angielskojęzyczna ścienna mapa Polski i krajów ościennych z 1948 roku opracowana pod redakcją Bogdana

Zaborskiego. In: Polski przegląd kartograficzny. 35, 2003, 1, p.40-42, 2 ill. [A little known English map of Poland and the neighboring countries from 1948, edited by Bogdan Zaborski.] [Pol.] ISSN 0324-8321

4208
Ostrowski, Wiesław: Rodzaje generalizacji treści map topograficznych na przykładzie mapy 1:50 000. In: Polski przegląd kartograficzny. 35, 2003, 4, p.251-258, 1 ill. [Types of topographic maps generalization based on an example of a map in 1:50 000.] [Pol. with Engl. and Russ. rés.] ISSN 0324-8321

4209
Plit, Joanna: Atlas awifauny Warszawy. In: Badania środowiska fizycznogeograficznego aglomeracji Warszawskiej = Studies on physicogeographical environment for Warsaw agglomeration. - Warszawa: IGiPZ PAN 2001, p.121-129, 2 ill. (Prace Geograficzne ; 180) [Atlas of birds of Warsaw.] [Pol. with Engl. summary] ISBN 83-87954-03-9

4210
Schnayder, Edward: A hand drafted German spatial planning atlas of the occupied "General-Government" (1940). In: Accurata descriptio : studier i kartografi, numismatik, orientalistik och biblioteksväsen tillägnade Ulla Ehrensvärd. [Redaktionskommitté: Göran Bäärnhielm ...]. - Stockholm: Kungl. Biblioteket 2003, p.419-443, 2 ill., 1 mp., [13 ill im Anhang]. (Acta Bibliothecae regiae Stockholmiensis ; 69) ISBN 91-7000-222-3

4211
Sikorska-Maykowska, Małgorzata and others: Rodzaje generalizacji treści map topograficznych na przykładzie mapy 1:50 000. In: Polski przegląd kartograficzny. 35, 2003, 4, p.259-264, 4 ill., 2 tab. [Methods of presentation of geoenvironmental issues on general thematic maps.] [Pol. with Engl. and Russ. rés.] ISSN 0324-8321

4212
Skrycki, Radosław: O powstawaniu tak zwanej Mapy Chrzanowskiego w świetle listu Generała z 28 września 1844 roku. In: Polski przegląd kartograficzny. 35, 2003, 4, p.280-283, 1 ill. [On the origin of so called 'Chrzanowski's Map' in the light of the General's letter of 28th September 1844.] [Pol.] ISSN 0324-8321

4213
Świderski, Grzegorz Dominik: Samochodowa Mapa Polski "Navigo". In: Polski przegląd kartograficzny. 35, 2003, 2, p.126-130, 4 ill. [Road map of Poland "Navigo".] [Pol.] ISSN 0324-8321

4214
Szaniawska, Lucyna: Niemiecko-polskie przedsięwzięcie kartograficzne. In: Biuletyn Informacyjny Biblioteki Narodowej. 157, 2001, 2, p.34-35, 2 ill, 2 mp. [A German-Polish cartographic undertaking.] [Pol.] ISSN 0006-3983

4215
Wawrik, Franz: Schlesische Veduten in der österreichischen Nationalbibliothek. In: Lüneburger Beiträge zur Vedutenforschung II : Beiträge zum II. Veduten-Colloquium in Lüneburg 7. - 9.X.1983, III. Veduten-Colloquium in Regensburg 3. - 6.X.1985 ; mit 238 Abb., 18 Falttaf. und 2 Tab. Hrsg. von Angelika Marsch und Eckhard Jäger. - Lüneburg: Verl. Nordostdt. Kulturwerk 2001, p.43-53, 3 ill. (Lüneburger Beiträge zur Vedutenforschung ; 2) ISBN 3-922296-37-8

4216
Wytyczak, Roman: Publikowane mapy Śląska do połowy XVIII na tle innych regionów oraz ich adaptacje przez karto-

grafów europejskich. In: Polski przegląd kartograficzny. 35, 2003, 4, p.265-275, 3 ill., 1 tab. [Maps of Silesia published until the half of the 18th century compared to other regions and their adaptations by European cartographers.] [Pol. with Engl. and Russ. rés.] ISSN 0324-8321

Portugal / Portugal / Portugal

4217
Branco, Rui: Cartographic policies in Portugal, 1788-1852 : from the "Carta topographica do Reino" to the "Carta chorographica do Reino". In: La cartografia europea tra primo Rinascimento e fine dell' illuminismo : atti del Convegno Internazionale The Making of European Cartography, (Firenze, BNF-EUI, 13 - 15 dicembre 2001). A cura di Diogo Ramada Curto ; Angelo Cattaneo ; André Ferrand Almeida. - Firenze: L.S. Olschki 2003, p.245-263. (Studi / Accademia Toscana di Scienze e Lettere La Colombaria ; 213) [Engl.]
ISBN 88-222-5240-3

4218
Vasconcelos, M.; Patrício, P.: Coordinate transformation in Portugal Mainland - a brief study. In: Report on the Symposium of the IAG Subcommission for Europe (EUREF), held in Ponta Delgada, 5-8 June 2002. Ed. by Joao Agria Torres and Helmut Hornik. - Frankfurt a.M.: Verl. des Bundesamtes für Kartographie und Geodäsie 2003, p.360-365, 8 ill. (Mitteilungen des Bundesamtes für Kartographie und Geodäsie ; 29)
ISBN 3-89888-873-8

Rumania / Rumänien / Roumanie

4219
Joó, István: A Kárpátok-régió jelenkori függëleges irányú mozgásai vizsgálatának eredményei es problémái. In: Geodézia és kartográfia. 55, 2003, 2, p.12-15, 2 ill. [Results and problems in the investigation of the recent vertical movements in the Carpathian Region.] [Hung. with Engl. rés.]
ISSN 0016-7118

Slovak Republic / Slowakische Republik / Slovaquie

4220
Fičor, Dušan: Aktuálne problémy štandardizácie geografického názvoslovia. In: Geodetický a kartografický obzor. 49, 2003, 7-8, p.166-170. [Actual problems of standardization of geographic names.] [Czech. with Engl. rés.] ISSN 0016-7096

4221
Hornanský, Imrich: Vývojový trend alebo náhoda? In: Geodetický a kartografický obzor. 49, 2003, 6, p.109-112. [A trend of evolution or an accident?] [Czech. with Engl. rés.] ISSN 0016-7096

4222
Hutár, Vladimír; Sviček, Michal; Scholz, Peter: Parcelné merania v Slovenskej republike podl'a kritérií Európskerj únie (integrovaný administratívny a kontrolný systém, časø parcelné merania a tolerancie). In: Kartografické listy. 11, 2003, p.24-29, 2 ill., 1 tab. [Measurement of parcels in the Slovak Republic with regard to the European Union's criteria (the measurement of parcels and tolerances as a part of integrated administrative and control system).] [Slovak. with Engl. rés.]
ISBN 80-89060-02-1

4223
Miklós, László and others: Atlas krajiny Slovenskej republiky : nové možnaosti kartografickej prezentácie. In: Geodetický a kartografický obzor. 49, 2003, 7-8, p.137-141, 2 ill., 1 tab. [Country atlas of the Slovak Republic.] [Czech. with Engl. rés.]
ISSN 0016-7096

4224
Novák, Svatopluk; Kramáreková, Hilda: česká a slovenská kartografická tvorba v školských zemepisných atlasoch. In: Geodetický a kartografický obzor. 49, 2003, 7-8, p.142-149. [Czech and Slovak cartographic production in geographical atlases for schools.] [Czech. with Engl. rés.] ISSN 0016-7096

4225
Oøahel', Ján and others: Mapovanie zmien krajinnej pokrývky aplikáciou databázy Corine Land Cover (na príklade okresu Senica). In: Kartografické listy. 11, 2003, p.61-73, 8 ill., 2 tab. [Land cover change mapping by applying the CORINE Land Cover database (on example of the Skalica district).] [Slovak. with Engl. rés.] ISBN 80-89060-02-1

4226
Petrisková, Barbora; čižmár, Jozef: Experimentálny model veternej erózie. In: Geodetický a kartografický obzor. 49, 2003, 7-8, p.176-182, 6 ill., 2 tab. [Experimental model of soil wind erosion in the GIS environment.] [Czech. with Engl. rés.] ISBN 0016-7096

4227
Pravda, Ján: Koncepčné a kartografické aspekty Atlasu krajiny Slovenskej republiky. In: Kartografické listy. 11, 2003, p.85-94. [Conceptual and cartographic aspects of the Landscape Atlas of the Slovak Republic.] [Slovak. with Engl. rés.] ISBN 80-89060-02-1

4228
Timár, Gábor; Danišík, Martin: Aproximácia Křovákovho zobrazenia Lamertovým konformným kužel'ovým zobrazením na území Sovenska pre potreby GIS a GPS. In: Kartografické listy. 11, 2003, p.100-102. [Approximation of the Křovák projection with the Lambert conformal conic projection in the GIS and GPS applications on the territory of Slovakia.] [Slovak. with Engl. rés.] ISBN 80-89060-02-1

Slovenia / Slowenien / Slovénie

4229
Berk, Sandi and others: Kombinirani izračun EUREF GPS-kampanj na območju Slovenije. In: Geodetski vestnik. 47, 2003, 4, p.414-422, 2 ill., 2 tab. [Combined solution of the EUREF GPS campaigns on the territory of Slovenia.] [Sloven. with Engl. rés.] ISSN 0351-0271

4230
Duhovnik, Marjana and others: Geodetske podlage in topografska baza. In: Geodetski vestnik. 47, 2003, 3, p.224-230, 3 ill., 2 tab. [Maps for spatial plans and topographic database.] [Sloven. with Engl. rés.] ISSN 0351-0271

4231
Grilc, Matjaž and others: Vzpsostavitev katastra stavb : registrski podatki. In: Geodetski vestnik. 47, 2003, 3, p.55-63, 2 ill. [The setup of building cadastre : registry data.] [Sloven. with Engl. rés.] ISSN 0351-0271

4232
Koler, Božo; Vardjan, Nuša: Analiza stanja nivelmanskih mrež Republike Slovenij. In: Geodetski vestnik. 47, 2003, 3, p.251-262, 6 ill., 7 tab. [Analysis of the State of Slovenian levelling network.] [Sloven. with Engl. rés.] ISSN 0351-0271

4233
Lipej, Božena: Novi izzivi in nove priložnosti Slovenske geodezije. In: Geodetski vestnik. 47, 2003, 4, p.375-386, 5 ill. [New challenges and new opportunities for Slovene geodesy.] [Sloven. with Engl. rés.] ISSN 0351-0271

4234
Pahulje, Darko; Čeh, Marjan: Anketa o uvajanju novih tehnologij v geodetzske merske postopke. In: Geodetski vestnik. 47, 2003, 1&2, p.27-36, 3 ill. [Questionnair introduction of new technologies into geodetic measurements.] [Sloven. with Engl. rés.] ISSN 0351-0271

4235
Petrovič, Dušan: Mountain cartography in Slovenia. In: International Cartographic Association / Commission on Mountain Cartography special issue: ICA Commission on Mountain Cartography. Ed. by Lorenz Hurni. - North York: Univ. of Toronto Press 2003, p.25-30, 29 ill. (Cartographica ; 38. 2001, 1/2) ISSN 0340-0654 / 0317-717

4236
Petrovič, Dušan: Predlog vodenja in vzdrževanja topografiskih podatkov v Sloveniji. In: Geodetski vestnik. 47, 2003, 3, p.215-223, 2 ill., 2 tab. [A proposal for managing and updating the topographic data in Slovenia.] [Sloven. with Engl. rés.] ISSN 0351-0271

4237
Podobnikar, Tomaž: Kronologija izdelave digitalnega modela reliefa Slovenije. In: Geodetski vestnik. 47, 2003, 1&2, p.47-54, 3 ill. [Chronology of digital terrain model production of Slovenia.] [Sloven. with Engl. rés.] ISSN 0351-0271

Spain / Spanien / Espagne

4238
Alcázar Molina, Manuel G.; Sánchez de la Orden, Manuel: Documentación gráfica del catastro rústico Español : del croquis a la ortofotogafia digital (II). In: Topografia y cartografia : TOPCART. 19, 2002, 112, p.30-38, 2 ill., 2 tab. [Graphic documentation of the Spanish land catastre : from sketch to digital orthophotography.] [Span.] ISSN 0212-9280

4239
Baella, Blanca; Pla, Maria: Mountain cartography at the Cartographic Institute of Catalonia. In: International Cartographic Association /Commission on Mountain Cartography : special issue: ICA Commission on Mountain Cartography. Ed. by Lorenz Hurni. - North York: Univ. of Toronto Press 2003, p.5-24, 25 ill. (Cartographica ; 38. 2001, 1/2) ISSN 0340-0654 / 0317-717

4240
Cartografía histórica : Andalucia. Ministerio de Defensa, Secretaría General Técnica. [Bajo la dir. de Rosa Martín y de Vega]. - [Madrid], 831 p. [History of cartography : Andalusia.] [Span.] [Includes indexes] ISBN 84-7823-896-4

4241
Galliano, Graziella: Le carte nautiche spagnole dei secoli XVI-XVII conservate a Genova. In: Grandes viajes descubridores. Seminario Iberoamericano de Descubrimientos y Cartografia, Instituto Interuniversitario de Estudios de Iberoamérica y Portugal. Coord.: Jesús Varela Marcos. - Tordesillas, Valladolid: Instituto Interuniversitario de Estudios de Iberoamérica y Portugal 2001, p.139-161, 8 ill. (Descubrimientos y cartografia ; 4) [The spanish nautical maps conserved at Genoa.] [Ital.] ISBN 8493062-96-0

4242
Lapaine, Miljenko and others: Vinko Paletin of Korčula. In: Kartografija i geoinformacije. 2003, 2, p.86-98, 6 ill. [Croat. and Engl.] ISSN 1333-896X

4243
Martín López, José: Cartógrafos españoles. - Madrid: Ministerio de Formento, Centro

Nacional de Información Geográfica 2001, 319 p., ill., mp. [Spanish cartographers.] [Span.] [Bibliografia: p.317-319]
ISBN 84-95172-15-1

4244
Martinena Ruiz, Juan José: Catálogo de la sección de cartografía e iconografica del Archivo General de Navarra. - Pamplona: Gobierno de Navarra, Dep. de Educación y Cultura 2000, 259 p., ill. (Fuentes para historia de Navarra ; 70) [Catalogue of the cartographic and iconographic section of the Archivo General of Navarra.] [Span.]
ISBN 84-235-2039-0

4245
Martorell Garau, Antoni: Cartografia de les illes Balears : compendi de mapes impresos durant els segles XVI, XVII i XVIII ; estudi cartobibliogràfic. - [Palma de Mallorca]: Sa nostra, Obra Social i Cultural 2000, 256 p., mp. [Cartography of the Balear Islands : compendium of maps printed in the XVI, XVII and XVIII century ; cartobibliographic studies.] [Span.] ISBN 84-95352-33-8

4246
Mascaró Passarius, Josep: La toponímia i cartografia antigues de les Illes Balears : cartes ne navegar i texts des del segle VI abans de Crist fins a l'any 1599. - Palma (Mallorca): Muntaner 2000, 182 p., ill., mp. (Refaubetx ; 4) [Toponymics and ancient cartography of the Balear Islands : navigation maps and texts from the VIth century before Chr. to the year 1599.] [Mallorquí]
ISBN 84-95360-05-5

4247
Nadal, Francesc; Urteaga, Luis: The topographic map of Spain to scale of 1:50 000 (1875-1968) : a critical summary. In: La cartografia europea tra primo Rinascimento e fine dell' illuminismo : atti del Convegno Internazionale The Making of European Cartography, (Firenze, BNF-EUI, 13 - 15 dicembre 2001). A cura di Diogo Ramada Curto ; Angelo Cattaneo ; André Ferrand Almeida. - Firenze: L.S. Olschki 2003, p.265-273. (Studi / Accademia Toscana d Scienze e Lettere La Colombaria ; 213) [Engl.] ISBN 88-222-5240-3

4248
Novak, Drago: The coast of Spain and western Mediterranean on the portolan charts of Vincentius Demetrius Volcius Raguseus (1563-1607) a portolan maker from Dubrovnik. In: Journal of the International Map Collectors' Society. 94, 2003, p.31-45, 9 ill., 1 tab.

4249
Palomo Arroyo, Marcos; Ramírez Vizuete, Rafael: Realización de cartografía gravimétrica de la zona norte de la provincia de Toledo (anomalías Faye y Bouguer simple) : cálculo de la corrección topográfica en dos puntos del terreno. In: Topografía y cartografía : TOPCART. 19, 2002, 112, p.16-22, 14 ill. [Accomplishment of gravimetric cartography of the North zone of the province of Toledo (anomalies Faye and Bouguer simple) : calculation of the complementary angle of site of two points of the land.] [Span.] ISSN 0212-9280

Sweden / Schweden / Suède

4250
Ahlund, Bertil: Historia kring vara sjökort. - Stockholm: Sjöhistoriska samfundet 2002, 126 p., ill., mp. (Forum navales skriftserie ; 5) [History around sea maps.]
ISBN 91-974015-2-8

4251
Bäärnhielm, Göran: Tullinspektor Berghman och Söderköpings karta. In: Accurata descriptio : studier i kartografi, numismatik, orientalistik och biblioteksväsen tillägnade Ulla Ehrensvärd. [Re-

daktionskommitté: Göran Bäärnhielm ...]. - Stockholm: Kungl. Biblioteket 2003, p.73-79, 4 ill., [1 ill. im Anhang]. (Acta Bibliothecae regiae Stockholmiensis ; 69) ISBN 91-7000-222-3

4252
Beck, Michael: Virtuelle Geoinformationssysteme - Grundlagen und Anwendungsszenarien mit TerraView. In: Web.Mapping 2 : Telekartographie, Geovisualisierung und mobile Geodienste. Hartmut Asche; Christian Herrmann (Hrsg.). - Heidelberg: Wichmann 2003, p.133-143, 7 ill. ISBN 3-87907-388-0

4253
Cramér, Mathias: Behövs det en skattkarta till Sveriges Nationalatlas? In: Kart & bildteknik : mapping and image science. 18, 2003, 3, p.8-9, 4 ill. [Does a treasure map belong into the Swedish National Atlas?] [Swed.] ISSN 0283-0418

4254
Danckaert, Lisette: Cartes suédoises dans la collection Vandermaelen à Bruxelles. In: Accurata descriptio : studier i kartografi, numismatik, orientalistik och biblioteksväsen tillägnade Ulla Ehrensvärd. [Redaktionskommitté: Göran Bäärnhielm ...]. - Stockholm: Kungl. Biblioteket 2003, p.97-117, 1 ill., 3 mp. (Acta Bibliothecae regiae Stockholmiensis ; 69) ISBN 91-7000-222-3

4255
Gäfvert, Björn: The Seven Years War. In: Accurata descriptio : studier i kartografi, numismatik, orientalistik och biblioteksväsen tillägnade Ulla Ehrensvärd. [Redaktionskommitté: Göran Bäärnhielm ...]. - Stockholm: Kungl. Biblioteket 2003, p.131-136, [4 ill. im Anhang]. (Acta Bibliothecae regiae Stockholmiensis ; 69) ISBN 91-7000-222-3

4256
Hannson, Erik; Arnberg, Wolter: Satellitburen radar för översvämningskartering. In: Kart & bildteknik : mapping and image science. 18, 2003, 2, p.20-24, 10 ill. [Satellite radar for flood mapping.] [Swed.] ISSN 0283-0418

4257
Marklund, Liselott; Arnberg, Wolter: GIS för vattendirektivet : analys av datakällor, bearbetningsbehov och databasstrukturer. In: Kart & bildteknik : mapping and image science. 18, 2003, 3, p.10-17, 5 ill. [GIS for water regulation : analysis of data sources, required work and database structures.] [Swed.] ISSN 0283-0418

4258
Ottoson, Lars: Ekonomiska kartan på tio-i-topp. In: Kart & bildteknik : mapping and image science. 18, 2003, 4, p.22-23, 1 ill. [Economic maps in the top ten.] [Swed.] ISSN 0283-0418

4259
Samuelsson, Göran: The towns, the countryside and the Land Survey. In: Accurata descriptio : studier i kartografi, numismatik, orientalistik och biblioteksväsen tillägnade Ulla Ehrensvärd. [Redaktionskommitté: Göran Bäärnhielm ...]. - Stockholm: Kungl. Biblioteket 2003, p.395-402, [5 ill. im Anhang]. (Acta Bibliothecae regiae Stockholmiensis ; 69) ISBN 91-7000-222-3

4260
Svensson, Björn: National Atlas of Sweden - the electronic editions. In: Web.Mapping 2 : Telekartographie, Geovisualisierung und mobile Geodienste. Hartmut Asche; Christian Herrmann (Hrsg.). - Heidelberg: Wichmann 2003, p.129-132, 2 ill. ISBN 3-87907-388-0

Switzerland / Schweiz / Suisse

4261
Amman, Gerhard: 200 Jahre "Atlas suisse" : ein Werk von Johann Rudolf Meyer, Johann Heinrich Weiss, Joachim Eugen Müller und Samuel Johann Jakob Scheurmann. - Küttigen: Edition Castel 2003, 24 p., ill.

4262
Bürgi, Andreas: Die vielen Facetten von Franz Ludwig Pfyffers "Relief der Urschweiz". In: Bulletin / Association culturelle pour le voyage en Suisse, Lausanne. 2001, 4.

4263
Bürgi, Andreas: Relief als Vorlage, Relief als Ziel : Vermessung und Landschaftsdarstellung in der Aufklärung. In: Vermessene Landschaften : Kulturgeschichte und technische Praxis im 19. und 20. Jahrhundert. Hrsg. von David Gugerli. - Zürich: Chronos 1999, p.125-136. (Interferenzen ; 1)
ISBN 3-905313-12-X

4264
Bürgi, Martin; Hitz, Patrick; Stahl, Martin: Straßeninformationssystem der Stadt Zürich : GIS-Anwendung für die Werterhaltung. In: Geomatik Schweiz : Geoinformation und Landmanagement. 101, 2003, 5, p.216-220, 7 ill. [Germ. with French, and Ital. rés.] ISSN 0252-9424

4265
Caminada, Paul: Pioniere der Alpentopographie : die Geschichte der Schweizer Kartenkunst. - Zürich: AS-Verlag 2003, 240 p., ill.

4266
Cavelti Hammer, Madlena: Messbare Sinnlichkeit : die Schweizer Reliefkarten des 19. Jahrhunderts. In: Vermessene Landschaften : Kulturgeschichte und technische Praxis im 19. und 20. Jahrhundert. Hrsg. von David Gugerli. - Zürich: Chronos 1999, p.165-179. (Interferenzen ; 1)
ISBN 3-905313-12-X

4267
Cavens, Duncan; Lange, Eckart; Schmid, Willy: Virtual alpine landscapes and autonomous agents. In: Trends in landscape modeling : proceedings at Anhalt University of Applied Sciences 2003 ; [proceedings to the 4th International Conference on New Technologies in Landscape Architecture (May 15 and 16, 2003) held by the master of landscape architecture program of Anhalt University of Applied Sciences]. Erich Buhmann; Stephen M. Ervin (eds.). - Heidelberg: Wichmann 2003, p.184-191, 3 ill.
ISBN 3-87907-403-8

4268
Chapuis, Alain and others: Développement de la photogrammétrie en Suisse. In: Geomatik Schweiz : Geoinformation und Landmanagement. 101, 2003, 9, p.502-506, 7 ill., 6 tab. [French with Germ., and Ital. rés.] ISSN 0252-9424

4269
Et le Léman trouva le Nord ... : la cartographie lémanique du XVIe au XVIII siècle ; [à l'occasion de l'Exposition "Et le Léman trouva le Nord ... La Cartographie Lémanique du XVIe au XVIII Siècle", Musée d'Histoire des Sciences de Genève, du 19 septembre au 23 novembre 2003]. Bernard Favier. - Genève 2003, 49 p., mp. (The most beautiful Swiss books)

4270
Feldmann, Hans-Uli: Darstellungsformen vermessener Landschaften : ein Überblick über die amtliche Kartographie der Schweiz im 19. Jahrhundert. In: Vermessene Landschaften : Kulturgeschichte und technische Praxis im 19. und 20. Jahrhundert. Hrsg.

von David Gugerli. - Zürich: Chronos 1999, p.51-63. (Interferenzen ; 1) ISBN 3-905313-12-X

4271
Fischer, Hanspeter: Die "Carte de la Souabe" 1:100 000 (1818-1821) : [u.a. Region Hochrhein]. In: Cartographica Helvetica : Fachzeitschrift für Kartengeschichte. 27, 2003, p.3-12, ill., mp. ISSN 1015-8480

4272
Glatthard, Thomas: GIS-Lösung der Kantone St. Gallen und Appenzell A.Rh. In: Geomatik Schweiz : Geoinformation und Landmanagement. 101, 2003, 5, p.201-205, 6 ill. [Germ. with French, and Ital. rés.] ISSN 0252-9424

4273
Glatthard, Thomas: RAHDIS: Raster- und Höhendaten-Infrastruktur der swisstopo. In: Geomatik Schweiz : Geoinformation und Landmanagement. 101, 2003, 11, p.612-615, 4 ill. [Germ. with French, and Ital. rés.] ISSN 0252-9424

4274
Götsch, Christian: Siegfried- und Landeskarten : geschrieben für Sammler aus Freude an alten Karten. [Ill. u. Bearb.: Mirjam Engeler]. - Frauenfeld, Allmendweg 14: C.Götsch 2003, 136 p., ill., mp. [2. korr. u. erw. Aufl.] ISBN 3-9522685-0-X

4275
Grün, Armin; Kölbl, Otto; Itten, Klaus I.: Aktuelle Forschung in Photogrammetrie und Fernerkundung in der Schweiz. In: Geomatik Schweiz : Geoinformation und Landmanagement. 101, 2003, 9, p.511-520, 4 ill. [Germ. with French, and Ital. rés.] ISSN 0252-9424

4276
Hächler, Thomas: Online visualization of spatial data a prototype of an open source internet map server with backend spatial database for the Swiss National Park. - Zürich: Universität, Geographisches Institut 2003, 105 p., ill. [Diplomarbeit Univ. Zürich]

4277
Herzig, Heinz Ernst: Plan de la ville d'Avenghe en Suisse (1786) : die erste archäologische Karte von Avenches. In: Geschichtsdeutung auf alten Karten : Archäologie und Geschichte ; (46. Wolfenbütteler Symposium, vom 26. bis 29. Oktober 1999]. [Hrsg. von Dagmar Unverhau]. - Wiesbaden: Harrassowitz 2003, p.299-310, 5 ill. (Wolfenbütteler Forschungen ; 101) ISBN 3-447-04813-1

4278
Huber, Alfred: Über unsere Wanderkarten : [v.a. Kanton Schaffhausen]. In: Schaffhauser Magazin. 26, 2003, 2, p.25-29, mp.

4279
Huber, Stefan; Sieber, René; Wipf, Andreas: Multimedia in der Gebirgskartographie : 3D-Anwendungen aus dem "Atlas der Schweiz - interaktiv 2". In: Kartographische Nachrichten. 53, 2003, 5, p.217-224, 5 ill. ISSN 0022-9164

4280
Hurni, Lorenz: The new "Atlas of Switzerland - interactive" : applications in mountain cartography. In: High mountain cartography 2000 : proceedings of the Second Symposium of the Commission on Mountain Cartography of the International Cartographic Association held at the Alpine Centre Rudolfshütte (2315 m), Austria from 29 March to 2 April 2000. edited by Manfred F. Buchroithner et al. - Dresden: Technische Universität Dresden, Institut für Kartographie 2000, 7 p. (Kartographische Bausteine ; 18)

4281
Oeder, Werner: Zwischen Manier und Manie : militärische Dispositionen des Reliefeffekts. In: Vermessene Landschaften : Kulturgeschichte und technische Praxis im 19. und 20. Jahrhundert. Hrsg. von David Gugerli. - Zürich: Chronos 1999, p.149-164. (Interferenzen ; 1) ISBN 3-905313-12-X

4282
Paul, Frank and others: Das neue Schweizer Gletscherinventar 2000 : Anwendungen in der Gebirgskartographie. In: Kartographische Nachrichten. 53, 2003, 5, p.212-217, 9 ill. ISSN 0022-9164

4283
Petschek, Peter: Planning of public space - the application of new media and 3D visualizations : the Zürich-Leutschenbach case study. In: Trends in landscape modeling : proceedings at Anhalt University of Applied Sciences 2003 ; [proceedings to the 4th International Conference on New Technologies in Landscape Architecture (May 15 and 16, 2003) held by the master of landscape architecture program of Anhalt University of Applied Sciences]. Erich Buhmann; Stephen M. Ervin (eds.). - Heidelberg: Wichmann 2003, p.158-162, 4 ill. ISBN 3-87907-403-8

4284
Quinter, Marco; Ruben, Armon; Moser, Dominic: NETinfo - GIS-Integration bei cablecom. In: Geomatik Schweiz : Geoinformation und Landmanagement. 101, 2003, 5, p.221-223, 5 ill. [Germ. with French, and Ital. rés.] ISSN 0252-9424

4285
Rickenbacher, Martin: Dufour Map - Spitzenkartografie in der vierten Dimension : eine Zeitreise mit General Guillaume-Henri Dufour. In: Geomatik Schweiz : Geoinformation und Landmanagement. 101, 2003, 12, p.676-680, 5 ill. [Germ. with French, and Ital. rés.]

4286
Rickenbacher, Martin; Oehrli, Markus: Sie hatten die besseren Karten! : die Nachführung der geheimen "Deutschen Heereskarte Schweiz 1:25 000 im zweiten Weltkrieg. In: Geomatik Schweiz : Geoinformation und Landmanagement. 101, 2003, 11, p.622-629, 10 ill. [Germ. with French, and Ital. rés.] ISSN 0252-9424

4287
Schär, Peter: Datenbankgestützte Vektorkartenherstellung mit Scalable Vector Graphics : am Beispiel des Strukturatlas der Region Bern. - Bern: Universität, Geographisches Institut 2003, 123 p., ill. [Diplomarbeit phil.-nat. Fakultät Univ. Bern]

4288
Schneider, D.: Landesvermessung einst und heute. In: Geomatik Schweiz : Geoinformation und Landmanagement. 101, 2003, 12, p.669-674, 10 ill. [Germ. with French, and Ital. rés.] ISSN 0252-9424

4289
Speich, Daniel: Das Grundbuch als Grund aller Pläne : Präzision und die Fiktion der Überschaubarkeit im Entstchungsprozess eines modernen Rechtsstaats. In: Vermessene Landschaften : Kulturgeschichte und technische Praxis im 19. und 20. Jahrhundert. Hrsg. von David Gugerli. - Zürich: Chronos 1999, p.137-148. (Interferenzen ; 1) ISBN 3-905313-12-X

4290
Spiess, Ernst: Die neuen Schweizer Schulatlanten. In: Aspekte zur Gestaltung und Nutzung von Karten für den Schulunterricht. Hrsg. von der Deutschen Gesellschaft für Kartographie e.V., Kommission Schulkartographie. - Bonn: Kirschbaum 2003,

p.133-146, 2 ill. (Kartographische Schriften ; 8) [Parallel als CD-ROM erschienen] ISBN 3-7812-1579-2

4291
Tiefenbach, Priska: 3D-Visualisierung Regio-Klima. In: Geomatik Schweiz : Geoinformation und Landmanagement. 101, 2003, 6, p.344, 1 ill. [Germ. with French, and Ital. rés.] ISSN 0252-9424

4292
Voisard, François: Développement d'un système d'iformation pour piétons. In: Geomatik Schweiz : Geoinformation und Landmanagement. 101, 2003, 7, p.384-388, 4 ill., 1 tab. [French with Germ., and Ital. rés.] ISSN 0252-9424

4293
Wallimann, Hans: LIS/GIS Kanton Obwalden und Geoinformation Zentralschweiz. In: Geomatik Schweiz : Geoinformation und Landmanagement. 101, 2003, 5, p.210-211, 3 ill. [Germ. with French, and Ital. rés.] ISSN 0252-9424

4294
Widmer, Fredy: Der Mittelpunkt des Kantons St. Gallen : die Lütisalp in der Gemeinde Krummenau - eine würdige Mitte. In: Terra plana : Vierteljahreszeitschr. für Kultur, Geschichte, Tourismus u. Wirtschaft. 2003, 2, p.25-26, ill., mp.

Turkey / Türkei / Turquie

4295
E Kypros sta azimuthia tu anemu : prosanatolismoi chartographikon apeikoniseon Europaion chartographon tes Kypru 14.-19. ai. Epimelaia Euangelos Libieratos. - Thessalonike: Ethnike Chartotheke 2003, 178 p., ill. [Cyprus on maps of the 14.-19. century.] [Greek] ISBN 960-799910-X

Ukraine / Ukraine / Ukraine

4296
Bodenstein, Wulf: Pictures at an exhibition II : Black sea - golden steppes - antiquarian maps of the Black Sea coast and the steppes of old Ukraine. In: BIMCC newsletter / Brussels International Map Collectors' Circle. 16, 2003, p.5, 1 ill.

4297
Loza, Jurij: Pro koncepcija ta strukturu Velikogo Istryčnogo Atlasu Ukraïny. In: Kartohrafija ta istorija Ukraïny : zbirnyk naukovych pracÿ = Cartography and history of Ukraine : a collection of scholarly papers. Instytut Ukraïns'koï Archeohrafiï ta Dÿézereloznavstva im. M. Hruÿésevs'koho <Kyïv>. - L'viv: Koc' 2000, p.173-195. [About the conception and structure of the Great Historical Atlas of Ukraine.] [Ukrain.] [In kyrill. Schrift] ISBN 996-02-1663-7

4298
Loza, Jurij: Systema škil'nych atlasiv z istoriï Ukraïny. In: Kartohrafija ta istorija Ukraïny : zbirnyk naukovych pracÿ =Cartography and history of Ukraine : a collection of scholarly papers. Instytut Ukraïns' koï Archeohrafiï ta Dÿézereloznavstva im. M. Hruÿésevs'koho <Kyïv>. - L'viv: Koc' 2000, p.173-195. [System of school Ukraine history atlases.] [Ukrain.] [In kyrill. Schrift] ISBN 996-02-1663-7

4299
Pernal', Andrij Boleslav: Dodatky, zminy j vypravlennja vos'mogo arkuša Boplanovoï "Special'noï" karty ukraïny. In: Kartohrafija ta istorija Ukraïny : zbirnyk naukovych pracÿ = Cartography and history of Ukraine : a collection of scholarly papers. Instytut Ukraïns'koï Archeohrafiï ta Dÿézereloznavstva im. M. Hruÿésevs'koho <Kyïv>. - L'viv: Koc' 2000, p.23-39. [Additions,

changes and corrections of the eighth sheet of the Beauplan "Special" map of Ukraine.] [Ukrain.] [In kyrill. Schrift]
ISBN 996-02-1663-7

4300
Petryšyn, Galyna: Karta von Miga jak džerelo do mistoznavstva Galyčyny. In: Kartohrafija ta istorija Ukraïny : zbirnyk naukovych pracÿ = Cartography and history of Ukraine : a collection of scholarly papers. Instytut Ukraïns'koï Archeohrafiï ta Dÿézereloznavstva im. M. Hruÿésevs'koho <Kyïv>. - L'viv: Koc' 2000, p.54-79, 5 ill., 1 tab. [The map by von Mieg as a source to the knowledge of the towns of Halychyna.] [Ukrain.] [In kyrill. Schrift]
ISBN 996-02-1663-7

4301
Vavryčyn, Marija: Kompleks kart Ukraïny G. Boplana ta ïch zberežennja v bibliotekach Jevropy. In: Kartohrafija ta istorija Ukraïny : zbirnyk naukovych pracÿ = Cartography and history of Ukraine : a collection of scholarly papers. Instytut Ukraïns'koï Archeohrafiï ta Dÿézereloznavstva im. M. Hruÿésevs'koho <Kyïv>. - L'viv: Koc' 2000, p.18-22. [Complex of Ukraine's maps of G. Beauplan and their preservation in the libraries of Europe.] [Ukrain.] [In kyrill. Schrift]
ISBN 996-02-1663-7

h. Polar Regions
Polargebiete
Les régions polaires

4302
Seibold, Eugen: Early maps of the Arctic coast of Russia. In: Polarforschung / hrsg. vom Alfred-Wegener-Institut für Polar- un Meeresforschung und der Deutschen Gesellschaft für Polarforschung. 71, 2002, 3, p.121-148.

Antarctic / Antarktis / Antarctique

4303
Cooper, A.Paul R.; Fretwell, Peter: A placename geography for Antarctica. In: The Bulletin of the Society of Cartographers. 37, 2003, 2, p.53-55, 3 ill.
ISSN 0036-1884

4304
Kosuga, Hiroshi; Nomura, Harutsugu: Color photo map of Antarctica. In: Map : journal of the Japan Cartographers Association. 41, 2003, 3, p.1-7, 3 ill., 1 tab. [Jap.] ISSN 0009-4897

i. Outer Space
Weltraum
L'espace cosmique

Mars / Mars / Mars

4305
Dorninger, Peter and others: Modellierung der Marsoberfläche aus Laserscannerdaten. In: 12. Internationale Geodätische Woche, Obergurgl 2003. Günter Chesi; Thomas Weinold (Hrsg.). - Heidelberg: Wichmann 2003, p.21-30, 10 ill., 1 tab.
ISBN 3-87907-401-1

4306
Gehrke, Stephan and others: Cartography with HRSC on Mars Express : the new series "Topographic Image Map Mars 1:200,000". In: Auf dem Weg zu operationellen Prozessketten in Photogrammetrie, Fernerkundung und Geoinformation : 23. wissenschaftlich-technische Jahrestagung der DGPF 9. - 11. September 2003 in Bochum. Eckhardt Seyfert, Hrsg. - Münster: Geschäftsstelle der DGPF 2003, p.451-458, 3 ill. (Publikationen der Deutschen Gesellschaft für Photogram-metrie, Fernerkundung und Geoinformation e.V. ; Band 12) [CD-ROM enth.: Farbabbildungen des Tagungsbandes]

Index of Authors
Autorenregister
Liste des Auteurs

A

C

K

M

P

S

U

V

W

Kolibri 360 GmbH
Ferdinand-Jühlke-Straße 7
99095 Erfurt, Deutschland
produktsicherheit@kolibri360.de